PowerPoint 多媒体课件
与演示制作实用教程

科教工作室　编　著

清华大学出版社
北　京

内 容 简 介

本书由国内办公软件专家组织编写，以现代教学和办公工作中广大从业者的需求来确定中心思想。本书采用四维立体教学的方式，精选经典应用实例，重点标注学习内容，使读者能够在较短的时间内掌握 PowerPoint 软件的使用方法和技巧，真正实现"工欲善其事，必先利其器"。

全书分为 15 章，详细地介绍了掌握 PowerPoint 基础知识、制作古诗词曲鉴赏课件、制作英语单词学习课件、制作化学实验课件、制作物理教学课件、制作学生考试系统、制作新员工培训课件、制作公司简介宣传片、制作公司营运企划书、制作新产品上市计划、制作相册式产品简报、制作产品促销短片、制作销售业绩分析表、制作项目进度报告、制作公司博客等内容。

本书及配套的多媒体光盘面向 PowerPoint 初级和中级用户，适用于需要使用 PowerPoint 的各类人员和爱好者。同时，本书也可以作为大中专院校相关专业、公司岗位培训或电脑培训班的指导教材。

图书在版编目(CIP)数据

PowerPoint 多媒体课件与演示制作实用教程/科教工作室编著. --北京：清华大学出版社，2014(2015.3 重印)
ISBN 978-7-302-32583-3

Ⅰ. ①P…　Ⅱ. ①科…　Ⅲ. ①图形软件—教材　Ⅳ. ①TP391.41

中国版本图书馆 CIP 数据核字(2013)第 117702 号

责任编辑：章忆文　郑期彤
封面设计：杨玉兰
责任校对：李玉萍
责任印制：杨　艳

出版发行：清华大学出版社
网　址：http://www.tup.com.cn，http://www.wqbook.com
地　址：北京清华大学学研大厦 A 座　　邮　编：100084
社 总 机：010-62770175　　邮　购：010-62786544
投稿与读者服务：010-62776969，c-service@tup.tsinghua.edu.cn
质 量 反 馈：010-62772015，zhiliang@tup.tsinghua.edu.cn
课 件 下 载：http://www.tup.com.cn,010-62791865

印 装 者：北京嘉实印刷有限公司
经　销：全国新华书店
开　本：185mm×260mm　　印　张：23.5　　字　数：566 千字
附光盘 1 张
版　次：2014 年 1 月第 1 版　　印　次：2015 年 3 月第 2 次印刷
印　数：3001～4500
定　价：42.00 元

产品编号：047911-01

前　言

伴随着计算机的迅速普及和网络“触角”的迅速延伸，信息时代到来了！

信息时代的到来给各行各业提供了巨大的发展机会。其中，多媒体制作技术作为一门应用前景十分广阔、综合性较强的计算机应用技术来说，也迎来了前所未有的发展机遇，正在多个领域发挥着重要的作用。为了帮助读者掌握多媒体制作技术，快速提高办公效率和增强应用能力，在清华大学出版社老师们的帮助下，我们出版了本书。

1. 关于 PowerPoint

PowerPoint 是由微软公司出品的一款功能强大的多媒体演示文稿制作软件。1987 年，第一款 PowerPoint 软件诞生。如今，商业幻灯片市场与图形化电脑时代已形成了完美的结合，PowerPoint 已被广泛应用到现代企业办公的各个领域。使用 PowerPoint 不仅可以快速创建极具感染力的动态演示文稿，即时在投影仪或计算机上进行演示，还可以通过互联网上召开的会议，以更为轻松、安全的工作方式共享和展示这些信息。

2. 本书阅读指南

本书由浅入深、系统全面地介绍了多媒体课件与演示制作软件——PowerPoint 2010 的具体使用方法和操作技巧。全书共分 15 章，各章内容分别如下。

第 1 章主要介绍 PowerPoint 基础知识，包括 PowerPoint 概述、掌握 PowerPoint 文档的基本操作、熟悉 PowerPoint 的视图方式、获取 PowerPoint 程序帮助、提高指导等内容。

第 2 章主要介绍如何制作古诗词曲鉴赏课件，包括要点分析、新建课件演示文稿、制作生字幻灯片、制作古诗鉴赏幻灯片、制作朗诵辅助幻灯片、提高指导等内容。

第 3 章主要介绍如何制作英语单词学习课件，包括要点分析、新建课件演示文稿、使用艺术字制作结束幻灯片、录制单词读音、提高指导等内容。

第 4 章主要介绍如何制作化学实验课件，包括要点分析、制作基础知识回顾幻灯片、制作实验准备幻灯片、制作实验幻灯片、添加备注页内容、快速美化幻灯片、设置幻灯片切换效果、提高指导等内容。

第 5 章主要介绍如何制作物理教学课件，包括要点分析、制作在线教学课件、使用控件、设置超链接、使用连接符、提高指导等内容。

第 6 章主要介绍如何制作学生考试系统，包括要点分析、制作学生考试系统演示文稿、编写代码实现自动出题与评分、制作试题主页、提高指导等内容。

第 7 章主要介绍如何制作新员工培训课件，包括要点分析、制作培训课件、在线测试培训效果、提高指导等内容。

第 8 章主要介绍如何制作公司简介宣传片，包括要点分析、制作公司简介宣传片、让“公司简介”动起来、提高指导等内容。

第 9 章主要介绍如何制作公司营运企划书，包括要点分析、制作计划书封面幻灯片、制作目录及前沿幻灯片、制作经营计划幻灯片、制作后续幻灯片、提高指导等内容。

第 10 章主要介绍如何制作新产品上市计划，包括要点分析、创建新产品上市计划演示文稿、编辑新产品上市计划演示文稿、保护演示文稿、打印演示文稿、提高指导等内容。

第 11 章主要介绍如何制作相册式产品简报，包括要点分析、制作相册式产品简报、发布相册式产品简报、提高指导等内容。

第 12 章主要介绍如何制作产品促销短片，包括要点分析、设计短片背景、布局短片页面、添加短片促销产品、添加产品视频、添加背景音乐、提高指导等内容。

第 13 章主要介绍如何制作销售业绩分析表，包括要点分析、制作销售业绩分析表、添加和美化图表、打印销售业绩分析表、提高指导等内容。

第 14 章主要介绍如何制作项目进度报告，包括要点分析、制作项目报告的文字说明幻灯片、制作项目范围和组织幻灯片、借助表格制作项目责任分配幻灯片、借助甘特图制作项目进度幻灯片、制作项目风险控制幻灯片、设置动画效果、提高指导等内容。

第 15 章主要介绍如何制作公司博客，包括要点分析、设计博客导航栏、制作博客主体内容、设置导航栏的链接功能、提高指导等内容。

3．本书特色与优点

本书是一线师生和专业从事多媒体开发的人员编写的教材，从学习者的角度来看，本书有以下几个特点。

(1) 立体教学，全面指导。本书采用“要点分析+实例操作+提高指导+习题测试”的四维立体教学方式，全方位陪学陪练。书中使用醒目的标注对重点、要点内容进行提示，可帮助读者明确学习重点，省时贴心。

(2) 典型实用，即学即会。本书以实例为线索，利用实例将多媒体演示制作的技术串联起来，进行讲解。书中选用的案例都非常典型、实用，读者完全可以将这些共性的制作思路和方法直接移植到自己的实际工作中。

(3) 配有光盘，保障教学。本书配有光盘，其中提供了电子教案，便于老师教学使用；并提供源代码及素材，便于学生上机调试。

4．本书读者定位

本书既可作为大中专院校的教材，也可作为各类培训班的培训教程。此外，本书也非常适合于使用 PowerPoint 制作多媒体演示的办公人员、广大专业多媒体设计人员以及自学人员参考阅读。

本书由科教工作室组织编写，全书框架结构由刘菁拟定。陈杰英、陈瑞瑞、崔浩、费容容、高尚兵、韩春、何璐、黄璞、黄纬、刘兴、钱建军、孙美玲、谭彩燕、王红、杨柳、杨章静、俞娟、张蓉、张芸露、朱俊等同志(按姓名拼音顺序)参与了本书的创作和编排等事务。

由于作者水平有限，书中难免存在不当之处，恳请广大读者批评指正。任何批评和建议请发至 kejiaostudio@126.com。

编　者

目 录

第 1 章

掌握 PowerPoint 基础知识

PowerPoint 是 Microsoft Office 办公软件之一，与 Word、Excel 形成三足鼎立。PowerPoint 是一款功能强大、操作简单的演示文稿设计软件，利用它可以让本来枯燥无味的设计工作变得轻松有趣。下面将带大家走进 PowerPoint 的神奇世界，了解其最基本的操作界面与功能。

本章主要内容

- PowerPoint 2010 工作界面
- PowerPoint 文档的基本操作
- PowerPoint 的视图方式
- 获取 PowerPoint 程序帮助

1.1 PowerPoint 概述

PowerPoint(PPT)是用来制作和演示幻灯片的软件，是 Microsoft 公司推出的 Office 系列产品之一。它能够制作出集文字、图形、图像、声音以及视频剪辑等多媒体元素于一体的出色演示文稿，把自己所要表达的理念组织在一组图文并茂的画面中，然后在投影仪上放映出来，或打印出来，抑或制作成胶片，以运用到更广泛的领域。

使用 Microsoft PowerPoint 2010，用户可以用比以往更多的方式创建动态演示文稿并进行共享。新添加的音频和可视化功能，可以帮助用户轻松制作出更具有观赏性能的演示文稿。此外，用户还可以与其他人员同时工作，并在演示文稿制作完成后将其发布到 Web 上。

1.1.1 了解 PowerPoint 的新增功能

本书要为大家介绍的是 2010 版的 PowerPoint 软件，相比以往的 PowerPoint 程序，PowerPoint 2010 新增了以下功能及优点。

1. 创建、管理演示文稿

- 在新增的 Backstage 视图(又称“受保护的视图”)中管理文件。
- 与他人共同制作演示文稿。
- 自动保存演示文稿的多种版本。
- 将幻灯片组织为逻辑节。
- 合并和比较演示文稿。
- 在不同窗口中使用单独的 PowerPoint 演示文稿文件。

2. 丰富演示文稿内容

- 在演示文稿中嵌入、编辑和播放视频与音频文件。
- 剪裁视频或音频剪辑。
- 在视频或音频剪辑中使用书签。
- 在演示文稿中插入、编辑、裁剪图片。
- 在幻灯片中插入屏幕截图。
- 使用 SmartArt 图形图片进行布局。
- 使用三维动画图形效果切换。
- 为幻灯片中的对象设置或复制/粘贴动画效果。
- 为幻灯片设置切换效果。
- 使用动作按钮或超链接定位幻灯片。

3. 保存、共享演示文稿

- 以多种版本格式(如视频、图片、PDF 等文件)保存并发布演示文稿。
- 广播幻灯片。

- 控制幻灯片放映。
- 打包演示文稿以实现共享。

1.1.2　启动 PowerPoint 程序

启动 PowerPoint 2010 的方法主要有以下几种。

- 在电脑桌面上选择“开始”|“所有程序”| Microsoft Office | Microsoft PowerPoint 2010 命令，启动 PowerPoint 2010 程序。
- 在电脑桌面上双击 PowerPoint 2010 程序的快捷方式图标，快速启动该程序，如图 1.1 所示。
- 通过双击已经存在的 PowerPoint 2010 文档，也可以启动 PowerPoint 2010 程序，如图 1.2 所示。

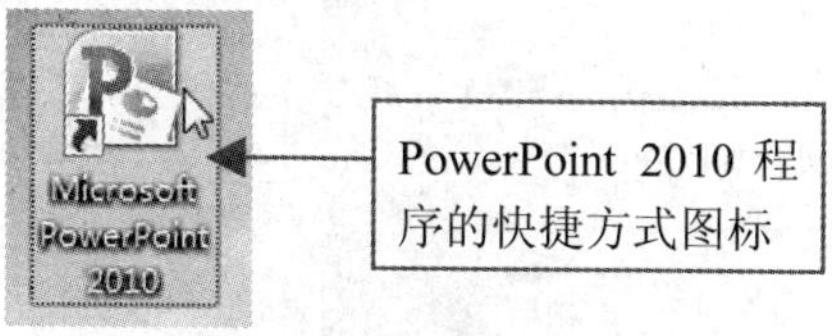

图 1.1　双击快捷方式图标启动 PowerPoint

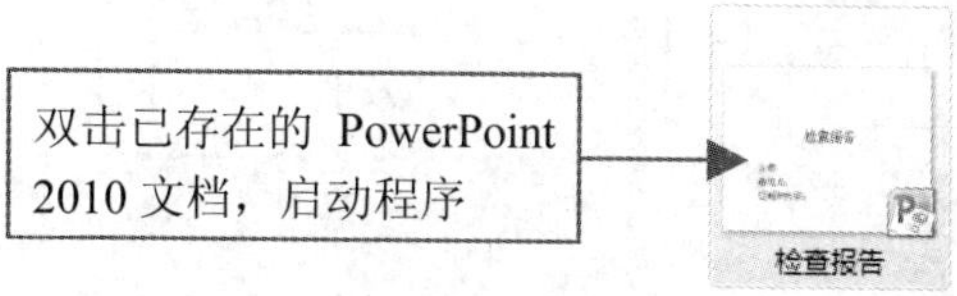

图 1.2　双击已有 PowerPoint 文档启动 PowerPoint

1.1.3　退出 PowerPoint 程序

退出 PowerPoint 2010 程序，就是要关闭所有打开的演示文稿。用户可以通过下述两种方法来实现。

- 在 PowerPoint 2010 窗口中，选择“文件”|“退出”命令，如图 1.3 所示，退出 PowerPoint 2010 程序。
- 在任务栏中右击 PowerPoint 2010 程序图标，从弹出的快捷菜单中选择“关闭窗口”命令，也可以退出 PowerPoint 2010 程序，如图 1.4 所示。

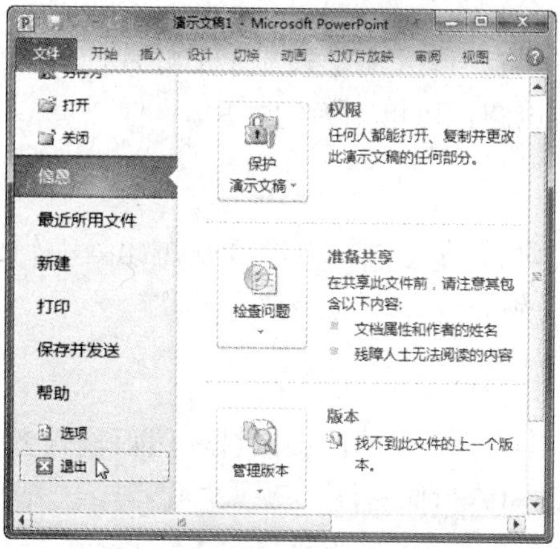

图 1.3　选择“退出”命令退出 PowerPoint

图 1.4　通过任务栏退出 PowerPoint

1.1.4 认识 PowerPoint 窗口

启动 PowerPoint 2010 程序后，系统将会以“普通”视图方式打开一个空白演示文稿。在该文档窗口中可以看见演示文稿的组成，包括标题栏、功能区、“幻灯片”选项卡/“大纲”选项卡、“幻灯片”窗格、“备注”窗格和状态栏等，如图 1.5 所示。

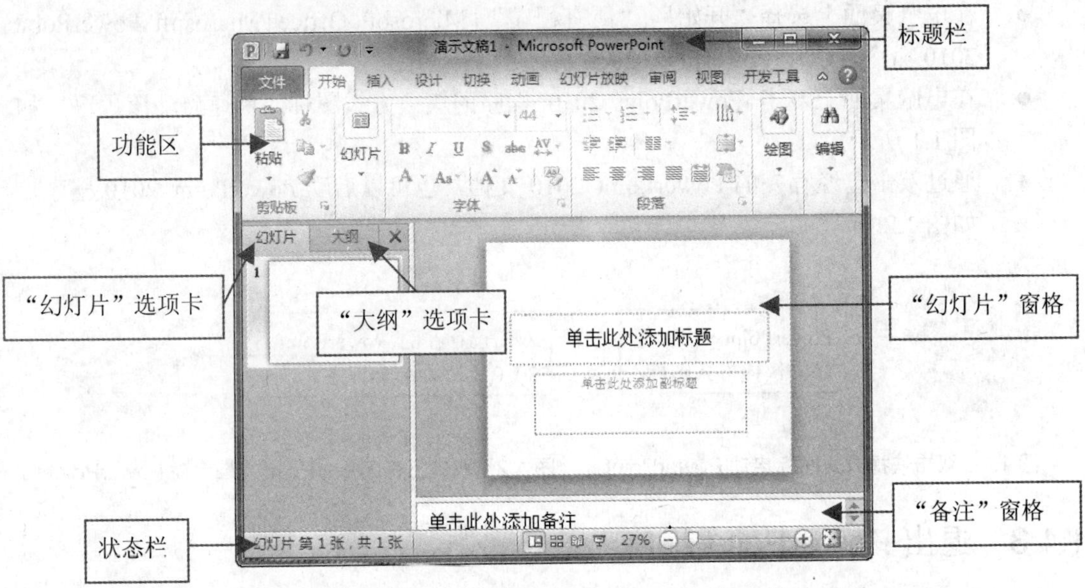

图 1.5 PowerPoint 2010 窗口

1. “幻灯片”选项卡

通常，一份演示文稿就是一个 PowerPoint 文件。一篇演示文稿中会有多张幻灯片，每张幻灯片上可以有文字、图形、表格等可以输入和编辑的对象。在“幻灯片”选项卡下可以进行幻灯片的切换、删除、新建、复制、移动等操作。

2. “大纲”选项卡

当切换到“大纲”选项卡后，在左侧选项卡中将会以大纲形式显示幻灯片，每张幻灯片都会在“大纲”选项卡中有一个图标，单击该图标可以切换幻灯片。

3. “幻灯片”窗格

在“幻灯片”窗格中显示的是当前选择的幻灯片的大图。用户可以在此处编辑幻灯片，如插入文本、图片、表格、超链接、视频、音频等。

4. “备注”窗格

“备注”窗格用于显示幻灯片的注释内容。用户只需要单击该区域，然后输入备注内容即可。如果已有备注，单击该区域后，可以修改和编辑原备注。

5. 状态栏

状态栏位于应用程序窗口的下端。PowerPoint 中的状态栏与其他 Office 软件中的略有不同，而且在 PowerPoint 的不同运行阶段，状态栏会显示不同的信息，如图 1.6 所示。

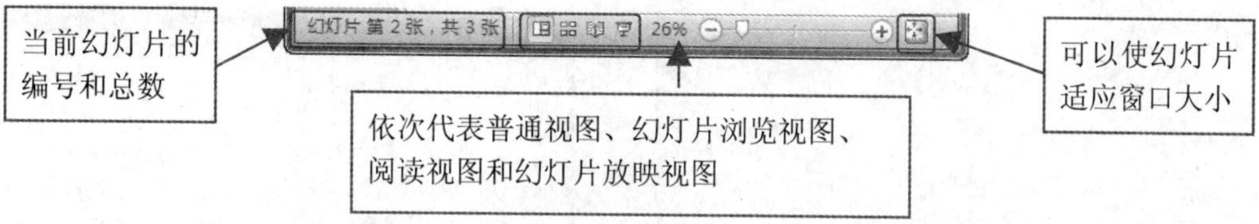

图 1.6　PowerPoint 2010 的状态栏

1.2　掌握 PowerPoint 文档的基本操作

PowerPoint 文档的基本操作包括创建演示文稿、保存演示文稿、打开演示文稿、切换演示文稿视图窗口、关闭演示文稿窗口等。

1.2.1　创建演示文稿

在 PowerPoint 2010 中，用户既可以创建空白演示文稿，也可以创建基于模板的演示文稿。

1. 创建空白演示文稿

创建空白演示文稿的方法如下。

- 按 Ctrl+N 组合键创建空白演示文稿。
- 单击标题栏中的“自定义快速访问工具栏”按钮，从弹出的菜单中选择“新建”命令，如图 1.7 所示，将“新建”按钮添加到快速访问工具栏。再单击“新建”按钮，也可以创建空白演示文稿，如图 1.8 所示。

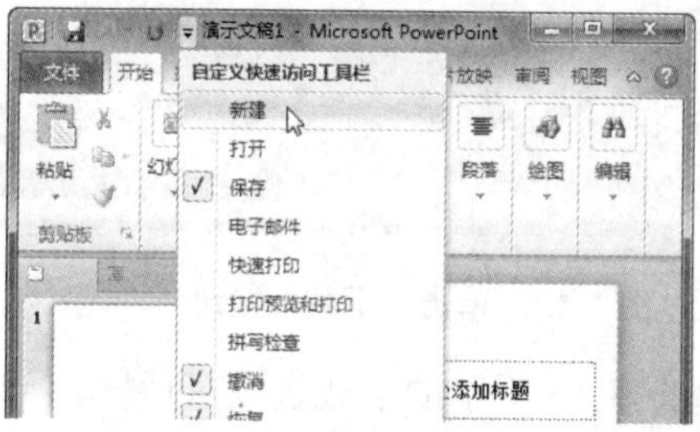

图 1.7　选择“新建”命令

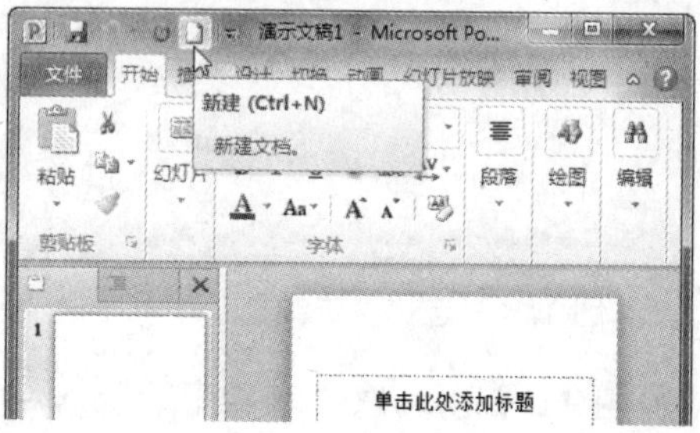

图 1.8　使用“新建”按钮创建空白演示文稿

- 选择“文件”|“新建”命令，接着在中间窗格中单击“空白演示文稿”选项，再在右侧窗格中单击“创建”按钮，即可创建空白演示文稿了，如图 1.9 所示。

2. 根据模板创建演示文稿

在 PowerPoint 中内置了很多演示文稿模板，用户可以根据这些模板创建带有格式的演示文稿，然后再进行编辑修改，省时省力。

步骤 1　启动 PowerPoint 2010 程序，然后选择“文件”|“新建”命令，接着在中间窗

格中选择演示文稿模板类型，例如单击“贺卡”选项，如图 1.10 所示。

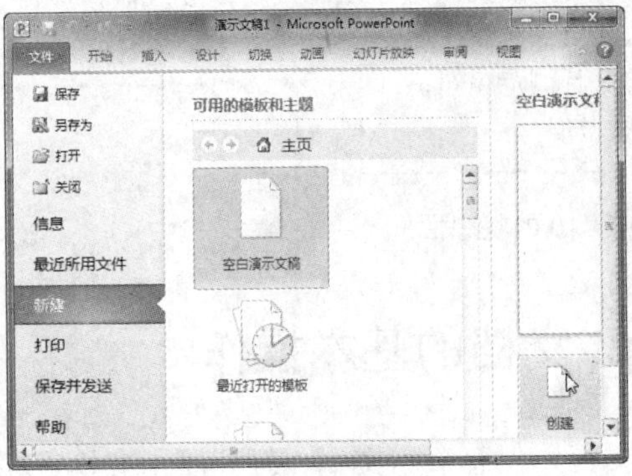

图 1.9　创建空白演示文稿

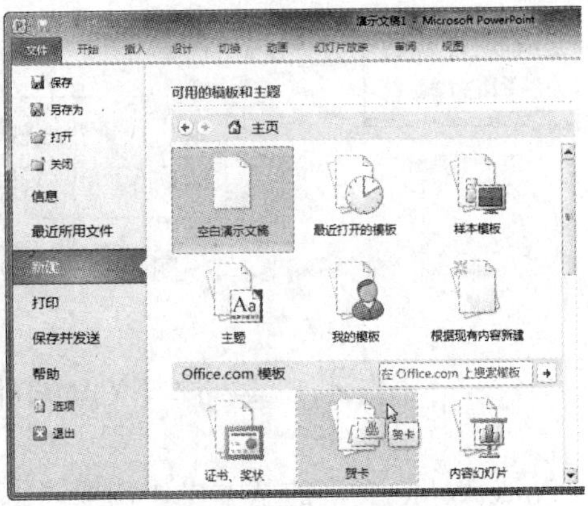

图 1.10　选择演示文稿模板类型

步骤 2　在展开的“贺卡”窗格中选择贺卡类别，这里单击“节日”选项，如图 1.11 所示。

步骤 3　这时将会列出系统中的贺卡模板，选择要使用的模板，再单击“下载”按钮，如图 1.12 所示。

图 1.11　选择贺卡类别

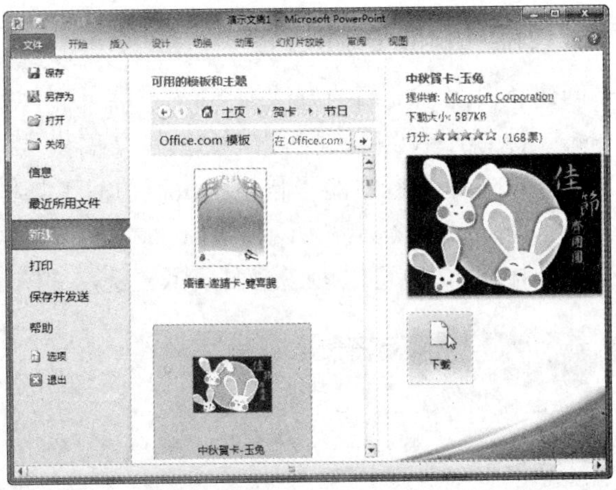

图 1.12　单击“下载”按钮

步骤 4　程序开始下载选中的模板，并弹出如图 1.13 所示的下载进度对话框。

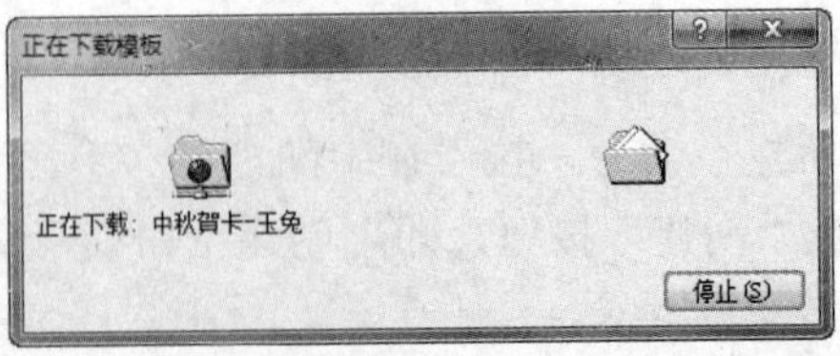

图 1.13　下载进度对话框

步骤 5　模板下载完成后，将会新建一个名为“演示文稿 2”的新演示文稿，如图 1.14 所示。

图 1.14　根据模板创建一个演示文稿

1.2.2　保存演示文稿

演示文稿创建好以后，可以先将文稿保存起来，这样可以避免在机器出现突发故障时丢失演示文稿。保存演示文稿的具体操作步骤如下。

步骤 1　在要保存的演示文稿窗口中选择“文件”|“保存”命令，如图 1.15 所示。

步骤 2　弹出“另存为”对话框，选择文件保存位置，接着在“文件名”文本框中输入文件名称，并设置文件的“保存类型”为“PowerPoint 演示文稿”，再单击“保存”按钮，如图 1.16 所示。

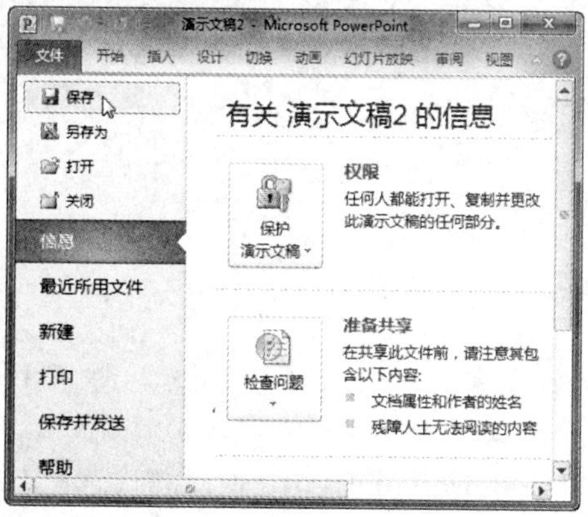

图 1.15　选择“保存”命令

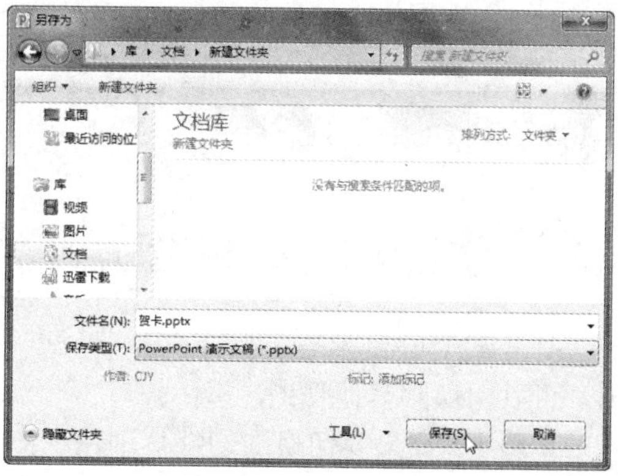

图 1.16　保存演示文稿

技 巧

若用户是第一次保存演示文稿，单击快速访问工具栏中的“保存”按钮，或按 Ctrl+S 组合键，也可以打开“另存为”对话框。在编辑演示文稿的过程中单击“保存”按钮或按 Ctrl+S 组合键，可以保存前面的修改。

若不是第一次保存演示文稿，则可以通过选择“文件”|“另存为”命令来打开“另存为”对话框。

1.2.3 打开演示文稿

打开演示文稿最简单的方法是在文档的保存位置双击文档图标将其打开。除此之外，还可以通过下述操作将其打开。

步骤 1 启动 PowerPoint 2010 程序，然后选择“文件”|“打开”命令，如图 1.17 所示。

步骤 2 弹出“打开”对话框，从中选择要打开的文件，再单击“打开”按钮，如图 1.18 所示。

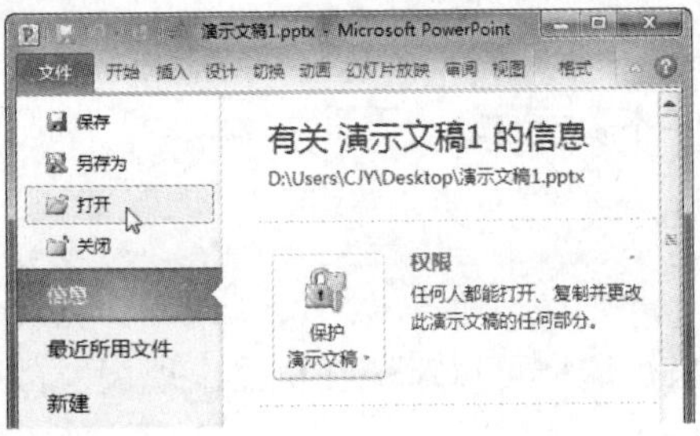

图 1.17 选择“打开”命令

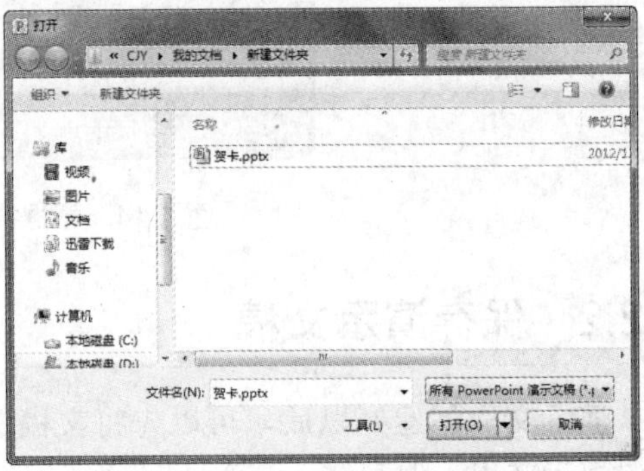

图 1.18 打开已有的演示文稿

技 巧

使用下述方法，也会弹出“打开”对话框。

- 在标题栏中单击“自定义快速访问工具栏”按钮，从弹出的菜单中选择“打开”命令，将其添加到快速访问工具栏中。然后在快速访问工具栏中单击“打开”按钮，即会弹出“打开”对话框。
- 按 Ctrl+O 组合键。

1.2.4 切换演示文稿视图方式

打开某个已存在的演示文稿，默认进入的是普通视图，如图 1.19 所示。通过下述操作，可以切换到其他视图。

步骤 1 如果要切换到幻灯片浏览视图，可以在 PowerPoint 2010 窗口的状态栏中单击“幻灯片浏览”按钮，进入幻灯片浏览视图，效果如图 1.20 所示。

步骤 2 若要切换到阅读视图，可以在“视图”选项卡下的“演示文稿视图”选项组中单击“阅读视图”按钮，如图 1.21 所示。

步骤 3 进入阅读视图，窗口中正在放映演示文稿，如图 1.22 所示。

步骤 4 若要退出阅读视图，可以在窗口空白处右击，从弹出的快捷菜单中选择“结束放映”命令，如图 1.23 所示，或是按 Esc 键返回幻灯片浏览视图。

步骤 5 若要查看备注内容，可以进入备注页视图，方法是在“视图”选项卡下的“演示文稿视图”选项组中单击“备注页”按钮，如图 1.24 所示。

图 1.19　普通视图

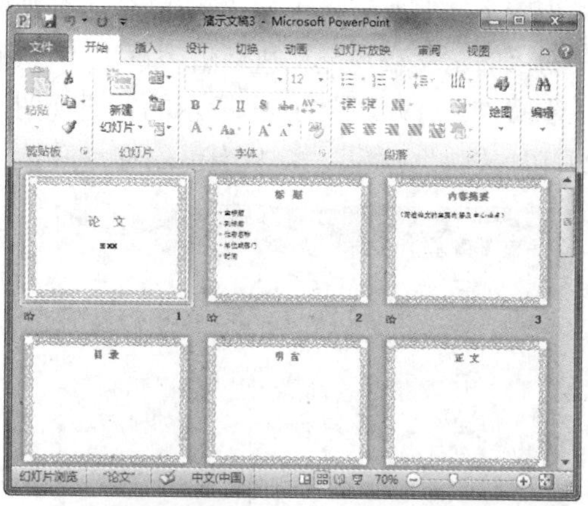

图 1.20　幻灯片浏览视图

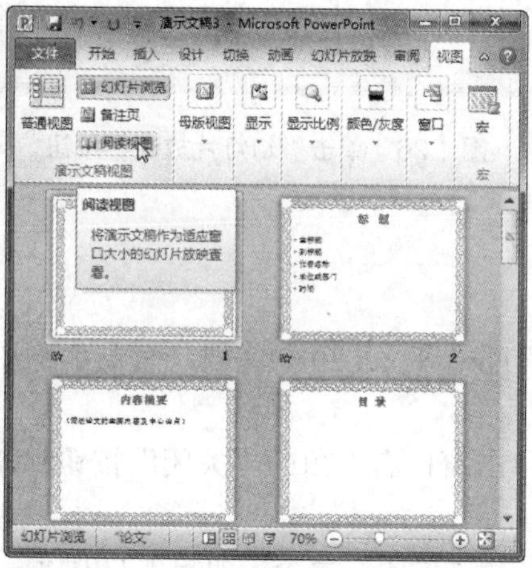

图 1.21　单击“阅读视图”按钮

图 1.22　阅读视图

图 1.23　结束放映

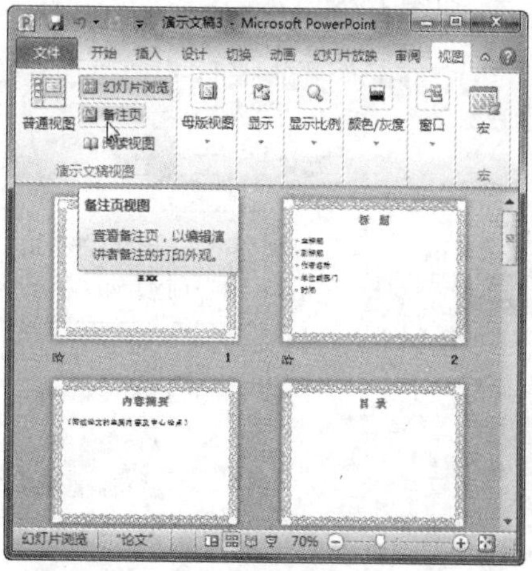

图 1.24　单击“备注页”按钮

步骤 6 进入如图 1.25 所示的备注页视图。若要返回普通视图，可以在“视图”选项卡下的“演示文稿视图”选项组中单击“普通视图”按钮。

步骤 7 进入如图 1.26 所示的普通视图。若要全屏放映幻灯片，可以单击状态栏中的“幻灯片放映”按钮，从当前幻灯片开始全屏放映。

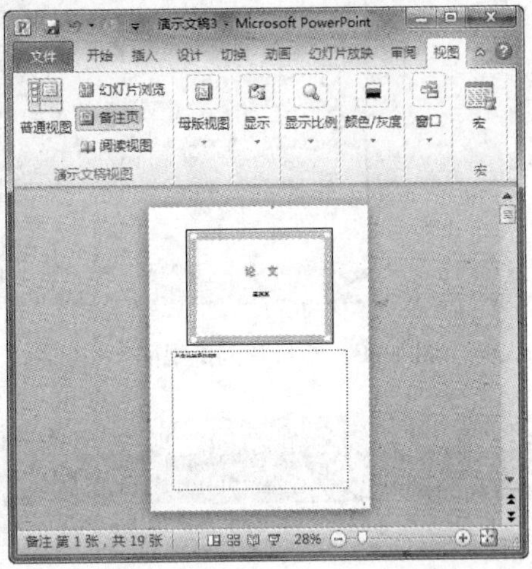

图 1.25 备注页视图

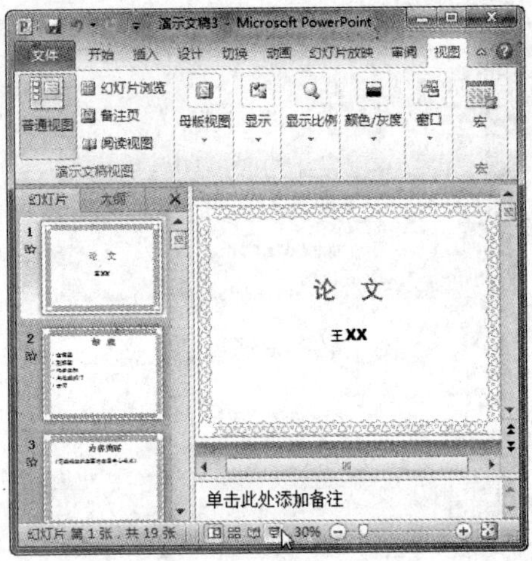

图 1.26 单击“幻灯片放映”按钮

1.2.5 关闭演示文稿窗口

在编辑演示文稿的过程中，若用户打开了多个 PowerPoint 2010 文档，而现在需要关闭某个演示文稿，可以通过以下几种方法来实现。

- 先切换到要关闭的演示文稿窗口，然后单击窗口右上角的“关闭”按钮，如图 1.27 所示。
- 在要关闭的演示文稿窗口中，选择“文件”|“关闭”命令，如图 1.27 所示。
- 在演示文稿窗口中右击标题栏空白处，从弹出的快捷菜单中选择“关闭”命令，如图 1.28 所示。

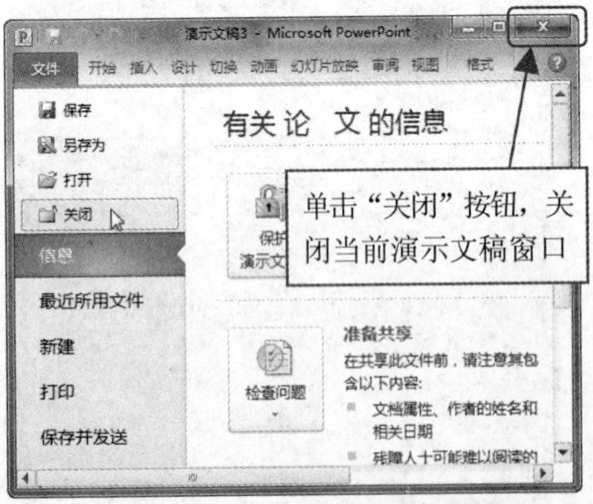

图 1.27 关闭演示文稿(1)

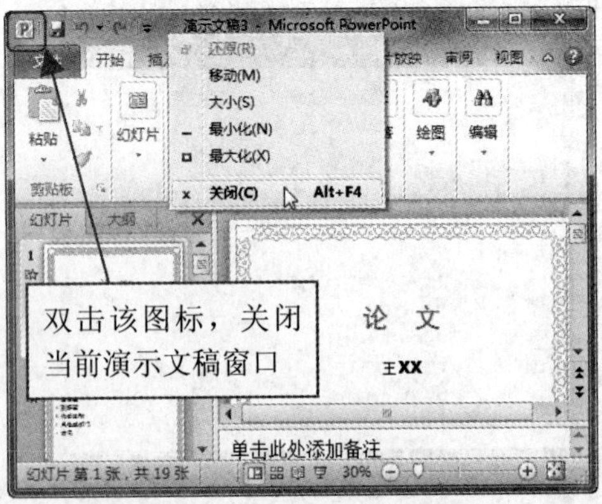

图 1.28 关闭演示文稿(2)

- 在演示文稿窗口中单击左上角的 PowerPoint 2010 程序图标，从弹出的菜单中选择“关闭”命令。
- 在演示文稿窗口中双击左上角的 PowerPoint 2010 程序图标，也可关闭演示文稿，如图 1.28 所示。

1.3　熟悉 PowerPoint 的视图方式

PowerPoint 2010 程序中提供了普通视图、幻灯片浏览视图、备注页视图、阅读视图、幻灯片放映视图、母版视图等可用于编辑、打印和放映演示文稿的视图方式，下面一起来熟悉一下吧。

1.3.1　普通视图

普通视图是主要的编辑视图，可用于编写和设计演示文稿。普通视图包括幻灯片视图和大纲视图两种方式，用户可以通过单击左侧窗格中的“幻灯片”选项卡、“大纲”选项卡进行切换。例如，单击“大纲”选项卡，即可切换到大纲视图方式，如图 1.29 所示。

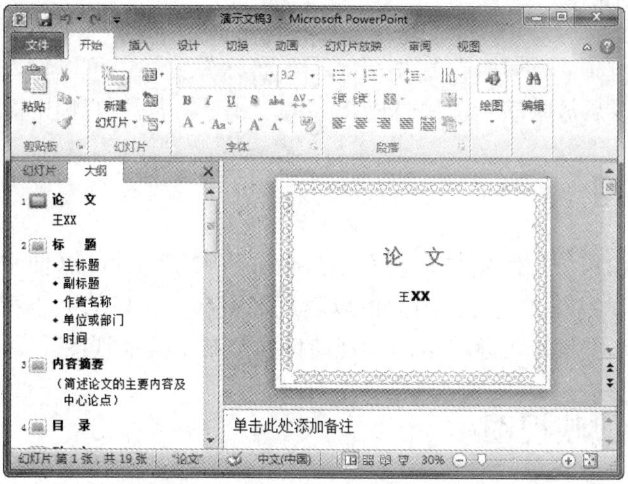

图 1.29　普通视图中的大纲视图方式

1.3.2　幻灯片浏览视图

在幻灯片浏览视图中可以查看缩略图形式的幻灯片，如图 1.30 所示。在此视图中，用户可以在创建演示文稿以及在准备打印演示文稿时，轻松地对演示文稿的顺序进行排列和组织。同时也可以添加节，然后按不同的类别或节对幻灯片进行排序。除此之外，还可以进行新建、复制、粘贴、发布、隐藏幻灯片等操作。

若要切换到幻灯片浏览视图方式，可以通过下述两种方法实现。

- 在状态栏中单击“幻灯片浏览”按钮，即可切换到幻灯片浏览视图方式。
- 在“视图”选项卡的“演示文稿视图”选项组中单击“幻灯片浏览”按钮，也可以切换到幻灯片浏览视图方式。

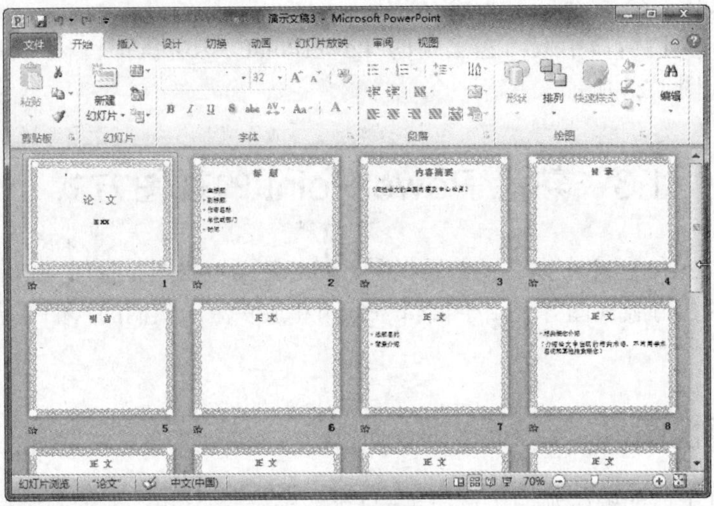

图 1.30　幻灯片浏览视图

1.3.3　备注页视图

“备注”窗格位于“幻灯片”窗格下。在“备注”窗格中可以输入要应用于当前幻灯片的备注内容，在以后放映演示文稿时进行参考，或是将备注打印出来分发给观众。

1.3.4　阅读视图

阅读视图是在窗口中放映幻灯片，而不是全屏放映幻灯片，这便于用户查看演示文稿的制作效果。在阅读视图方式下，用户可以随意调整放映窗口的大小和位置。在观看过程中，如果要更改演示文稿，可随时从阅读视图切换至某个其他视图。

1.3.5　幻灯片放映视图

幻灯片放映视图可用于向受众放映演示文稿。幻灯片放映视图会占据整个计算机屏幕，从中可以看到图形、视频、音频、动画效果和幻灯片切换效果等设置在实际演示中的具体效果。

1.3.6　母版视图

母版视图包括幻灯片母版视图、讲义母版视图和备注母版视图。母版是存储有关演示文稿的主题和幻灯片版式的所有信息的主要幻灯片，其中包括背景、颜色、字体、效果、占位符大小和位置。使用母版视图的一个主要优点在于，在母版中可以对与演示文稿关联的每张幻灯片、备注页或讲义的样式进行全局更改。

1.3.7　调整幻灯片的显示比例

当用户觉得视图窗口中的幻灯片大小与当前窗口不适应时，可以通过单击状态栏中的“缩小”按钮和“放大”按钮进行调整，如图 1.31 所示。除此之外，还可以通过下述方法进行调整。

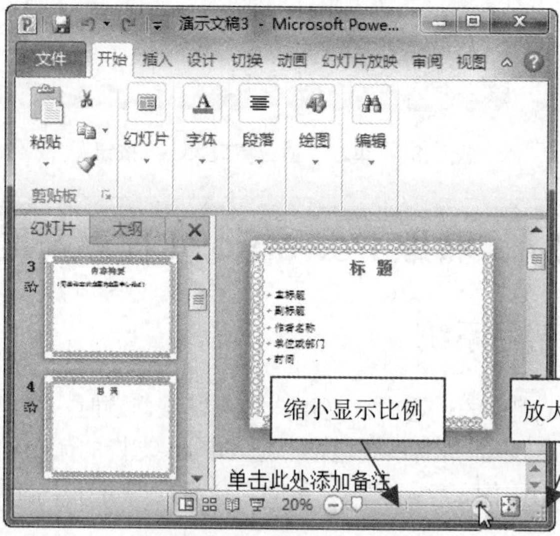

图 1.31　调整显示比例

步骤 1　在“视图”选项卡下的“显示比例”选项组中单击“显示比例”按钮，如图 1.32 所示。

步骤 2　弹出“显示比例”对话框，在“百分比”微调框中输入显示比例数值后，再单击“确定”按钮，如图 1.33 所示。

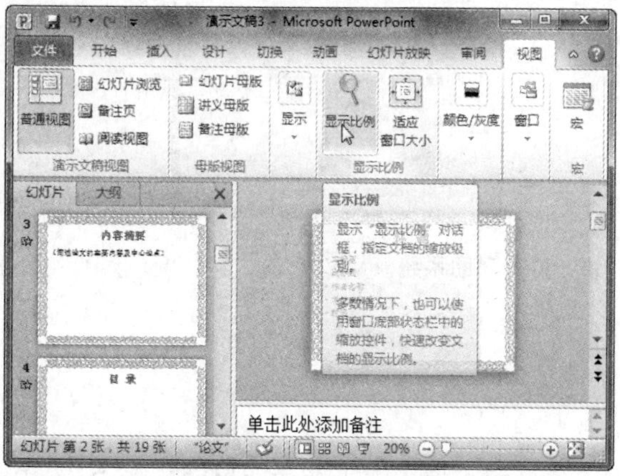

图 1.32　单击“显示比例”按钮

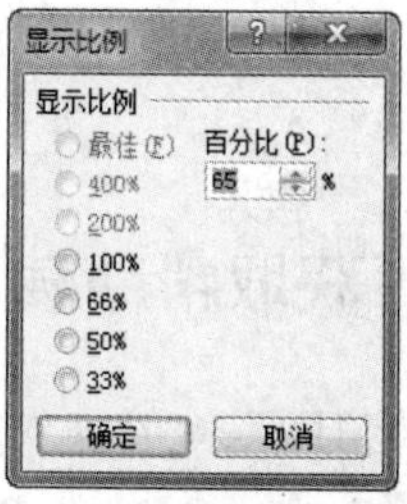

图 1.33　设置显示比例

步骤 3　若在“视图”选项卡下的“显示比例”选项组中单击“适应窗口大小”按钮，则可以使幻灯片根据当前窗口大小自动调整显示比例，如图 1.34 所示。

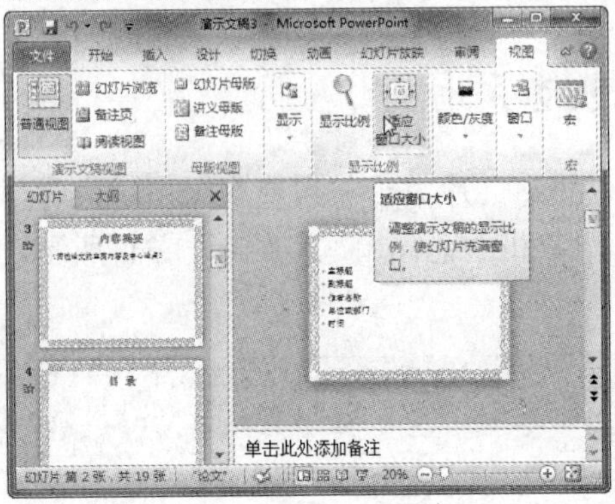

图 1.34 单击“适应窗口大小”按钮

1.4 获取 PowerPoint 程序帮助

1.4.1 Office 的帮助系统

在使用 PowerPoint 程序的过程中，当用户遇到疑难问题时，可以使用 Office 提供的帮助系统来解决问题。Office 的帮助系统包括一些 Office 支持的命令和 Office 工具，用户只需要在 PowerPoint 窗口中选择“文件”|“帮助”命令，即可在中间窗格中看到这些命令和工具，如图 1.35 所示。

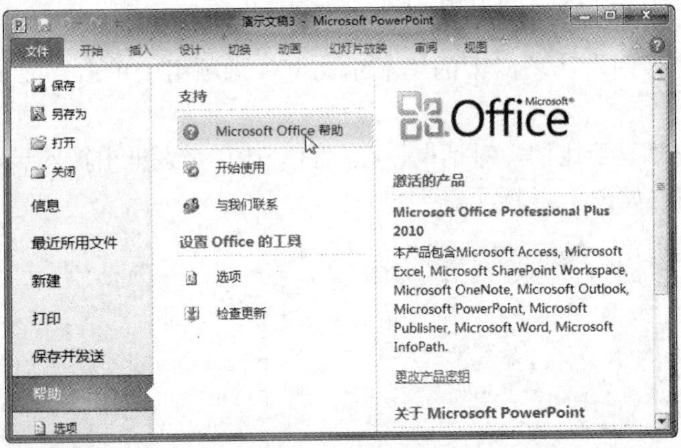

图 1.35 打开帮助系统

1.4.2 获取帮助信息

使用帮助系统的操作步骤如下。

步骤 1 启动 PowerPoint 2010 程序，然后单击窗口右上角的“Microsoft PowerPoint 帮助(F1)”按钮，如图 1.36 所示。

步骤 2 弹出“PowerPoint 帮助”窗口，浏览 PowerPoint 帮助主题，单击感兴趣的主题，例如单击“使用图表”链接，如图 1.37 所示。

图 1.36　单击“帮助”按钮

图 1.37　选择帮助主题

步骤 3　在弹出的窗口中选择更具体的主题，例如单击“快速入门：向演示文稿添加图表”链接，如图 1.38 所示。

步骤 4　这时会弹出如图 1.39 所示的窗口，其中显示了系统提供的帮助内容。

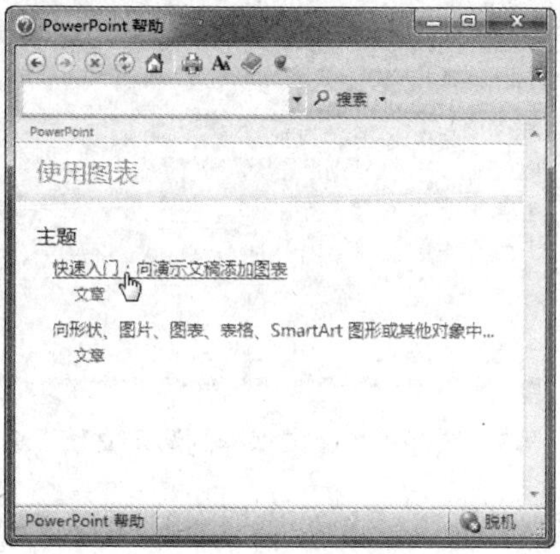

图 1.38　选择图表主题

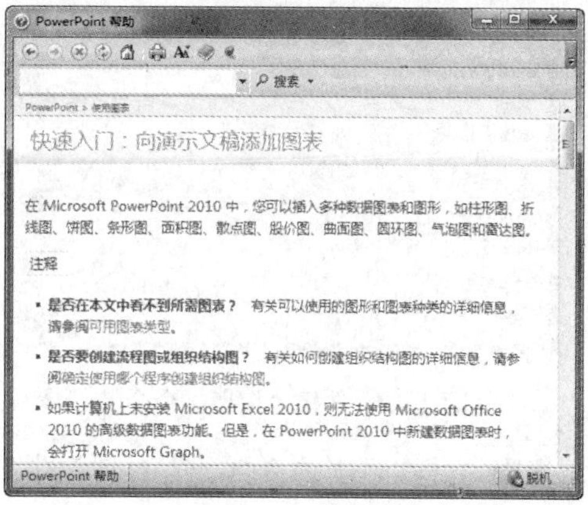

图 1.39　浏览帮助内容

步骤 5　如果在“PowerPoint 帮助”窗口中找不到需要的主题，可以在“搜索”文本框中输入帮助内容，然后单击“搜索”按钮进行搜索，如图 1.40 所示。

步骤 6　这时会在窗口中列出符合的搜索结果，如图 1.41 所示。单击某个主题链接，即可查看相应的内容。

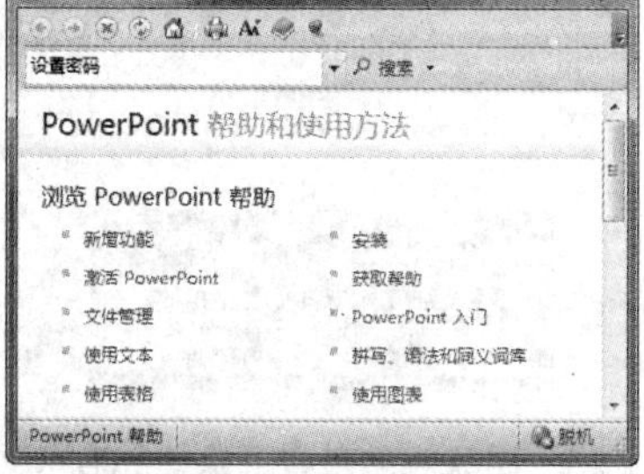

图 1.40　搜索帮助

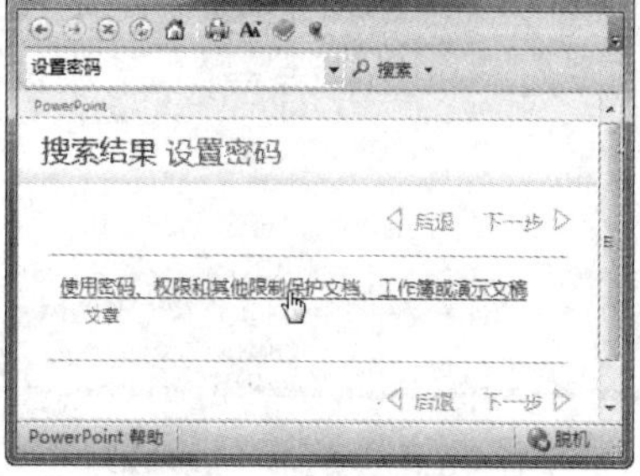

图 1.41　浏览搜索结果

1.5 提 高 指 导

1.5.1 恢复/删除未保存的演示文稿

若是读者辛辛苦苦编辑好的 PowerPoint 演示文稿还没来得及保存时，发生了忽然断电或是电脑死机的状况，就会导致编辑的演示文稿文件丢失。别担心，下面告诉大家一个恢复未保存演示文稿的方法，具体操作步骤如下。

步骤 1 启动 PowerPoint 程序，然后选择“文件”|“信息”命令，如图 1.42 所示。

步骤 2 在中间窗格中单击“管理版本”按钮，从弹出的菜单中选择“恢复未保存的演示文稿”命令，如图 1.43 所示。

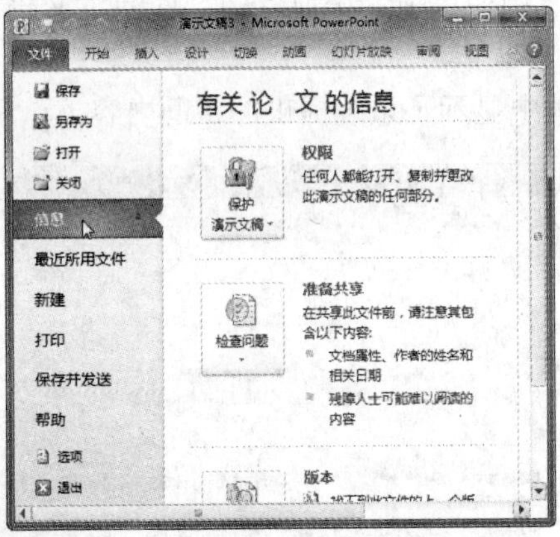

图 1.42 选择“信息”命令

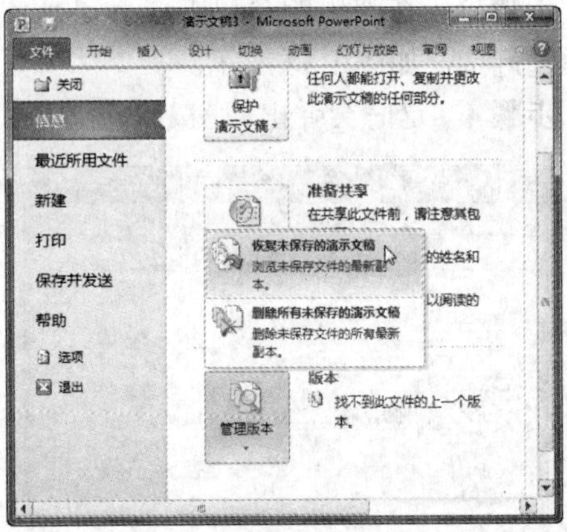

图 1.43 选择“恢复未保存的演示文稿”命令

步骤 3 在弹出的“打开”对话框中选择未保存的演示文稿的临时文件，再单击“打开”按钮即可，如图 1.44 所示。

步骤 4 若是要删除所有未保存的演示文稿，可以在步骤 2 中选择“删除所有未保存的演示文稿”命令，弹出如图 1.45 所示的对话框，单击“是”按钮，确认删除所有未保存的演示文稿。

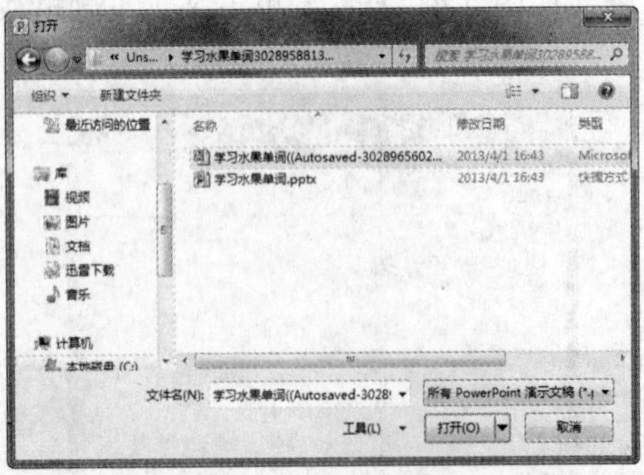

图 1.44 “打开”对话框

图 1.45 确认删除所有未保存的演示文稿

1.5.2　自动保存演示文稿

通过设置自动保存文档功能，可以让 PowerPoint 程序每隔一定时间自动保存用户编辑的演示文稿，这样即使突然遇到电脑死机或断电问题，也可以尽量找回编辑的演示文稿，将损失降到最低。设置自动保存演示文稿功能的具体操作步骤如下。

步骤 1　在 PowerPoint 窗口中选择“文件”|“选项”命令，如图 1.46 所示。

步骤 2　弹出“PowerPoint 选项”对话框，在左侧窗格中单击“保存”选项，接着在右侧窗格的“保存演示文稿”选项组中设置自动保存文件的格式和自动保存时间间隔，并选中“如果我没保存就关闭，请保留上次自动保留的版本”复选框，再设置自动恢复文件位置和默认文件位置，最后单击“确定”按钮，如图 1.47 所示。

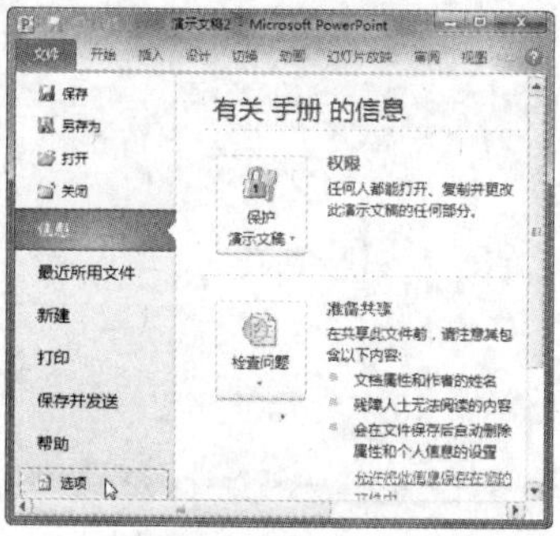

图 1.46　选择“选项”命令

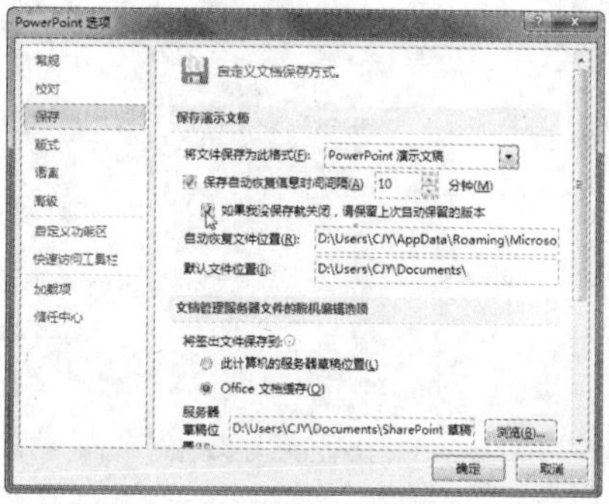

图 1.47　设置自动保存

1.5.3　在多个窗口中显示同一文件

如果演示文稿中的幻灯片过多，在编辑不同幻灯片时就需要多次切换幻灯片。为此，下面告诉大家一个新方法，可以为演示文稿新建一个或多个窗口，分别在不同的窗口中编辑不同的幻灯片。新建窗口的具体操作步骤如下。

步骤 1　在“视图”选项卡下的“窗口”选项组中单击“新建窗口”按钮，如图 1.48 所示。

步骤 2　这时将会为文件新打开一个窗口 2，如图 1.49 所示。再次单击“新建窗口”按钮，可以继续打开新窗口 3。依次类推，多次单击“新建窗口”按钮，就可以打开多个窗口。

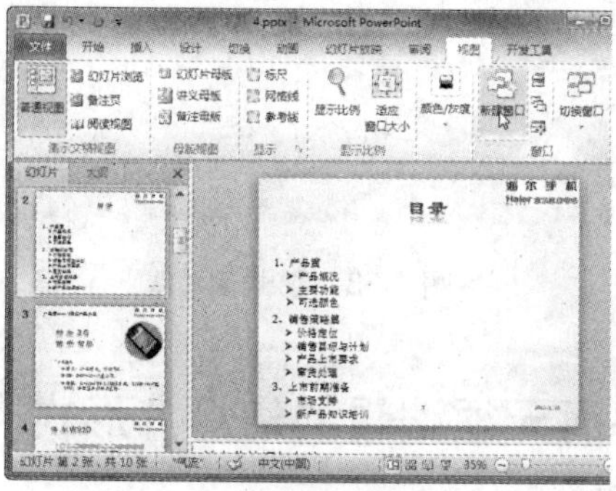

图 1.48　单击“新建窗口”按钮

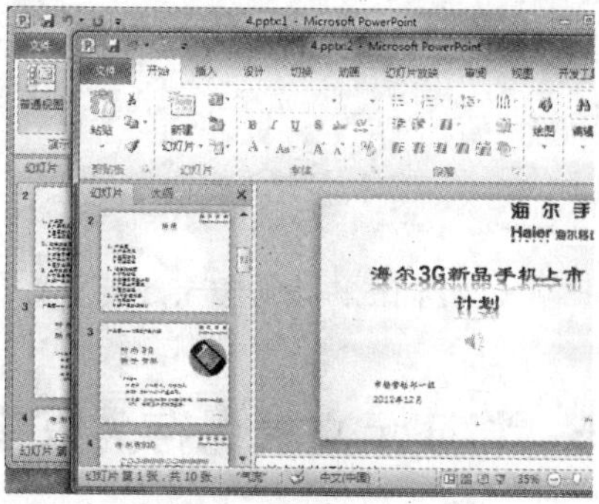

图 1.49　查看新建的窗口

1.5.4 显示标尺、网格线等可选窗口元素

在默认情况下，PowerPoint 2010 程序会隐藏标尺、网格线、参考线等可选窗口元素，用户可以根据自己的需要设置显示这些窗口元素，具体操作步骤如下。

步骤 1 在“视图”选项卡下的“显示”选项组中选中“标尺”复选框，即可显示标尺，如图 1.50 所示。

步骤 2 在“显示”选项组中选中“网格线”复选框，在幻灯片中即会出现如图 1.51 所示的网格。

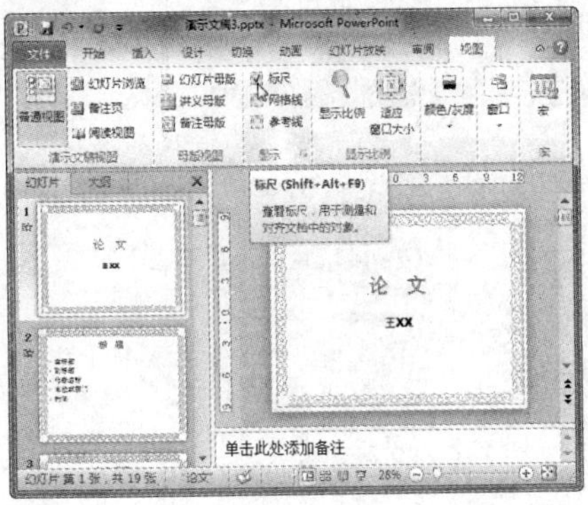

图 1.50 选中“标尺”复选框

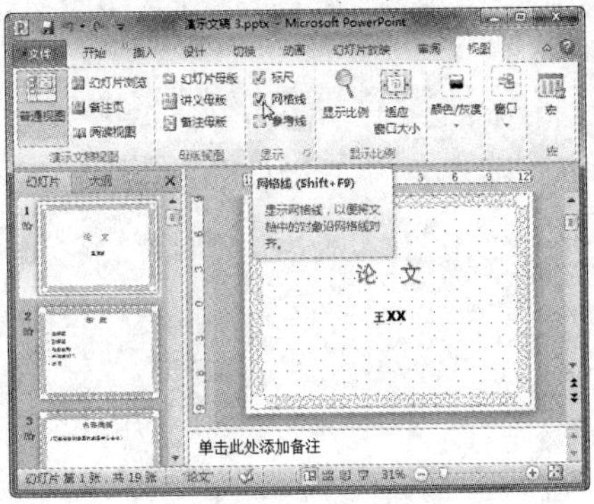

图 1.51 显示网格线

步骤 3 为了排版更整齐，也可以在幻灯片中显示出参考线，方法是在“显示”选项组中选中“参考线”复选框，如图 1.52 所示。

步骤 4 若要隐藏标尺、网格线、参考线，只需要在“显示”选项组中取消选中“标尺”、“网格线”、“参考线”复选框即可。如图 1.53 所示为隐藏了参考线后的幻灯片窗口。

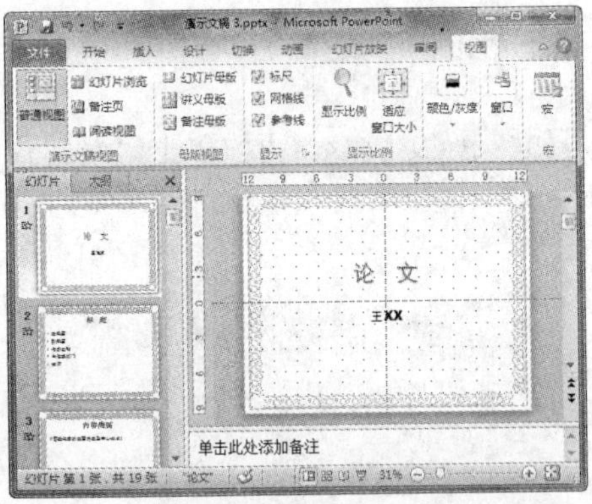

图 1.52 显示参考线

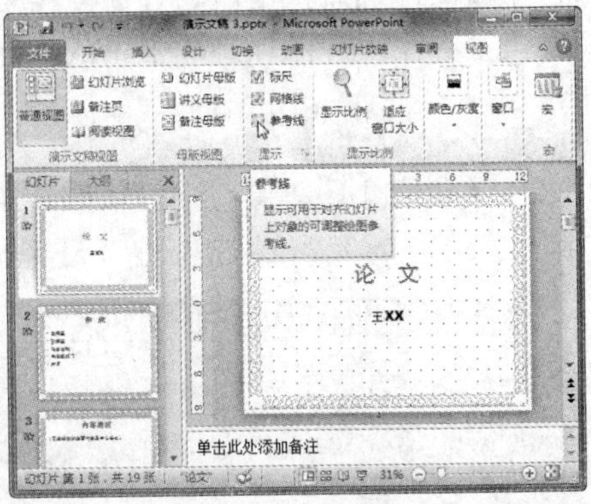

图 1.53 隐藏参考线

1.5.5 将演示文稿保存为只需要放映而无须编辑的幻灯片形式

如果不想播放的演示文稿再被编辑，可以将文件保存为只需要放映的形式。方法是在

文档窗口中选择“文件”|“保存并发送”|“更改文件类型”|“PowerPoint 放映(*.ppsx)”命令，这样就可将文件保存为以幻灯片放映形式打开，如图 1.54 所示。

图 1.54　更改文件类型

1.5.6　隐藏功能区

为了增大编辑窗口，可以将功能区隐藏起来，具体操作步骤如下。

步骤 1　在功能区的空白处右击，从弹出的快捷菜单中选择“功能区最小化”命令，即可隐藏功能区，如图 1.55 所示。

步骤 2　右击选项卡，从弹出的快捷菜单中取消“功能区最小化”命令前面的勾选，即可显示出功能区，如图 1.56 所示。

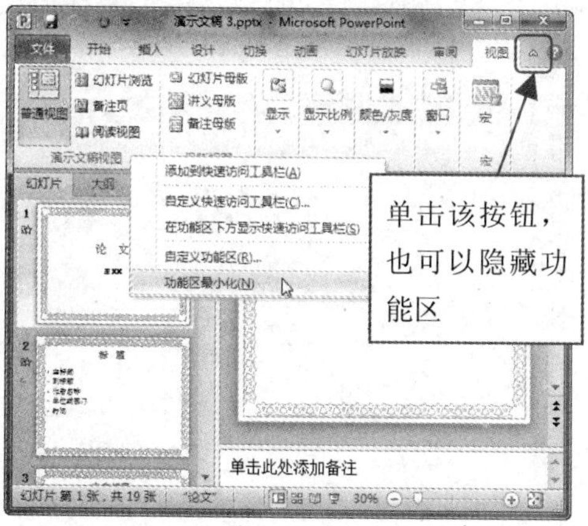

图 1.55　选择“功能区最小化”命令

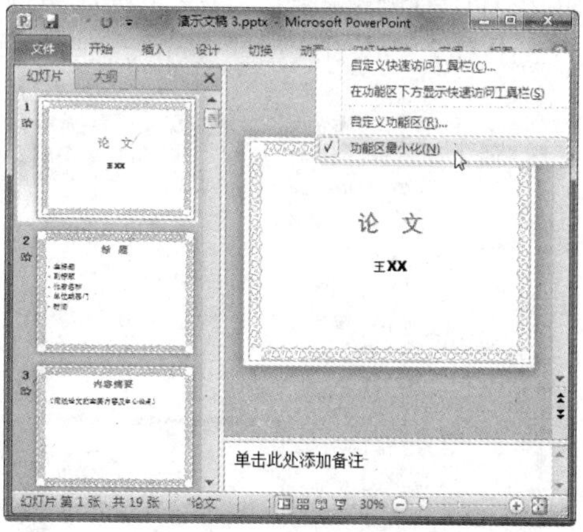

图 1.56　功能区被隐藏了

1.5.7　更改窗口配色方案

PowerPoint 2010 提供了三种配色方案：“蓝色”、“银色”和“黑色”。通过使用配色方案，所有文档的外观均会保持一致且具专业性。下面介绍更改配色方案的方法。

步骤 1 参考前面操作方法，打开“PowerPoint 选项”对话框，然后在左侧窗格中单击“常规”选项，接着在右侧窗格的“用户界面选项”选项组中将“配色方案”设置为“黑色”，如图 1.57 所示。

步骤 2 单击“确定”按钮，可以看到设置配色方案后的效果，如图 1.58 所示。

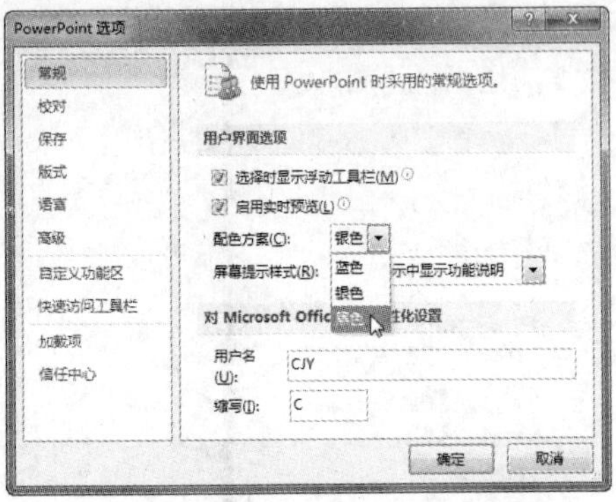

图 1.57　选择演示文稿的配色方案

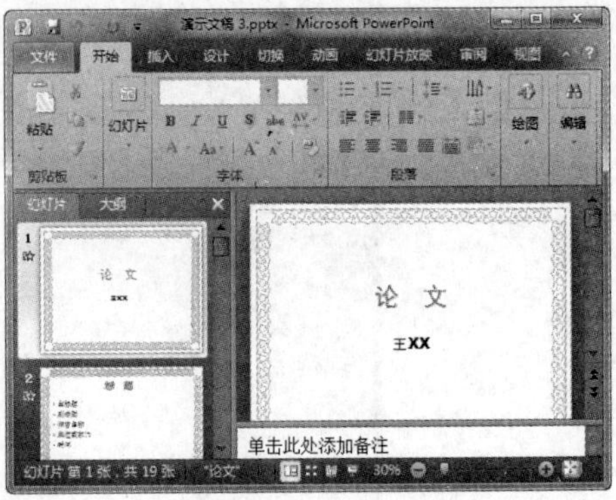

图 1.58　黑色方案

1.5.8　调整快速访问工具栏中的按钮顺序

在 PowerPoint 2010 中，不仅可以添加和删除快速访问工具栏中的按钮，还可以改变按钮之间的顺序，具体操作方法如下。

步骤 1 右击快速访问工具栏的空白处，从弹出的快捷菜单中选择“自定义快速访问工具栏”命令，如图 1.59 所示。

步骤 2 弹出“PowerPoint 选项”对话框，在左侧窗格中单击“快速访问工具栏”选项，接着在右侧窗格的“自定义快速访问工具栏”下拉列表框下方的列表框中选择要调整顺序的按钮，再单击“上”按钮▲或“下”按钮▼进行调节，如图 1.60 所示。

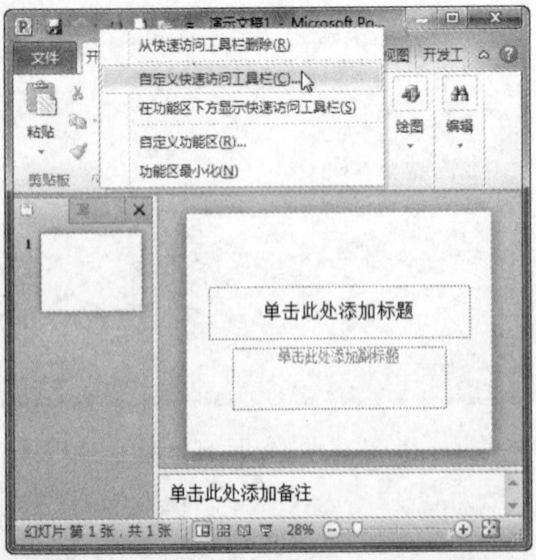

图 1.59　选择“自定义快速访问工具栏”命令

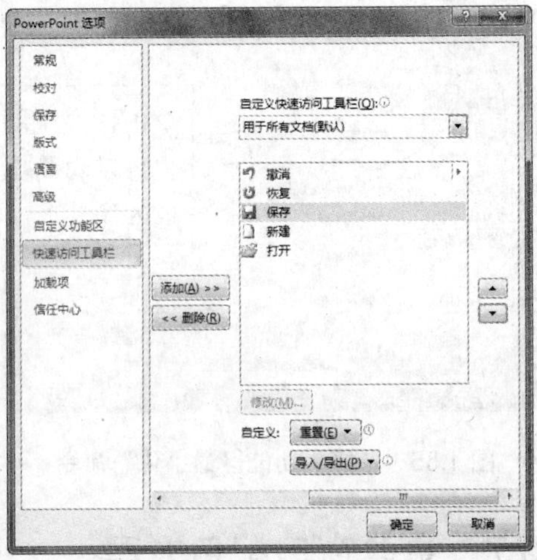

图 1.60　“PowerPoint 选项”对话框

步骤 3　调整完毕后单击“确定”按钮，返回 PowerPoint 操作界面，即可发现快速访问工具栏中的按钮顺序发生了变化，如图 1.61 所示。

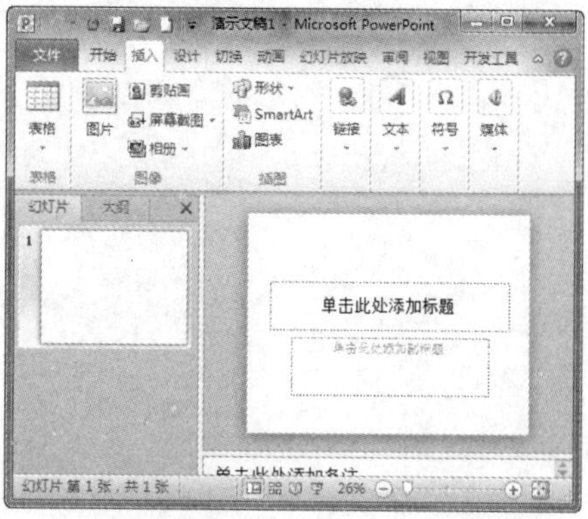

图 1.61　调整顺序后的快速访问工具栏

1.6　习　　题

一、选择题

(1)　在 PowerPoint 2010 程序中保存新建的演示文稿，文件默认的扩展名是(　　)。

A.　PPT　　　　B.　EXE

C.　BAT　　　　D.　PPTX

(2)　创建演示文稿的基本方法有(　　)种。

A.　1　　　　B.　2

C.　3　　　　D.　4

(3)　下面(　　)不是 PowerPoint 2010 的视图方式。

A.　普通视图　　　　B.　幻灯片浏览视图

C.　幻灯片放映视图　　　　D.　页面视图

(4)　在(　　)视图方式下能实现在一个屏幕中显示多张幻灯片。

A.　幻灯片视图　　　　B.　大纲视图

C.　幻灯片浏览视图　　　　D.　备注页视图

(5)　在 PowerPoint 2010 程序中，可以通过按 Ctrl+(　　)组合键来新建一个 PowerPoint 演示文稿。

A.　S　　　　B.　M

C.　N　　　　D.　O

二、实训题

(1)　新建一个名为“广告策划”的空白演示文稿。

(2)　根据“报表”模板建立一个演示文稿，然后练习使用不同的视图方式查看演示文稿。

第 2 章

经典实例：制作古诗词曲鉴赏课件

如今被保留下来的古诗词曲都是经历五千年历史沉淀下来的精华，是当时的社会背景、作者思想和情感的浓缩。在如今人人平等的社会环境下来鉴赏这些古诗词曲，不仅要感知诗词的意象，主要体会作者抒发的情感，感悟诗词蕴含的哲理等。为了让学生更好地学会评析古诗词曲，授课老师可以借助精美、有趣的鉴赏课件来教学。

本章主要内容

- 根据模板新建演示文稿
- 制作生字幻灯片
- 制作古诗鉴赏幻灯片
- 制作朗诵辅助幻灯片
- 保存当前主题
- 将表格转换为图形
- 从网页中导入文本
- 删除图片自身的背景

2.1 要 点 分 析

本章的案例是制作古诗词曲鉴赏课件，受众是小学生。由于小学生认识的汉字有限，因此在学新知识之前要先教他们认识生字，这就需要给生字添加拼音，以便小学生自己拼读。此外，小学生接触的古诗一般较少，对历史环境也不是很了解，因此需要老师将词语注解、作者介绍、句段赏析、古诗评析等内容直接告诉他们，这些内容直接在文本框或占位符中输入即可。在领读古诗时，还可以通过超链接添加一些有趣的相片短片，以吸引学生。

2.2 制作古诗词曲鉴赏课件

2.2.1 新建课件演示文稿

为了方便在教师队伍中推广 PowerPoint 程序，PowerPoint 2010 按中小学科目提供了很多课件模板。下面以小学语文古诗模板为例，创建课件演示文稿，具体操作步骤如下。

步骤 1 启动 PowerPoint 2010 程序，选择“文件”|“新建”命令，接着在中间窗格中单击“学术”选项，如图 2.1 所示。

步骤 2 在“学术”窗格中单击“小学语文”选项，如图 2.2 所示。

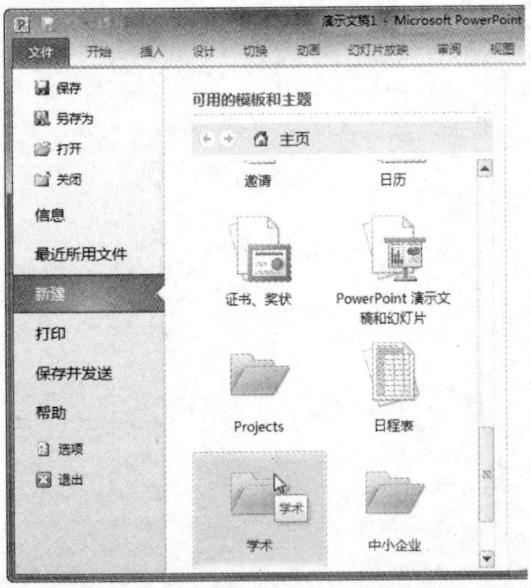

图 2.1 单击“学术”选项

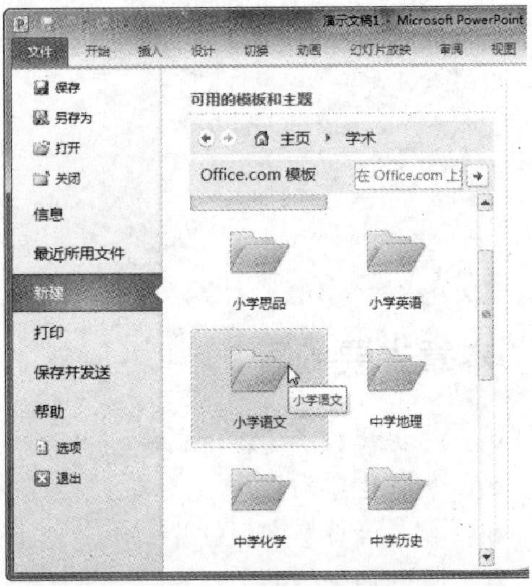

图 2.2 单击“小学语文”选项

步骤 3 在“小学语文”窗格中选择要使用的模板，这里单击“小学语文-古诗文-主页型”选项，接着在右侧窗格中单击“下载”按钮，如图 2.3 所示。

步骤 4 开始下载模板，并弹出如图 2.4 所示的下载进度对话框。

步骤 5 模板下载完成后，将会自动弹出一个根据模板新建的演示文稿，如图 2.5 所示。

步骤 6　在“设计”选项卡下的“主题”选项组中单击“其他”按钮，从弹出的菜单中选择一个自定义主题，如图 2.6 所示。

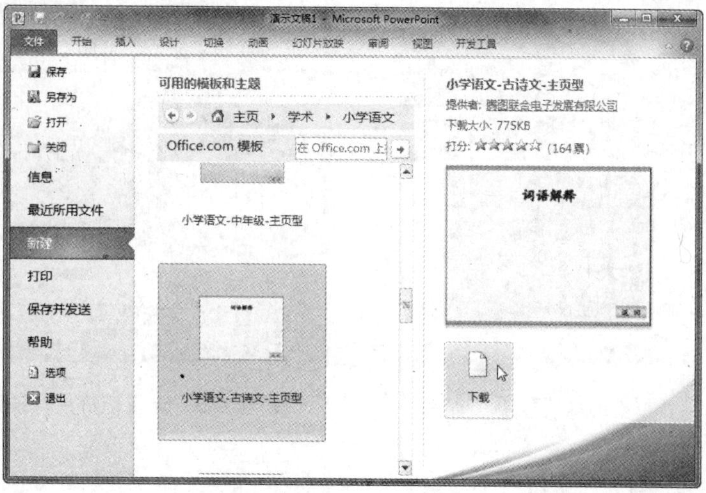

图 2.3　选择模板

图 2.4　下载进度对话框

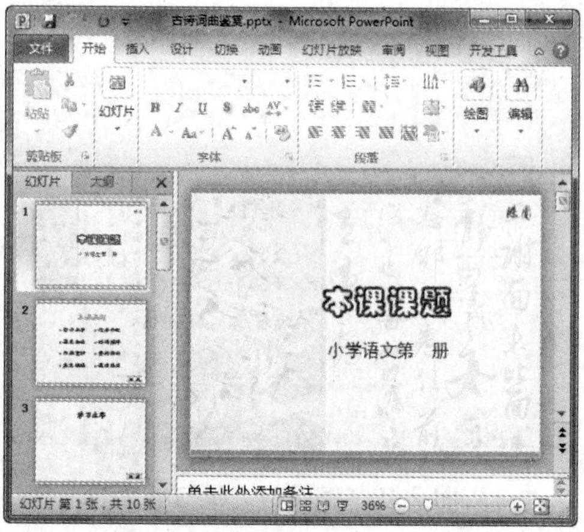

图 2.5　根据模板新建的演示文稿

图 2.6　应用主题

步骤 7　在“设计”选项卡下的“背景”选项组中单击“背景样式”按钮，从弹出的菜单中选择“重置幻灯片背景”命令，如图 2.7 所示。

步骤 8　这时会发现首张幻灯片的背景也改变了，效果如图 2.8 所示。

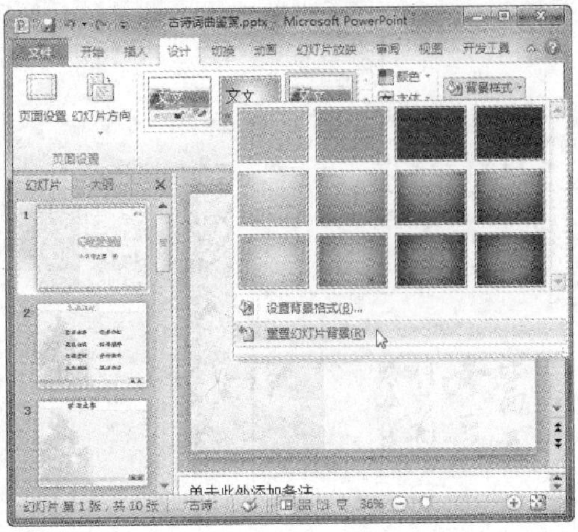

图 2.7　选择“重置幻灯片背景”命令

图 2.8　重置幻灯片背景后的效果

2.2.2　制作生字幻灯片

由于本案例的受众是小学生，在学习新课知识之前，老师通常需要先教他们认识生字。为此，下面来制作生字幻灯片，具体操作步骤如下。

步骤 1　单击第 1 张幻灯片，然后修改主、副标题，如图 2.9 所示。

步骤 2　单击第 2 张幻灯片，然后修改标题，并根据需要修改目录内容，如图 2.10 所示。

图 2.9　编辑第 1 张幻灯片

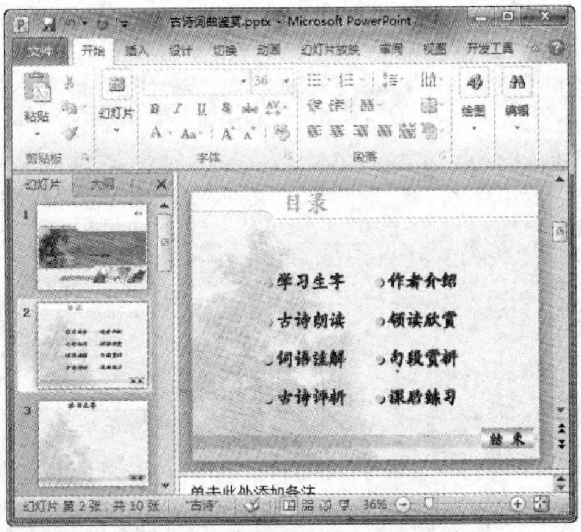

图 2.10　编辑第 2 张幻灯片

步骤 3　单击第 3 张幻灯片，然后在“插入”选项卡下的“表格”选项组中单击“表格”按钮，接着在弹出的菜单中拖动鼠标，选择要插入的表格的行和列，单击将其插入到幻灯片中，如图 2.11 所示。

步骤 4　在表格第二行输入要学习的生字，在第一行输入生字的拼音字母，如图 2.12 所示。

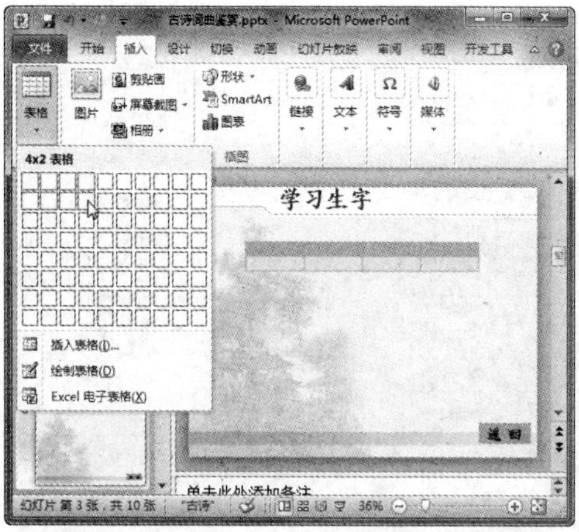

图 2.11　插入表格

图 2.12　输入生字与拼音字母

步骤 5　选中表格的字符，然后在“开始”选项卡下的“字体”选项组中，单击“字号”文本框右侧的下拉按钮，从弹出的菜单中选择字体大小，如图 2.13 所示。

步骤 6　单击表格，然后将光标移动到表格的下边框线上，当光标变成双向箭头形状时，按住鼠标左键不松并拖动，调整表格行高，如图 2.14 所示。

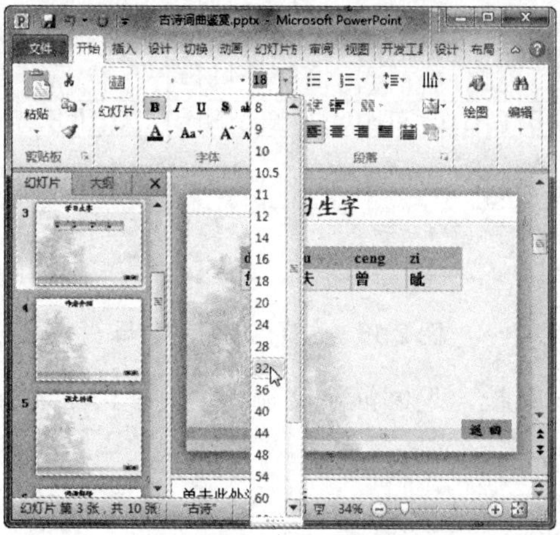

图 2.13　设置字体大小

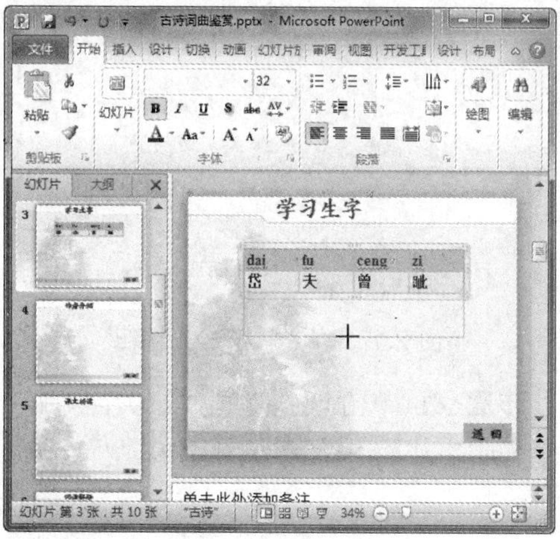

图 2.14　调整表格行高

步骤 7　单击表格，然后将光标移动到表格的边框上，当光标变成十字箭头形状时，按住鼠标左键不松并拖动，调整表格位置，如图 2.15 所示。

步骤 8　选中表格，然后在“表格工具”下的“布局”选项卡中，单击“对齐方式”选项组中的“居中”按钮和“垂直居中”按钮，如图 2.16 所示。

步骤 9　将鼠标光标定位到第一个单元格中的韵母“a”前面，并按 Delete 键将其删除，接着在“插入”选项卡下的“符号”选项组中单击“符号”按钮，如图 2.17 所示。

步骤 10　弹出“符号”对话框，设置“字体”和“子集”等参数，使带音标的韵母显示在列表框中，单击需要的韵母字符，接着单击“插入”按钮，如图 2.18 所示。

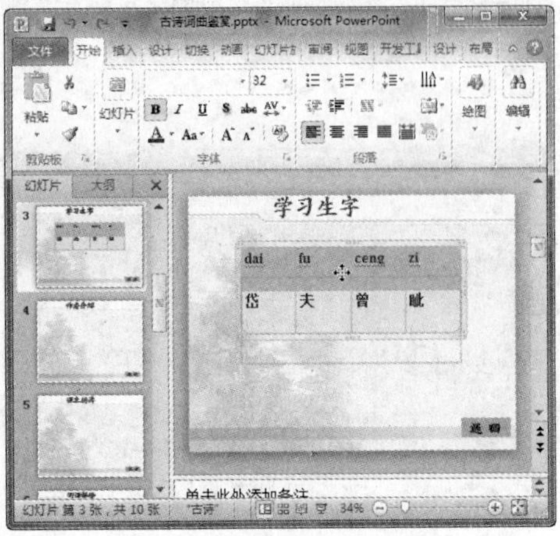

图 2.15　调整表格位置

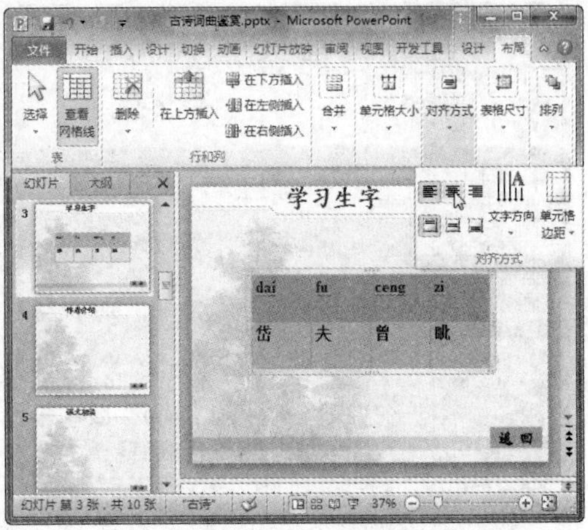

图 2.16　居中对齐表格中字符

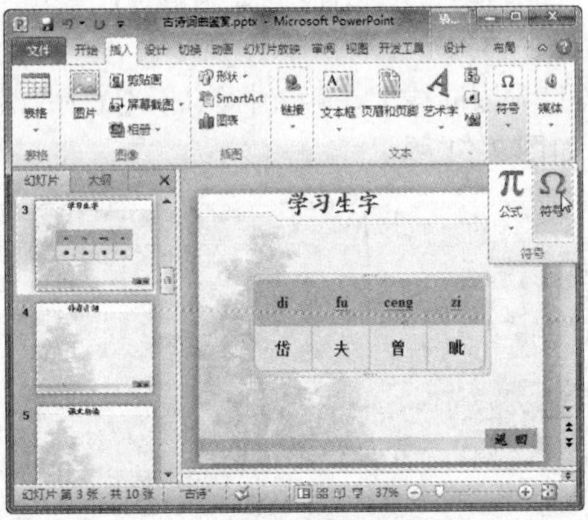

图 2.17　单击“符号”按钮

图 2.18　选择带音标的韵母

步骤 11 单击“关闭”按钮关闭“符号”对话框，返回演示文稿窗口。使用上述方法为其他生字注音，效果如图 2.19 所示。

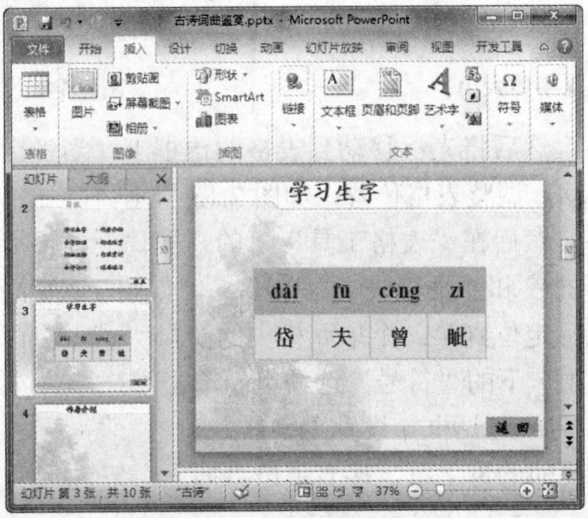

图 2.19　为生字注音

2.2.3　制作古诗鉴赏幻灯片

生字幻灯片制作完成后，接下来制作古诗鉴赏相关幻灯片，包括作者介绍、古诗朗读、词语注解、句段赏析、古诗评析等内容，具体操作步骤如下。

步骤 1　单击第 4 张幻灯片，然后在“插入”选项卡下的“插图”选项组中单击“形状”按钮，从弹出的菜单中单击“文本框”按钮，如图 2.20 所示。

步骤 2　在幻灯片插入文本框，然后输入如图 2.21 所示的文本。

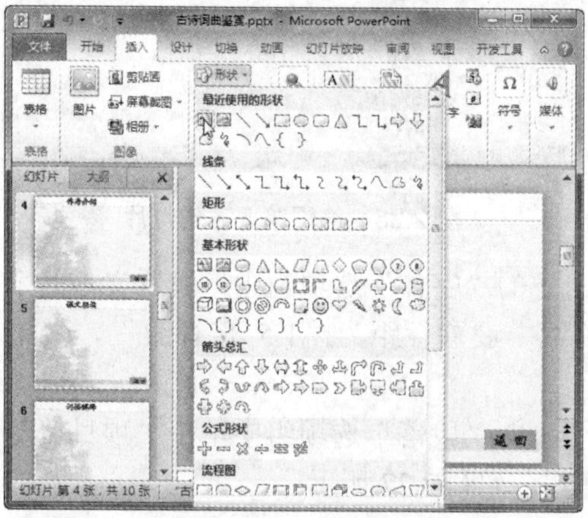

图 2.20　选择形状

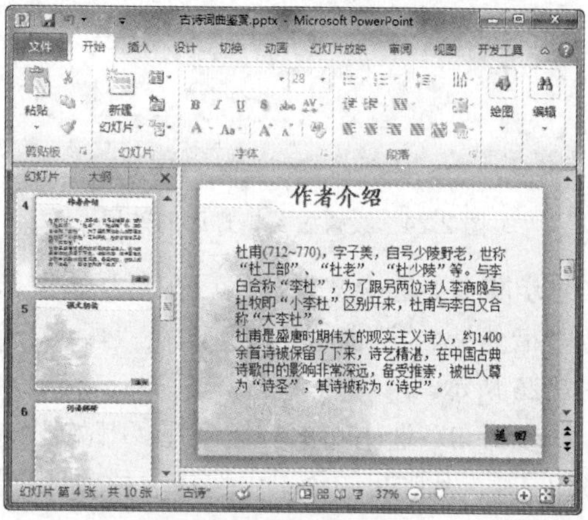
作者介绍
杜甫(712~770)，字子美，自号少陵野老，世称“杜工部”、“杜老”、“杜少陵”等。与李白合称“李杜”，为了跟另两位诗人李商隐与杜牧即“小李杜”区别开来，杜甫与李白又合称“大李杜”。
杜甫是盛唐时期伟大的现实主义诗人，约1400余首诗被保留了下来，诗艺精湛，在中国古典诗歌中的影响非常深远，备受推崇，被世人尊为“诗圣”，其诗被称为“诗史”。

图 2.21　输入文本

步骤 3　选中文本框中的文本，然后在“开始”选项卡下的“段落”选项组中单击“段落”按钮，如图 2.22 所示。

步骤 4　弹出“段落”对话框，切换到“缩进和间距”选项卡，然后在“特殊格式”下拉列表框中选择“首行缩进”选项，并设置缩进度量值，接着在“行距”下拉列表框中选择“固定值”选项，并在“设置值”微调框中输入数值，如图 2.23 所示。

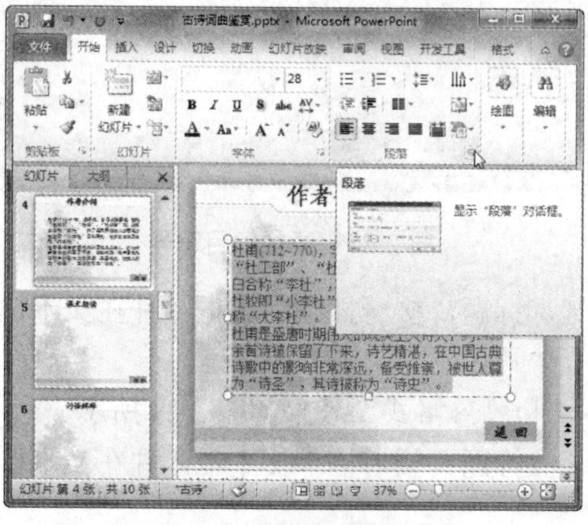

图 2.22　单击“段落”按钮

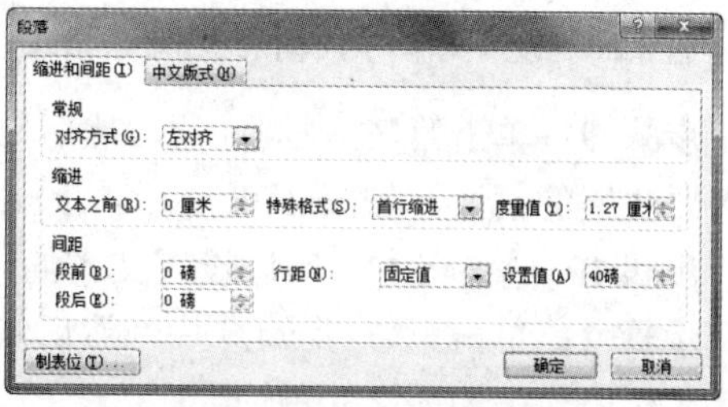
段落
缩进和间距(I)
中文版式(H)
常规
对齐方式(G): 左对齐
缩进
文本之前(R): 0 厘米
特殊格式(S): 首行缩进
度量值(Y): 1.27 厘米
间距
段前(B): 0 磅
段后(E): 0 磅
行距(N): 固定值
设置值(A) 40磅
制表位(T)...
确定
取消

图 2.23　设置段落格式

步骤 5　单击“确定”按钮，返回演示文稿窗口，设置段落格式后的效果如图 2.24 所示。

步骤 6 单击第 5 张幻灯片，然后插入文本框，并在其中输入古诗内容，如图 2.25 所示。

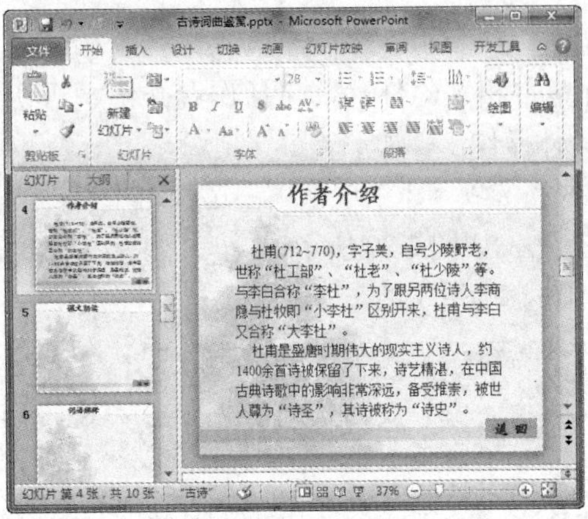
作者介绍
杜甫(712~770)，字子美，自号少陵野老，世称"杜工部"、"杜老"、"杜少陵"等。与李白合称"李杜"，为了跟另两位诗人李商隐与杜牧即"小李杜"区别开来，杜甫与李白又合称"大李杜"。
杜甫是盛唐时期伟大的现实主义诗人，约1400余首诗被保留了下来，诗艺精湛，在中国古典诗歌中的影响非常深远，备受推崇，被世人尊为"诗圣"，其诗被称为"诗史"。
返回

图 2.24 设置段落格式后的效果

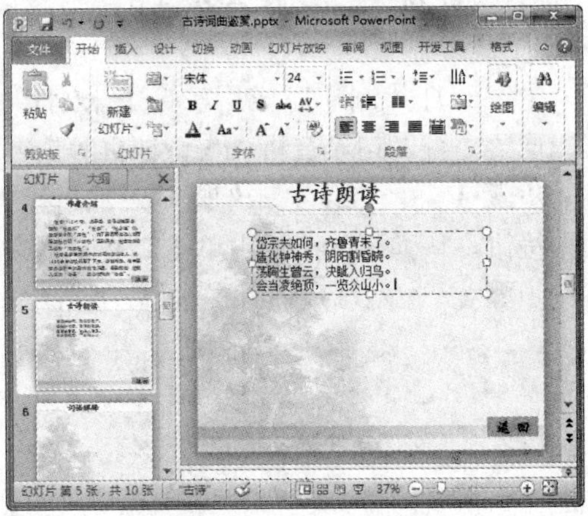
古诗朗读
岱宗夫如何，齐鲁青未了。
造化钟神秀，阴阳割昏晓。
荡胸生曾云，决眦入归鸟。
会当凌绝顶，一览众山小。
返回

图 2.25 编辑第 5 张幻灯片

步骤 7 选中文本，然后在"开始"选项卡下的"字体"选项组中，设置文本的字体为"楷体"、字号为"44"，在"段落"选项组中设置行距为"1.5 倍行距"，效果如图 2.26 所示。

步骤 8 选中文本，然后在"开始"选项卡下的"段落"选项组中单击"项目符号"按钮，从弹出的菜单中选择一种项目符号样式，如图 2.27 所示。

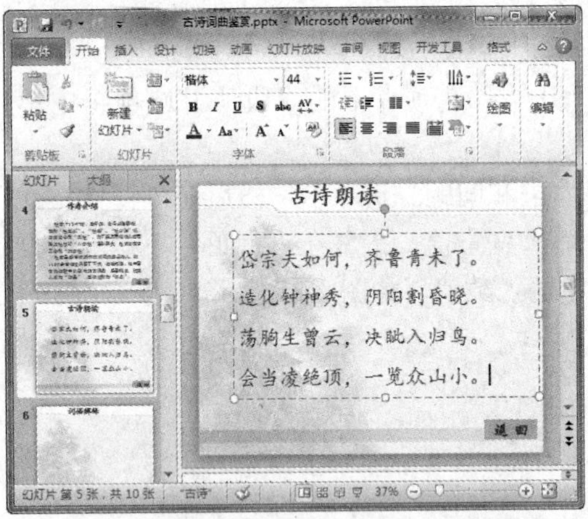
古诗朗读
岱宗夫如何，齐鲁青未了。
造化钟神秀，阴阳割昏晓。
荡胸生曾云，决眦入归鸟。
会当凌绝顶，一览众山小。
返回

图 2.26 设置文本的字体格式和段落格式

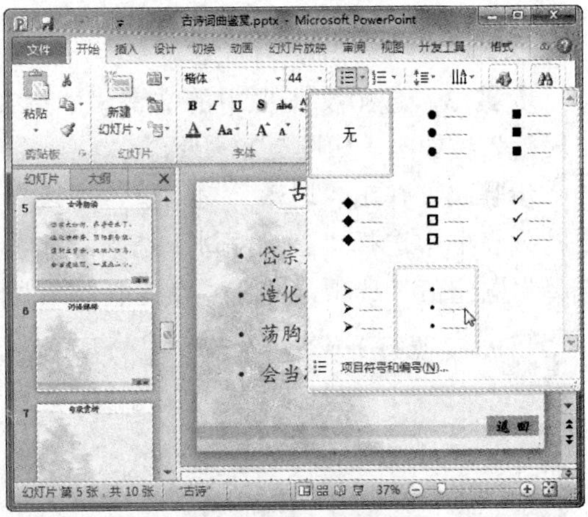
无
项目符号和编号(N)...
返回

图 2.27 添加项目符号

步骤 9 单击第 6 张幻灯片，然后修改幻灯片标题，接着插入文本框，并在文本框中输入要注解的词语，如图 2.28 所示。

步骤 10 选中文本，然后设置文本的字体格式和段落格式，效果如图 2.29 所示。

步骤 11 单击第 7 张幻灯片，然后修改幻灯片标题，接着插入文本框，并在文本框中输入赏析内容，如图 2.30 所示。

步骤 12 单击第 8 张幻灯片，然后修改幻灯片标题，接着插入文本框，并在文本框中输入对古诗的评析内容，如图 2.31 所示。

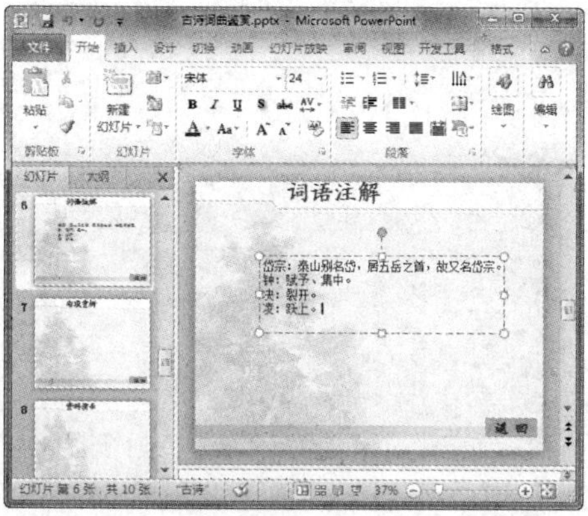
古诗词曲鉴赏.pptx - Microsoft PowerPoint
词语注解
岱宗：泰山别名岱，居五岳之首，故又名岱宗。
钟：赋予、集中。
决：裂开。
凌：跃上。
返 回

图 2.28　编辑第 6 张幻灯片

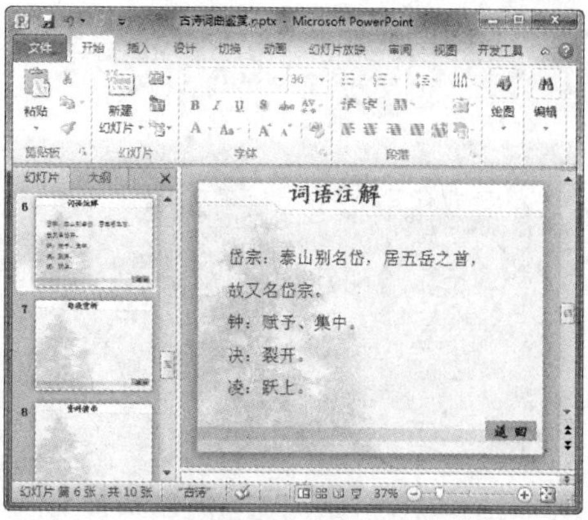
古诗词曲鉴赏.pptx - Microsoft PowerPoint
词语注解
岱宗：泰山别名岱，居五岳之首，
故又名岱宗。
钟：赋予、集中。
决：裂开。
凌：跃上。
返 回

图 2.29　设置文本格式

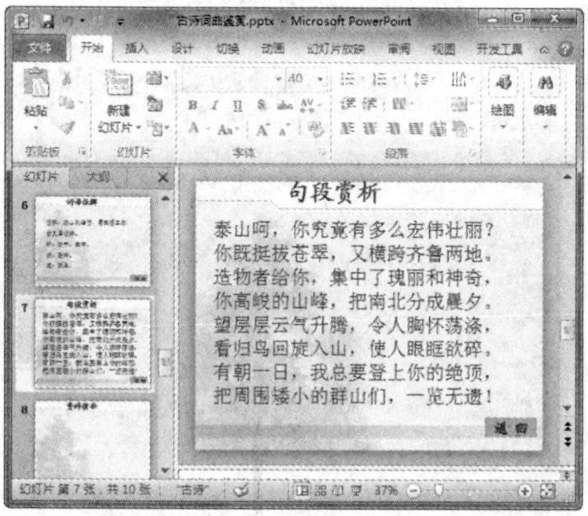
古诗词曲鉴赏.pptx - Microsoft PowerPoint
句段赏析
泰山呵，你究竟有多么宏伟壮丽？
你既挺拔苍翠，又横跨齐鲁两地。
造物者给你，集中了瑰丽和神奇，
你高峻的山峰，把南北分成晨夕。
望层层云气升腾，令人胸怀荡涤，
看归鸟回旋入山，使人眼眶欲碎。
有朝一日，我总要登上你的绝顶，
把周围矮小的群山们，一览无遗！
返 回

图 2.30　编辑第 7 张幻灯片

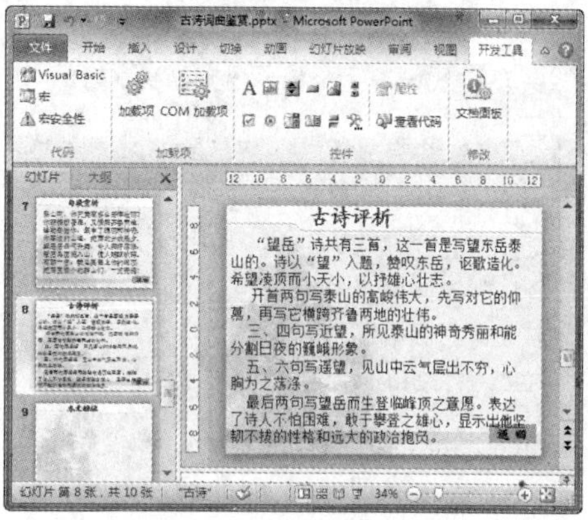
古诗词曲鉴赏.pptx - Microsoft PowerPoint
古诗评析

图 2.31　编辑第 8 张幻灯片

2.2.4　制作朗诵辅助幻灯片

为了吸引学生的注意力，调动学生的积极性，可以制作一张朗诵辅助幻灯片，然后从网上找一些跟古诗相关的短片或视频，将其链接到该幻灯片中，具体操作步骤如下。

步骤 1　在状态栏中单击“幻灯片浏览”按钮，进入幻灯片浏览视图模式，将第 9 张幻灯片拖动到第 5 张幻灯片的后面，调整幻灯片位置，如图 2.32 所示。

步骤 2　在状态栏中单击“普通视图”按钮，接着在左侧窗格中单击第 6 张幻灯片，并修改幻灯片标题，如图 2.33 所示。

步骤 3　在“插入”选项卡下的“文本”选项组中单击“艺术字”按钮，从弹出的菜单中选择一种艺术字样式，如图 2.34 所示。

步骤 4　这时将会出现含有“请在此放置您的文字”字符的文本框，如图 2.35 所示。修改文本内容，输入“古诗朗诵(一)”。

步骤 5　单击步骤 4 中输入的艺术字，然后在“绘图工具”下的“格式”选项卡中，单击“形状样式”选项组中的“其他”按钮，从弹出的菜单中选择要使用的形状样式，如图 2.36 所示。

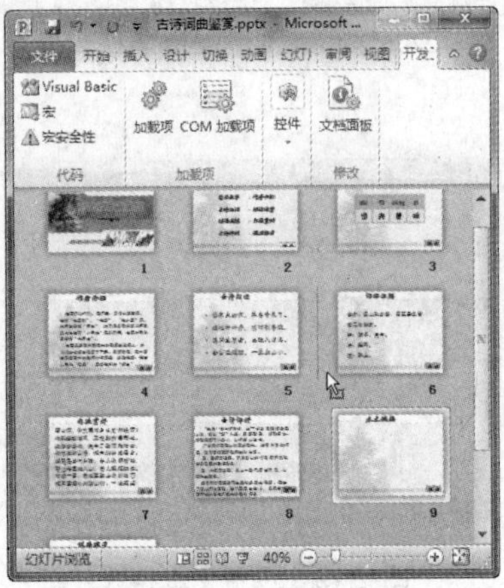

图 2.32　移动幻灯片

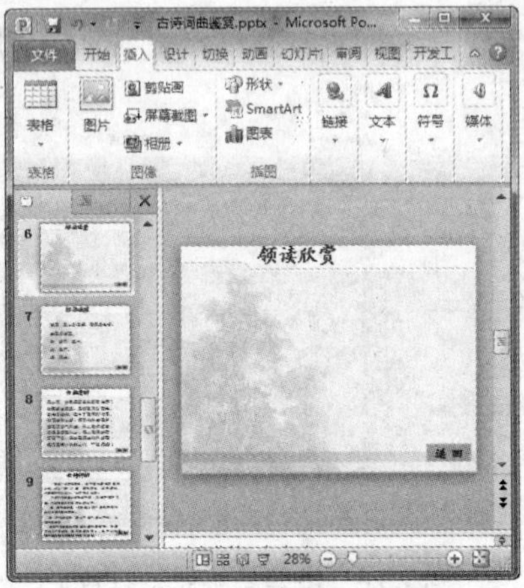

图 2.33　修改幻灯片标题

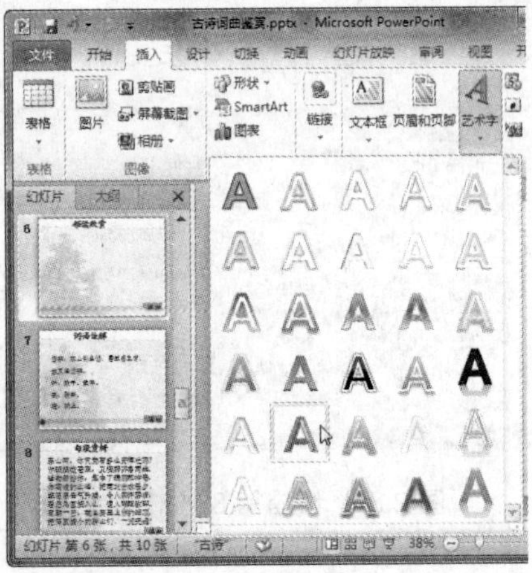

图 2.34　单击“艺术字”按钮

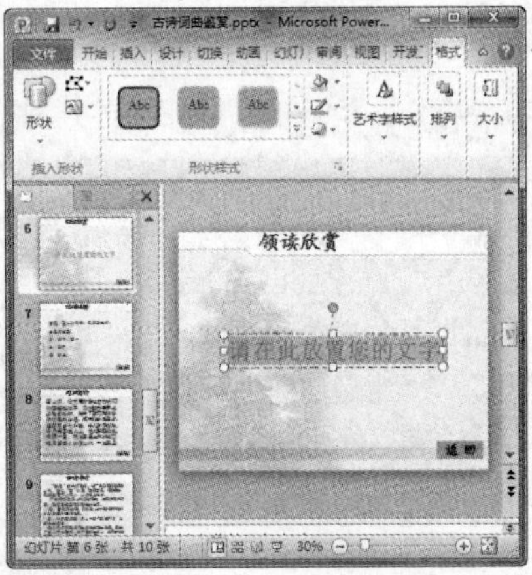

图 2.35　输入文本

步骤 6　在“格式”选项卡下的“形状样式”选项组中单击“形状填充”按钮，从弹出的菜单中选择“渐变”命令，接着从子菜单中选择一种渐变样式，如图 2.37 所示。

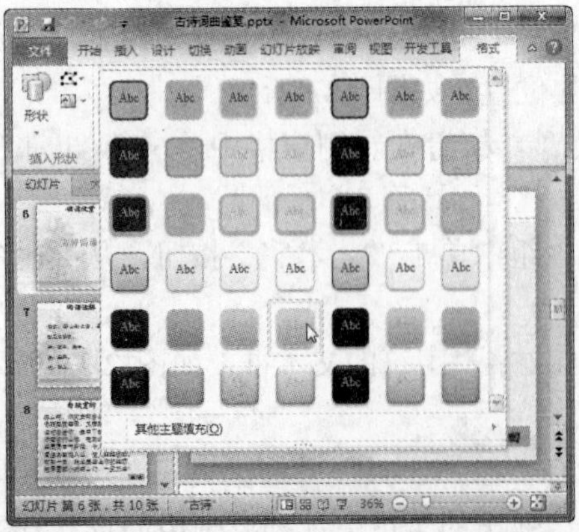

图 2.36　设置形状样式

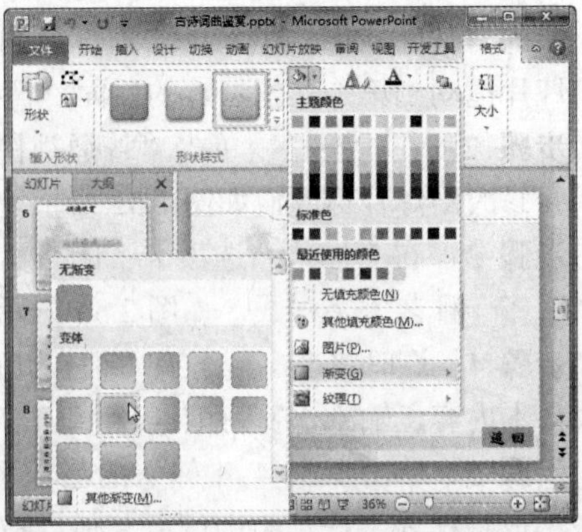

图 2.37　设置填充效果

步骤 7　在“格式”选项卡下的“形状样式”选项组中单击“形状轮廓”按钮，从弹出的菜单中单击“标准色”选项组中的“绿色”按钮，如图 2.38 所示。

步骤 8　在“形状样式”选项组中单击“形状轮廓”按钮，从弹出的菜单中选择“虚线”命令，接着在子菜单中选择线条样式，如图 2.39 所示。

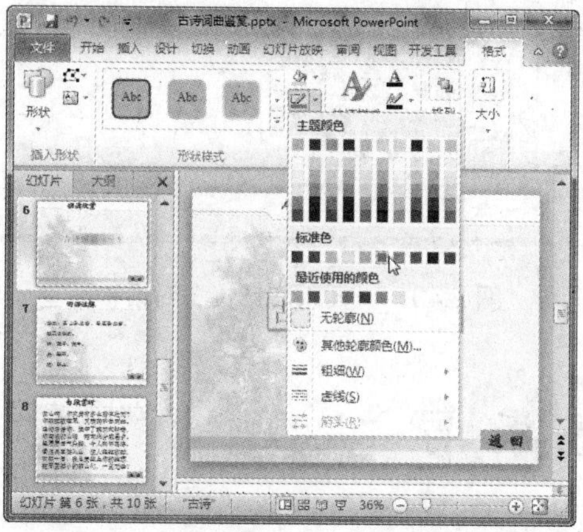

图 2.38　设置形状轮廓颜色

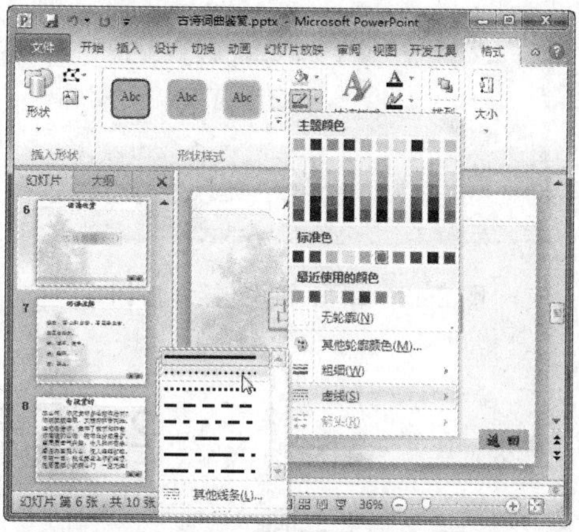

图 2.39　设置形状轮廓线条

步骤 9　在“格式”选项卡下的“形状样式”选项组中单击“形状效果”按钮，从弹出的菜单中选择“发光”命令，接着从子菜单中选择一种发光效果，如图 2.40 所示。

步骤 10　选中图形，按 Ctrl+C 组合键复制图形，然后按 Ctrl+V 组合键粘贴图形，接着调整图形位置，再修改新图形中的文本内容为“古诗朗诵(二)”，如图 2.41 所示。

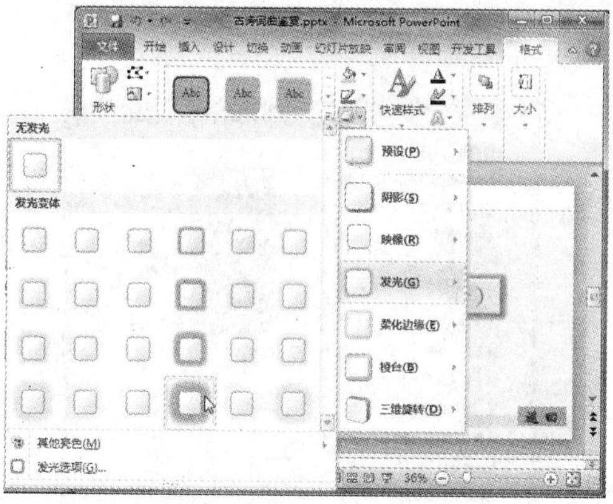

图 2.40　设置形状发光效果

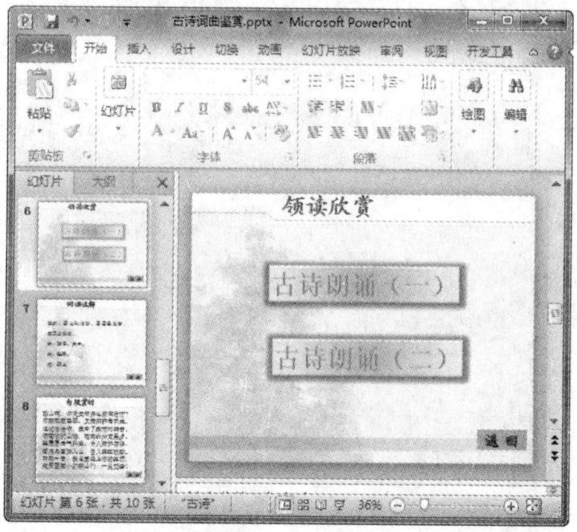

图 2.41　复制图形

步骤 11　单击第 1 个图形，然后在“插入”选项卡下的“链接”选项组中单击“超链接”按钮，如图 2.42 所示。

步骤 12　弹出“插入超链接”对话框，单击“浏览过的网页”选项，接着在“地址”文本框中输入网址，再单击“确定”按钮，如图 2.43 所示。

步骤 13　使用上述方法，为第 2 个图形设置超链接。至此，本案例制作完成。

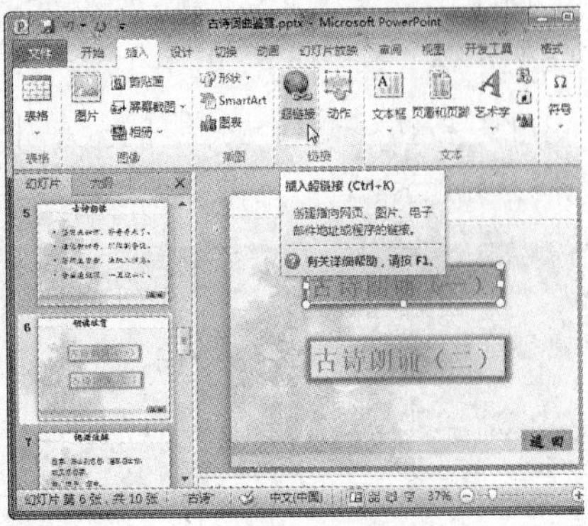

图 2.42　单击“超链接”按钮

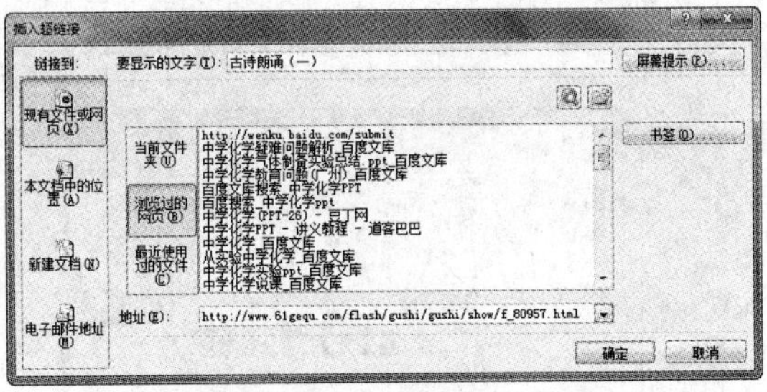

图 2.43　“插入超链接”对话框

2.3　提高指导

2.3.1　重命名主题

在“设计”选项卡下的“主题”选项组中可以看见很多主题，并且每个主题都有一个名字，2.2.1 节介绍了如何设置自定义主题，在这一节就介绍如何为主题重命名。

步骤 1　在“设计”选项卡下的“主题”选项组中单击“颜色”按钮，从弹出的菜单中右击“自定义”栏中的选项，在打开的快捷菜单中选择“编辑”命令，如图 2.44 所示。

步骤 2　在打开的“编辑主题颜色”对话框中修改主题名称，再单击“保存”按钮，如图 2.45 所示。

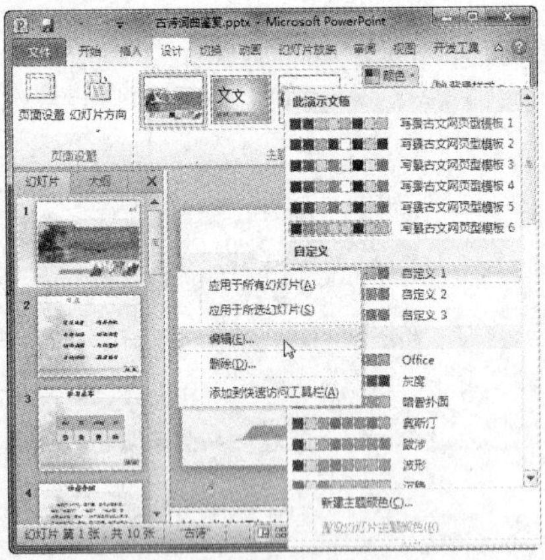

图 2.44　选择“编辑”命令

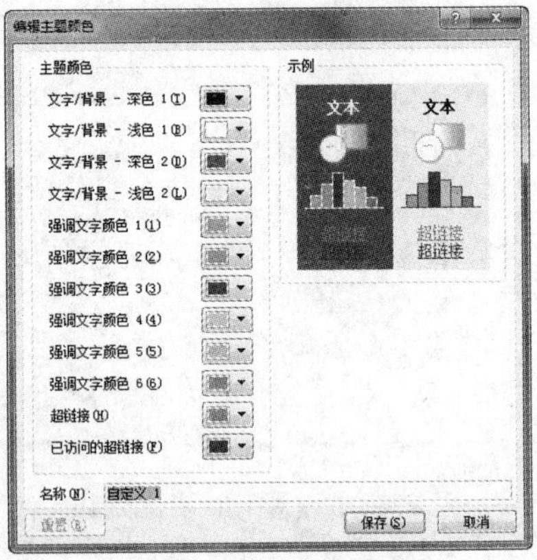

图 2.45　修改主题名称

2.3.2　保存当前主题

演示文稿设置完成后，可以将设置效果保存为自定义主题，具体操作步骤如下。

步骤 1　在“设计”选项卡下的“主题”选项组中单击“其他”按钮，从弹出的菜单中选择“保存当前主题”命令，如图 2.46 所示。

步骤 2　弹出“保存当前主题”对话框，设置主题保存位置及名称，再单击“保存”按钮，如图 2.47 所示。

图 2.46　选择“保存当前主题”命令

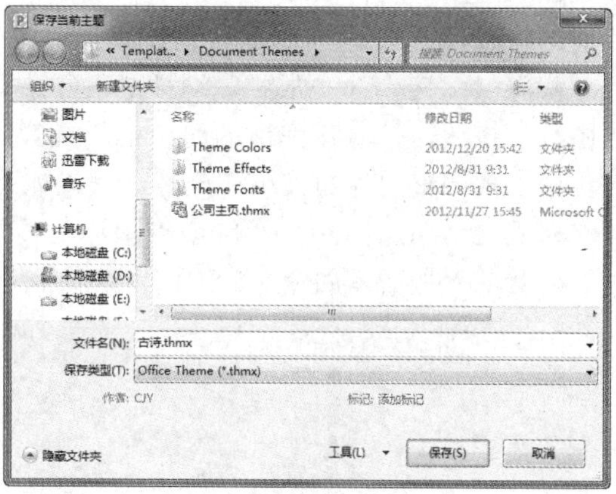

图 2.47　保存主题

2.3.3　在幻灯片放映时隐藏鼠标指针

PowerPoint 默认在播放幻灯片时是显示鼠标指针的，但是有的时候我们不希望出现鼠标指针，那如何才能隐藏鼠标指针呢？

具体的做法很简单，在播放幻灯片时按 A 键或者按=键即可隐藏鼠标指针，再次按 A 键或者按=键可以重新显示鼠标指针。

还有一个方法是：放映幻灯片，单击右键，在弹出的快捷菜单中选择“指针选项”|“箭头选项”|“永远隐藏”命令，这样就可以让鼠标指针无影无踪了，如图 2.48 所示。如果需要唤回鼠标指针，则选择“指针选项”|“箭头选项”|“可见”命令即可。如果选择了“自动”(默认选项)命令，则幻灯片放映时将在鼠标停止移动 3 秒后自动隐藏鼠标指针，直到再次移动鼠标时鼠标指针才会出现。

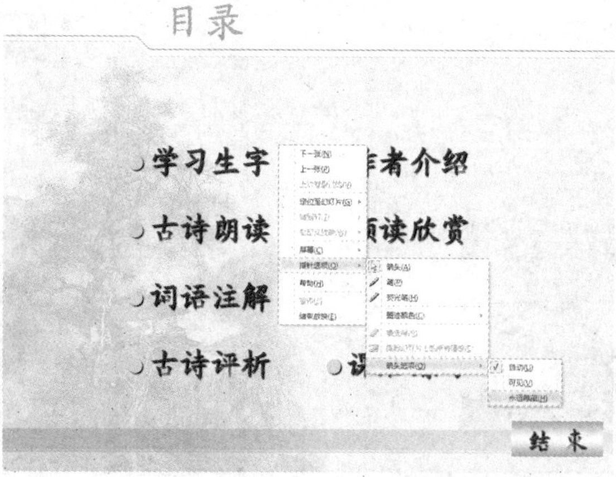

图 2.48　设置箭头状态

2.3.4 恢复剪切的图片

在幻灯片中编辑图片后，若对最终的效果不满意，可以通过下述操作使图片恢复到修改前的状态。

步骤 1 先插入一张空白幻灯片，然后在“插入”选项卡下的“图像”选项组中单击“图片”按钮，接着在弹出的对话框中选择一张图片，并单击“插入”按钮将其插入到幻灯片中，再调整图片的大小和位置，效果如图 2.49 所示。

步骤 2 单击图片，然后在“图片工具”下的“格式”选项卡中单击“大小”选项组中的“裁剪”按钮，如图 2.50 所示。

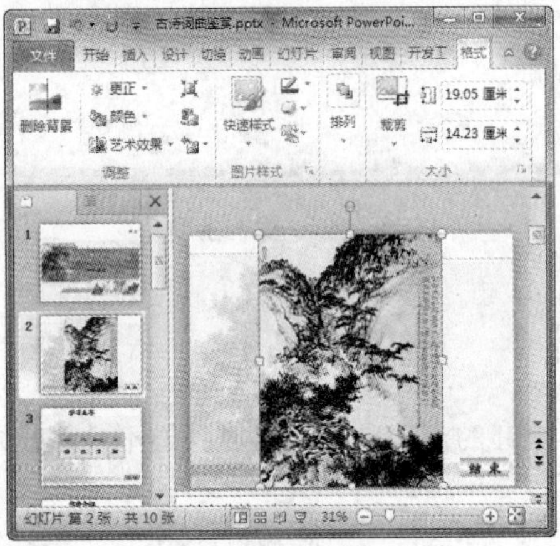

图 2.49 查看插入的图片

图 2.50 单击“裁剪”按钮

步骤 3 将鼠标光标移动到图片边框上的控制点上，接着按下鼠标左键不松并拖动，剪切图片，如图 2.51 所示。

步骤 4 在“图片工具”下的“格式”选项卡中，单击“调整”选项组中“重设图片”按钮旁边的下拉按钮，从弹出的菜单中选择“重设图片和大小”命令，即可将图片恢复到刚插入时的状态，如图 2.52 所示。

图 2.51 剪切图片

图 2.52 重设图片

2.3.5　将表格转换为图形

在表格制作完毕后，可以通过下述操作将其转换为图形。

步骤 1　选中表格，然后按 Ctrl+X 组合键剪切表格，如图 2.53 所示。

步骤 2　切换到目标幻灯片，在“开始”选项卡下的“剪贴板”选项组中单击“粘贴”按钮，然后从弹出的下拉菜单中选择“选择性粘贴”命令，如图 2.54 所示。

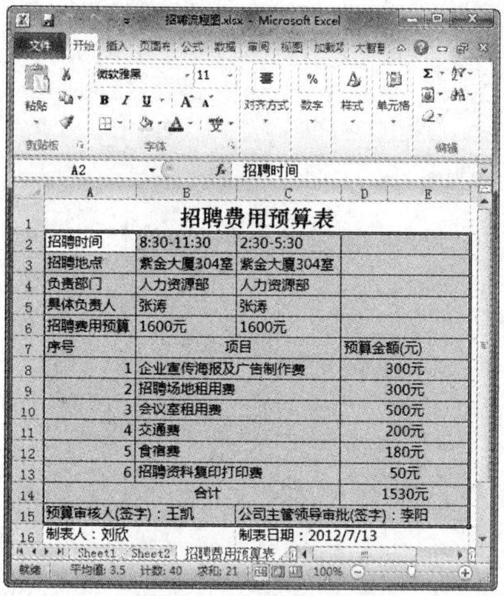

图 2.53　剪切表格

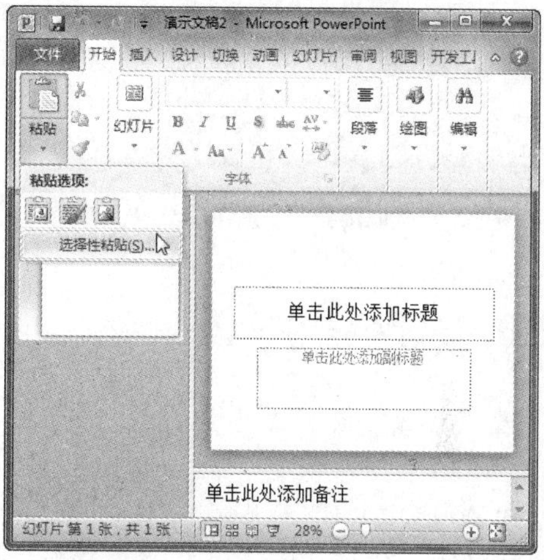

图 2.54　选择“选择性粘贴”命令

步骤 3　弹出“选择性粘贴”对话框，选中“粘贴”单选按钮，然后在“作为”列表框中选中“图片(增强型图元文件)”或“图片(Windows 原文件)”选项，如图 2.55 所示。

步骤 4　单击“确定”按钮，此时，表格转换为图片文件。

步骤 5　右击该表格，并从弹出的快捷菜单中选择“组合”|“取消组合”命令，如图 2.56 所示。

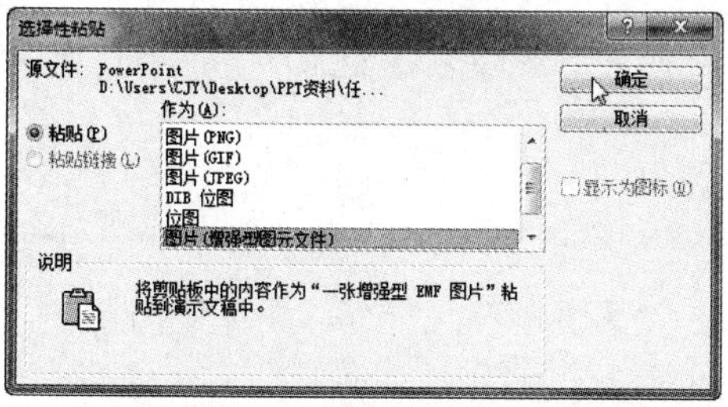

图 2.55　“选择性粘贴”对话框

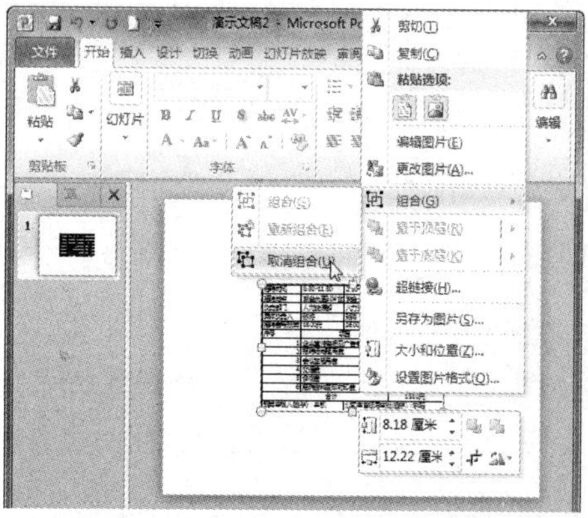

图 2.56　选择“取消组合”命令

步骤 6　弹出 Microsoft PowerPoint 对话框，单击“是”按钮，如图 2.67 所示。

步骤 7　此时，图片转化为 Microsoft Office 图形对象，然后为每个单元格设置相应的动画效果即可，如图 2.58 所示。

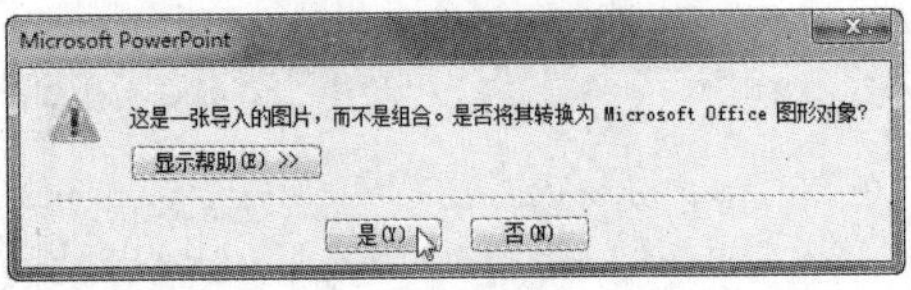

图 2.57　Microsoft PowerPoint 对话框

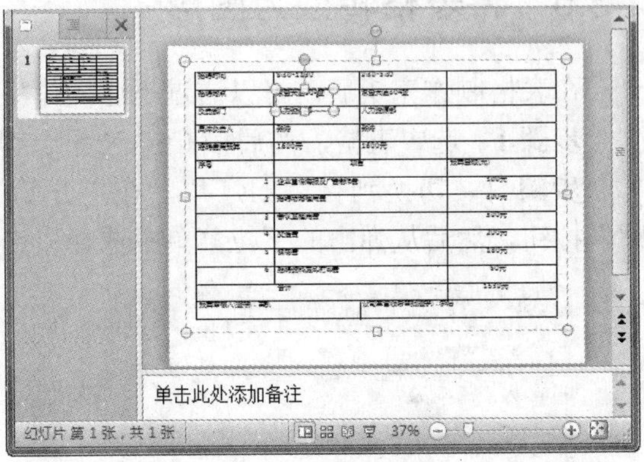

图 2.58　设置每个单元格

2.3.6　从网页中导入文本

在 PowerPoint 中可以将网页文件中的文本导入到幻灯片中，包括 HTML 和 MHTLM(单个文件网页)，具体操作步骤如下。

步骤 1　在“开始”选项卡下的“幻灯片”选项组中，单击“新建幻灯片”按钮下方的三角按钮，然后从弹出的下拉菜单中选择“幻灯片(从大纲)”命令，如图 2.59 所示。

步骤 2　弹出“插入大纲”对话框，设置“文件类型”为“所有网页”，然后定位到网页文件所在的位置，接着选中网页文件，如图 2.60 所示。

步骤 3　单击“插入”按钮，完成操作。

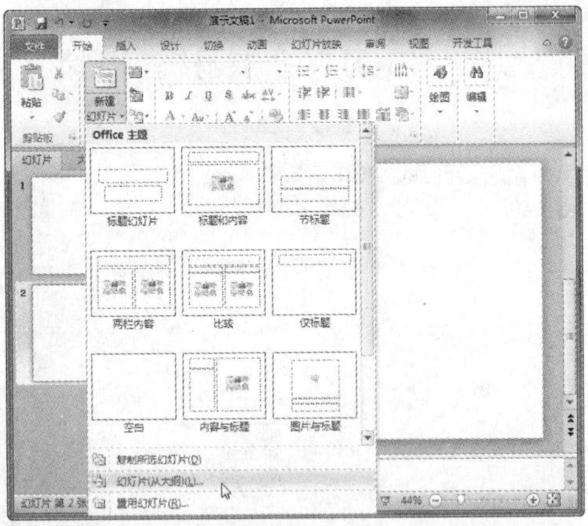

图 2.59　选择“幻灯片(从大纲)”命令

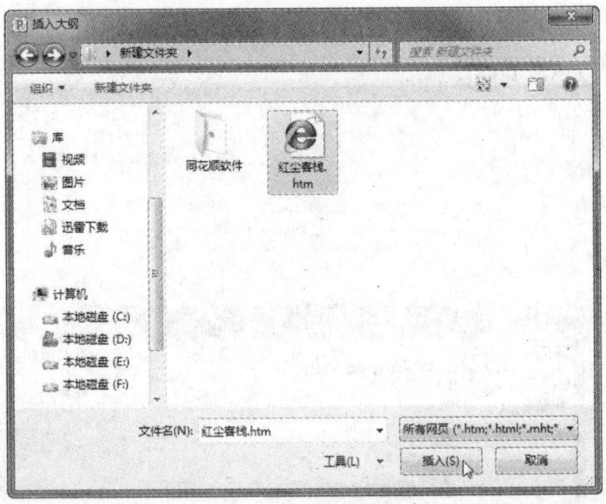

图 2.60　“插入大纲”对话框

2.3.7　改变项目符号/编号的大小和颜色

为了使幻灯片中默认格式的项目符号/编号更加突出，用户可以手动修改项目符号/编号的大小和颜色，具体操作步骤如下。

步骤 1　选中要修改的项目符号/编号，然后在“开始”选项卡下的“段落”选项组中，单击“项目符号”按钮或“编号”按钮，从弹出的菜单中选择“项目符号和编号”命令，如图 2.61 所示。

步骤 2　弹出“项目符号和编号”对话框，单击“项目符号”选项卡，在这里设置项目符号的“大小”和“颜色”等参数，如图 2.62 所示。

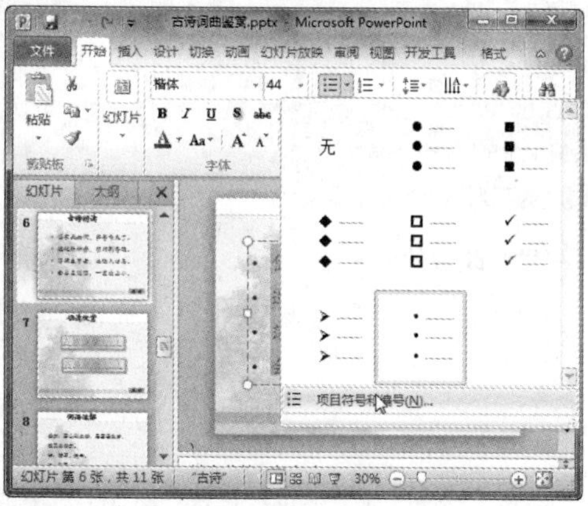

图 2.61　选择“项目符号和编号”命令

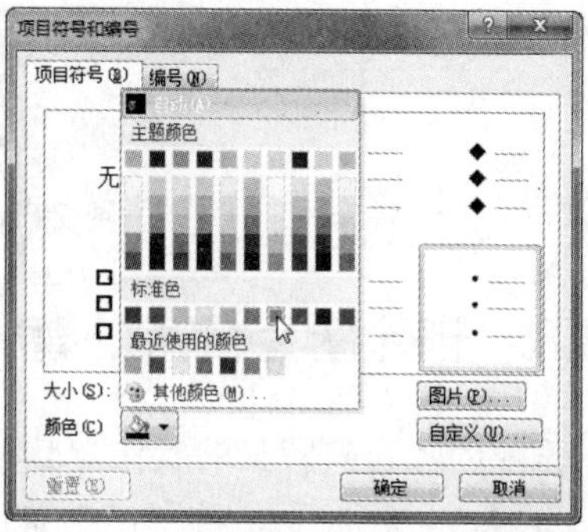

图 2.62　“项目符号和编号”对话框

步骤 3　若对当前可选的项目符号图标不满意，可以单击“图片”按钮或“自定义”按钮进行更换。例如，单击“图片”按钮，会弹出“图片项目符号”对话框，选择要使用的图片，再单击“确定”按钮，如图 2.63 所示。

步骤 4　若在“项目符号和编号”对话框中单击“自定义”按钮，则会弹出“符号”对话框，在列表框中选择要使用的符号，再单击“确定”按钮，如图 2.64 所示。

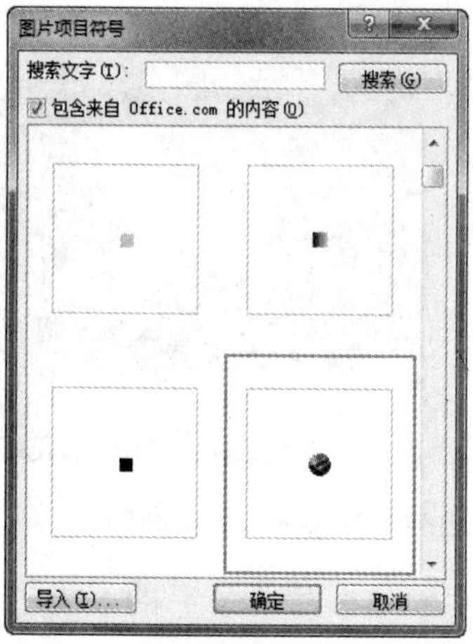

图 2.63　“图片项目符号”对话框

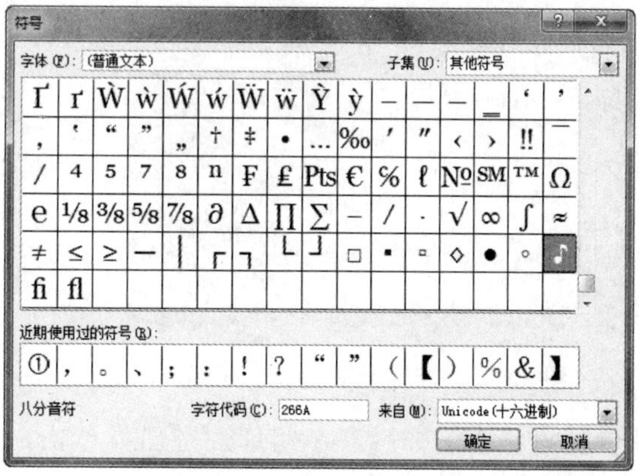

图 2.64　“符号”对话框

步骤 5　返回“项目符号和编号”对话框，单击“确定”按钮，即可发现幻灯片中的项目符号改变了，如图 2.65 所示。

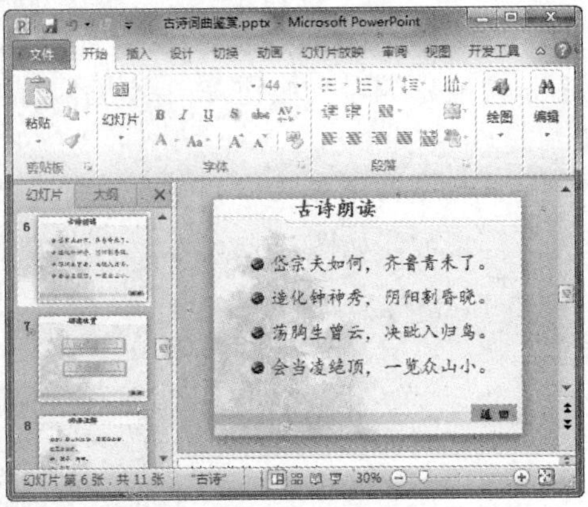

图 2.65　查看项目符号修改后的效果

2.3.8　删除图片自身的背景

删除图片自身背景的操作步骤如下。

步骤 1　在演示文稿窗口中单击要编辑的图片，然后在“图片工具”下的“格式”选项卡中，单击“调整”选项组中的“删除背景”按钮，如图 2.66 所示。

步骤 2　这时会出现一个带有 8 个控制点的方框，将图片中要保留的部分框住，将鼠标光标移动到某个控制点上，这时光标会变成双向箭头形状，按下鼠标左键不松，拖动鼠标，调整方框框选的范围，如图 2.67 所示。

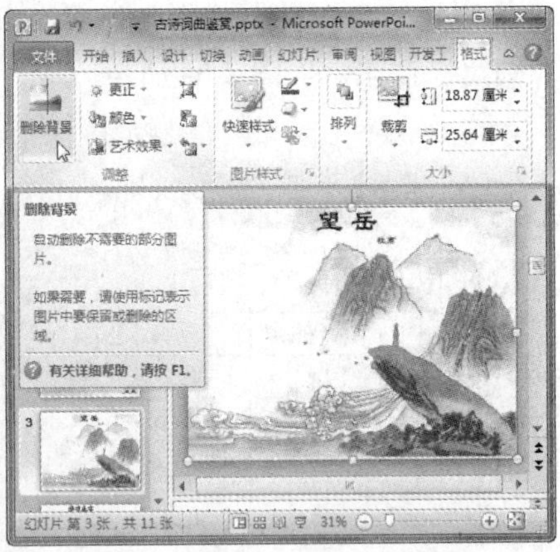

图 2.66　单击“删除背景”按钮

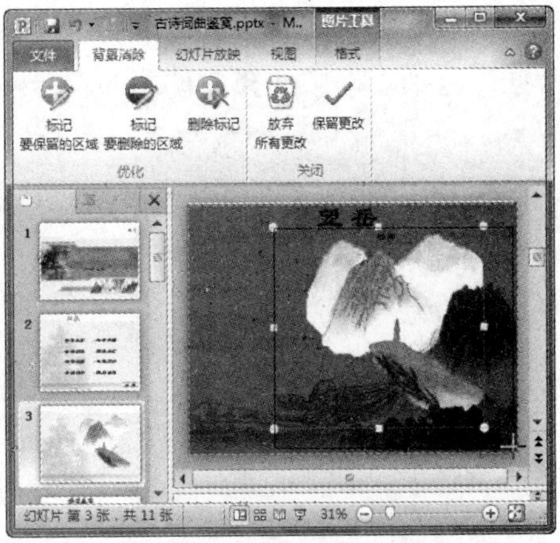

图 2.67　调整方框框选范围

步骤 3　调整好后，在幻灯片空白处单击，即可看到删除图片背景后的效果了，如图 2.68 所示。

图 2.68　查看删除背景后的效果

2.4　习　　题

一、选择题

(1) 使用(　　)按钮可以给汉字拼音添加声调。

A. “形状”　　B. “符号”

C. “对象”　　D. “图片”

(2) 删除图片自身背景的方法是(　　)。

A. 单击“裁剪”按钮　　B. 单击“设置透明色”按钮

C. 按 Delete 键　　D. 单击“删除背景”按钮

(3) 下面关于主题说法错误的是(　　)。

A. 主题可以保存　　B. 主题颜色可以更改

C. 主题不可以删除　　D. 主题效果可以更改

(4) 下面关于项目符号说法错误的是(　　)。

A. 可以设置项目符号的大小　　B. 可以设置项目符号的颜色

C. 可以自定义项目符号的图标　　D. 不能使用图片作为项目符号

(5) 下面关于超链接说法正确的是(　　)。

A. 可以链接网页　　B. 可以链接演示文稿

C. 可以链接幻灯片　　D. 以上选项都可以

二、实训题

(1) 新建适合小学五年级学生使用的“宋词鉴赏课件”演示文稿。

(2) 在网上找到相关的视频，将其链接到“宋词鉴赏课件”演示文稿中。

(3) 从网上搜索适合的图片，将其作为背景插入到演示文稿中。

第 3 章

经典实例：制作英语单词学习课件

对于中国人来说，英语并不是简单的科目，它需要大家多读多讲。因此，要精心地构思课件，合理地设计方案，才能制作出声图并茂的演示文稿。

本章主要内容

- 新建英语课件演示文稿
- 使用艺术字制作结束幻灯片
- 录制单词读音
- 快速替换所有字体
- 让演示文稿具有 Word 编辑环境
- 为不同英语单词录音设置不同标识

3.1 要点分析

本章将以学习各种水果的英语单词为例，制作英语学习课件。在制作过程中，为了让学生直观、形象地记住单词的含义，需要插入水果图片。另外，要学会单词，就要会读，因此还需要录制每个单词的读音，当需要听该单词的读音时，单击插入的音频文件即可。

录制单词读音，需要先准备好麦克风或者话筒，然后将其连接到电脑上，并做好相关的设置，使其正常工作。

3.2 制作英语单词学习课件

3.2.1 新建课件演示文稿

下面先根据模板新建英语单词学习课件，具体操作步骤如下。

步骤 1 启动 PowerPoint 2010 程序，选择“文件”|“新建”命令，接着在中间窗格中单击“学术”选项。

步骤 2 在“学术”窗格中单击“小学英语”选项。

步骤 3 在“小学英语”窗格中选择要使用的模板，此处选择“小学英语-中高级教学演示-直叙型”选项，接着在右侧窗格中单击“下载”按钮，开始下载模板，如图 3.1 所示。

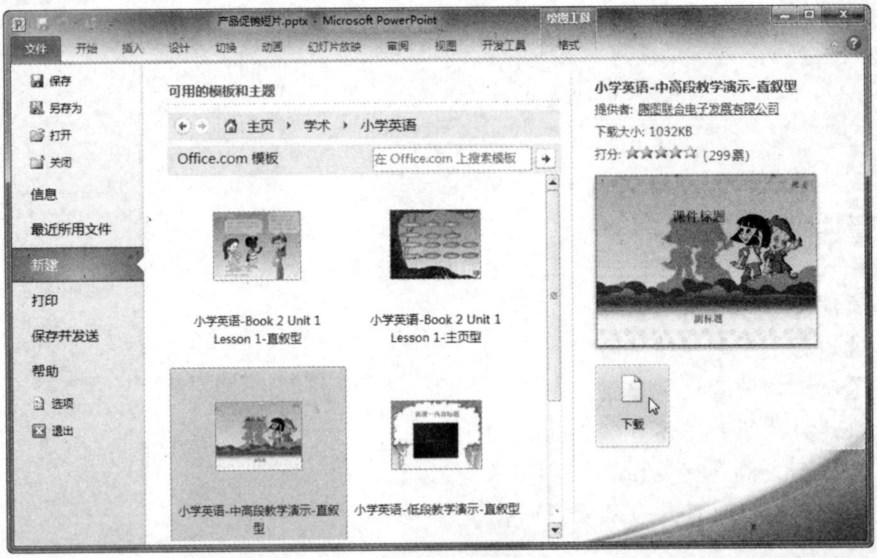

图 3.1 选择模板

步骤 4 模板下载完成后，将会自动弹出一个根据模板新建的演示文稿，然后在第 1 张幻灯片中修改标题为“认识水果”，并删除副标题占位符，如图 3.2 所示。

步骤 5 单击第 2 张幻灯片，修改幻灯片标题为“水果的单词拼写”，并删除标题之外的其余内容，如图 3.3 所示。

图 3.2　根据模板新建演示文稿

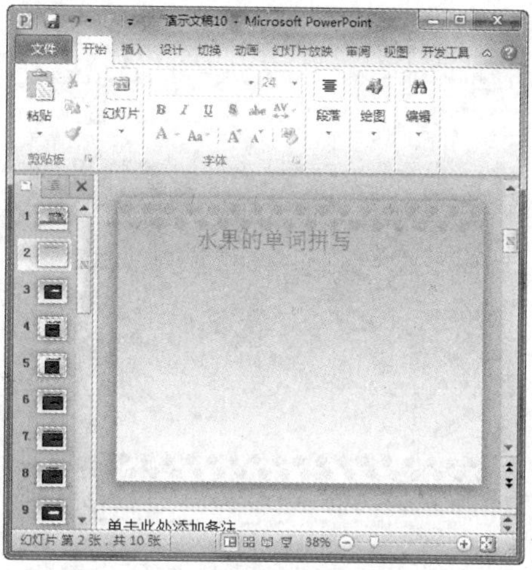

图 3.3　输入幻灯片标题

步骤 6　在“插入”选项卡下的“图像”选项组中单击“图片”按钮，如图 3.4 所示。

步骤 7　弹出“插入图片”对话框，选择要插入的图片，再单击“插入”按钮，如图 3.5 所示。

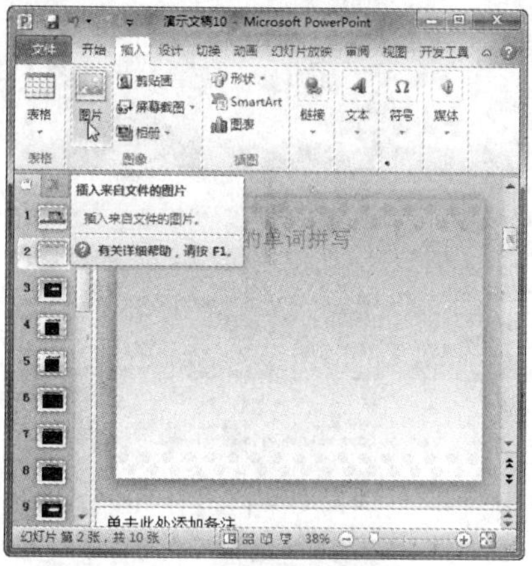

图 3.4　单击“图片”按钮

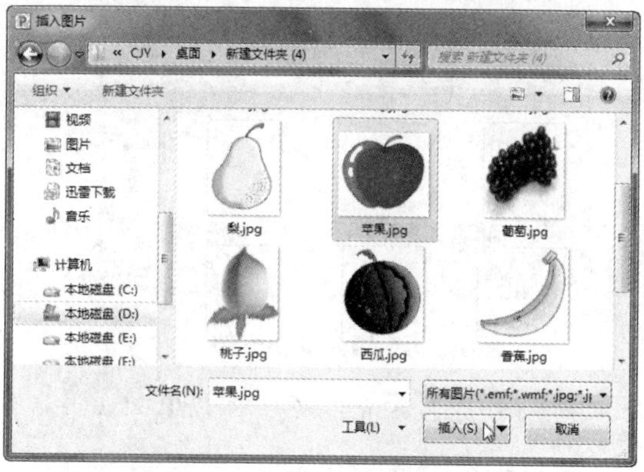

图 3.5　“插入图片”对话框

步骤 8　返回演示文稿窗口，然后将鼠标光标移动到图片上，当光标变成十字箭头形状时按住鼠标左键并拖动鼠标，将图片移动到目标位置后再释放鼠标左键，如图 3.6 所示。

步骤 9　在“插入”选项卡下的“插图”选项组中单击“形状”按钮，在弹出的菜单中单击“文本框”按钮，如图 3.7 所示。

步骤 10 在幻灯片中插入文本框，并输入“apple”，接着调整字符大小，如图 3.8 所示。

步骤 11 使用类似的方法，添加香蕉和西瓜的图片及英语单词，如图 3.9 所示。

步骤 12 单击苹果图片，然后在“图片工具”下的“格式”选项卡中，单击“调整”选项组中的“颜色”按钮，从弹出的菜单中选择“设置透明色”命令，如图 3.10 所示。

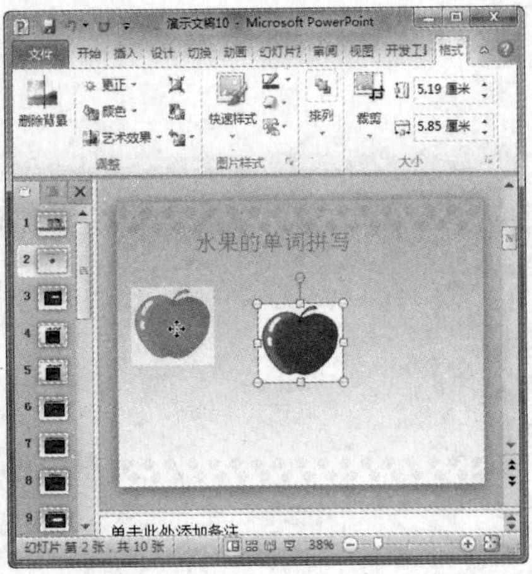

图 3.6　调整图片位置

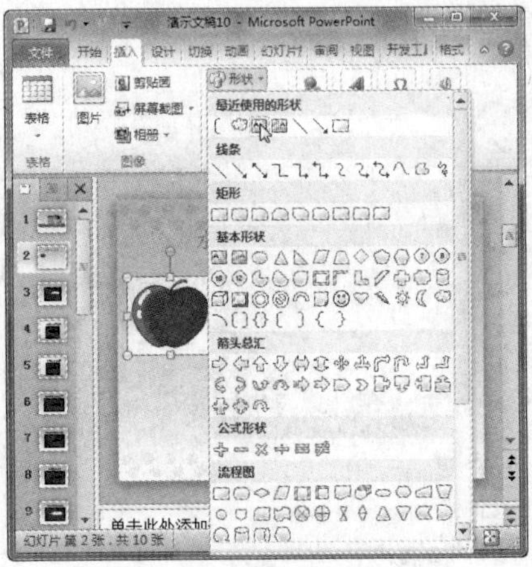

图 3.7　单击“文本框”按钮

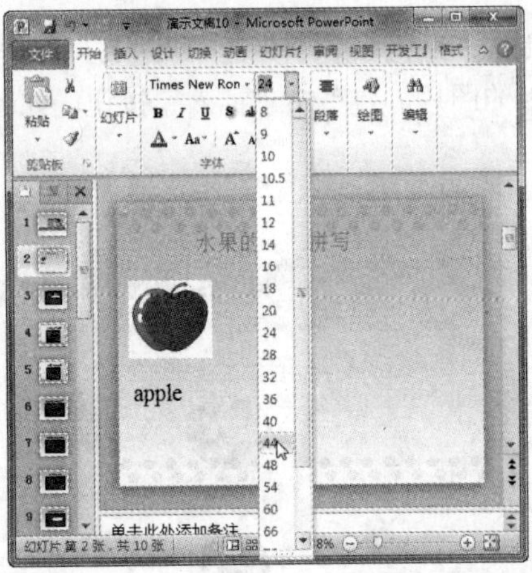

图 3.8　输入英文单词

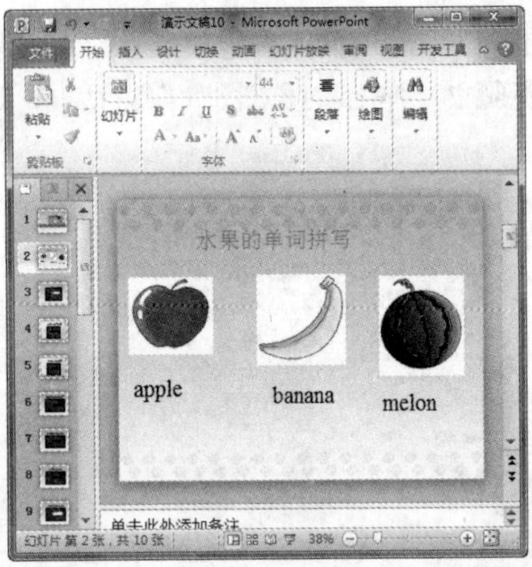

图 3.9　添加其他水果图片及英语单词

步骤 13 将鼠标光标移动到苹果图片上，然后单击鼠标左键，如图 3.11 所示。

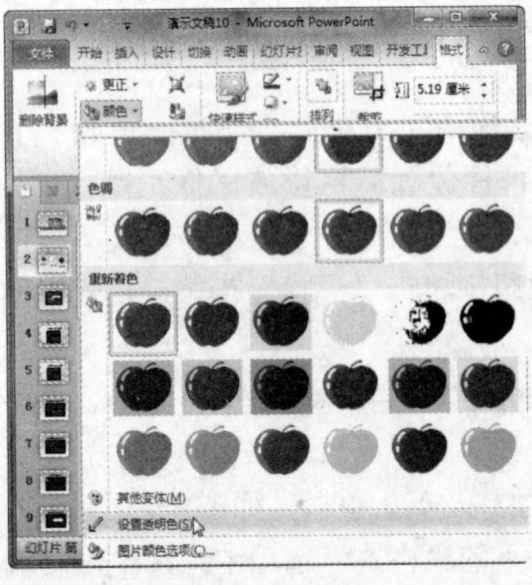

图 3.10　选择“设置透明色”命令

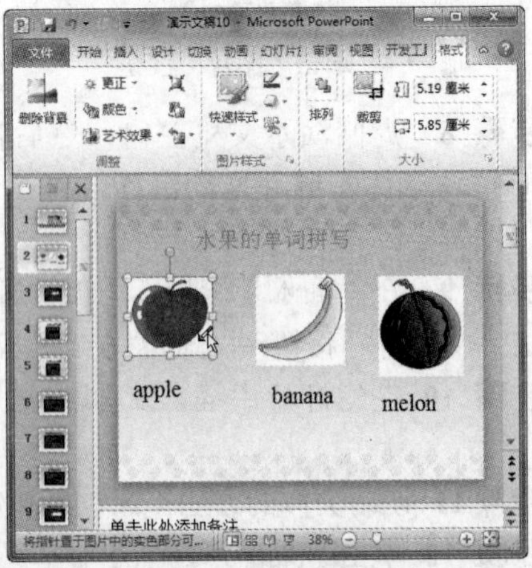

图 3.11　设置图片透明色

步骤 14 设置好图片透明色的效果如图 3.12 所示，然后再使用该方法设置其他图片的透明色。

步骤 15 在左侧窗格中右击第 2 张幻灯片，从弹出的快捷菜单中选择“复制幻灯片”命令，如图 3.13 所示。

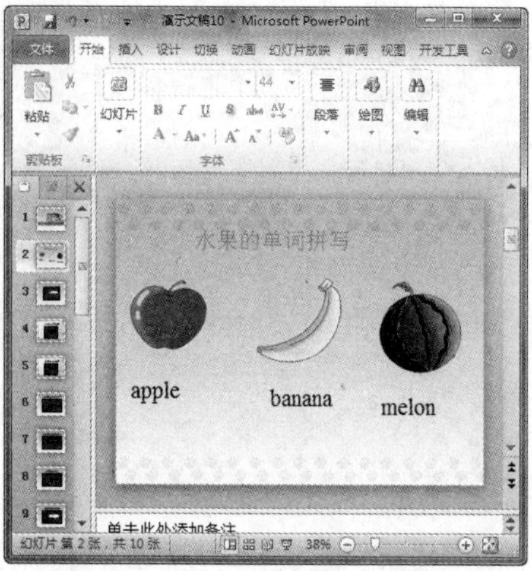

图 3.12　设置其他图片的透明色

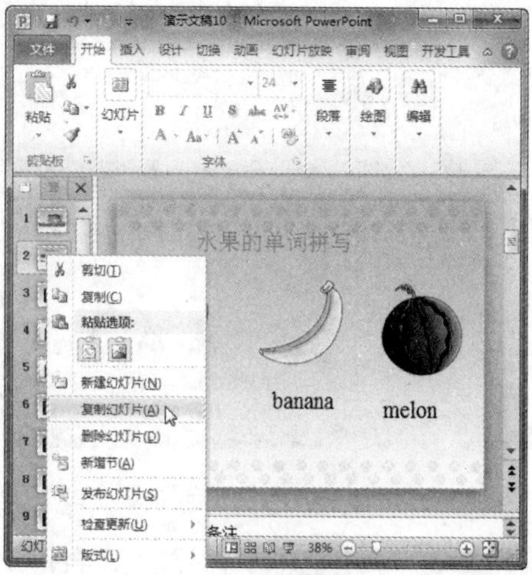

图 3.13　复制幻灯片

步骤 16 在新复制的幻灯片中修改图形和文本框中的文本，效果如图 3.14 所示。接着继续复制第 2 张幻灯片，添加其他水果图片及英语单词，将其余不使用的幻灯片删除，保留最后一张幻灯片作为结束幻灯片。最后再按 Ctrl+S 组合键保存演示文稿。

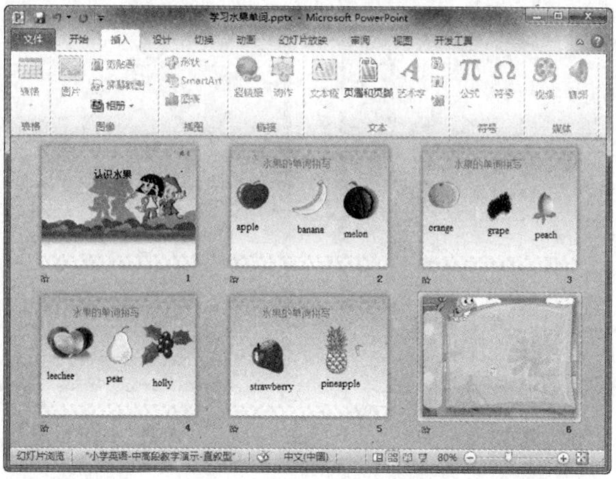

图 3.14　添加其他幻灯片

3.2.2　使用艺术字制作结束幻灯片

本案例将使用艺术字效果的“Goodbye”作为结束，具体操作步骤如下。

步骤 1 单击最后一张幻灯片，然后在“插入”选项卡下的“文本”选项组中单击“艺术字”按钮，从弹出的菜单中选择一种艺术字样式，如图 3.15 所示。

步骤 2 这时将会出现含有“请在此放置您的文字”字符的文本框，如图 3.16 所示。修改文本内容，如图 3.17 所示。

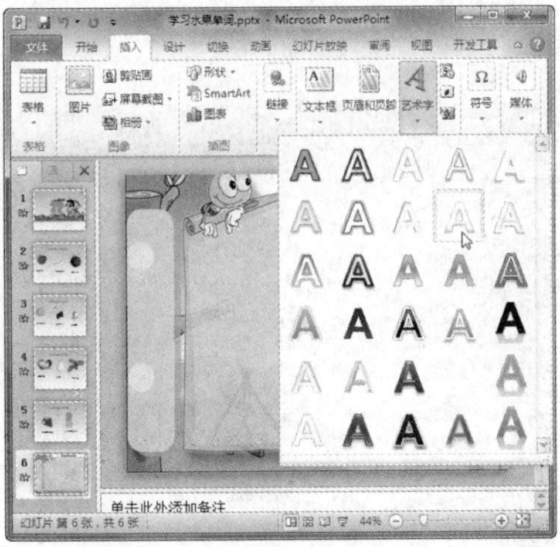

图 3.15 选择艺术字样式

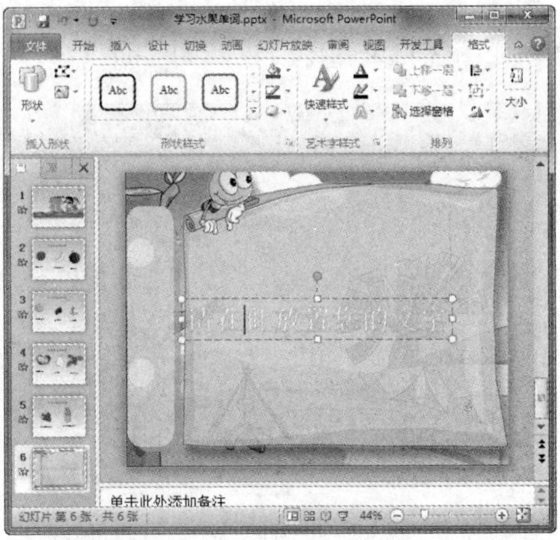

图 3.16 显示“请在此放置您的文字”文本框

步骤 3 单击艺术字，然后在“绘图工具”下的“格式”选项卡中，单击“艺术字样式”选项组中的“文本填充”按钮，从弹出的菜单中选择一种填充颜色，如图 3.18 所示。

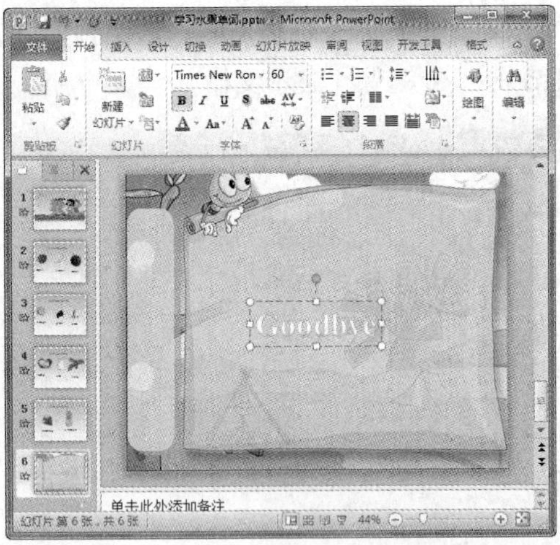

图 3.17 输入文本

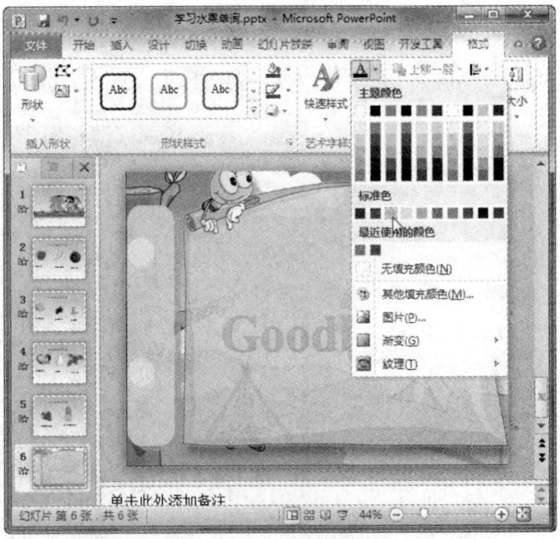

图 3.18 设置填充颜色

步骤 4 在“格式”选项卡中单击“艺术字样式”选项组中的“文本填充”按钮，从弹出的菜单中选择“渐变”命令，接着从子菜单中选择一种渐变样式，如图 3.19 所示。

步骤 5 在“格式”选项卡中单击“艺术字样式”选项组中的“文本效果”按钮，从弹出的菜单中选择“转换”命令，接着从子菜单中选择一种转换样式，如图 3.20 所示。

步骤 6 单击艺术字，这时会出现一个带有 8 个控制点的方框，将鼠标光标移动到某个控制点上，这时光标会变成双向箭头形状，按住鼠标左键并拖动鼠标，调整艺术字大小，如图 3.21 所示。

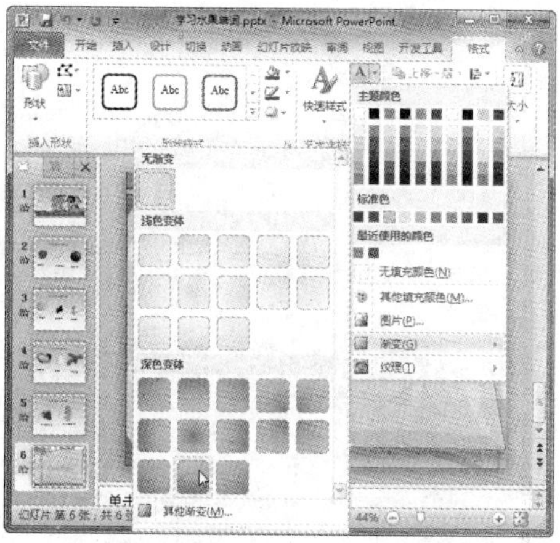

图 3.19　设置填充效果

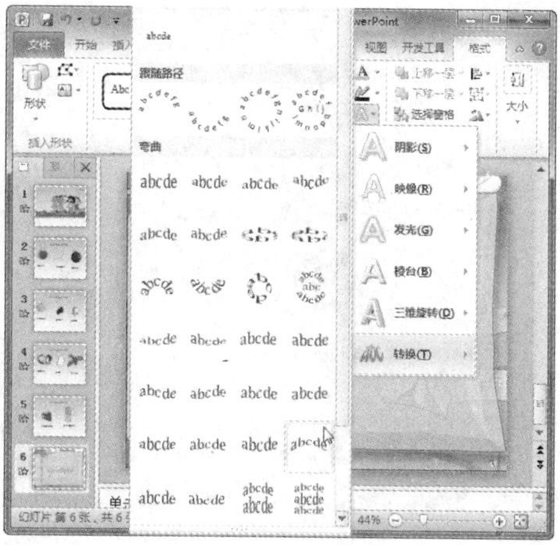

图 3.20　设置转换样式

步骤 7　在“绘图工具”下的“格式”选项卡中，单击“排列”选项组中的“对齐”按钮，从弹出的菜单中选择“左右居中”和“上下居中”命令，将艺术字移动到幻灯片正中间位置，如图 3.22 所示。

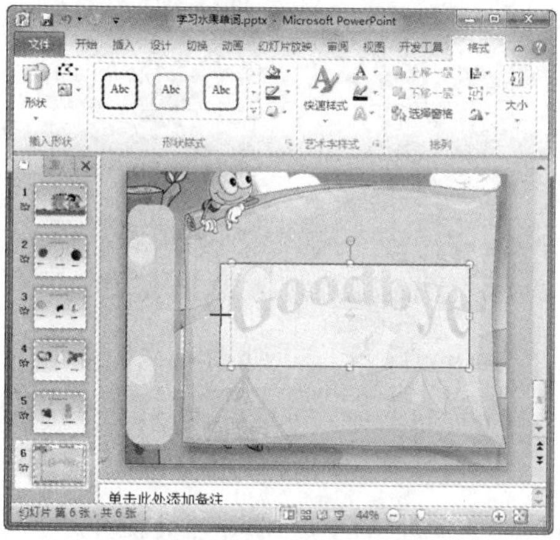

图 3.21　调整艺术字大小

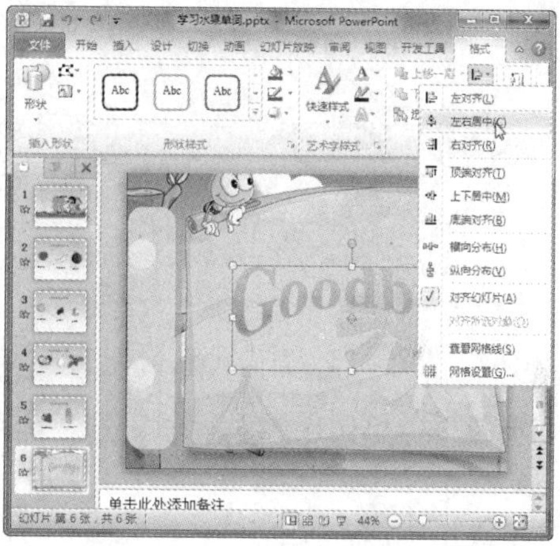

图 3.22　对齐艺术字位置

3.2.3　录制单词读音

学习英语需要多读多练，因此，下面为每个英语单词录制读音，具体操作步骤如下。

步骤 1　在“插入”选项卡下的“媒体”选项组中单击“音频”按钮下方的下拉按钮，从弹出的菜单中选择“录制音频”命令，如图 3.23 所示。

步骤 2　弹出“录音”对话框，单击“录音”按钮开始录制 apple 的读音，如图 3.24 所示。

步骤 3　连续读三遍 apple，然后单击“结束”按钮，再单击“确定”按钮，完成录音操作，如图 3.25 所示。

步骤 4　返回演示文稿窗口，将会发现幻灯片中出现一个小喇叭，它表示刚才的录音文件，如图 3.26 所示。然后调整小喇叭位置到 apple 单词正下方。

图 3.23　选择“录制音频”命令

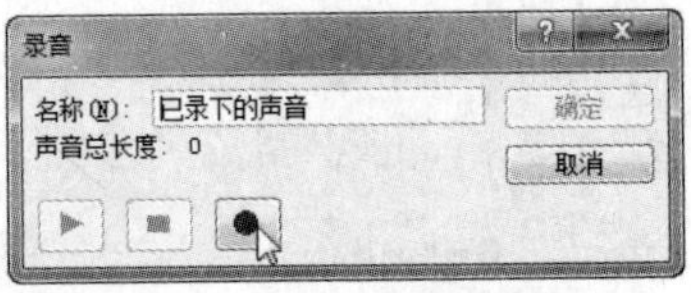

图 3.24　“录音”对话框

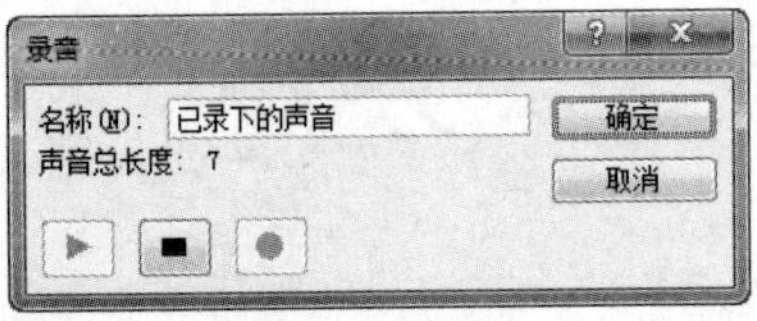

图 3.25　完成录音

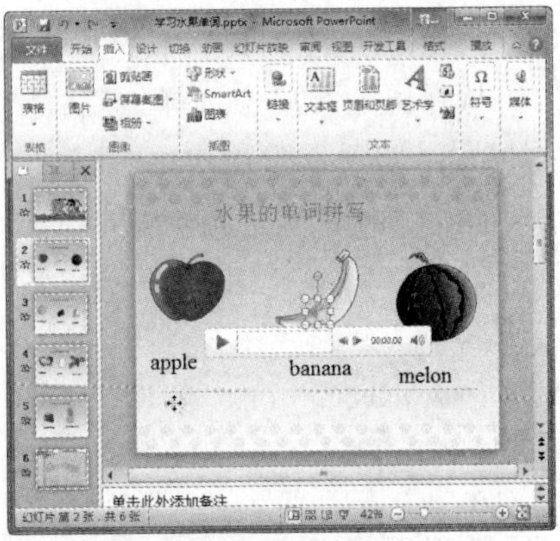

图 3.26　小喇叭图标

步骤 5　单击小喇叭，然后在“音频工具”下的“播放”选项卡中设置音频选项参数，如图 3.27 所示。

步骤 6　使用上述方法，为其他单词录制读音，如图 3.28 所示。至此，本案例制作完成。

图 3.27　设置音频选项参数

图 3.28　为其他单词录制读音

3.3 提 高 指 导

3.3.1 精确调整对象位置

选中对象(嵌入格式的对象除外)后，用户可以通过按向上方向键(↑)、向下方向键(↓)、向左方向键(←)、向右方向键(→)四个按键向上、下、左、右四个方向调整对象的位置。

如果需要将对象的一边与其他对象对齐，则可以通过按 Ctrl+↑、Ctrl+↓、Ctrl+←、Ctrl+→组合键来精确调整位置。

3.3.2 禁止使用鼠标切换幻灯片

放映幻灯片时可以不使用鼠标，而是通过其他方式来进行幻灯片的切换。那么，如何禁止使用鼠标切换幻灯片呢？其操作步骤如下。

步骤 1　打开演示文稿，在“幻灯片放映”选项卡下的“设置”选项组中单击“设置幻灯片放映”按钮，如图 3.29 所示。

步骤 2　弹出“设置放映方式”对话框，在“放映类型”选项组中选中“在展台浏览(全屏幕)”单选按钮(因为在该放映类型下鼠标是被禁止的)，如图 3.30 所示，最后单击“确定”按钮。

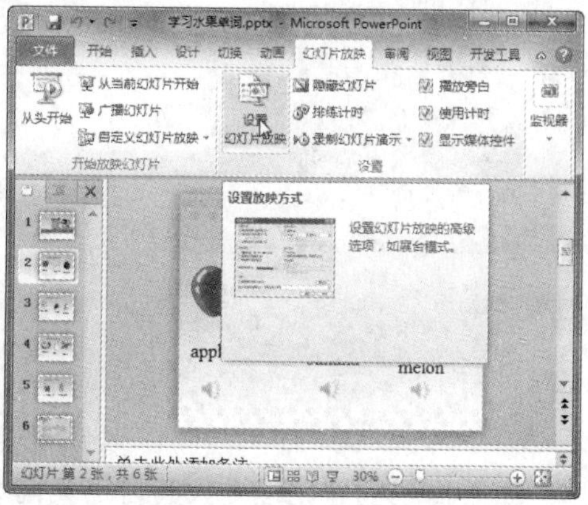

图 3.29　单击“设置幻灯片放映”按钮

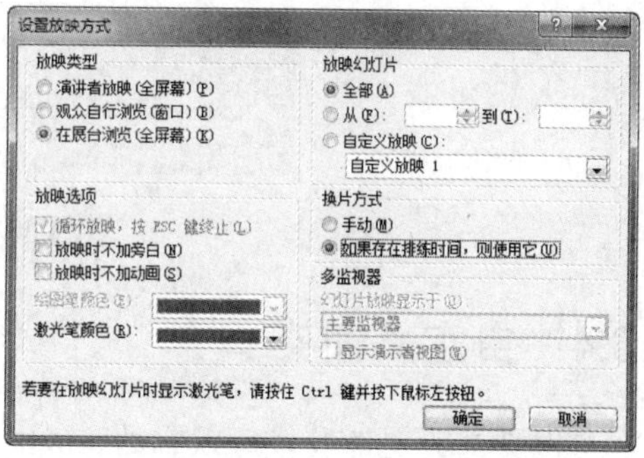

图 3.30　“设置放映方式”对话框

3.3.3 快速替换所有字体

若用户觉得现在使用的幻灯片字体不合适，需要设置成其他字体，但一张张地进行设置是很麻烦的，这时就应该学会一种快速替换所有字体的操作方法。

步骤 1　打开需要替换字体的演示文稿，然后在“开始”选项卡下的“编辑”选项组中单击“替换”按钮，从弹出的菜单中选择“替换字体”命令，如图 3.31 所示。

步骤 2　在打开的“替换字体”对话框中分别设置“替换”和“替换为”选项，然后单击“替换”按钮，如图 3.32 所示。

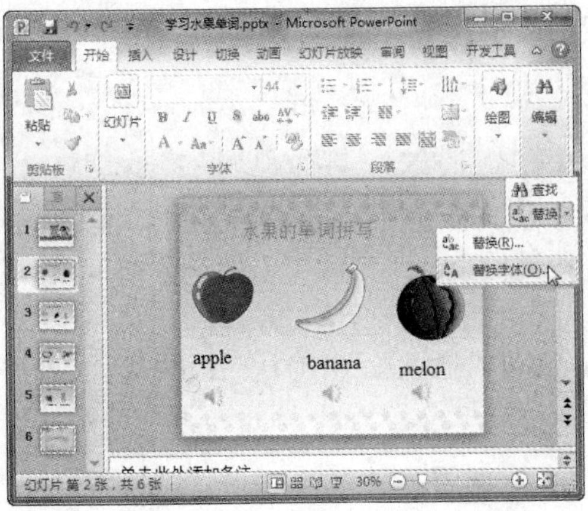

图 3.31 选择“替换字体”命令

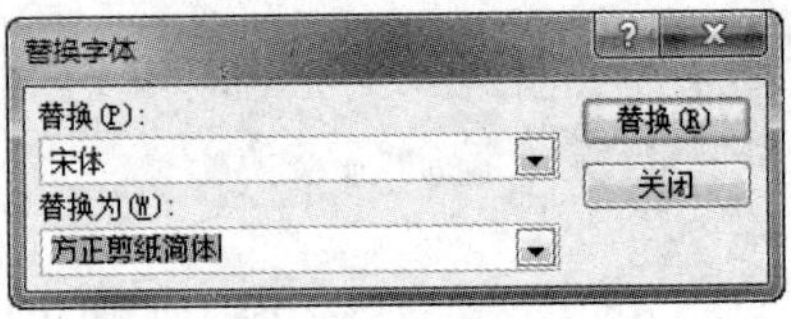

图 3.32 设置替换字体

步骤 3 这样就将演示文稿中的所有字体全部替换了，如图 3.33 所示。

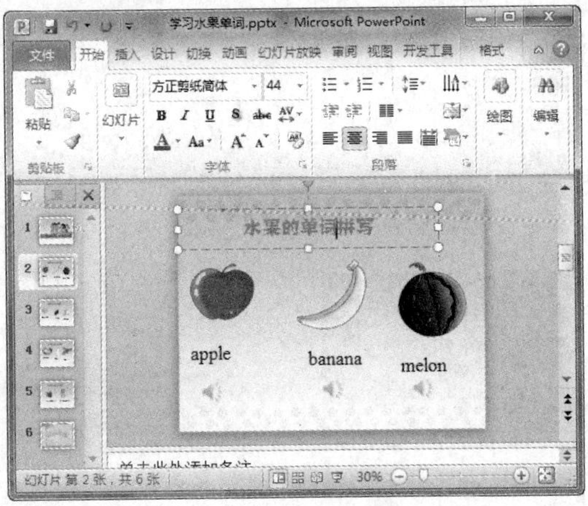

图 3.33 查看替换字体

3.3.4 自定义词典

自定义词典文件最多可以容纳 5000 个单词，如果需要创建比这更大的自定义词典，就需要创建另一个自定义词典。创建自定义词典的步骤如下。

步骤 1 参考前面方法，打开“PowerPoint 选项”对话框，然后在左侧窗格中单击“校对”选项，接着在右侧窗格的“在 Microsoft Office 程序中更正拼写时”选项组中单击“自定义词典”按钮，如图 3.34 所示。

步骤 2 弹出“自定义词典”对话框，从中单击“新建”按钮，如图 3.35 所示。

步骤 3 弹出“创建自定义词典”对话框，在“文件名”文本框中输入词典名称，然后定位到保存词典的位置，再单击“保存”按钮，如图 3.36 所示。

步骤 4 返回“自定义词典”对话框，在“词典列表”列表框中选中要编辑的词典，然后单击“编辑单词列表”按钮，如图 3.37 所示。

图 3.34　单击“自定义词典”按钮

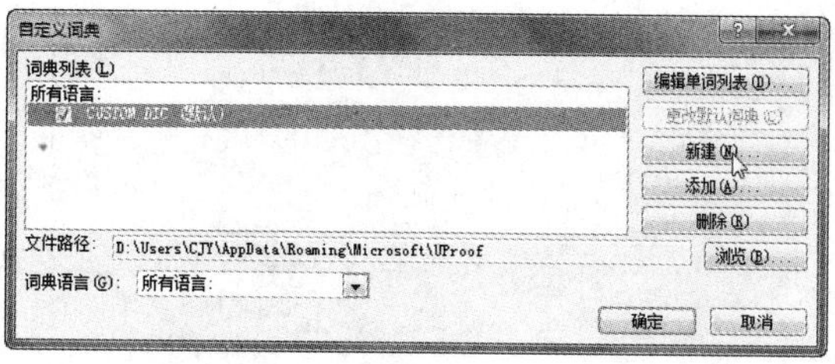

图 3.35　“自定义词典”对话框

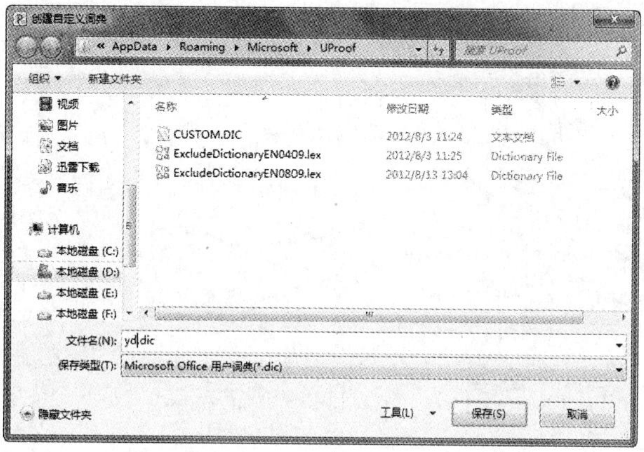

图 3.36　“创建自定义词典”对话框

步骤 5　在弹出的对话框的“单词”文本框中输入单词，然后单击“添加”按钮，如图 3.38 所示。

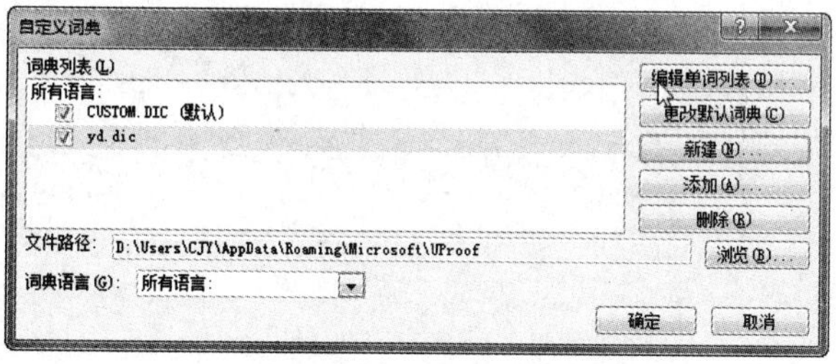

图 3.37　单击“编辑单词列表”按钮

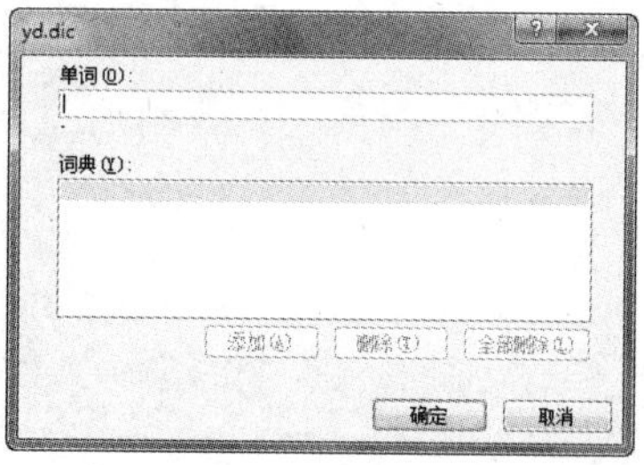

图 3.38　编辑单词

3.3.5　在备注中添加图形

备注页中是不是只可以输入文字，不可以插入图片呢？答案当然是否定的，实现方法如下。

步骤 1　在“视图”选项卡下的“演示文稿视图”选项组中单击“备注页”按钮，切换到备注页视图，如图 3.39 所示。

步骤 2　在“插入”选项卡下的“图像”选项组中单击“图片”按钮，如图 3.40 所示。

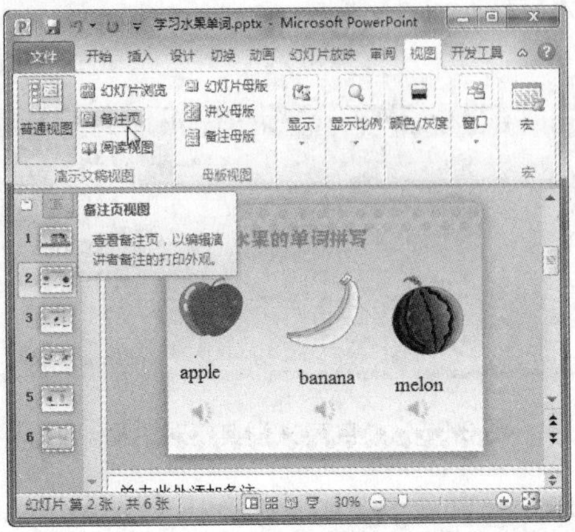

图 3.39　单击“备注页”按钮

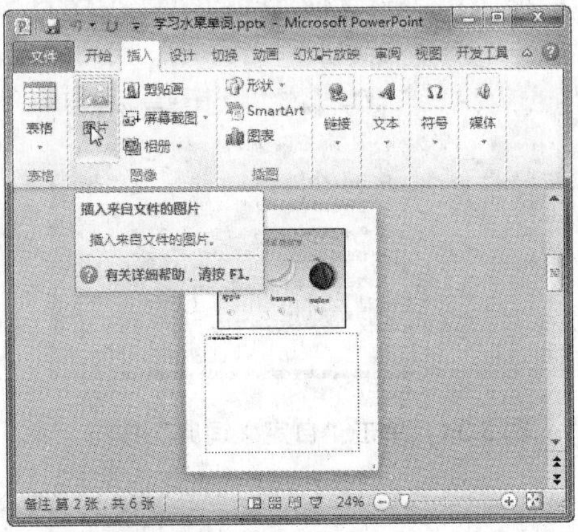

图 3.40　单击“图片”按钮

步骤 3　弹出“插入图片”对话框，再选择要插入的图片，最后单击“插入”按钮即可。

注 意

在备注页视图中插入的图片，在普通视图的“备注”窗格中是无法看见的，但可以在备注页的打印预览中看见。

3.3.6　添加 GIF 动画文件

GIF 动画因其制作简单，效果明显而深受广大用户喜爱。那么，如何在幻灯片中插入 GIF 动画文件呢？具体操作步骤如下。

步骤 1　在“插入”选项卡下的“插图”选项组中单击“图片”按钮。

步骤 2　弹出“插入图片”对话框，选择要插入的 GIF 文件，然后单击“插入”按钮，如图 3.41 所示。

步骤 3　调整好 GIF 动画图标的大小和位置，完成操作，如图 3.42 所示。

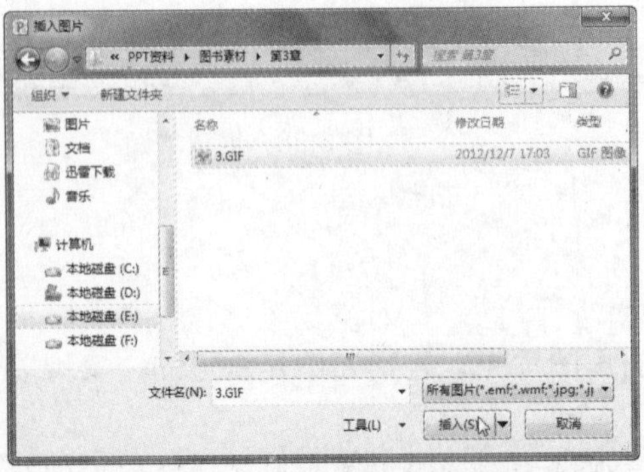

图 3.41　“插入图片”对话框

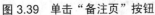

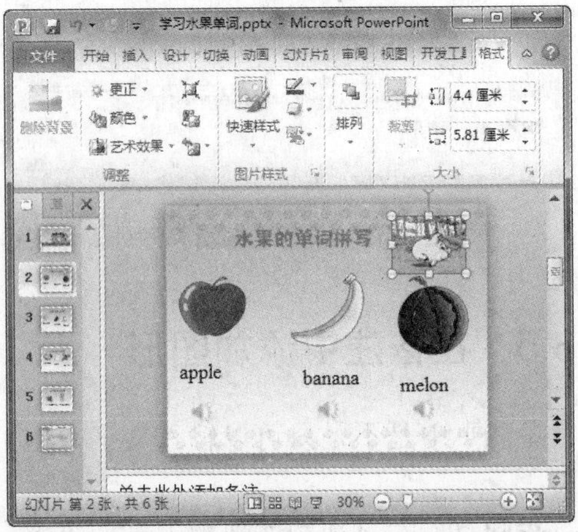

图 3.42　插入的 GIF 动画

3.3.7　让演示文稿具有 Word 编辑环境

使 PowerPoint 具有 Word 编辑环境的设置方法如下。

步骤 1　在“插入”选项卡下的“文本”选项组中单击“对象”按钮，如图 3.43 所示。

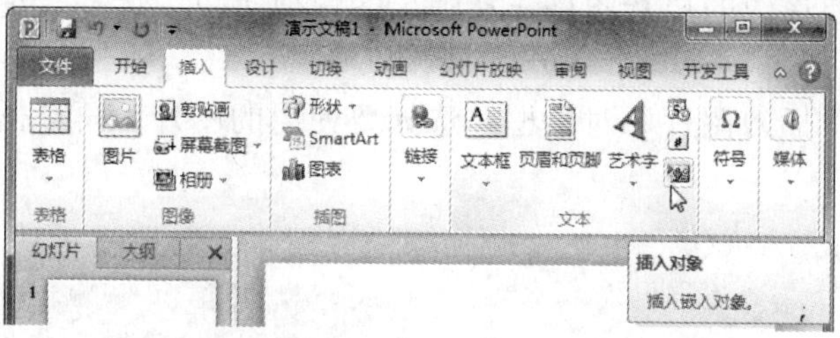

图 3.43　单击“对象”按钮

步骤 2　弹出“插入对象”对话框，选中“新建”单选按钮，然后从“对象类型”列表框中选择“Microsoft Word 文档”选项，如图 3.44 所示。

图 3.44　“插入对象”对话框

步骤 3　单击“确定”按钮，返回 PowerPoint 窗口，效果如图 3.45 所示。

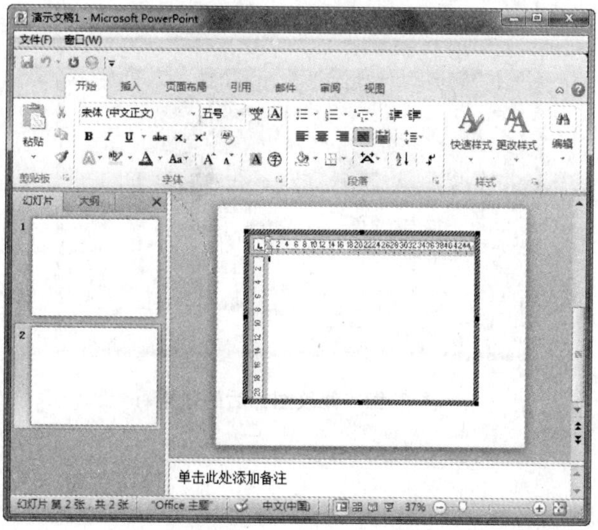

图 3.45　Word 编辑环境

3.3.8 为不同英语单词录音设置不同标识

为了防止录制的英语单词读音混淆，可以为不同英语单词录音设置不同标识，具体操作方法如下。

步骤 1 右击要更改的声音图标，从弹出的快捷菜单中选择“更改图片”命令，如图 3.46 所示。

步骤 2 弹出“插入图片”对话框，选择要使用的图片，再单击“插入”按钮，如图 3.47 所示。

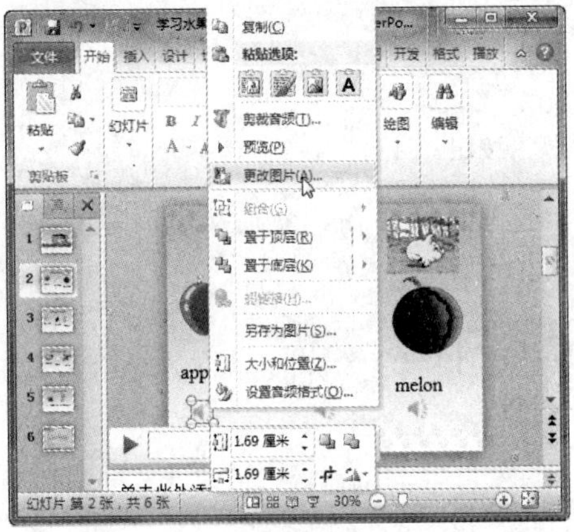

图 3.46 选择“更改图片”命令

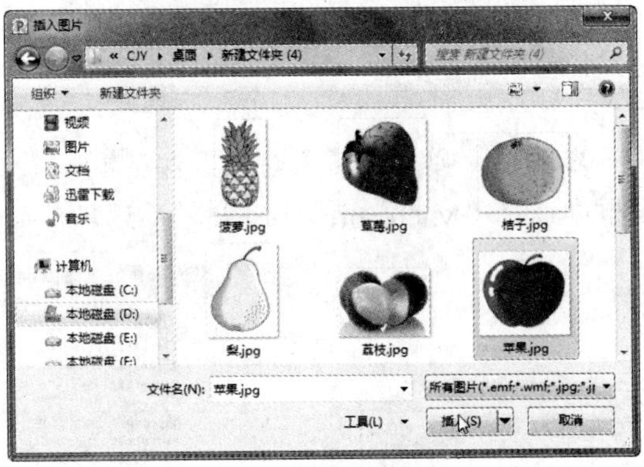

图 3.47 选择图片

步骤 3 返回演示文稿，即可发现 apple 的声音图片变成苹果图片了，如图 3.48 所示。再使用该方法设置其他英语单词的声音图标即可。

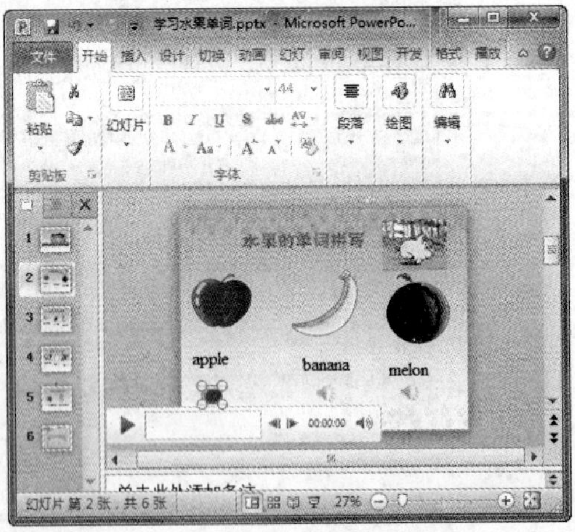

图 3.48 修改图标后的效果

3.4 习 题

一、选择题

(1) 在幻灯片中精确调整对象位置时，需要按(　　)键。

A. Shift　　B. Ctrl　　C. Alt　　D. 空格

(2) 如果插入的文字长度不符合文本框的长度时，要做(　　)设置。

A. 自动调整　　B. 溢出时缩排文字

C. 调整文本框大小　　D. 根据文字调整形状大小

(3) 设置图片透明色效果时，在“图片工具”下的“格式”选项卡中单击“调整”选项组中的(　　)按钮。

A. “更正”　　B. “颜色”　　C. “艺术效果”　　D. “图片样式”

(4) 下面关于插入音频操作说法错误的是(　　)。

A. 可以调整音量　　B. 可以更换声音图标

C. 可以删除插入的声音　　D. 不能在播放时隐藏插入的声音

(5) 批量修改字体的方法是：在“开始”选项卡下的“编辑”选项组中单击(　　)按钮。

A. “查找”　　B. “替换”　　C. “选择”　　D. “更换”

二、实训题

(1) 新建“认识人物英语单词”演示文稿。

(2) 为英语单词录制读音，并更换录音文件的图标。

第4章

经典实例：制作化学实验课件

要学好化学，就需要多做实验。要想实验成功，不仅要求大家细心、动手能力强，更要求大家注意安全。为此，在实际动手做实验之前，可以先通过 PowerPoint 演示实验过程，让学生了解具体的操作，加强他们的安全意识，避免发生事故。

本章主要内容

- 制作基础知识回顾幻灯片
- 制作实验准备幻灯片
- 制作实验幻灯片
- 添加备注页内容
- 设置幻灯片切换效果
- 隐藏/显示幻灯片中的对象
- 设置备注母版的打印效果
- 在一个演示文稿中应用多个主题

4.1 要点分析

本章以制氧气实验为例，介绍制作化学实验课件的方法。在制作过程中，可温习文本输入、图片/图形插入与编辑、字体格式设置、段落格式设置等操作，并要在备注页中添加一些与制氧气有关的扩展知识。演示文稿编辑完成后，可通过应用主题快速美化文件，并通过设置背景样式将实验注意事项突出显示出来，让学生重点记住。

幻灯片下方的备注页中显示的是作者备注信息或扩展内容，这些内容不一定需要显示给观众，通过设置可以将其打印出来。

4.2 制作化学实验课件

4.2.1 制作基础知识回顾幻灯片

本实验是制氧气，在做实验之前，先要回顾一下氧气的基础知识。为此，下面先来制作基础知识回顾幻灯片，具体操作步骤如下。

步骤 1 启动 PowerPoint 2010 程序，如图 4.1 所示。

步骤 2 在幻灯片中修改标题和副标题内容，如图 4.2 所示。

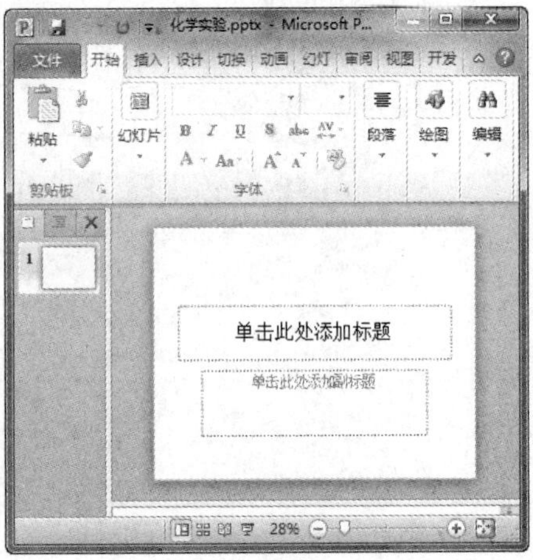

图 4.1 新建空白演示文稿

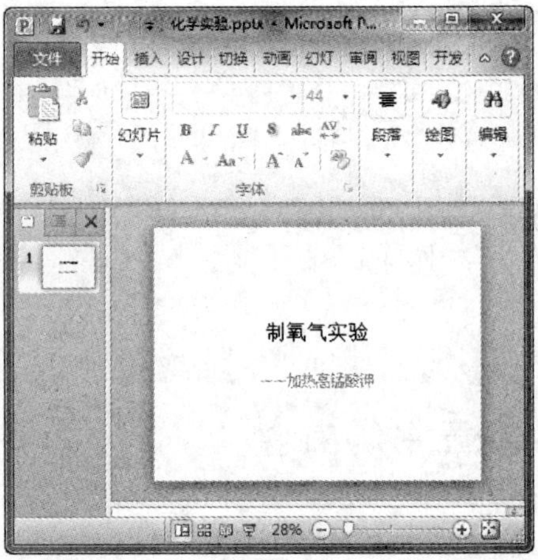

图 4.2 输入标题

步骤 3 单击标题，然后在“绘图工具”下的“格式”选项卡中，单击“艺术字样式”选项组中的“其他”按钮，从弹出的菜单中选择一种艺术字样式，如图 4.3 所示。

步骤 4 在“开始”选项卡下的“幻灯片”选项组中单击“新建幻灯片”按钮，从弹出的菜单中单击“仅标题”选项，如图 4.4 所示。

步骤 5 在新建的幻灯片中修改标题，然后在“插入”选项卡下的“插图”选项组中单击“形状”按钮，在弹出的菜单中单击“矩形”按钮，如图 4.5 所示。

步骤 6 在幻灯片中插入矩形形状，然后右击插入的图形，从弹出的快捷菜单中选择“编辑文字”命令，如图 4.6 所示。

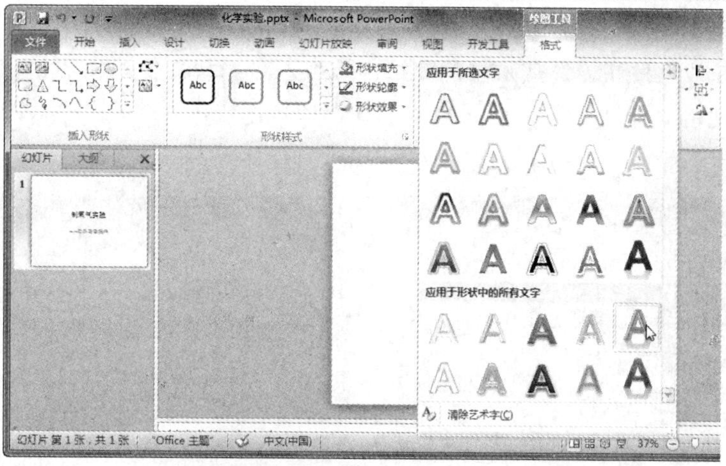

图 4.3　设置艺术字样式

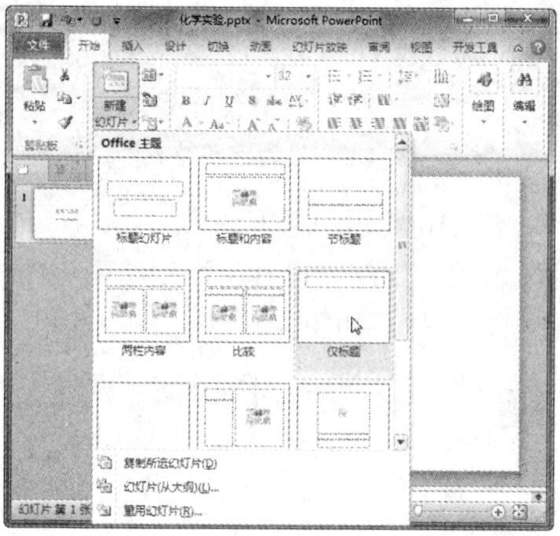

图 4.4　新建幻灯片

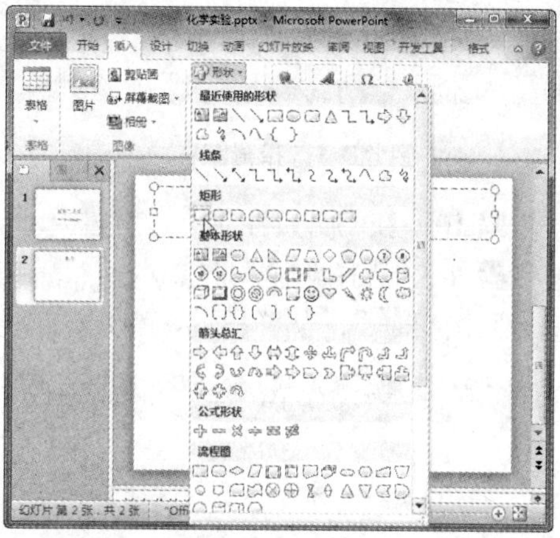

图 4.5　单击“矩形”按钮

步骤 7　在图形中输入“物理性质”字符，如图 4.7 所示。

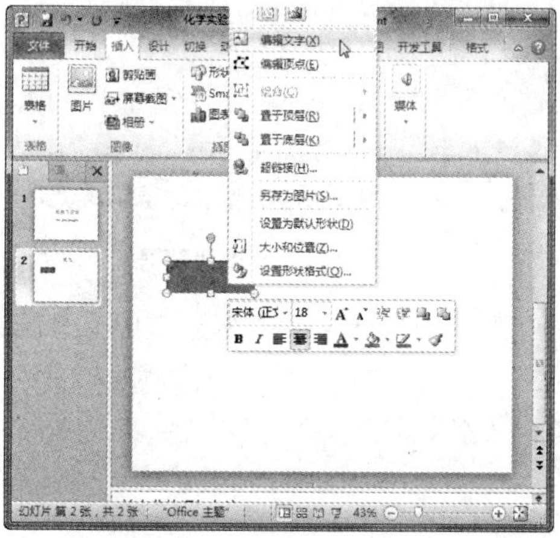

图 4.6　选择“编辑文字”命令

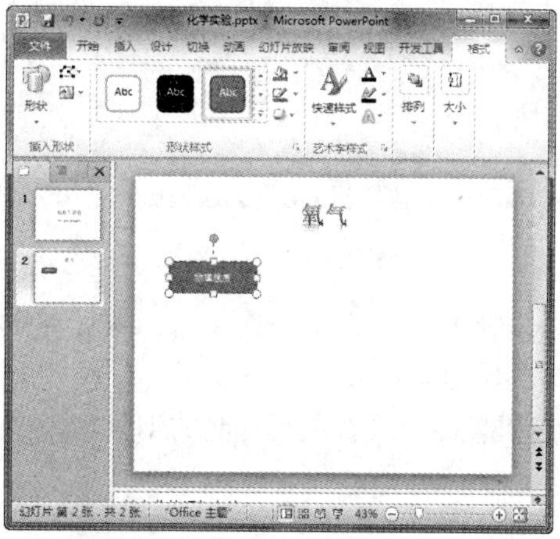

图 4.7　输入文本

步骤 8 单击图形，然后在“绘图工具”下的“格式”选项卡中，单击“形状样式”选项组中的“其他”按钮，从弹出的菜单中选择一种形状样式，如图 4.8 所示。

步骤 9 使用“开始”选项卡下的“字体”选项组中的命令，设置字体格式，效果如图 4.9 所示。

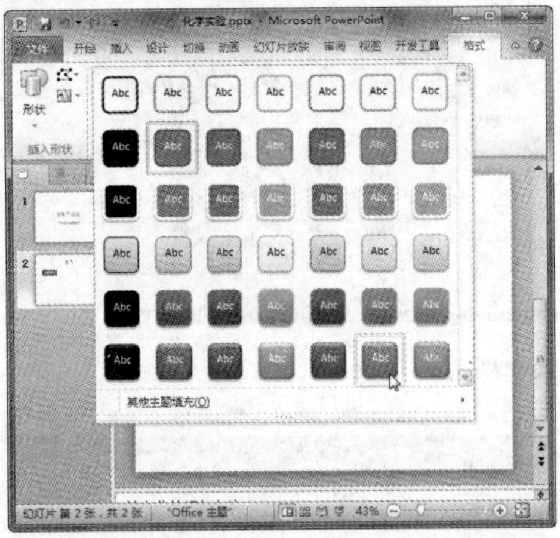
化学实验.pptx - Microsoft PowerPoint
其他主题填充(O)

图 4.8 选择形状样式

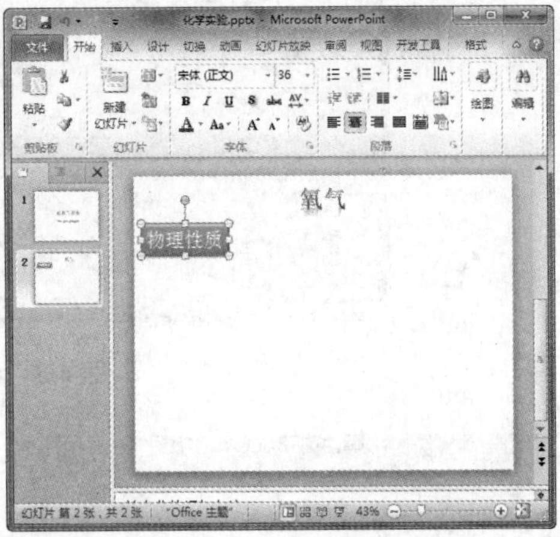
化学实验.pptx - Microsoft PowerPoint
氧气
物理性质

图 4.9 设置字符格式

步骤 10 在幻灯片中插入文本框，然后输入如图 4.10 所示的文本内容。

步骤 11 选择新输入的文本，然后在“开始”选项卡下的“段落”选项组中单击“项目符号”按钮，从弹出的菜单中选择要使用的项目符号，如图 4.11 所示。

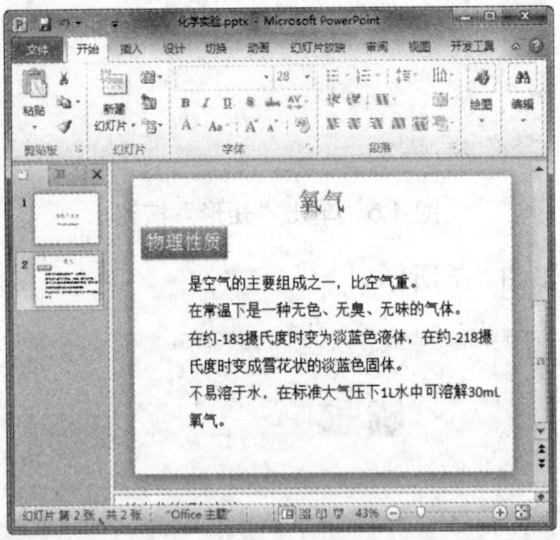
化学实验.pptx - Microsoft PowerPoint
氧气
物理性质
是空气的主要组成之一，比空气重。
在常温下是一种无色、无臭、无味的气体。
在约-183摄氏度时变为淡蓝色液体，在约-218摄氏度时变成雪花状的淡蓝色固体。
不易溶于水，在标准大气压下1L水中可溶解30mL氧气。

图 4.10 输入文本

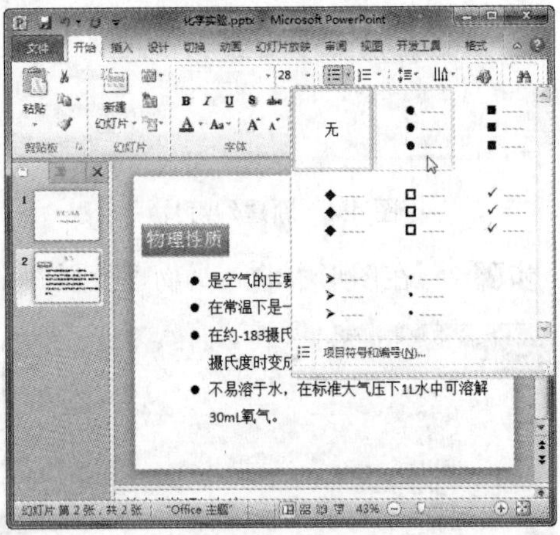
化学实验.pptx - Microsoft PowerPoint
无
项目符号和编号(N)...
物理性质

图 4.11 设置项目符号

步骤 12 在左侧窗格中右击第 2 张幻灯片，从弹出的快捷菜单中选择“复制幻灯片”命令，如图 4.12 所示。

步骤 13 接着在新复制的幻灯片中修改图形和文本框中的文本，如图 4.13 所示。

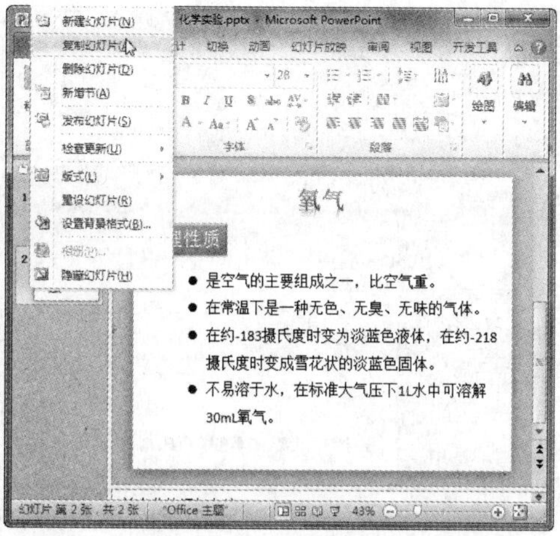

新建幻灯片(N)
复制幻灯片(A)
删除幻灯片(D)
新增节(A)
发布幻灯片(S)
检查更新(U)
版式(L)
重设幻灯片(R)
设置背景格式(B)...
隐藏幻灯片(H)
氧气
是空气的主要组成之一，比空气重。
在常温下是一种无色、无臭、无味的气体。
在约-183摄氏度时变为淡蓝色液体，在约-218摄氏度时变成雪花状的淡蓝色固体。
不易溶于水，在标准大气压下1L水中可溶解30mL氧气。

图 4.12　复制幻灯片

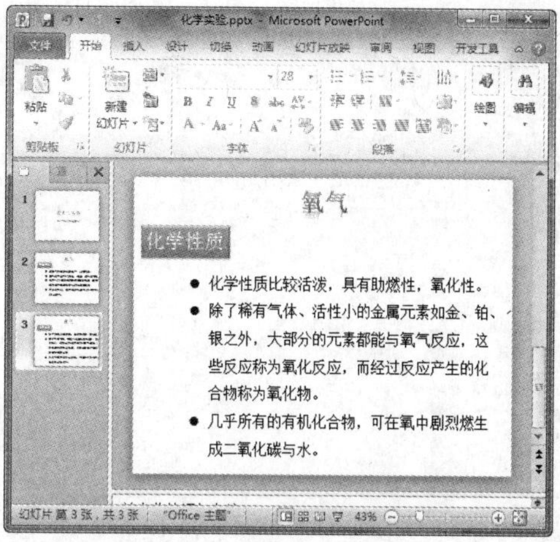

化学实验.pptx - Microsoft PowerPoint
氧气
化学性质
化学性质比较活泼，具有助燃性，氧化性。
除了稀有气体、活性小的金属元素如金、铂、银之外，大部分的元素都能与氧气反应，这些反应称为氧化反应，而经过反应产生的化合物称为氧化物。
几乎所有的有机化合物，可在氧中剧烈燃生成二氧化碳与水。

图 4.13　编辑第 3 张幻灯片

4.2.2　制作实验准备幻灯片

回顾了氧气的基础知识后，接下来开始制作实验准备幻灯片。

1. 制作制备方法幻灯片

制作制备方法幻灯片的操作步骤如下。

步骤 1　单击第 3 张幻灯片，然后在“开始”选项卡下的“幻灯片”选项组中单击“新建幻灯片”按钮，从弹出的菜单中单击“标题和内容”选项，如图 4.14 所示。

步骤 2　这时将会在第 3 张幻灯片后面插入“标题和内容”版式的幻灯片，然后在标题和内容占位符中输入如图 4.15 所示的内容。

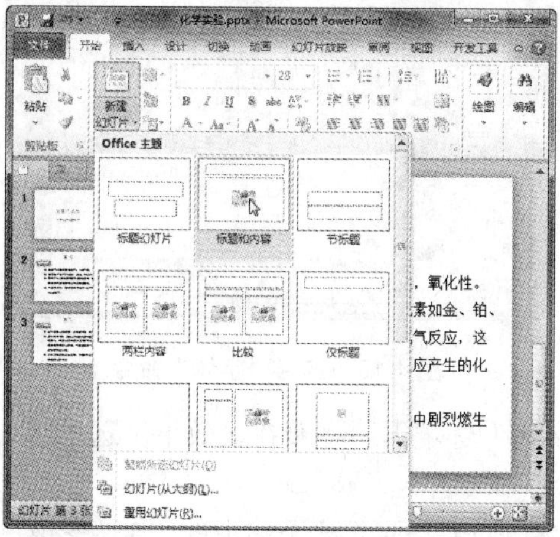

化学实验.pptx - Microsoft PowerPoint
Office 主题
标题幻灯片
标题和内容
节标题
两栏内容
比较
仅标题
幻灯片(从大纲)(L)...
重用幻灯片(R)...

图 4.14　新建“标题和内容”版式的幻灯片

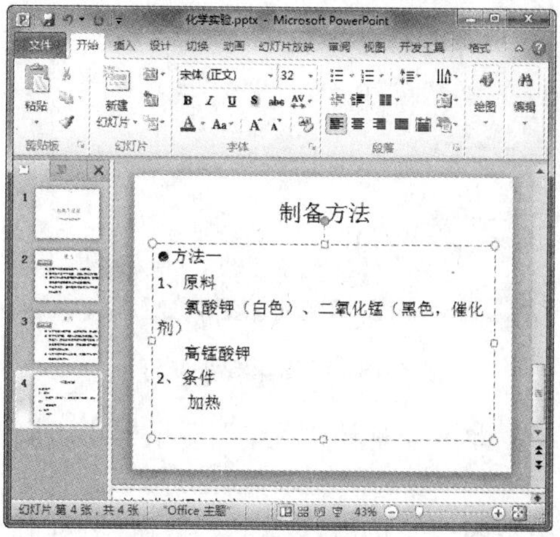

化学实验.pptx - Microsoft PowerPoint
制备方法
方法一
1、原料
氯酸钾（白色）、二氧化锰（黑色，催化剂）
高锰酸钾
2、条件
加热

图 4.15　输入文本

步骤 3　选择要设置编号的文本，然后在“开始”选项卡下的“段落”选项组中单击“编号”按钮，从弹出的菜单中选择要使用的编号样式，如图 4.16 所示。

步骤 4　接着输入其他制备方法，如图 4.17 所示。

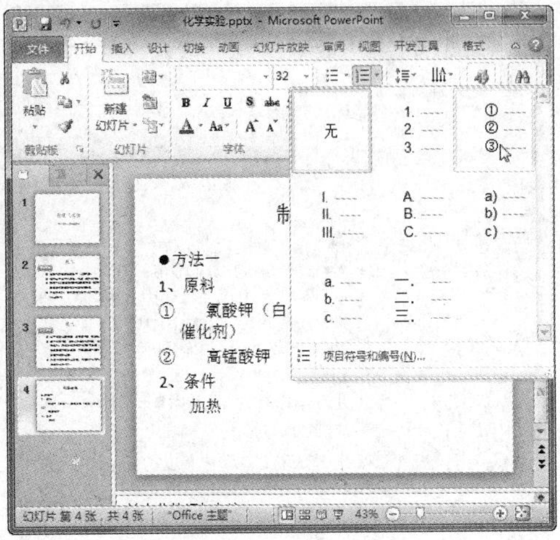

图 4.16　应用编号样式

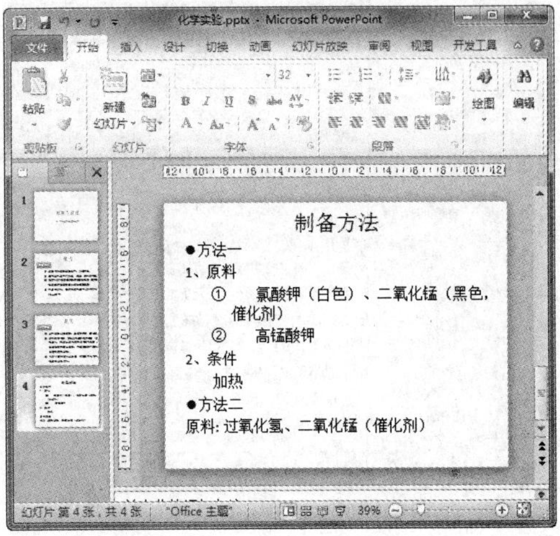

图 4.17　输入其他制备方法

2. 制作反应原理幻灯片

制作反应原理幻灯片的操作步骤如下。

步骤 1　在第 4 张幻灯片后插入“标题和内容”版式的幻灯片，然后输入如图 4.18 所示的文本内容。

步骤 2　选中“3”并右击，从弹出的快捷菜单中选择“字体”命令，如图 4.19 所示。

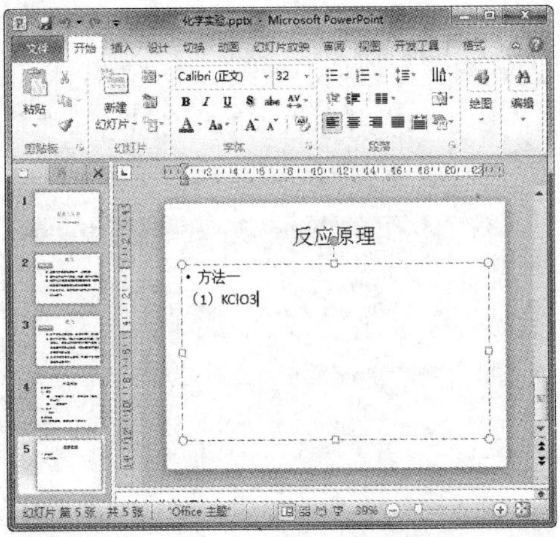

图 4.18　编辑第 5 张幻灯片

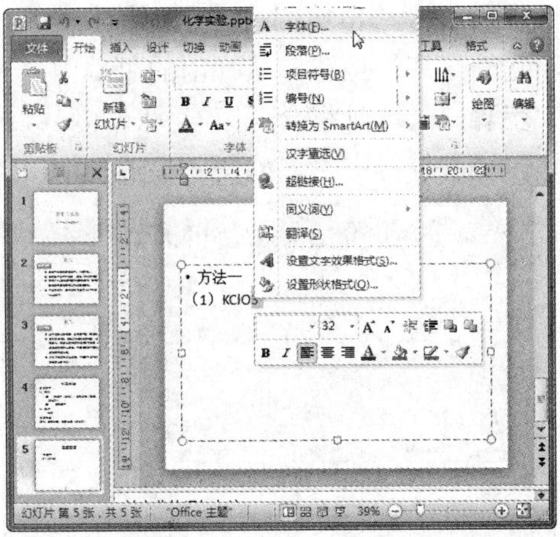

图 4.19　选择“字体”命令

步骤 3　弹出“字体”对话框，切换到“字体”选项卡，接着在“效果”选项组中选中“下标”复选框，如图 4.20 所示。

步骤 4　单击“确定”按钮，返回演示文稿窗口，即可发现选中的“3”变成字母“O”的下标了，如图 4.21 所示。

步骤 5　在“插入”选项卡下的“插图”选项组中单击“形状”按钮，从弹出的菜单中单击“箭头”按钮，如图 4.22 所示。

步骤 6　在幻灯片中插入箭头图形，如图 4.23 所示。

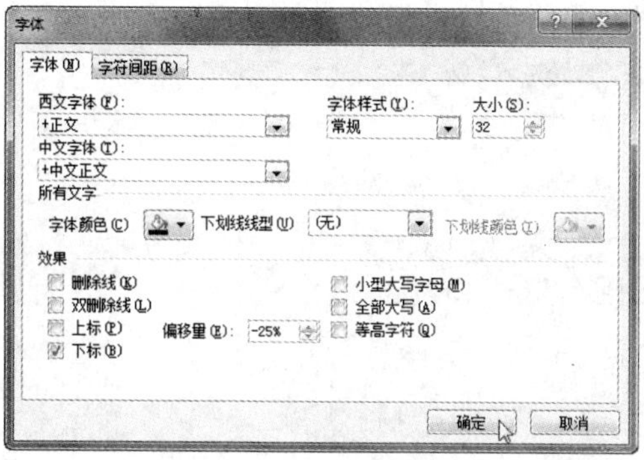

图 4.20　“字体”对话框

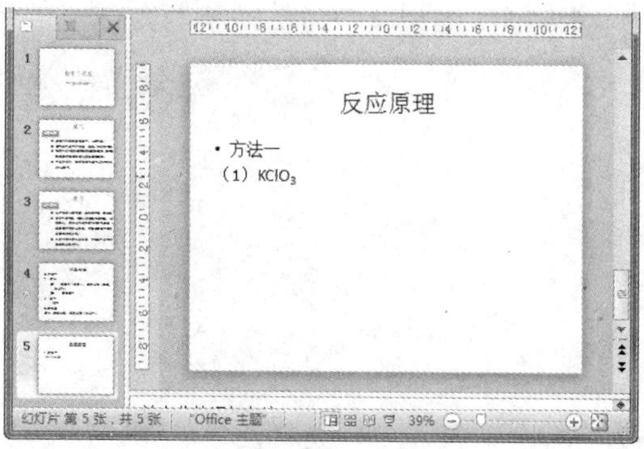

图 4.21　查看设置下标后的效果

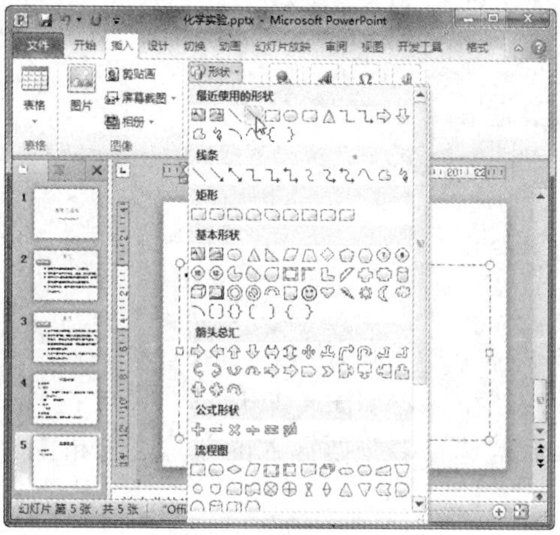

图 4.22　单击“箭头”图标

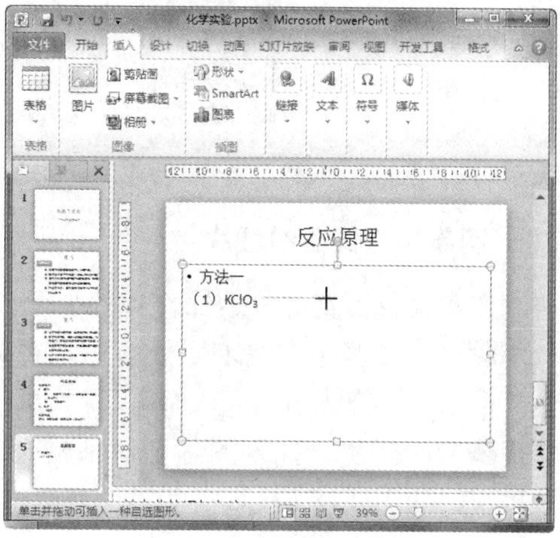

图 4.23　插入箭头图形

步骤 7　接着在箭头右侧继续输入化学反应式的剩余部分，并使用文本框在箭头上(或下)方添加反应式的反应条件，如图 4.24 所示。

步骤 8　参考前面方法，输入第 2 个化学反应式，如图 4.25 所示。

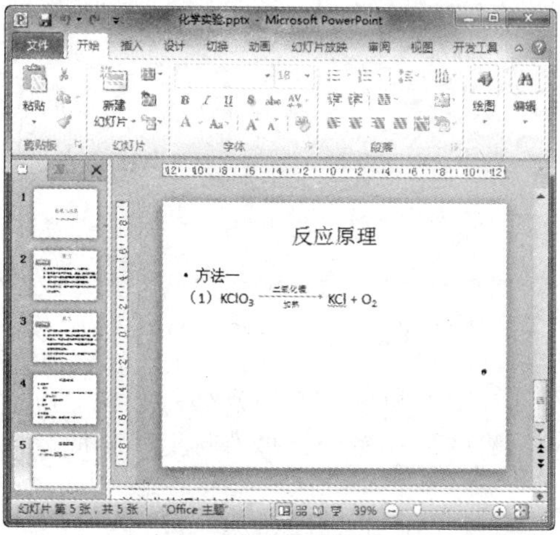

图 4.24　输入化学反应式的剩余部分

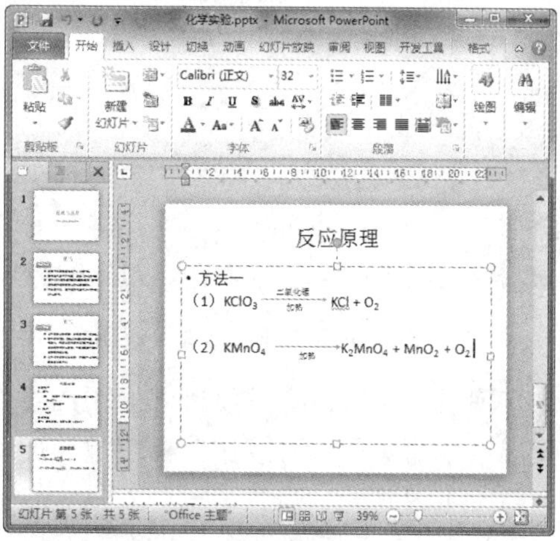

图 4.25　输入第 2 个化学反应式

步骤 9 使用类似方法，输入方法二的化学反应式，结果如图 4.26 所示。

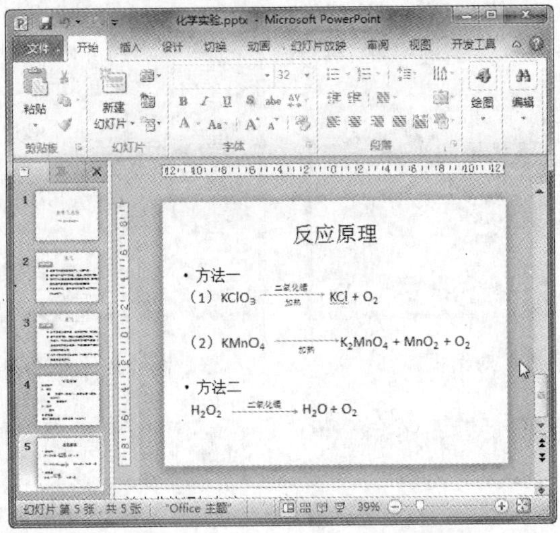

图 4.26 输入方法二的化学反应式

3. 制作实验仪器幻灯片

制作实验仪器幻灯片的操作步骤如下。

步骤 1 在演示文稿末尾处新插入“标题和内容”版式的幻灯片，接着在标题占位符中输入标题，再在内容占位符中单击“插入图片”按钮，如图 4.27 所示。

步骤 2 弹出“插入图片”对话框，按 Ctrl 键选择多张要插入的图片，再单击“插入”按钮，如图 4.28 所示。

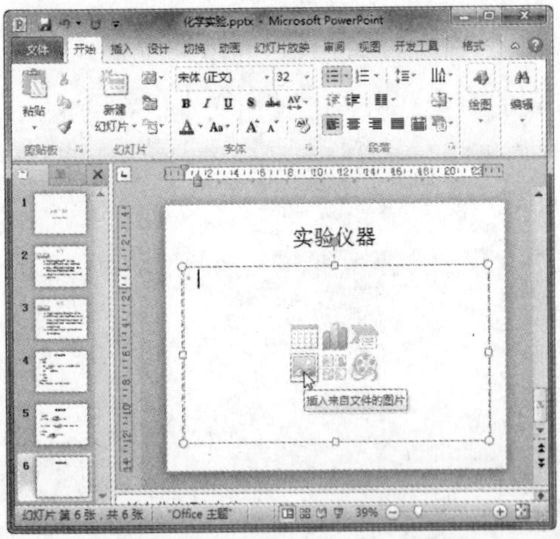

图 4.27 单击“插入图片”按钮

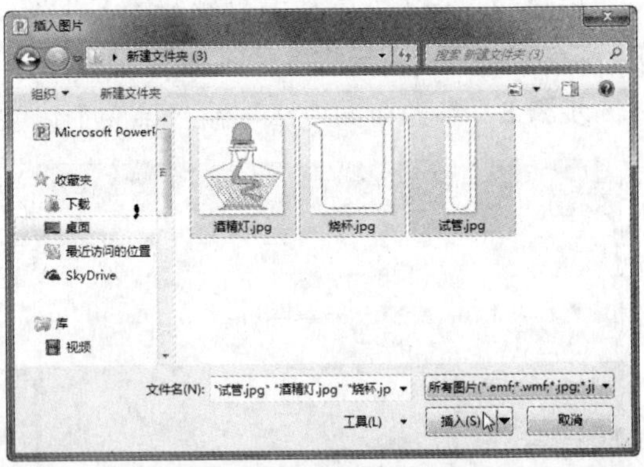

图 4.28 选择要插入的图片

步骤 3 这时将会发现选中的图片层叠在幻灯片中，将鼠标光标移动到图片上，当光标变成十字箭头形状时按住鼠标左键并拖动鼠标，将图片移动到目标位置后再释放鼠标左键，如图 4.29 所示。

步骤 4 参考步骤 3 操作，移动另外两种图片到目标位置，效果如图 4.30 所示。

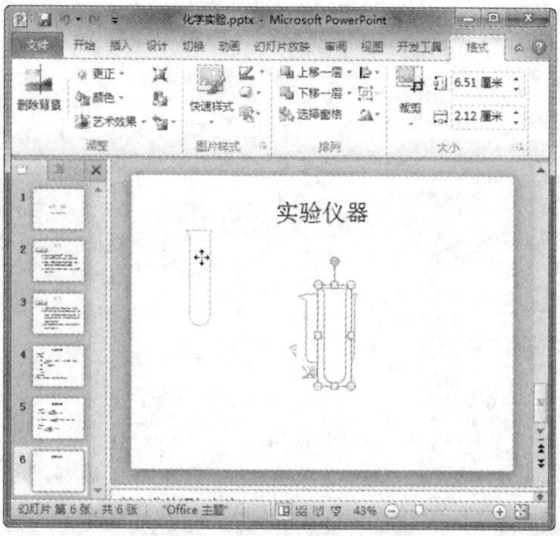

图 4.29　移动图片

图 4.30　查看调整图片位置后的效果

步骤 5　单击要调整大小的图片，然后在“图片工具”下的“格式”选项卡中，使用“大小”选项组中的命令调整图片大小，如图 4.31 所示。接着调整另外两张图片的大小。

步骤 6　按住 Shift 键单击 3 张图片，然后在“图片工具”下的“格式”选项卡中，单击“排列”选项组中的“对齐”按钮，从弹出的菜单中选择“上下居中”命令，如图 4.32 所示。

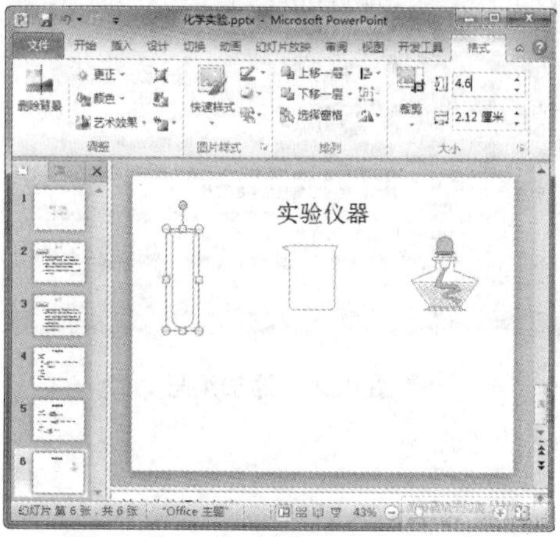

图 4.31　调整图片大小

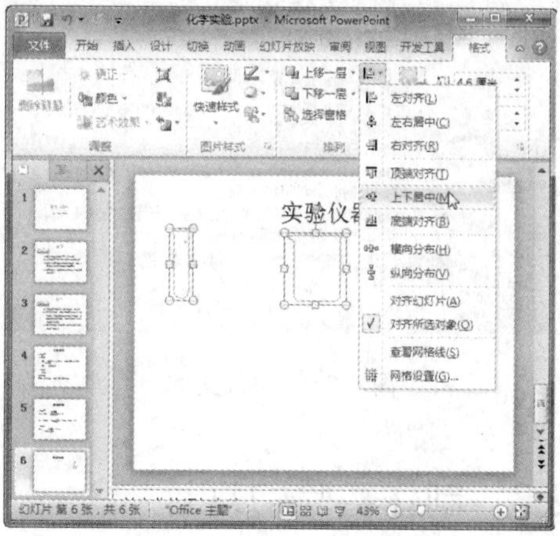

图 4.32　设置图片对齐方式

步骤 7　在图片下方插入文本框，并在文本框中输入各仪器的名称，如图 4.33 所示。

步骤 8　使用类似的方法，添加收集氧气的图片，如图 4.34 所示。

4. 制作实验注意事项幻灯片

制作实验注意事项幻灯片的操作步骤如下。

步骤 1　在演示文稿末尾处新插入“标题和内容”版式的幻灯片，接着在标题占位符中输入标题，再在内容占位符中输入如图 4.35 所示的内容。

步骤 2　在内容占位符中选中文本，然后在“开始”选项卡下的“段落”选项组中单击“编号”按钮，从弹出的菜单中选择一种编号样式，如图 4.36 所示。

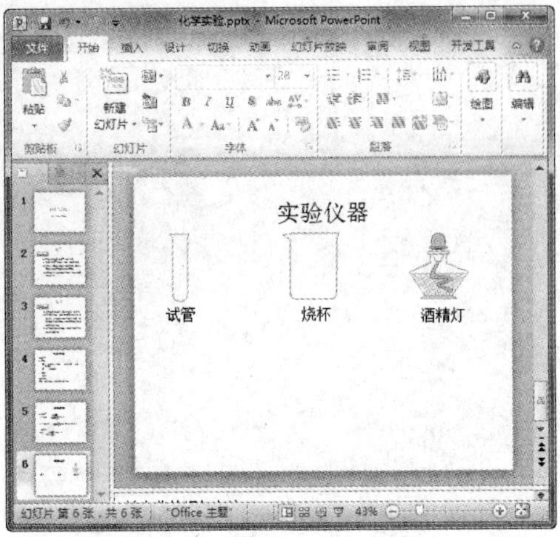
化学实验.pptx - Microsoft PowerPoint
实验仪器
试管
烧杯
酒精灯

图 4.33　添加仪器名称

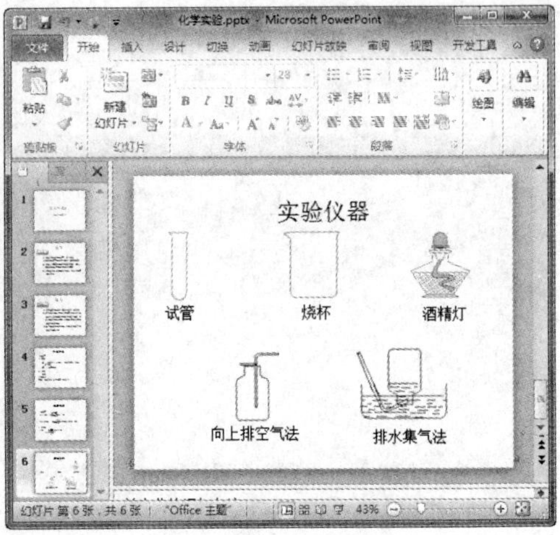
化学实验.pptx - Microsoft PowerPoint
实验仪器
试管
烧杯
酒精灯
向上排空气法
排水集气法

图 4.34　添加其他图片

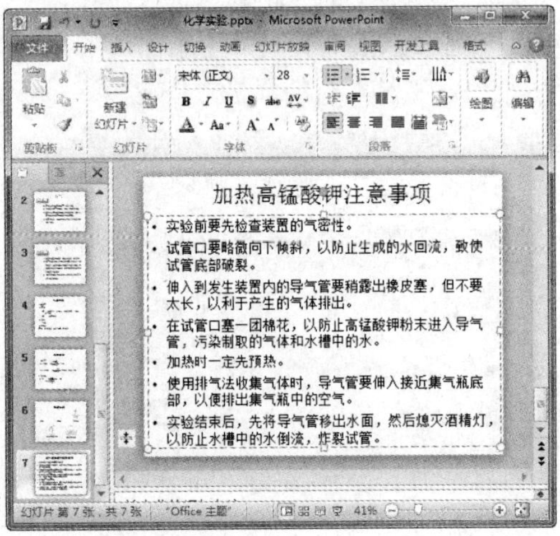
化学实验.pptx - Microsoft PowerPoint
加热高锰酸钾注意事项
实验前要先检查装置的气密性。
试管口要略微向下倾斜，以防止生成的水回流，致使试管底部破裂。
伸入到发生装置内的导气管要稍露出橡皮塞，但不要太长，以利于产生的气体排出。
在试管口塞一团棉花，以防止高锰酸钾粉末进入导气管，污染制取的气体和水槽中的水。
加热时一定先预热。
使用排气法收集气体时，导气管要伸入接近集气瓶底部，以便排出集气瓶中的空气。
实验结束后，先将导气管移出水面，然后熄灭酒精灯，以防止水槽中的水倒流，炸裂试管。

图 4.35　输入文本

化学实验.pptx - Microsoft PowerPoint
无
项目符号和编号(N)...

图 4.36　添加编号

4.2.3　制作实验幻灯片

1. 制作检查装置气密性幻灯片

实验前要利用热胀冷缩的原理检查制氧气装置的气密性。制作检查装置气密性幻灯片的操作步骤如下。

步骤 1　在演示文稿末尾处新插入“标题和内容”版式的幻灯片，接着在标题占位符中输入标题，再在内容占位符中输入如图 4.37 所示的内容，并调节占位符大小。

步骤 2　在“插入”选项卡下的“图像”选项组中单击“图片”按钮，如图 4.38 所示。

步骤 3　弹出“插入图片”对话框，选择要插入的图片，再单击“插入”按钮，如图 4.39 所示。

步骤 4　返回演示文稿窗口，然后调整图片大小和位置，最终效果如图 4.40 所示。

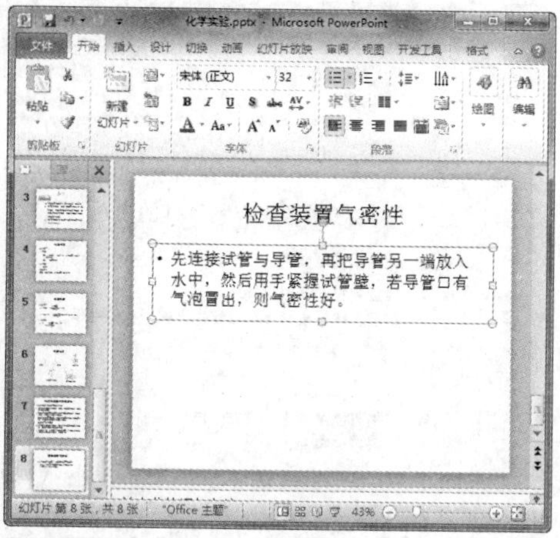
化学实验.pptx - Microsoft PowerPoint
检查装置气密性
先连接试管与导管，再把导管另一端放入水中，然后用手紧握试管壁，若导管口有气泡冒出，则气密性好。

图 4.37　输入文本

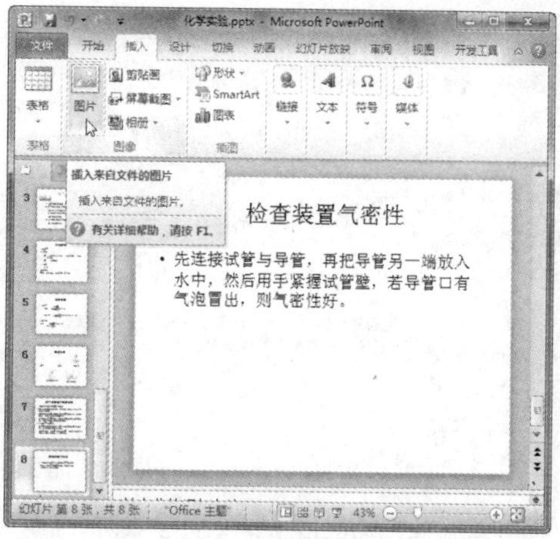
化学实验.pptx - Microsoft PowerPoint
插入来自文件的图片
检查装置气密性
先连接试管与导管，再把导管另一端放入水中，然后用手紧握试管壁，若导管口有气泡冒出，则气密性好。

图 4.38　单击“图片”按钮

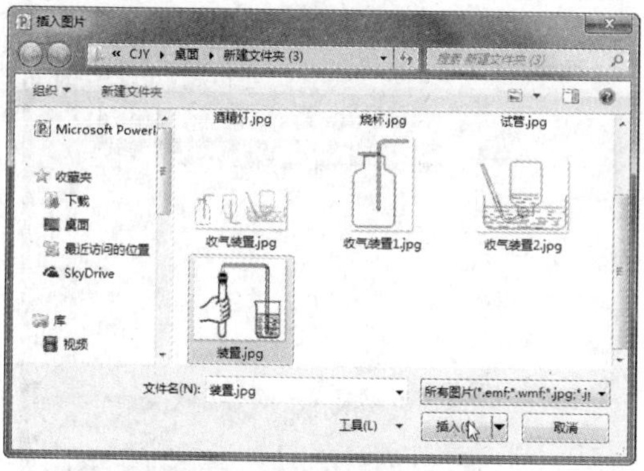
插入图片
酒精灯.jpg
烧杯.jpg
试管.jpg
收气装置.jpg
收气装置1.jpg
收气装置2.jpg
装置.jpg
文件名(N): 装置.jpg
工具(L)
插入(S)
取消

图 4.39　选择要插入的图片

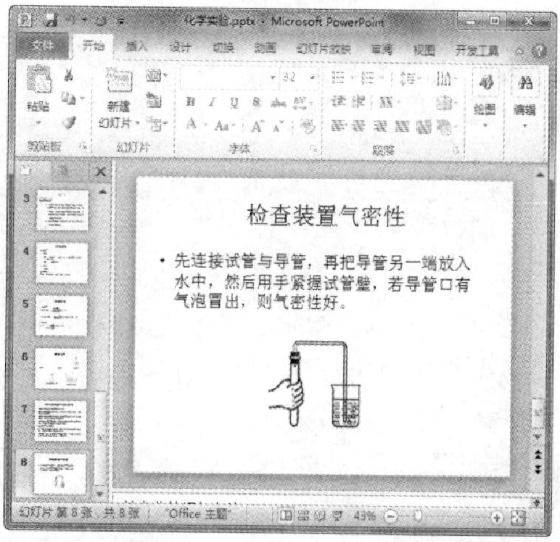
化学实验.pptx - Microsoft PowerPoint
检查装置气密性
先连接试管与导管，再把导管另一端放入水中，然后用手紧握试管壁，若导管口有气泡冒出，则气密性好。

图 4.40　调整图片大小和位置

2．制作实验幻灯片

这里以加热高锰酸钾制氧气为例，制作实验幻灯片的操作步骤如下。

步骤 1　在演示文稿末尾处新插入“标题和内容”版式的幻灯片，接着在标题占位符中输入标题，再在内容占位符中输入如图 4.41 所示的内容。

步骤 2　在幻灯片中插入放置药品的图片，接着输入余下的实验步骤，如图 4.42 所示。

步骤 3　在“开始”选项卡下的“幻灯片”选项组中单击“新建幻灯片”按钮，从弹出的菜单中单击“空白”选项，如图 4.43 所示。

步骤 4　在新建的幻灯片中插入文本框，并在其中输入如图 4.44 所示的内容。

步骤 5　返回演示文稿窗口，然后调整图片大小和位置，效果如图 4.45 所示。

步骤 6　本实验需要在试管口塞一团棉花，以防止高锰酸钾粉末进入导气管，污染制取的气体和水槽中的水。因此，接下来在“插入”选项卡下的“插图”选项组中单击“形状”按钮，从弹出的菜单中单击“云形”按钮，如图 4.46 所示。

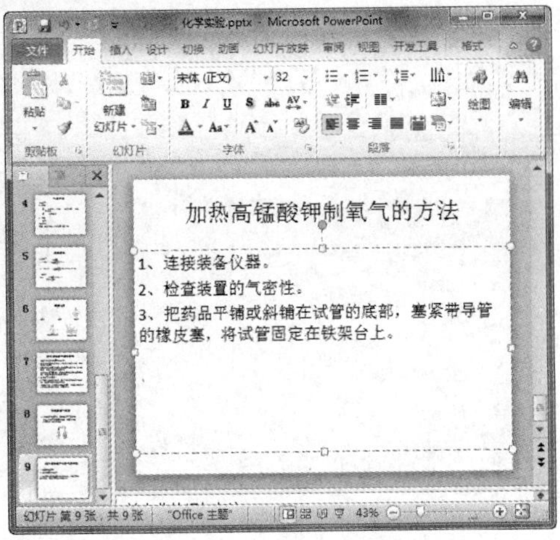
化学实验.pptx - Microsoft PowerPoint
加热高锰酸钾制氧气的方法
1、连接装备仪器。
2、检查装置的气密性。
3、把药品平铺或斜铺在试管的底部，塞紧带导管的橡皮塞，将试管固定在铁架台上。

图 4.41　输入文本

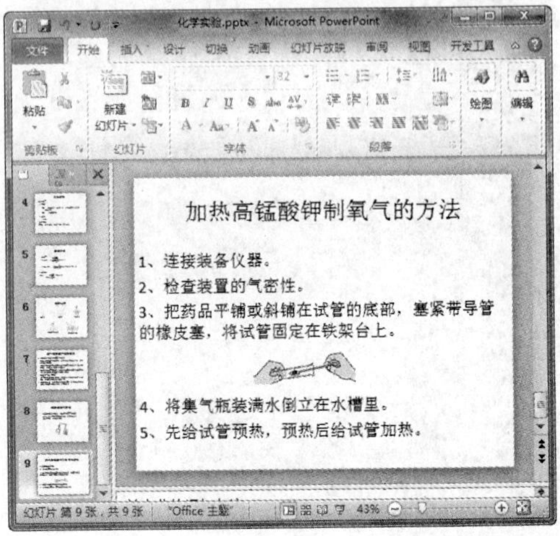
化学实验.pptx - Microsoft PowerPoint
加热高锰酸钾制氧气的方法
1、连接装备仪器。
2、检查装置的气密性。
3、把药品平铺或斜铺在试管的底部，塞紧带导管的橡皮塞，将试管固定在铁架台上。
4、将集气瓶装满水倒立在水槽里。
5、先给试管预热，预热后给试管加热。

图 4.42　在幻灯片中插入图片

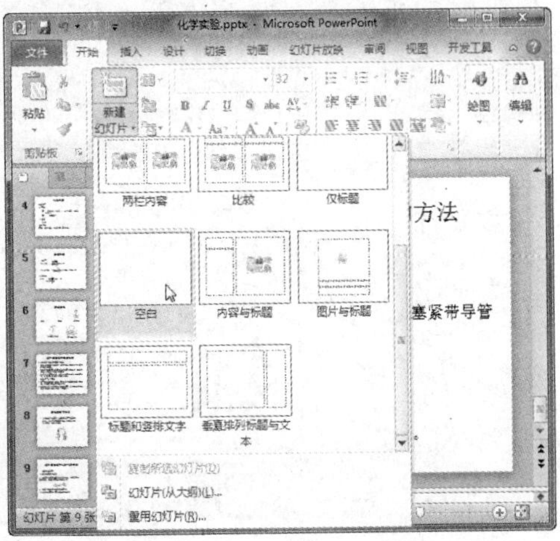
化学实验.pptx - Microsoft PowerPoint
两栏内容
比较
仅标题
空白
内容与标题
图片与标题

图 4.43　新建空白幻灯片

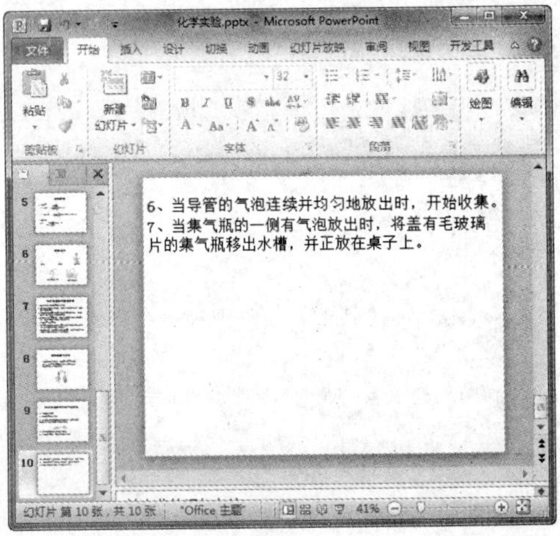
化学实验.pptx - Microsoft PowerPoint
6、当导管的气泡连续并均匀地放出时，开始收集。
7、当集气瓶的一侧有气泡放出时，将盖有毛玻璃片的集气瓶移出水槽，并正放在桌子上。

图 4.44　输入文本

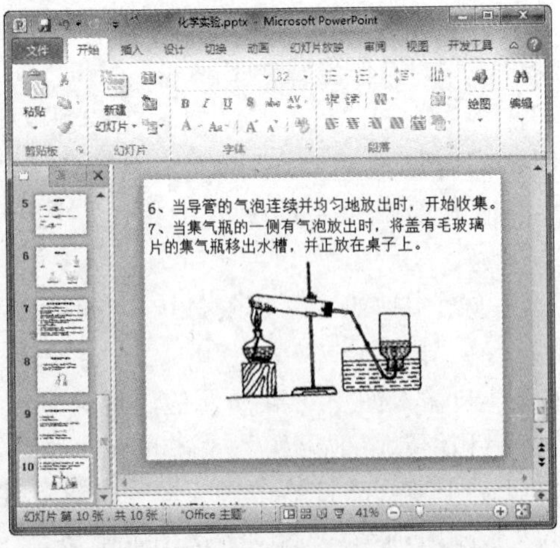
化学实验.pptx - Microsoft PowerPoint
6、当导管的气泡连续并均匀地放出时，开始收集。
7、当集气瓶的一侧有气泡放出时，将盖有毛玻璃片的集气瓶移出水槽，并正放在桌子上。

图 4.45　调整图片大小和位置

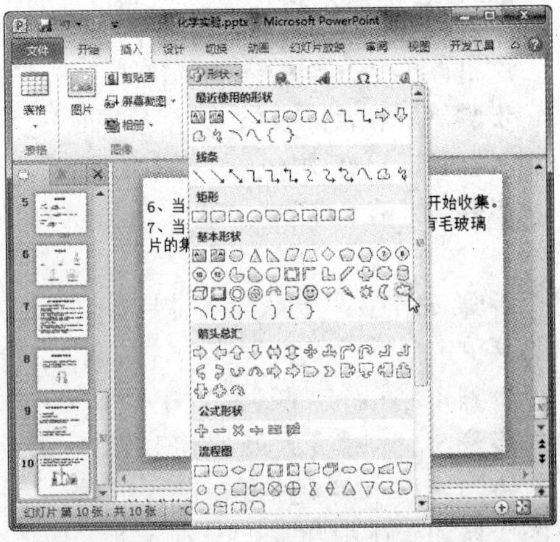
化学实验.pptx - Microsoft PowerPoint
最近使用的形状
线条
矩形
基本形状
箭头总汇
公式形状
流程图

图 4.46　单击“云形”按钮

步骤 7　在试管中的导管口绘制云形图形，以代表棉花团，如图 4.47 所示。

步骤 8　单击云形图形，然后在“图形工具”下的“格式”选项卡中，单击“形状样式”选项组中的“形状填充”按钮，从弹出的菜单中单击“标准色”选项组中的“红色”按钮，以红色突出显示棉花团，如图 4.48 所示。

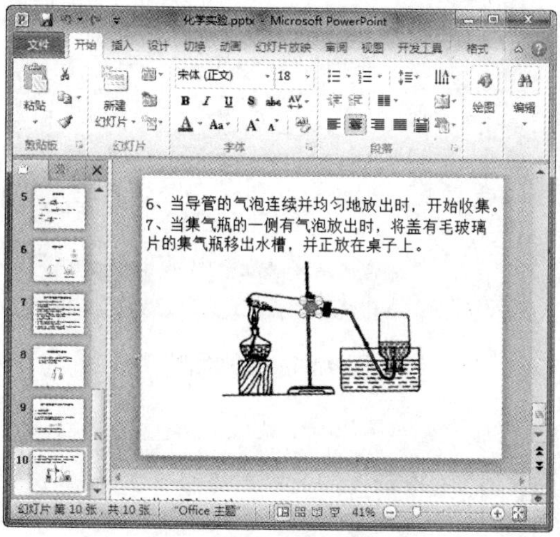
化学实验.pptx - Microsoft PowerPoint
6、当导管的气泡连续并均匀地放出时，开始收集。
7、当集气瓶的一侧有气泡放出时，将盖有毛玻璃片的集气瓶移出水槽，并正放在桌子上。
幻灯片 第 10 张，共 10 张
"Office 主题"
41%

图 4.47　绘制云形图形

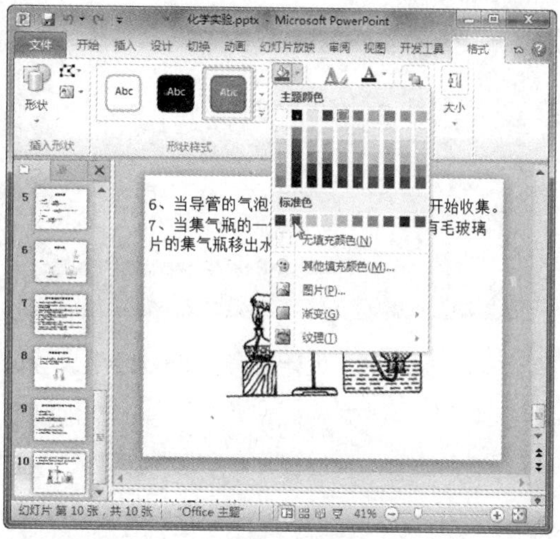
化学实验.pptx - Microsoft PowerPoint
主题颜色
标准色
无填充颜色(N)
其他填充颜色(M)...
图片(P)...
渐变(G)
纹理(T)
幻灯片 第 10 张，共 10 张
"Office 主题"
41%

图 4.48　设置图形填充颜色

步骤 9　在装置图片下方插入文本框，输入实验完毕后的操作步骤，如图 4.49 所示。

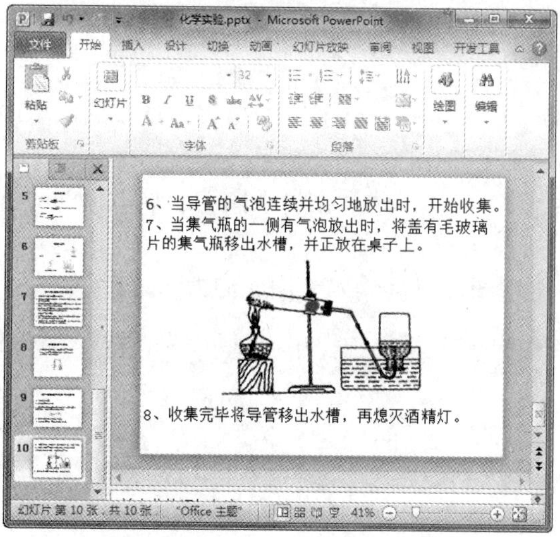
化学实验.pptx - Microsoft PowerPoint
6、当导管的气泡连续并均匀地放出时，开始收集。
7、当集气瓶的一侧有气泡放出时，将盖有毛玻璃片的集气瓶移出水槽，并正放在桌子上。
8、收集完毕将导管移出水槽，再熄灭酒精灯。
幻灯片 第 10 张，共 10 张
"Office 主题"
41%

图 4.49　输入实验完毕后的操作步骤

3. 制作氧气检测幻灯片

接下来制作氧气检测幻灯片，看看收集的气体是不是氧气，操作步骤如下。

步骤 1　在演示文稿末尾处新插入“标题和内容”版式的幻灯片，接着在标题占位符中输入标题，再在内容占位符中输入如图 4.50 所示的内容。

步骤 2　为了便于说明，在幻灯片中添加带火星的木条在氧气瓶中复燃的图片，如图 4.51 所示。

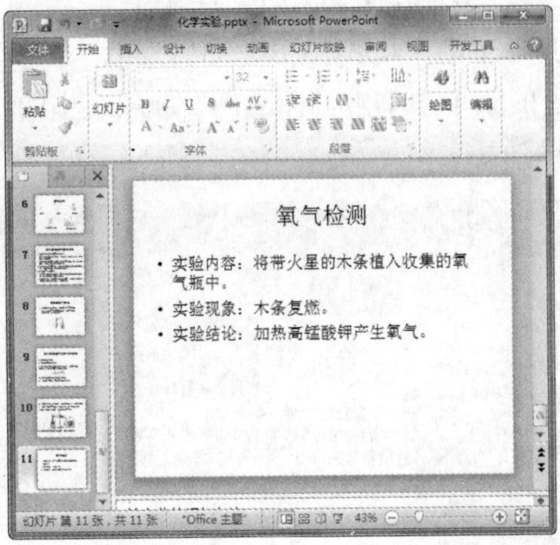
化学实验.pptx - Microsoft PowerPoint
氧气检测
实验内容：将带火星的木条植入收集的氧气瓶中。
实验现象：木条复燃。
实验结论：加热高锰酸钾产生氧气。

图 4.50　设计氧气检测幻灯片

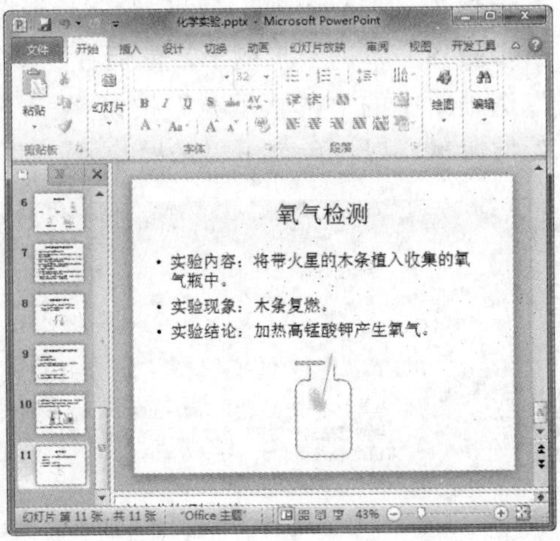
化学实验.pptx - Microsoft PowerPoint
氧气检测
实验内容：将带火星的木条植入收集的氧气瓶中。
实验现象：木条复燃。
实验结论：加热高锰酸钾产生氧气。

图 4.51　添加图片

4.3　编 辑 课 件

至此，制氧气实验课件已基本完成。为了增加学生知识面，可以在备注中添加一些与制氧气相关的知识；为了使演示吸引观众，可以美化演示文稿，设置不同的切换效果。

4.3.1　添加备注页内容

在 4.2 节制作的幻灯片中，制氧气采用的是实验室方法，下面在备注页中补充工业制氧气的方法以及其他需要注解的内容。

步骤 1　单击第 4 张幻灯片，然后在“视图”选项卡下的“演示文稿视图”选项组中单击“备注页”按钮，如图 4.52 所示。

步骤 2　进入备注页视图，然后输入如图 4.53 所示的内容。

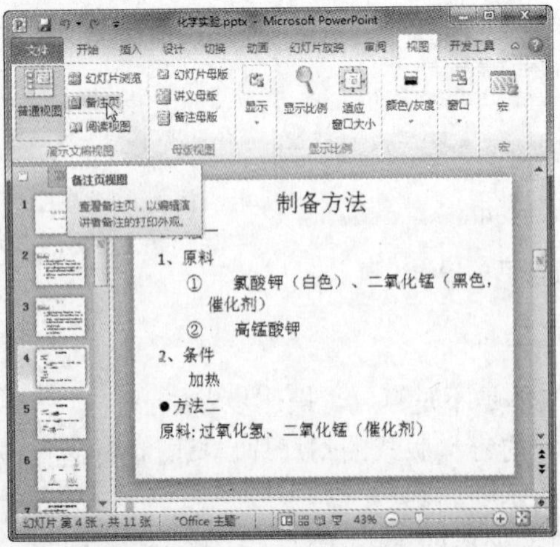
化学实验.pptx - Microsoft PowerPoint
备注页视图
查看备注页，以编辑演讲者备注的打印外观。
制备方法
1、原料
① 氯酸钾（白色）、二氧化锰（黑色，催化剂）
② 高锰酸钾
2、条件
加热
●方法二
原料：过氧化氢、二氧化锰（催化剂）

图 4.52　单击“备注页”按钮

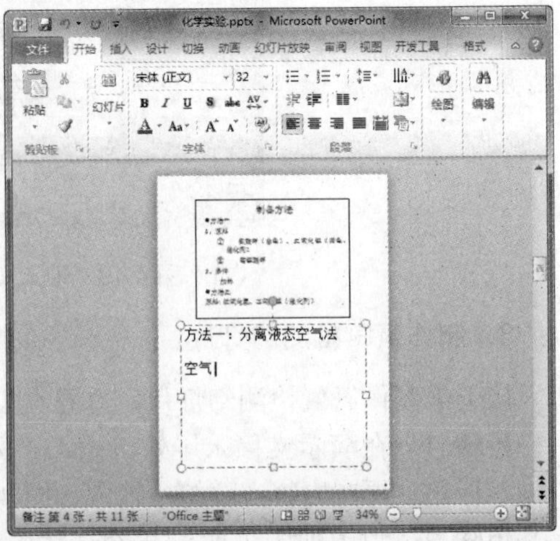
化学实验.pptx - Microsoft PowerPoint
方法一：分离液态空气法
空气

图 4.53　进入备注页视图

步骤 3　使用“插入”选项卡下的“插图”选项组中的“形状”按钮，制作如图 4.54 所示的备注页内容。

步骤 4　在状态栏中单击“普通视图”按钮，返回普通视图，然后单击第 6 张幻灯片，再次进入备注页视图，接着输入如图 4.55 所示的备注页内容。

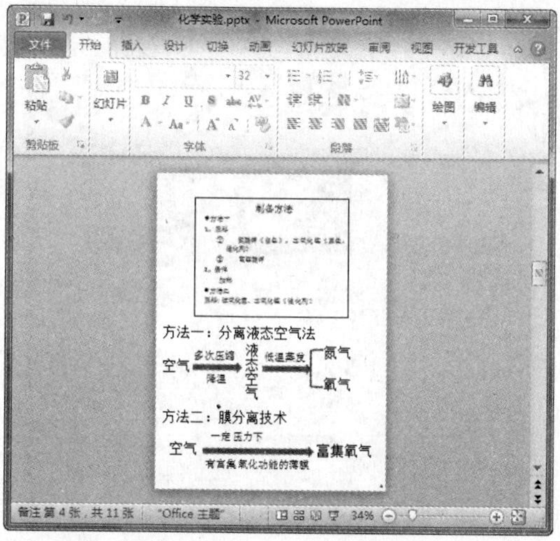

图 4.54　输入备注页内容

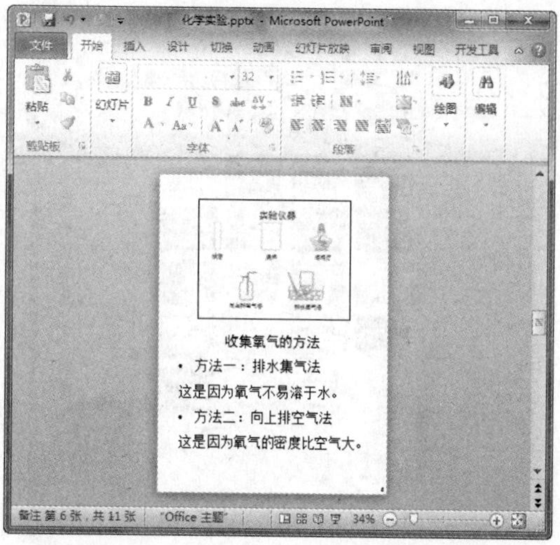

图 4.55　为第 6 张幻灯片添加备注页内容

步骤 5　在状态栏中单击“普通视图”按钮，返回普通视图，然后单击第 10 张幻灯片，再次进入备注页视图，接着在备注页中插入图片，并调整图片大小和位置，效果如图 4.56 所示。

步骤 6　插入文本框，输入装置名称，如图 4.57 所示。

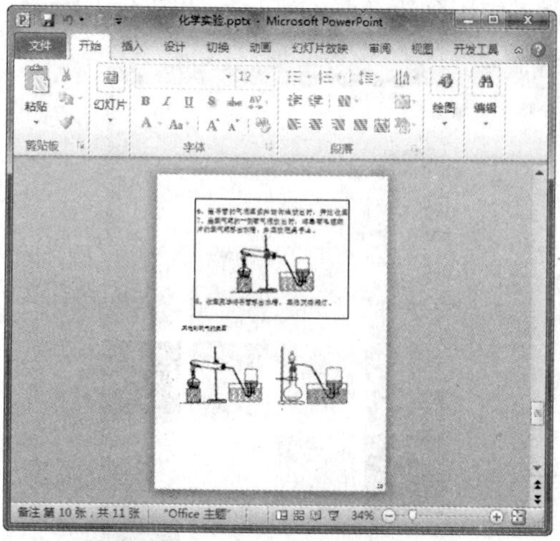

图 4.56　在备注页中插入图片

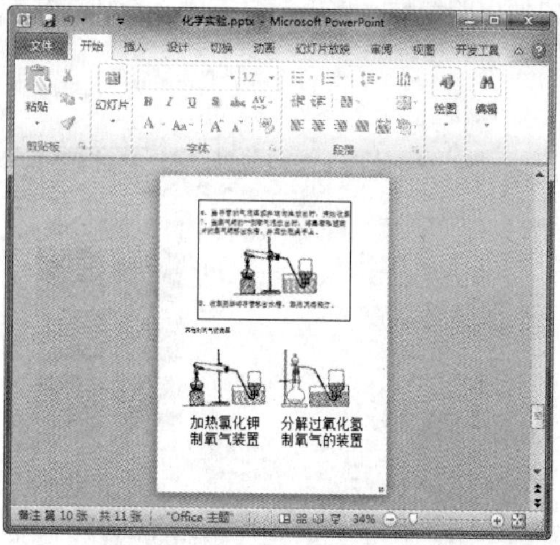

图 4.57　输入装置名称

4.3.2　快速美化幻灯片

下面使用主题快速美化演示文稿，通过为幻灯片设置单独的背景，让含有重要内容的幻灯片(如第 7 张幻灯片中介绍的实验注意事项就非常重要)突出显示。

步骤 1　在“设计”选项卡下的“主题”选项组中单击“其他”按钮，从弹出的菜单中选择一种主题样式，如图 4.58 所示。

步骤 2　应用主题样式后的效果如图 4.59 所示。

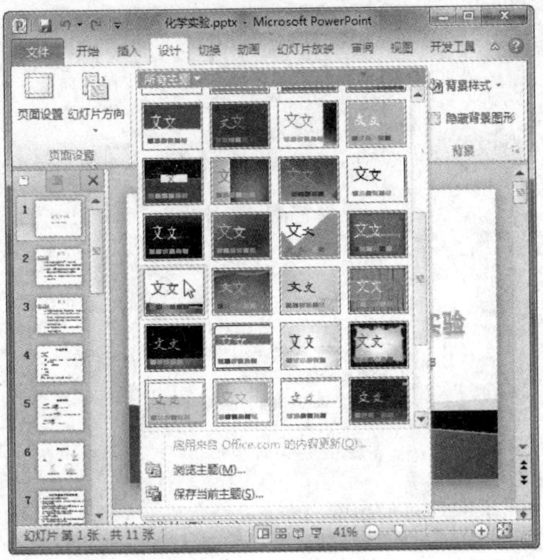

图 4.58　选择主题

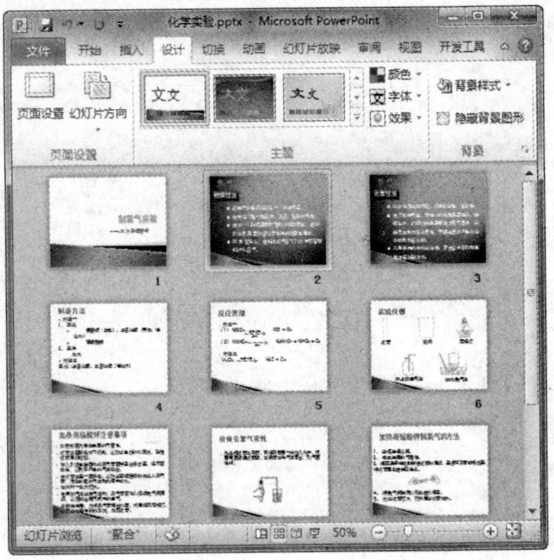

图 4.59　查看应用主题后的效果

步骤 3　单击第 7 张幻灯片，然后在“设计”选项卡下的“背景”选项组中单击“背景样式”按钮，从弹出的菜单中选择“设置背景格式”命令，如图 4.60 所示。

步骤 4　弹出“设置背景格式”对话框，在左侧窗格中单击“填充”选项，然后在右侧窗格中选中“图片或纹理填充”单选按钮，接着单击“纹理”按钮，从弹出的菜单中选择要使用的纹理，再单击“关闭”按钮，将纹理背景应用到第 7 张幻灯片，如图 4.61 所示。

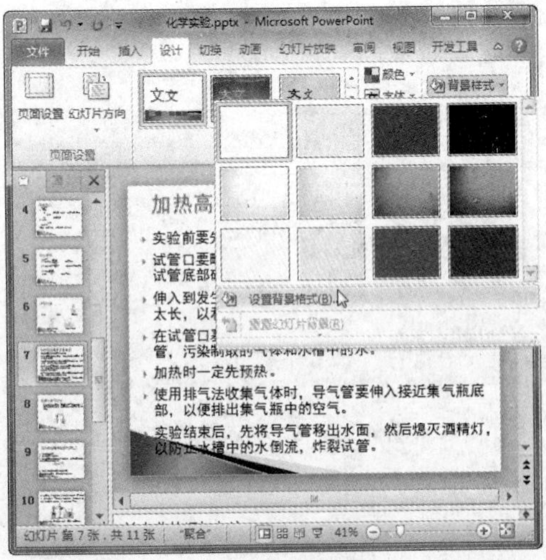

图 4.60　选择“设置背景格式”命令

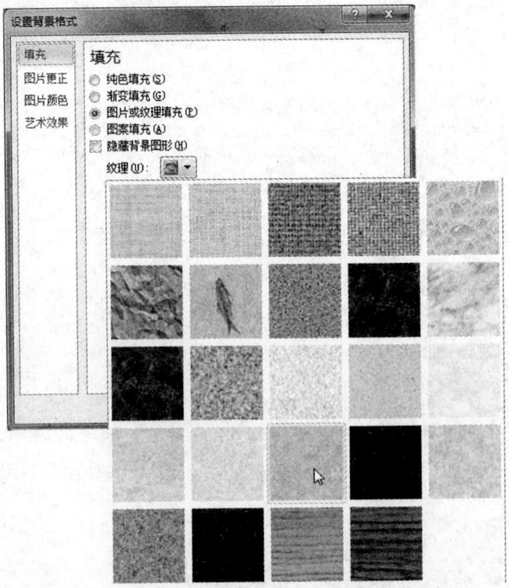

图 4.61　设置幻灯片背景

4.3.3　设置幻灯片切换效果

设置幻灯片切换效果的操作步骤如下。

步骤 1　单击第 1 张幻灯片，然后在“切换”选项卡下的“切换到此幻灯片”选项组中单击“其他”按钮，从弹出的菜单中选择一种切换方案，如图 4.62 所示。

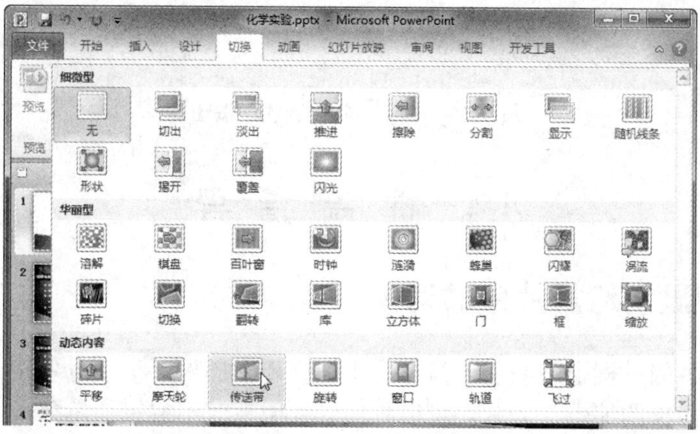

图 4.62　设置幻灯片切换效果

步骤 2　在“切换”选项卡下的“计时”选项组中，单击“声音”下拉列表框右侧的下拉按钮，从弹出的菜单中选择一种声音，如图 4.63 所示。

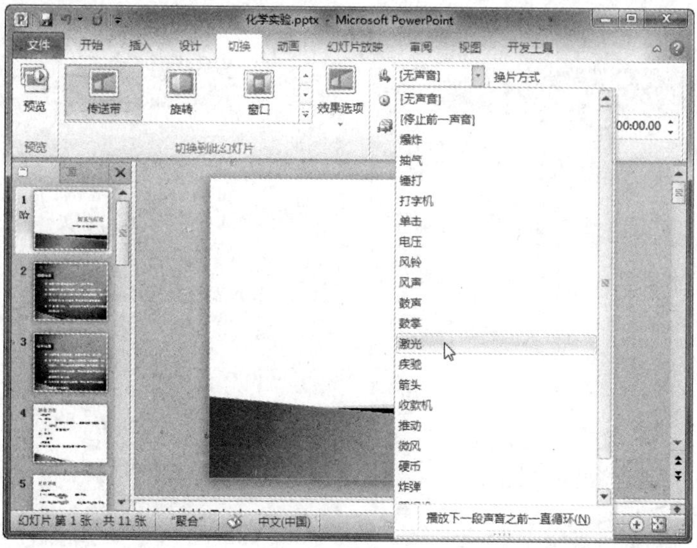

图 4.63　设置幻灯片切换声音

步骤 3　在“切换”选项卡下的“切换到此幻灯片”选项组中单击“效果选项”按钮，从弹出的菜单中选择一种效果，如图 4.64 所示。接着在“计时”选项组中设置换片方式。

步骤 4　使用类似的方法，可以为每张幻灯片设置不同的切换效果。或是在“计时”

选项组中单击“全部应用”按钮，让所有幻灯片使用同一种切换效果。

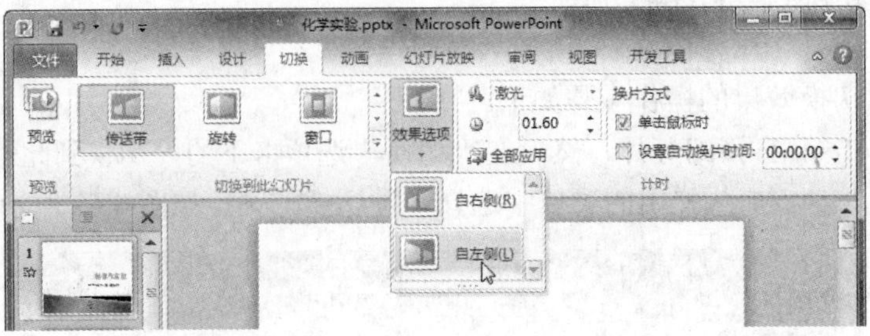

图 4.64　单击“效果选项”按钮

4.4　提 高 指 导

4.4.1　隐藏/显示幻灯片中的对象

在编辑幻灯片的过程中，如果因为在某张幻灯片中插入了很多对象而出现重叠现象，就会妨碍对其他对象的编辑，此时，可以将幻灯片中暂时不编辑的对象隐藏起来，等需要编辑时再将其显示出来。

步骤 1　在“开始”选项卡下的“编辑”选项组中单击“选择”按钮，从弹出的菜单中选择“选择窗格”命令，如图 4.65 所示。

步骤 2　打开“选择和可见性”窗格，在“该幻灯片上的形状”列表框中选择要隐藏的对象，并单击右侧的图标，如图 4.66 所示。

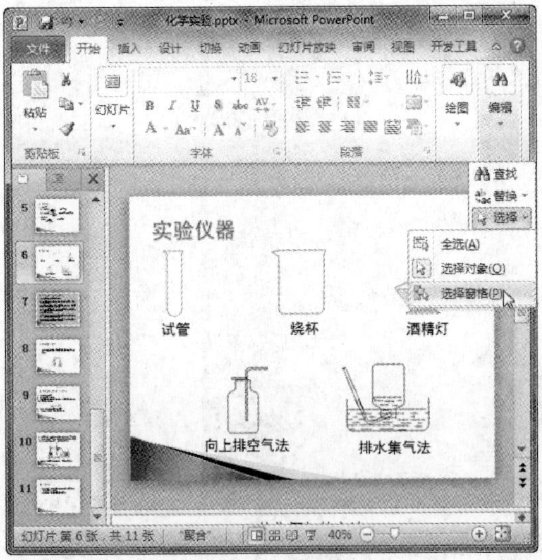

图 4.65　选择“选择窗格”命令

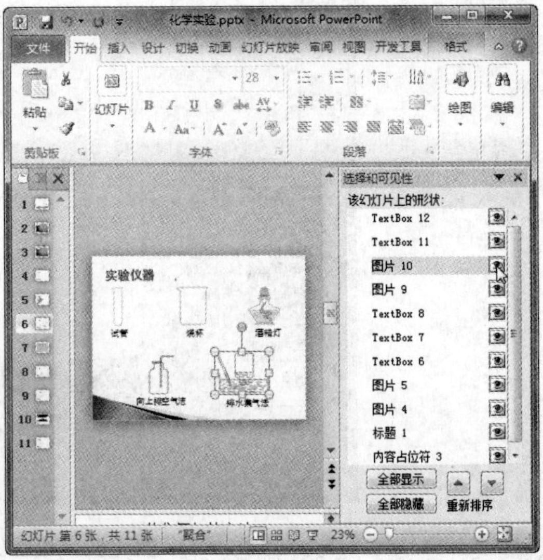

图 4.66　“选择和可见性”窗格

步骤 3　这时即可发现幻灯片中对应的对象被隐藏起来了，同时图标上的眼睛消失了，如图 4.67 所示。若要显示对象，单击图标即可。

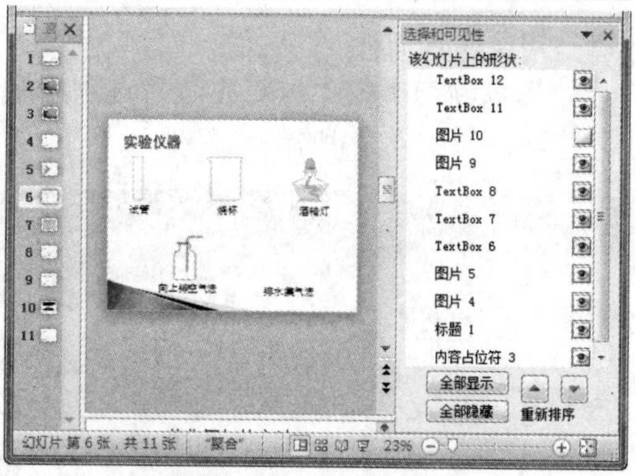

图 4.67　查看隐藏对象后的效果

4.4.2　设置备注母版的打印效果

备注母版用于设置备注信息的格式，与设置幻灯片母版类似，用户也可以设置备注母版的打印效果，具体操作步骤如下。

步骤 1　在“视图”选项卡下的“母版视图”选项组中单击“备注母版”按钮，如图 4.68 所示。

步骤 2　打开“备注母版”编辑窗口，使用“备注母版”选项卡下的命令设置备注页面和备注页中的占位符，如图 4.69 所示。设置完毕后单击“关闭”选项组中的“关闭母版视图”按钮即可。

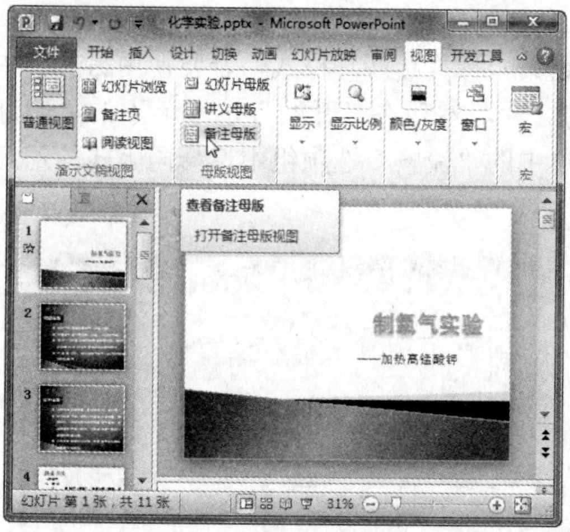

图 4.68　单击“备注母版”按钮

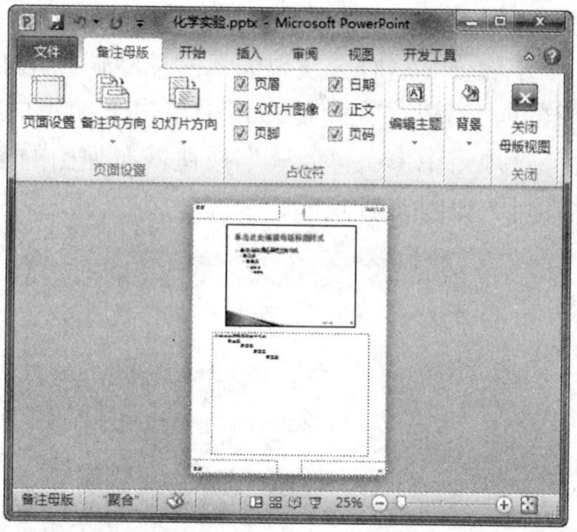

图 4.69　“备注母版”编辑窗口

4.4.3　在一个演示文稿中应用多个主题

如果演示文稿中的幻灯片内容差异较大，可以使用不同的主题来突出显示这些幻灯片，具体操作步骤如下。

步骤 1　打开需要编辑的演示文稿，然后在“视图”选项卡下的“母版视图”选项组中单击“幻灯片母版”按钮，如图 4.70 所示。

步骤 2 在“幻灯片母版”选项卡下的“编辑主题”选项组中单击“主题”按钮，从弹出的菜单中单击“跋涉”选项，如图 4.71 所示。

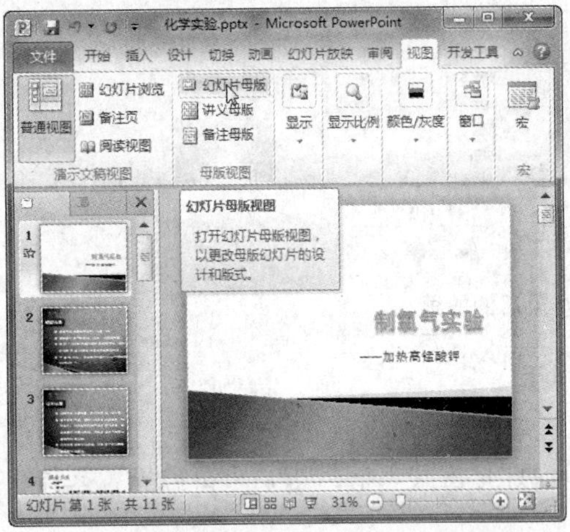

图 4.70 单击“幻灯片母版”按钮

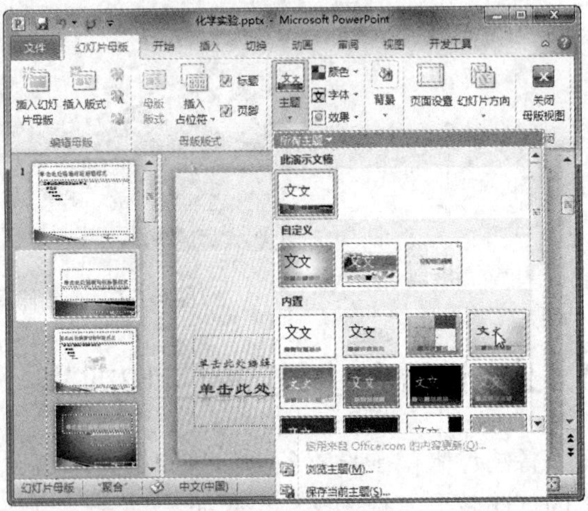

图 4.71 编辑幻灯片母版主题

步骤 3 在左侧窗格中向下拖动滚动条至版式组中的最后一张版式缩略图，并单击该版式的正下方，接着在“编辑主题”选项组中单击“主题”按钮，从弹出的菜单中单击“流畅”选项，此时将以选定的主题创建新的幻灯片母版，如图 4.72 所示。

步骤 4 在“幻灯片母版”选项卡下的“关闭”选项组中单击“关闭母版视图”按钮，返回普通视图。

步骤 5 这时会发现演示文稿默认使用的是第一种“跋涉”样式，若要使用另一种主题样式，可以先在左侧窗格中单击要编辑的幻灯片，然后在“开始”选项卡下的“幻灯片”选项组中单击“版式”按钮，在弹出的菜单中的“流畅”选项组中选择同版式的幻灯片即可，如图 4.73 所示。

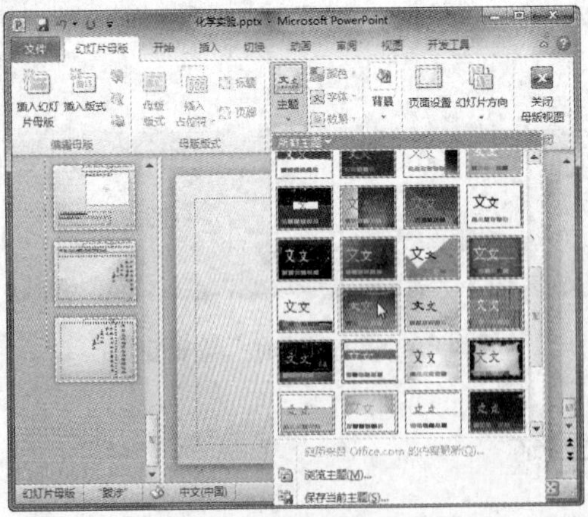

图 4.72 选择另一种主题

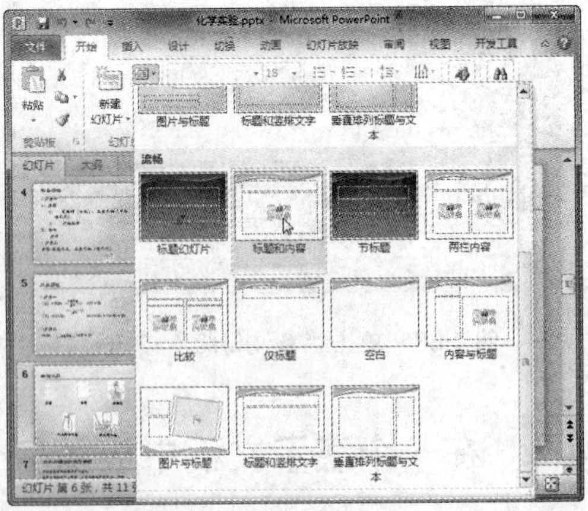

图 4.73 更改幻灯片版式

4.4.4　结合前后幻灯片中的内容输入文本

向幻灯片中输入文本的方法很多，除了在占位符或文本框中输入文本外，还可以在“大纲”窗格中输入文本，并且可以结合前后幻灯片中的内容查看前后对照关系。

步骤 1　打开演示文稿，然后在左侧窗格中单击“大纲”选项卡，并调整左侧窗格大小，增大可用区域，在其中可以看到当前演示文稿各幻灯片占位符中的文本内容，如图 4.74 所示。

步骤 2　在“大纲”窗格中将鼠标光标插入第 2 张幻灯片的文本最末处，然后在“开始”选项卡下的“幻灯片”选项组中单击“新建幻灯片”按钮，如图 4.75 所示。

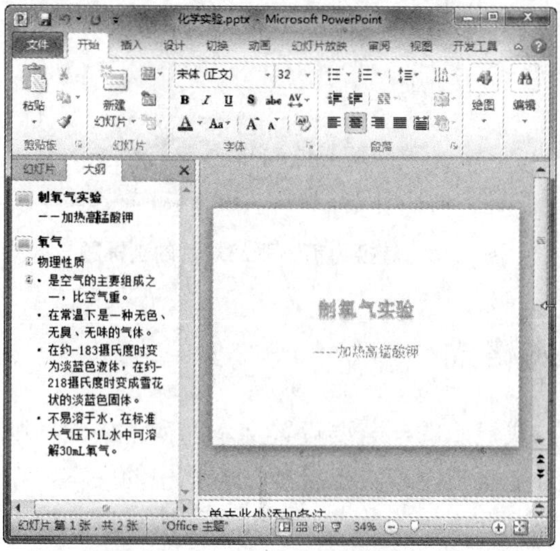
化学实验.pptx - Microsoft PowerPoint
幻灯片
大纲
制氧气实验
－－加热高锰酸钾
氧气
物理性质
是空气的主要组成之一，比空气重。
在常温下是一种无色、无臭、无味的气体。
在约-183摄氏度时变为淡蓝色液体，在约-218摄氏度时变成雪花状的淡蓝色固体。
不易溶于水，在标准大气压下1L水中可溶解30mL氧气。
制氧气实验
----加热高锰酸钾
幻灯片 第 1 张，共 2 张
"Office 主题"

图 4.74　单击“大纲”选项卡

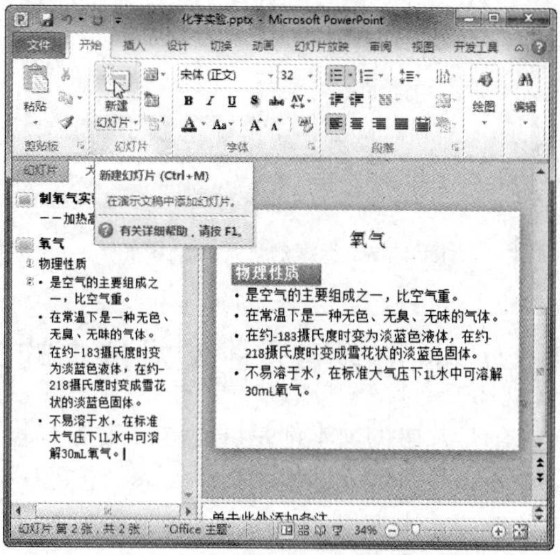
化学实验.pptx - Microsoft PowerPoint
新建幻灯片 (Ctrl+M)
在演示文稿中添加幻灯片。
有关详细帮助，请按 F1。
氧气
物理性质
是空气的主要组成之一，比空气重。
在常温下是一种无色、无臭、无味的气体。
在约-183摄氏度时变为淡蓝色液体，在约-218摄氏度时变成雪花状的淡蓝色固体。
不易溶于水，在标准大气压下1L水中可溶解30mL氧气。
幻灯片 第 2 张，共 2 张
"Office 主题"

图 4.75　单击“新建幻灯片”按钮

步骤 3　这时将在第 2 张幻灯片后面插入幻灯片 3，可直接输入该幻灯片的标题，如图 4.76 所示。

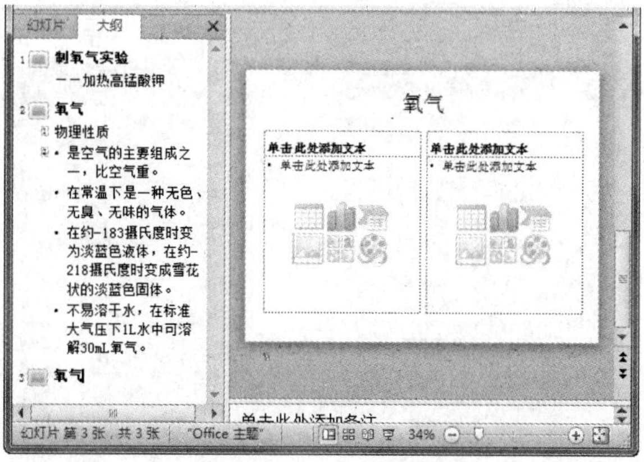
幻灯片
大纲
制氧气实验
－－加热高锰酸钾
氧气
物理性质
是空气的主要组成之一，比空气重。
在常温下是一种无色、无臭、无味的气体。
在约-183摄氏度时变为淡蓝色液体，在约-218摄氏度时变成雪花状的淡蓝色固体。
不易溶于水，在标准大气压下1L水中可溶解30mL氧气。
氧气
氧气
单击此处添加文本
单击此处添加文本
幻灯片 第 3 张，共 3 张
"Office 主题"

图 4.76　编辑幻灯片 3 的标题

步骤 4　按 Enter 键再插入一张新幻灯片，并在新幻灯片中继续输入文本，此时输入的文本显示在幻灯片的第一行，是该幻灯片的标题，如图 4.77 所示。

步骤 5 按 Tab 键，当前幻灯片的标题内容会变成前一张幻灯片的副标题，如图 4.78 所示。

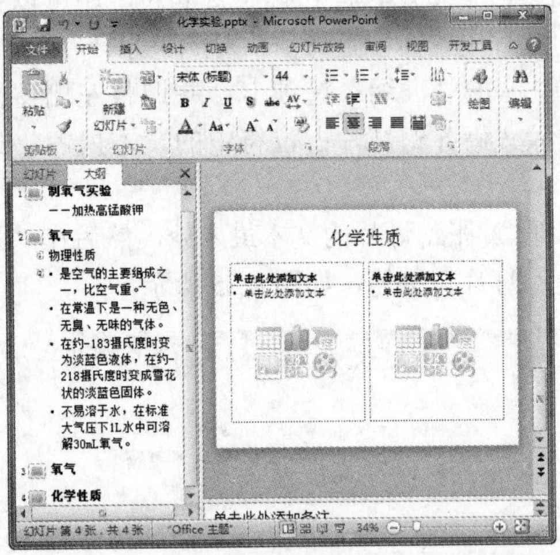
化学实验.pptx - Microsoft PowerPoint
制氧气实验
——加热高锰酸钾
氧气
物理性质
是空气的主要组成之一，比空气重。
在常温下是一种无色、无臭、无味的气体。
在约-183摄氏度时变为淡蓝色液体，在约-218摄氏度时变成雪花状的淡蓝色固体。
不易溶于水，在标准大气压下1L水中可溶解30mL氧气。
化学性质
单击此处添加文本

图 4.77　编辑幻灯片 4 的标题

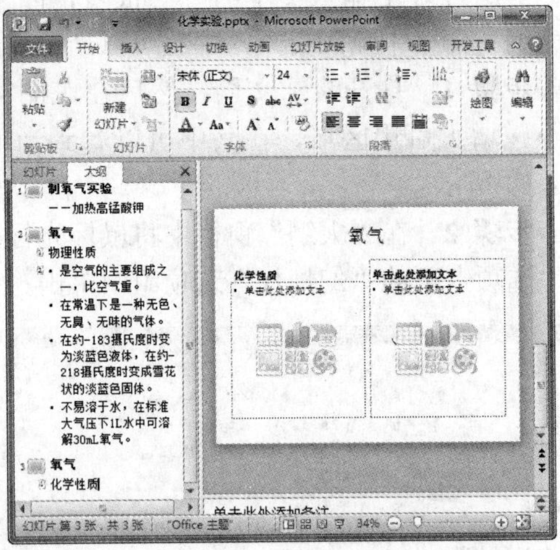
化学实验.pptx - Microsoft PowerPoint
制氧气实验
——加热高锰酸钾
氧气
物理性质
是空气的主要组成之一，比空气重。
在常温下是一种无色、无臭、无味的气体。
在约-183摄氏度时变为淡蓝色液体，在约-218摄氏度时变成雪花状的淡蓝色固体。
不易溶于水，在标准大气压下1L水中可溶解30mL氧气。
化学性质
单击此处添加文本

图 4.78　转换为前一张幻灯片的副标题

4.4.5 同时设置多张幻灯片中的文本格式

幻灯片中的文本都是以占位符或文本框的方式显示的，若要设置文本的字体格式，则需要在占位符或文本框中选中文本。但是一次只能设置一个占位符或文本框中的文本，在占位符或文本框很多的情况下，逐个设置就比较麻烦了。为此，下面介绍一个可以同时设置多张幻灯片中的文本格式的方法，具体操作步骤如下。

步骤 1 打开要编辑的演示文稿，然后在左侧窗格中单击“大纲”选项卡，这时会发现所有幻灯片中的文本内容都会显示在“大纲”选项卡中。

步骤 2 按住 Ctrl 键，然后用鼠标逐一选择要设置的文本，接着使用“字体”选项组中的命令设置文本格式，如图 4.79 所示。

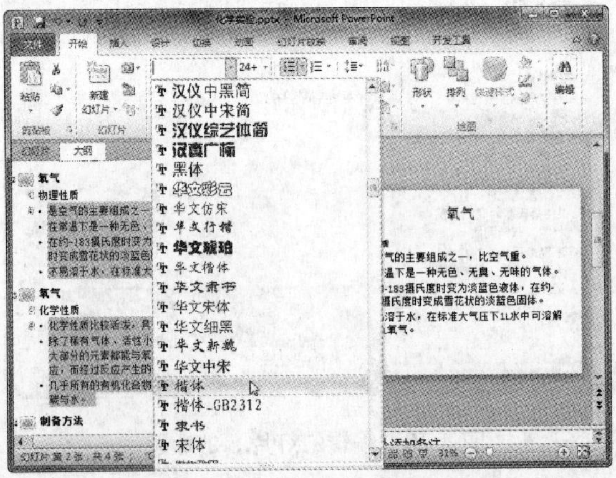
化学实验.pptx - Microsoft PowerPoint
汉仪中黑简
汉仪中宋简
汉仪综艺体简
汉鼎广标
黑体
华文彩云
华文仿宋
华文行楷
华文琥珀
华文楷体
华文隶书
华文宋体
华文细黑
华文新魏
华文中宋
楷体
楷体_GB2312
隶书
宋体
氧气

图 4.79　统一设置多处文本的格式

4.4.6　调整图片的视觉效果

在编辑幻灯片的过程中，若先设置了幻灯片的主题或背景，再插入图片，就有可能出现图片与当前幻灯片的色调不太协调的情况，这时可以通过下述操作调整图片的亮度、对比度等参数，使图片与幻灯片完美融合在一起。

步骤 1　首先在幻灯片中选中要调整的图片，然后在“图片工具”下的“格式”选项卡中，单击“调整”选项组中的“颜色”按钮，从弹出的菜单中选择图片颜色，如图 4.80 所示。

步骤 2　在“格式”选项卡下的“调整”选项组中单击“更正”按钮，从弹出的菜单中选择图片更正效果，如图 4.81 所示。

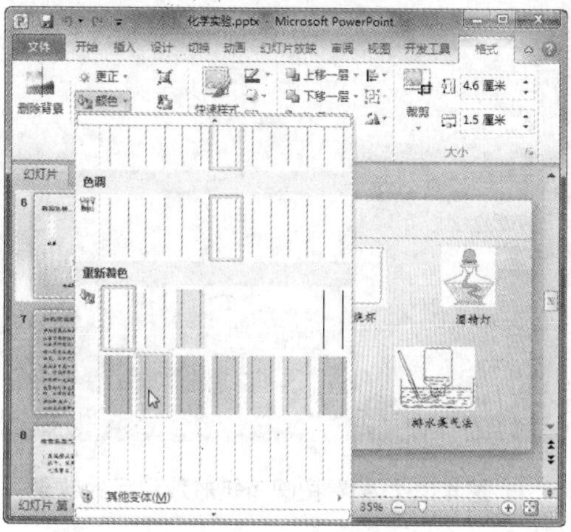

图 4.80　设置图片颜色

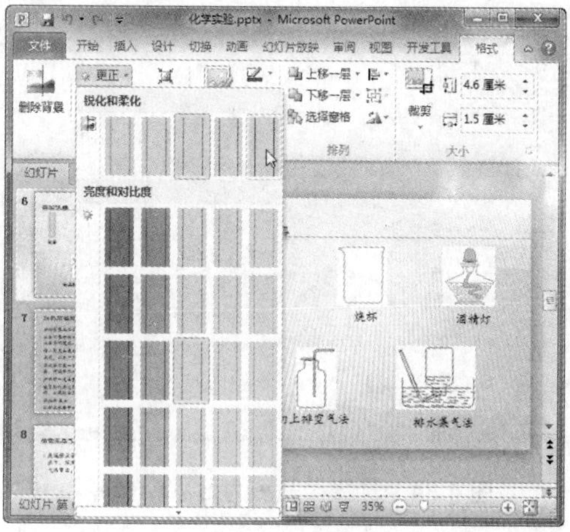

图 4.81　更正图片

步骤 3　在“格式”选项卡下的“调整”选项组中单击“艺术效果”按钮，从弹出的菜单中选择一种艺术效果，如图 4.82 所示。

步骤 4　使用类似的方法，设置其他图片的视觉效果，结果如图 4.83 所示。

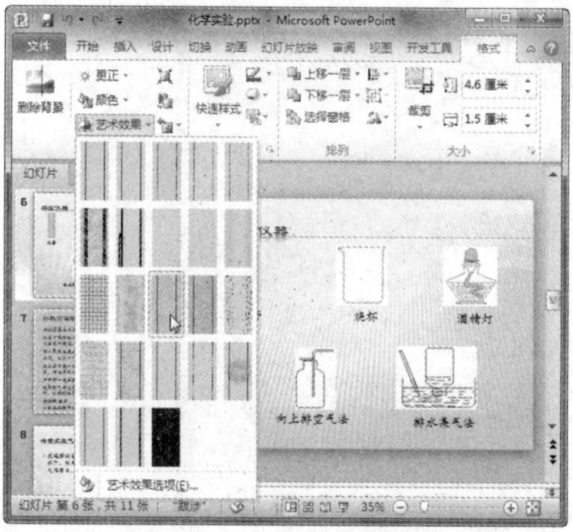

图 4.82　设置艺术效果

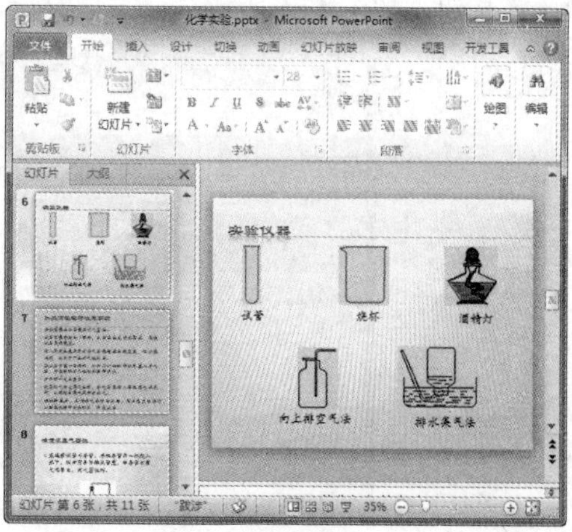

图 4.83　设置其他图片的视觉效果

4.4.7 制作特殊外观形状的图片

在 PowerPoint 2010 中，通过裁剪功能可以将图片裁剪成特殊形状，具体操作步骤如下。

步骤 1 首先在幻灯片中选择要裁剪的图片，然后在“图片工具”下的“格式”选项卡中，单击“大小”选项组中的“裁剪”按钮，从弹出的菜单中选择“裁剪为形状”命令，接着从子菜单中选择一种图形，如图 4.84 所示。

步骤 2 这时即可发现图片按选择的图形裁剪了，如图 4.85 所示。

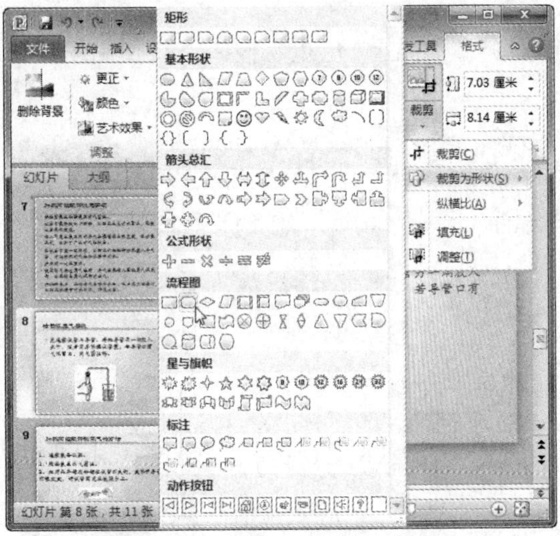

图 4.84 选择“裁剪为形状”命令

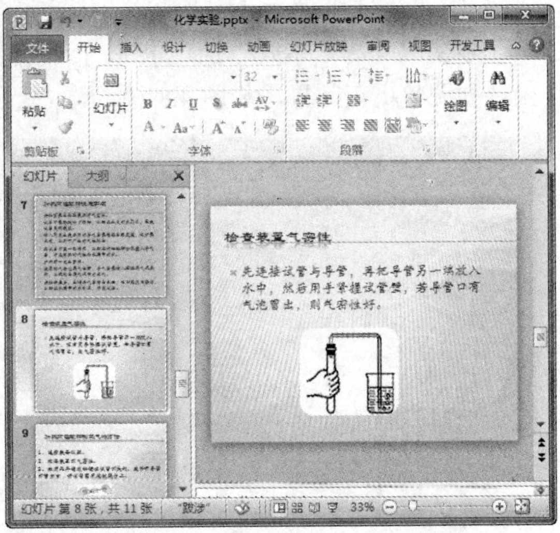

图 4.85 查看按圆角矩形裁剪后的效果

4.4.8 删除幻灯片的切换效果

如果某张幻灯片不需要设置切换效果，可以将添加的切换效果删除。方法是先选择要删除切换效果的幻灯片，然后在“切换”选项卡下的“切换到此幻灯片”选项组中单击“无”按钮，如图 4.86 所示。

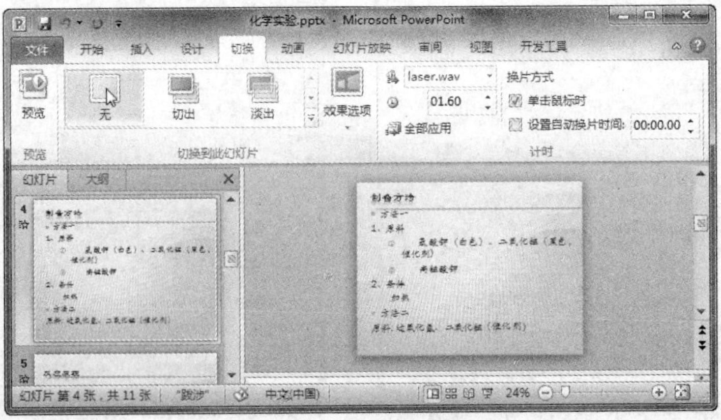

图 4.86 删除切换效果

4.5　习　　题

一、选择题

(1) 设置下标是在(　　)中。

A. “字体”对话框　　B. “段落”对话框

C. “字体”选项组　　D. “段落”选项组

(2) 在备注页中可以进行(　　)操作。

A. 插入音频　　B. 插入视频

C. 插入图片　　D. 插入超链接

(3) 在备注页母版中，不可以进行(　　)操作。

A. 页面设置　　B. 页眉/页脚设置

C. 幻灯片方向设置　　D. 主题设置

(4) 下面关于主题说法不正确的是(　　)。

A. 在一个演示文稿中只能使用一种主题样式

B. 在演示文稿中可以自定义主题颜色

C. 在演示文稿中可以自定义主题的字体格式

D. 在演示文稿中可以将当前设置保存为主题

(5) 幻灯片的背景可以设置为(　　)。

A. 纯色或渐变色填充　　B. 图片或纹理填充

C. 图案填充　　D. 以上都可以

二、实训题

(1) 新建一个“制二氧化硫实验”演示文稿。

(2) 在“制二氧化硫实验”演示文稿中设置两种主题样式，并使用第二种主题将尾气处理突出显示出来。

(3) 在“制二氧化硫实验”演示文稿中为幻灯片设置不同的切换效果。

第 5 章

经典实例：制作物理教学课件

在现代教学过程中，使用多媒体课件辅助教学已是一件非常普及的事。运用课件进行教学，不仅可以节省资源，而且还可以让教学内容更加丰富生动，激发学生的学习兴趣。

本章主要内容

- 使用在线模板
- 添加页眉和页脚
- 编辑公式
- 使用控件
- 设置超链接
- 使用连接符

5.1 要 点 分 析

本章将为大家详细介绍使用 PowerPoint 2010 制作教学课件的具体方法和技巧。在制作过程中，主要涉及模板的使用、添加页眉和页脚、编辑公式、使用控件、设置宏安全、编辑超链接和连接符等。

页眉和页脚用来显示文档的附加信息，例如，可在幻灯片中的页脚位置插入幻灯片编号、备注页编号以及日期和时间等。页眉位于页面的顶部，页脚位于页面的底部。

宏是可用于自动执行某一重复任务的一系列命令，以使任务需要执行时可以运行。

5.2 制作在线教学课件

制作多媒体教学课件的软件有很多，而在教学中运用得最广泛的是 PowerPoint，因为它简单易学、实用性强。教学课件能帮助学生更好地融入课堂氛围，吸引学生关注课堂教学知识，帮助增进学生对教学知识的理解，从而能够更好地实现学习目的。学习在线教学课件的制作是一件很有必要的事情，所以下面就来介绍详细的制作方法。

5.2.1 使用在线模板

在 Office 程序中已经为用户提供了很多文档模板了，如果用户觉得本地提供的模板达不到自己的要求，还可以在互联网上查找文档模板并下载来进行使用。

步骤 1 启动 PowerPoint 2010 程序，然后在窗口中选择“文件”|“新建”命令，接着在中间窗格中单击“Office.com 模板”选项组中的“演示文稿”选项，如图 5.1 所示。

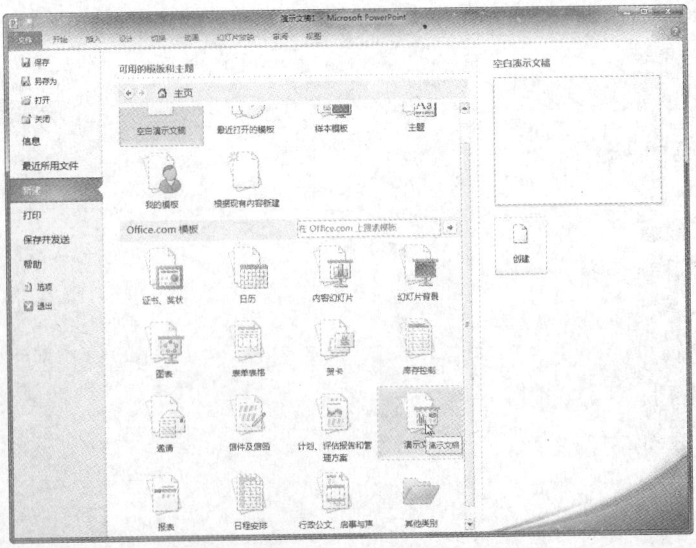

图 5.1 选择“Office.com 模板”

步骤 2 在中间窗格中选择“教育演示文稿”选项，如图 5.2 所示。

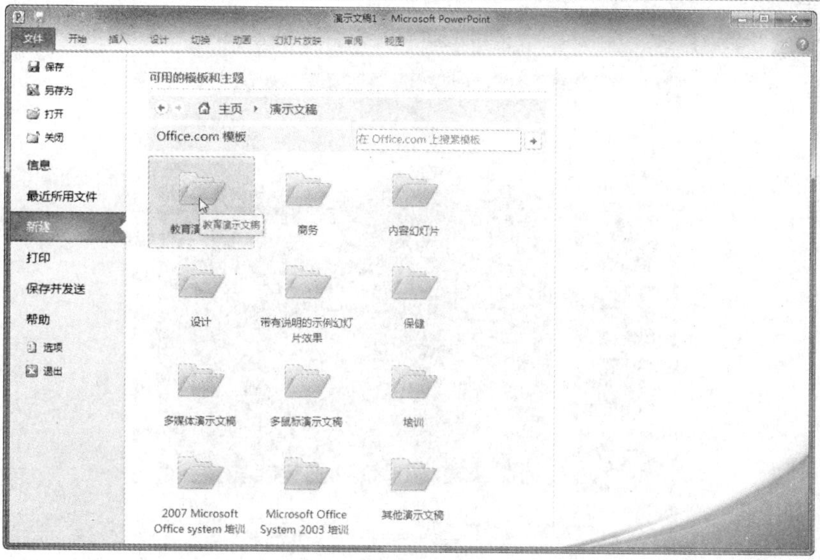

图 5.2　选择“教育演示文稿”

步骤 3　在中间窗格中选择要使用的演示文稿模板，例如单击“中学物理-关于电功率的计算-主页型”选项，接着在右侧窗格中单击“下载”按钮，如图 5.3 所示。

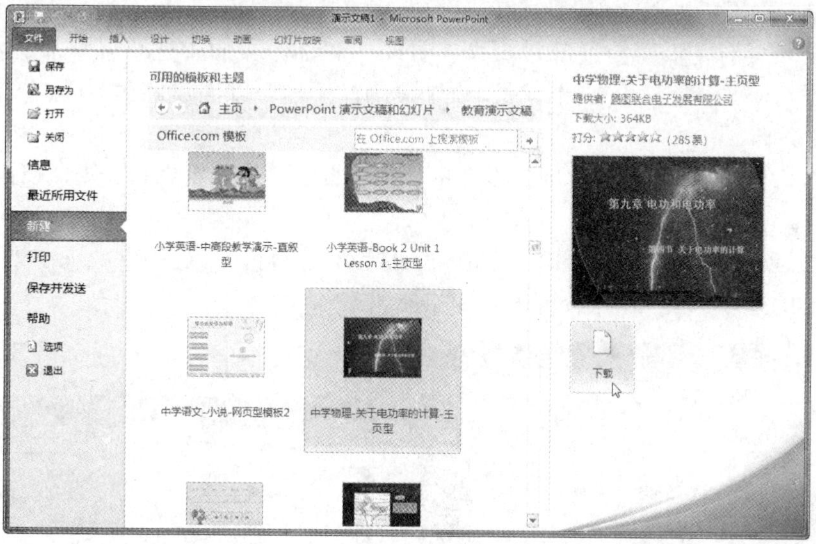

图 5.3　选择要使用的模板

步骤 4　开始下载选中的模板，并弹出如图 5.4 所示的下载进度对话框。

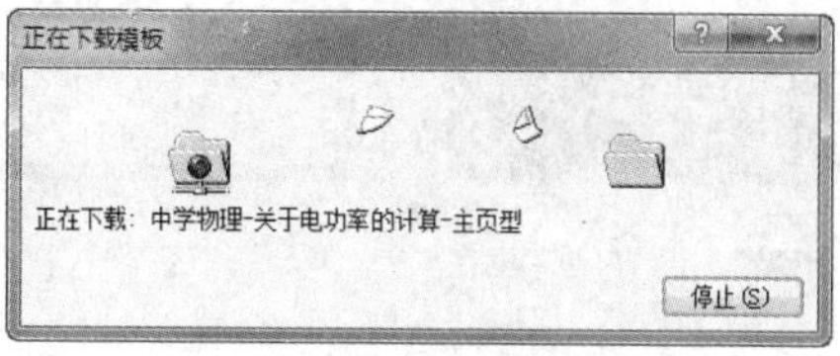

图 5.4　下载进度对话框

步骤 5 当模板下载完成后，将会新建一个演示文稿，如图 5.5 所示。

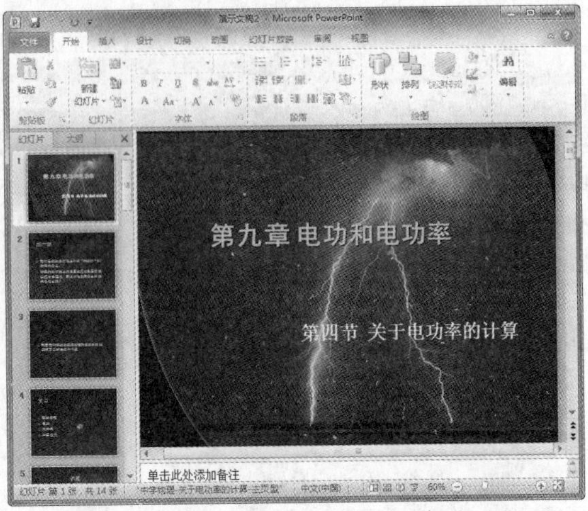

图 5.5 成功根据模板创建一个演示文稿

5.2.2 添加页眉和页脚

页眉和页脚用于显示文档的附加信息，常用来插入时间、日期、页码、单位名称、微标等。其中，页眉在页面的顶部，页脚在页面的底部。页眉中也可以添加文档注释等内容。页眉和页脚可以是简单文档标题和一个页码，但也可以创建包含图形、多个段落和字段的页眉和页脚。

步骤 1 在“插入”选项卡下的“文本”选项组中单击“页眉和页脚”按钮，如图 5.6 所示。

步骤 2 弹出“页眉和页脚”对话框，切换到“幻灯片”选项卡，选中“页脚”复选框，并在下方的文本框中输入页脚内容，如图 5.7 所示。

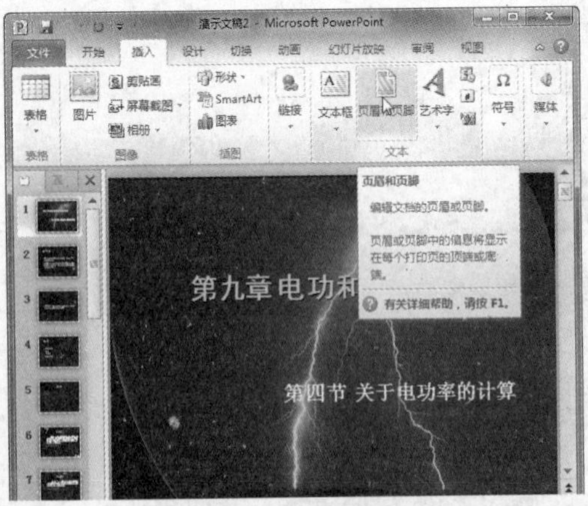

图 5.6 单击“页眉和页脚”按钮

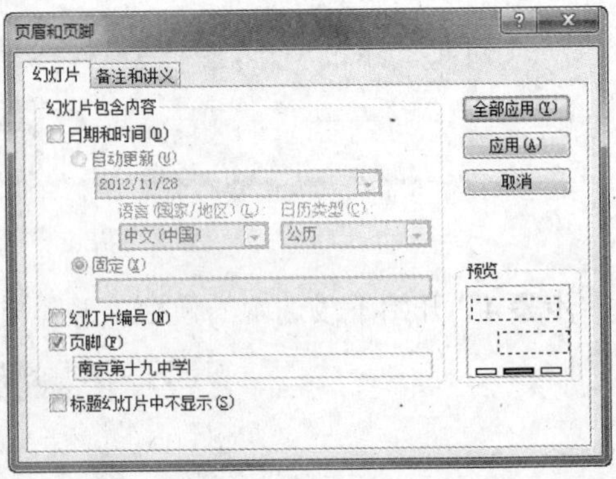

图 5.7 设置页脚

步骤 3 切换到“备注和讲义”选项卡，选中“页眉”复选框，设置备注和讲义的页眉内容，如图 5.8 所示。

步骤 4　设置完毕后单击“全部应用”按钮，效果如图 5.9 所示。再按 Ctrl+S 组合键保存演示文稿。

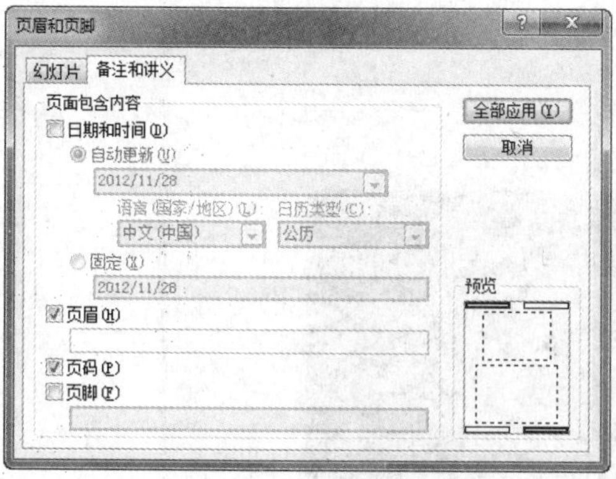

图 5.8　设置页眉

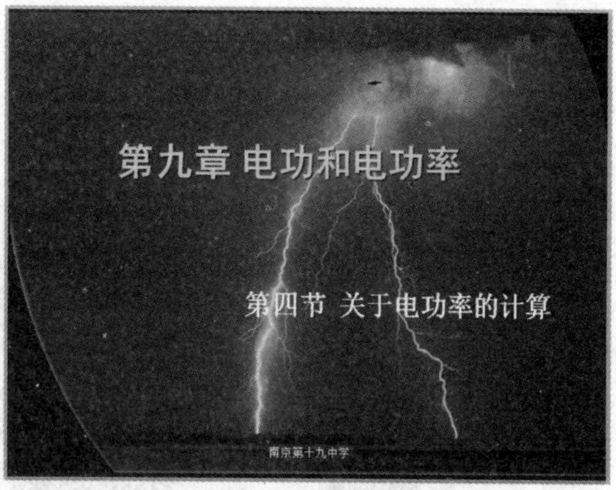

图 5.9　查看添加页脚后的效果

技 巧

在默认情况下，幻灯片不包含页眉，但是用户可以将页脚占位符移动到页眉位置。

5.2.3　编辑公式

在制作教学课件的时候，经常会用到各种各样的公式，下面就来看看如何在幻灯片中添加这些公式。

步骤 1　选择要插入公式的幻灯片，然后在“插入”选项卡下的“符号”选项组中单击“公式”按钮，如图 5.10 所示。

技 巧

如果要插入的是常用的数学公式，可以在“插入”选项卡下的“符号”选项组中，单击“公式”按钮下方的下拉按钮，从弹出的菜单中选择需要的公式即可，如图 5.11 所示。

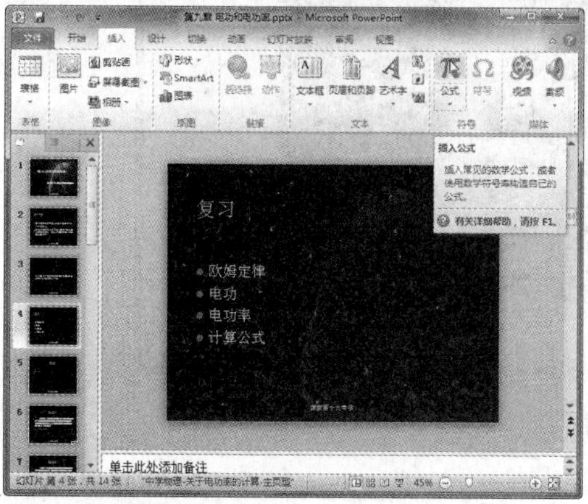

图 5.10　单击“公式”按钮

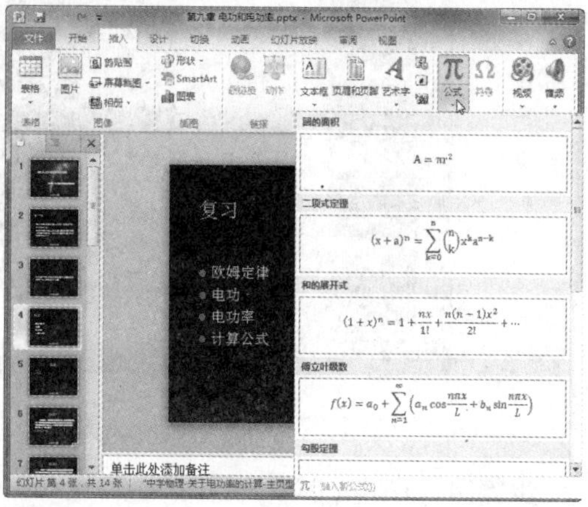

图 5.11　选择要使用的公式

步骤 2 这时在幻灯片中出现了一个提示有“在此处键入公式”的文本框，调整文本框的位置，如图 5.12 所示。

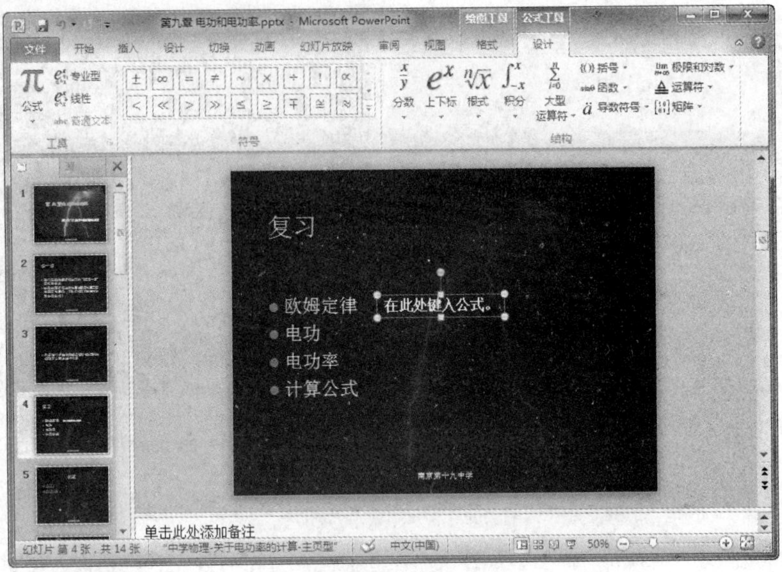

图 5.12 出现提示文本框

步骤 3 在“在此处键入公式”字符前面输入大写字母“I”，然后选中“在此处键入公式”，接着在“公式工具”下的“设计”选项卡中，单击“符号”选项组中的“=”按钮，如图 5.13 所示。

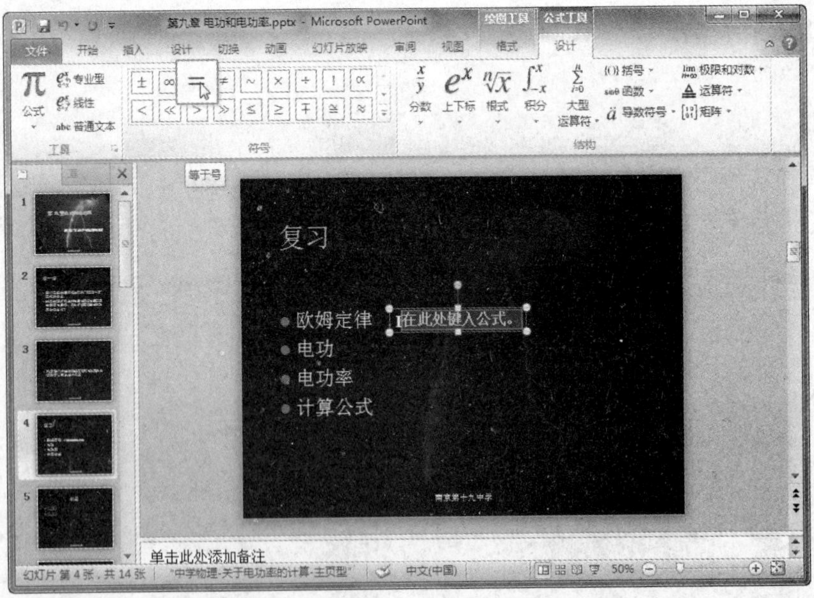

图 5.13 输入“=”

步骤 4 在“公式工具”下的“设计”选项卡中，单击“结构”选项组中的“分数”按钮，从弹出的菜单中选择要使用的分数结构，如图 5.14 所示。

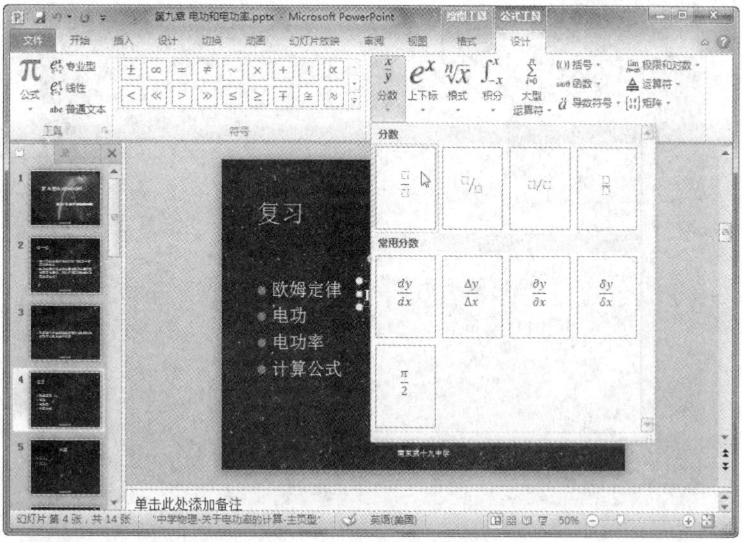

图 5.14　选择分数结构

步骤 5　这时将插入选中的分数结构，单击分号上部的小方框，输入大写字母“U”，如图 5.15 所示。

步骤 6　接着单击分号下部的小方框，输入大写字母“R”，输入完毕后，在空白处单击鼠标，退出公式，如图 5.16 所示。

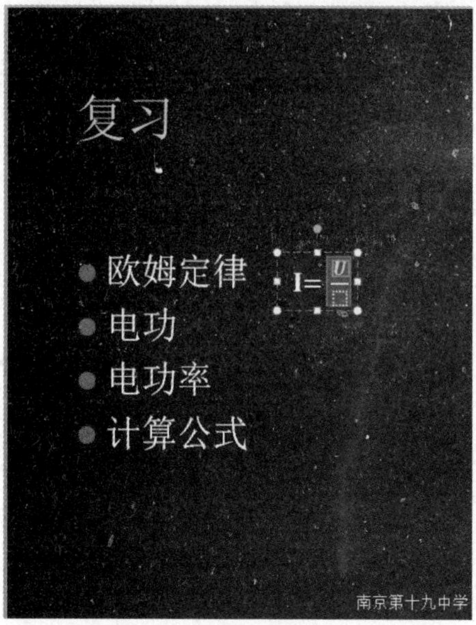

图 5.15　输入大写字母“U”

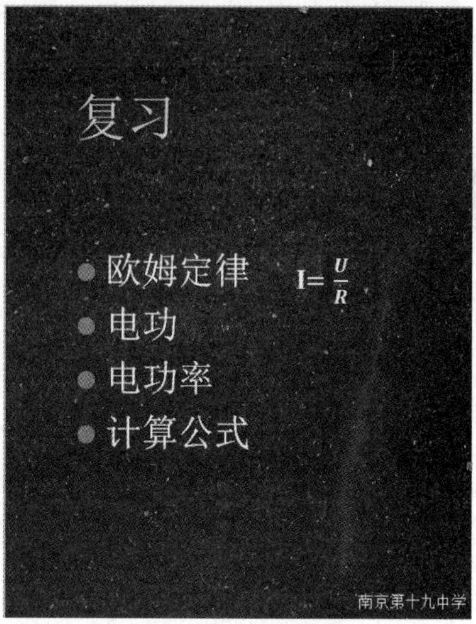

图 5.16　完成公式输入

步骤 7　参考前面方法，输入其他公式，如图 5.17 所示。

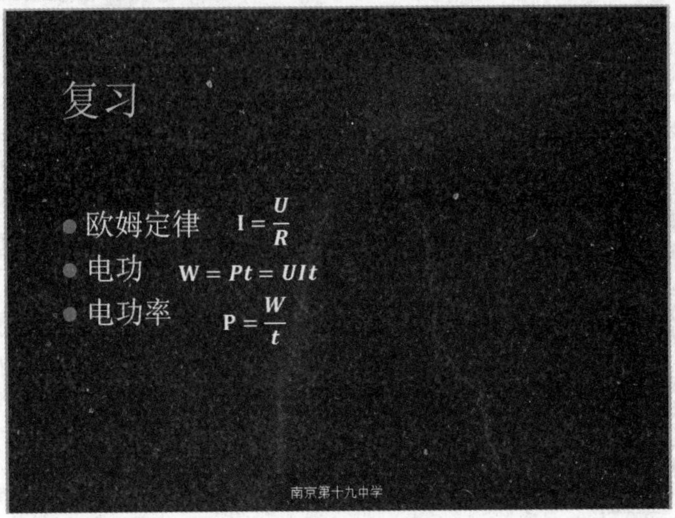

图 5.17　输入其他公式

5.3 使 用 控 件

5.3.1 使用常用控件

在使用控件之前，先来了解一下 PowerPoint 都提供了哪些控件，各有什么作用。

- 复选框：用于选择或清除相应选项，可以同时选择多个，可以用来设置多选题。
- 文本框：用于输入文本的框，常用来设计填空题。
- 命令按钮：单击时可执行某个操作的按钮，一般用来添加一些代码，单击时可以执行代码。
- 选项按钮：从一组选项中选择其中某个选项的按钮，常用来设计单选题和判断题。
- 列表框：包含项目列表的框。
- 组合框：具有组合框的文本框，可以在文本框内输入文本或选择列表中显示的选项。
- 切换按钮：单击这类按钮它会保持按下状态，再次单击时还原。
- 数值调节钮：单击相应的箭头可增加或者减少数值。
- 滚动条：单击滚动箭头或者拖动滚动框时，可以滚动数值列表。
- 标签 A：用于显示文本，它是可以动态变化的。
- 图像：用于嵌入图片或图形的控件，可以动态地改变它的图片对象。

打开控件的方法如下。

步骤 1　在 PowerPoint 2010 窗口中选择“文件”|“选项”命令，如图 5.18 所示，打开“PowerPoint 选项”对话框。

步骤 2　在左侧窗格中单击“快速访问工具栏”选项，然后在右侧窗格的“从下列位置选择命令”下拉列表框中选择“开发工具选项卡”选项，如图 5.19 所示。

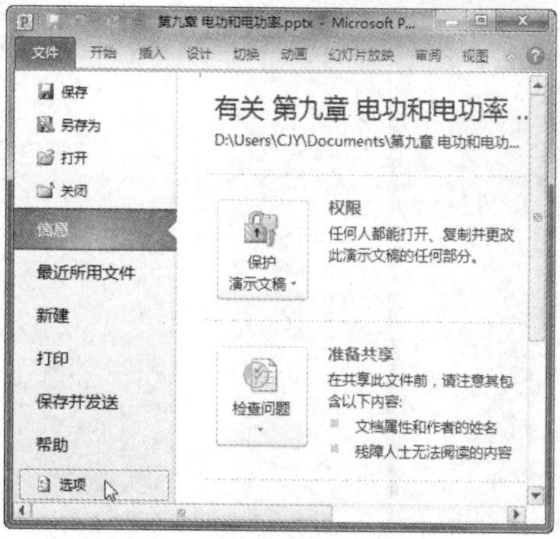

图 5.18　选择“选项”命令

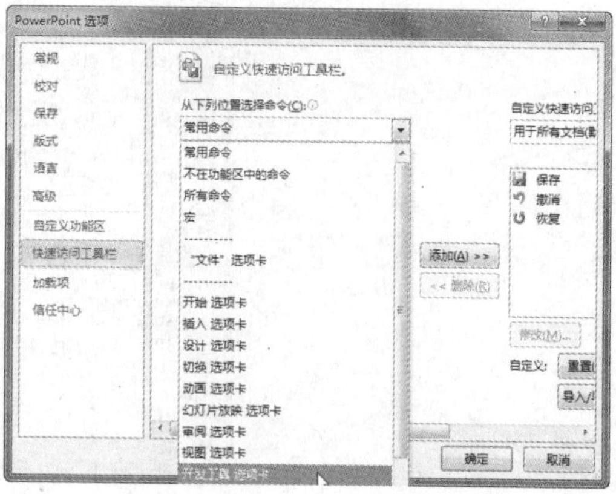

图 5.19　设置命令位置

步骤 3　在下方列表框中选择“控件”选项，接着单击“添加”按钮，再单击“确定”按钮，如图 5.20 所示，快速访问工具栏中即会出现控件工具箱。

步骤 4　插入控件时，单击控件工具箱中的工具按钮就会出现一个“十”字光标，然后在幻灯片中拖动到适当大小即可，如图 5.21 所示。

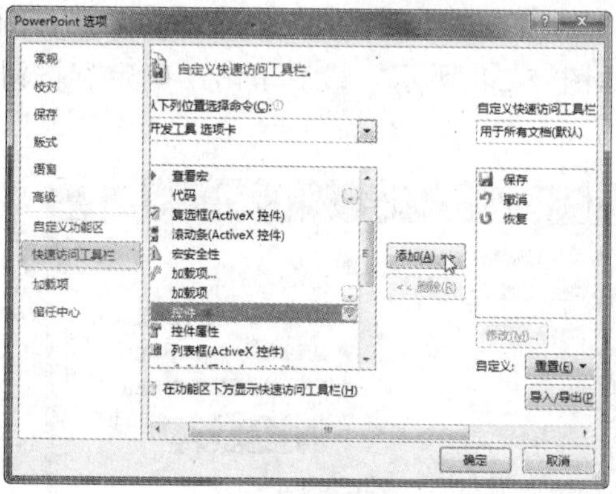

图 5.20　添加控件

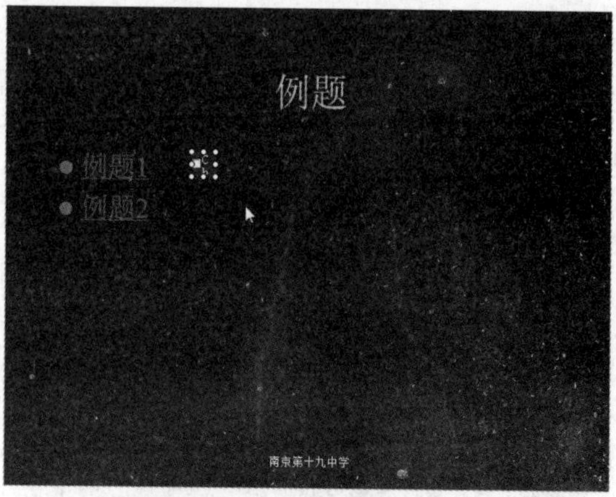

图 5.21　插入控件

步骤 5　选中相应的控件，单击控件工具箱中的“属性”按钮，或者直接在控件上右击，在弹出的快捷菜单中选择“属性”命令，即可在打开的“属性”对话框中对控件的相关属性进行设置，如图 5.22 所示。

步骤 6　选中相应的控件，单击控件工具箱中的“查看代码”按钮，或者直接在控件上右击，在弹出的快捷菜单中选择“查看代码”命令，就可打开“代码”窗口对选中的控件添加代码。为了实现一些交互功能，添加代码是必需的。

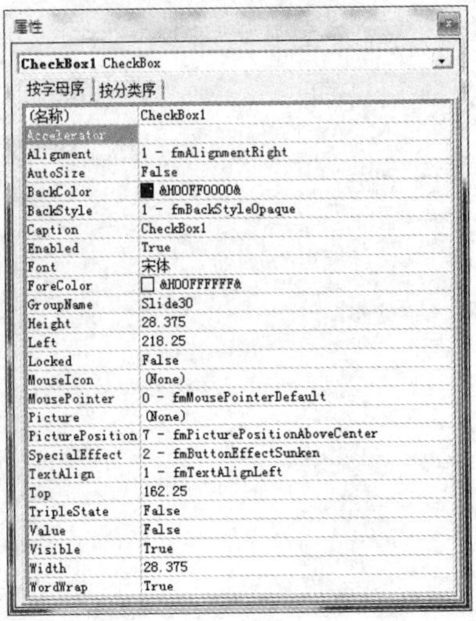

图 5.22 “属性”对话框

5.3.2 设置宏的安全性

在 PowerPoint 2010 中设置宏安全性的方法如下。

步骤 1 打开演示文稿，然后在“开发工具”选项卡下的“代码”选项组中单击“宏安全性”按钮，如图 5.23 所示。

步骤 2 弹出“信任中心”对话框，在左侧窗格中单击“宏设置”选项，然后在右侧窗格的“宏设置”选项组中设置宏的安全级，如图 5.24 所示。最后单击“确定”按钮即可。

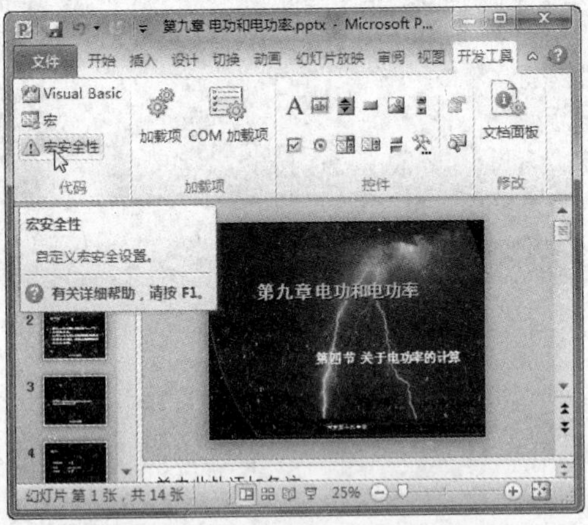

图 5.23 单击“宏安全性”按钮

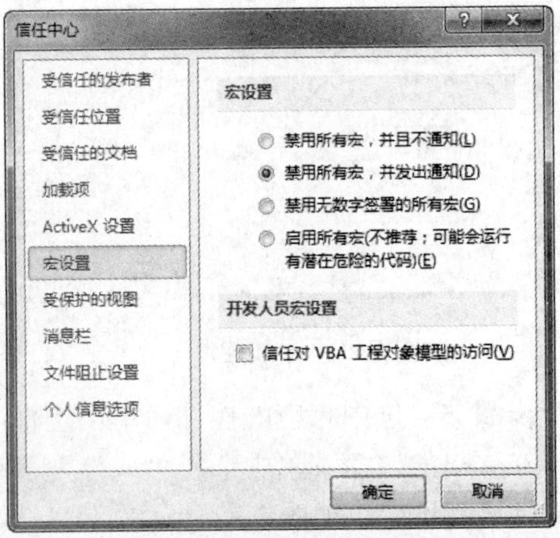

图 5.24 “信任中心”对话框

技 巧

选择“文件”|“选项”命令，弹出“PowerPoint 选项”对话框，在左侧窗格中单击“信任中心”选项，然后在右侧窗格中单击“信任中心设置”按钮也可以设置宏安全性，如图 5.25 所示。

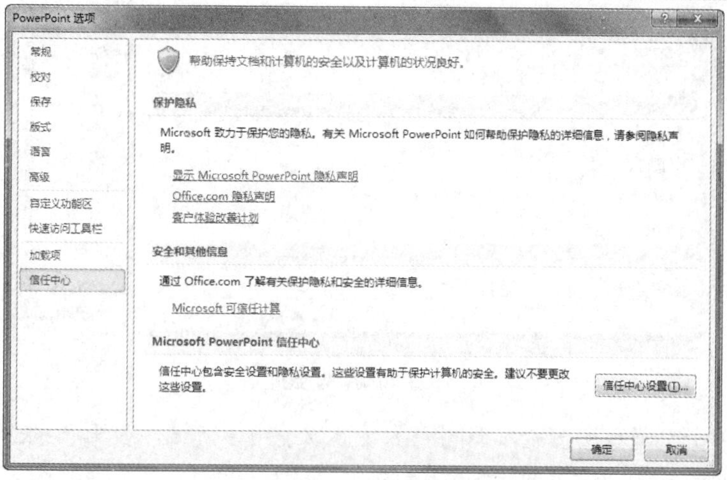

图 5.25　“PowerPoint 选项”对话框

5.4　设置超链接

在讲课的过程中有时需要使用其他的辅助程序，比如老师在讲题的过程中，需要把解题的过程边讲边写出来，那么就可以进入 Word 中进行输入。使用超链接就可以实现这一功能，具体方法如下。

步骤 1　选择要链接的对象，然后在“插入”选项卡下的“链接”选项组中单击“超链接”按钮，如图 5.26 所示。

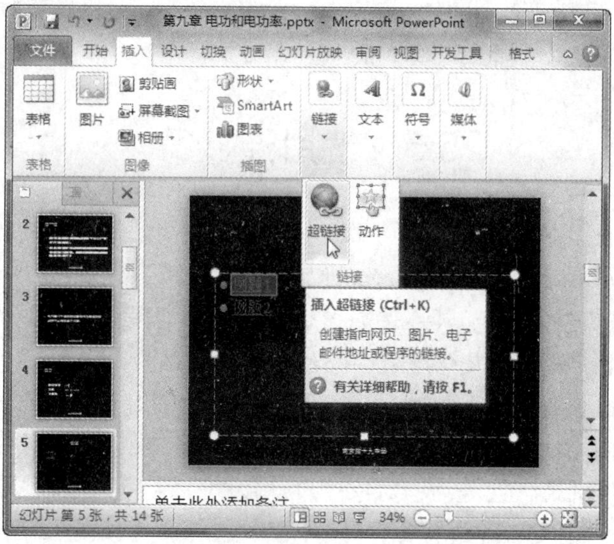

图 5.26　单击“超链接”按钮

步骤 2　在打开的“插入超链接”对话框中单击“现有文件或网页”选项(可以事先在此处建立一个空白的 Word 文档，方便使用)，如图 5.27 所示。

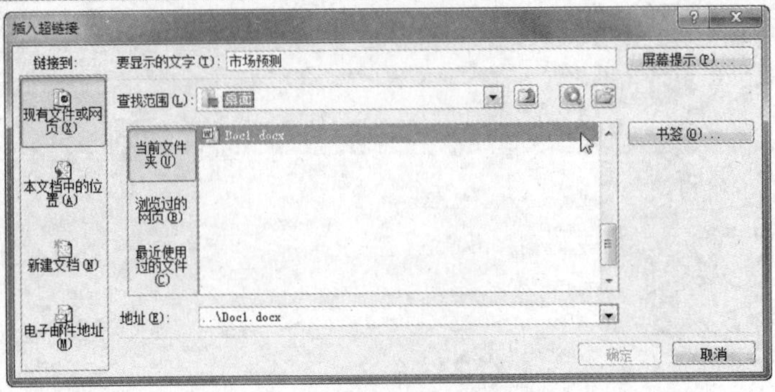

图 5.27 选择链接文件

步骤 3 单击“确定”按钮，返回演示文稿。使用该方法，在第 6 张幻灯片中的“分析与解答”后面插入如图 5.28 所示的超链接。

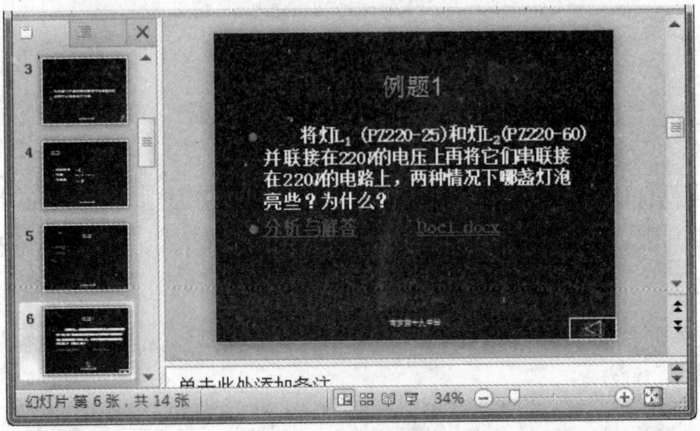

图 5.28 插入其他程序的超链接

5.5 使用连接符

在制作课件的过程中，有时会涉及某些专业知识结构图，这些结构图需要使用连接符来形象地表示各种元素之间的关系。连接符与直线连接或其他曲线连接不同，连接符虽然看起来像线条，但是它将始终与其连接的形状相连，当连接对象的形状位置和大小发生变化时，连接符也会随之变化，并保持与连接对象之间的连接。

步骤 1 在“插入”选项卡下的“插图”选项组中单击“形状”按钮，从弹出的菜单中选择所需要的连接符。将鼠标指针指向连接符要连接的第一个对象上，将指针滑过对象时，将显示几个蓝色圆形，此处为该对象可以连接的位置。单击所需连接的第一个位置，指向另一个对象，再单击第二个连接位置，这样两个图形就连接在一起了，如图 5.29 所示。

步骤 2 将鼠标移动到连接符上，对其进行编辑，如图 5.30 所示。图 5.30 中的黄色菱形控制点控制箭头连接符中的矩形部分；竖线上的黄色菱形控制点控制箭头连接符中的箭头部分；绿色圆形控制点调整箭头连接符的方向；箭头连接符四边中间的方形控制点和四角上的圆形控制点可以调整图形的高度和宽度。

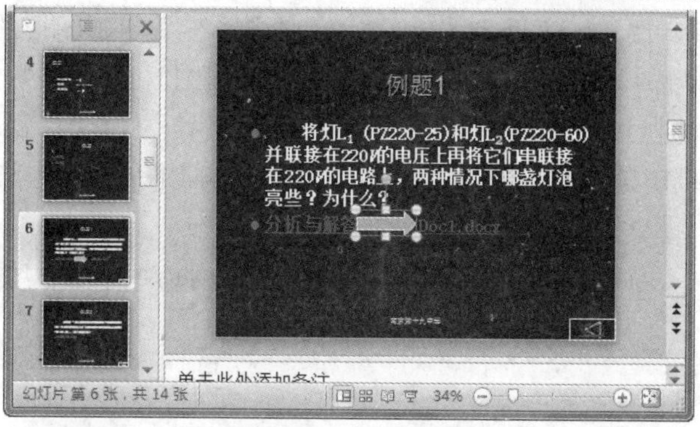

图 5.29 绘制连接符

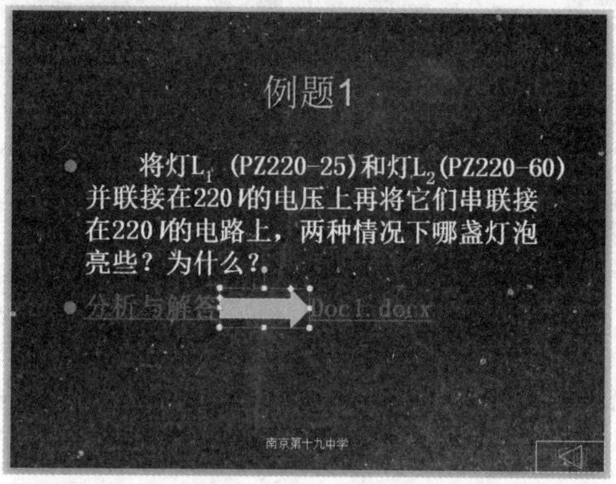

图 5.30 编辑连接符

步骤 3 直线连接符中没有黄色菱形控制点。肘形线(带有角度)连接符中有 1～2 个黄色菱形控制点。曲线连接符中有 1～3 个黄色菱形控制点。

步骤 4 若更改连接符，可以选中连接符并右击，从弹出的快捷菜单中选择其他形式的连接符即可。

步骤 5 若删除连接符，只要选中连接符，再按 Delete 键即可。

技 巧

连接符两端的红色圆形表示已锁定连接的连接符，连接符两端的绿色圆形表示连接符未锁定。只有连接符的两个端点都是红色，即处于锁定状态时，连接符才会随着图形的变化而变化。有一端为绿色的连接符的连接效果在图形位置和大小变化时无效。单击连接处的绿色点后其可变成红色。

5.6 提高指导

5.6.1 将连接符重置到图形的最近点

连接符在图形周围时，光调整连接符的大小可能不能让图形和连接符完全接近，这时就要用其他的方法进行调整，下面就来介绍如何将连接符重置到图形的最近点。

步骤 1 在文本框中插入自选图形，例如制作流程图时插入箭头，用户希望箭头可以紧挨着其他图形。此时可单击连接符，接着在“绘图工具”下的“格式”选项卡中，单击“插入形状”选项组中的“编辑形状”按钮，从弹出的菜单中选择“编辑顶点”命令，如图 5.31 所示。

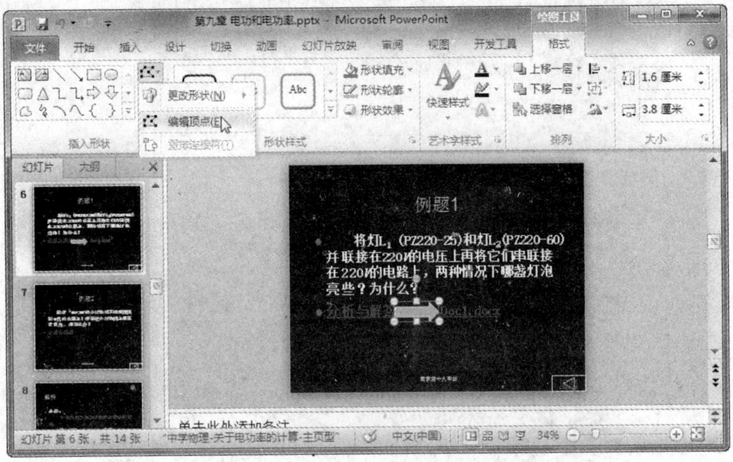

图 5.31 选择“编辑顶点”命令

步骤 2 将鼠标箭头放在连接符上，按住鼠标左键并拖动鼠标，将连接符的顶点靠近图形即可，如图 5.32 所示。

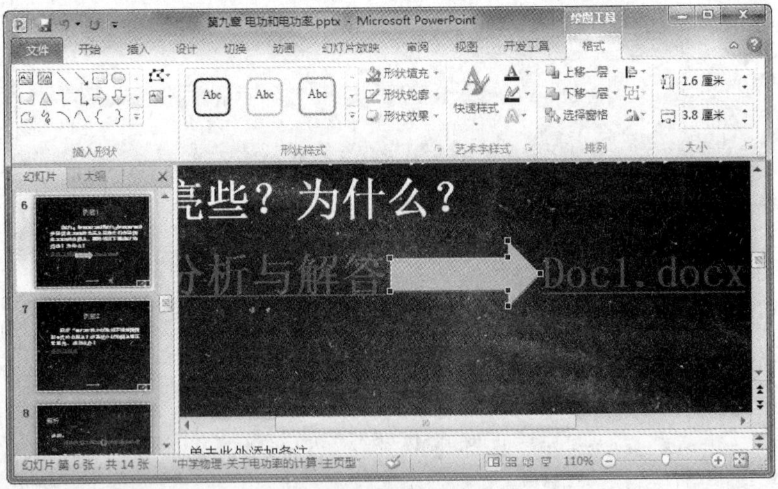

图 5.32 编辑顶点

5.6.2 更改自选图形的原始效果

制作流程图或者其他图的时候用到的自选图形不仅仅只是程序中给出的那些，有时还需要不同的颜色和效果，所以下面来介绍如何更改自选图形的原始效果。

步骤 1 在需要添加自选图形的幻灯片中插入图形，然后选中插入的自选图形并右击，从弹出的快捷菜单中选择“设置形状格式”命令，如图 5.33 所示。

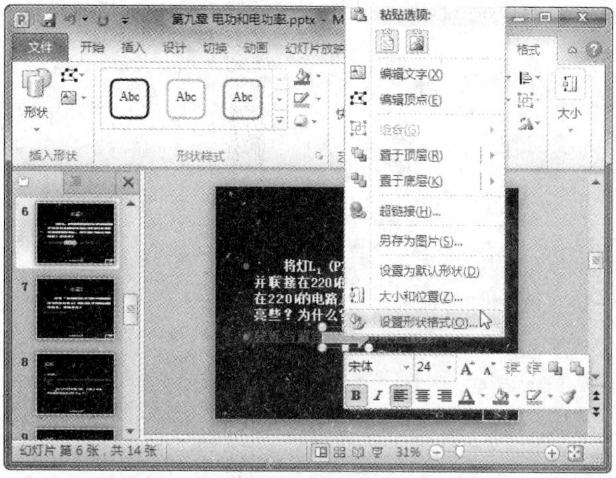

图 5.33　选择“设置形状格式”命令

步骤 2　弹出“设置形状格式”对话框，在这里可进行用户需要的设置，如填充、线条颜色、线型等，如图 5.34 所示。

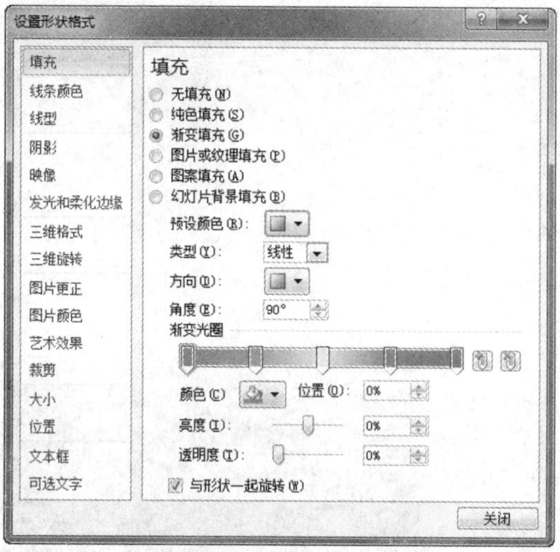

图 5.34　设置自选图形的格式

5.6.3　让文本框大小自动适应文字

在幻灯片上添加了文本框之后，可将文字输入到文本框中。有时输入的文字长度超过了用户拖出的文本框长度，就需要通过鼠标来改变文本框大小。如果能将文本框大小设置为自动适应文字，这样就会让文本输入变得方便很多。下面就介绍设置文本框大小自动适应文字的操作步骤。

步骤 1　在选中的幻灯片中添加一个文本框并右击，在弹出的快捷菜单中选择“设置形状格式”命令。

步骤 2 弹出“设置形状格式”对话框，在左侧窗格中单击“文本框”选项，然后在右侧窗格中设置文本框格式，如图 5.35 所示，最后单击“关闭”按钮。

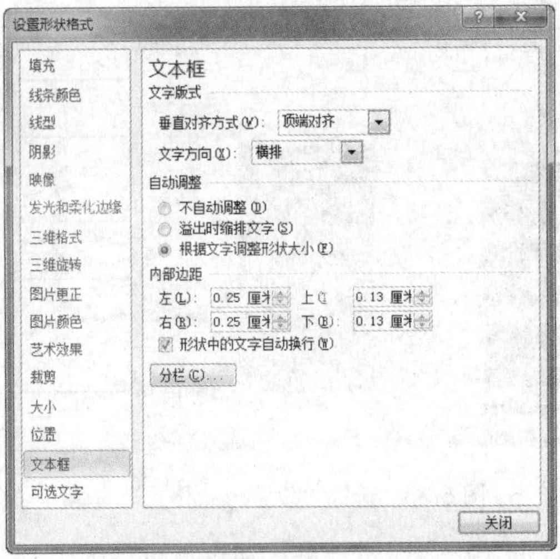

图 5.35 设置文本框格式

步骤 3 单击“关闭”按钮之后，将需要的文字输入到文本框内，文本框就会自动根据文字长度自动调整大小了。

5.6.4 让文字分栏显示

有时候文字需要分栏显示，下面就来介绍让文字分栏的方法。

步骤 1 选择幻灯片中的一段文本并右击，在弹出的快捷菜单中选择“设置形状格式”命令，如图 5.36 所示。

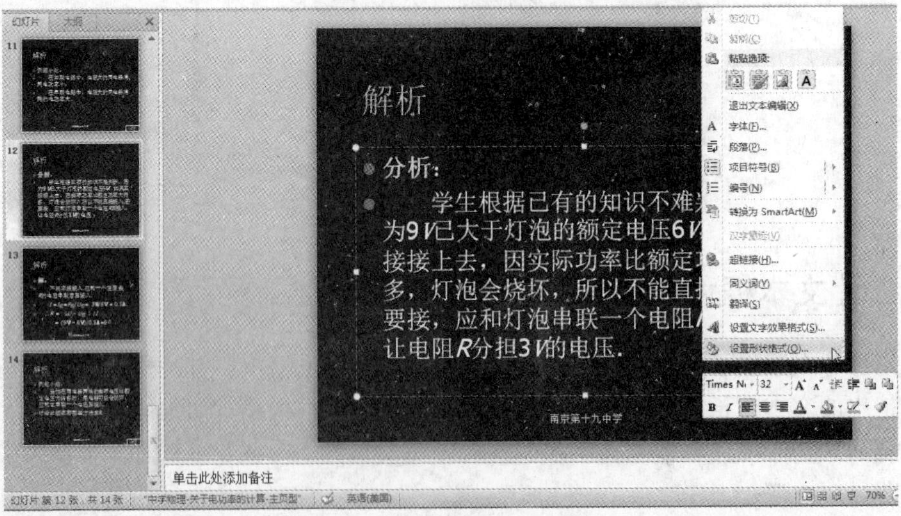

图 5.36 选择“设置形状格式”命令

步骤 2 弹出“设置形状格式”对话框，在左侧窗格中单击“文本框”选项，接着在右侧窗格中单击“分栏”按钮，在打开的“分栏”对话框中选择要分栏的数目，再单击“确定”按钮，关闭对话框，如图 5.37 所示。

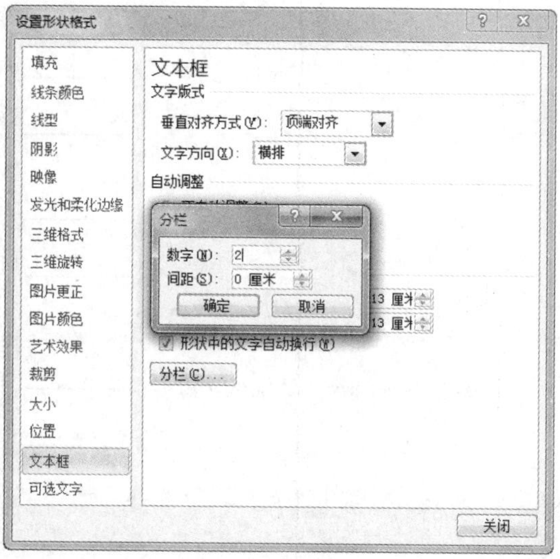

图 5.37　设置分栏

步骤 3　可以看到，此时文本已经被分成了两栏，如图 5.38 所示。

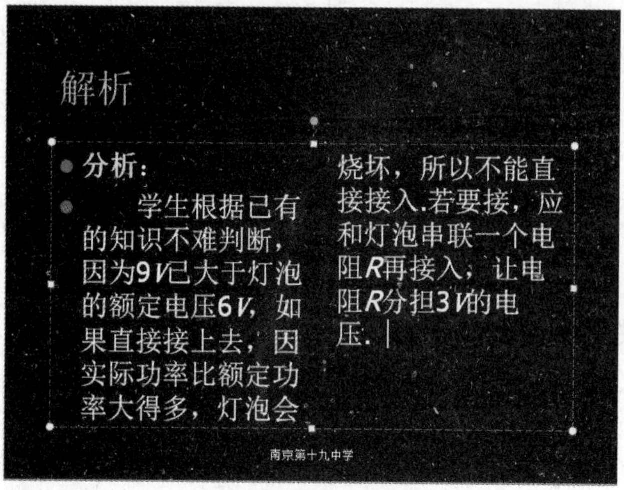

图 5.38　查看分栏格式

5.6.5　创建数字签名

使用数字签名有助于确保真实性、完整性和不可否认性。那么，如何为演示文稿创建数字签名呢？具体操作步骤如下。

步骤 1　打开要创建数字签名的演示文稿，然后选择“文件”|“信息”命令，接着在中间窗格中单击“保护演示文稿”按钮，从弹出的菜单中选择“添加数字签名”命令，如图 5.39 所示。

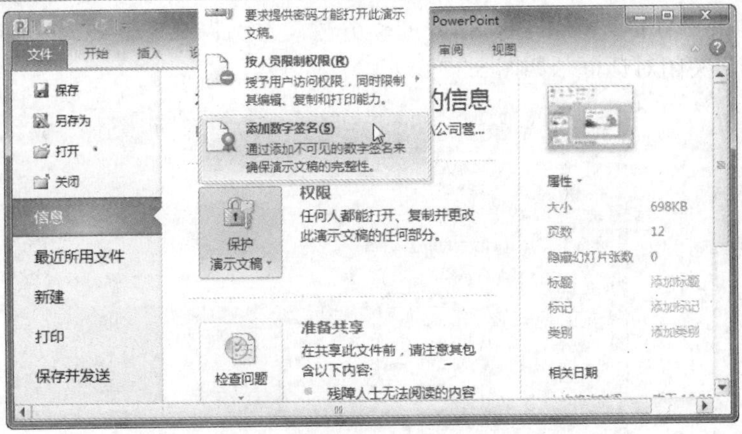
要求提供密码才能打开此演示文稿。
按人员限制权限(R)
授予用户访问权限，同时限制其编辑、复制和打印能力。
添加数字签名(S)
通过添加不可见的数字签名来确保演示文稿的完整性。
PowerPoint
文件
开始
插入
审阅
视图
保存
另存为
打开
关闭
信息
最近所用文件
新建
打印
保存并发送
权限
任何人都能打开、复制并更改此演示文稿的任何部分。
保护演示文稿
准备共享
在共享此文件前，请注意其包含以下内容:
残障人士无法阅读的内容
检查问题
属性
大小
698KB
页数
12
隐藏幻灯片张数
0
标题
添加标题
标记
添加标记
类别
添加类别
相关日期

图 5.39　选择“添加数字签名”命令

步骤 2　弹出 Microsoft PowerPoint 对话框，单击“确定”按钮，如图 5.40 所示。

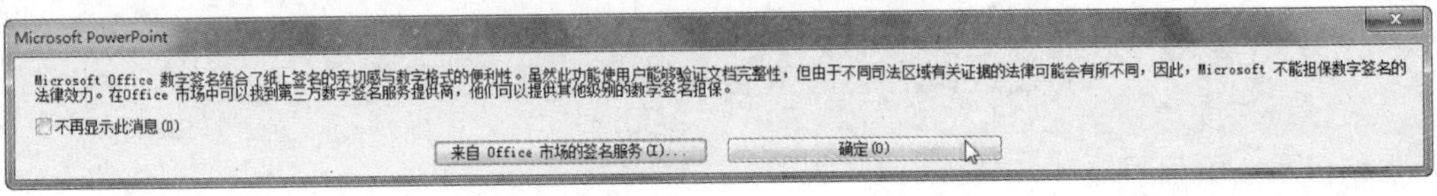
Microsoft PowerPoint
不再显示此消息(D)
来自 Office 市场的签名服务(I)...
确定(O)

图 5.40　Microsoft PowerPoint 对话框

步骤 3　弹出“获取数字标识”对话框，选中“创建自己的数字标识”单选按钮，再单击“确定”按钮，如图 5.41 所示。

步骤 4　弹出“创建数字标识”对话框，填写信息，再单击“创建”按钮，如图 5.42 所示。

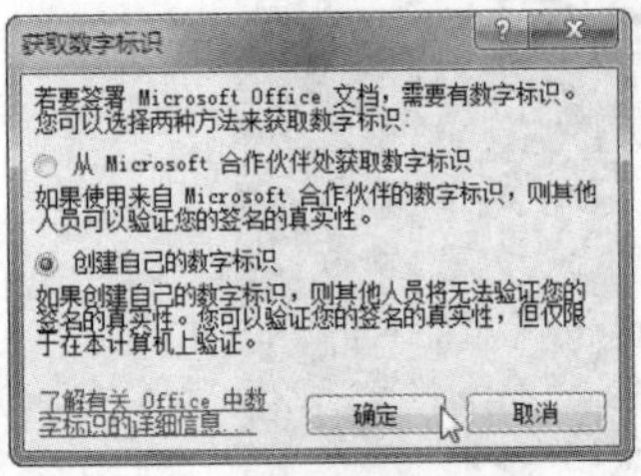
获取数字标识
若要签署 Microsoft Office 文档，需要有数字标识。您可以选择两种方法来获取数字标识:
从 Microsoft 合作伙伴处获取数字标识
如果使用来自 Microsoft 合作伙伴的数字标识，则其他人员可以验证您的签名的真实性。
创建自己的数字标识
如果创建自己的数字标识，则其他人员将无法验证您的签名的真实性。您可以验证您的签名的真实性，但仅限于在本计算机上验证。
了解有关 Office 中数字标识的详细信息
确定
取消

图 5.41　“获取数字标识”对话框

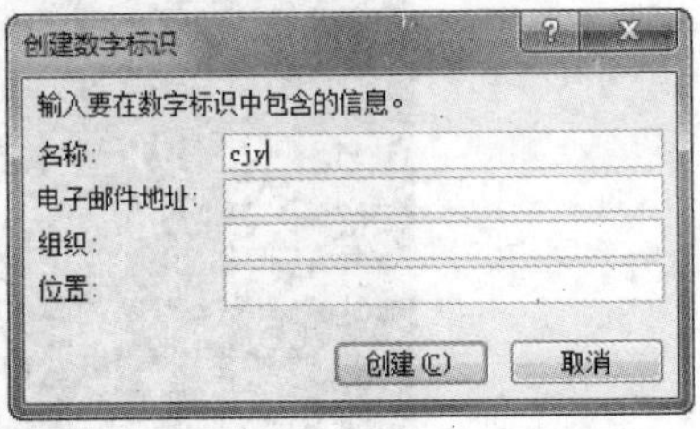
创建数字标识
输入要在数字标识中包含的信息。
名称:
cjy
电子邮件地址:
组织:
位置:
创建(C)
取消

图 5.42　“创建数字标识”对话框

步骤 5　弹出“签名”对话框，直接单击“签名”按钮，如图 5.43 所示。

步骤 6　弹出“签名确认”对话框，单击“确定”按钮，如图 5.44 所示。

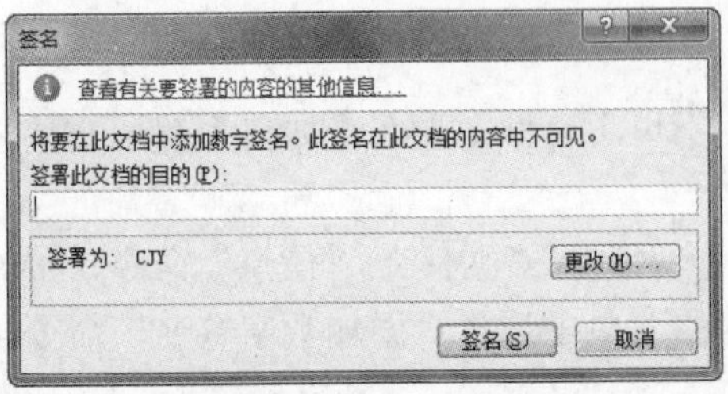
签名
查看有关要签署的内容的其他信息...
将要在此文档中添加数字签名。此签名在此文档的内容中不可见。
签署此文档的目的(P):
签署为: CJY
更改(H)...
签名(S)
取消

图 5.43　“签名”对话框

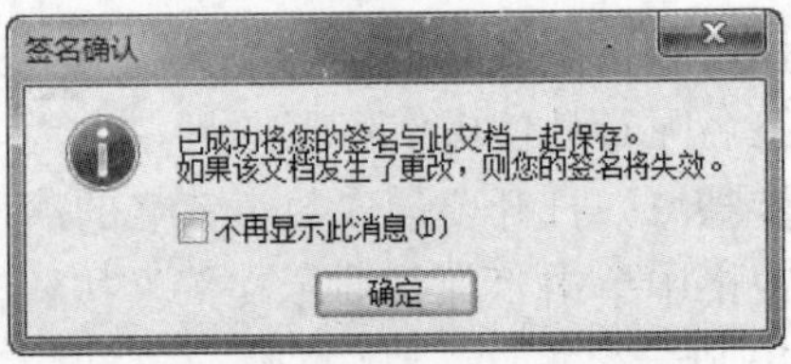
签名确认
已成功将您的签名与此文档一起保存。
如果该文档发生了更改，则您的签名将失效。
不再显示此消息(D)
确定

图 5.44　“签名确认”对话框

步骤 7　返回演示文稿窗口，如图 5.45 所示，会发现在“保护演示文稿”按钮上方出现“查看签名”按钮，单击该按钮。

步骤 8　这时会出现“签名”窗格，其中列有当前文档使用的签名，如图 5.46 所示。若要继续编辑文档，可以单击“仍然编辑”按钮。

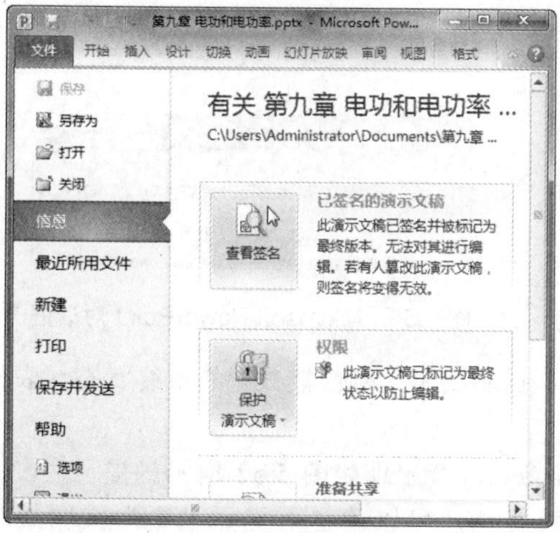

图 5.45　返回演示文稿窗口

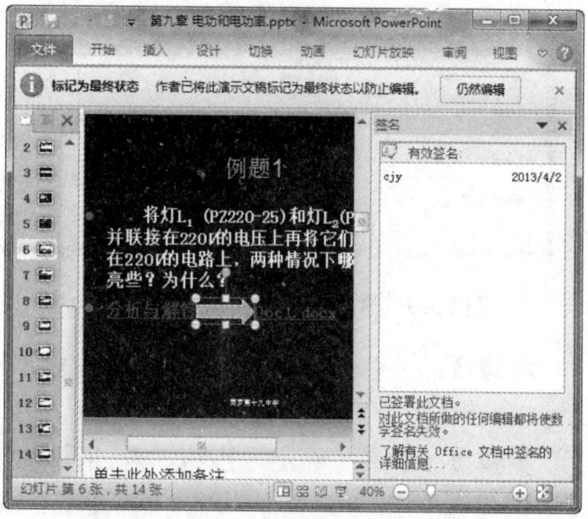

图 5.46　查看签名

步骤 9　弹出 Microsoft PowerPoint 对话框，提示编辑该演示文稿将删除其中的签名，单击“是”按钮，如图 5.47 所示。

步骤 10　弹出“已删除签名”对话框，提示签名已经被删除，如图 5.48 所示，单击“确定”按钮，关闭对话框。

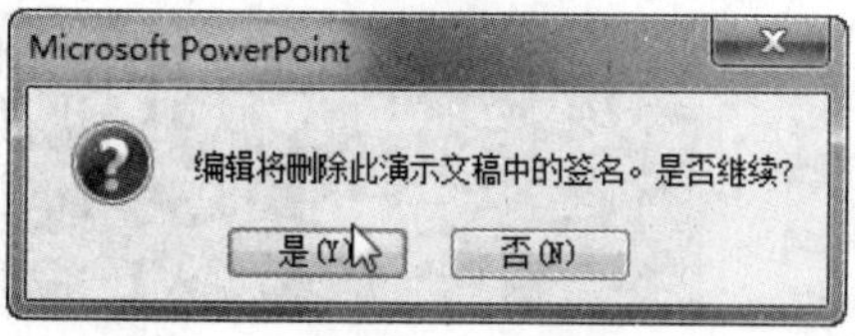

图 5.47　Microsoft PowerPoint 对话框

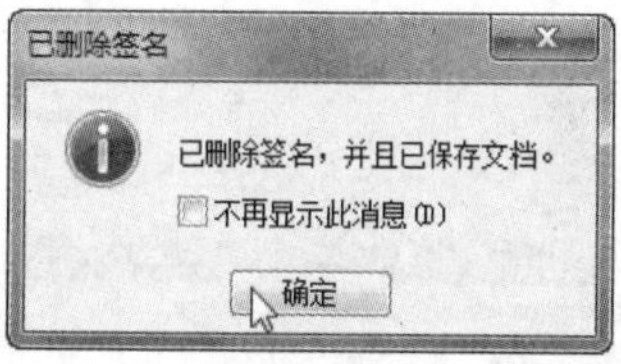

图 5.48　“已删除签名”对话框

5.6.6　将完成的演示文稿标记为最终状态

通过将演示文稿标记为最终状态，不仅标志着该演示文稿已经编辑完成，还可以防止别人对文稿进行更改。

步骤 1　打开要标记的演示文稿，然后选择“文件”|“信息”命令，接着在中间窗格中单击“保护演示文稿”按钮，从弹出的菜单中选择“标记为最终状态”命令，如图 5.49 所示。

步骤 2　弹出 Microsoft PowerPoint 对话框，提示该演示文稿将先被标记为最终版本，单击“确定”按钮，如图 5.50 所示。

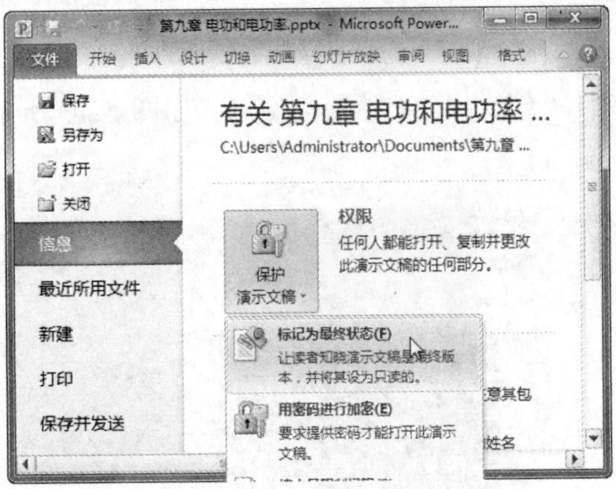

图 5.49　选择“标记为最终状态”命令

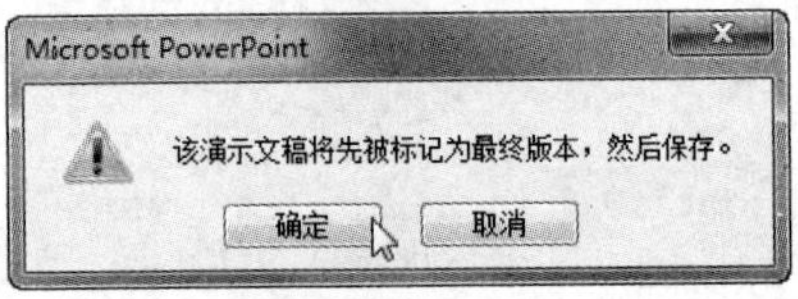

图 5.50　Microsoft PowerPoint 对话框

步骤 3　接着弹出如图 5.51 所示的对话框，提示演示文稿已被标记为最终状态，表示已完成编辑。

步骤 4　单击“确定”按钮，返回演示文稿窗口，会出现如图 5.52 所示的提示栏，提示文档当前处于“只读”状态，若要继续编辑文档，可以单击“仍然编辑”按钮继续操作。

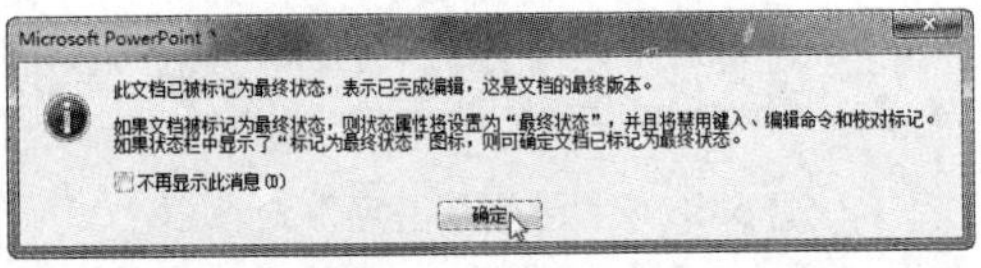

图 5.51　提示文档被标记为最终状态

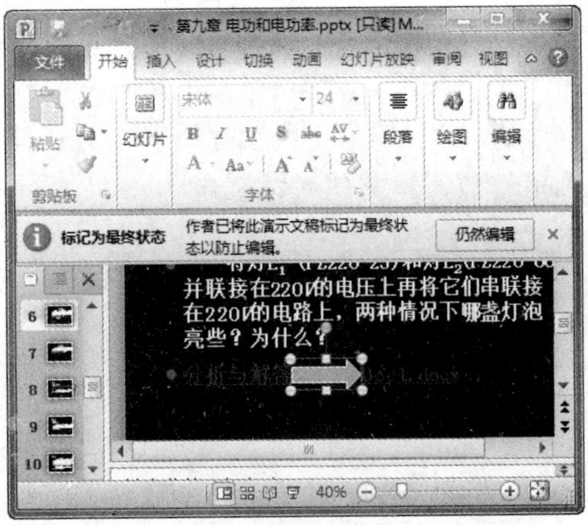

图 5.52　返回演示文稿窗口

5.6.7　制作特殊格式的文本框

为了使演示文稿更加活泼，可以使用形状丰富的图形代替矩形文本框。操作方法是在幻灯片中选中文本框，然后在“绘图工具”下的“格式”选项卡中，单击“插入形状”选项组中的“编辑形状”按钮，从弹出的菜单中选择“更改形状”命令，接着从子菜单中选择一种形状样式即可，如图 5.53 所示。

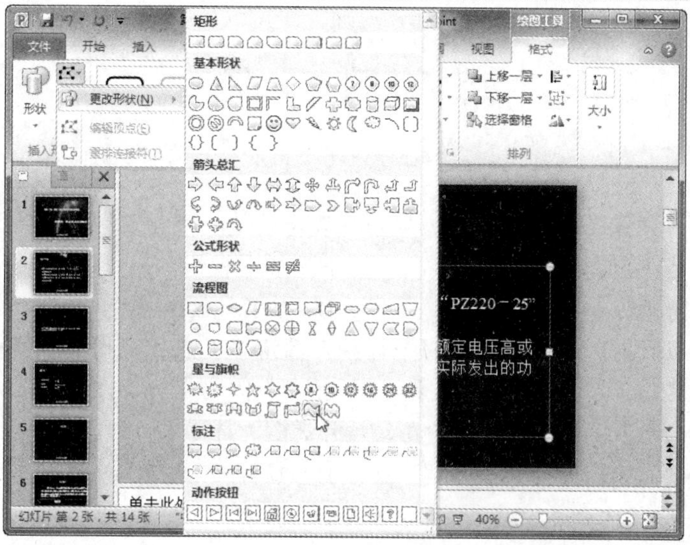

图 5.53　更改文本框形状

5.6.8　以黑白形式显示图片

在制作演示文稿时，有时需要制作一些特殊效果，比如让图片以黑白形式进行显示，下面将进行具体介绍。

步骤 1　在演示文稿窗口中选择需要设置图片的幻灯片。

步骤 2　选中图片，然后在“图片工具”下的“格式”选项卡中，单击“调整”选项组中的“颜色”按钮，在弹出的下拉菜单中选择“黑白，强调文字颜色 4 浅色”选项，如图 5.54 所示。

步骤 3　最终效果如图 5.55 所示。

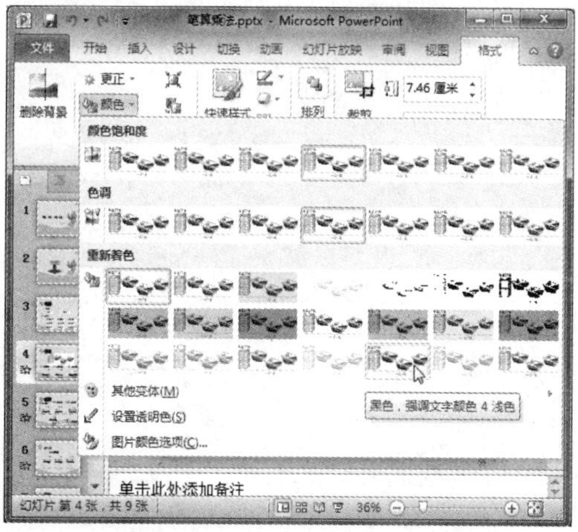

图 5.54　设置为黑白形式显示

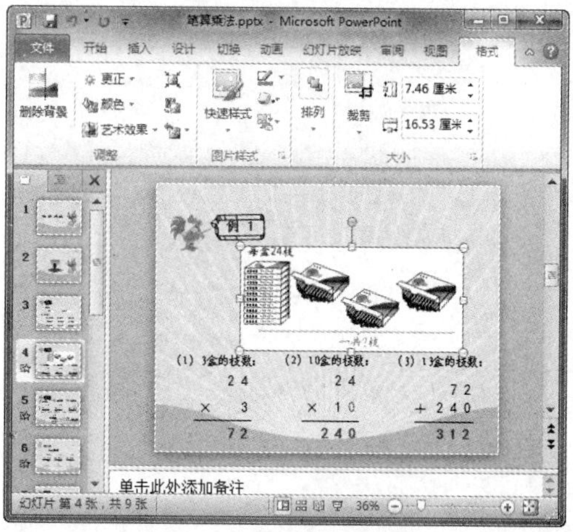

图 5.55　最终效果图

5.7 习　　题

一、选择题

(1) 使用在线模板时，在“新建”命令下选择的是(　　)。

A. 空白演示文稿　　B. 样本模板

C. 我的模板　　D. Office.com 模板

(2) 创建模板时，如果需要创建一个详细产品清单，应该使用的在线模板是(　　)。

A. 图表　　B. 表单表格　　C. 贺卡　　D. 报表

(3) 页眉在幻灯片的(　　)，页脚在幻灯片的(　　)。

A. 底部　顶部　　B. 顶部　底部

C. 底部　中部　　D. 中部　顶部

(4) 下列控件是“选项按钮”的是(　　)。

A. 　　B. 　　C. 　　D. 

(5) 改变连接符内部颜色的选项是(　　)。

A. “线条颜色”　　B. “填充”

C. “阴影”　　D. “线型”

二、实训题

(1) 创建一个以贺卡为模板的演示文稿。

(2) 在文稿中添加页眉和页脚，页脚名称自拟。

(3) 在其中一个幻灯片中添加一个形状，将它的填充颜色设置为红色，边框设置为蓝色。

第 6 章

经典实例：制作学生考试系统

为了让学生获得更好的学习效果，很多教师会在学完一定知识后或是每隔一段时间就进行考试测试。最常用的测试方法是复印一些试卷让学生做，但这样不利于调动学生的积极性；而动静结合的幻灯片则可以吸引学生的兴趣，让他们积极参与其中。为此，将介绍如何制作学生考试系统。

本章主要内容

- 设计演示文稿主题
- 制作选择题幻灯片
- 制作填空题幻灯片
- 编写代码实现自动出题与评分
- 制作试题主页

6.1 要点分析

本章要制作的考试系统要求能够对问卷进行整理入库，以便于能够方便、快速地对学生进行各级测试，使考试过程趋于简单化，减少教师的工作负担。要实现这一功能，需要编写 VBA 代码。

VBA 是 Visual Basic for Applications 的缩写，它是 Visual Basic 的一种宏语言，也可说是一种应用程式视觉化的 Basic Script。使用 VBA 可以扩展 PowerPoint 程序的功能。

通过本章的学习，制作出的“选择题.pptm”和“填空题.pptm”文件如图 6.1 所示。

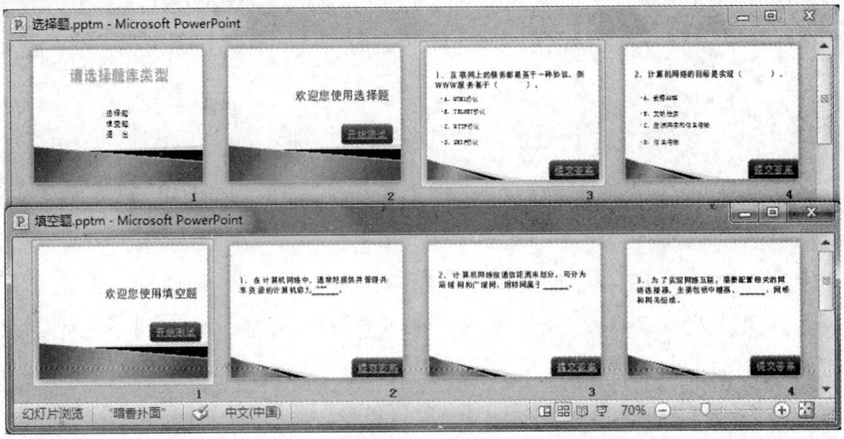

图 6.1 试题文件

6.2 制作学生考试系统演示文稿

6.2.1 设计演示文稿主题

下面先来新建一个空白演示文稿，然后设计该演示文稿的主题，具体操作如下。

步骤 1 启动 PowerPoint 2010 程序，然后在“设计”选项卡下的“主题”选项组中单击“其他”按钮，如图 6.2 所示。

步骤 2 弹出如图 6.3 所示的菜单，从中选择一种主题。

步骤 3 在标题占位符中输入标题“欢迎您使用选择题”，如图 6.4 所示。

步骤 4 选中副标题占位符，然后按 Delete 键将其删除，如图 6.5 所示。

步骤 5 选中标题，将光标移动到占位符边框上，当光标变成十字箭头形状时按下鼠标左键并拖动，调整标题位置，如图 6.6 所示。

步骤 6 选中标题，然后在“开始”选项卡下的“段落”选项组中单击“对齐文本”按钮，从弹出的菜单中选择“中部对齐”命令，如图 6.7 所示。

步骤 7 在“开始”选项卡下的“段落”选项组中单击“居中”按钮，将标题内容居中显示，如图 6.8 所示。

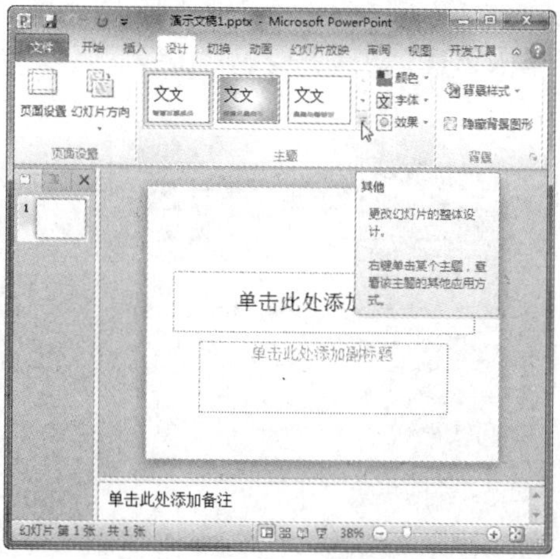

图 6.2　单击“其他”按钮

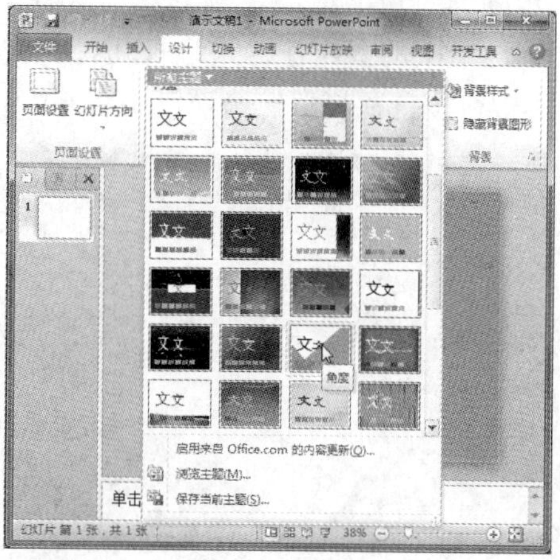

图 6.3　选择主题

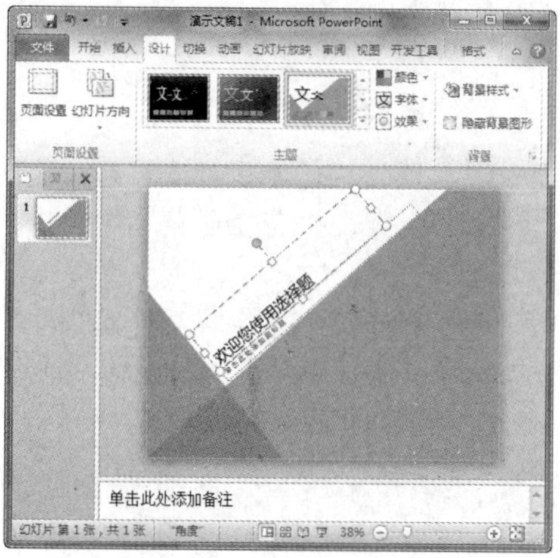

图 6.4　输入标题

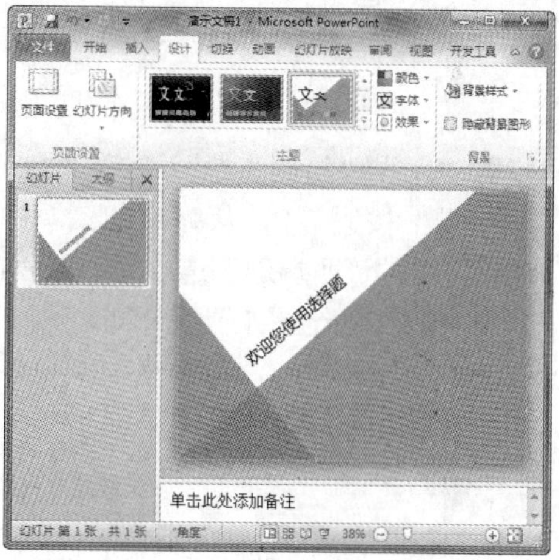

图 6.5　删除副标题占位符

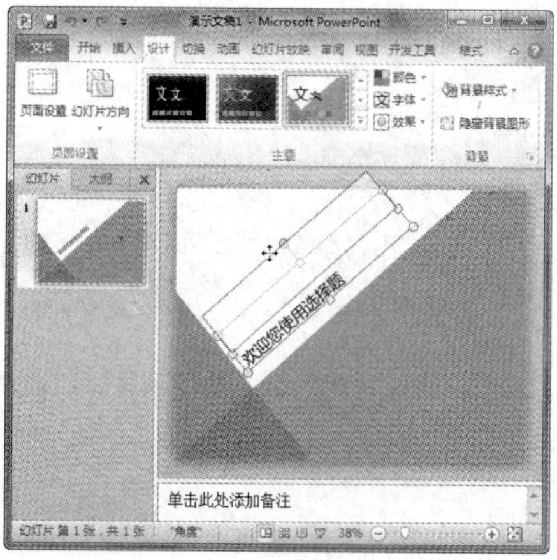

图 6.6　调整标题位置

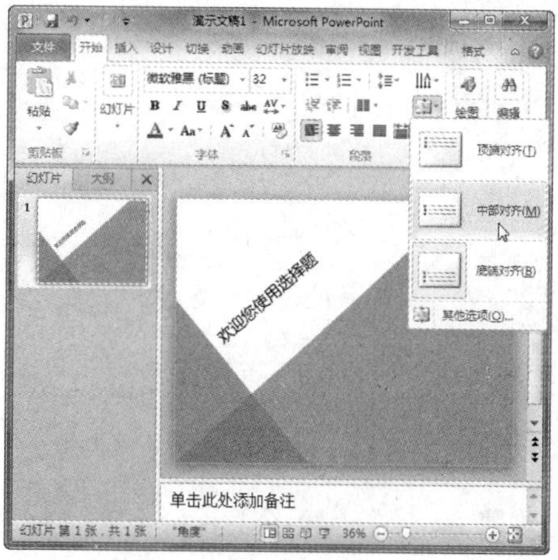

图 6.7　对齐文本

步骤 8 选中标题，然后在“绘图工具”下的“格式”选项卡中，单击“艺术字样式”选项组中的“快速样式”按钮，从弹出的菜单中单击“填充-灰色 50%，强调文件颜色 1，塑料棱台，映像”选项，如图 6.9 所示。

图 6.8　居中对齐

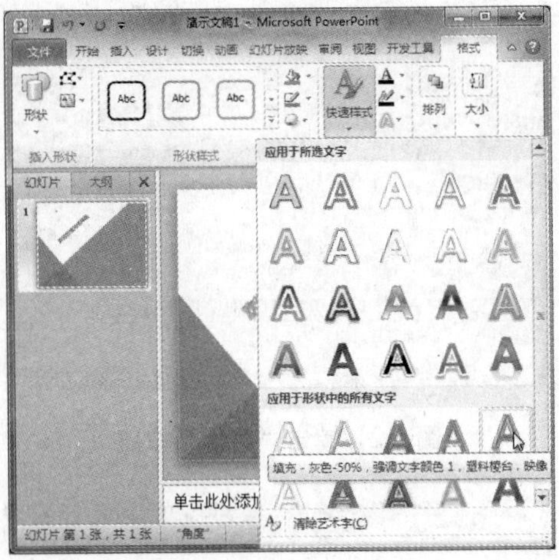

图 6.9　设置艺术字样式

步骤 9 在“绘图工具”下的“格式”选项卡中，单击“艺术字样式”选项组中的“文本效果”按钮，从弹出的菜单中选择“转换”命令，接着在子菜单中单击“弯曲”选项组中的“两端近”选项，如图 6.10 所示。

步骤 10 在“绘图工具”下的“格式”选项卡中，单击“艺术字样式”选项组中的“文本轮廓”按钮，从弹出的菜单中单击“青绿，强调文字颜色 3，淡色 60%”选项，如图 6.11 所示。

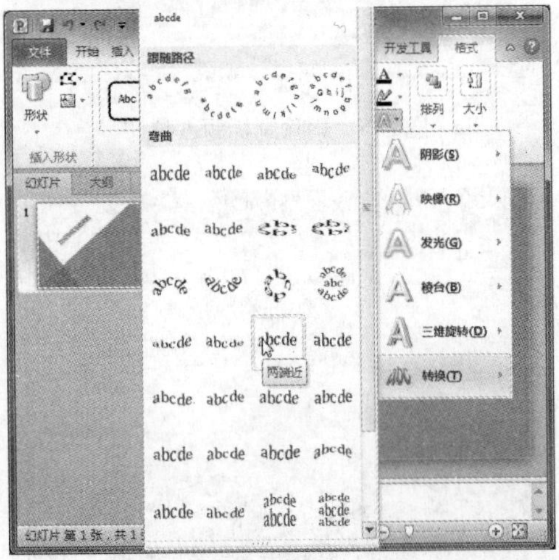

图 6.10　设置艺术字效果

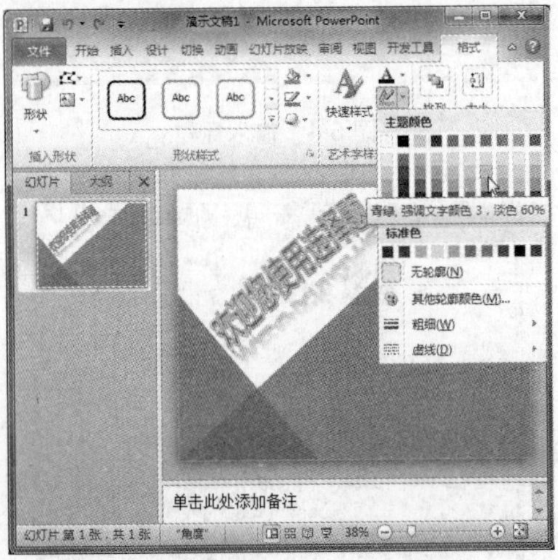

图 6.11　设置艺术字轮廓

步骤 11 在“绘图工具”下的“格式”选项卡中，在“大小”选项组中调整“高度”和“宽度”微调框中的数值，调整艺术字大小，如图 6.12 所示。

步骤 12 单击标题栏左侧的“保存”按钮，弹出“另存为”对话框，设置文件保存位置、文件名和保存类型等参数，再单击“保存”按钮，如图 6.13 所示。

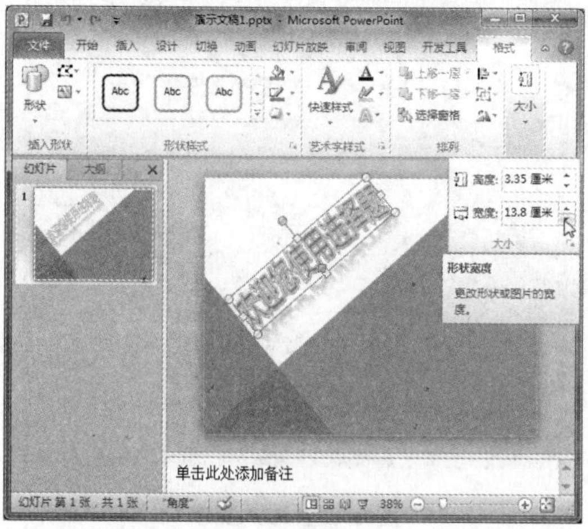

图 6.12　调整艺术字大小

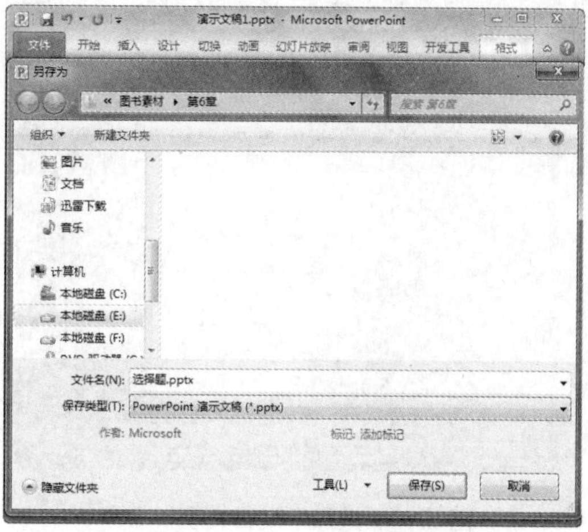

图 6.13　保存演示文稿

6.2.2　制作选择题幻灯片

在本例中制作的选择题是大家常见的单项选择题，就是从四个选项中选择一项作为答案，因此可以使用选项按钮控件来完成，具体操作步骤如下。

步骤 1　在“插入”选项卡下的“插图”选项组中单击“形状”按钮，从弹出的菜单中单击“圆角矩形”按钮，如图 6.14 所示。接着在幻灯片中绘制圆角矩形。

步骤 2　选中图形，然后在“绘图工具”下的“格式”选项卡中，单击“形状样式”选项组中的“其他”按钮，从弹出的菜单中单击“强烈效果-橄榄绿，强调颜色 4”选项，如图 6.15 所示。

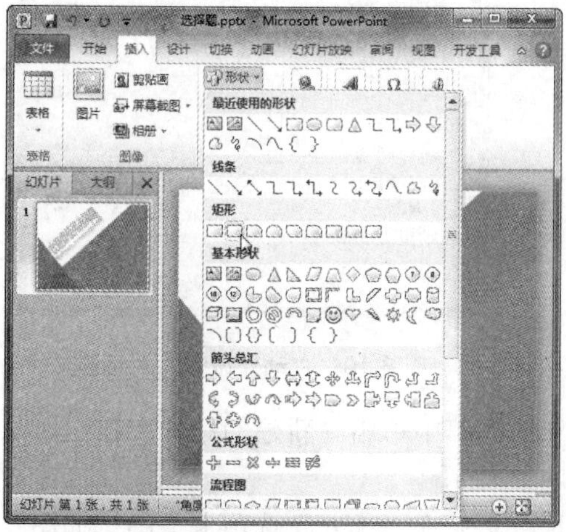

图 6.14　选择图形

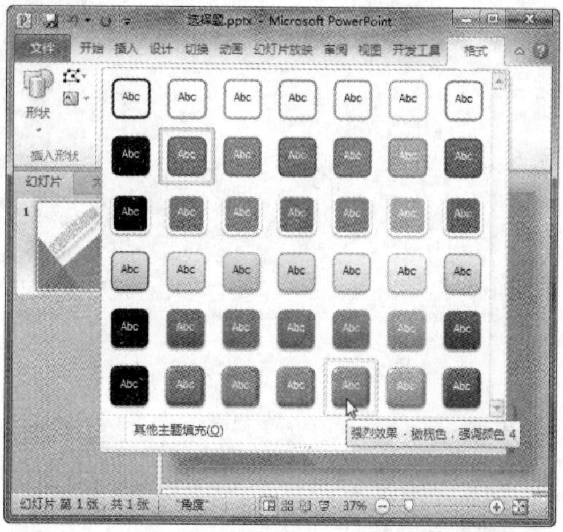

图 6.15　设置形状样式

步骤 3　右击图形，从弹出的快捷菜单中选择“编辑文字”命令，如图 6.16 所示。

步骤 4　在图形中输入“开始测试”，然后设置字体大小为“40”，如图 6.17 所示。

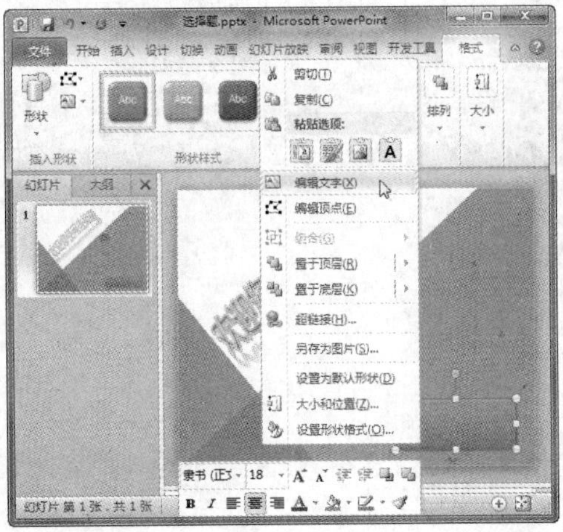

图 6.16 选择“编辑文字”命令

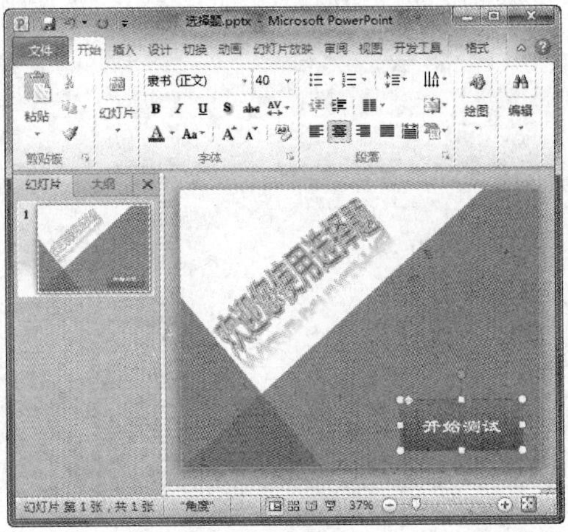

图 6.17 输入文本

步骤 5 单击图形，然后在“插入”选项卡下的“链接”选项组中单击“动作”按钮，如图 6.18 所示。

步骤 6 弹出“动作设置”对话框，在“单击鼠标”选项卡下选中“超链接到”单选按钮，并在下方的下拉列表框中选择“下一张幻灯片”选项，接着选中“播放声音”复选框，并在下方的下拉列表框中选择“单击”选项，最后单击“确定”按钮，如图 6.19 所示。

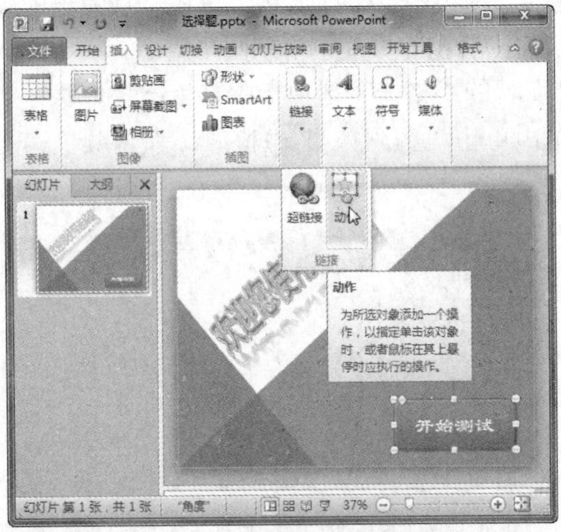

图 6.18 单击“动作”按钮

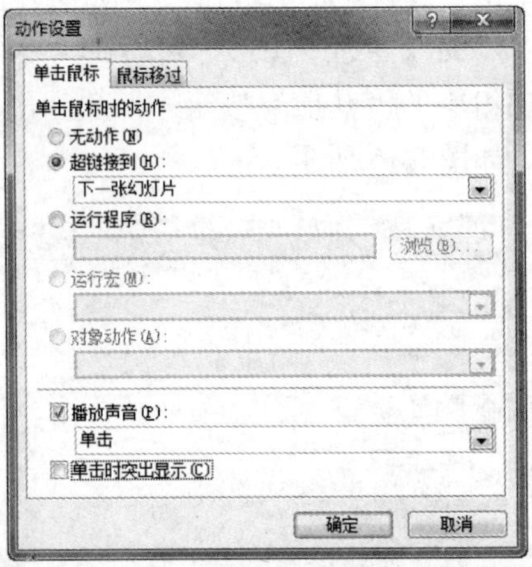

图 6.19 “动作设置”对话框

步骤 7 在“开始”选项卡下的“幻灯片”选项组中单击“新建幻灯片”按钮，从弹出的菜单中选择“空白”选项，如图 6.20 所示。

步骤 8 新建一张版式为“空白”的幻灯片，然后在“插入”选项卡下的“插图”选项组中单击“形状”按钮，从弹出的菜单中单击“文本框”按钮，如图 6.21 所示。

步骤 9 在幻灯片中插入文本框，然后输入第一道选择题的内容，如图 6.22 所示。

步骤 10 选中文本框，然后在“绘图工具”下的“格式”选项卡中，单击“艺术字样式”选项组中的“快速样式”按钮，从弹出的菜单中单击“填充-青绿，强调文字颜色 3，粉状棱台”选项，如图 6.23 所示。

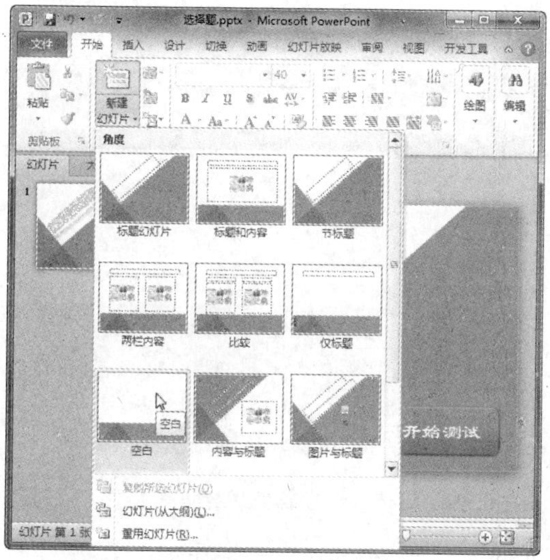

图 6.20　新建幻灯片

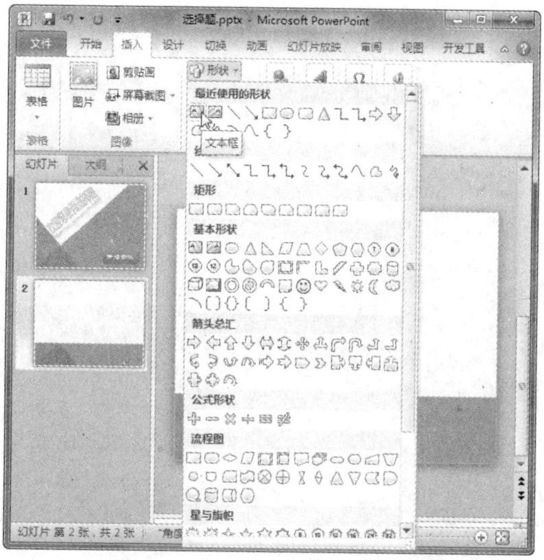

图 6.21　单击“文本框”按钮

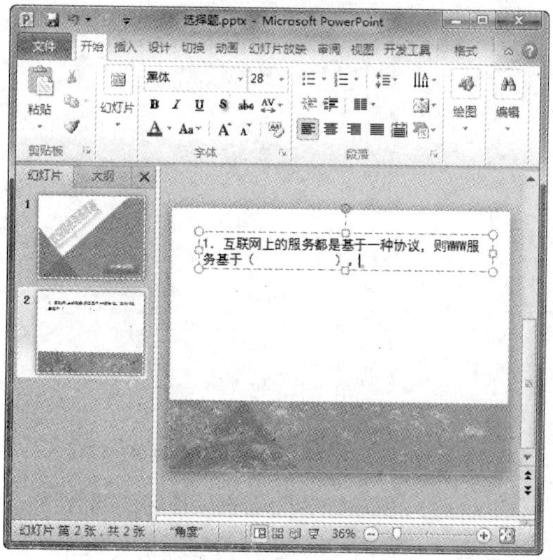

图 6.22　输入题目内容

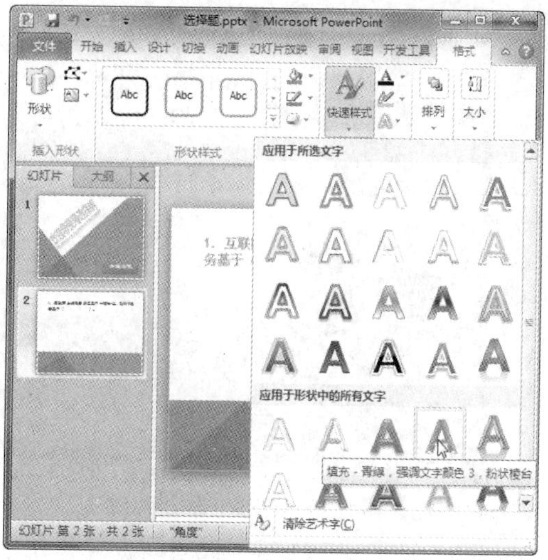

图 6.23　设置艺术字样式

步骤 11　在“绘图工具”下的“格式”选项卡中，单击“艺术字样式”选项组中的“文本填充”按钮，从弹出的菜单中单击“黑色，文字 1”选项，如图 6.24 所示。

步骤 12　在“开发工具”选项卡下的“控件”选项组中单击“选项按钮”按钮，如图 6.25 所示。

步骤 13　在幻灯片中绘制一个选项按钮，接着右击绘制的选项按钮，从弹出的快捷菜单中选择“属性”命令，如图 6.26 所示。

步骤 14　弹出“属性”对话框，切换到“按字母序”选项卡，然后单击 Caption 选项，并输入第一个选项的内容，如图 6.27 所示。

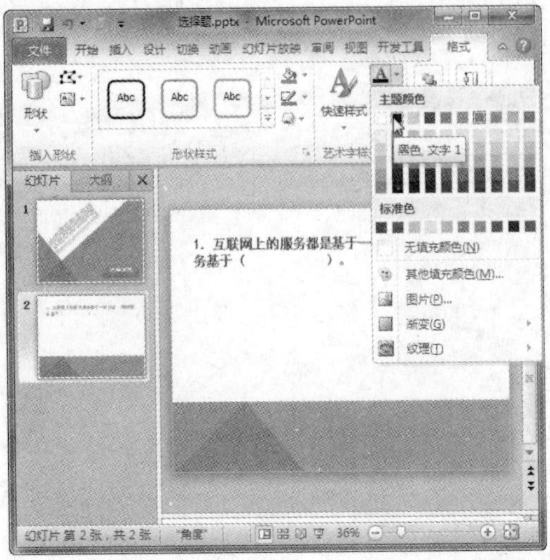

图 6.24　设置文本填充颜色

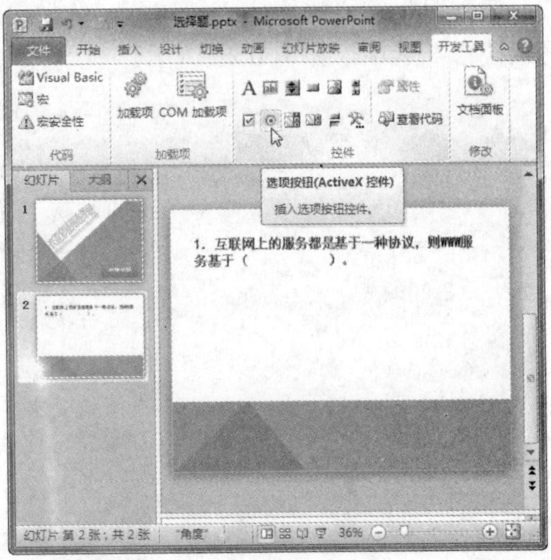

图 6.25　单击“选项按钮(ActiveX 控件)”按钮

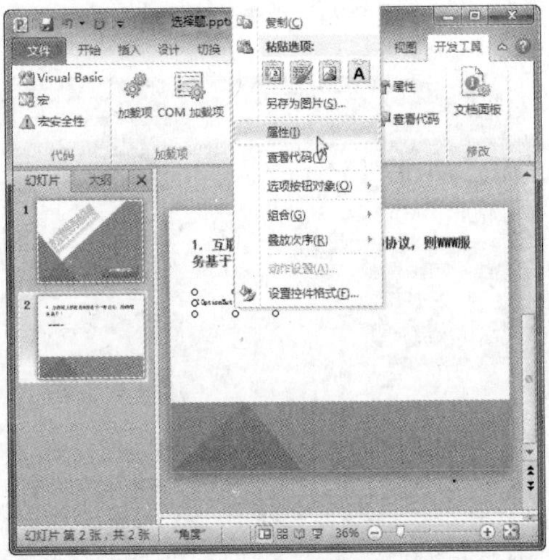

图 6.26　选择“属性”命令

图 6.27　设置选项按钮的属性

步骤 15　单击 Font 选项，接着单击右侧方格中的 按钮，弹出“字体”对话框，在这里设置选项按钮的字体格式，再单击“确定”按钮，如图 6.28 所示。

步骤 16　设置完毕后，单击“属性”对话框右上角的“关闭”按钮 ，返回演示文稿，即可看到第一个选项了。使用相同的方法，设置其他三个选项的内容，如图 6.29 所示。

注 意

对于一行显示不下的选项按钮，可以单击选项按钮，然后将光标移动到选项按钮右侧的控制点上，当光标变成双向箭头形状时，按下鼠标左键不松，沿左右方向拖动，即可以调整选项按钮的宽度，如图 6.30 所示。

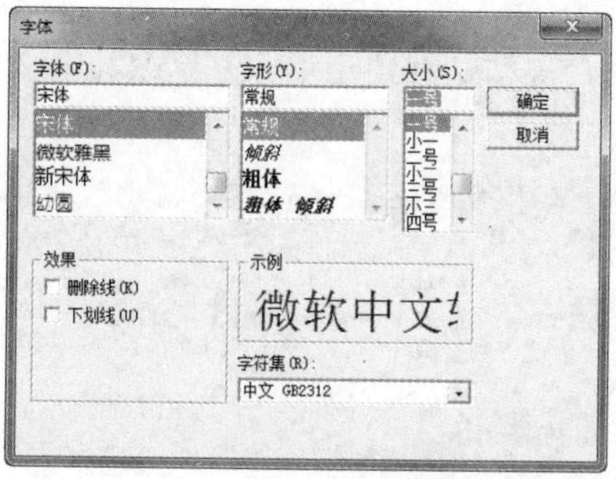

图 6.28　设置选项按钮的字体格式

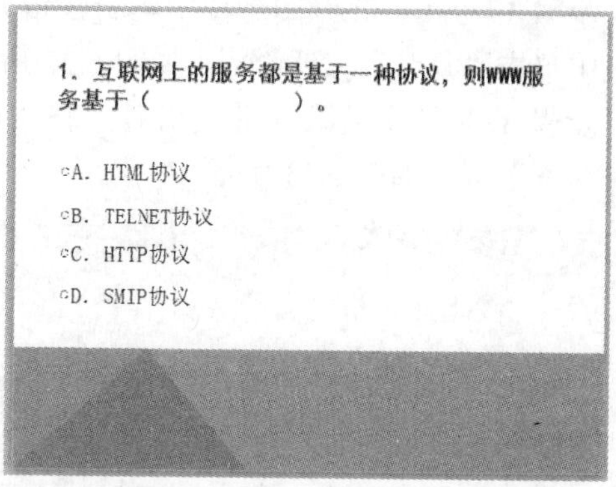

图 6.29　完成第一道题的选项设置

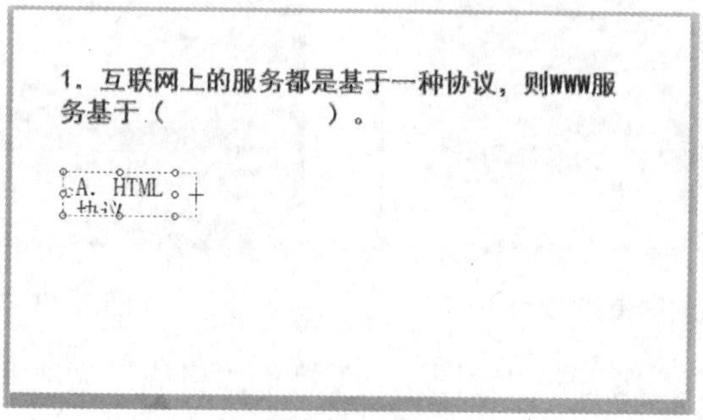

图 6.30　调整选项按钮的宽度

技 巧

如果希望每个选项之间的间距相等，可以先按住 Shift 键，再逐一单击四个选项，将其全部选中，接着在“开始”选项卡下的“绘图”选项组中单击“排列”按钮，从弹出的菜单中选择“对齐”|“纵向分布”命令即可，如图 6.31 所示。

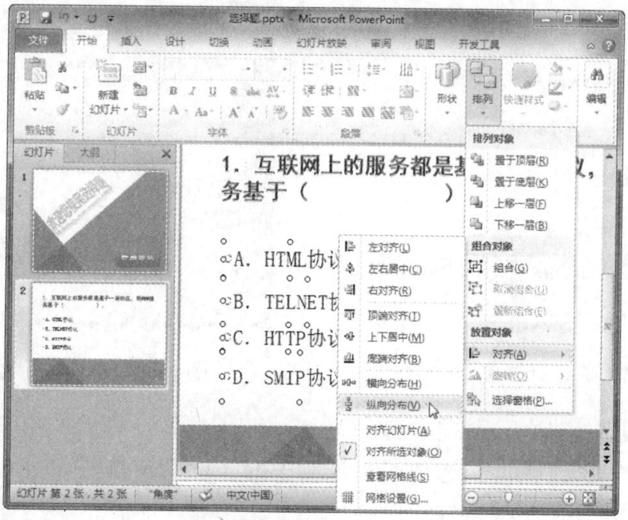

图 6.31　对齐选项按钮

步骤 17 在第 2 张幻灯片中单击圆角矩形，然后在“开始”选项卡下的“剪贴板”选项组中单击“复制”按钮，如图 6.32 所示。

步骤 18 切换到第 3 张幻灯片，按 Ctrl+V 组合键粘贴圆角矩形，并修改其中文字为“提交答案”，如图 6.33 所示。

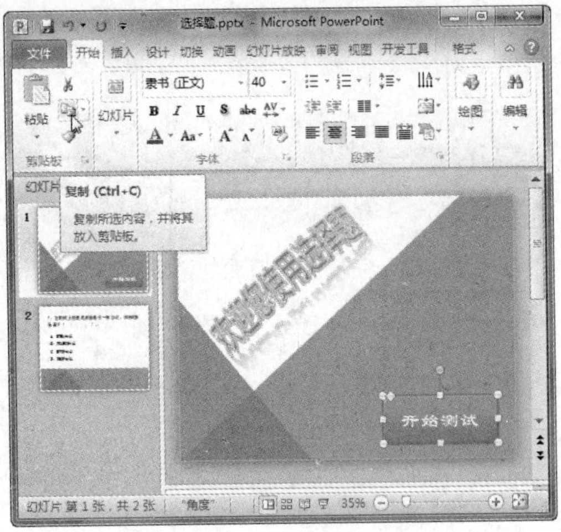

图 6.32 复制圆角矩形

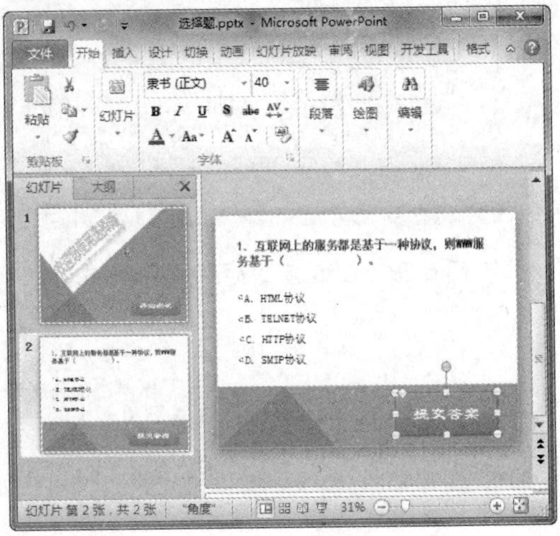

图 6.33 粘贴圆角矩形

步骤 19 单击图形，然后在“绘图工具”下的“格式”选项卡中，单击“排列”选项组中的“对齐”按钮，从弹出的菜单中选择“右对齐”命令和“底端对齐”命令，如图 6.34 所示。

步骤 20 这时即可发现，圆角矩形被移动到幻灯片右下角了，如图 6.35 所示。

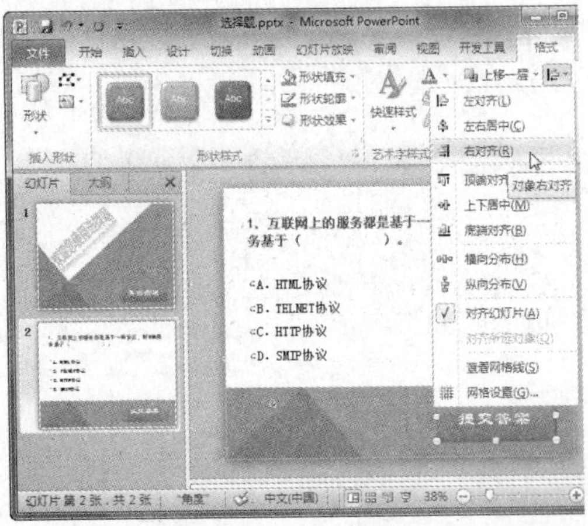

图 6.34 选择对齐命令

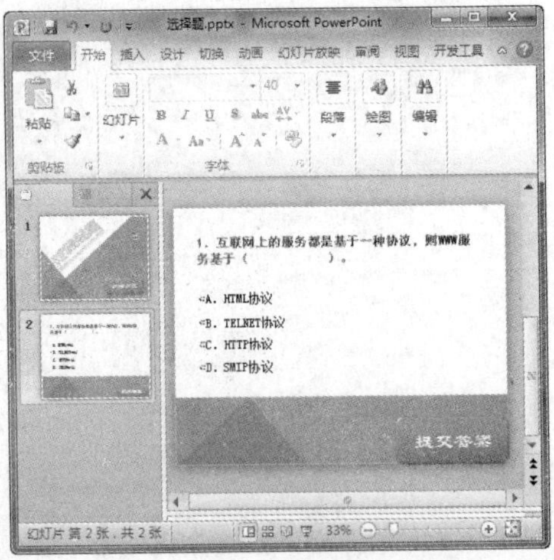

图 6.35 查看图形对齐后的效果

步骤 21 本实例需制作三道选择题，现在还剩下两道，可复制第 2 张幻灯片两次，然后在这两张幻灯片中修改题目和选项按钮控制中的 Caption 属性，完成另外两道选择题的制作，如图 6.36 所示。

步骤 22 新建一张版式为“节标题”的幻灯片，然后在标题占位符中输入“恭喜您，已完成全部答题”，接着单击内容占位符，并按 Delete 键将其删除，如图 6.37 所示。

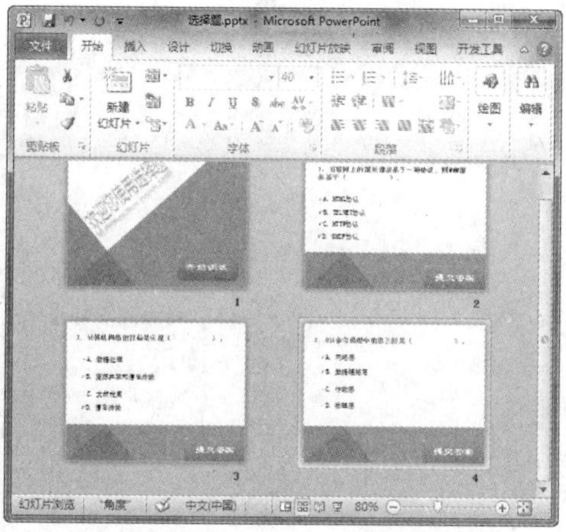

图 6.36　制作另外 4 道选择题

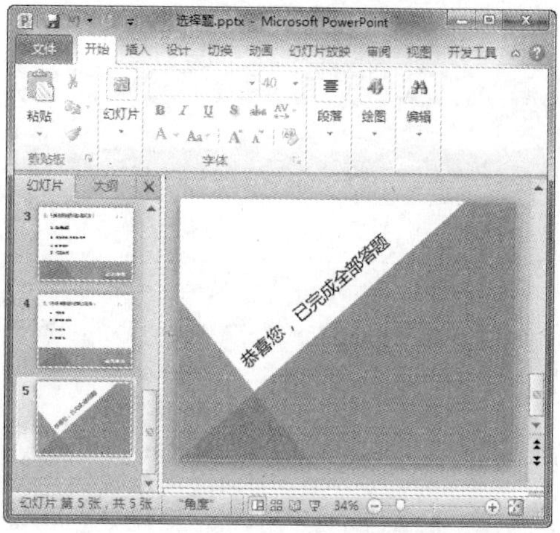

图 6.37　输入文本

步骤 23　复制第 2 张幻灯片中的圆角矩形，将其粘贴到新建的幻灯片中，然后修改其中的文字为“最终得分”，并将其移动到如图 6.38 所示的位置。

步骤 24　选择“文件”|“另存为”命令，弹出“另存为”对话框，选择文件保存位置，设置“保存类型”为“启用宏的 PowerPoint 演示文稿(.pptm)”，再单击“保存”按钮，如图 6.39 所示。

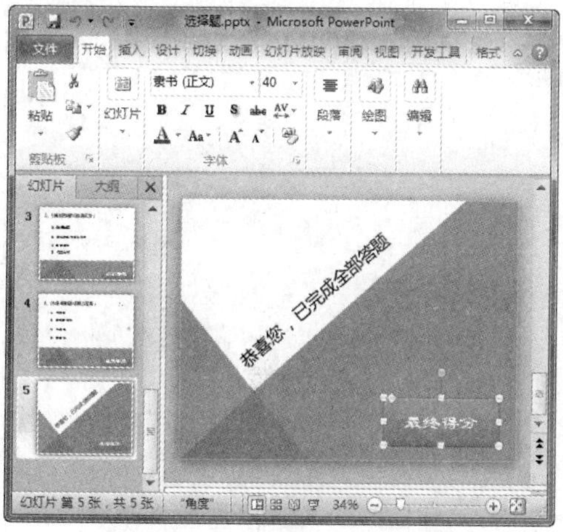

图 6.38　制作答题完成幻灯片

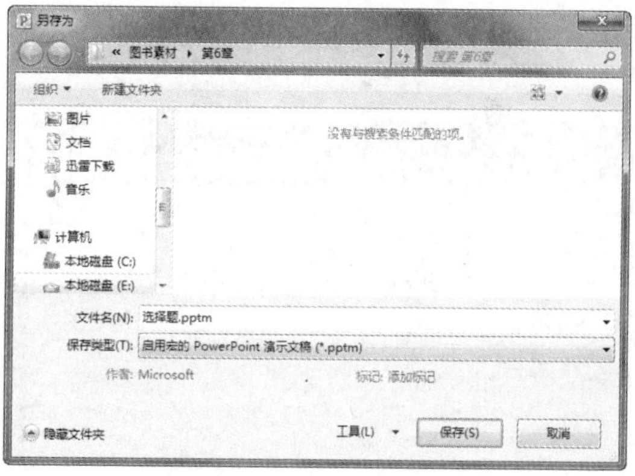

图 6.39　保存演示文稿

6.2.3　制作填空题幻灯片

制作填空题时需要在题目的某个部分留空，用于输入正确的答案。另外，在制作填空题时，也需要制作一个封面和一个最终得分幻灯片，具体操作步骤如下。

步骤 1　新建一个演示文稿，然后在“开始”选项卡下的“幻灯片”选项组中单击“新建幻灯片”按钮，从弹出的菜单中选择“重用幻灯片”命令，如图 6.40 所示。

步骤 2 打开“重用幻灯片”窗格，单击“打开 PowerPoint 文件”超链接，如图 6.41 所示。

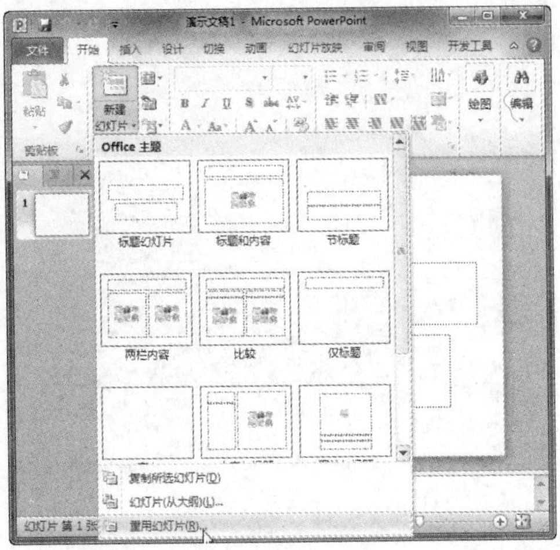

图 6.40 选择“重用幻灯片”命令

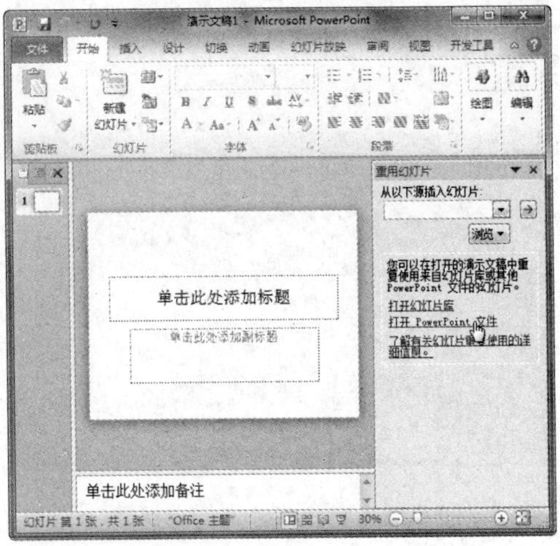

图 6.41 “重用幻灯片”窗格

步骤 3 弹出“浏览”对话框，选择 6.2.2 节制作的演示文稿，再单击“打开”按钮，如图 6.42 所示。

步骤 4 返回演示文稿，然后在“重用幻灯片”窗格中选中“保留源格式”复选框，接着在列表框中单击第 2 张幻灯片，如图 6.43 所示。

图 6.42 “浏览”对话框

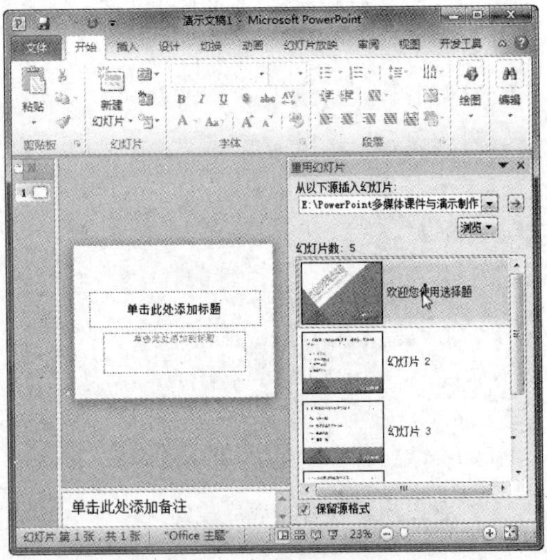

图 6.43 选择重用幻灯片

步骤 5 接着单击第 1、2、5 张幻灯片，将它们进行重用，添加到演示文稿中，如图 6.44 所示。然后在“重用幻灯片”窗格中单击“关闭”按钮，关闭该窗格。

步骤 6 右击第 1 张幻灯片，从弹出的快捷菜单中选择“删除幻灯片”命令，如图 6.45 所示。

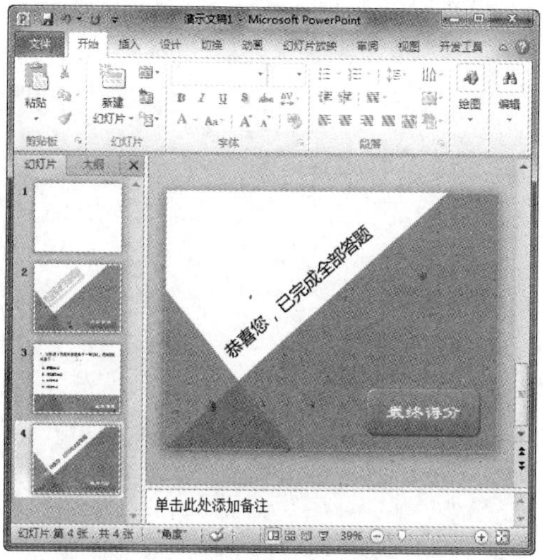

图 6.44　重用其他幻灯片

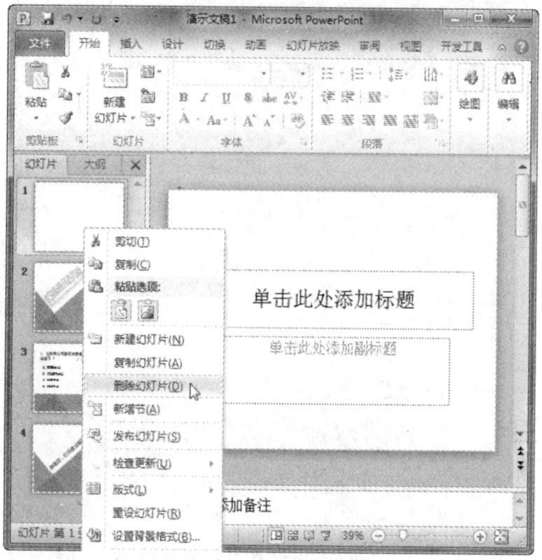

图 6.45　删除幻灯片

步骤 7　在第 1 张幻灯片中修改标题占位符中的文字，如图 6.46 所示。

步骤 8　切换到第 2 张幻灯片，删除 4 个选项按钮，然后修改文本框中的题目内容，如图 6.47 所示。

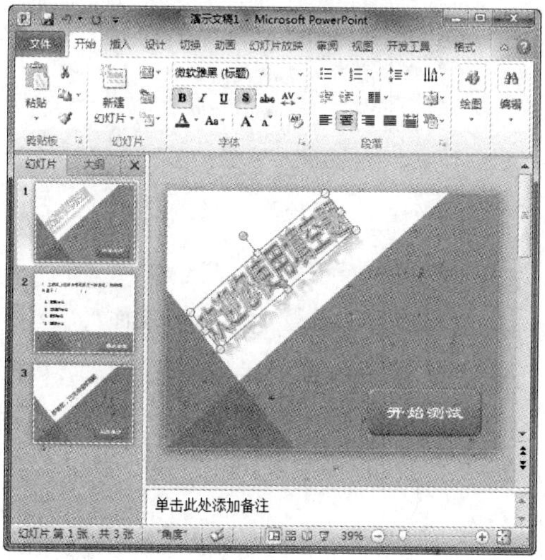

图 6.46　修改封面幻灯片

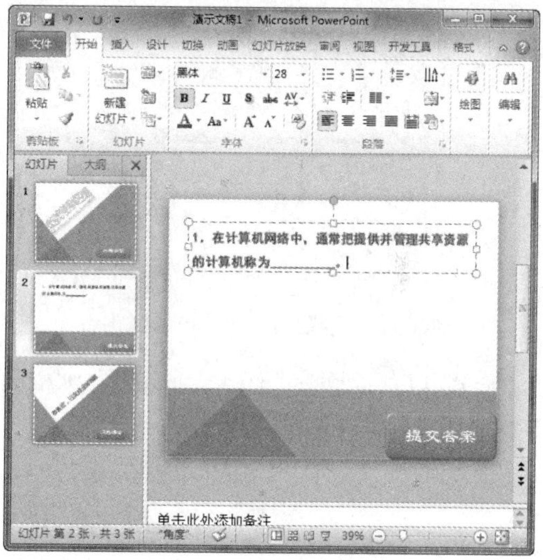

图 6.47　修改题目内容

步骤 9　在“开发工具”选项卡下的“控件”选项组中单击“文本框”按钮，如图 6.48 所示。接着在幻灯片中插入一个文本框控件。

步骤 10　单击文本框控件，然后在“开发工具”选项卡下的“控件”选项组中单击“属性”按钮，如图 6.49 所示。

步骤 11　弹出“属性”对话框，切换到“按字母序”选项卡，将 BorderStyle 属性设置为“0-fmBorderStyleNone”，隐藏文本框控件的边框，如图 6.50 所示。

步骤 12　向下拖动滑块，将 TextAlign 属性设置为 2-fmTextAlignCenter，这样可以让

输入到文本框中的内容居中显示，如图 6.51 所示，设置完毕后单击“关闭”按钮。

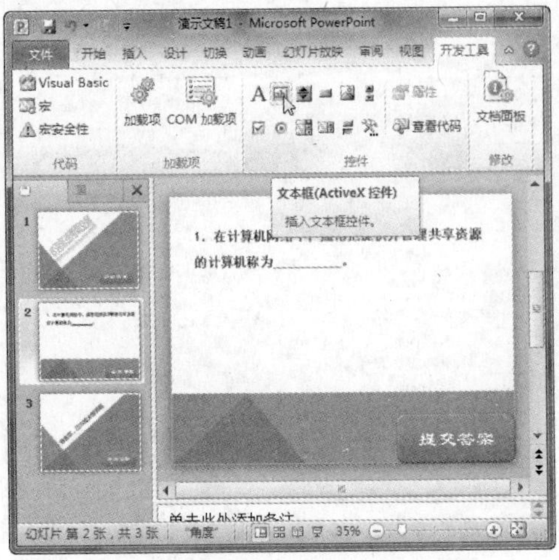

图 6.48　单击“文本框”按钮

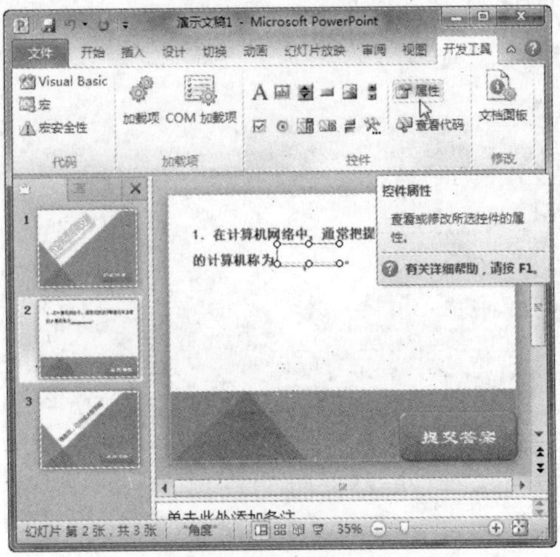

图 6.49　单击“属性”按钮

图 6.50　设置 BorderStyle 属性

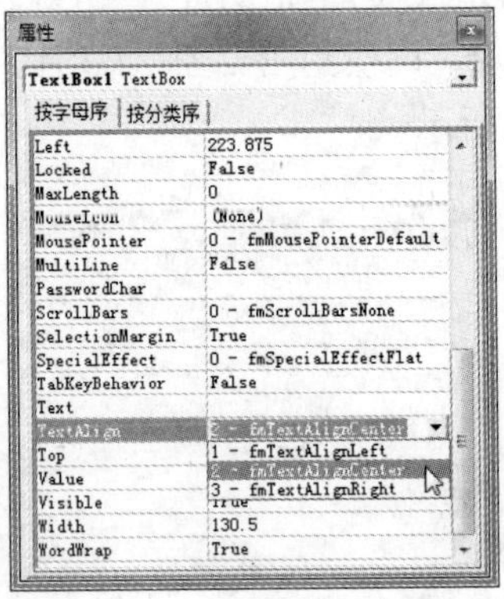

图 6.51　设置 TextAlign 属性

步骤 13　返回演示文稿，移动文本框控件，使其位于填空题中下划线的上方，效果如图 6.52 所示。

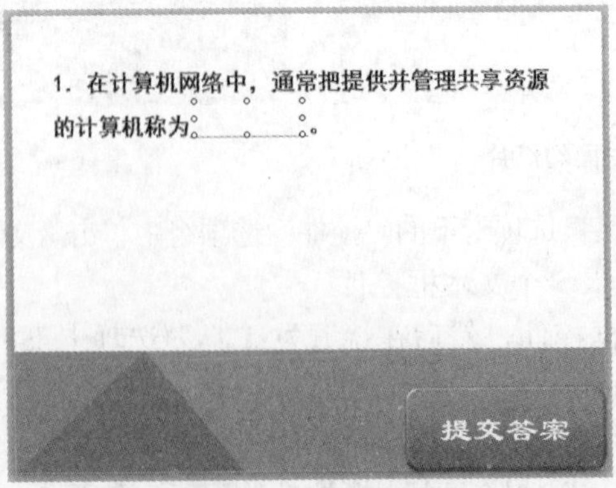

图 6.52　移动文本框控件

步骤 14　复制第 2 张幻灯片，然后修改题目文字，制作其他填空题，并根据题目中的下划线位置调整文本框控件的位置。

步骤 15　若填空题比较多，可以复制第 2 张幻灯片，接着编辑题目。制作完毕后，按 Ctrl+S 组合键将文件保存为“填空题.pptm”，如图 6.53 所示。

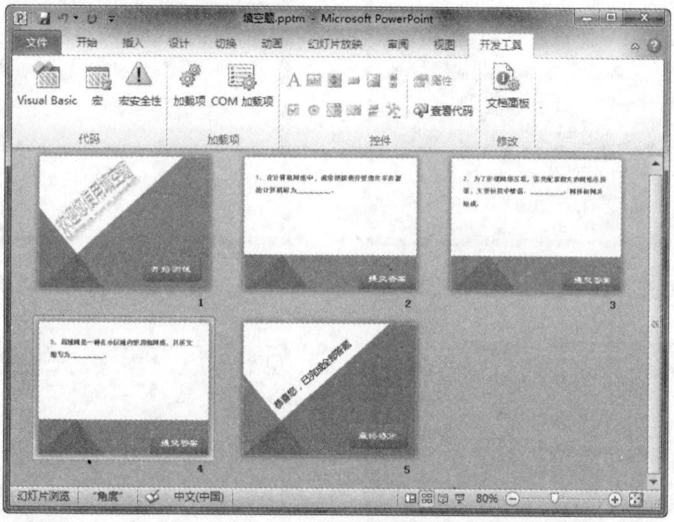

图 6.53　制作完成的填空题幻灯片

6.3　编写代码实现自动出题与评分

试题部分制作完成后，要想实现自动出题与评分，还需要编写一些代码，下面一起来操作吧。

6.3.1　编写选择题代码

这里要通过编写 VBA 代码，让系统根据用户所选的答案自动判断正确与否，对回答正确的答题累积分数，并自动进入下一题。当回答完所有选题后，用户可以单击“最终得分”按钮来查看自己的得分情况，查看结束后将自动退出答题环境。

1. 编写题目代码

编写题目代码的具体操作步骤如下。

步骤 1　打开“选择题.pptm”文件，如图 6.54 所示。然后按 Alt+F11 组合键进入 VBA 编辑窗口。

步骤 2　在菜单栏中选择 “插入” | “模块” 命令，如图 6.55 所示。

步骤 3　在左侧的“工程”窗格中单击新插入的模块，接着在工具栏中单击“属性窗口”按钮，如图 6.56 所示。

步骤 4　弹出“属性”窗口，然后将“名称”修改为 My，这样便于记忆和书写，如图 6.57 所示。

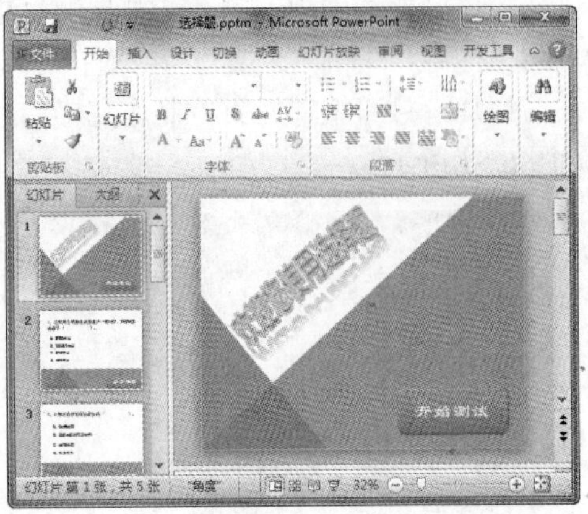

图 6.54 打开“选择题.pptm”文件

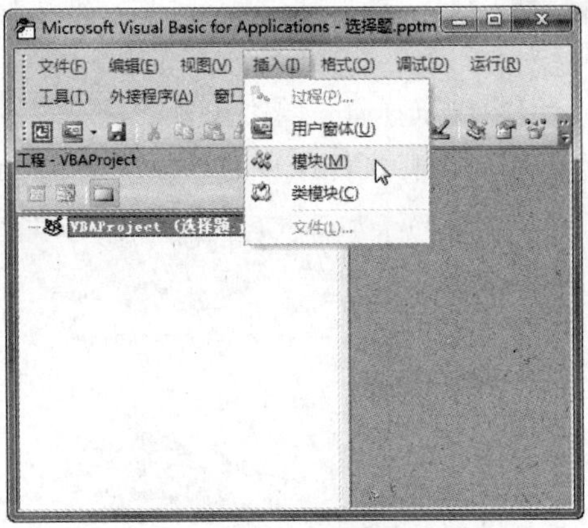

图 6.55 选择“模块”命令

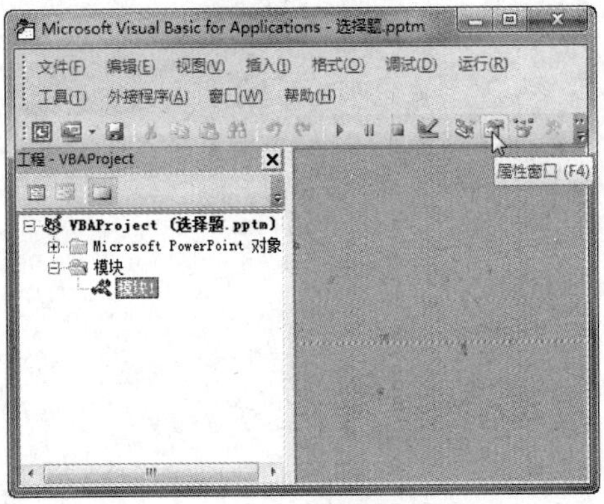

图 6.56 单击“属性窗口”按钮

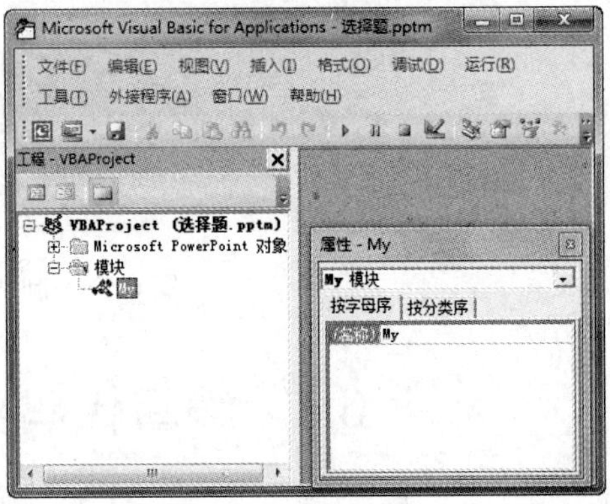

图 6.57 修改模块名称

步骤 5 在“工程”窗格中双击 My 模块，打开代码编辑窗口，并输入如图 6.58 所示的代码。

步骤 6 在“工程”窗格中双击第一道选择题所在的幻灯片(本例是 Slide2)，打开代码编辑窗口，输入如图 6.59 所示的代码。

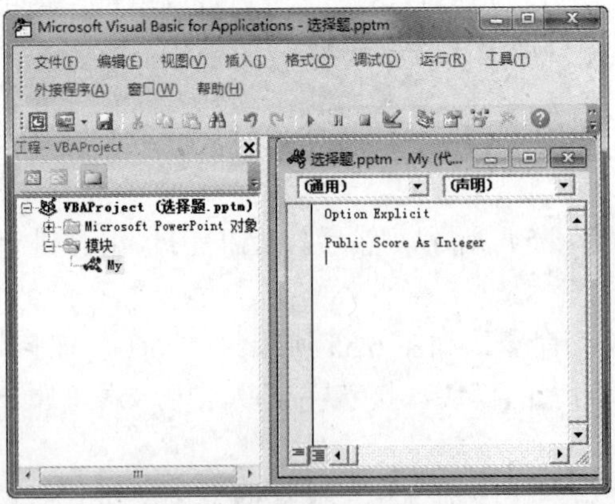

图 6.58 编写 My 模块代码

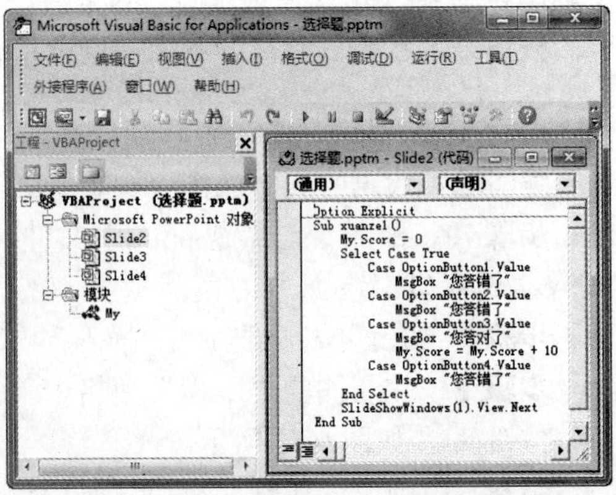

图 6.59 编写第一道选择题的代码

注 意

在步骤 5 中，代码用来声明一个用于记录得分情况的公有变量 Score。

在步骤 6 中，开始将得分变量 Score 赋值为 0，是因为该幻灯片是第一道选择题，这样可以避免在不退出 PowerPoint 程序前重复测试而使得分不断累积。使用 Select Case 结构检测哪个选项被选中，当选项按钮被选中时，其 Value 属性将为逻辑值 True，而未被选中的选项按钮会返回逻辑值 False。在第一道选择题中，设定第 3 个选项是正确的，当被选中后，代码中将返回“您答对了”的提示，并将得分累加 10 分。若选中其他选项，则返回“您答错了”。最后，无论回答正确与否，都将自动进入下一道题目。

步骤 7　在“工程”窗格中双击第二道选择题所在的幻灯片(本例是 Slide3)，打开代码编辑窗口，输入如图 6.60 所示的代码，这里不再需要 My.Score = 0 语句。

步骤 8　在“工程”窗格中双击第三道选择题所在的幻灯片(本例是 Slide4)，打开代码编辑窗口，输入如图 6.61 所示的代码。

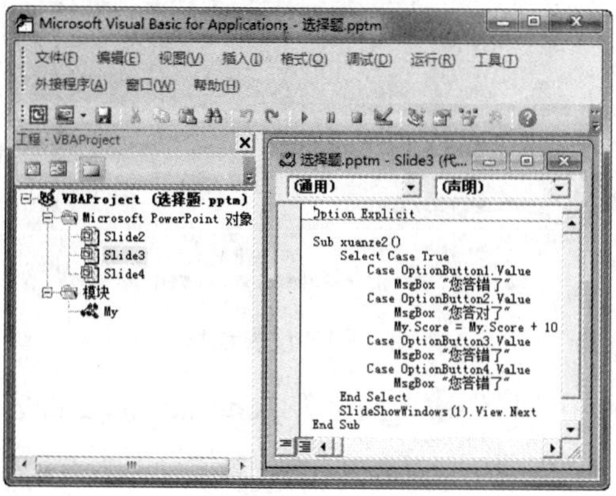

Microsoft Visual Basic for Applications - 选择题.pptm
选择题.pptm - Slide3 (代...
Option Explicit
Sub xuanze2()
Select Case True
Case OptionButton1.Value
MsgBox "您答错了"
Case OptionButton2.Value
MsgBox "您答对了"
My.Score = My.Score + 10
Case OptionButton3.Value
MsgBox "您答错了"
Case OptionButton4.Value
MsgBox "您答错了"
End Select
SlideShowWindows(1).View.Next
End Sub

图 6.60　编写第二道选择题的代码

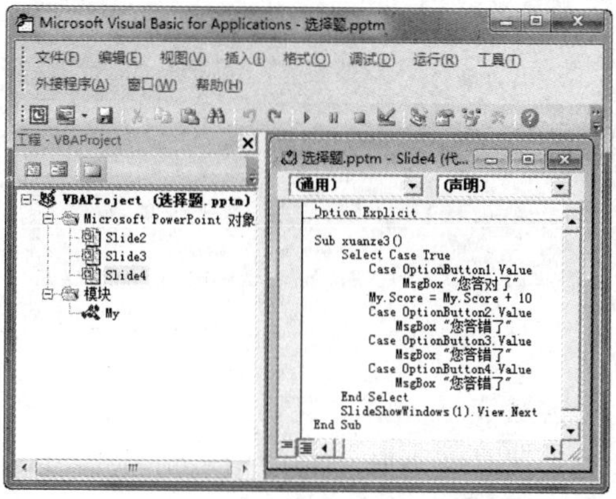

Microsoft Visual Basic for Applications - 选择题.pptm
选择题.pptm - Slide4 (代...
Option Explicit
Sub xuanze3()
Select Case True
Case OptionButton1.Value
MsgBox "您答对了"
My.Score = My.Score + 10
Case OptionButton2.Value
MsgBox "您答错了"
Case OptionButton3.Value
MsgBox "您答错了"
Case OptionButton4.Value
MsgBox "您答错了"
End Select
SlideShowWindows(1).View.Next
End Sub

图 6.61　编写第三道选择题的代码

2. 编写计分功能代码

题目代码编写完成后，下面编写计分功能代码。

其方法是在“工程”窗格中双击 My 标准模块，接着在打开的代码编辑窗口中输入如图 6.62 所示的代码。其中的 SlideShowWindow(1).View.Exit 语句表示自动退出幻灯片放映状态。

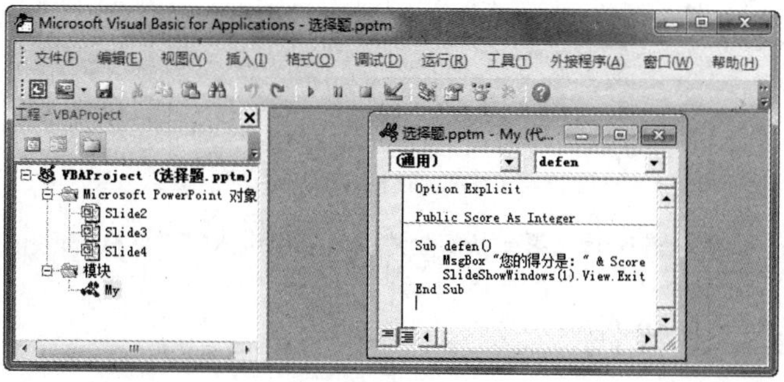

Microsoft Visual Basic for Applications - 选择题.pptm
选择题.pptm - My (代...
Option Explicit
Public Score As Integer
Sub defen()
MsgBox "您的得分是：" & Score
SlideShowWindows(1).View.Exit
End Sub

图 6.62　编写计分功能代码

3. 编写各按钮的代码

下面编写幻灯片中各按钮的代码，这样单击这些按钮时才能执行相应的程序。

步骤 1 在“选择题.pptm”文件窗口单击第 2 张幻灯片，然后单击“提交答案”按钮的边框，接着在“插入”选项卡下的“链接”选项组中单击“动作”按钮，如图 6.63 所示。

步骤 2 弹出“动作设置”对话框，在“单击鼠标”选项卡下选中“运行宏”单选按钮，接着在下方的下拉列表框中选择 Slide2.xuanze1 选项，如图 6.64 所示。最后单击“确定”按钮。

图 6.63 单击“动作”按钮

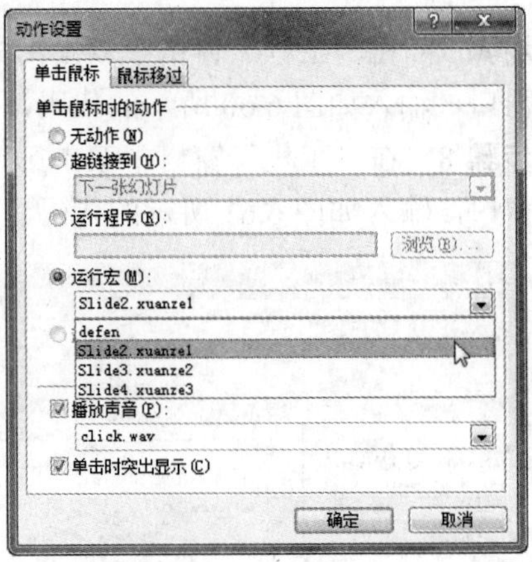

图 6.64 设置动作

步骤 3 使用相同的方法，将第 3 张幻灯片中的按钮链接到名为 Slide3.xuanze2 的宏；将第 4 张幻灯片中的按钮链接到名为 Slide4.xuanze3 的宏；将第 5 张幻灯片中的按钮链接到名为 defen 的宏，如图 6.65 所示。

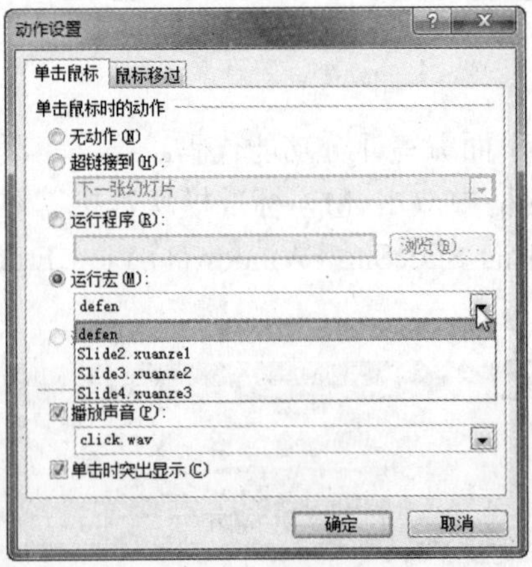

图 6.65 第 5 张幻灯片的“动作设置”对话框

6.3.2 编写填空题代码

编写填空题代码的操作方法与编写选择题代码的操作方法类似，也需要判断用户填写的答案是否正确，以及对每道题进行评分，同时还需要一个 Score 变量用于存放得分。

步骤 1　打开“填空题.pptm”文件，然后按 Alt+F11 组合键进入 VBA 编辑窗口。

步骤 2　在左侧的“工程”窗格中右击“VBAProject(填空题.pptm)”选项，从弹出的快捷菜单中选择“插入”|“模块”命令，如图 6.66 所示。

步骤 3　在工具栏中单击“属性窗口”按钮，弹出“属性”窗口，然后将“名称”修改为 My，如图 6.67 所示。

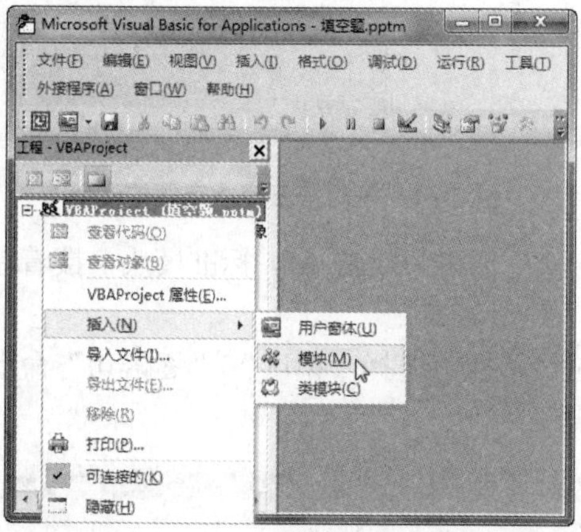

图 6.66　选择“模块”命令

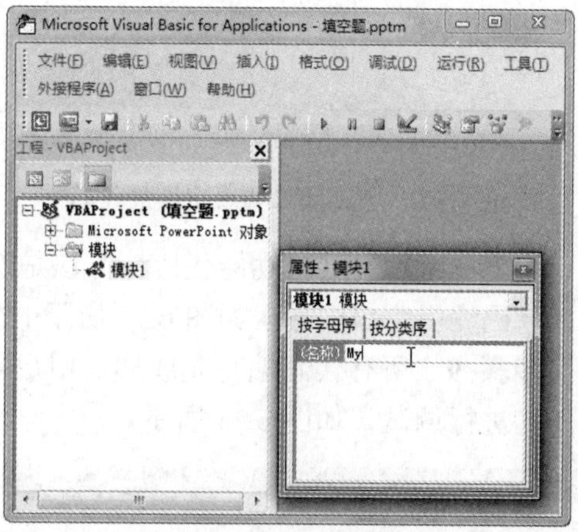

图 6.67　修改模块名称

步骤 4　在“工程”窗格中双击 My 模块，打开代码编辑窗口，并输入如图 6.68 所示的代码，声明 Score 变量，用于存放得分。

步骤 5　在“工程”窗格中双击第一道填空题所在的幻灯片(本例是 Slide2)，打开代码编辑窗口，输入如图 6.69 所示的代码。

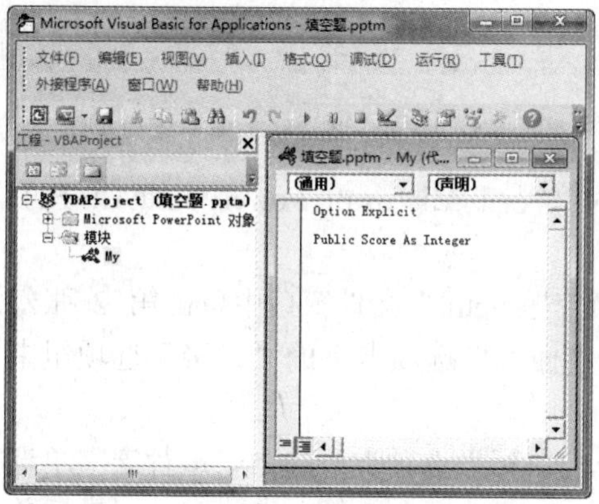

图 6.68　声明 Score 变量

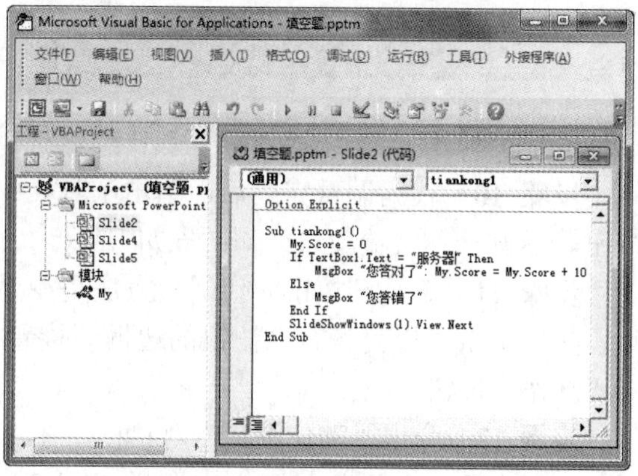

图 6.69　编写第一道填空题的代码

步骤 6　在“工程”窗格中双击第二道填空题所在的幻灯片(本例是 Slide4)，打开代码编辑窗口，输入如图 6.70 所示的代码。

步骤 7　在“工程”窗格中双击第三道填空题所在的幻灯片(本例是 Slide5)，打开代码编辑窗口，输入如图 6.71 所示的代码。

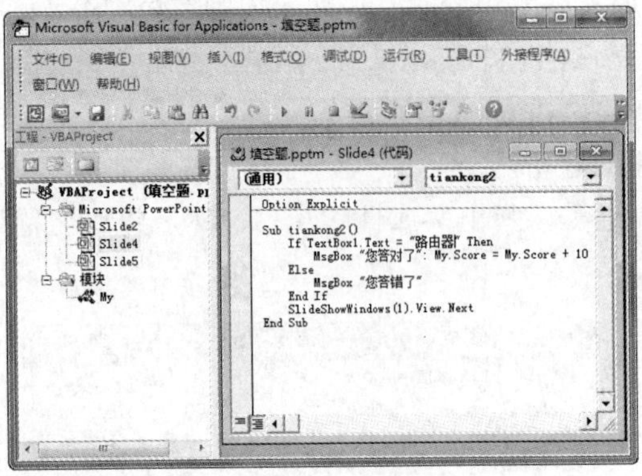
Microsoft Visual Basic for Applications - 填空题.pptm
填空题.pptm - Slide4 (代码)
Option Explicit
Sub tiankong2()
If TextBox1.Text = "路由器" Then
MsgBox "您答对了": My.Score = My.Score + 10
Else
MsgBox "您答错了"
End If
SlideShowWindows(1).View.Next
End Sub

图 6.70　编写第二道填空题的代码

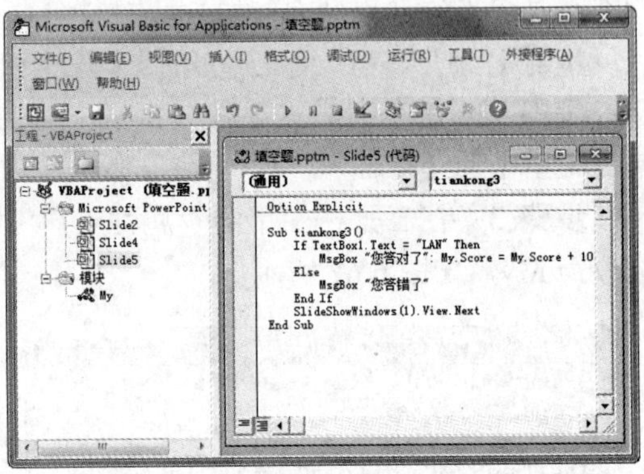
Microsoft Visual Basic for Applications - 填空题.pptm
填空题.pptm - Slide5 (代码)
Option Explicit
Sub tiankong3()
If TextBox1.Text = "LAN" Then
MsgBox "您答对了": My.Score = My.Score + 10
Else
MsgBox "您答错了"
End If
SlideShowWindows(1).View.Next
End Sub

图 6.71　编写第三道填空题的代码

步骤 8　编写计分功能代码。方法是在“工程”窗格中双击 My 标准模块，接着在打开的代码编辑窗口中输入如图 6.72 所示的代码。

步骤 9　所有代码编写完成后，用户可以在菜单栏中选择“调试”|“逐语句”命令，逐语句进行调试，如图 6.73 所示。

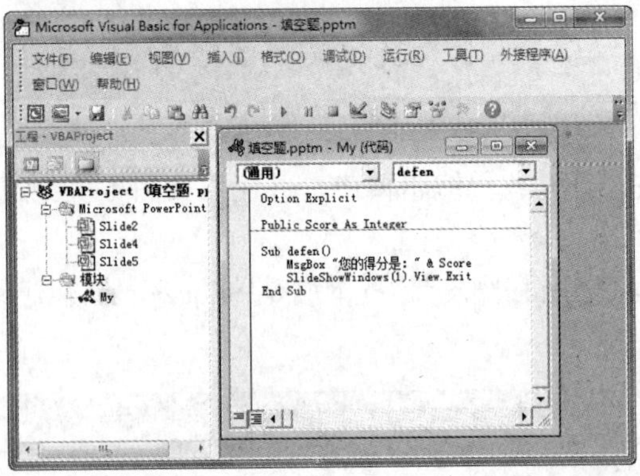
Microsoft Visual Basic for Applications - 填空题.pptm
填空题.pptm - My (代码)
Option Explicit
Public Score As Integer
Sub defen()
MsgBox "您的得分是：" & Score
SlideShowWindows(1).View.Exit
End Sub

图 6.72　编写计分功能代码

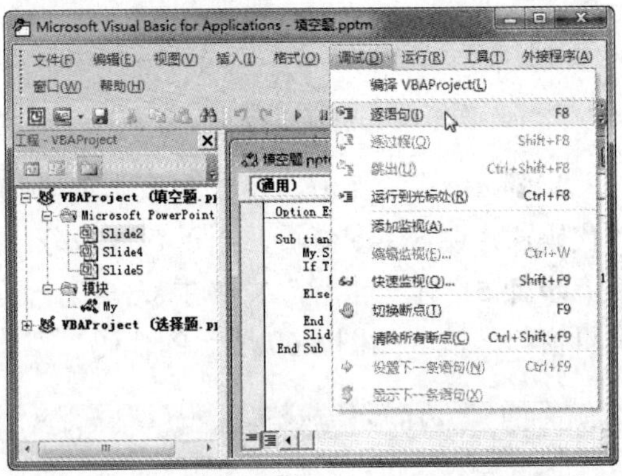
Microsoft Visual Basic for Applications - 填空题.pptm
编译 VBAProject(L)
逐语句(I) F8
逐过程(O) Shift+F8
跳出(U) Ctrl+Shift+F8
运行到光标处(R) Ctrl+F8
添加监视(A)...
编辑监视(E)... Ctrl+W
快速监视(Q)... Shift+F9
切换断点(T) F9
清除所有断点(C) Ctrl+Shift+F9
设置下一条语句(N) Ctrl+F9
显示下一条语句(X)

图 6.73　使用“逐语句”命令进行调试

步骤 10　代码调试完成后，单击工具栏中的“视图 Microsoft PowerPoint(Alt+F11)”按钮返回演示文稿窗口，如图 6.74 所示。

步骤 11　编写各按钮的代码。方法是在“填空题.pptm”文件窗口中单击第 2 张幻灯片，然后单击“提交答案”按钮的边框，接着在“插入”选项卡下的“链接”选项组中单击“动作”按钮。

步骤 12　弹出“动作设置”对话框，在“单击鼠标”选项卡下选中“运行宏”单选按钮，接着在下方的下拉列表框中选择 Slide2.tiankong1 选项，如图 6.75 所示。最后单击“确定”按钮。

步骤 13　使用相同的方法，将第 3 张幻灯片中的按钮链接到名为 Slide4.tiankong2 的宏；将第 4 张幻灯片中的按钮链接到名为 Slide5.tiankong3 的宏；将第 5 张幻灯片中的按钮链接到名为 defen 的宏。

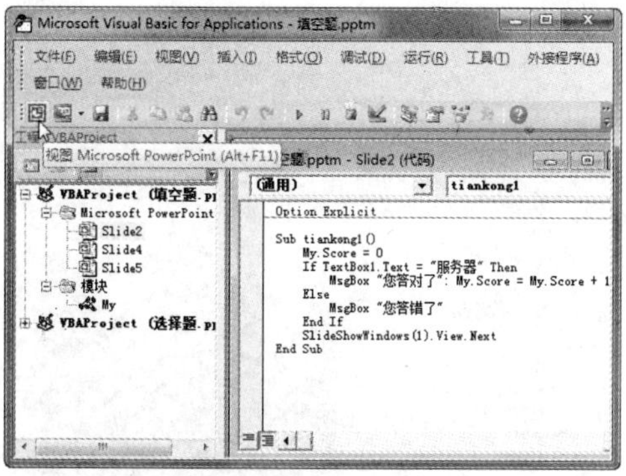

图 6.74　单击“视图 Microsoft PowerPoint(Alt+F11)”按钮

图 6.75　设置按钮动作

6.4　制作试题主页

下面开始制作试题主页幻灯片，再进行放映测试。

1. 制作试题主页演示文稿

制作试题主页演示文稿的操作步骤如下。

步骤 1　新建一个演示文稿，然后在标题占位符中输入标题“请选择题库类型”，在副标题占位符中输入如图 6.76 所示的内容。

步骤 2　选中标题，然后在“绘图工具”下的“格式”选项卡中，单击“艺术字样式”选项组中的“快速样式”按钮，从弹出的菜单中单击“填充-蓝色，强调文件颜色 1，塑料棱台，映像”选项，如图 6.77 所示。

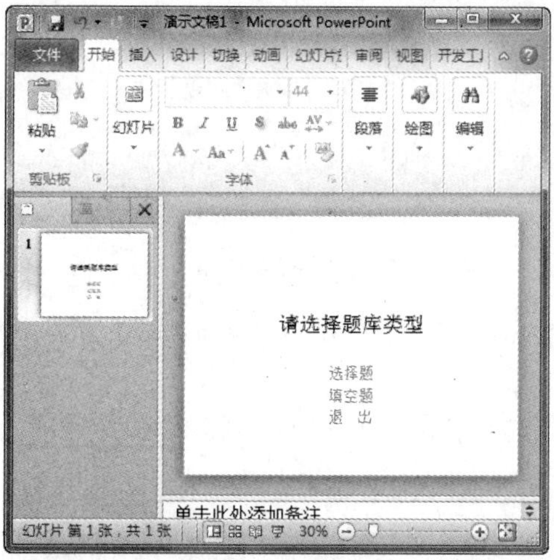

图 6.76　输入文本

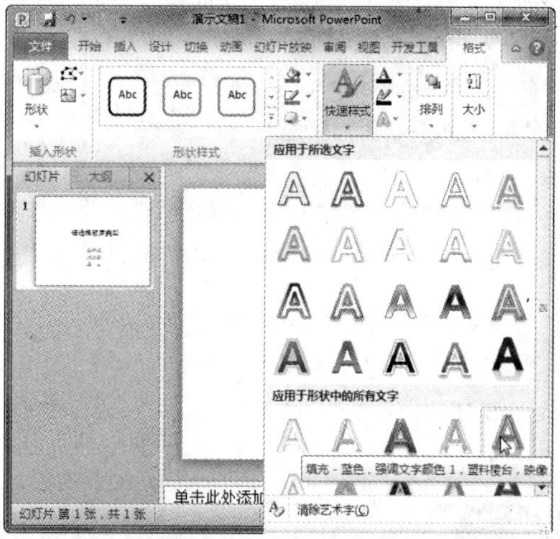

图 6.77　选择艺术字样式

步骤 3　在“设计”选项卡下的“背景”选项组中单击“背景样式”按钮，从弹出的菜单中选择一种背景样式，如图 6.78 所示。

步骤 4 选中副标题内容，然后在“开始”选项卡下的“字体”选项组中单击“加粗”按钮 B，如图 6.79 所示。

图 6.78 设置幻灯片背景

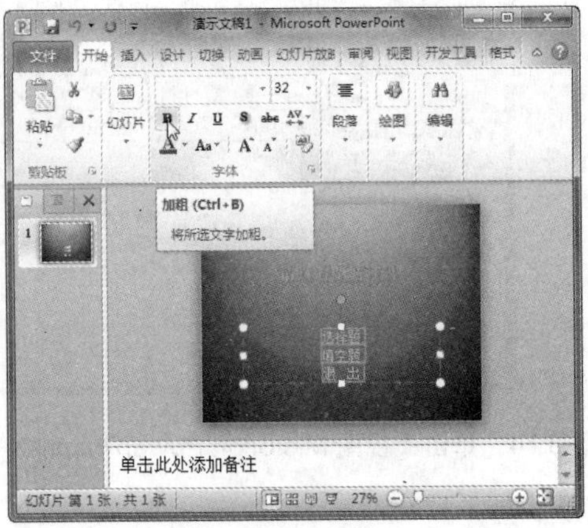

图 6.79 加粗文本

步骤 5 在第 1 张幻灯片中选中“选择题”文本，然后在“插入”选项卡下的“链接”选项组中单击“超链接”按钮，如图 6.80 所示。

步骤 6 弹出“插入超链接”对话框，在“链接到”列表框中单击“现有文件或网页”选项，接着在“查找范围”下拉列表框中选择要链接文件的位置，并在下方的列表框中选择要链接的文件，再单击“确定”按钮，如图 6.81 所示。

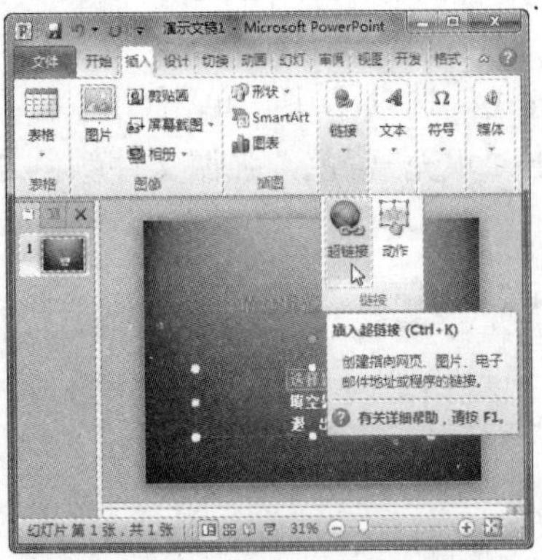

图 6.80 单击“超链接”按钮

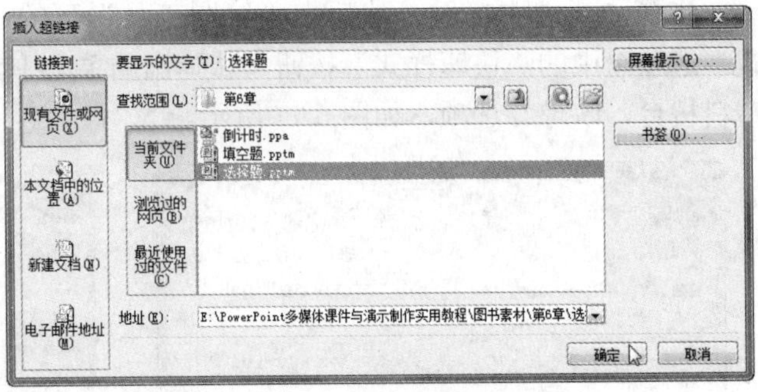

图 6.81 选择链接文件

步骤 7 返回演示文稿，会发现添加超链接后的文本下方出现一条横线，同时字体颜色会有改变，如图 6.82 所示。

步骤 8 使用相同的方法，为“填空题”文本设置超链接，将其链接到“填空题.pptm”文件，如图 6.83 所示。

注 意

如果需要跳转到该演示文稿的指定页面，则需要在“插入超链接”对话框中单击“书签”按钮，弹出“在文档中选择位置”对话框，选择需要跳转到的具体幻灯片，再单击“确定”按钮，如图 6.84 所示。

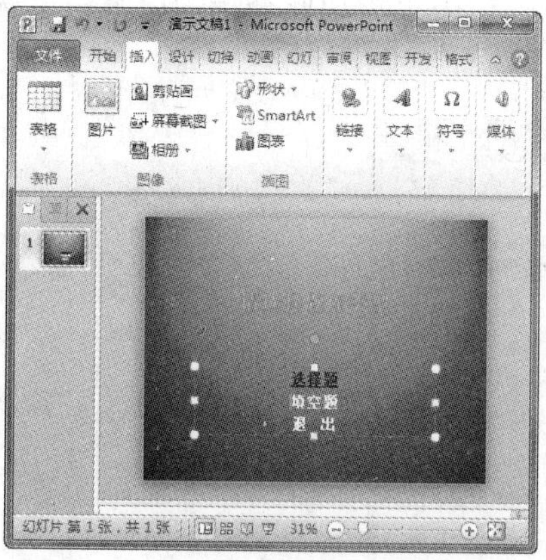

图 6.82　查看添加超链接后的效果

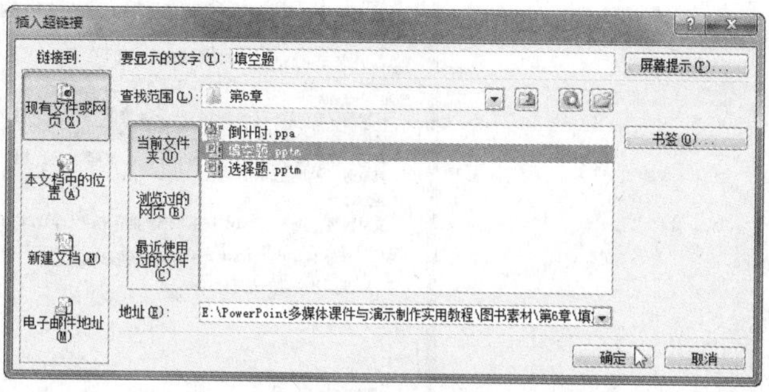

图 6.83　“插入超链接”对话框

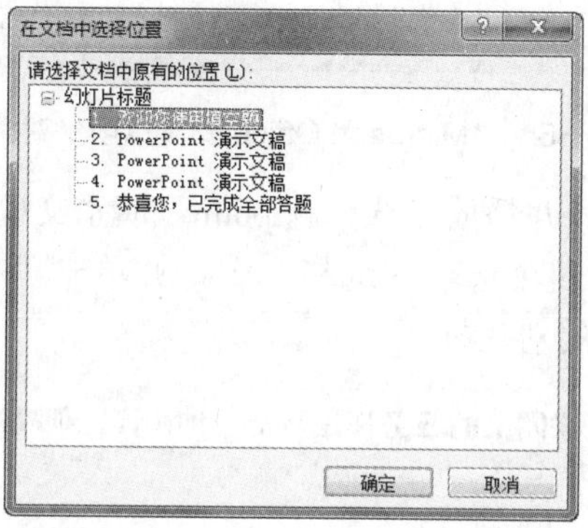

图 6.84　“在文档中选择位置”对话框

步骤 9　单击快速访问工具栏中的“保存”按钮，将此演示文稿保存为“试题主页.pptx”。至此，本例的制作全部完成。

2．试题测试

考试系统制作完成后，下面测试一下吧。

步骤 1　在“试题主页.pptx”演示文稿窗口中按 F5 键，进入放映状态。然后选择要测试的试题，这里单击“选择题”链接，如图 6.85 所示。

图 6.85　单击“选择题”链接

步骤 2　弹出“Microsoft Office 安全选项”对话框，选中“启用此会话的内容”单选按钮，再单击“确定”按钮，如图 6.86 所示。

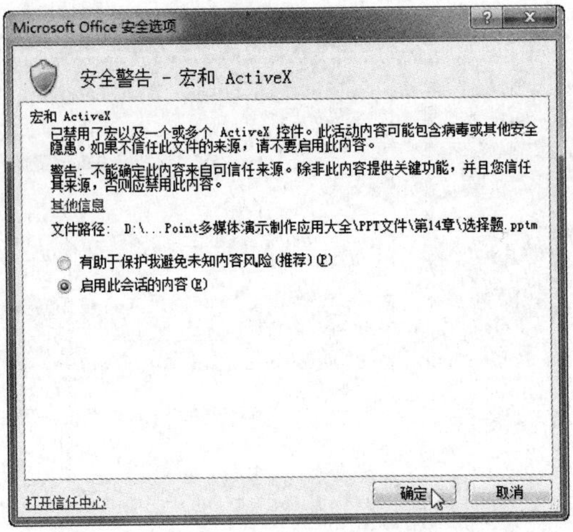

图 6.86　“Microsoft Office 安全选项”对话框

步骤 3　这时将自动打开并播放“选择题.pptm”演示文稿，单击“开始测试”按钮，进入第一道选择题界面，从四个选项中选择一个，并单击“提交答案”按钮，若回答正确，则会弹出如图 6.87 所示的对话框。

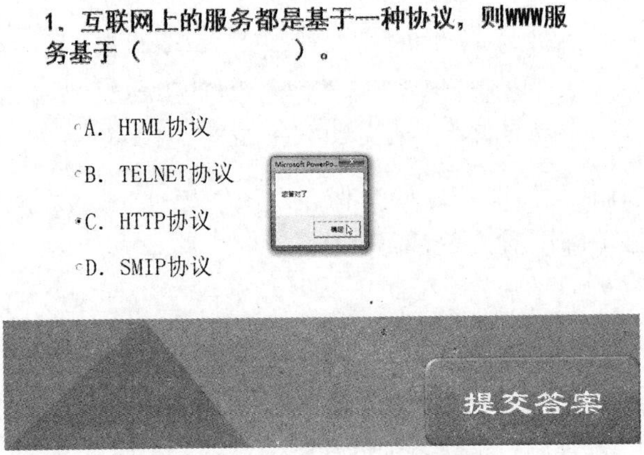

1、互联网上的服务都是基于一种协议，则WWW服务基于（　　　　　）。
A. HTML协议
B. TELNET协议
C. HTTP协议
D. SMIP协议
提交答案

图 6.87　测试第一道选择题

步骤 4　单击“确定”按钮，将自动进入下一题，继续做题。当所有题目做完后，在最后一张幻灯片中单击“最终得分”按钮，即可查看最终得分情况了。

6.5　提高指导

6.5.1　自定义超链接屏幕提示

在放映幻灯片的过程中，用户会发现，将光标移动到链接对象上后，会出现一个提示，介绍其超链接的具体位置。但是这个提示提供的链接对象的路径往往非常详细，若不希望对方了解具体的链接位置，可以自定义超链接屏幕提示。下面通过编辑超链接来修改超链接屏幕提示。

步骤 1 右击设置的链接对象，从弹出的快捷菜单中选择“编辑超链接”命令，在打开的“编辑超链接”对话框中单击“屏幕提示”按钮，如图 6.88 所示。

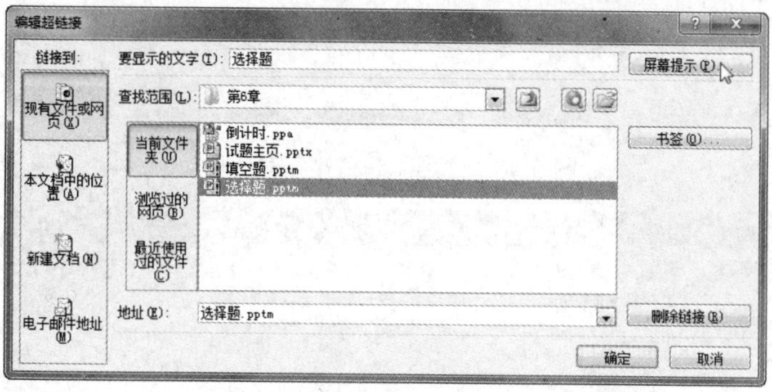

图 6.88 单击“屏幕提示”按钮

步骤 2 弹出“设置超链接屏幕提示”对话框，在“屏幕提示文字”文本框中输入提示内容，如图 6.89 所示，再依次单击“确定”按钮即可。

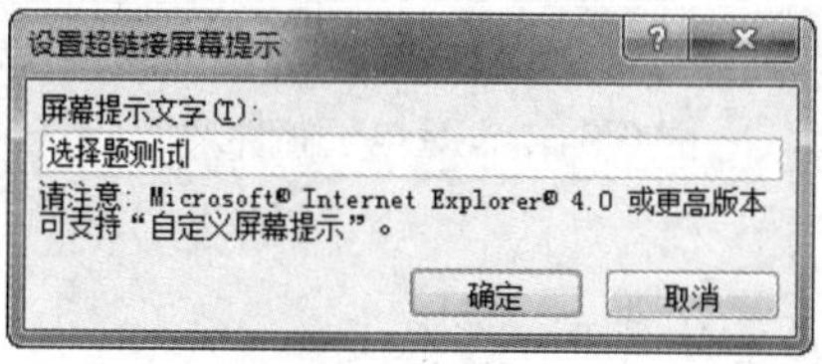

图 6.89 “设置超链接屏幕提示”对话框

6.5.2 设置演示文稿以外的链接对象

通过前面的学习，我们知道链接对象不仅可以是本文档中的幻灯片，也可以是不同的演示文稿。除此之外，还可以将电子邮件地址、网页等设置为链接对象，甚至可以创建新文档为链接对象。

1. 以电子邮件为链接对象

以电子邮件为链接对象的设置步骤如下。

步骤 1 选择需要创建超链接的对象，然后在“插入”选项卡下的“链接”选项组中单击“超链接”按钮，弹出“插入超链接”对话框。

步骤 2 在“链接到”选项组中单击“电子邮件地址”选项，如图 6.90 所示。

步骤 3 在“电子邮件地址”文本框中输入邮箱地址，然后在“主题”文本框中输入电子邮件的主题，设置完毕后单击“确定”按钮，如图 6.91 所示。

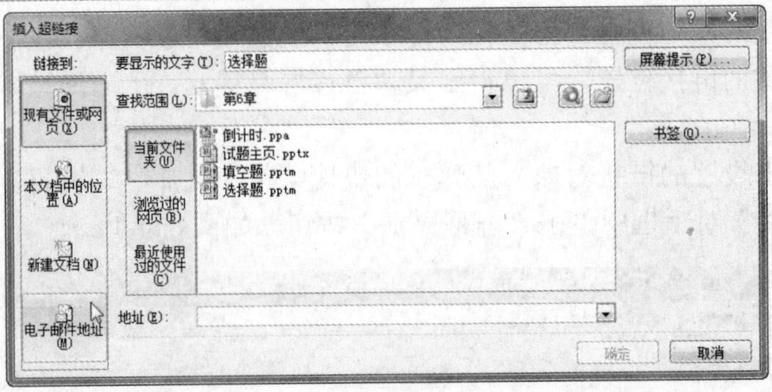

图 6.90 “插入超链接”对话框

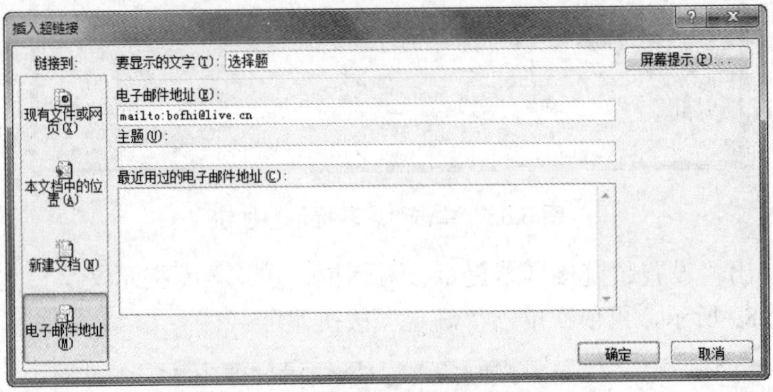

图 6.91 设置电子邮件地址

2. 以网页为链接对象

以网页为链接对象的设置步骤如下。

步骤 1 选择需要创建超链接的对象并右击，从弹出的快捷菜单中选择“超链接”命令，弹出“插入超链接”对话框。然后在“链接到”选择组中单击“现有文件或网页”选项，接着单击“浏览 Web”按钮，启动浏览器，如图 6.92 所示。

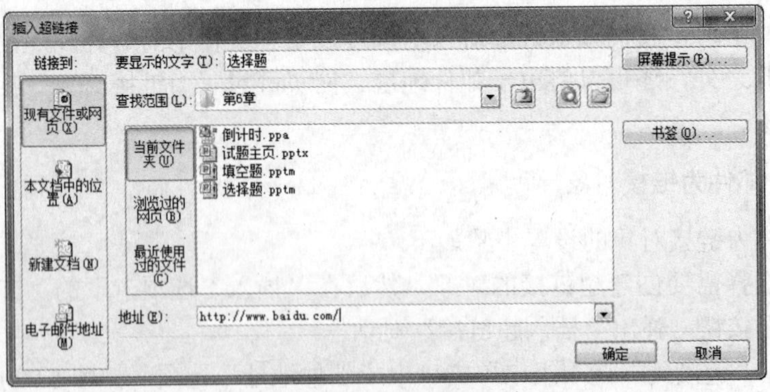

图 6.92 链接网页

步骤 2 在弹出的浏览器窗口中找到要链接到的页面或文件，将其网址复制到“插入超链接”对话框中的“地址”文本框中，再单击“确定”按钮即可。

3. 以新文档为链接对象

以新文档为链接对象的设置步骤如下。

步骤 1　选择需要创建超链接的对象，然后打开“插入超链接”对话框。

步骤 2　在“链接到”选项组中单击“新建文档”选项，接着在“新建文档名称”文本框中设置文档名称，在“何时编辑”选项组中选中“以后再编辑新文档”单选按钮，如图 6.93 所示。设置完毕后单击“确定”按钮。

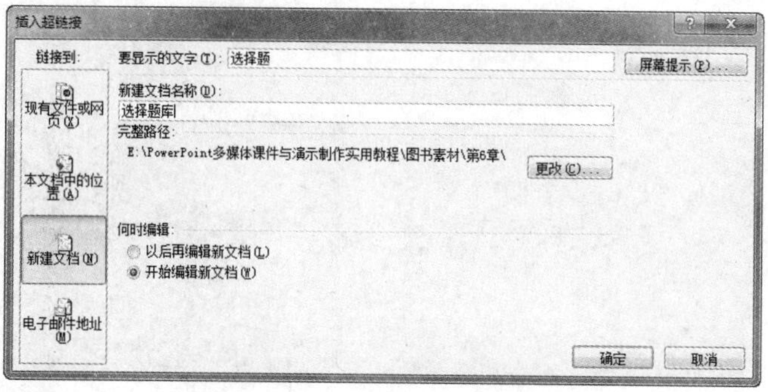

图 6.93　以新文档创建超链接

注 意

如果要在另一位置创建文档，可单击“完整路径”选项组中的“更改”按钮，弹出“新建文档”对话框，设置文档的保存位置，再单击“确定”按钮，如图 6.94 所示。

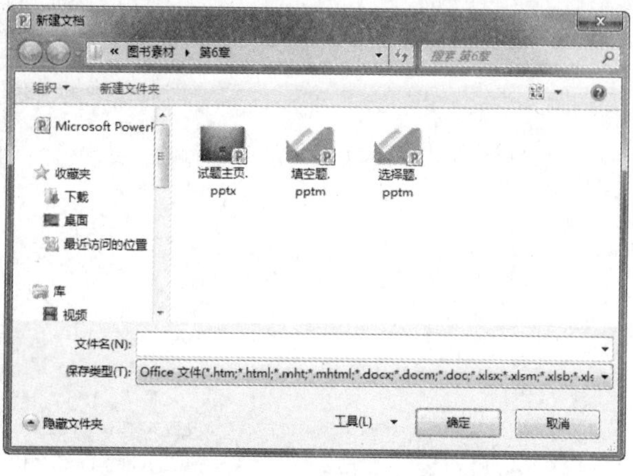

图 6.94　“新建文档”对话框

6.5.3　隐藏幻灯片

在特定的环境中，有时可以省去一些幻灯片，或者说有些幻灯片当时没有必要显示，但是其他地方可能会用到，那就可以将这些幻灯片隐藏起来，具体操作步骤如下。

步骤 1　打开要修改的演示文稿，选中想隐藏的幻灯片，然后在“幻灯片放映”选项卡下的“设置”选项组中单击“隐藏幻灯片”按钮，如图 6.95 所示。

步骤 2 这时可以发现，被隐藏的幻灯片编号被一个四方框括住，同时被一条斜线画去，如图 6.96 所示。

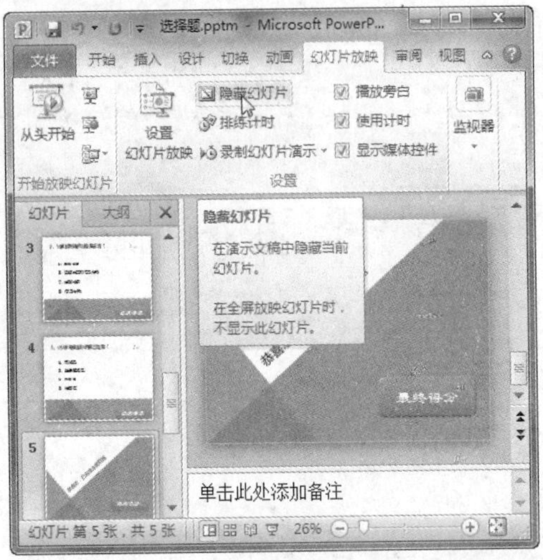

图 6.95 单击“隐藏幻灯片”按钮

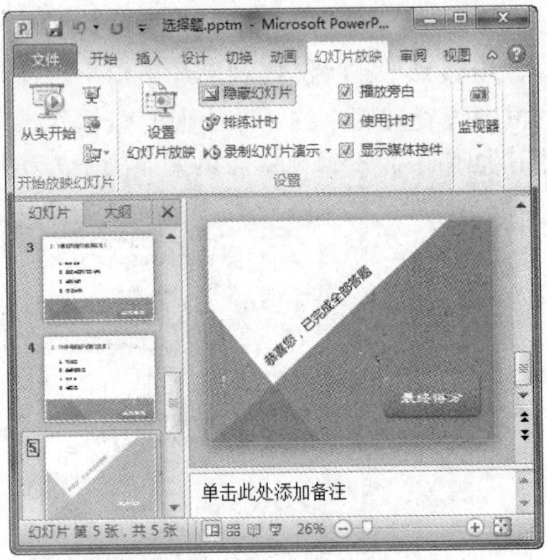

图 6.96 幻灯片被隐藏

6.5.4 在放映幻灯片时查看隐藏的幻灯片

在默认状态下，设置隐藏的幻灯片在放映时是不显示的。那么，如何在放映时查看隐藏的幻灯片呢？具体做法是：在放映幻灯片时右击幻灯片，然后从弹出的快捷菜单中选择“定位至幻灯片”命令，接着在子菜单中单击要查看的被隐藏起来的幻灯片即可，如图 6.97 所示。

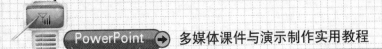

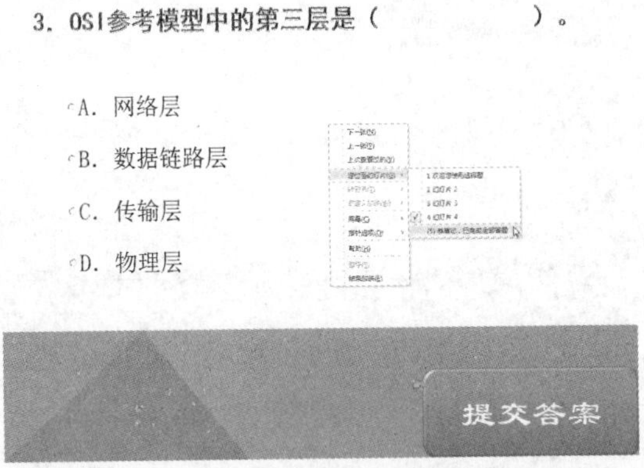

图 6.97 显示隐藏的幻灯片

6.5.5 为单个演示文稿定制个性化的快速访问工具栏

如何为 PowerPoint 定制快速访问工具栏在前面已经介绍过了，定制后的快速访问工具栏是每个演示文稿都具有的。那么，如何为单个文稿定制个性化的快速访问工具栏呢？操作方法如下。

步骤 1　打开“PowerPoint 选项”对话框，在左侧窗格中单击“快速访问工具栏”选项，在右侧窗格的“自定义快速访问工具栏”下拉列表框中选择演示文稿，接着选择要添加的按钮，如图 6.98 所示。

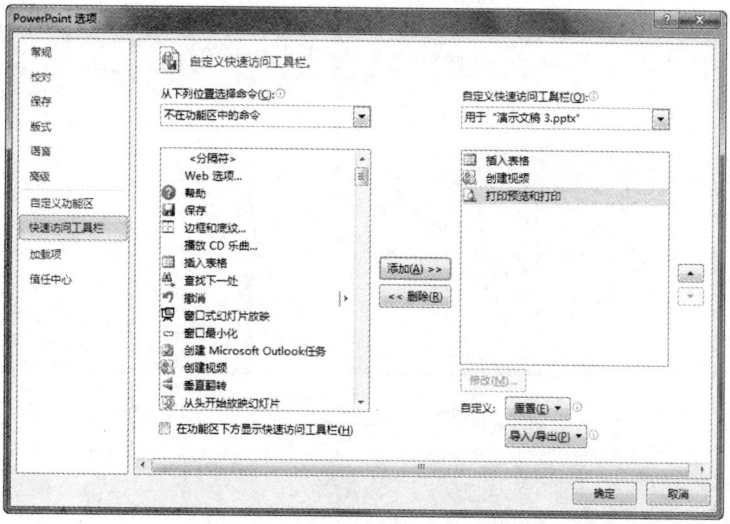

图 6.98　选择要添加的按钮

步骤 2　单击“确定”按钮，再新建一个演示文稿，会发现新添加的按钮并不在新窗口中显示，如图 6.99 所示。

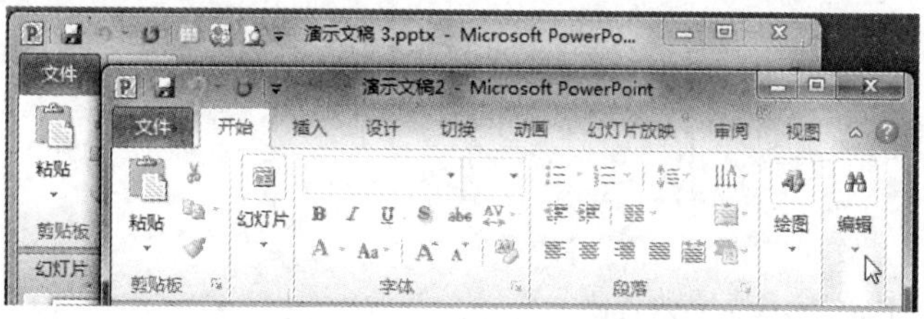

图 6.99　对比快速访问工具栏

6.5.6　使用加载宏

使用加载宏可以向 PowerPoint 2010 添加自定义命令或自定义功能的附加程序，极大程度地扩充 PowerPoint 程序的功能。那么，如何使用加载宏呢？具体操作步骤如下。

步骤 1　在 PowerPoint 窗口中选择“文件”|“选项”命令，打开“PowerPoint 选项”对话框。

步骤 2　在左侧窗格中单击“加载项”选项，接着在右侧窗格的“管理”下拉列表框中选择“PowerPoint 加载项”选项，再单击“转到”按钮，如图 6.100 所示。

步骤 3　弹出“加载宏”对话框，单击“添加”按钮，如图 6.101 所示。

步骤 4　弹出“添加新的 PowerPoint 加载宏”对话框，选择要添加的加载宏程序，再单击“确定”按钮，如图 6.102 所示。

步骤 5　弹出“Microsoft PowerPoint 安全声明”对话框，如果用户确定该加载宏来源可靠，可单击“启用宏”按钮，如图 6.103 所示。

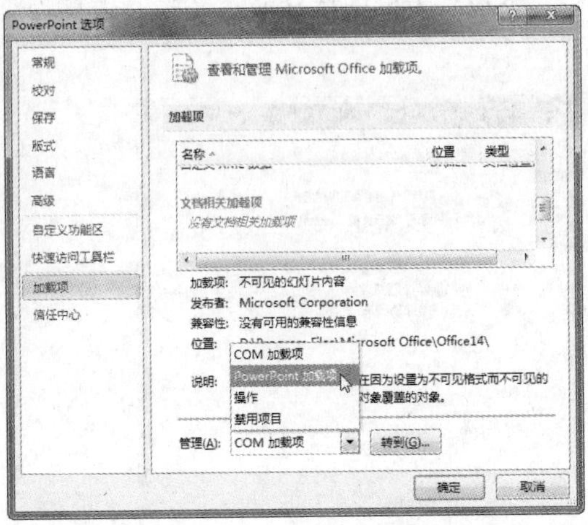

图 6.100　选择“PowerPoint 加载项”选项

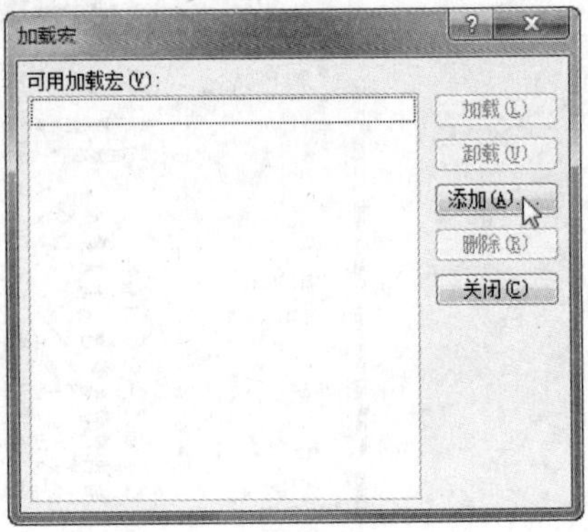

图 6.101　“加载宏”对话框

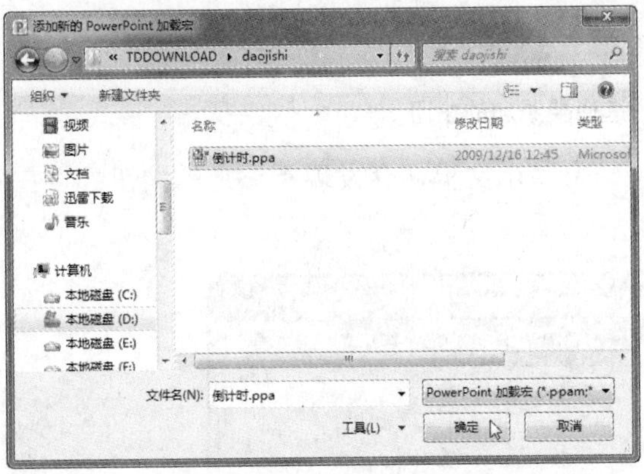

图 6.102　选择加载宏程序

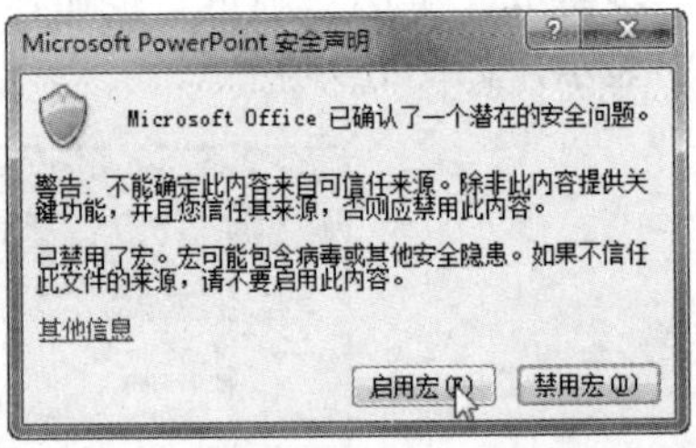

图 6.103　加载宏时的安全声明

步骤 6　弹出 Microsoft Forms 对话框，如果用户信任文件的来源，单击“确定”按钮，如图 6.104 所示。

步骤 7　返回“加载宏”对话框，在“可用加载宏”列表框中选中要添加的加载宏左侧的复选框，再单击“关闭”按钮，如图 6.105 所示。

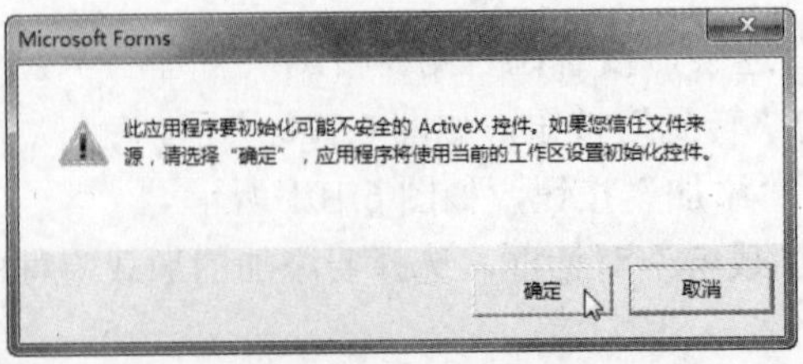

图 6.104　Microsoft Forms 对话框

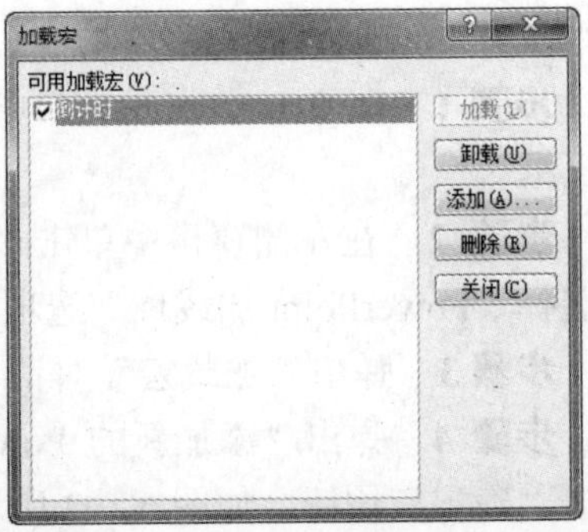

图 6.105　选择可用加载宏

6.5.7　删除加载宏

为了节省内存，加快 PowerPoint 程序的运行速度，在宏使用完毕后，建议将其删除，具体操作方法如下。

步骤 1　在“开发工具”选项卡下的“加载项”组中单击“加载项”按钮，如图 6.106 所示。

步骤 2　弹出“加载宏”对话框，在“可用加载宏”列表框中选择要删除的加载宏，再单击“删除”按钮，如图 6.107 所示。

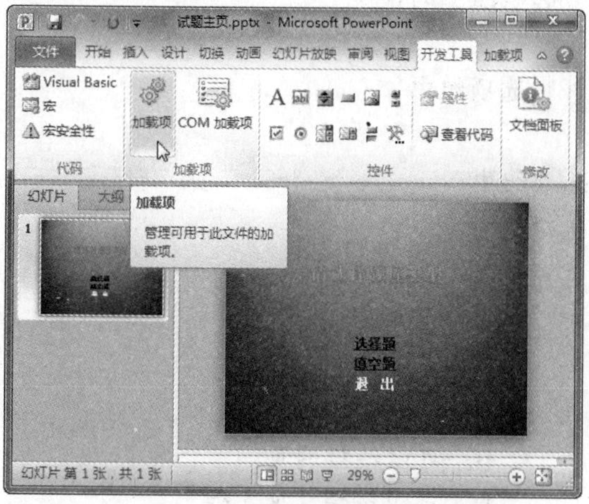

图 6.106　单击“加载项”按钮

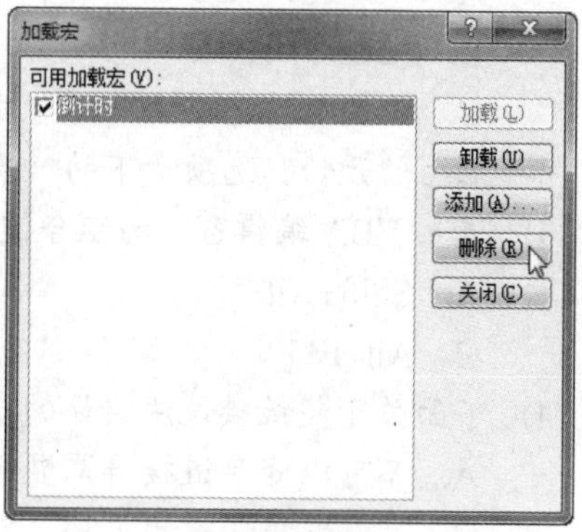

图 6.107　单击“删除”按钮

注 意

如果后面可能还会用到该宏，可以先将其卸载，在使用时再次加载即可。方法是在“加载宏”对话框中选择要卸载的加载宏，并单击“卸载”按钮。当需要使用该宏时，可以在列表框中选中该宏，再单击“加载”按钮即可，如图 6.108 所示。

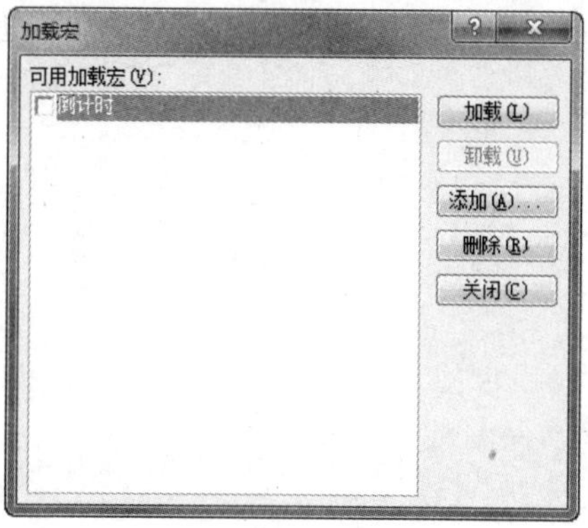

图 6.108　加载宏

6.6 习　　题

一、选择题

(1) 设置占位符中的文本对齐方式，方法正确的是(　　)。

A. 在“开始”选项卡下的“段落”选项组中单击“对齐文本”按钮

B. 在“绘图工具”下的“格式”选项卡中，单击“排列”选项组中的“对齐”按钮

C. 将标尺显示出来，然后拖到标尺上的“悬挂”按钮

D. 使用“开始”选项卡下“段落”选项组中的命令

(2) “选项按钮”控件位于(　　)。

A. “开发工具”选项卡下的“控件”选项组中

B. 快速访问工具栏

C. “插入”选项卡下的“插图”选项组中

D. “开始”选项卡下的“绘图”选项组中

(3) 进入 VBA 编辑窗口的组合键是(　　)。

A. Shift+Alt　　B. Ctrl+Alt

C. Alt+F11　　D. Shift+ Ctrl +F11

(4) 下面关于超链接说法错误的是(　　)。

A. 不可以修改链接屏幕显示的文字　　B. 可以链接网页

C. 可以链接新建的文档　　D. 可以链接其他文件

(5) “隐藏幻灯片”按钮位于(　　)选项卡下。

A. “设计”　　B. “开始”

C. “切换”　　D. “幻灯片放映”

二、实训题

(1) 新建初三历史第一册测试系统，分为“选择题.pptx”、“填空题.pptx”和“简答题.pptx”。

(2) 为“选择题.pptx”和“填空题.pptx”编写代码，实现自动出题与评分。

第 7 章

经典实例：制作新员工培训课件

一般情况下，企业在招聘新人员时，往往是从对口人员开始，尽量招聘一些做过类似工作的人员。即使是这样，往往在上岗之前都需要简单培训一下，让新员工对本公司的情况有一个较为清晰的了解。在开始培训前，人力资源部要制定出一套合适的培训方案。下面一起来看看如何使用 PowerPoint 制作新员工岗前培训课件。

本章主要内容

- 为培训课件设计母版
- 制作要讲述的主题幻灯片
- 在大纲模式下制作主题目录对应的幻灯片
- 制作培训效果在线测试幻灯片
- 在线测试培训效果

7.1 要 点 分 析

本章将为大家介绍制作新员工培训课件的方法和技巧。在制作过程中，首先设计一个母版。母版是幻灯片层次结构中的顶层幻灯片，用于存储有关演示文稿的主题和幻灯片版式的信息，包括背景、颜色、字体、效果、占位符大小和位置等。每个演示文稿至少包含一个幻灯片母版。修改和使用幻灯片母版可以对演示文稿中的每张幻灯片进行统一的样式更改。

母版制作完成后，即可使用母版制作新员工培训课件了，在制作过程中涉及文本输入与美化、图片编辑、剪贴画的使用、动作按钮的设置等内容。

7.2 制作培训课件

7.2.1 为培训课件设计母版

制作公司培训课件需要有自己的特色，因此下面先为培训课件设计一个母版，具体操作如下。

步骤 1 启动 PowerPoint 2010 程序，选择“文件”|“新建”命令，然后在中间窗格中选择“其他类别”选项，如图 7.1 所示。

步骤 2 在中间窗格中选择“规章制度”选项，如图 7.2 所示。

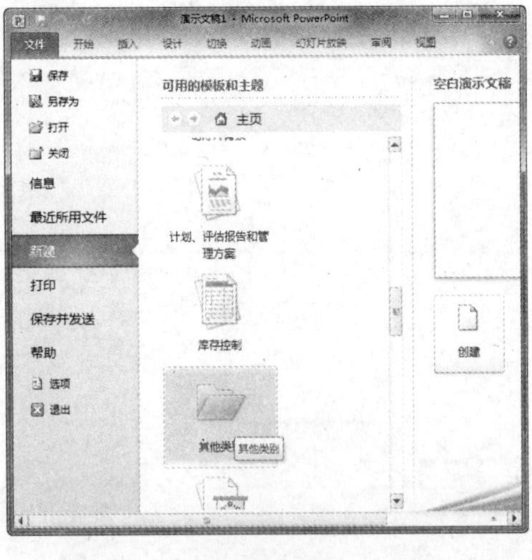

图 7.1 选择“其他类别”选项

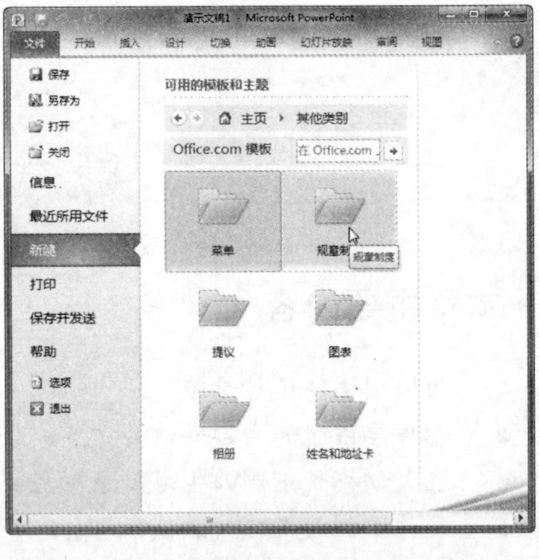

图 7.2 选择“规章制度”选项

步骤 3 在中间窗格中选择“新员工培训”选项，单击右侧窗格中的“下载”按钮，如图 7.3 所示。

步骤 4 此时就会弹出新的演示文稿，单击“视图”选项卡下“母版视图”组中的“幻灯片母版”按钮，如图 7.4 所示。

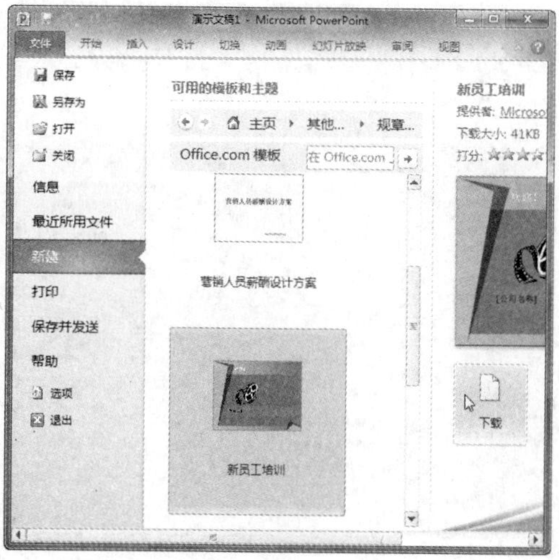

图 7.3　选择“新员工培训”选项

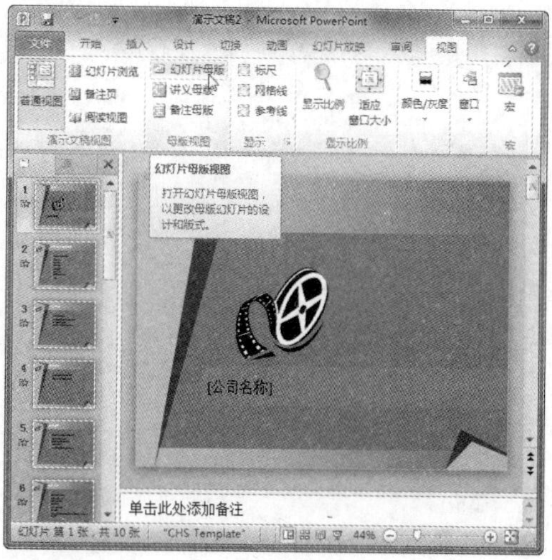

图 7.4　单击“幻灯片母版”按钮

步骤 5　进入幻灯片母版视图后，选择第 1 张幻灯片，选中“单击此处编辑母版标题样式”文本，然后在“绘图工具”下的“格式”选项卡中，单击“艺术字样式”选项组中的“快速样式”按钮，从弹出的菜单中单击“渐变填充-青色，强调文字颜色 1，轮廓-白色，发光-强调文字颜色 2”按钮，如图 7.5 所示。

步骤 6　在“绘图工具”下的“格式”选项卡中，单击“艺术字样式”选项组中的“文本填充”按钮，从弹出的菜单中单击“标准色”选项组中的“浅色”按钮，如图 7.6 所示。

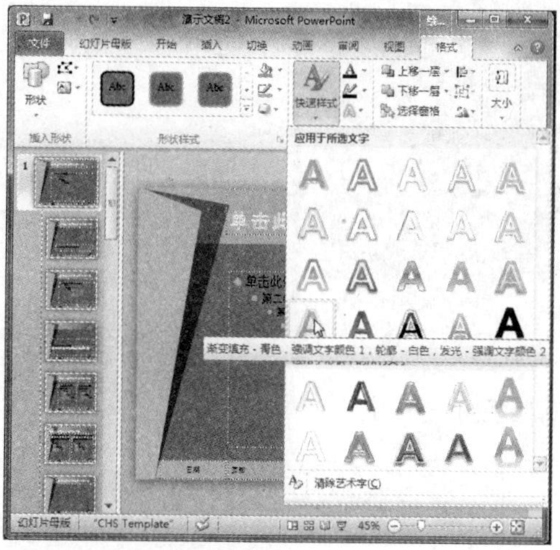

图 7.5　选择快速样式

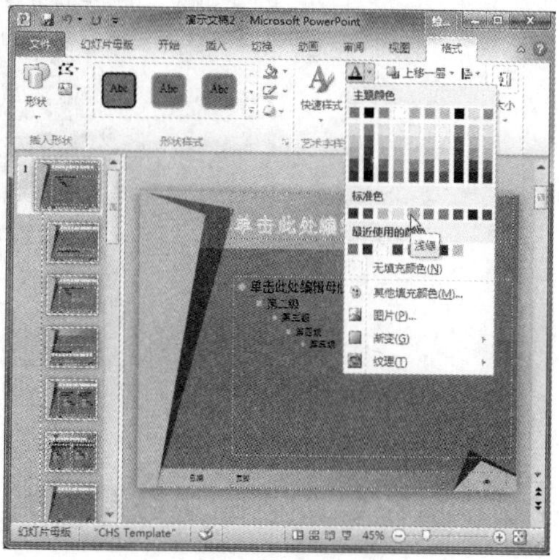

图 7.6　选择颜色

步骤 7　设置动画效果。在“动画”选项卡下的“动画”选项组中单击“动画样式”按钮，从弹出的菜单中选择“放大/缩小”选项，如图 7.7 所示。

步骤 8　选择内容占位符，在“动画”选项卡下的“动画”选项组中单击“动画样式”按钮，从弹出的菜单中选择“翻转式由远及近”选项，如图 7.8 所示。

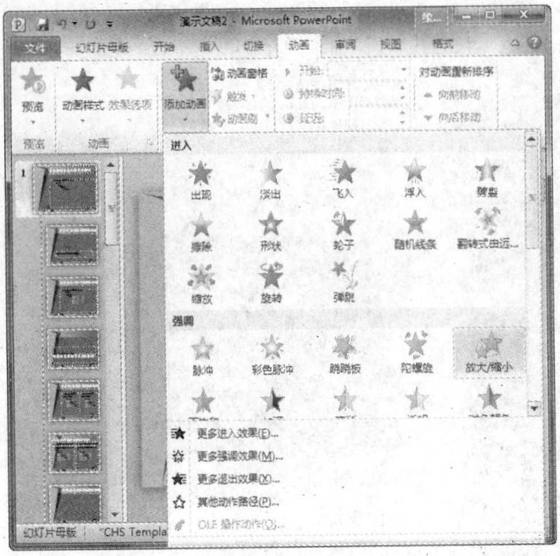

图 7.7 选择“放大/缩小”选项

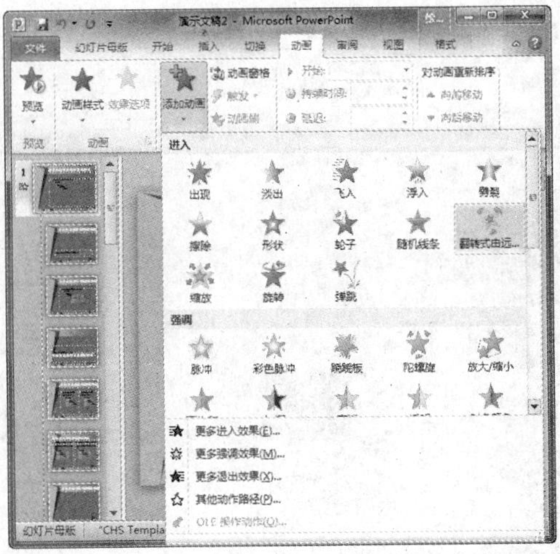

图 7.8 选择“翻转式由远及近”选项

步骤 9 设置完成后，在“幻灯片母版”选项卡下的“关闭”选项组中单击“关闭母版视图”按钮，如图 7.9 所示。再按 Ctrl+S 组合键将演示文稿保存为“新员工培训.pptx”。

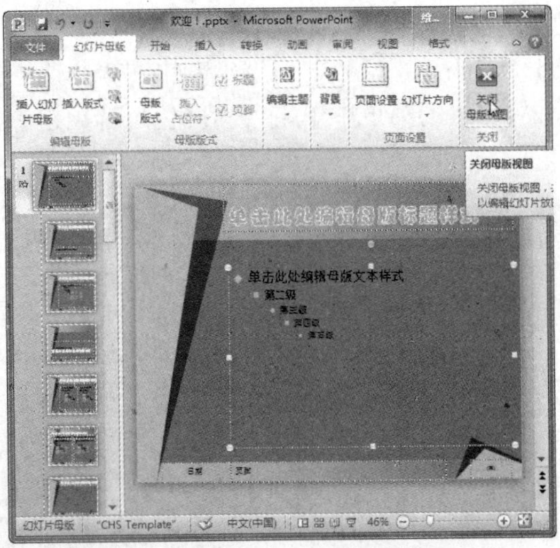

图 7.9 关闭母版视图

7.2.2 制作要讲述的主题幻灯片

下面开始制作要讲述的主题幻灯片，具体操作步骤如下。

步骤 1 打开新保存的“新员工培训.pptx”演示文稿，选择第 1 张幻灯片，然后在公司名称占位符中输入“天天集团”，接着使用“开始”选项卡下“字体”选项组中的命令设置字体格式为“华文行楷”，字号为“36”，如图 7.10 所示。

步骤 2 选择第 2 张幻灯片，然后在其标题占位符中修改目录为“要讲述的主题”，接着使用“开始”选项卡下“字体”选项组中的命令设置字体格式为“华文琥珀”，字号为“40”，如图 7.11 所示。

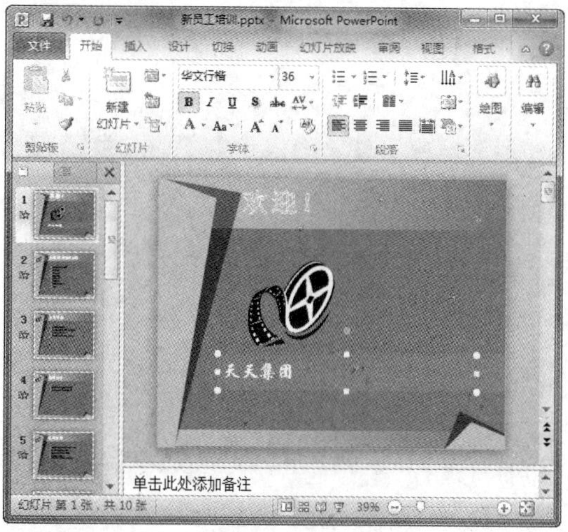

图 7.10　制作第 1 张幻灯片

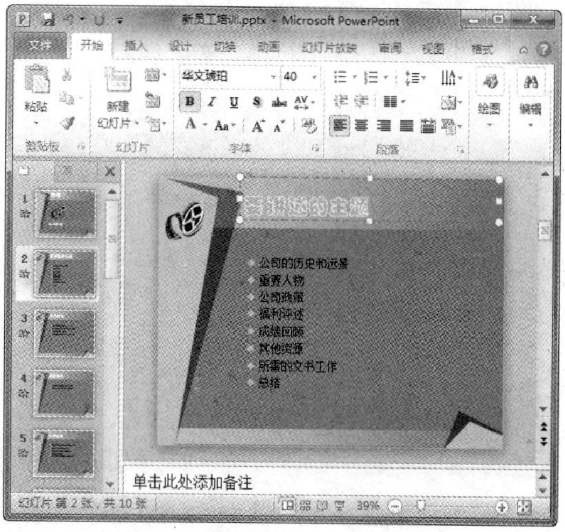

图 7.11　编辑第 2 张幻灯片主题

步骤 3　在第 2 张幻灯片中修改内容占位符中的内容，然后使用“开始”选项卡下“段落”组中的命令设置其段落格式为“单倍行距”，段前间距为“12 磅”，段后间距为“6 磅”，效果如图 7.12 所示。

步骤 4　在“插入”选项卡下的“插图”选项组中单击“形状”按钮，从弹出的菜单中单击“圆角矩形”按钮，如图 7.13 所示。

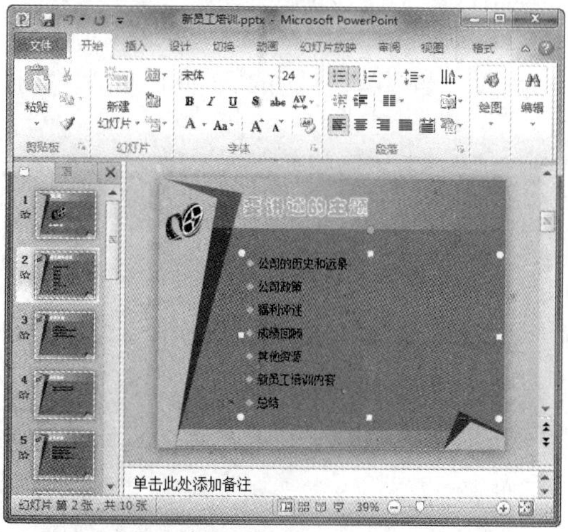

图 7.12　修改第 2 张幻灯片中的内容

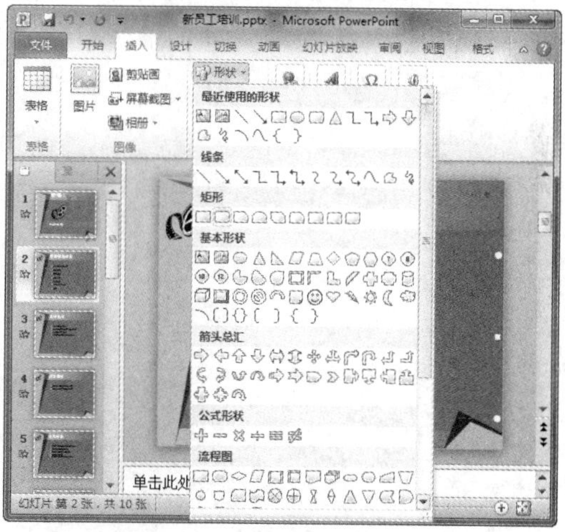

图 7.13　单击“圆角矩形”按钮

步骤 5　用鼠标绘制形状，使其覆盖小标题文字，然后右击该形状，从弹出的菜单中选择“编辑文字”命令，如图 7.14 所示。

步骤 6　输入文本后，可调整文字的大小及颜色等，然后按照该方法将所有的小标题都进行覆盖，效果如图 7.15 所示。

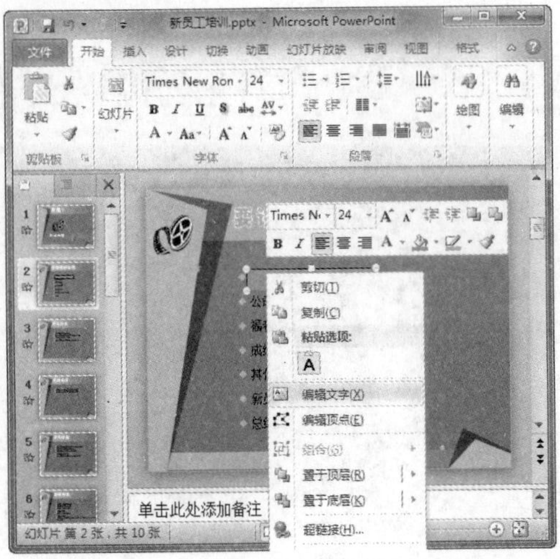

图 7.14　选择“编辑文字”命令

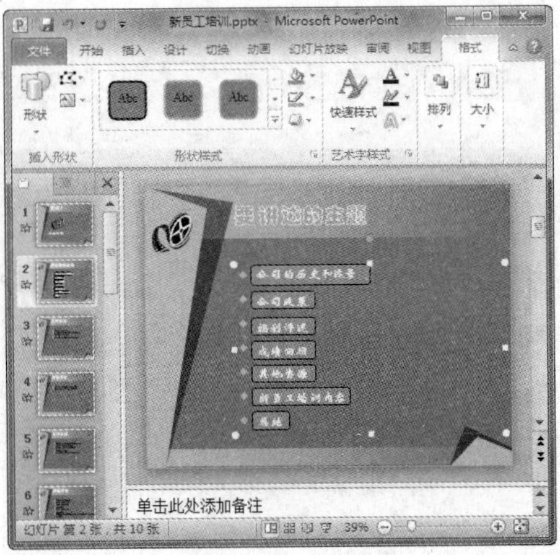

图 7.15　效果图

7.2.3　在大纲模式下制作主题目录对应的幻灯片

在使用 PowerPoint 程序时，大多数用户都比较喜欢在普通视图的幻灯片模式下编辑文本内容，下面将着重介绍在普通视图的大纲模式下如何编辑文本，具体操作步骤如下。

步骤 1　打开“新员工培训.pptx”演示文稿，单击左侧窗格中的“大纲”选项卡，接着将鼠标指针移动到左侧窗格的右边框上，当鼠标指针变成双向箭头形状✥时按住鼠标左键向右拖动，到目标位置后释放鼠标左键，如图 7.16 所示。

步骤 2　在左侧窗格的第 3 张幻灯片中，修改主题为“公司的历史和远景”，如图 7.17 所示。

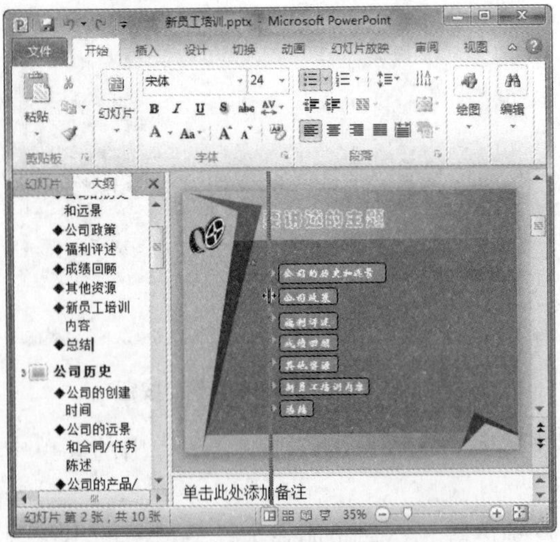

图 7.16　调整左侧窗格大小

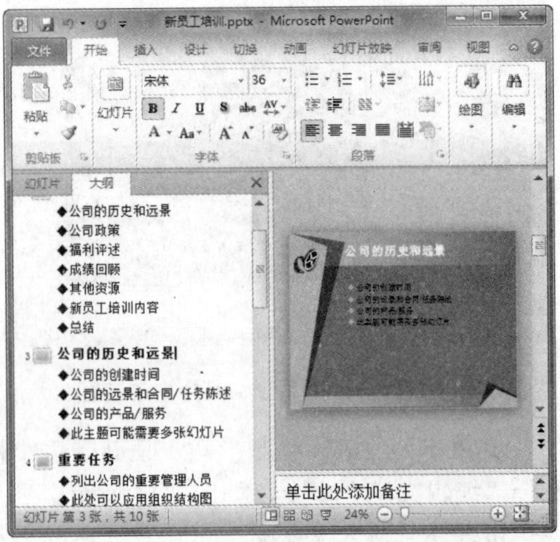

图 7.17　修改第 3 张幻灯片的主题

步骤 3　在左侧窗格的第 3 张幻灯片中，选中主题下方已有的内容，如图 7.18 所示，然后按 Delete 键将其删除。

步骤 4　在左侧窗格的第 3 张幻灯片中的主题下方输入如图 7.19 所示的内容，然后按 Enter 键换行。

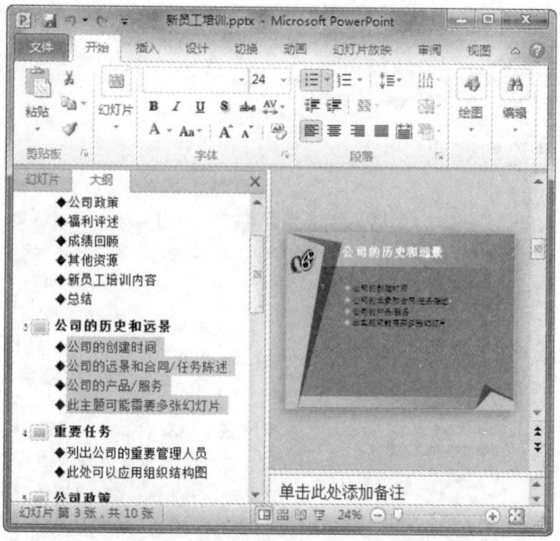

图 7.18　在左侧窗格中选中文本

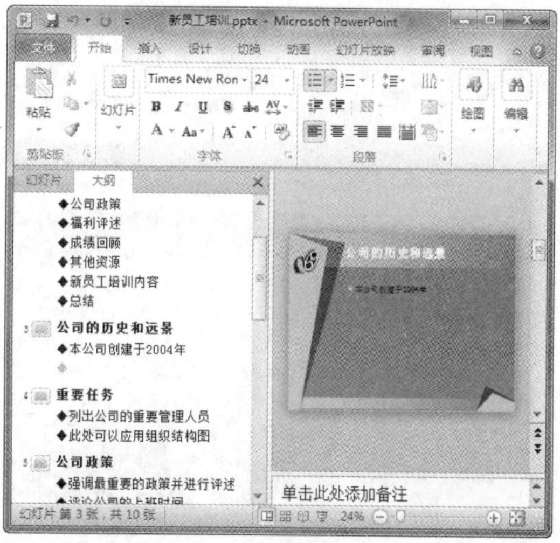

图 7.19　按 Enter 键换行

步骤 5　在第 3 张幻灯片中继续输入文本内容，如图 7.20 所示。

步骤 6　在左侧窗格中单击第 4 张幻灯片的图标，然后按 Delete 键删除该幻灯片，如图 7.21 所示。

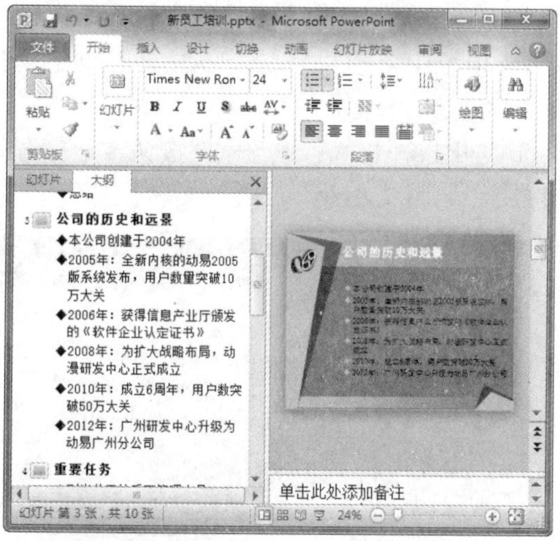

图 7.20　输入文本

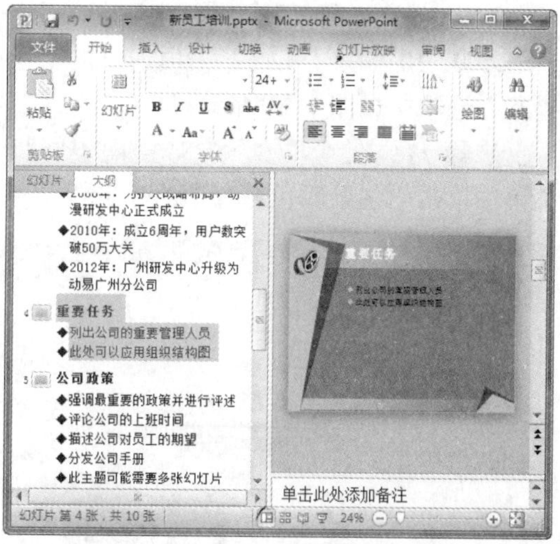

图 7.21　单击第 4 张幻灯片的图标

步骤 7　弹出 Microsoft PowerPoint 对话框，单击“是”按钮，确认删除幻灯片，如图 7.22 所示。

步骤 8　参考步骤 3～5 的操作，在大纲模式下继续编辑第 4～9 张幻灯片，如图 7.23 所示。

步骤 9　在左侧窗格的第 3 张幻灯片中，选中内容文本，然后使用“开始”选项卡下

“字体”选项组中的命令设置字体格式为“华文新魏”，字号为“28”，字体颜色为“白色”，如图 7.24 所示。使用该方法，设置第 4～9 张幻灯片中的内容文本的字体格式。

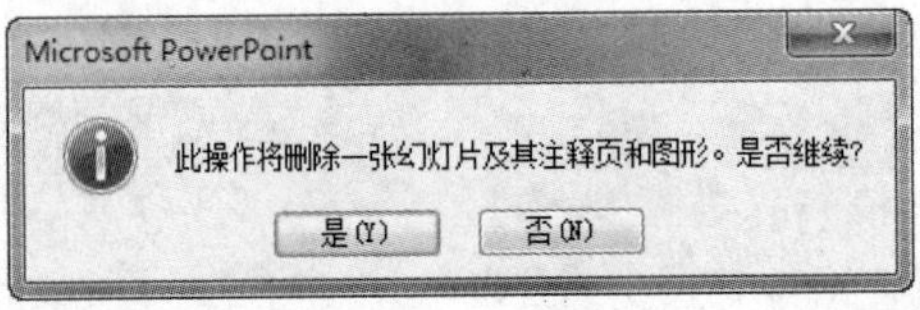

图 7.22　确认删除幻灯片

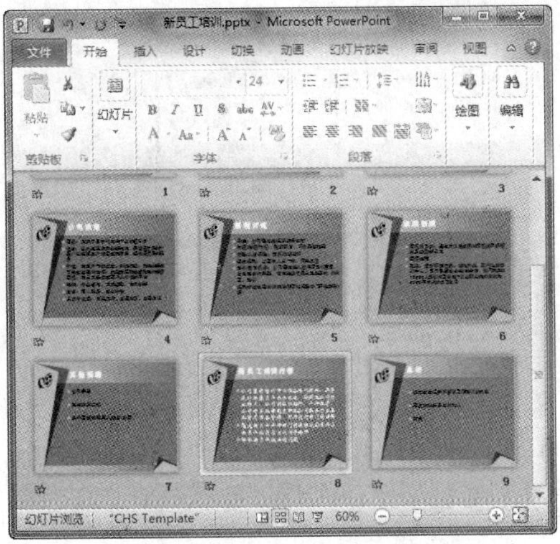

图 7.23　编辑第 4～9 张幻灯片

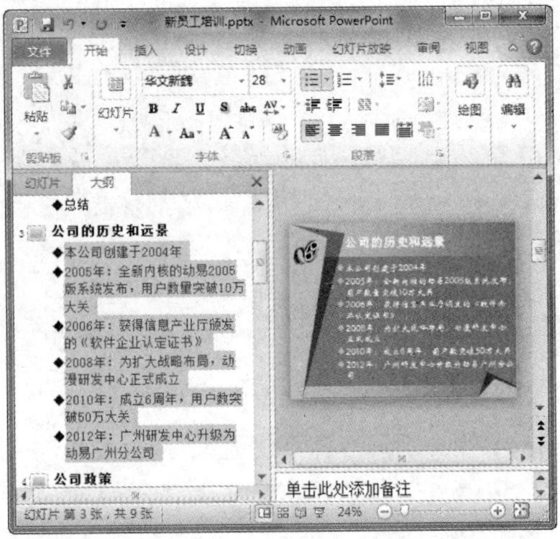

图 7.24　设置字体格式

步骤 10　在“开始”选项卡下的“字体”选项组中，在“字号”下拉列表框中选择“28”选项，如图 7.25 所示。

步骤 11　在“开始”选项卡下的“字体”选项组中单击“字体颜色”按钮，从打开的菜单中单击“主题颜色”选项组中的“白色”按钮，如图 7.26 所示。

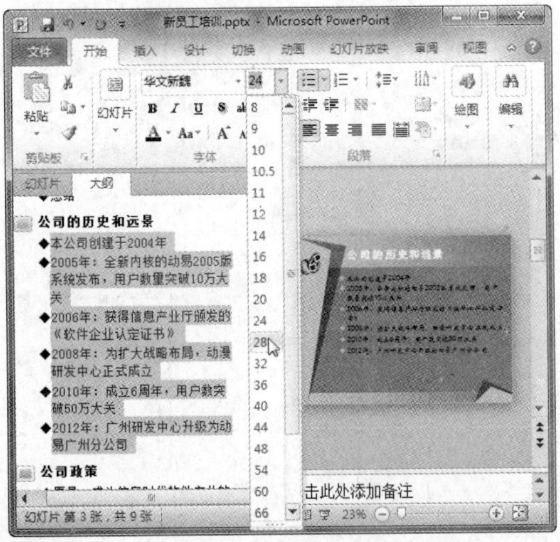

图 7.25　设置字号大小

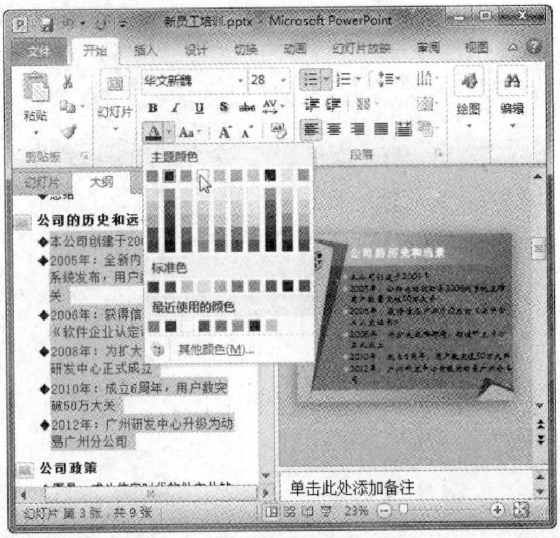

图 7.26　设置字体颜色

步骤 12　在“开始”选项卡下的“段落”选项组中单击“行距”按钮，从弹出的菜单中单击“1.5”选项，如图 7.27 所示。

步骤 13　使用上述方法，设置其他幻灯片中的文本格式，如图 7.28 所示。

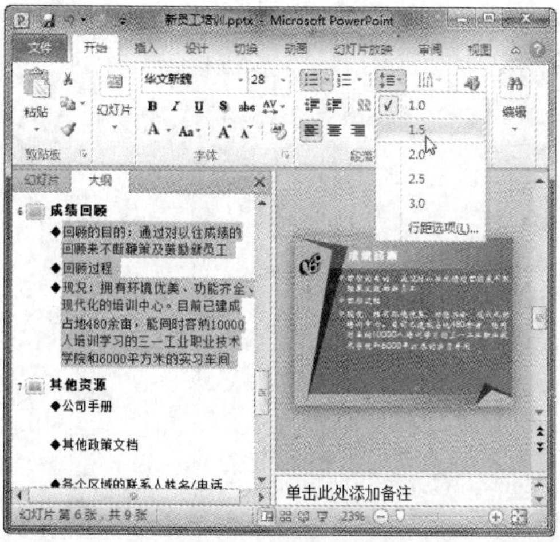

图 7.27　设置文本行距

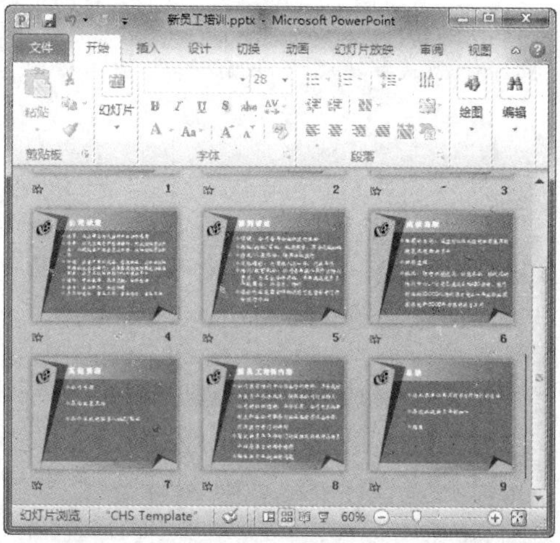

图 7.28　设置其他幻灯片中的文本格式

7.2.4　制作培训效果在线测试幻灯片

制作培训效果在线测试幻灯片的具体操作步骤如下。

步骤 1　在第 8 张幻灯片下新建“仅标题”版式的幻灯片，然后修改幻灯片标题为“培训效果在线测试”，接着在“插入”选项卡下的“插图”选项组中单击“形状”按钮，从弹出的菜单中单击“燕尾形”按钮，如图 7.29 所示。

步骤 2　在幻灯片中绘制燕尾形，然后在图形上添加文本“进入测试”。接着打开“设置形状格式”对话框，在左侧窗格中单击“填充”选项，接着在右侧窗格中选中“渐变填充”单选按钮，并设置“预设颜色”为“雨后初晴”，如图 7.30 所示。

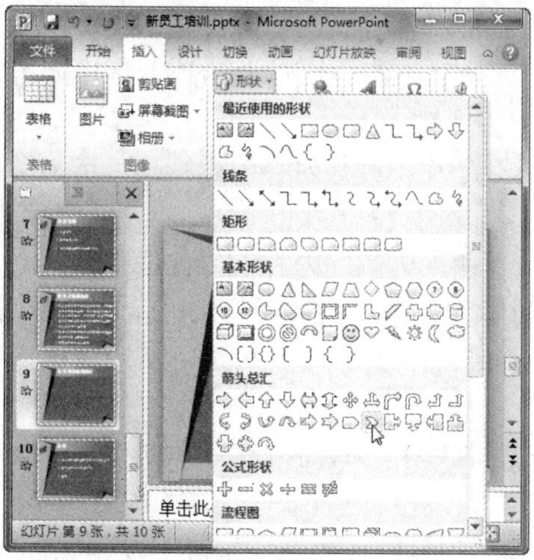

图 7.29　单击“燕尾形”按钮

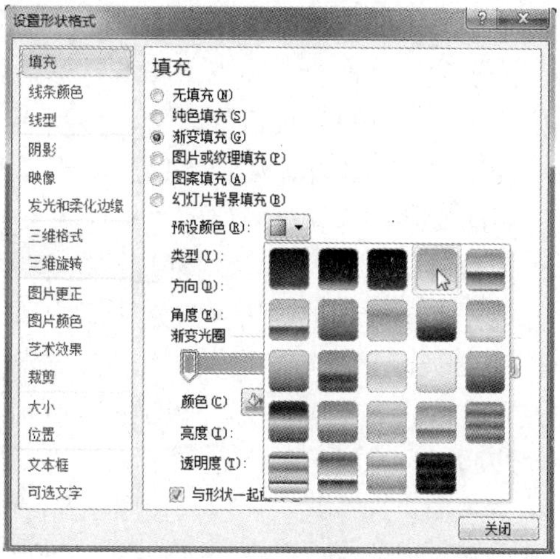

图 7.30　选择“雨后初晴”选项

步骤 3 单击图形，然后在“插入”选项卡下的“连接”选项组中单击“超链接”按钮，弹出“插入超链接”对话框，在“链接到”列表框中单击“现有文件或网页”选项，然后在右侧选择要链接的文件，再单击“确定”按钮，如图 7.31 所示。

步骤 4 在“插入”选项卡下的“图像”选项组中单击“剪贴画”按钮，此时幻灯片右侧会出现“剪贴画”窗格，在其中选择合适的剪贴画插入幻灯片，如图 7.32 所示。

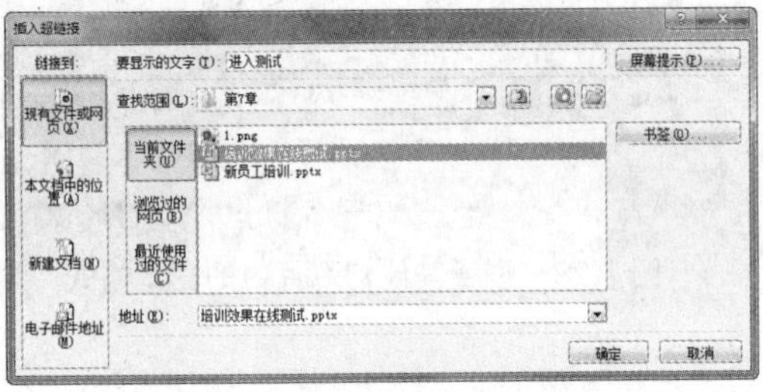

图 7.31 “插入超链接”对话框

图 7.32 选择合适的剪贴画插入幻灯片

7.3 在线测试培训效果

对员工的测试在工作中起着一定的作用，员工可以根据测试结果了解自己在本专业技术知识中的薄弱部分，这样有助于员工进行有针对性的学习，以提高技术水平。同时，员工的测试也可以时刻提醒员工及时给自己充电，增加员工的学习动力。

步骤 1 新建一个演示文稿。选择“文件”|“新建”命令，然后在弹出的“可能的模板和主题”中间窗格中选择“样本模板”选项，如图 7.33 所示。

步骤 2 此时会出现许多模板，然后在其中选择“小测验短片”选项，选中后单击右侧窗格中的“创建”按钮，如图 7.34 所示。

步骤 3 创建好该演示文稿后，单击第 1 张幻灯片，对其内容进行修改。选中标题文本框中的文字，重新输入标题“培训效果测试”，如图 7.35 所示。

步骤 4 选择第 2 张幻灯片，在标题文本框中输入“测试内容”，并选中该文本，在“开始”选项卡下的“段落”选项组中单击“居中”按钮。然后再选中下面文本框中的内容，按 Delete 键删除，在其中输入“选择题”、“判断题”、“简答题”、“连线题”，并设置其格式为“居中”，如图 7.36 所示。

步骤 5 在“开始”选项卡下的“幻灯片”组中单击“新建幻灯片”按钮，从弹出的菜单中选择“选择题”选项，如图 7.37 所示。

步骤 6 在“选择题”幻灯片的占位符中分别输入问题及答案，如图 7.38 所示。

图 7.33　选择“样本模板”选项

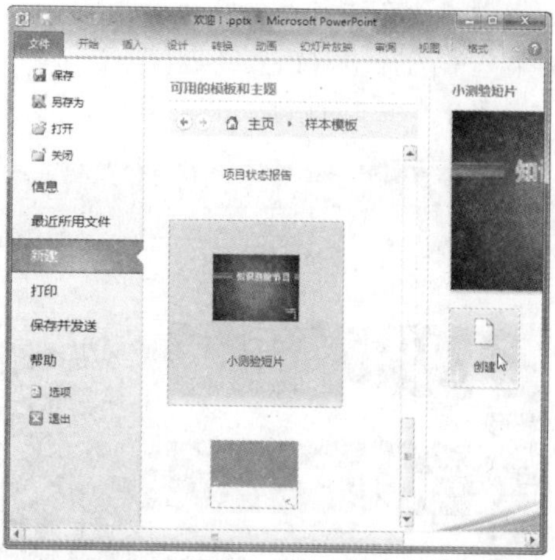

图 7.34　选择“小测验短片”选项

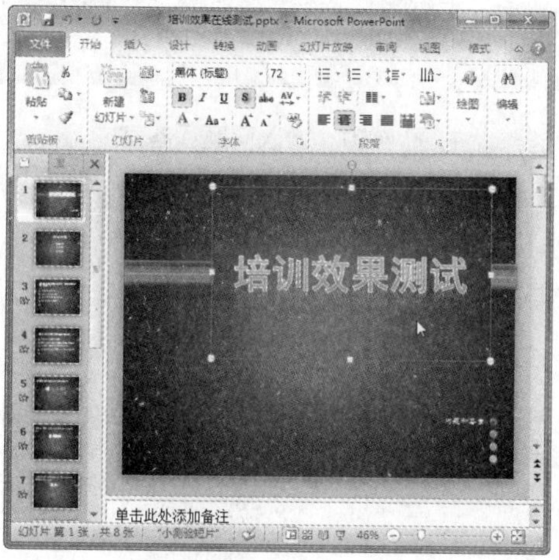

图 7.35　输入标题

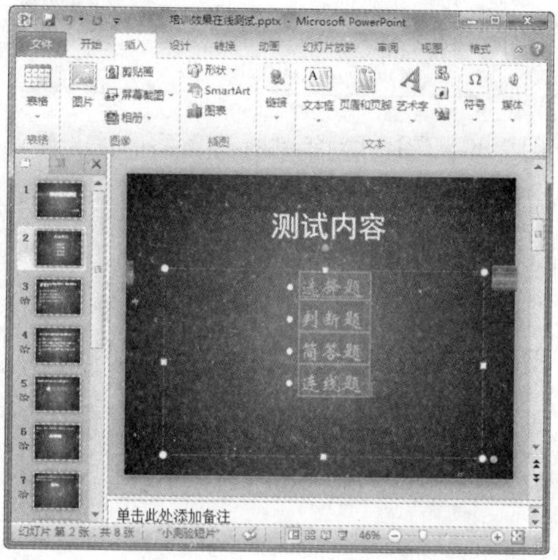

图 7.36　设置文本框内容

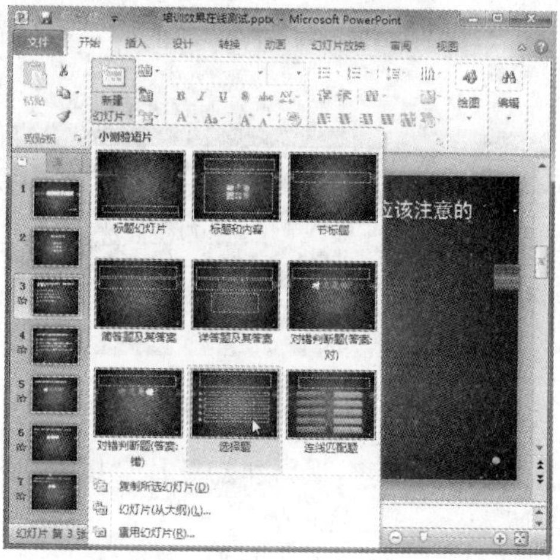

图 7.37　选择“选择题”选项

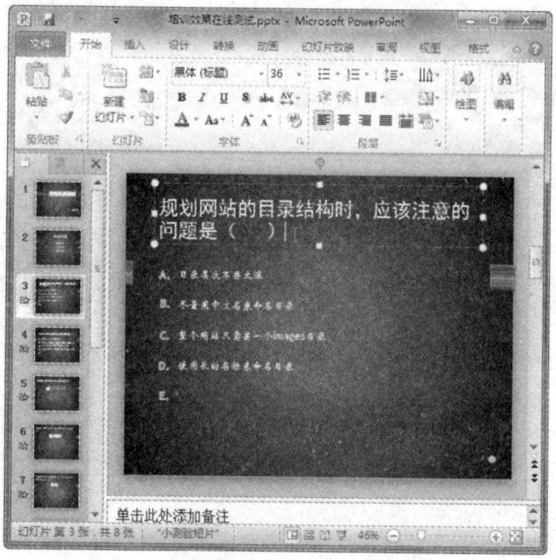

图 7.38　输入问题及答案

步骤 7 在“开始”选项卡下的“幻灯片”选项组中单击“新建幻灯片”按钮，从弹出的菜单中选择“对错判断题(答案：对)”选项，如图 7.39 所示。

步骤 8 在“对错判断题”幻灯片的占位符中输入与答案相匹配的题目，如图 7.40 所示。

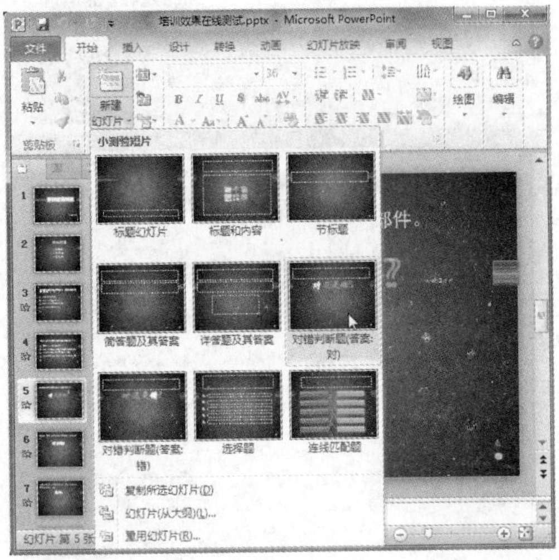

图 7.39 选择“对错判断题(答案：对)”选项

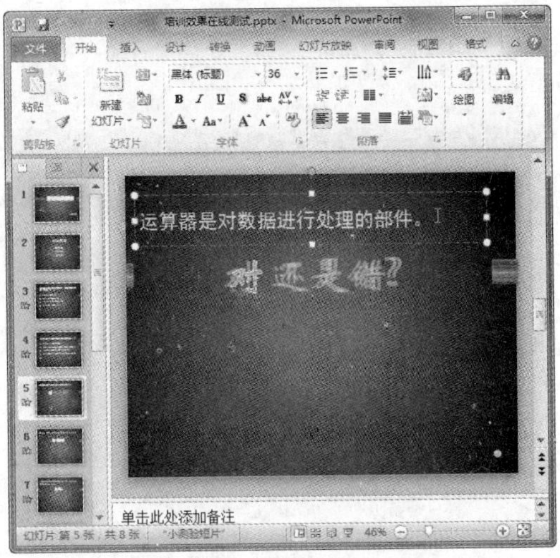
运算器是对数据进行处理的部件。
对还是错?
单击此处添加备注

图 7.40 输入问题和答案

步骤 9 在“开始”选项卡下的“幻灯片”选项组中单击“新建幻灯片”按钮，从弹出的菜单中选择“简答题及其答案”选项，如图 7.41 所示。

步骤 10 在“简答题及其答案”幻灯片的占位符中分别输入问题及答案，如图 7.42 所示。

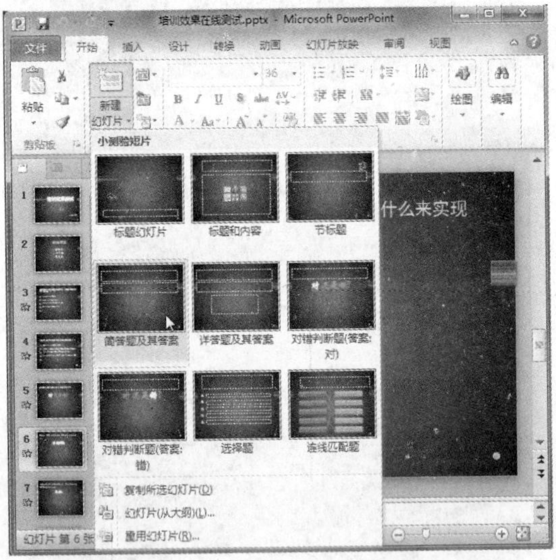

图 7.41 选择“简答题及其答案”选项

网络中，网页之间的链接是通过什么来实现的?
超级链接
单击此处添加备注

图 7.42 输入问题和答案

步骤 11 在“开始”选项卡下的“幻灯片”选项组中单击“新建幻灯片”按钮，从弹出的菜单中选择“连线匹配题”选项，如图 7.43 所示。

步骤 12 在“连线匹配题”幻灯片的占位符中分别输入相对应的内容，如图 7.44 所示。

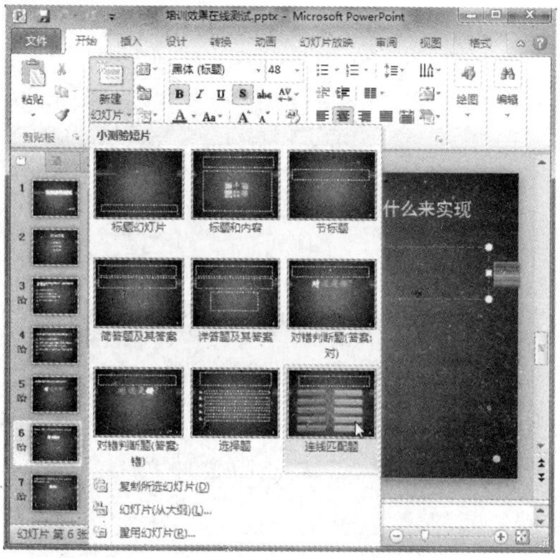

图 7.43　选择“连线匹配题”选项

图 7.44　输入相应内容

步骤 13　单击选中第 2 张幻灯片，选中文本框中的文本“选择题”，然后在“插入”选项卡下的“链接”选项组中单击“超链接”按钮，如图 7.45 所示。

步骤 14　弹出“编辑超链接”对话框，单击左侧的“本文档中的位置”选项，在右侧的列表框中选中要链接的幻灯片，单击“确定”按钮即可，如图 7.46 所示。

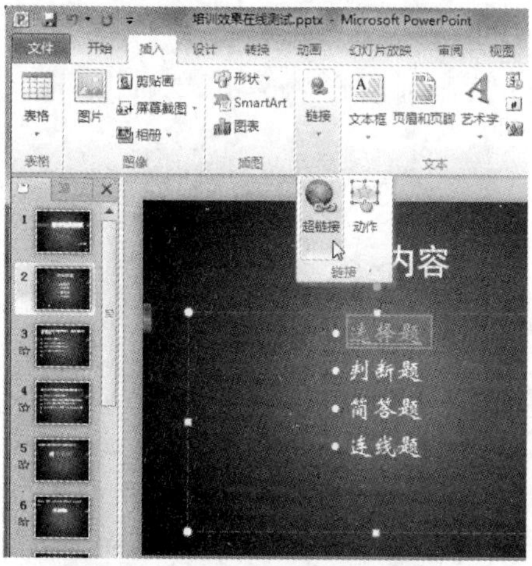

图 7.45　单击“超链接”按钮

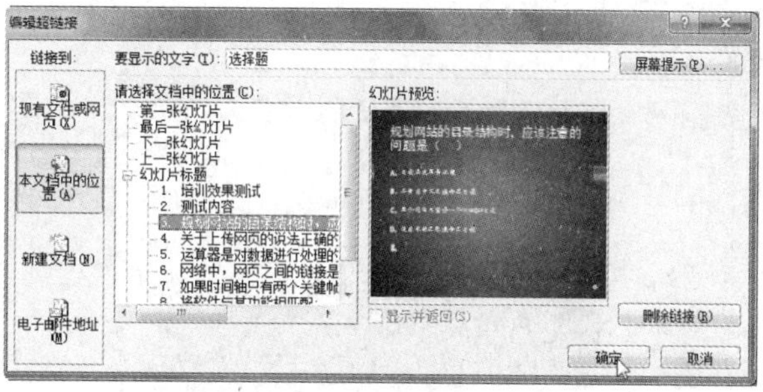

图 7.46　链接相应的幻灯片

步骤 15　用上述方法依次设置其余几组文本的超链接。

步骤 16　选中第 1 张幻灯片，在“插入”选项卡下的“插图”选项组中单击“形状”按钮，然后从弹出的菜单中单击“动作按钮”选项组中的“自定义”按钮□，如图 7.47 所示。

步骤 17　用鼠标绘制完按钮后会自动弹出“动作设置”对话框，切换到“单击鼠标”选项卡，然后选中“超链接到”单选按钮，并在其下方的下拉列表框中选择“下一张幻灯片”选项，最后单击“确定”按钮即可，如图 7.48 所示。

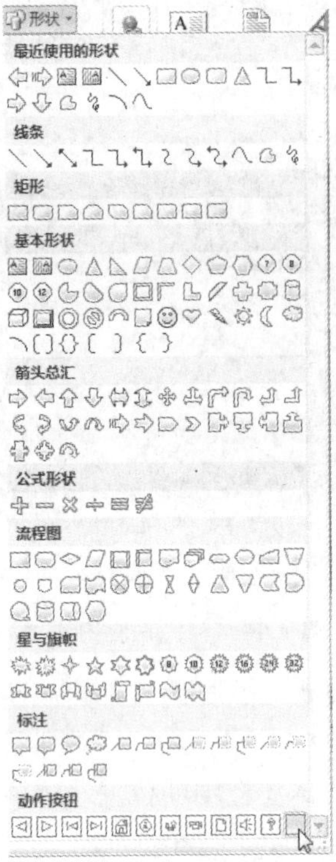

图 7.47　单击“自定义”按钮

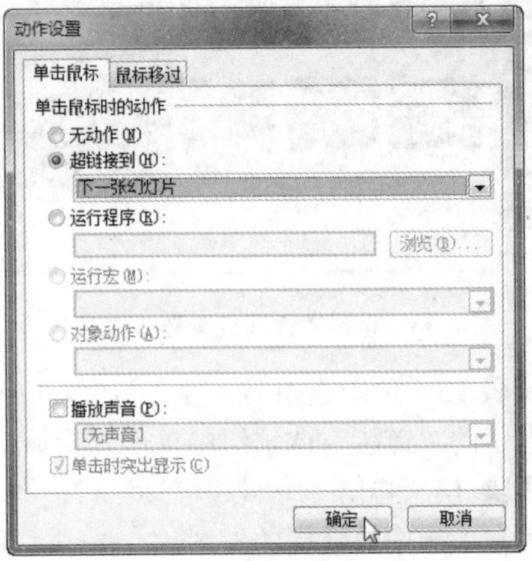

图 7.48　“动作设置”对话框

步骤 18　给按钮添加文字。右击该按钮，从弹出的快捷菜单中选择“编辑文字”命令，如图 7.49 所示。

步骤 19　输入文字后，可以适当对其进行美化，通过之前学过的方法设置字体、颜色及大小等，效果如图 7.50 所示。

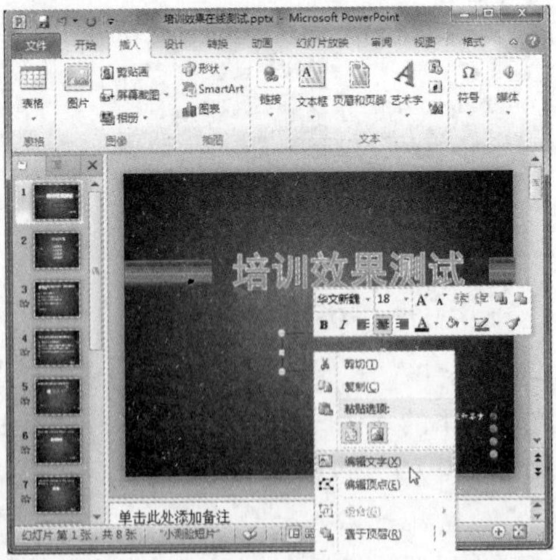

图 7.49　选择“编辑文字”命令

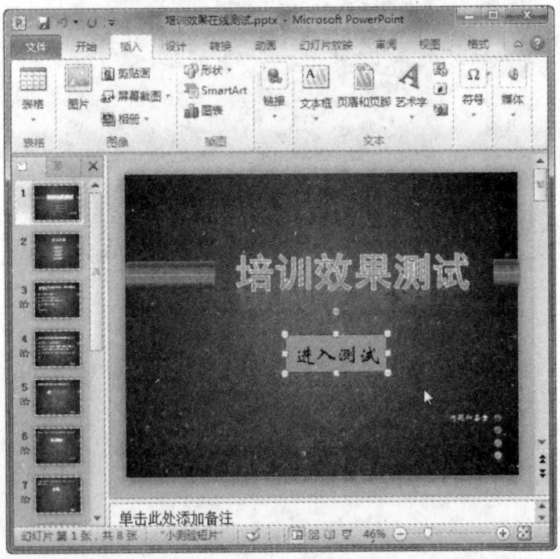

图 7.50　效果图

7.4　提 高 指 导

7.4.1　使用快速样式修饰文本框

在制作演示文稿时，幻灯片中不可缺少的就是文本框，对文本框进行设置就相当于美化幻灯片。如果幻灯片中的文本框较多，逐个对其进行设置需要花费不少的时间。为此，下面告诉大家一个快速修饰文本框的方法，具体操作步骤如下。

步骤 1　打开演示文稿，选择需要修饰文本框的幻灯片，这里选择第 10 张幻灯片。

步骤 2　选中其中的内容文本框，然后在“绘图工具”下的“格式”选项卡中，单击“艺术字样式”选项组中的“快速样式”按钮，从弹出的菜单中选择适用于本幻灯片的样式，如图 7.51 所示。

步骤 3　在“绘图工具”下的“格式”选项卡中，单击“形状样式”选项组中的“形状效果”按钮，从弹出的菜单中选择“发光”命令，接着从子菜单中选择“黑色，18pt 发光，强调文字颜色 4”选项，如图 7.52 所示。

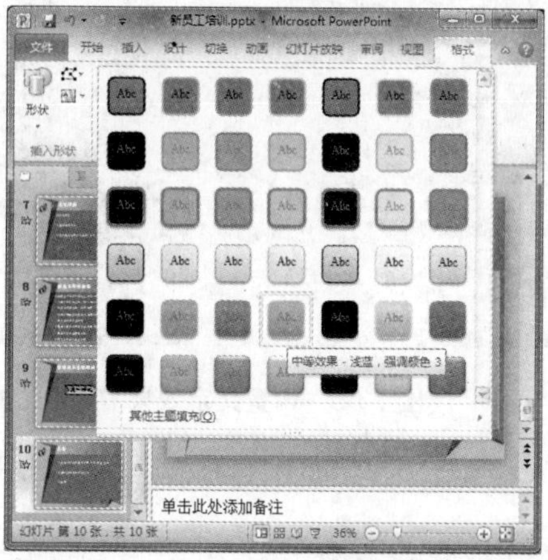

图 7.51　选择快速样式

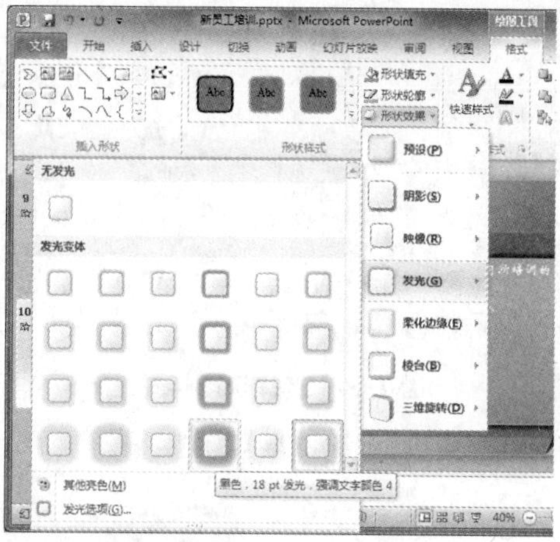

图 7.52　设置形状效果

步骤 4　此时该幻灯片中的文本框就随即发生变化，效果如图 7.53 所示。

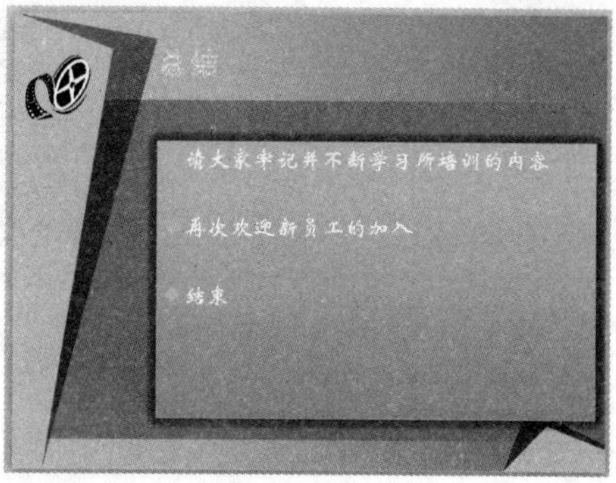
总结
请大家牢记并不断学习所培训的内容
再次欢迎新员工的加入
结束

图 7.53　效果图

7.4.2 使用快速样式修饰文本

修饰完文本框后，也要对其中的文本进行美化，具体操作步骤如下。

步骤 1 打开演示文稿，选择需要修饰文本框的幻灯片，这里仍然选择第 10 张幻灯片。

步骤 2 选中需要修饰的文本，在“绘图工具”下的“格式”选项卡中，单击“艺术字样式”选项组中的“快速样式”按钮，从弹出的菜单中选择合适的样式，这里选择“填充-白色，投影”选项，如图 7.54 所示。

步骤 3 在“绘图工具”下的“格式”选项卡中，单击“艺术字样式”选项组中的“文字效果”按钮，从弹出的菜单中选择“棱台”命令，接着从子菜单中选择“凸起”选项，如图 7.55 所示。

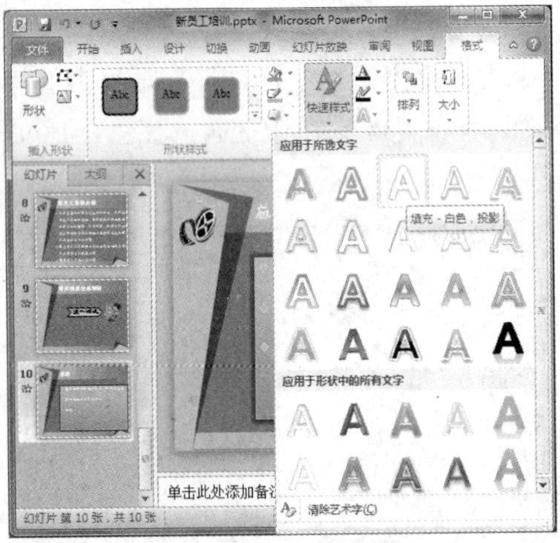

图 7.54 选择快速样式

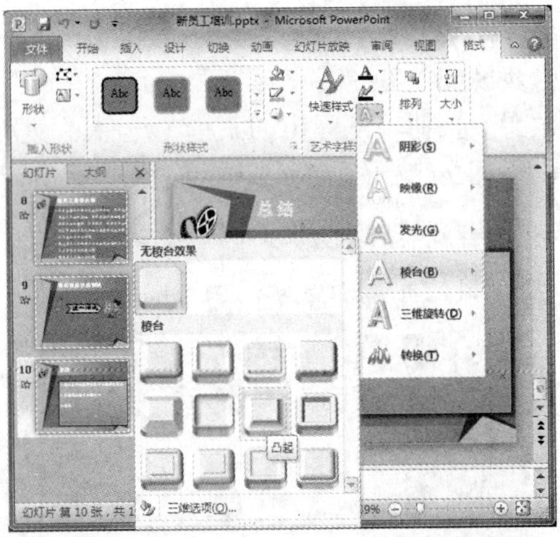

图 7.55 设置文字效果

步骤 4 效果如图 7.56 所示。

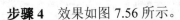

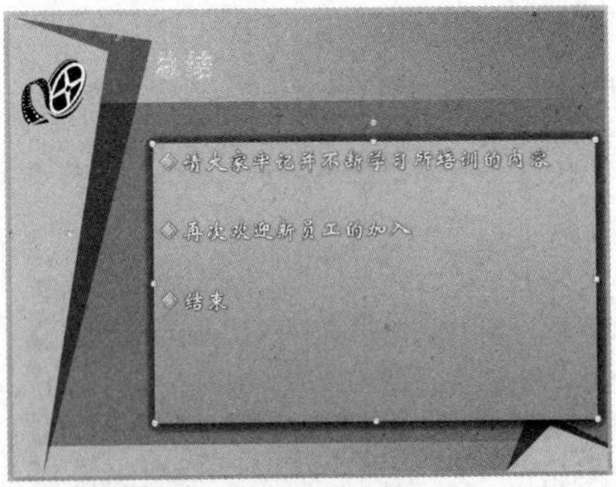

图 7.56 效果图

7.4.3 取消禁用文字自动换行

取消禁用文字自动换行的操作步骤如下。

步骤 1　打开演示文稿，选择需要设置的幻灯片。

步骤 2　选中文本并右击，从弹出的快捷菜单中选择“设置形状格式”命令，弹出“设置形状格式”对话框。

步骤 3　在左侧窗格中选择“文本框”选项，然后在右侧窗格中取消选中“形状中的文字自动换行”复选框，如图 7.57 所示。

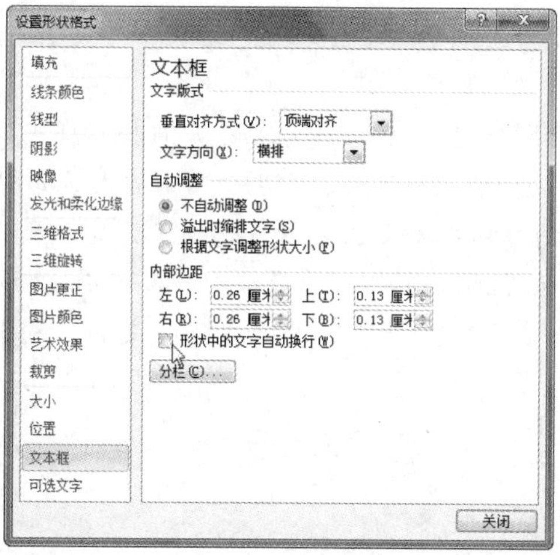

图 7.57　“设置形状格式”对话框

7.4.4　复制其他演示文稿中的主题

如果想在创建后的演示文稿中使用某种未使用过的主题，该如何实现呢？其实，可以通过复制应用此主题的演示文稿的母版来实现，具体操作步骤如下。

步骤 1　打开要进行主题复制的演示文稿，然后在“视图”选项卡下的“演示文稿视图”选项组中单击“幻灯片母版”按钮，进入幻灯片母版视图。

步骤 2　在左侧窗格中单击第一张幻灯片，然后按 Ctrl+C 组合键进行复制。

步骤 3　打开要应用此主题的演示文稿，然后在“视图”选项卡下的“演示文稿视图”选项组中单击“幻灯片母版”按钮，进入幻灯片母版视图。

步骤 4　按 Ctrl+V 组合键，然后在左侧窗格中选中第 1 张幻灯片，然后按 Delete 键删除。最后单击“关闭母版视图”按钮，完成操作。

7.5　习　　题

一、选择题

(1)　“幻灯片母版”按钮在(　　)选项卡之下。

A.　“设计”　　B.　“转换”　　C.　“幻灯片放映”　　D.　“视图”

(2)　设置“艺术字”是在“插入”选项卡下的(　　)选项组中。

A.　“符号”　　B.　“文本”　　C.　“插图”　　D.　“图像”

(3) 按钮位于以下(　　)选项组中。

A. “基本形状”　　B. “流程图”　　C. “标注”　　D. “动作按钮”

(4) “插入”选项卡下的“图像”选项组中不包括(　　)按钮。

A. “图片”　　B. “剪贴画”　　C. “图表”　　D. “屏幕截图”

二、实训题

(1) 新建一个演示文稿。

要求:

① 设置一个与公司形象相符合的母版，要改变其标题样式等，使其具有特色。

② 关闭母版视图后，设置一个目录页，并设置超链接，取消链接下划线。

③ 输入文本内容，为其所在的文本框设置动画，为其添加一个“浮入”效果。

④ 在幻灯片合适的位置插入图片(可以是公司产品)和剪贴画。

(2) 使用系统提供的模板新建一个在线测试演示文稿，利用其自带功能制作“选择题”、“判断题”和“简答题”。

第 8 章

经典实例：制作公司简介宣传片

公司的生存和发展离不开客户的支持。公司在不断开辟新市场时，需要挖掘更多新客户，无论是共同合作的客户还是消费者客户，都要先让对方了解本公司的具体情况。为此，公司可以使用 PowerPoint 制作公司简介宣传片，从而更好地向客户传递本公司各方面的情况，尤其可以向客户展示本公司经营的一些产品，给客户一个清楚的概念。

本章主要内容

- 设置公司 LOGO
- 制作公司简介幻灯片
- 制作产品展示幻灯片
- 制作产品展示菜单幻灯片
- 设置弹出式菜单效果
- 让“公司简介”动起来

8.1 要 点 分 析

使用 PowerPoint 制作的公司简介宣传片可以把公司更加完美地展现在客户面前，其效果不是手发一份印刷的公司简介文件可以相比的。利用 PowerPoint 制作公司简介宣传片时，可以充分利用 PowerPoint 的文字设置、图片编辑、动作按钮等功能，并设置幻灯片的切换效果，添加动画效果和超链接等，以制作出生动、丰富的宣传片，吸引客户眼球。

8.2 制作公司简介宣传片

8.2.1 通过模板创建演示文稿

如果想要快速制作出公司简介演示文稿，可以先根据模板新建一个演示文稿，然后在其中进行修改编辑。

步骤 1 启动 PowerPoint 2010 程序，然后选择“文件”|“新建”命令，接着在中间窗格中选择演示文稿模板类型，例如单击“样本模板”选项，如图 8.1 所示。

步骤 2 接着在展开的列表框中选择合适的模板，这里双击“宣传手册”选项，或者单击“宣传手册”选项，再在右侧窗格中单击“创建”按钮，如图 8.2 所示。

步骤 3 按 Ctrl+S 组合键保存新建的演示文稿。

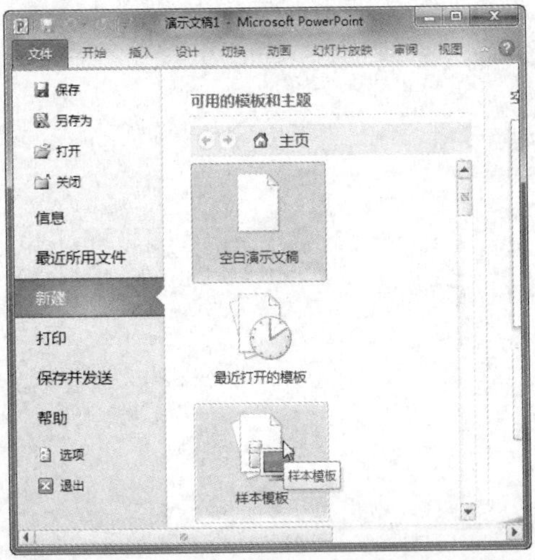

图 8.1 选择演示文稿模板类型

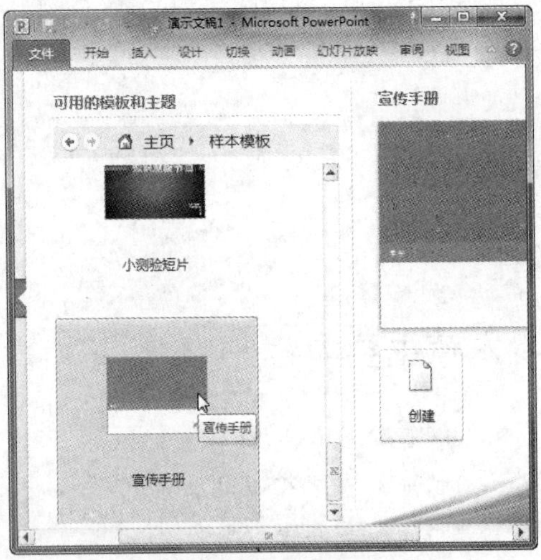

图 8.2 选择类别

8.2.2 编辑第 1 张幻灯片的内容

演示文稿创建好之后，接下来编辑第 1 张幻灯片的内容，具体操作步骤如下。

步骤 1 在第 1 张幻灯片中的标题占位符中输入标题，并使用“开始”选项卡下的“字体”选项组中的命令设置其字体格式为“华文琥珀”，字号为“48”，并加粗字体，如图 8.3 所示。

步骤 2　在内容占位符中输入制作时间和制作人信息，并调整其字号大小，如图 8.4 所示。

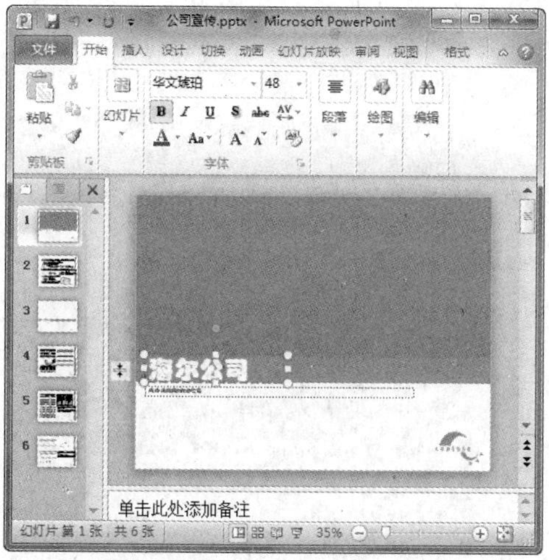

图 8.3　设置第 1 张幻灯片的标题

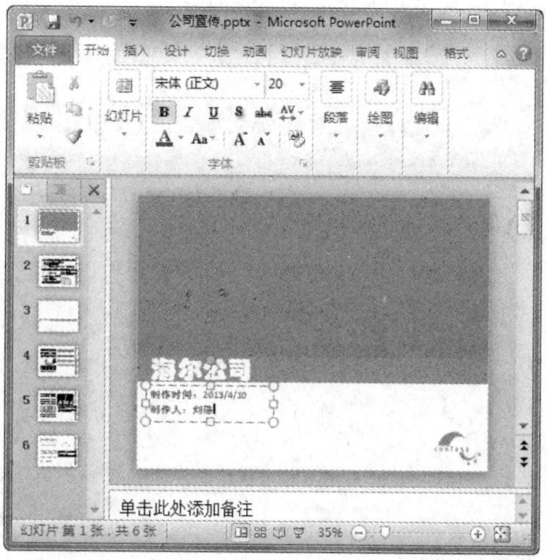

图 8.4　设置内容占位符中的内容格式

8.2.3　设置公司 LOGO

由于使用的是手册模板，演示文稿中已有 LOGO 了，下面通过幻灯片母版快速更换所有 LOGO 图片，具体操作步骤如下。

步骤 1　在"视图"选项卡下的"母版视图"选项组中单击"幻灯片母版"按钮，如图 8.5 所示。

步骤 2　在第 1 张幻灯中单击 LOGO 图片，然后在"图片工具"下的"格式"选项卡中，单击"调整"选项组中的"更改图片"按钮，如图 8.6 所示。

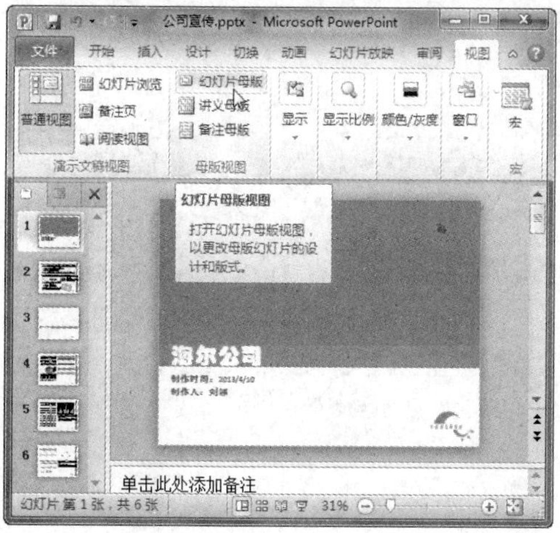

图 8.5　单击"幻灯片母版"按钮

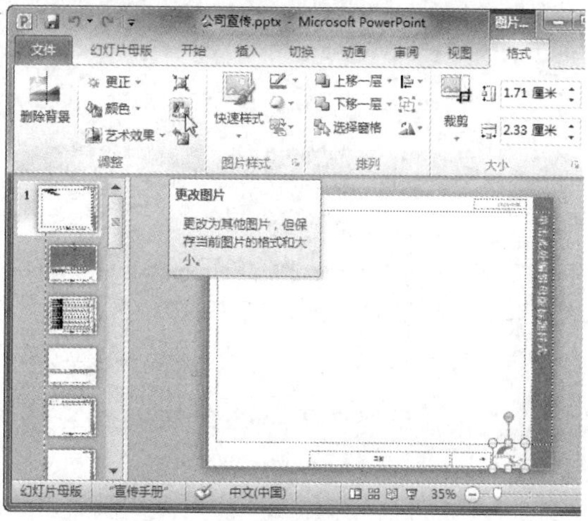

图 8.6　单击"更改图片"按钮

步骤 3 弹出“插入图片”对话框，选择要使用的图片，再单击“插入”按钮，如图 8.7 所示。

步骤 4 这时会发现在幻灯片中的相同位置和大小的 LOGO 图片已经被更换了，使用该方法更换个别大小不一样的 LOGO 图片，然后在“幻灯片母版”选项卡下的“关闭”选项组中单击“关闭母版视图”按钮，如图 8.8 所示。

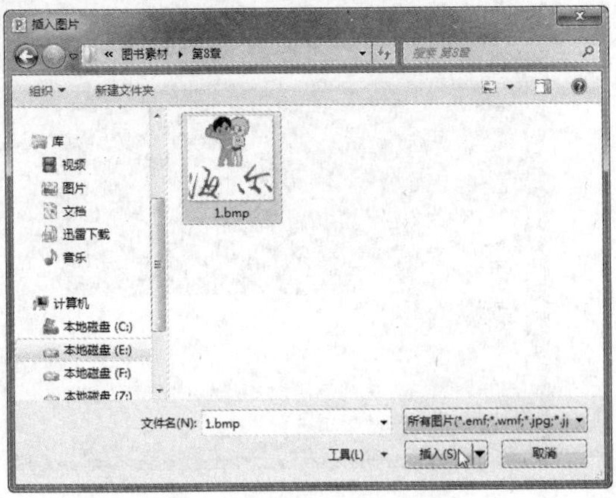

图 8.7 选择 LOGO 图片

图 8.8 关闭母版视图

8.2.4 制作公司简介幻灯片

制作公司简介幻灯片的具体操作步骤如下。

步骤 1 右击第 2 张幻灯片，从弹出的快捷菜单中选择“删除幻灯片”命令，如图 8.9 所示。

步骤 2 在“开始”选项卡下的“幻灯片”选项组中单击“新建幻灯片”按钮，从弹出的菜单中选择“仅标题”选项，如图 8.10 所示。

图 8.9 选择“删除幻灯片”命令

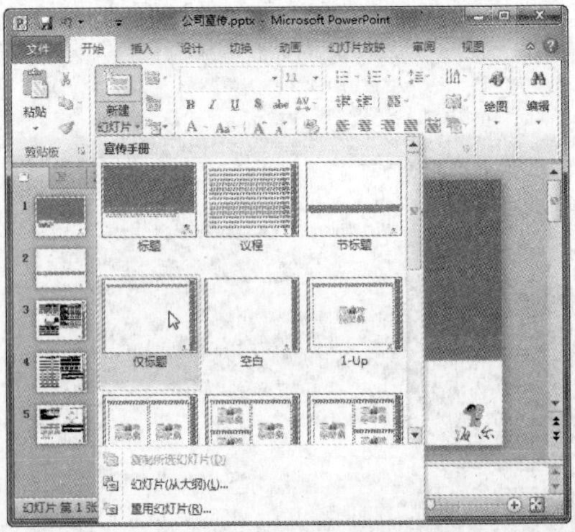

图 8.10 选择“仅标题”选项

步骤 3 在新添加的幻灯片中输入标题，然后在“开始”选项卡下的“段落”选项组中单击“居中”按钮，让标题居中显示，如图 8.11 所示。

步骤 4　选中横排的占位符，按 Delete 键将其删除，然后在“插入”选项卡下的“插图”选项组中单击“形状”按钮，从弹出的菜单中单击“文本框”按钮，如图 8.12 所示。

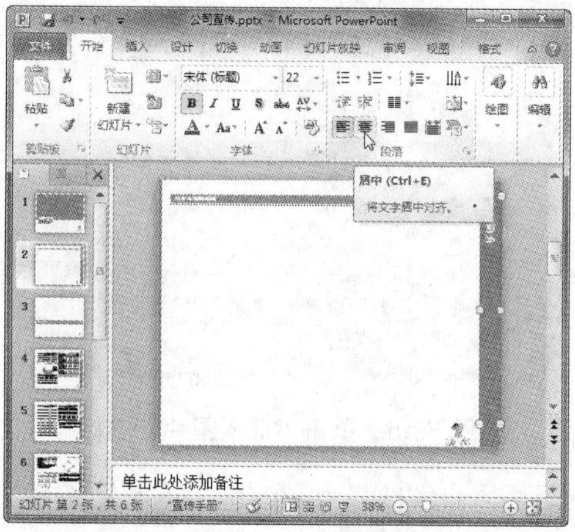

图 8.11　居中显示幻灯片标题

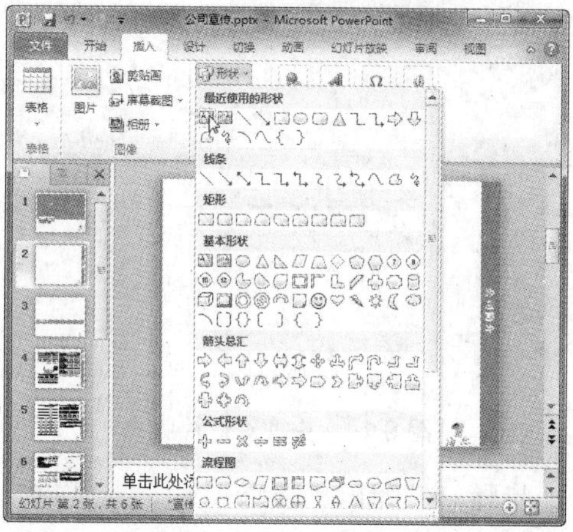

图 8.12　单击“文本框”按钮

步骤 5　在幻灯片中插入文本框，并输入公司简介内容。

步骤 6　选中文本框，然后在“开始”选项卡下的“段落”选项组中单击“行距”按钮，从弹出的菜单中选择 1.5 选项，如图 8.13 所示。

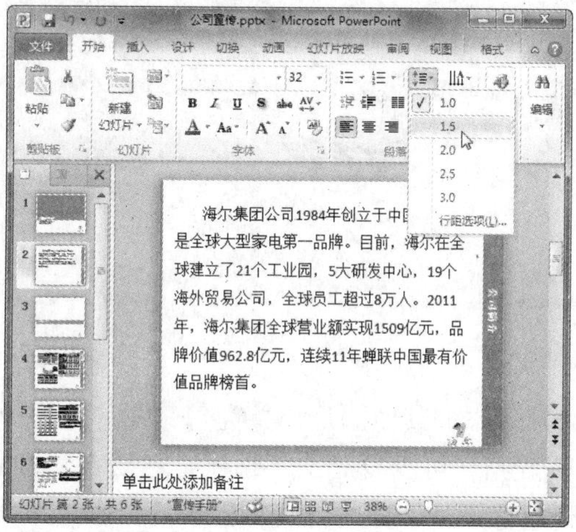

图 8.13　设置行距

8.2.5　制作产品展示幻灯片

接下来制作产品展示幻灯片，具体操作步骤如下。

步骤 1　选中第 3 张幻灯片，然后在“开始”选项卡下的“幻灯片”选项组中单击“幻灯片版式”按钮，从弹出的菜单中选择 4-Up 选项，如图 8.14 所示。

步骤 2　修改幻灯片右侧的标题，并将其居中对齐，接着单击幻灯片中的“插入图片”按钮，如图 8.15 所示。

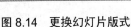

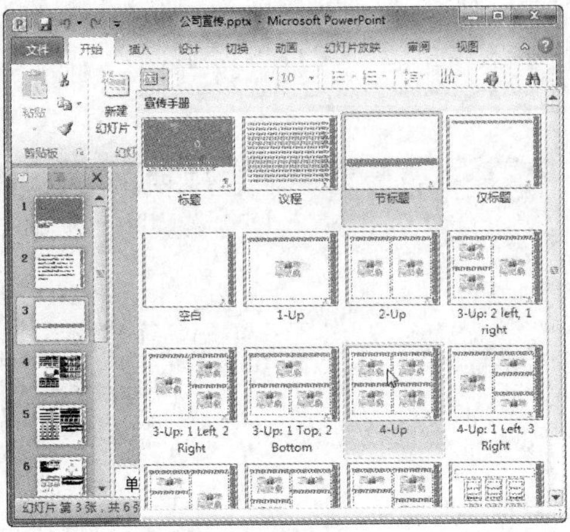

图 8.14　更换幻灯片版式

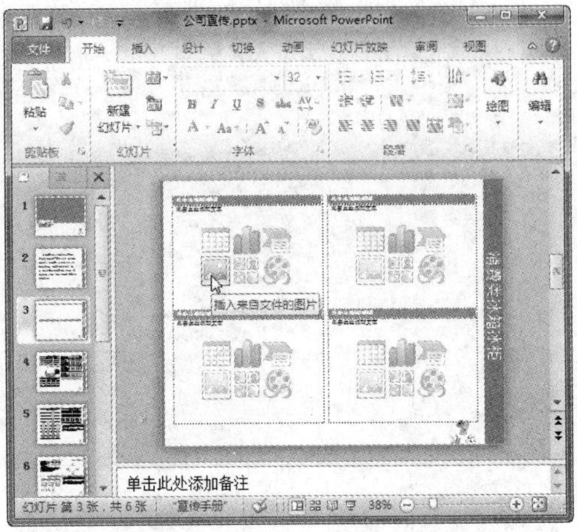

图 8.15　单击“插入图片”图标

步骤 3　弹出“插入图片”对话框，选择要插入的图片，再单击“插入”按钮，如图 8.16 所示。

步骤 4　单击图片上面的占位符，输入图片标题，如图 8.17 所示。

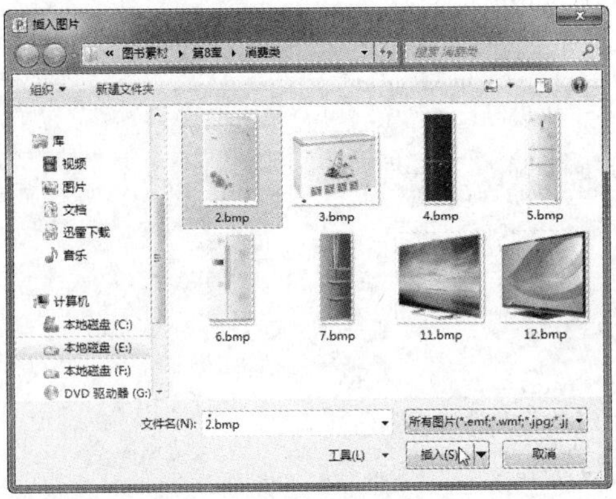

图 8.16　选择插入图片

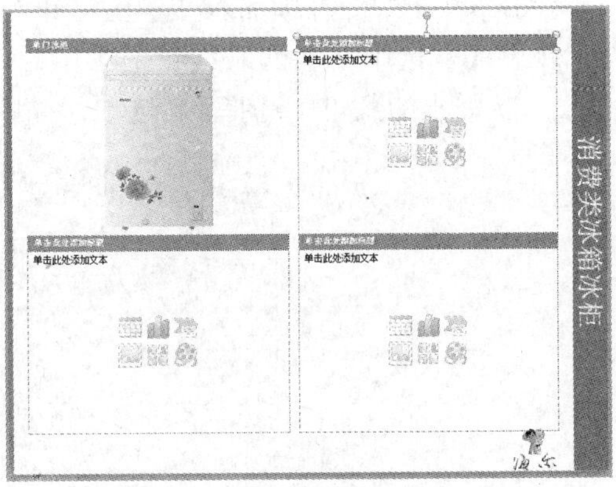

图 8.17　输入图片标题

步骤 5　使用类似的方法添加其他图片，并为每张图片设置一个图片标题。若 4-Up 版式幻灯片中的图片位置被占完，可以复制图片标题，然后在“插入”选项卡下的“图像”选项组中单击“图片”按钮继续插入图片，再调整图片位置，最终效果如图 8.18 所示。

步骤 6　在“开始”选项卡下的“幻灯片”选项组中单击“新建幻灯片”按钮，从弹出的菜单中选择“3-Up：2 left，1 right”选项，如图 8.19 所示。

步骤 7　在新插入的幻灯片中修改幻灯片标题，然后插入图片，并设置图片名称，如图 8.20 所示。

步骤 8　在“开始”选项卡下的“幻灯片”选项组中单击“新建幻灯片”按钮，从弹出的菜单中选择 2-Up 选项，如图 8.21 所示。

步骤 9　在新插入的幻灯片中修改幻灯片标题，然后插入图片，并设置图片名称，如图 8.22 所示。

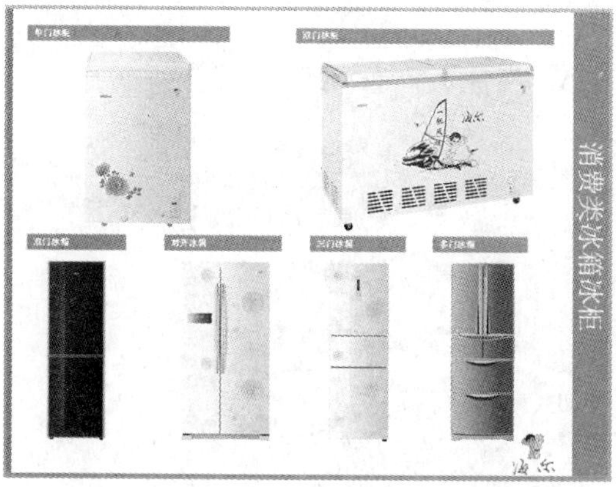

图 8.18　设置其他图片及图片标题

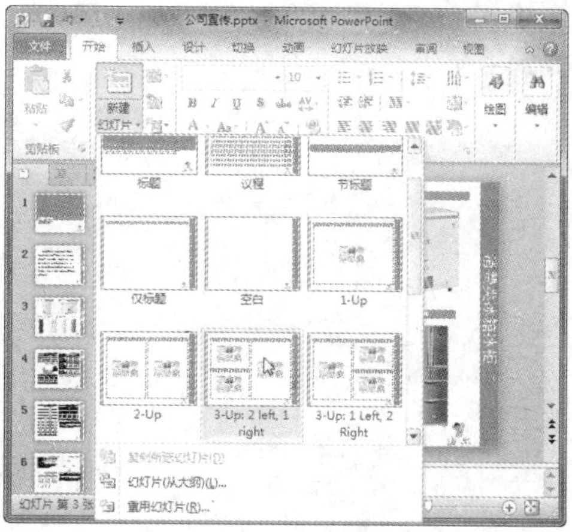

图 8.19　新建幻灯片

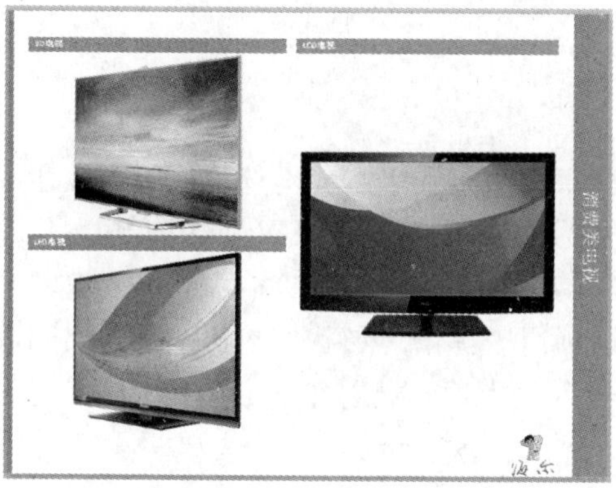

图 8.20　编辑第 4 张幻灯片

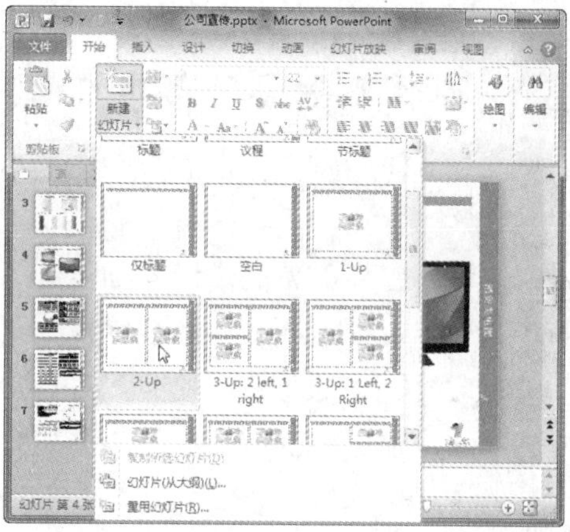

图 8.21　新建 2-Up 版式的幻灯片

步骤 10　在“开始”选项卡下的“幻灯片”选项组中单击“新建幻灯片”按钮，从弹出的菜单中选择 4-Up 选项，接着修改幻灯片标题，再插入图片，并设置图片名称，如图 8.23 所示。

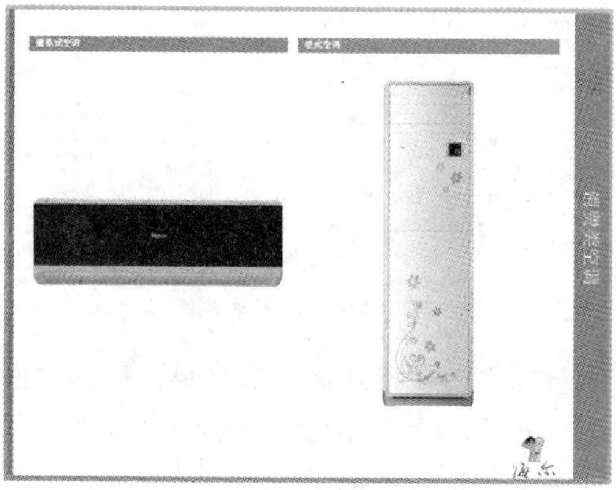

图 8.22　编辑第 5 张幻灯片

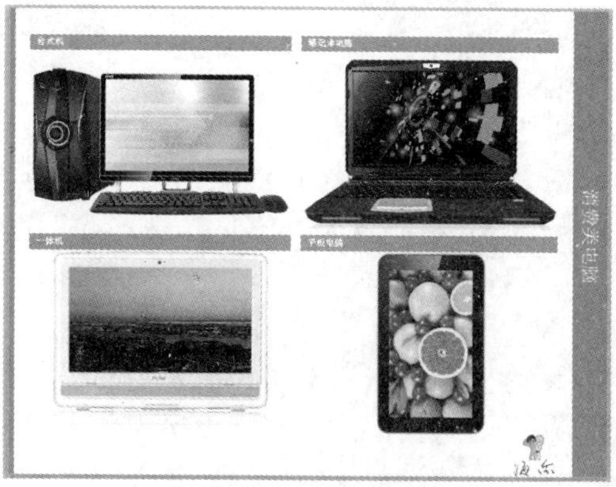

图 8.23　编辑第 6 张幻灯片

步骤 11 参考前面操作，制作商业类产品展示幻灯片，并删除后面无用的幻灯片，如图 8.24 所示。

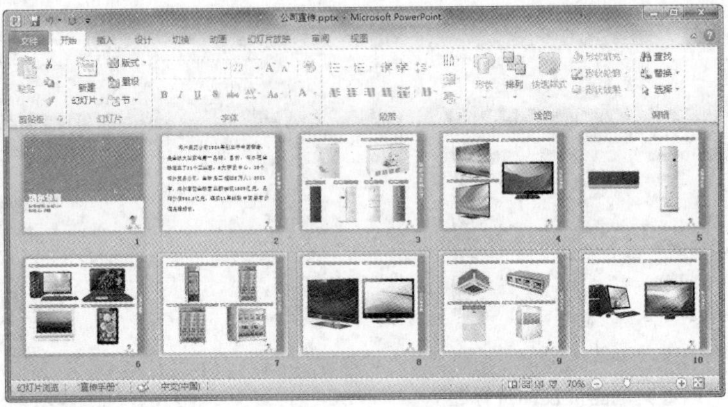

图 8.24 制作商业类产品展示幻灯片

8.2.6 制作产品展示菜单幻灯片

制作产品展示菜单幻灯片的具体操作步骤如下。

步骤 1 在“视图”选项卡下的“母版视图”选项组中单击“幻灯片母版”按钮，进入幻灯片母版模式，然后在第 1 张幻灯片中选中页脚占位符，按 Delete 键将其删除，如图 8.25 所示。使用该方法删除幻灯片中的日期和幻灯片编号占位符。

步骤 2 在“插入”选项卡下的“插图”选项组中单击“形状”按钮，从弹出的菜单中单击“文本框”按钮，在第 1 张幻灯片中插入文本框，接着在其中输入“消费类”，再设置其字体格式为“幼圆”，字号为“40”，如图 8.26 所示。

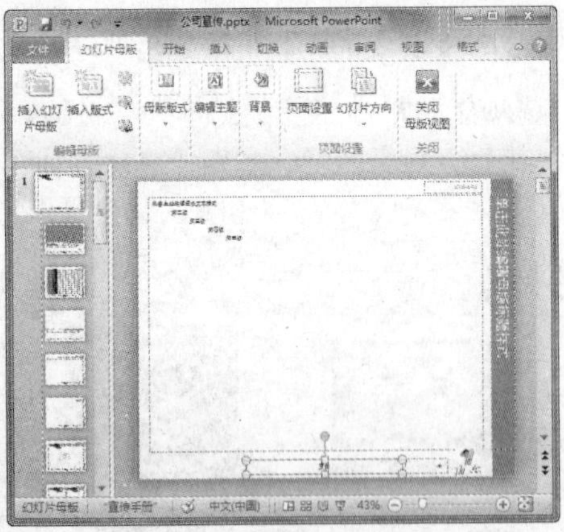

图 8.25 删除页脚占位符

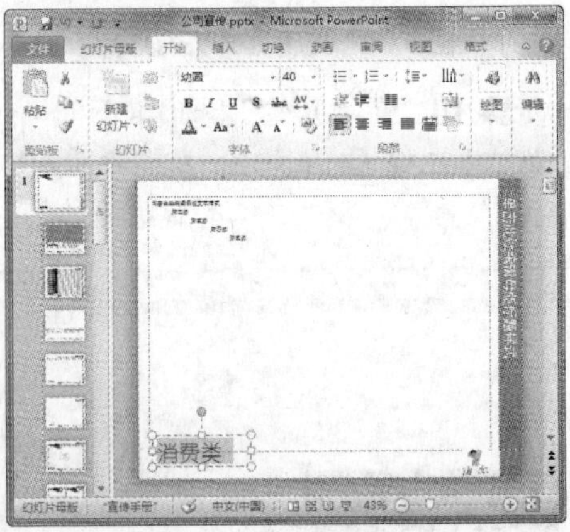

图 8.26 插入文本框

步骤 3 右击文本框，从弹出的快捷菜单中选择“设置形状格式”命令，打开“设置形状格式”对话框，在左侧窗格中单击“文本框”选项，然后在右侧窗格中设置“垂直对齐方式”为“中部居中”，接着选中“根据文字调整形状大小”单选按钮和“形状中的文字自动换行”复选框，并将“内部边距”选项组中的 4 个微调框中的值都设置为“0.3 厘米”，如图 8.27 所示，再单击“关闭”按钮。

步骤 4　单击文本框，然后在“绘图工具”下的“格式”选项卡中，单击“形状样式”选项组中的“其他”按钮，从弹出的菜单中单击“强调效果-绿色，强调颜色 5”选项，如图 8.28 所示。

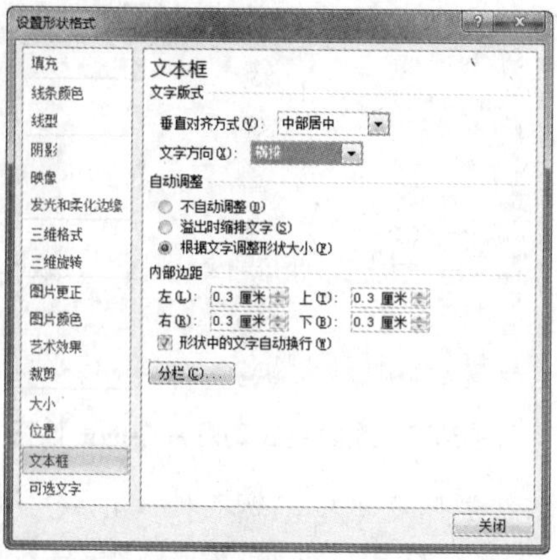

图 8.27　设置文本框格式

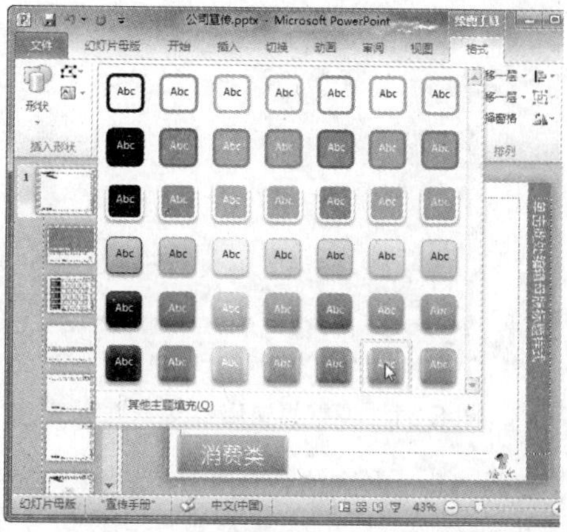

图 8.28　设置文本框样式

步骤 5　对“消费类”文本框的位置进行微调，使其位于幻灯片底部。但是要注意，不能让该文本框与播放幻灯片时位于幻灯片左下角的控制按钮相重叠，否则在将鼠标移至该文本框上时，有可能意外激活幻灯片本身的控制菜单，如图 8.29 所示。

步骤 6　确定好文本框位置后，单击选中文本框，然后按住 Shift+Ctrl 组合键，使用鼠标向右拖动，在同一水平位置上复制一个外观大小完全相同的文本框。用同样的方法再复制出一个文本框，并修改两个文本框中的内容为“商业类”和“退出”，如图 8.30 所示。

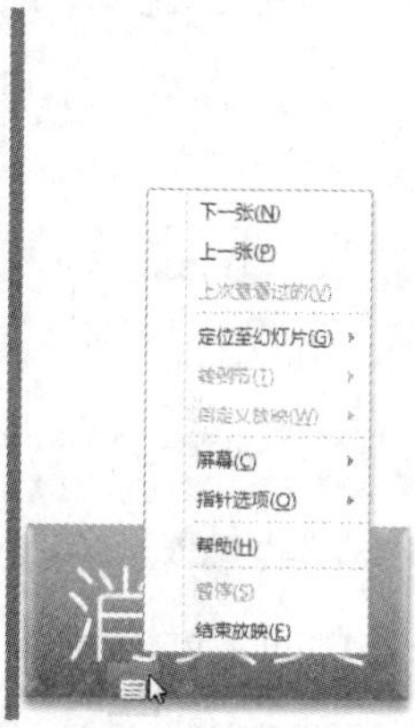

图 8.29　激活幻灯片本身的控制菜单

图 8.30　在同一水平位置上复制文本框

步骤 7　选中“退出”文本框，然后在“绘图工具”下的“格式”选项卡中，设置“大小”选项组中的“宽度”微调框为“4.6 厘米”，如图 8.31 所示。

步骤 8　在“幻灯片母版”选项卡下的“关闭”选项组中单击“关闭母版视图”按钮。

步骤 9　选中第 2 张幻灯片，然后在“开始”选项卡下的“幻灯片”选项组中单击“新建幻灯片”按钮，从弹出的菜单中选择“空白”选项，在第 2 张幻灯片下插入空白版式的幻灯片，接着选中幻灯片右侧的标题占位符，按 Delete 键将其删除，如图 8.32 所示。

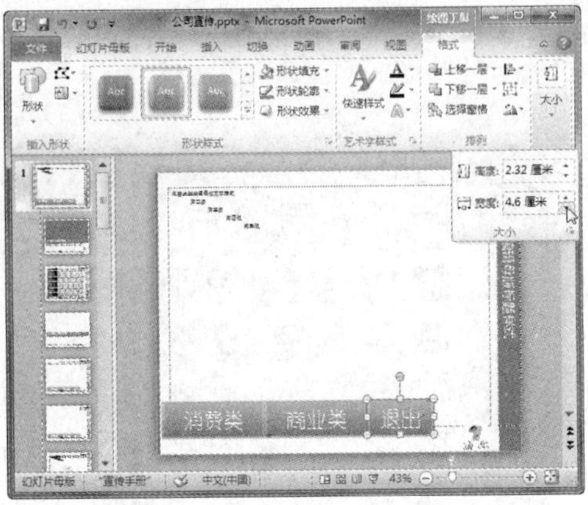

图 8.31　调整“退出”文本框宽度

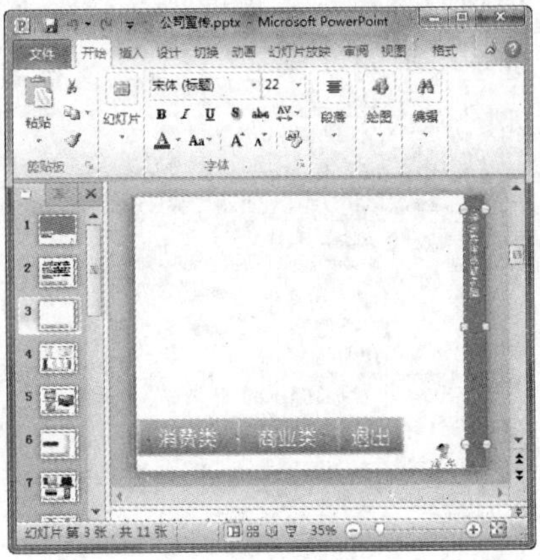

图 8.32　删除空白幻灯片中的占位符

步骤 10　再次进入幻灯片母版模式，选中“消费类”文本框，然后按 Ctrl+C 组合键进行复制，接着退出幻灯片母版模式，并切换到第 3 张幻灯片，再按 Ctrl+V 组合键进行粘贴，并使其下边缘与母版第一文本框的上边缘对齐，如图 8.33 所示。

步骤 11　单击新复制的文本框，然后在“绘图工具”下的“格式”选项卡中，单击“形状样式”选项组中的“其他”按钮，从弹出的菜单中选择“彩色填充-绿色，强调颜色 5”选项，如图 8.34 所示。

图 8.33　对齐新复制的文本框

图 8.34　设置文本框样式

步骤 12　在“绘图工具”下的“格式”选项卡中，单击“形状样式”选项组中的“形状轮廓”按钮，从弹出的菜单中选择“无轮廓”命令，如图 8.35 所示。

步骤 13　修改文本框中的内容为“冰箱冰柜”，然后在“开始”选项卡下的“段落”选项组中单击“居中”按钮，让文本居中显示，如图 8.36 所示。

步骤 14　单击“冰箱冰柜”文本框，然后按住 Shift+Ctrl 组合键，使用鼠标向上拖动，在同一垂直位置上复制一个外观大小完全相同的文本框。用同样的方法再复制出两个文本框，再修改各文本框中的内容，如图 8.37 所示。

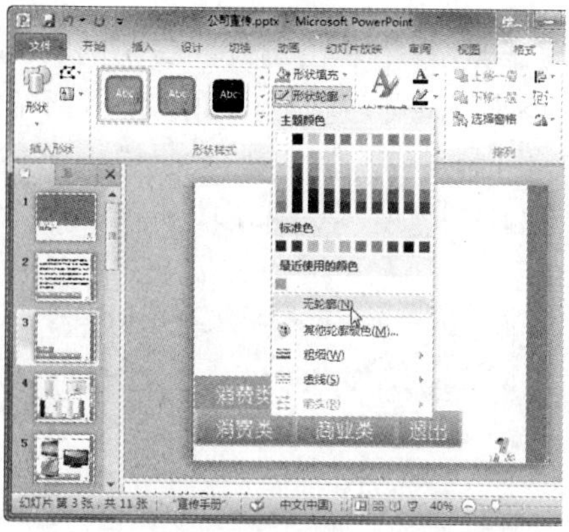

图 8.35　设置文本框轮廓

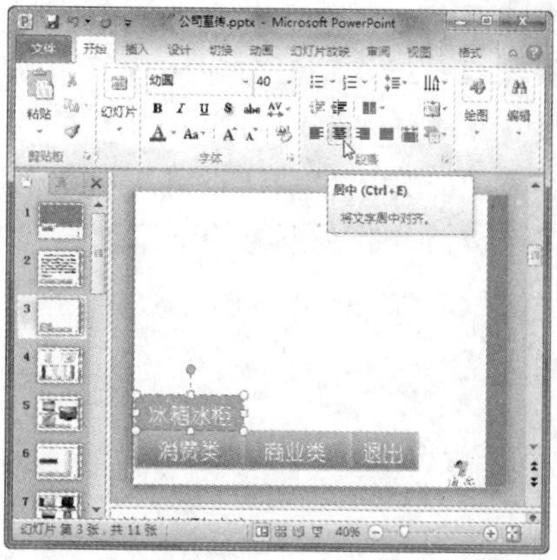

图 8.36　居中显示文本框中的文本

步骤 15　选中第 3 张幻灯片中的四个文本框，然后按住 Shift+Ctrl 组合键，使用鼠标向右拖动，在同一水平位置上复制文本框，并修改文本框中的文本内容，如图 8.38 所示。

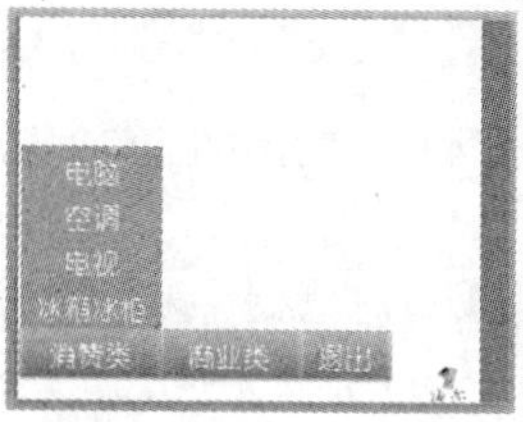

图 8.37　在同一垂直位置上复制文本框

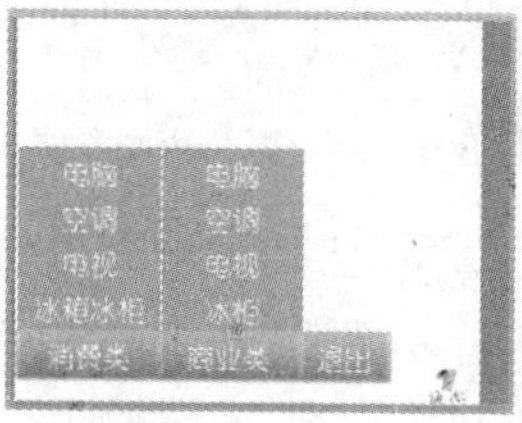

图 8.38　在同一水平位置上复制文本框

步骤 16　复制第 3 张幻灯片，然后将第 3 张幻灯片右侧的四个文本框删除，在第 4 张幻灯片中将左侧的四个文本框删除，如图 8.39 所示。

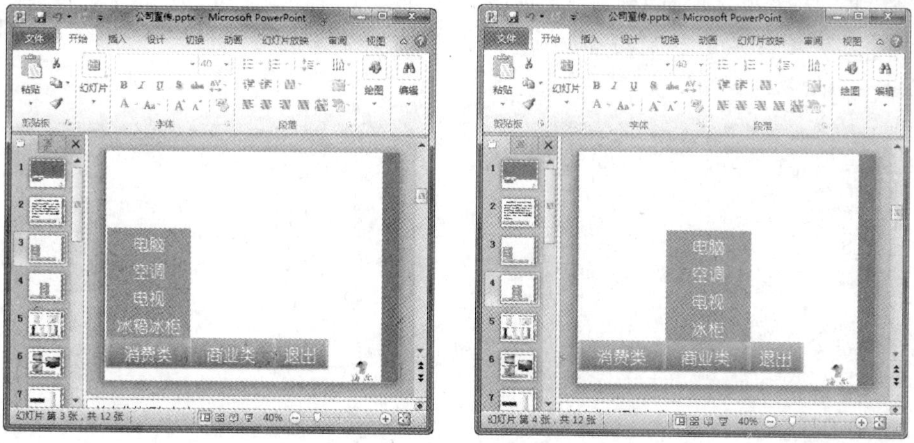

图 8.39　完成后的第 3 张幻灯片和第 4 张幻灯片

8.2.7　设置弹出式菜单效果

在制作好菜单幻灯片后，下面就可以实现单击按钮时弹出菜单的弹出式效果了，具体操作步骤如下。

步骤 1 进入幻灯片母版模式，然后在第 1 张幻灯片中单击幻灯片底部的第一个按钮，接着在“插入”选项卡下的“链接”选项组中单击“动作”按钮，如图 8.40 所示。

步骤 2 弹出“动作设置”对话框，切换到“单击鼠标”选项卡，然后选中“超链接到”单选按钮，并在下方的下拉列表框中选择“幻灯片”选项，如图 8.41 所示。

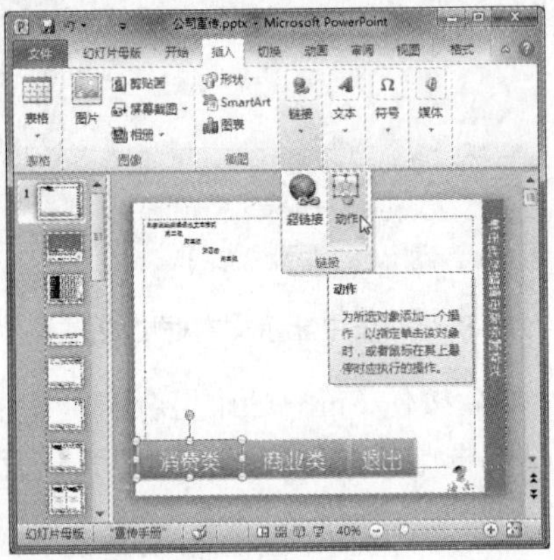

图 8.40 单击“动作”按钮

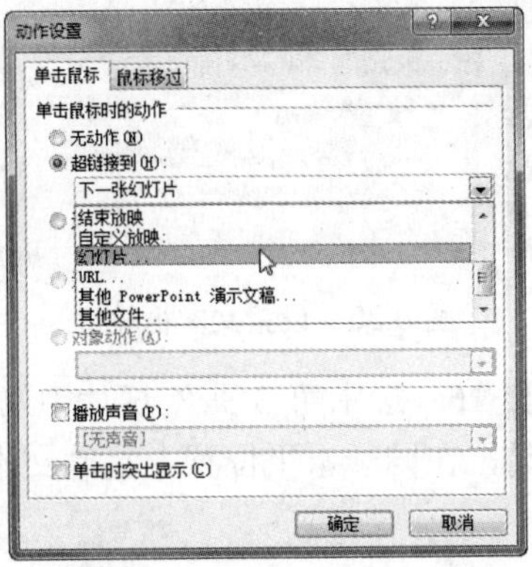

图 8.41 “动作设置”对话框

步骤 3 弹出“超链接到幻灯片”对话框，然后在“幻灯片标题”列表框中选择“3. 幻灯片 3”选项，再单击“确定”按钮，如图 8.42 所示。

步骤 4 返回“动作设置”对话框，选中“播放声音”和“单击时突出显示”复选框，并设置播放声音为“单击”，如图 8.43 所示。

步骤 5 切换到“鼠标移过”选项卡，选中“鼠标移过时突出显示”复选框，再单击“关闭”按钮，如图 8.44 所示。

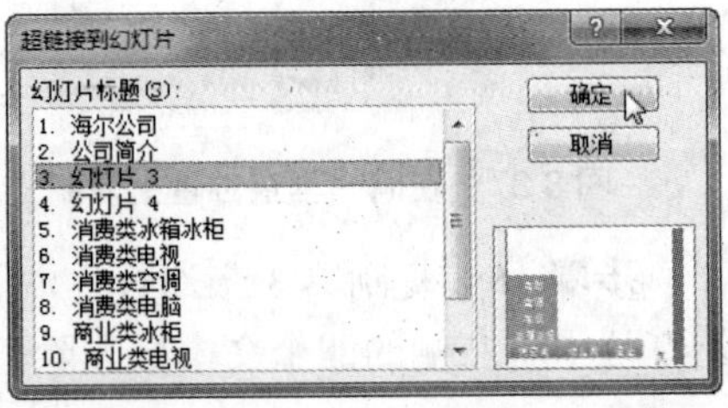

图 8.42 “超链接到幻灯片”对话框

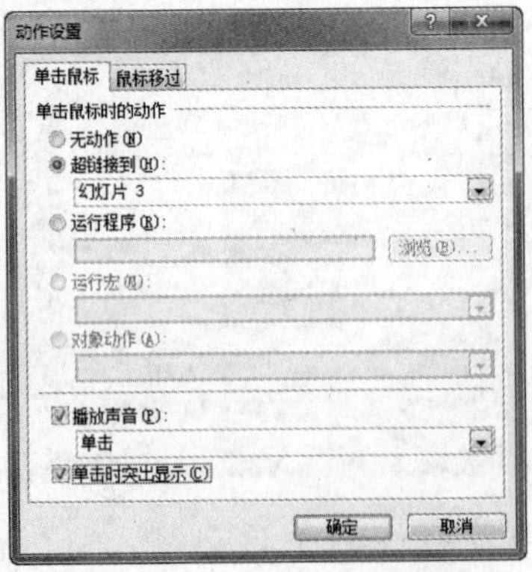

图 8.43 设置播放声音

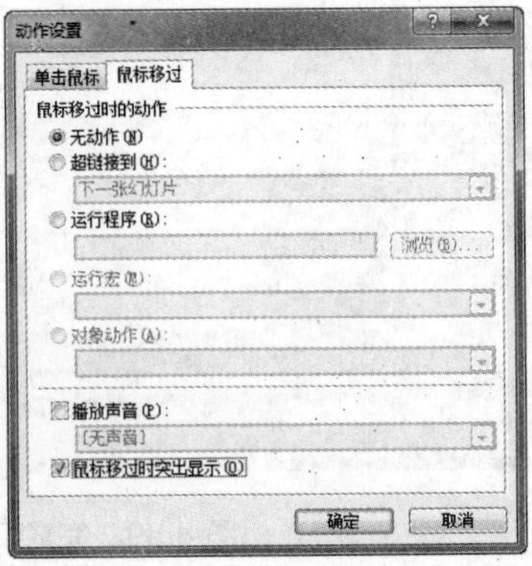

图 8.44 选中“鼠标移过时突出显示”复选框

8.3　让“公司简介”动起来

制作公司简介强调简洁大方，但这并不代表呆板单调，要以抓住别人的眼球为目标进行制作。在一堆静止的东西当中出现一个活动的事物，往往能瞬间吸引住别人的目光。

8.3.1　让展示的产品图片动起来

PowerPoint 2010 中包括四大类不同的动画效果。

- “进入”效果：可以使对象以各种不同的方式进入视图中，如飞入、浮入等。
- “强调”效果：可以放大、缩小对象或更对象颜色等。
- “退出”效果：可以使对象以不同的方式从幻灯片或视图中消失。
- “动作路径”效果：可以使对象按照选定的路径进行移动。

设置动画效果的具体操作步骤如下。

步骤 1　在第 5 张幻灯片中选择要添加动画效果的对象，然后在“动画”选项卡下的“动画”选项组中单击“动画样式”按钮，从打开的菜单中单击“进入”选项组中的“轮子”选项，如图 8.45 所示。

步骤 2　在“动画”选项卡下的“动画”选项组中单击“效果选项”按钮，从打开的菜单中选择“4 轮辐图案(4)”选项，如图 8.46 所示。

图 8.45　设置为“轮子”动画样式

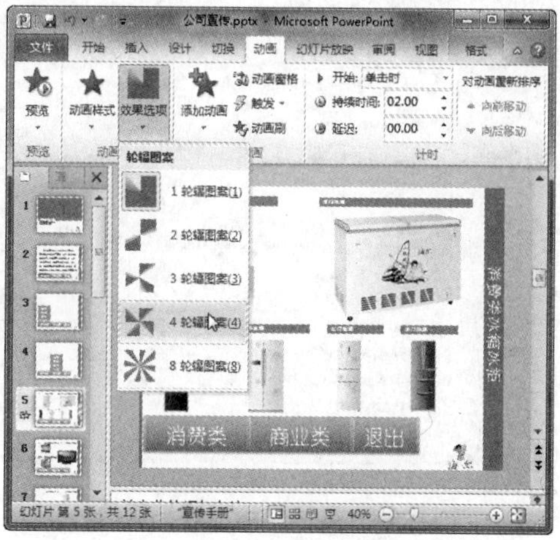

图 8.46　设置效果选项

步骤 3　选择刚设置动画效果的图片，然后在“动画”选项卡下的“计时”选项组中设置“开始”为“单击时”，“持续时间”为“02.00”，“延迟”为“01.00”，如图 8.47 所示。

步骤 4　使用上述方法，对其他产品图片设置动画效果。

步骤 5　若要对幻灯片中的对象应用多个动画效果，可以先选中对象，这里按 Shift 键选中第 5 张幻灯片中的 4 个图片，如图 8.48 所示。

步骤 6　在“动画”选项卡下的“高级动画”选项组中单击“添加动画”按钮，从打开的菜单中选择“强调”选项组中的“陀螺旋”选项，如图 8.49 所示。

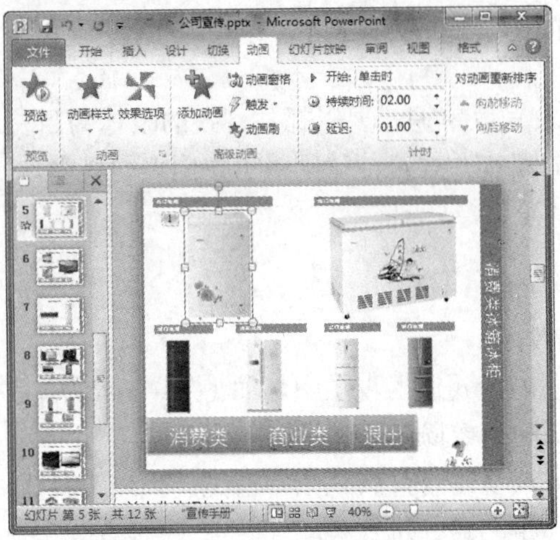

图 8.47　设置动画计时参数

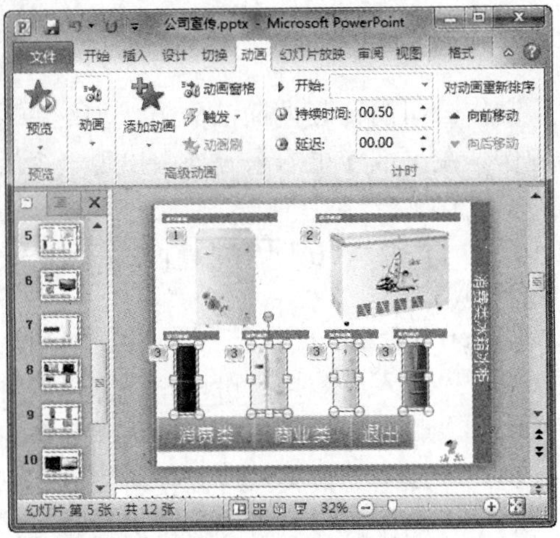

图 8.48　选择要设置多个动画效果的对象

步骤 7　在“动画”选项卡下的“高级动画”选项组中单击“动画窗格”按钮，打开“动画窗格”任务窗格，如图 8.50 所示。

图 8.49　选择“陀螺旋”选项

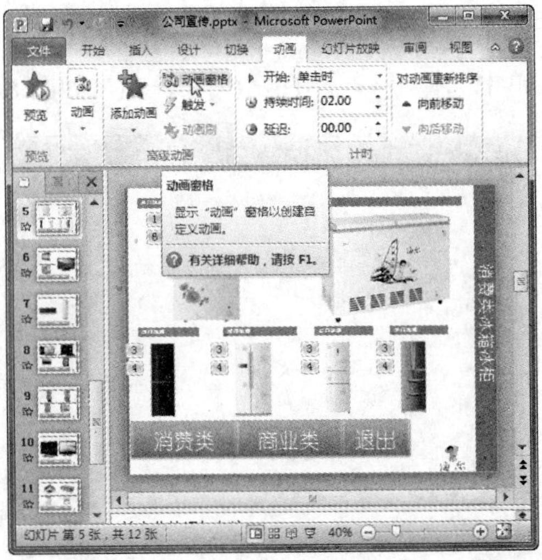

图 8.50　单击“动画窗格”按钮

步骤 8　在列表框中选择要调整播放顺序的动画选项，然后单击“向上”按钮或“向下”按钮调整动画出现的顺序，如图 8.51 所示。

步骤 9　动画顺序调整好后，单击“播放”按钮，如图 8.52 所示。

步骤 10　这时将开始在幻灯片窗格中放映动画效果，如图 8.53 所示。

步骤 11　若对某个动画效果不满意，可以右击该动画效果选项，从弹出的快捷菜单中选择“删除”命令，删除动画，再重新设置即可，如图 8.54 所示。最后单击“关闭”图标，关闭动画窗格。

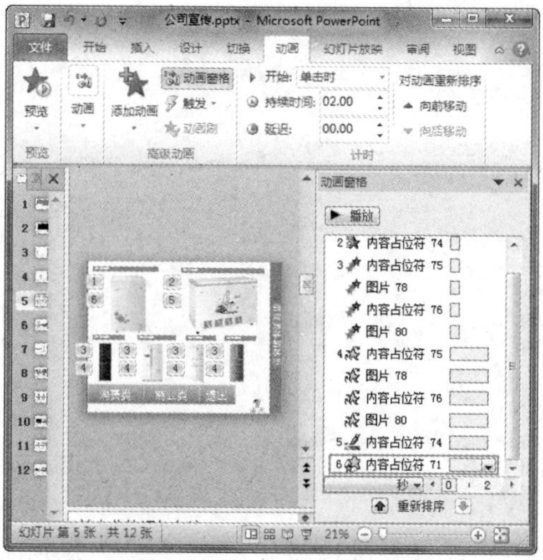

图 8.51　调整动画顺序

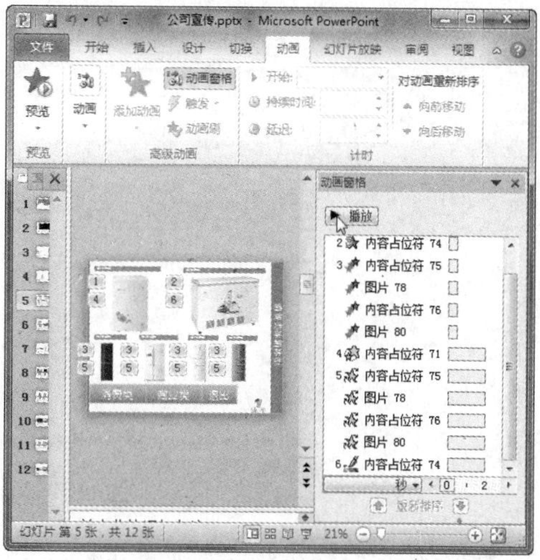

图 8.52　单击“播放”按钮

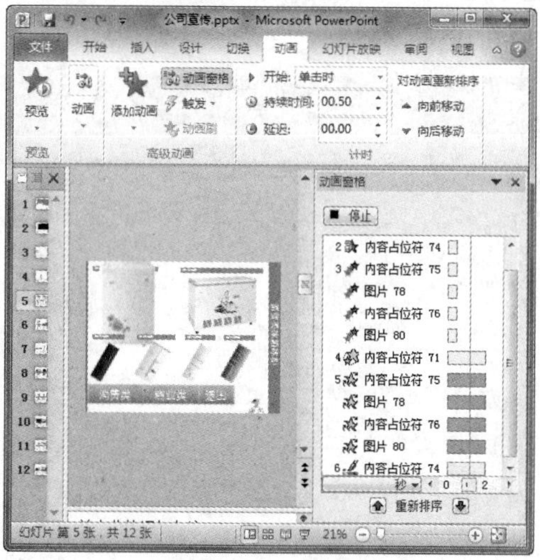

图 8.53　预览动画效果

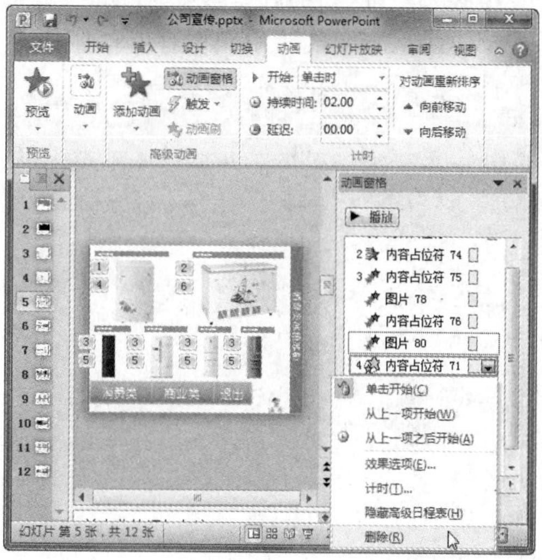

图 8.54　删除不满意的动画效果

8.3.2　设置幻灯片切换效果

平常的幻灯片放映是按幻灯片顺序依次放映的。若给幻灯片设置切换效果，那就相当于给公司简介添加了特效，这样就能让宣传片再提升一个档次。

在幻灯片放映过程中，由一张幻灯片切换到另一张时，通过设置不同的切换方案可以用不同的技巧将下一张幻灯片显示出来，具体操作步骤如下。

步骤 1　选择第 1 张幻灯片，然后在“切换”选项卡下的“切换到此幻灯片”选项组中单击“切换方案”按钮，从弹出的菜单中选择一种切换方案，这里选择“华丽型”选项组中的“棋盘”选项，如图 8.55 所示。

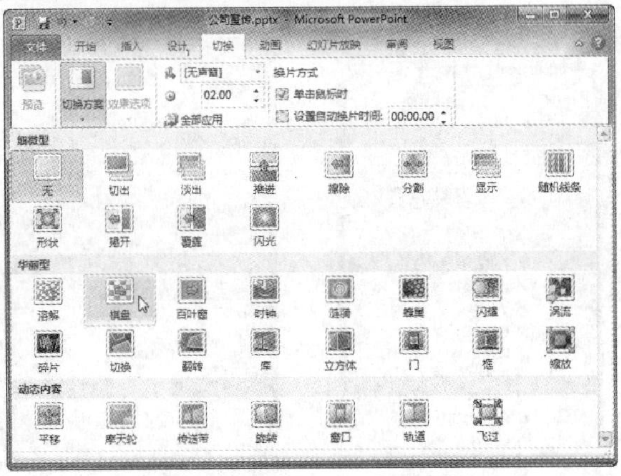

图 8.55 选择“棋盘”选项

步骤 2 在“切换”选项卡下的“切换到此幻灯片”选项组中单击“效果选项”按钮，从弹出的菜单中选择“自顶部”选项，如图 8.56 所示。

步骤 3 在“切换”选项卡下的“计时”选项组中，单击“声音”下拉列表框右侧的下拉按钮，从弹出的菜单中选择“疾驰”选项，如图 8.57 所示。

图 8.56 设置幻灯片切换效果

图 8.57 设置声音

步骤 4 在“切换”选项卡下的“计时”选项组中，设置幻灯片的切换时间、换片方式、自动换片时间等选项内容，如图 8.58 所示。

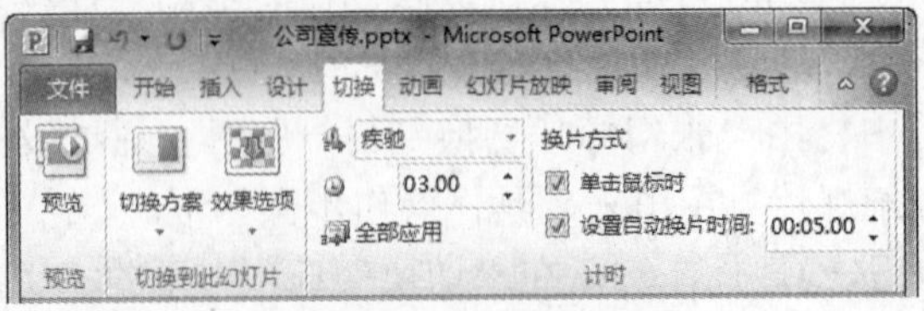

图 8.58 设置时间

步骤 5 参考上述方法，设置其他幻灯片的切换效果。

8.3.3　设置幻灯片放映方式

之前都是按照顺序一张张地放映幻灯片，但是遇到特殊情况时，就会显得不好控制，例如跟人解说时，就显得没有节奏。下面将介绍如何有选择地放映幻灯片。

步骤 1　打开需要设置放映方式的演示文稿，然后在“幻灯片放映”选项卡下的“设置”选项组中单击“设置幻灯片放映”按钮，如图 8.59 所示。

步骤 2　弹出“设置放映方式”对话框，在“放映类型”选项组中选择幻灯片的放映类型，这里选中“演讲者放映”单选按钮，然后设置“放映选项”，再设置“放映幻灯片”和“换片方式”等参数，设置完成后即可单击“确定”按钮，如图 8.60 所示。

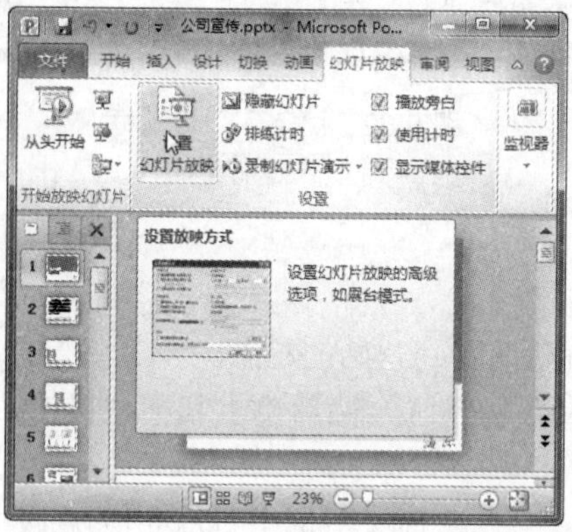

图 8.59　单击“设置幻灯片放映”按钮

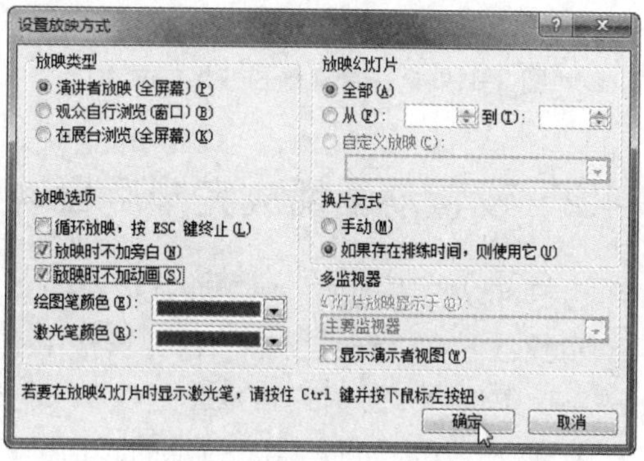

图 8.60　选择幻灯片放映方式

提　示

“放映类型”选项组中各选项的含义如下。

- “演讲者放映(全屏幕)”是默认的放映方式，放映时可以看到幻灯片设置的所有效果。
- “观众自行浏览(窗口)”与“演讲者放映(全屏幕)”类似，但在全屏的顶部可以看到演示文稿的标题。
- 使用“在展台浏览（全屏幕）”方式放映时，只能看到某一页幻灯片，无法看到其他页的放映效果。

8.4　提 高 指 导

8.4.1　使文本动画按照字母或字显示

如何使文本动画按照字母或字进行显示呢？下面就介绍具体的操作步骤。

步骤 1　打开“动画窗格”任务窗格，然后在列表框中选中要设置的文本动画，单击其下拉按钮，从弹出的菜单中选择“效果选项”命令，如图 8.61 所示。

步骤 2　弹出“飞入”对话框，切换到“效果”选项卡，在“动画文本”下拉列表框中选择“按字/词”选项，如图 8.62 所示。最后单击“确定”按钮即可。

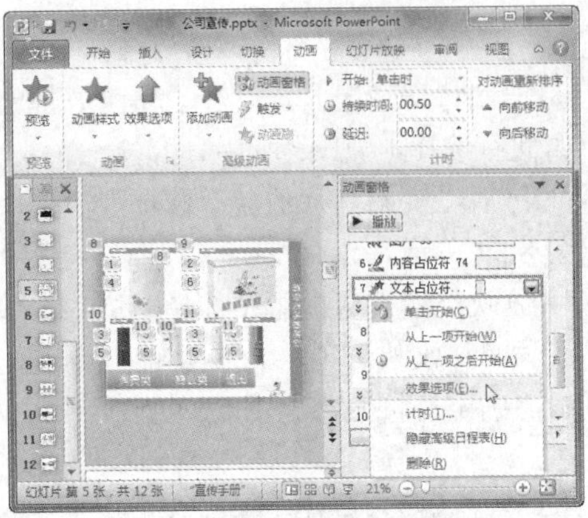

图 8.61　选择带有动画效果的文本

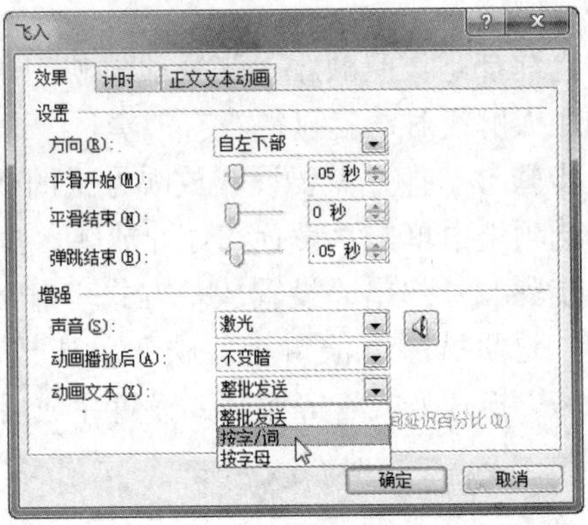

图 8.62　“飞入”对话框

8.4.2　设置动画播放完毕后自动返回

用户可以设置动画，使其在播放完毕之后，自动返回到开始的状态。

步骤 1　在“动画窗格”任务窗格中选中要设置的动画，然后单击其下拉按钮，从弹出的菜单中选择“计时”命令。

步骤 2　弹出如图 8.63 所示的对话框，在“计时”选项卡下选中“播完后快退”复选框，再单击“确定”按钮。

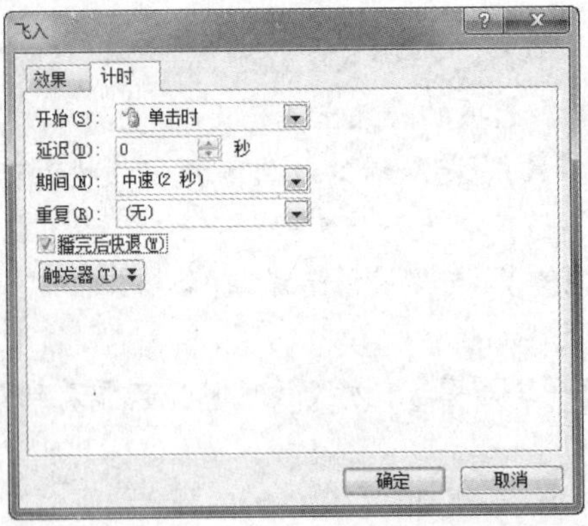

图 8.63　“计时”选项卡

8.4.3　清除文件列表

在 PowerPoint 2010 中制作的各类演示文稿中，有的是要保留的，但有些曾经做过的不需要保留的演示文稿就非常“占地方”，想快速找到有用的演示文稿就需要把无用的都清除，具体操作步骤如下。

步骤 1　启动 PowerPoint 2010 程序，然后选择“文件”|“最近使用文件”命令。

步骤 2　这时在中间窗格中会出现一系列“最近使用的演示文稿”，想要清除哪些演示文稿，就直接右键单击，从弹出的快捷菜单中选择“从列表中删除”命令即可，如图 8.64 所示。

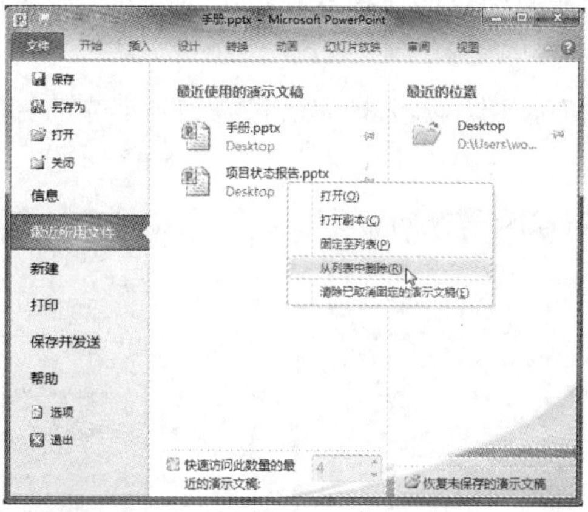

图 8.64　清除文件列表

8.4.4　突破 20 次的撤消极限

在默认情况下，在 PowerPoint 中一次最多只能撤消 20 次操作，而这往往不能满足需求。下面就来学习如何使其撤消操作记录超过 20 次，具体操作步骤如下。

步骤 1　在 PowerPoint 2010 窗口中选择“文件”|“选项”命令，打开“PowerPoint 选项”对话框。

步骤 2　在左侧窗格中单击“高级”选项，然后在右侧窗格的“编辑选项”选项组中调整“最多可取消操作数”微调框中的数值，再单击“确定”按钮，如图 8.65 所示。

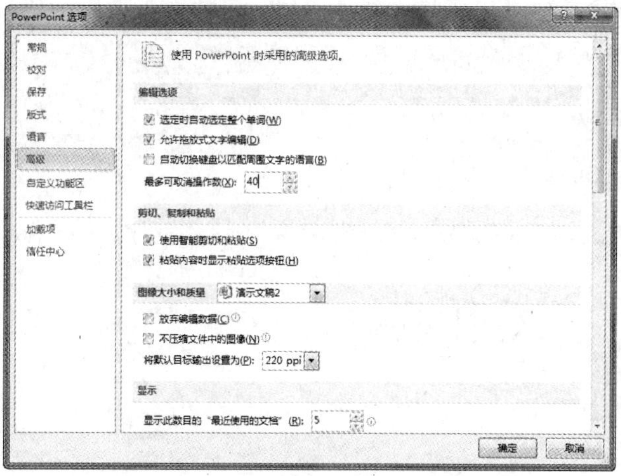

图 8.65　设置撤消操作次数

8.4.5　设置 Office 默认语言

在不同的国家，Office 程序默认的语言会有所不同，用户可以通过下述操作进行更改，具体操作步骤如下。

步骤 1 参考前面操作方法，打开“PowerPoint 选项”对话框，然后在左侧窗格中单击“语言”选项，接着在右侧窗格的“选择编辑语言”选项组下的下拉列表框中设置要添加的语言，如图 8.66 所示。

步骤 2 单击“添加”按钮，将选择的语言添加到上方的列表框中，接着在列表框中可以看到新添加的语言选项标注为“未安装”，如图 8.67 所示。

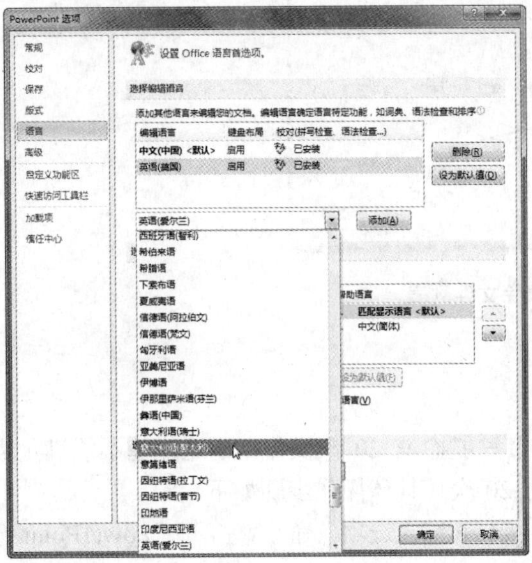

图 8.66 选择语言

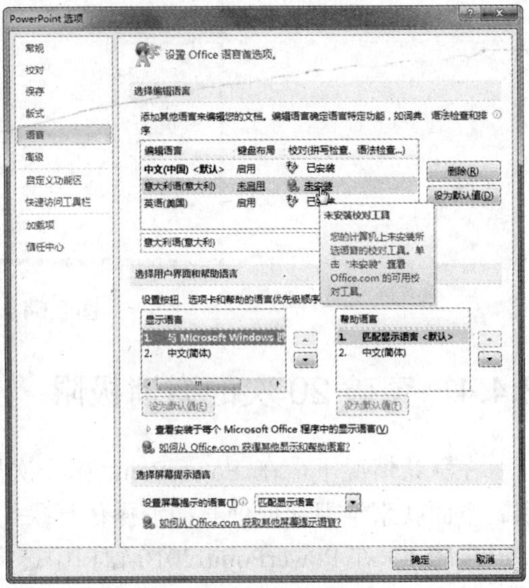

图 8.67 添加语言

步骤 3 单击“未安装”链接，弹出“Office 语言包”网页，在“选择语言”下拉列表框中设置要安装的语言，并单击“下载”按钮，下载安装该语言包，如图 8.68 所示。

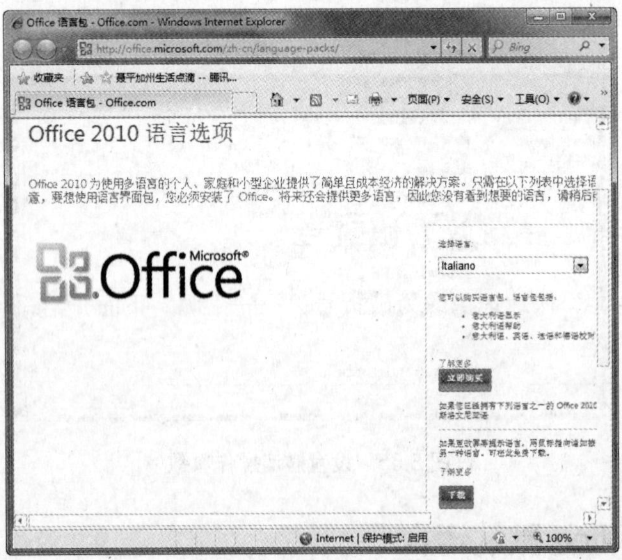

图 8.68 下载语言包

步骤 4　语言包安装完成后，返回“PowerPoint 选项”对话框，即可发现列表框中新添加语言的“未安装”变成“已安装”了，接着设置“选择用户界面和帮助语言”、“选择屏幕提示语言”等选项，再单击“确定”按钮即可。

8.4.6　调整个人隐私信息设置

使用 PowerPoint 2010 与 Microsoft 进行联机，既可以使用户获得一些免费的服务，同时也可以使 Microsoft 获得用户的一些使用习惯的信息。但是这种联机功能并不是强制的，用户可以设置是否进行联机等。下面介绍调整个人隐私信息设置的操作方法。

步骤 1　参考前面操作方法，打开“PowerPoint 选项”对话框，然后在左侧窗格中单击“信任中心”选项，接着在右侧窗格的“Microsoft PowerPoint 信任中心”选项组中单击“信任中心设置”按钮，如图 8.69 所示。

步骤 2　弹出“信任中心”对话框，在左侧窗格中单击“个人信息选项”选项，在右侧窗格的“个人信息选项”选项组中进行设置，再单击“确定”按钮，如图 8.70 所示。

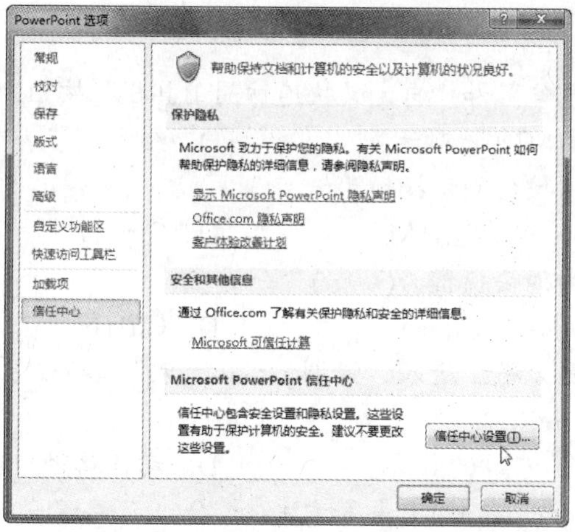

图 8.69　“PowerPoint 选项”对话框

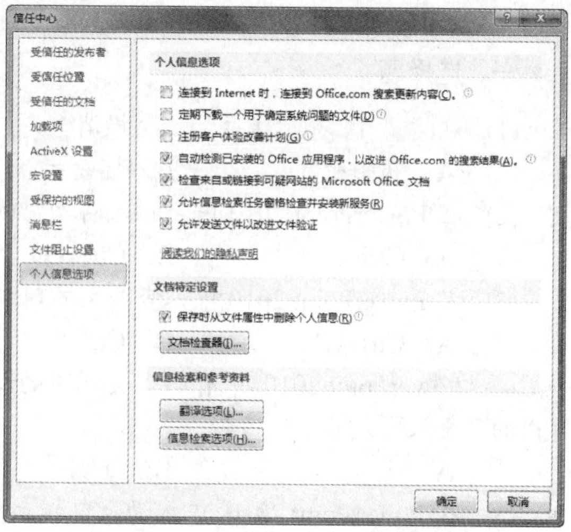

图 8.70　“信任中心”对话框

8.4.7　快速地将连字符改为破折号

如何将连字符“--”快速地更改为破折号“——”呢？下面介绍一种简单的方法。

步骤 1　参考前面方法，打开“PowerPoint 选项”对话框，单击左侧窗格中的“校对”选项，接着在右侧窗格中单击“自动更正选项”按钮，如图 8.71 所示。

步骤 2　弹出“自动更正”对话框，切换到“键入时自动套用格式”选项卡，选中“连字符(--)替换为破折号(——)”复选框，最后单击“确定”按钮，如图 8.72 所示。

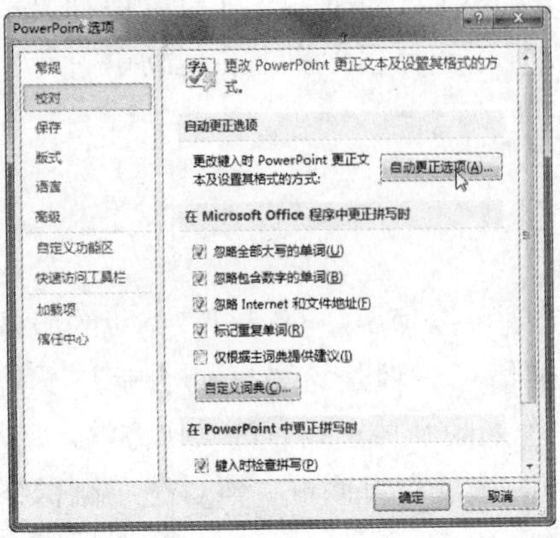

图 8.71 单击“校对”选项

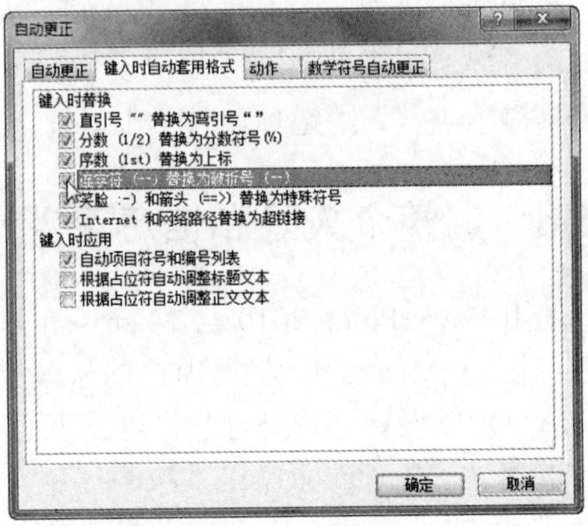

图 8.72 “自动更正”对话框

8.5 习　题

一、选择题

(1) 在(　　)中有“保存”、“撤消”、“重复”和“自定义快速访问工具栏”按钮。

A. 状态栏　　B. 标题栏　　C. 选项卡　　D. 组

(2) 在 PowerPoint 2010 中，插入新幻灯片所使用的快捷键为(　　)。

A. Ctrl+S　　B. Ctrl+O　　C. Ctrl+M　　D. Ctrl+N

(3) 在 PowerPoint 2010 中，查找文本时使用的快捷键为(　　)。

A. Ctrl+H　　B. Ctrl+F　　C. Ctrl+X　　D. Ctrl+N

(4) PowerPoint 2010 中有四大类不同的动画效果：进入、强调、退出、动作路径。最常用的“飞入”属于(　　)类。

A. 进入　　B. 强调　　C. 退出　　D. 动作路径

(5) 在 PowerPoint 2010 中，动画包括动画和(　　)两大设置方法。

A. 动作按钮　　B. 切换效果　　C. 高级动画　　D. 进入

(6) 在 PowerPoint 2010 中，撤消操作的默认极限是(　　)次。

A. 20　　B. 40　　C. 100　　D. 150

二、实训题

(1) 由模板快速创建一个时尚的公司简介宣传片，将其名字保存为“公司简介.pptx”。

(2) 在“公司简介.pptx”文件中插入与公司相关的产品图片。

要求：

① 改变图片大小和位置，使其符合幻灯片的布局。

② 针对图片进行设置，将其动画样式设为“擦除”，效果选项设为“自左侧”。

(3) 针对图片设置超链接。

要求：创建指向同一演示文稿中的其他幻灯片的超链接，如指向对该产品的介绍页面。

第 9 章

经典实例：制作公司营运企划书

在如今的社会中，处处都讲究效率。为了提高工作质量，加快工作进度，手写式营运企划书已经被淘汰，大家需要的是把公司营运企划书电子信息化，这样不仅可以使枯燥的工作变得更轻松愉快，更重要的是使工作更省时省力，从而提高工作效率。

本章主要内容

- 制作公司营运企划书
- 使用批注
- 从自选图形中输入文字
- 制作流程图
- 比较并合并演示文稿

9.1 要点分析

在制作公司营运企划书的过程中，会使用特殊符号、批注、动画母版、流程图等知识。在制作之前，先来了解一下批注、动画母版、流程图的概念。

- 批注：是一种备注，可附加到幻灯片上的某个字母或词语上，也可以附加到整个幻灯片上。当读者需要对正在审阅的演示文稿提供反馈时，可以使用批注。在 PowerPoint 2010 中，可以添加、查看、编辑和删除批注。
- 动画母版：是指进入幻灯片母版视图中，然后为母版中的对象设置动画效果。这样只需要为同一个对象设置一次动画效果即可，不需要逐个进行设置。
- 流程图：是一种使用图形表示思路的方法。使用流程图，可以简单明了地表示出各环节的相应关系。

9.2 制作公司营运企划书

公司营运企划书是对过去的总结以及反思，还有对现有资源的掌控，最后是根据公司具体情况对将来的发展进行安排。如此杂乱的内容要整合到一起，而且还要让其他人一目了然，使用 PowerPoint 进行设计是一个不错的选项，下面一起来看看吧。

9.2.1 制作动画母版

在 PowerPoint 2010 中，可在母版条件下制作元素的自定义动画效果，当幻灯片应用该母版模板时，每次都会先调用母版的动画效果，再播放幻灯片上的内容。下面介绍一下如何制作动画母版，具体操作步骤如下。

步骤 1 启动 PowerPoint 2010 程序，然后选择“文件”|“新建”命令，这里为了提高制作效率，直接在中间窗格中单击“样本模板”选项，如图 9.1 所示。

步骤 2 双击中间窗格中的“项目状态报告”选项，如图 9.2 所示，这样就新建了一个演示文稿，再按 Ctrl+S 组合键保存演示文稿。

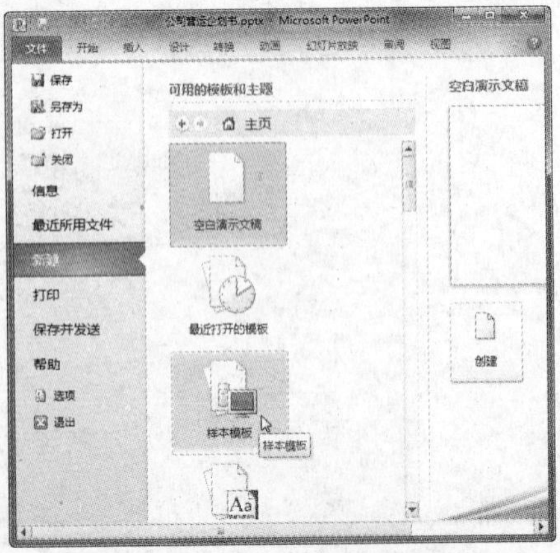

图 9.1 选择样本模板

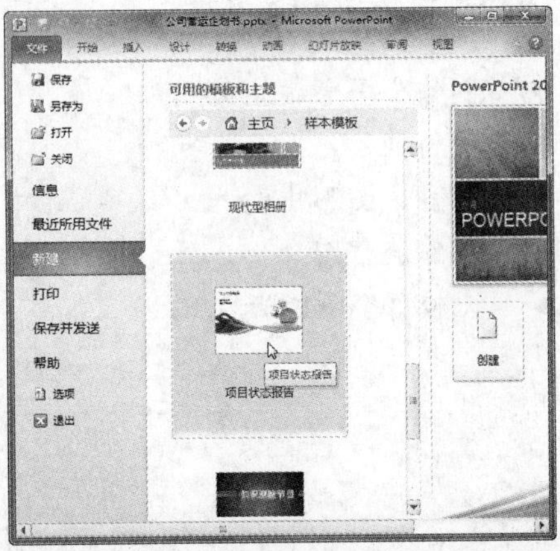

图 9.2 选择“项目状态报告”选项

步骤 3　新建好演示文稿之后，在“视图”选项卡下的“母版视图”选项组中单击“幻灯片母版”按钮，如图 9.3 所示。

步骤 4　此时会进入幻灯片母版视图，选择第 1 张幻灯片进行设置，如图 9.4 所示。

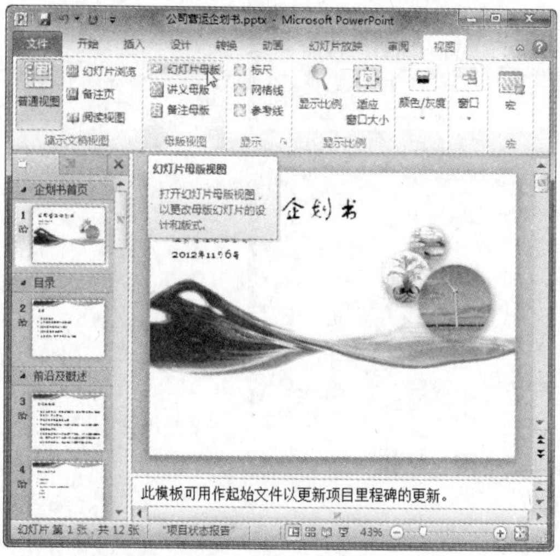

图 9.3　单击“幻灯片母版”按钮

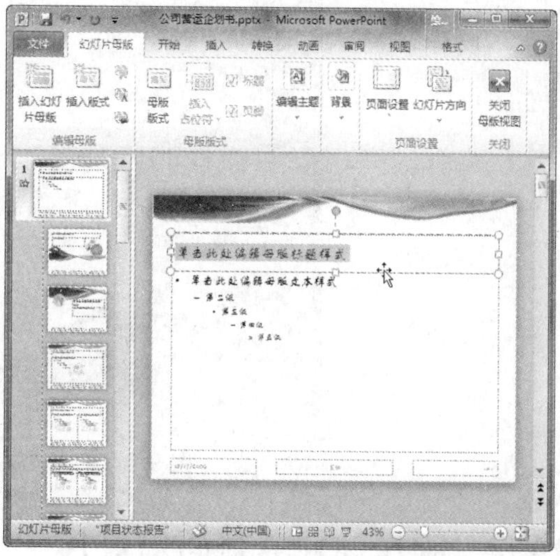

图 9.4　进入幻灯片母版视图

步骤 5　选中“单击此处编辑母板标题样式”文本，然后在“动画”选项卡下的“动画”选项组中单击“动画样式”按钮，从弹出的菜单中选择一个动画样式，这里选择“浮入”选项，如图 9.5 所示。

步骤 6　选中“单击此处编辑母板文本样式”文本，然后在“动画”选项卡下的“动画”选项组中单击“动画样式”按钮，从弹出的菜单中选择一个动画样式，这里选择“翻转式由远及近”选项，如图 9.6 所示。

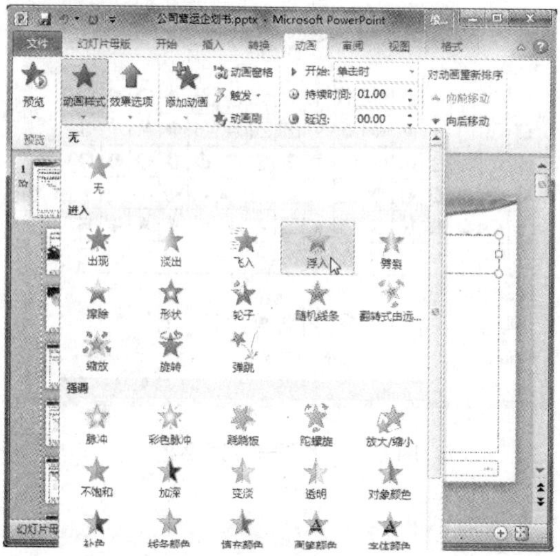

图 9.5　单击“浮入”选项

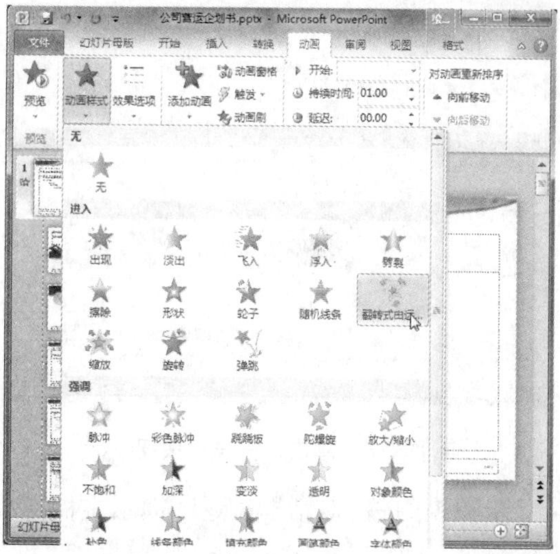

图 9.6　选择“翻转式由远及近”选项

步骤 7　最后在“幻灯片母版”选项卡下的“关闭”选项组中单击“关闭母版视图”

按钮，如图 9.7 所示，回到普通视图。以后当幻灯片应用该母版模板时，每次都会先调用母版的动画效果，再播放幻灯片上的内容。

图 9.7　单击“关闭母版视图”按钮

9.2.2　制作计划书封面幻灯片

为了制作出个性化的封面，可以在幻灯片中插入一些特殊字符，具体操作步骤如下。

步骤 1　在第 1 张幻灯片中的标题占位符和内容占位符中输入相应内容，然后单击要插入符号的位置，接着在“插入”选项卡下的“符号”选项组中单击“符号”按钮，如图 9.8 所示。

步骤 2　弹出“符号”对话框，选择需要插入的符号，这里选择“时钟”符号，再单击“插入”按钮，如图 9.9 所示。

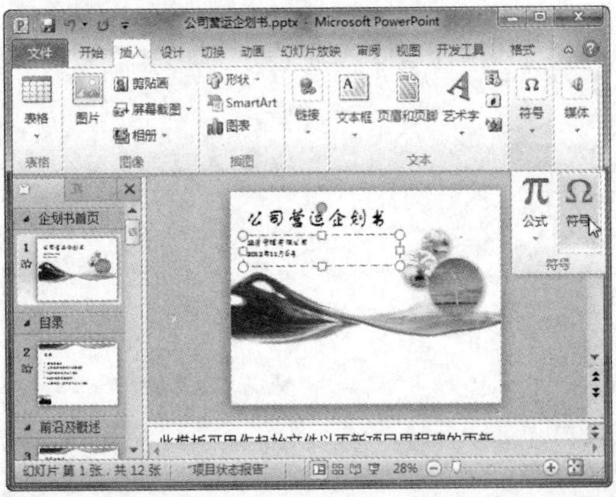

图 9.8　单击“符号”按钮

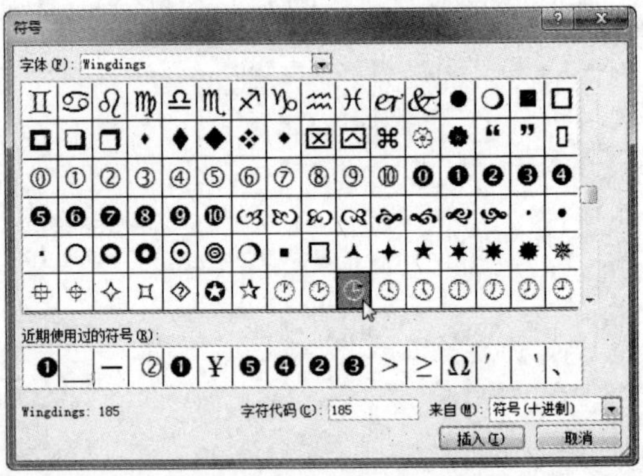

图 9.9　“符号”对话框

步骤 3　关闭对话框，返回演示文稿窗口。

9.2.3　制作目录及前沿幻灯片

接下来制作目录及前沿幻灯片，然后使用拼写检查功能进行检查，避免出现错误，具体操作步骤如下。

步骤 1　在第 2 张幻灯片中输入目录内容，然后根据目录顺序在第 3 张幻灯片中设置幻灯片标题和内容，若文本内容过多，一张幻灯片放不完，可继续在第 4 张幻灯片中编辑，如图 9.10 所示。

步骤 2　选择第 2～4 张幻灯片，然后在“审阅”选项卡下的“校对”选项组中单击“拼写检查(F7)”按钮，如图 9.11 所示。

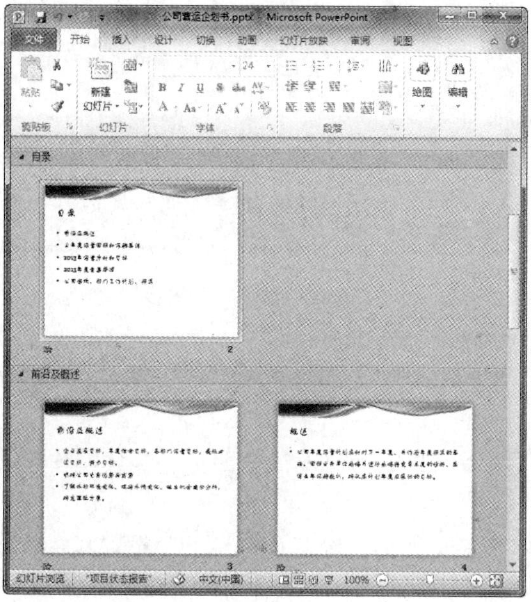

图 9.10　制作目录和前沿幻灯片

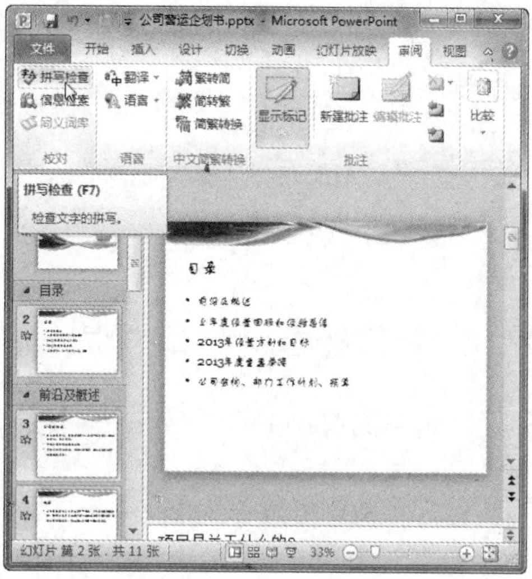

图 9.11　单击“拼写检查(F7)”按钮

步骤 3　检查完毕后会弹出如图 9.12 所示的对话框，单击“确定”按钮，关闭对话框。

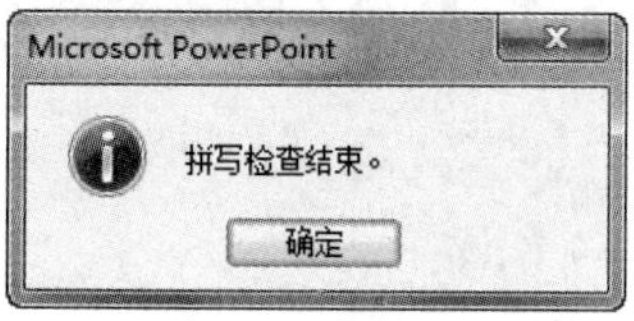

图 9.12　拼写检查结束

9.2.4　使用批注进行补充说明

在编辑演示文稿的过程中，为防止别人看不明白，就需要使用批注。批注的主要作用就是提供一些信息或者补充说明一些问题，具体操作步骤如下。

步骤 1　选择第 4 张幻灯片，在该幻灯片中选中需要添加批注的对象。

步骤 2　在“审阅”选项卡下的“批注”选项组中单击“新建批注”按钮，如图 9.13 所示。

步骤 3　此时即可看到选中的对象旁会出现一个输入框，在其中输入想要添加的批注内容即可，如图 9.14 所示。

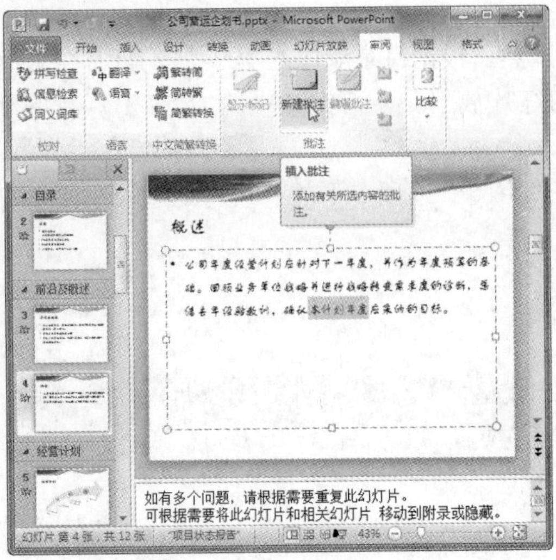

图 9.13 单击“新建批注”按钮

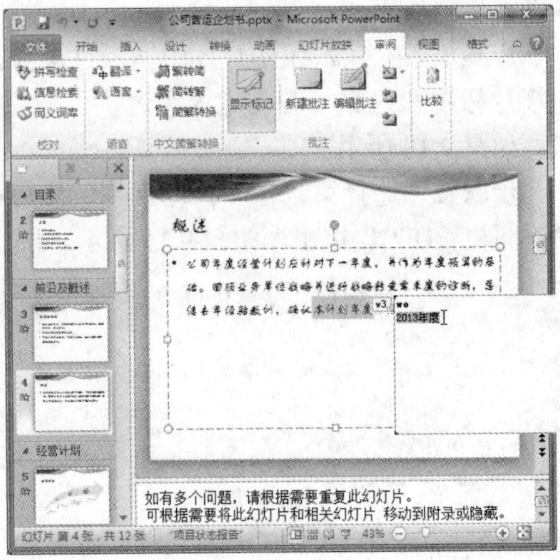

图 9.14 添加批注内容

9.2.5 制作经营计划幻灯片

由于使用的演示文稿中有用户需要的流程图，用户略微修改调整即可，具体操作步骤如下。

步骤 1 选择第 5 张幻灯片，然后修改幻灯片标题为“经营计划”，并设置其字体格式为“方正舒体”，字号为“36”，如图 9.15 所示。

步骤 2 单击流程图中要修改的文本，将其删除，然后输入新内容，如图 9.16 所示。

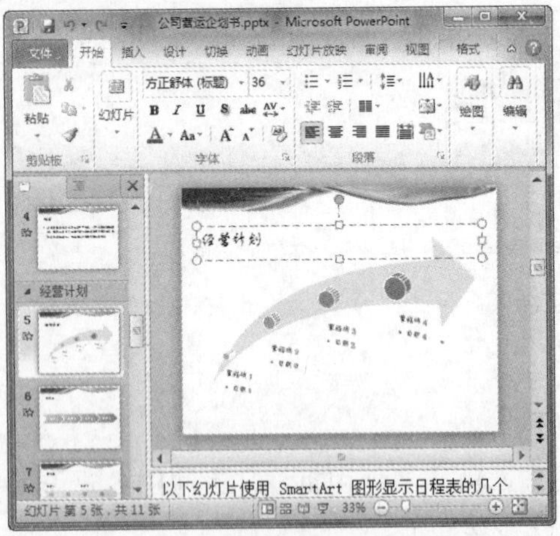

图 9.15 设置第 5 张幻灯片标题

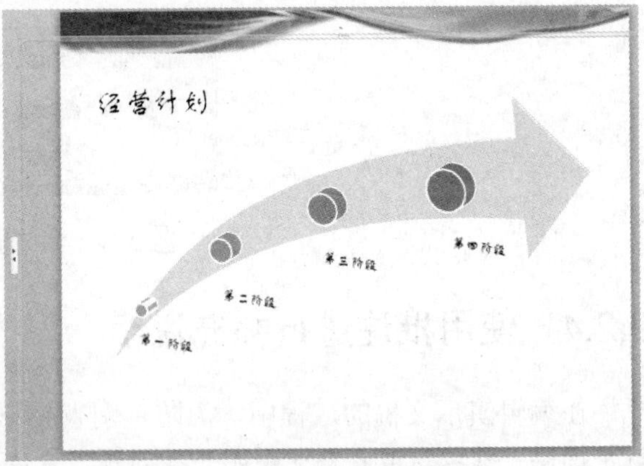

图 9.16 修改流程图中的文本

步骤 3 使用相同方法编辑第 6 张幻灯片，如图 9.17 所示。

步骤 4 使用相同方法编辑第 7 张幻灯片，如图 9.18 所示。

步骤 5 在第 6 张幻灯片中选中流程图，然后在“SmartArt 工具”下的“设计”选项卡中，单击“布局”选项组中的“其他”按钮，从弹出的菜单中选择一种布局，这里选择

“分段流程”选项，如图 9.19 所示。

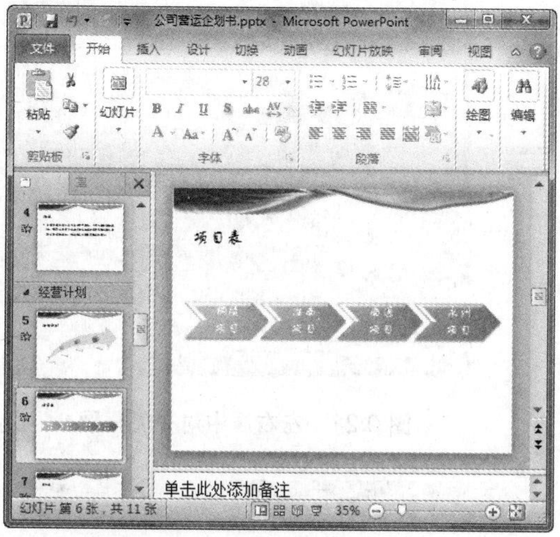

图 9.17 编辑第 6 张幻灯片

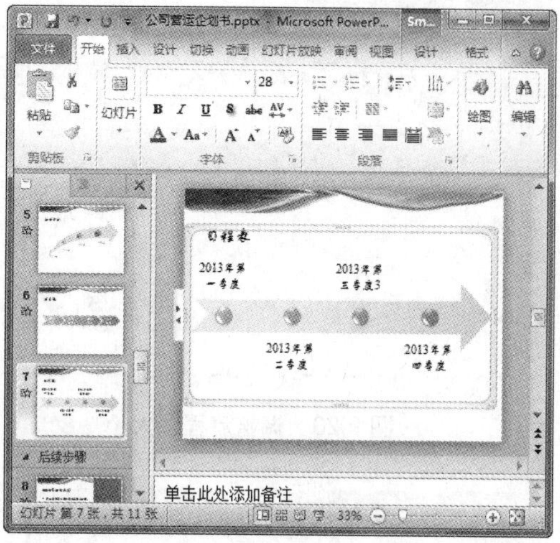

图 9.18 编辑第 7 张幻灯片

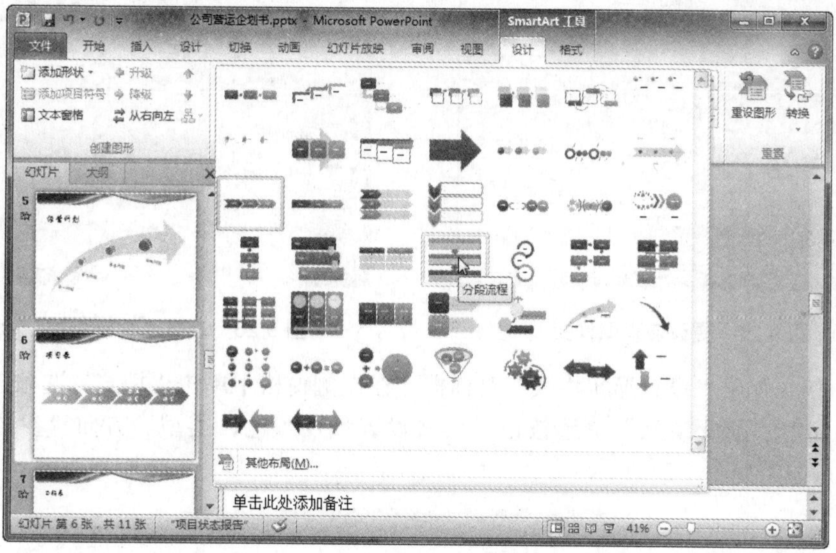

图 9.19 重新布局流程图

步骤 6 单击流程图，将鼠标光标移动到流程图边框中间的控制点上，然后按下鼠标左键拖动，调整流程图大小，如图 9.20 所示。

步骤 7 在“SmartArt 工具”下的“格式”选项卡中，单击“排列”选项组中的“对齐”按钮，从弹出的菜单中选择“左右居中”命令，如图 9.21 所示。

步骤 8 在第 7 张幻灯片中单击流程图，然后在“SmartArt 工具”下的“设计”选项卡中，单击“SmartArt 样式”选项组中的“快速样式”按钮，从弹出的菜单中选择“嵌入”选项，如图 9.22 所示。

步骤 9 在“SmartArt 工具”下的“格式”选项卡中，单击“形状样式”选项组中的“形状填充”按钮，从弹出的菜单中选择“渐变”|“其他渐变”命令，如图 9.23 所示。

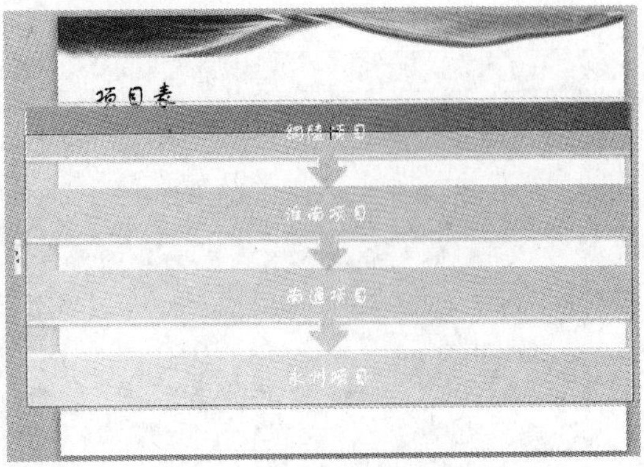

图 9.20　调整流程图大小

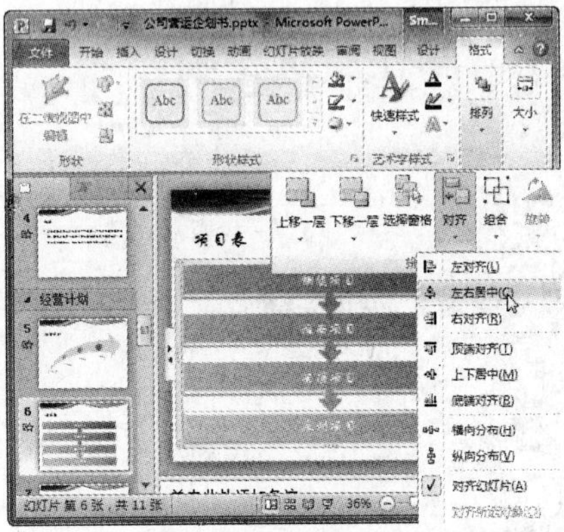

图 9.21　左右居中对齐流程图

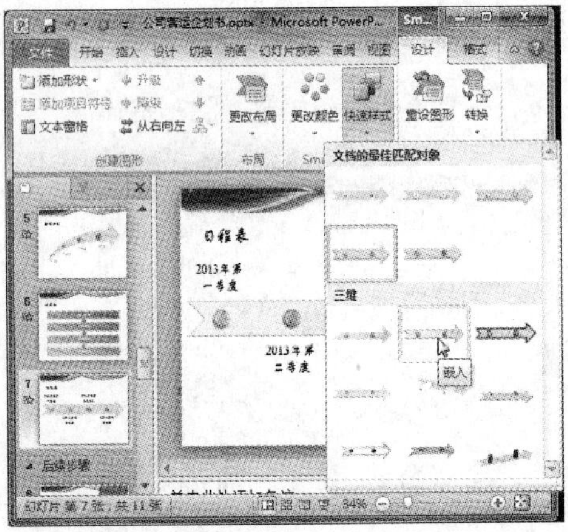

图 9.22　更改流程图样式

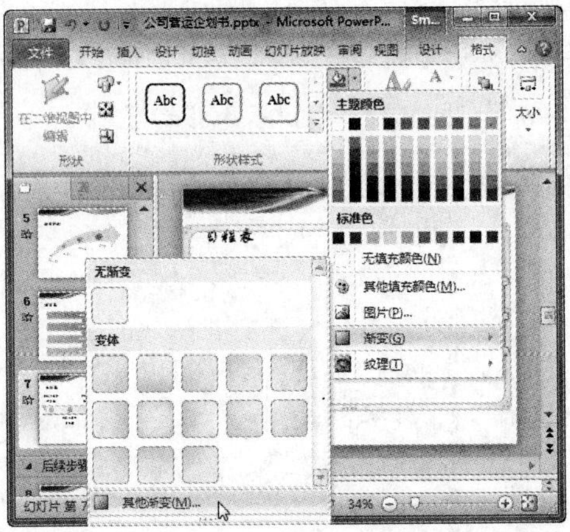

图 9.23　选择“其他渐变”命令

步骤 10　弹出“设置形状格式”对话框，在左侧窗格中单击“填充”选项，然后在右侧窗格中选中“渐变填充”单选按钮，接着设置预设颜色、类型、方向等参数，再单击“关闭”按钮，如图 9.24 所示。

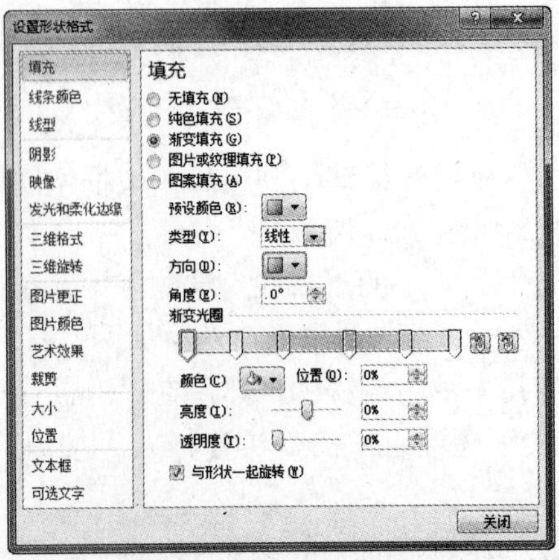

图 9.24　设置渐变填充参数

9.2.6　制作后续幻灯片

制作后续幻灯片的操作步骤如下。

步骤 1　选择第 8 张幻灯片，然后修改幻灯片标题和内容，接着选择第 9 张幻灯片，并修改幻灯片标题和 SmartArt 图形中的文本内容，如图 9.25 所示。

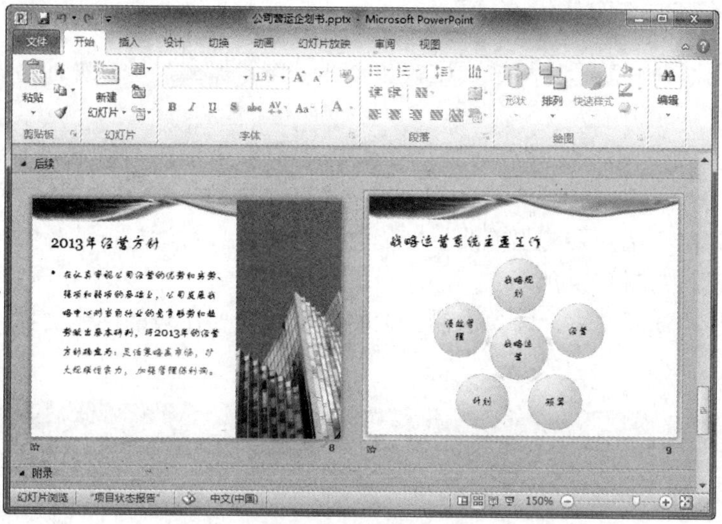

图 9.25　编辑后续幻灯片

步骤 2　在“SmartArt 工具”下的“设计”选项卡中，单击“SmartArt”选项组中的“更改颜色”按钮，从弹出的菜单中选择“彩色范围-强调文字颜色 3 至 4”选项，如图 9.26 所示。

步骤 3　在“SmartArt 工具”下的“设计”选项卡中，单击“SmartArt”选项组中的“快速样式”按钮，从弹出的菜单中选择“优雅”选项，如图 9.27 所示。

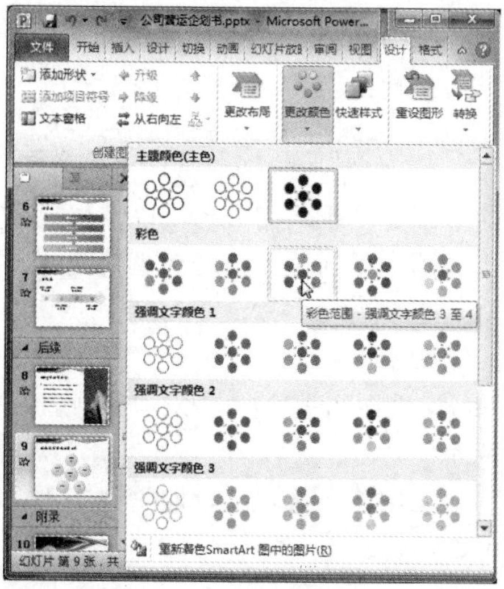

图 9.26　更改 SmartArt 图形颜色

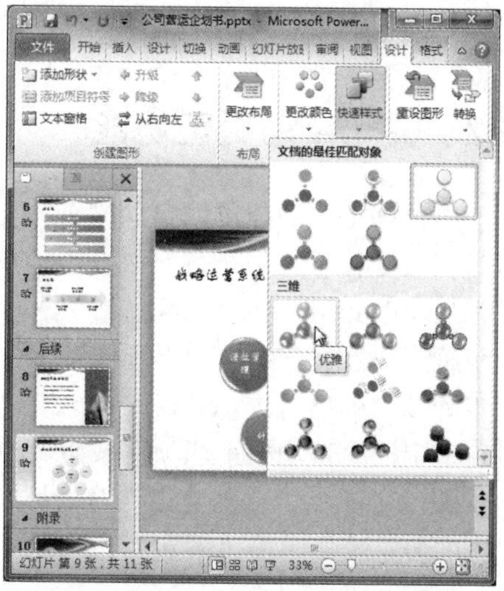

图 9.27　更改 SmartArt 图形样式

步骤 4 在第 10 张幻灯片中修改幻灯片内容，并将其调整到“后续”节中，再删除第 11 张幻灯片，至此，本案例制作完成。

9.3 提 高 指 导

9.3.1 比较并合并演示文稿

有时候需要对两个演示文稿进行比较和合并操作。那么，怎样进行比较和合并呢？下面将进行具体介绍。

步骤 1 在“审阅”选项卡下的“比较”选项组中单击“比较”按钮，如图 9.28 所示。

步骤 2 弹出“选择要与当前演示文稿合并的文件”对话框，选择一个文件，然后单击“合并”按钮，如图 9.29 所示。

步骤 3 返回演示文稿，窗口右侧的窗格中会打开要比较的演示文稿，用户可以对比查看。

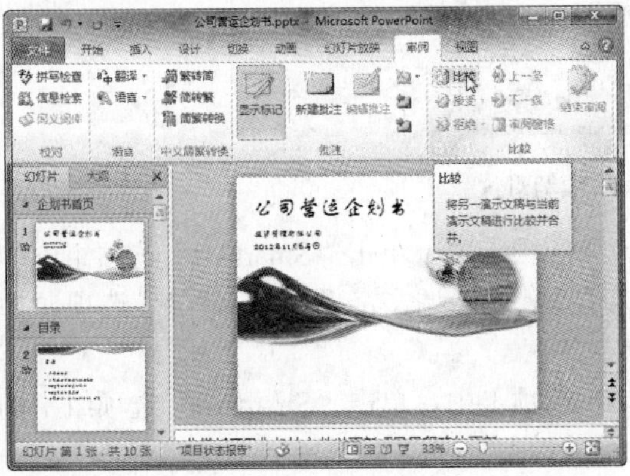

图 9.28 单击“比较”按钮

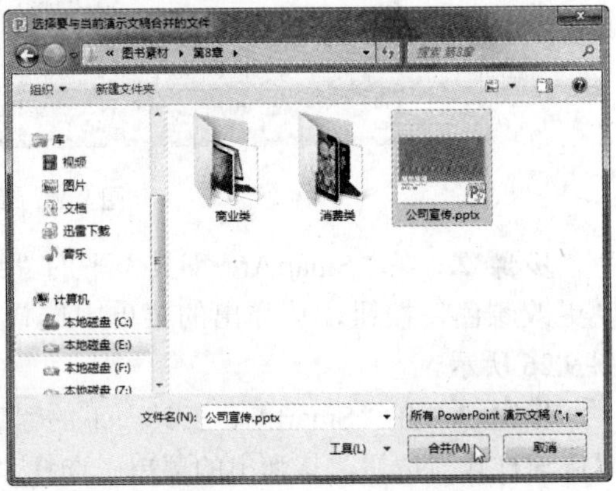

图 9.29 单击“合并”按钮

9.3.2 关闭自动更正功能

使用自动更正功能可以自动检查并更正拼错的单词和不正确的大写，以及快速插入版权符号和其他符号。但是有时候并不需要自动更正，那么如何关闭自动更正功能呢？下面将进行具体的介绍。

步骤 1 选择“文件”|“选项”命令，如图 9.30 所示。

步骤 2 弹出“PowerPoint 选项”对话框，单击左侧窗格中的“校对”选项，再单击右侧窗格中的“自动更正选项”按钮，如图 9.31 所示。

步骤 3 弹出“自动更正”对话框，切换到“自动更正”选项卡，取消选中不需要自动更正的复选框，单击“确定”按钮即可，如图 9.32 所示。

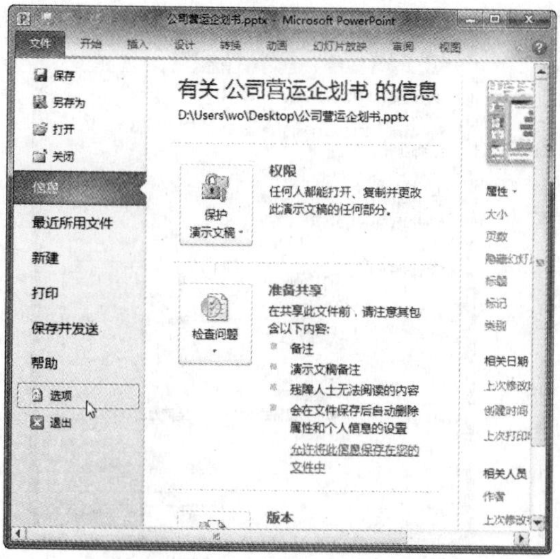

图 9.30　选择“选项”命令

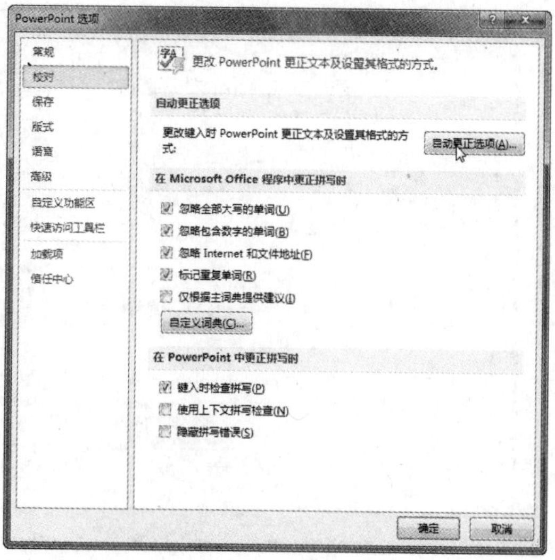

图 9.31　单击“自动更正选项”按钮

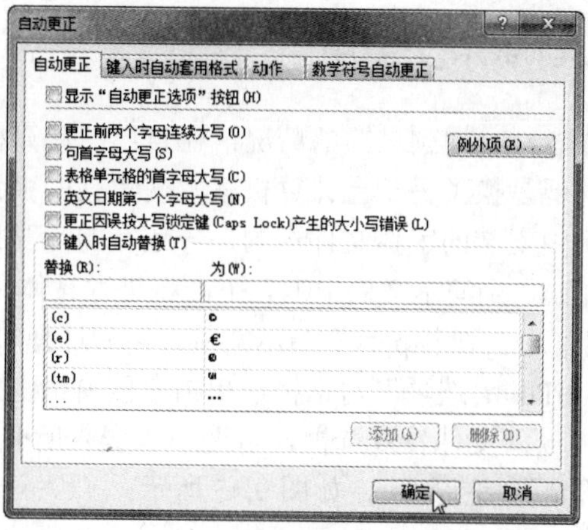

图 9.32　“自动更正”对话框

9.3.3　快速统计字数和段落

Office 系列软件中的 Word 组件具有统计字数和段落的功能，PowerPoint 中却没有，如果我们确实需要了解这些信息，该怎么办呢？下面就介绍一个快速统计字数和段落的技巧，具体操作步骤如下。

步骤 1　选择“文件”|“信息”命令，然后单击右侧窗口中的“属性”按钮，在弹出的菜单中选择“高级属性”选项，如图 9.33 所示。

步骤 2　弹出“公司营运企划书.pptx 属性”对话框，切换到“统计”选项卡，在“统计信息”列表框中就显示了段落数和字数，如图 9.34 所示。

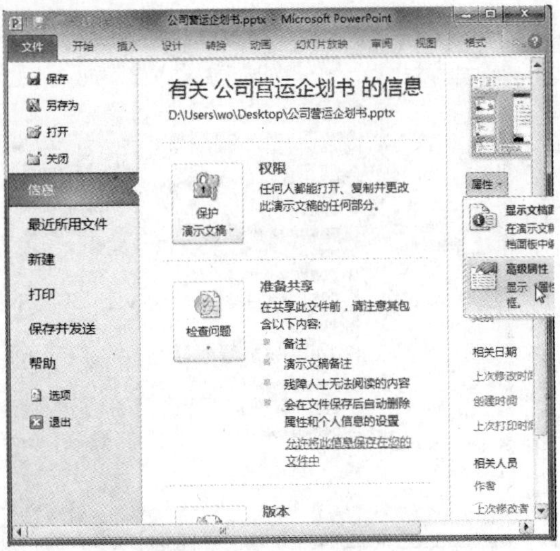

图 9.33　选择“高级属性”选项

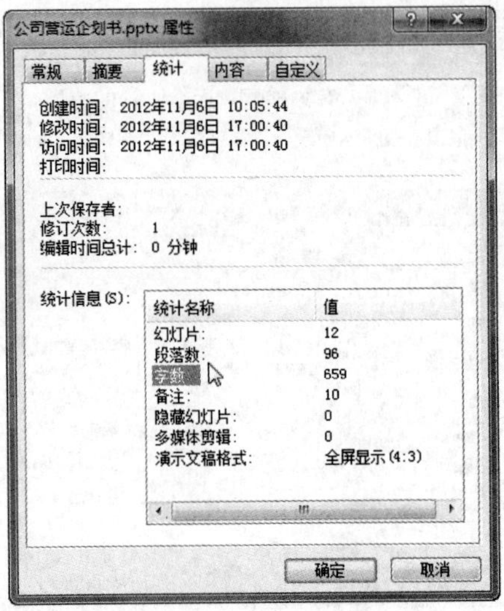

图 9.34　“统计”选项卡

9.3.4　将字体嵌入到演示文稿中

制作演示文稿的制作者都会遇到这样的情况，在自己的计算机中制作好的幻灯片，演示播放都没有任何问题，但是换了另一台计算机就发现漂亮的字体的样式没有了，都变了样。这是因为每台计算机中安装的字体文件不同，导致有的计算机无法识别某些字体。那么，怎样将要使用的字体嵌入到演示文稿中呢？下面将进行具体介绍。

步骤 1　打开“公司营运企划书.pptx”演示文稿，然后选择“文件”|“选项”命令。

步骤 2　弹出“PowerPoint 选项”对话框，单击左侧窗格中的“保存”选项，然后选中右侧窗格中的“将字体嵌入文件”复选框，再选中“嵌入所有字符(适于其他人编辑)”单选按钮，最后单击“确定”按钮即可，如图 9.35 所示。

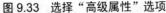

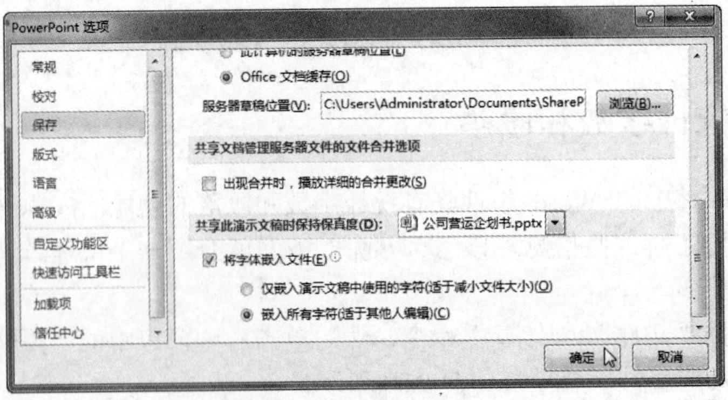

图 9.35　单击“保存”选项

9.3.5　使用节管理幻灯片

为了便于管理幻灯片，可以在演示文稿时使用节来分类管理幻灯片，具体操作步骤如下。

步骤 1　在“幻灯片”选项卡选中新增节位置，这里在第 1 张幻灯片上方右击，从弹出的快捷菜单中选择“新增节”命令，如图 9.36 所示。

步骤 2　这时将会在第 1 张幻灯片上方出现名为“无标题节”的新增节，右击新增节名称，从弹出的快捷菜单中选择“重命名节”命令，如图 9.37 所示。

图 9.36　选择“新增节”命令

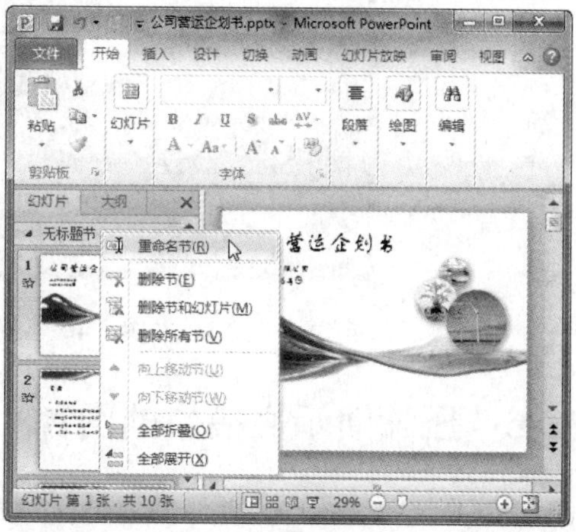

图 9.37　选择“重命名节”命令

步骤 3　参考上述方法，添加其他节，然后单击节名称左侧的“折叠节”图标，可以将节折叠起来，如图 9.38 所示。

步骤 4　节折叠后，“折叠节”图标变成“展开节”图标，单击“展开节”图标，可以展开节，如图 9.39 所示。

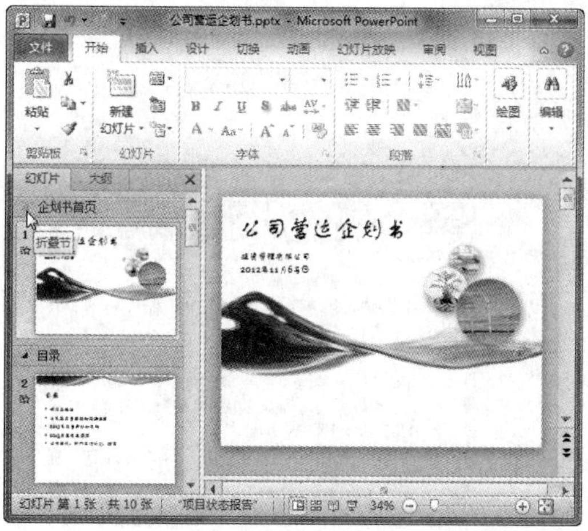

图 9.38　单击“折叠节”图标

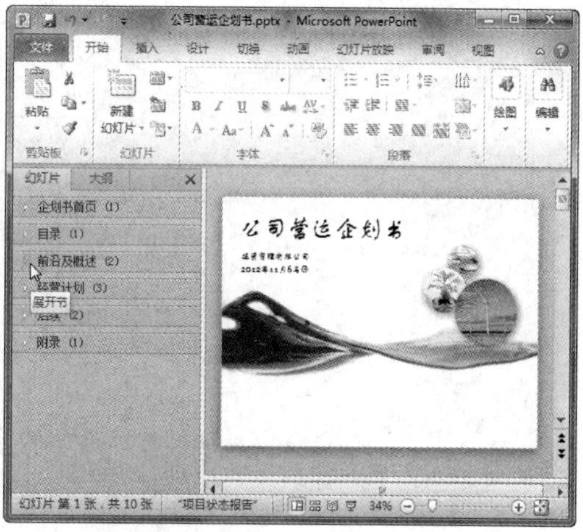

图 9.39　单击“展开节”图标

步骤 5　选中要删除的节，然后在“开始”选项卡下的“幻灯片”选项组中单击“节”按钮，从弹出的菜单中选择“删除节”命令，可以删除节，如图 9.40 所示。

图 9.40 选择“删除节”命令

9.3.6 压缩演示文稿中的图片

图片是演示文稿的重要组成部分，而图片的大小和数量直接影响演示文稿的大小。为了不影响演示文稿的效果，大家不妨通过压缩其中的图片来给演示文稿瘦身，具体操作步骤如下。

步骤 1 单击要压缩的图片，然后在“图片工具”下的“格式”选项卡中，单击“调整”选项组中的“压缩图片”按钮，如图 9.41 所示。

步骤 2 弹出“压缩图片”对话框，设置“压缩选项”和“目标输出”，设置完毕后单击“确定”按钮，如图 9.42 所示。

图 9.41 选择要压缩的图片

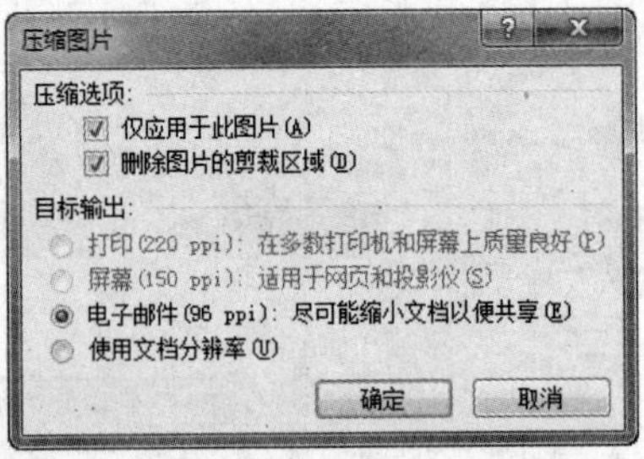

图 9.42 “压缩图片”对话框

9.3.7 检查、删除文档属性

使用文档检查器检查删除文档属性，有时可能会使删除的数据或个人信息无法恢复。因此，建议用户先创建一个演示文稿副本，再进行检查删除文档属性的操作，具体操作步骤如下。

步骤 1　打开要检查的演示文稿，然后选择“文件”|“信息”命令，接着在中间窗格中单击“检查问题”按钮，从弹出的菜单中选择“检查文档”命令，如图 9.43 所示。

步骤 2　弹出“文档检查器”对话框，选择需要检查的内容，然后单击“检查”按钮，如图 9.44 所示。

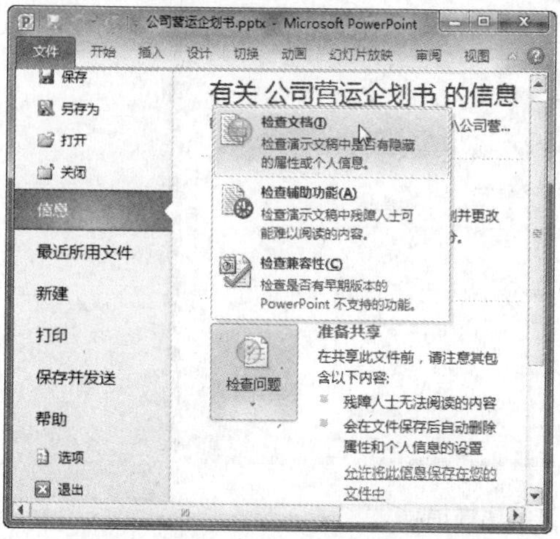

图 9.43　选择“检查文档”命令

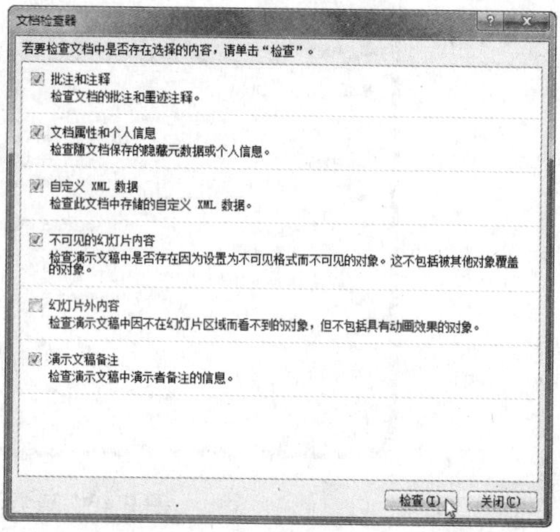

图 9.44　“文档检查器”对话框

步骤 3　待检查结束后，对话框中会列出检查结果。单击某选项右侧的“全部删除”按钮，即可删除对应的文档信息，如图 9.45 所示。最后单击“关闭”按钮，关闭对话框。

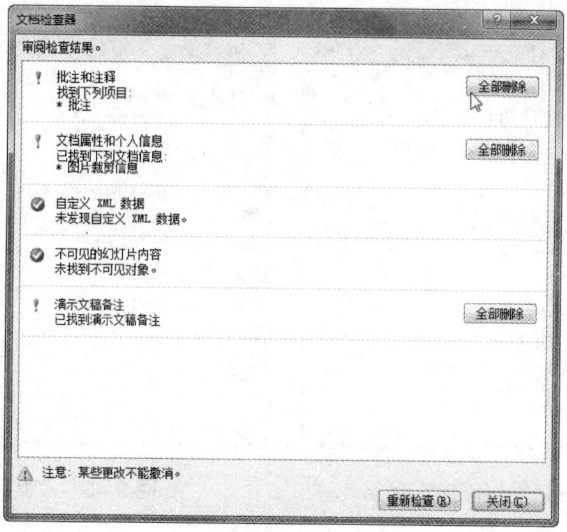

图 9.45　审阅检查结果

9.3.8　修改文档属性

在演示文稿窗口中选择“文件”|“信息”命令，即可在右侧窗格中看到文档的详细信息，如图 9.46 所示，包括文档属性、相关日期以及相关人员等。若要更改这些信息，可以

通过下述操作实现。

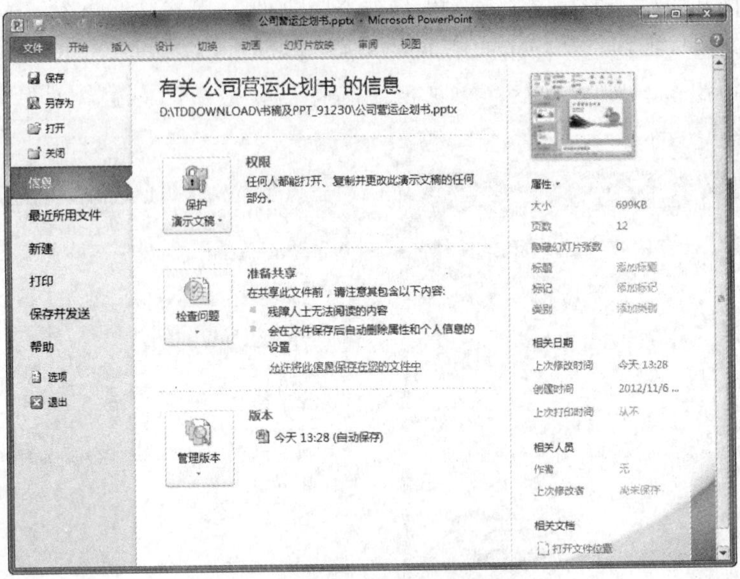

图 9.46 查看演示文稿属性信息

步骤 1 选择“文件”|“信息”命令，接着在右侧窗格中单击“属性”按钮，从弹出的菜单中选择“显示文档面板”命令，如图 9.47 所示。

步骤 2 在“文档属性”面板的每个属性字段框中输入所需信息即可，如图 9.48 所示。

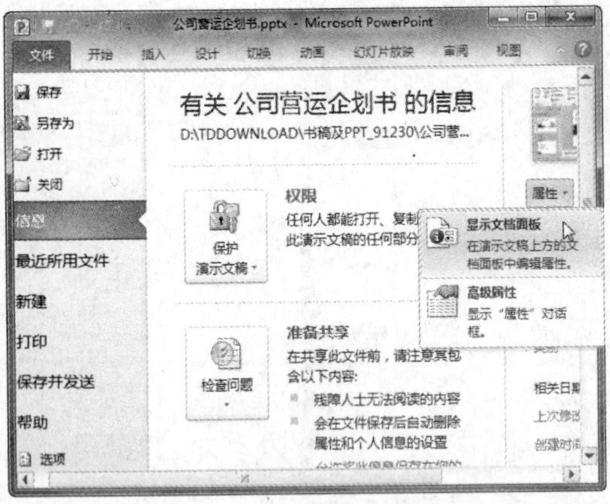

图 9.47 选择“显示文档面板”命令

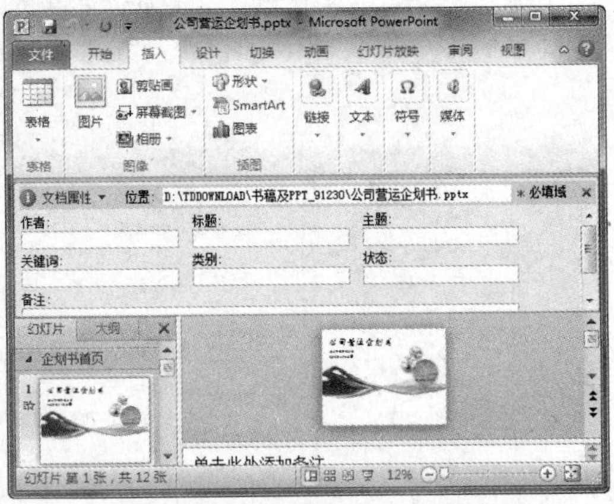

图 9.48 “文档属性”面板

步骤 3 若在步骤 1 中选择“高级属性”命令，则会弹出如图 9.49 所示的对话框，在“常规”选项卡下可查看该演示文稿的属性信息。

步骤 4 切换到“摘要”选项卡，在这里可以设置演示文稿的摘要信息，最后再单击“确定”按钮即可，如图 9.50 所示。

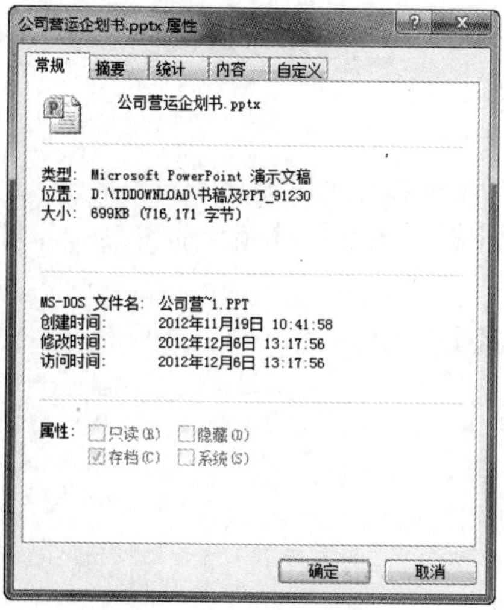

图 9.49　“常规”选项卡

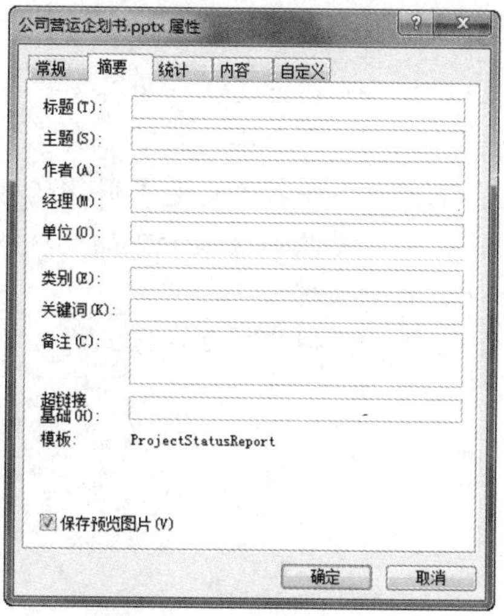

图 9.50　“摘要”选项卡

9.4　习　　题

一、选择题

(1)　“母版视图”选项组中不包括以下(　　)按钮。

A.　“幻灯片母版”　　B.　“阅读视图”

C.　“讲义母版”　　D.　“备注母版”

(2)　“符号”选项组中包括以下(　　)两项。

A.　“符号”和“动作”　　B.　“符号”和“对象”

C.　“符号”和“公式”　　D.　“符号”和“图表”

(3)　“校对”选项组中不包括以下(　　)按钮。

A.　“拼写检查”　　B.　“信息检索”

C.　“同义词库”　　D.　“显示标记”

(4)　为文本设置批注是在(　　)选项卡下。

A.　“插入”　　B.　“转换”

C.　“审阅”　　D.　“视图”

(5)　以下(　　)快捷键代表信息检索。

A.　F7　　B.　Alt+Ctrl

C.　Shift+F7　　D.　Alt+F8

(6)　“自动更正选项”按钮在(　　)选项卡下。

A.　“校对”　　B.　“版式”

C.　“语言”　　D.　“高级”

二、实训题

(1) 新建一个演示文稿，为其制作一个动画母版。

(2) 为幻灯片中的小标题添加批注。

(3) 在幻灯片中插入自选图形(符合主题即可)，然后在自选图形上输入文本。

(4) 利用“插入”选项卡下的“插图”选项组中的“形状”选项中的图形工具制作一个流程图，要有条理。

(5) 让演示文稿中的每一张幻灯片中都有公司的 LOGO。

第 10 章

经典实例：制作新产品上市计划

当一家公司要推出一款新产品时，为了让这款产品更有关注力，同时也为了让客户能更快速全面地了解此产品，制作一个实用的新产品介绍显然是一件很有必要的事情。本章就以制作新产品上市计划为例，进一步介绍演示文稿的制作和应用。

本章主要内容

- 制作计划书封面
- 制作产品幻灯片
- 制作销售策略幻灯片
- 制作上市前准备幻灯片
- 编辑新产品上市计划演示文稿
- 为演示文稿加密
- 设置访问权限
- 打印演示文稿

10.1 要 点 分 析

通过这一章的学习，首先是学会制作新产品上市计划演示文稿的方法，其次是在这个实例的制作过程中，学习和掌握 PowerPoint 的艺术字使用、添加和调整文本框、使用主题、添加日期和幻灯片页码、创建目标图、录制及添加旁白、演示文稿排练计时、为演示文稿加密、设置访问权限和打印演示文稿等操作。

10.2 创建新产品上市计划演示文稿

本章将以制作海尔新手机的上市计划为例进行介绍，具体操作步骤如下。

10.2.1 制作计划书封面

在计划书封面中一般包括本计划的名称、作者以及时间等内容。

步骤 1 启动 PowerPoint 2010 程序，选择“文件”|“新建”命令，接着在中间窗格中选择“计划、评估报告和管理方案”选项，如图 10.1 所示。

步骤 2 接着在中间窗格中选择“新品上市营销计划”选项，再在右侧窗格中单击“下载”按钮，如图 10.2 所示。

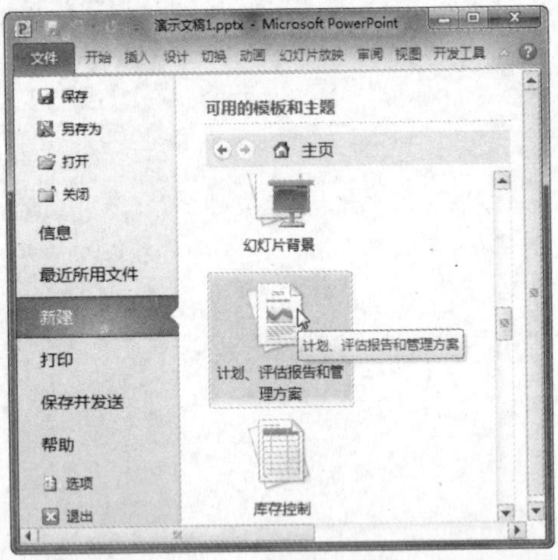

图 10.1 选择“计划、评估报告和管理方案”选项

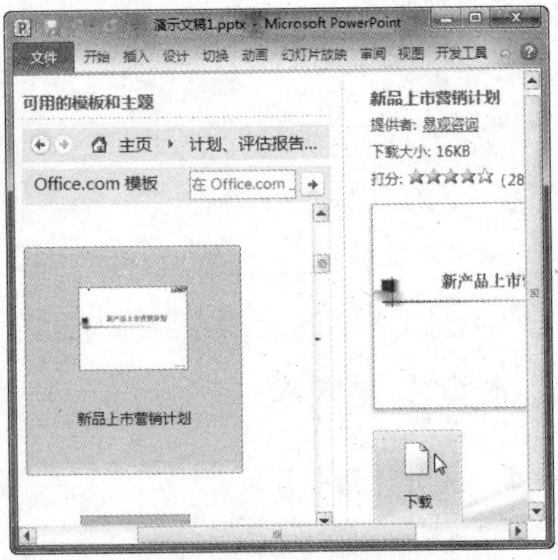

图 10.2 选择“新品上市营销计划”选项

步骤 3 开始下载模板，并弹出如图 10.3 所示的下载进度对话框。

图 10.3 下载进度对话框

步骤 4　模板下载完成后，将会自动弹出一个根据模板新建的演示文稿。在第 1 张幻灯片中修改计划标题，如图 10.4 所示。

步骤 5　在副标题占位符中输入计划制作者和制作时间，如图 10.5 所示。

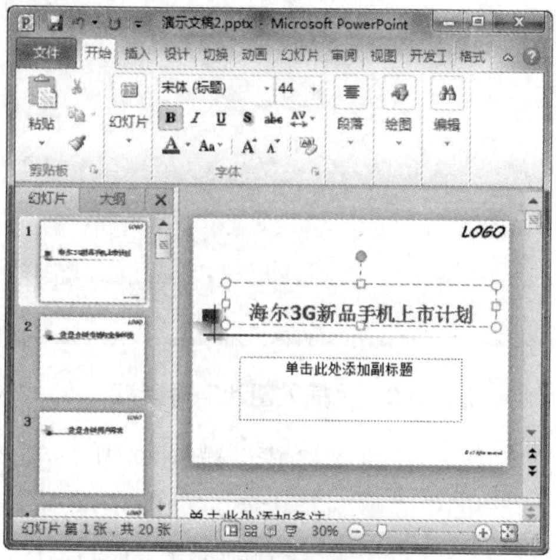

图 10.4　修改标题

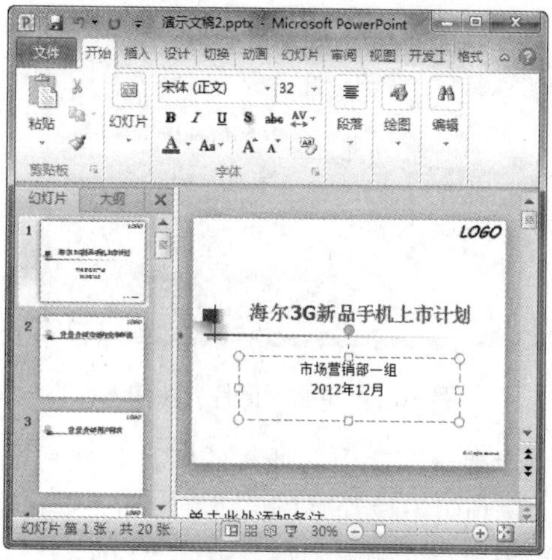

图 10.5　输入计划制作者和制作时间

步骤 6　选中第 1 张幻灯片右下角的文本框，按 Delete 键将其删除，如图 10.6 所示。

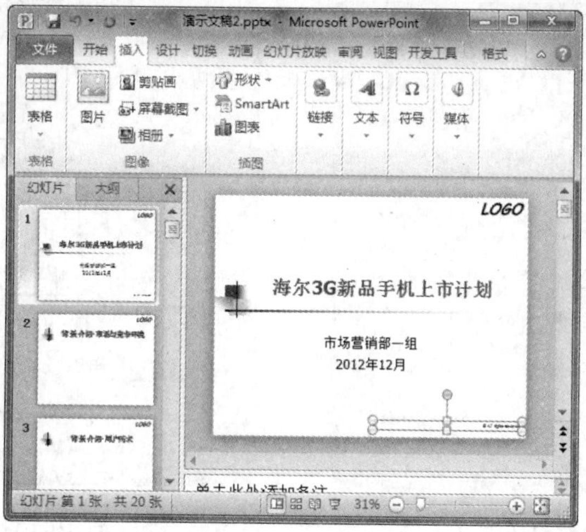

图 10.6　删除多余文本框

10.2.2　添加公司 LOGO

海尔作为一个响当当的品牌，当然有自己的 LOGO 了。下面就来在演示文稿中添加海尔的 LOGO 图标，具体操作步骤如下。

步骤 1　在“插入”选项卡下的“图像”选项组中单击“图片”按钮，如图 10.7 所示。

步骤 2　弹出“插入图片”对话框，选择要插入的图片，再单击“插入”按钮，插入图片，如图 10.8 所示。

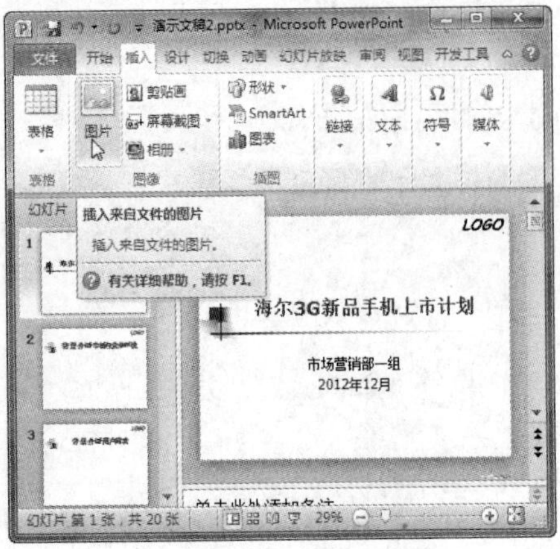

图 10.7　单击“图片”按钮

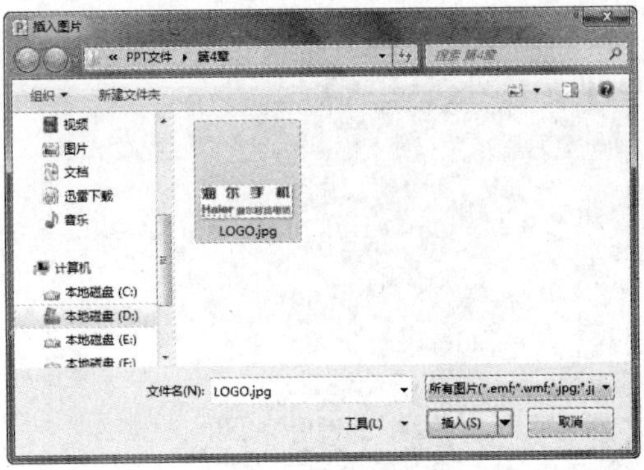

图 10.8　“插入图片”对话框

步骤 3　选中新插入的图片，然后在“图片工具”下的“格式”选项卡中，在“大小”选项组中设置“形状高度”和“形状宽度”微调框，调整图片大小，如图 10.9 所示。

步骤 4　删除幻灯片中的“LOGO”对象，然后将鼠标光标移到刚插入的图片上，当光标变成十字箭头形状时，按下鼠标左键不松，将图片拖动到刚删除的“LOGO”对象的位置，再释放鼠标左键，如图 10.10 所示。

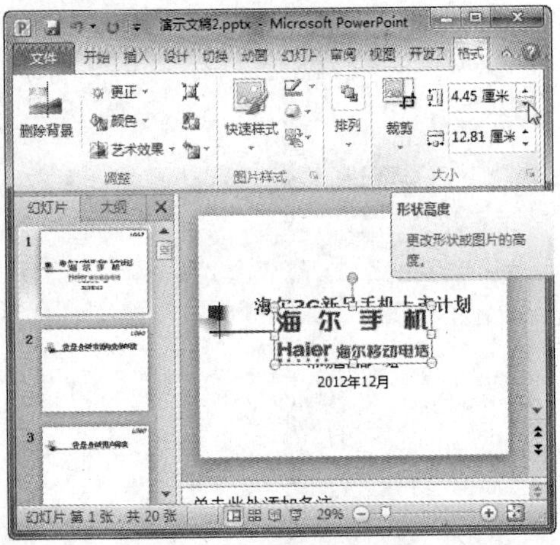

图 10.9　调整图片大小

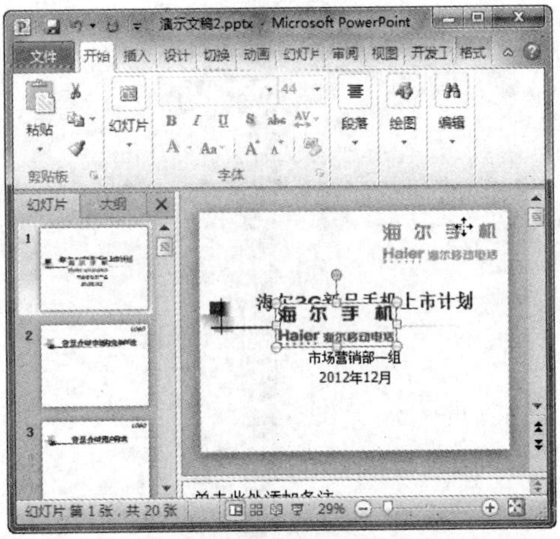

图 10.10　移动图片

步骤 5　在第 1 张幻灯片中选中图片，然后在“开始”选项卡下的“剪贴板”选项组中单击“复制”按钮，如图 10.11 所示。

步骤 6　单击第 2 张幻灯片，然后在右侧窗格中删除“LOGO”对象，接着在“开始”选项卡下的“剪贴板”选项组中单击“粘贴”按钮，如图 10.12 所示。

步骤 7　这时即可发现图片被粘贴到第 2 张幻灯片中了，单击图片，然后将鼠标光标移到图片的控制点上，当光标变成双向箭头形状时，按下鼠标左键不松并拖动图片到右上角位置，调整图片大小，如图 10.13 所示。

步骤 8　使用类似的方法，将 LOGO 图片复制到其他幻灯片中，如图 10.14 所示。

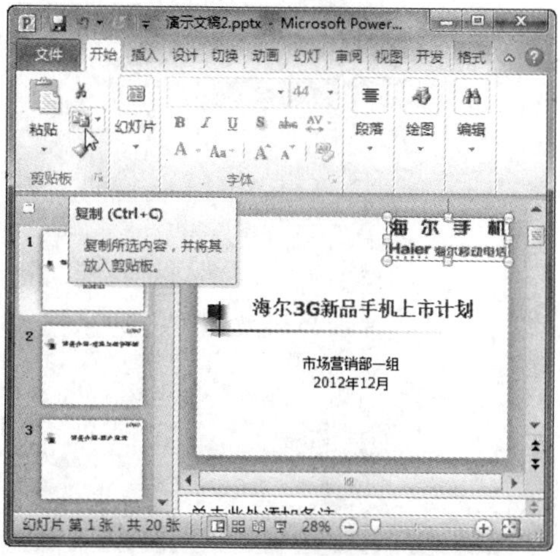

图 10.11　单击“复制”按钮

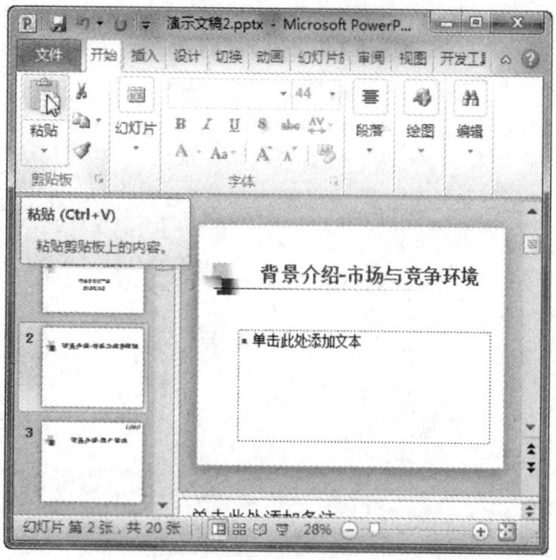

图 10.12　单击“粘贴”按钮

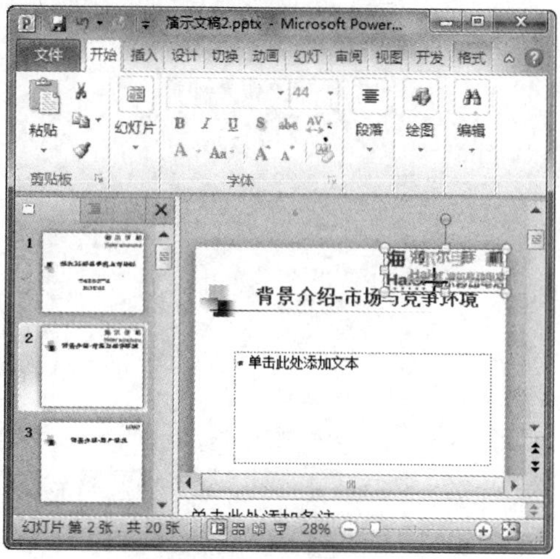

图 10.13　调整图片大小

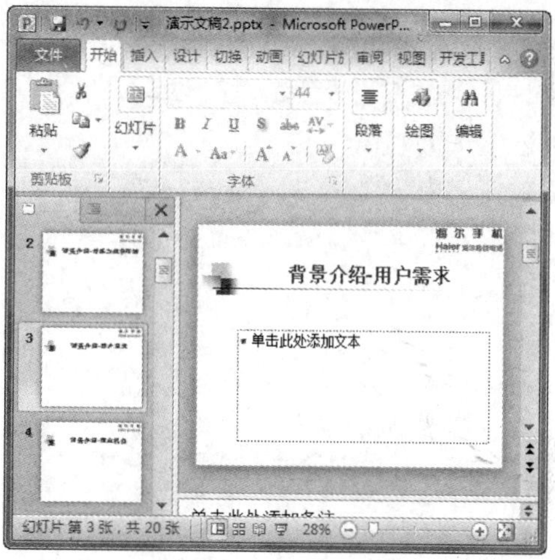

图 10.14　复制 LOGO 图片到其他幻灯片中

10.2.3　制作目录幻灯片

接下来制作目录幻灯片，这里将使用文本框存放每条目录的内容。

步骤 1　单击第 2 张幻灯片，然后修改幻灯片标题，如图 10.15 所示。接着单击“内容”占位符，并按 Delete 键将其删除。

步骤 2　在“插入”选项卡下的“插图”选项组中单击“形状”按钮，从弹出的菜单中单击“文本框”按钮，如图 10.16 所示。

步骤 3　在幻灯片中的适合位置处单击鼠标左键并拖动，插入文本框，如图 10.17 所示。

步骤 4　接着向文本框中输入文本内容，如图 10.18 所示。

步骤 5　右击文本框，从弹出的快捷菜单中选择“复制”命令，如图 10.19 所示。

步骤 6　在第 2 张幻灯片的空白处右击，从弹出的快捷菜单中单击“粘贴选项”选项组中的“使用目标主题”按钮，如图 10.20 所示。

图 10.15　在第 2 张幻灯片中修改标题

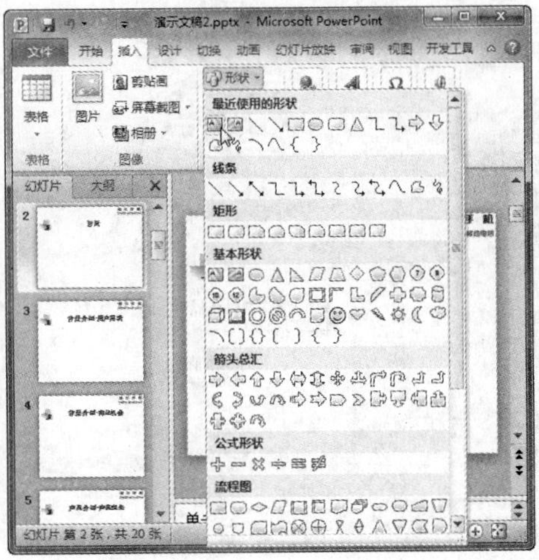

图 10.16　单击“文本框”按钮

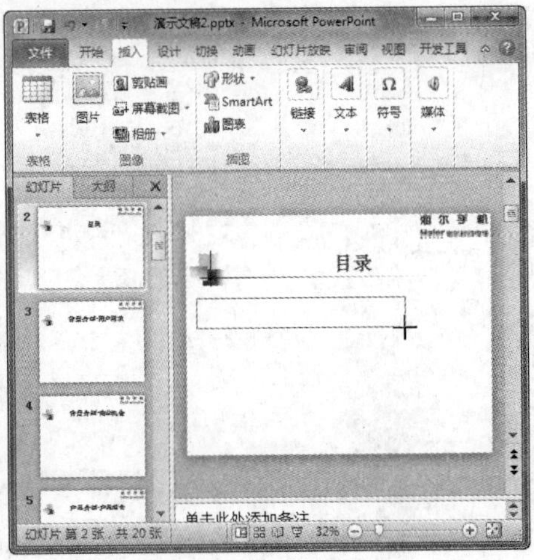

图 10.17　插入文本框

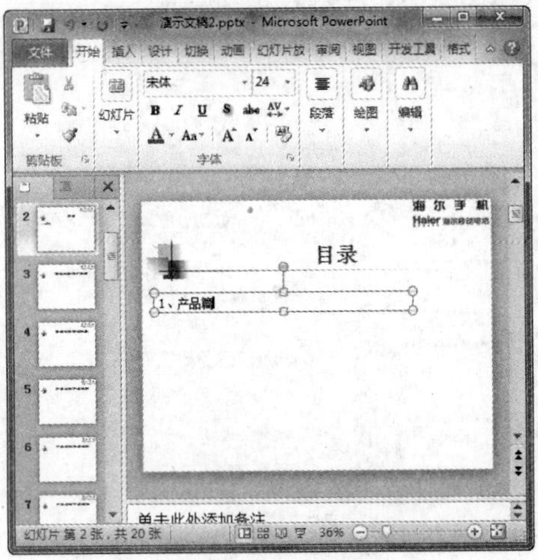

图 10.18　输入文本

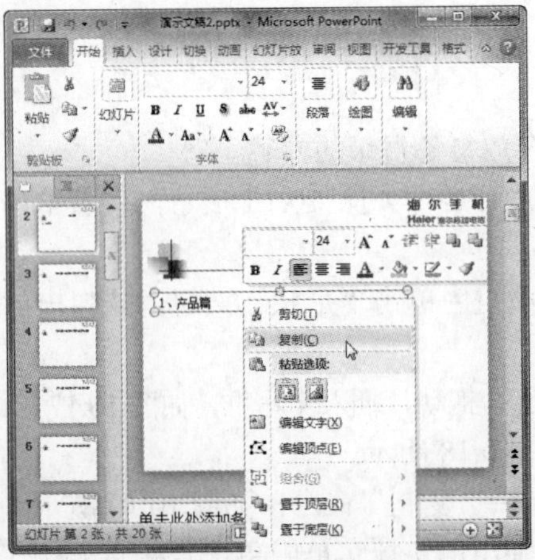

图 10.19　复制文本框

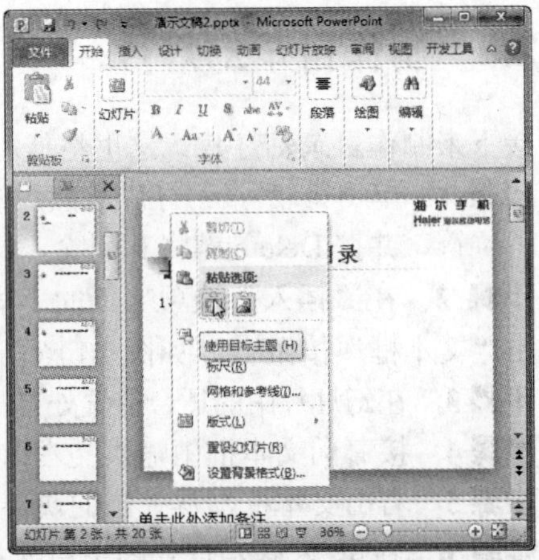

图 10.20　粘贴文本框

步骤 7 调整粘贴的文本框的位置，并修改其中的内容，如图 10.21 所示。

步骤 8 使用类似的方法，制作其他目录内容，如图 10.22 所示。

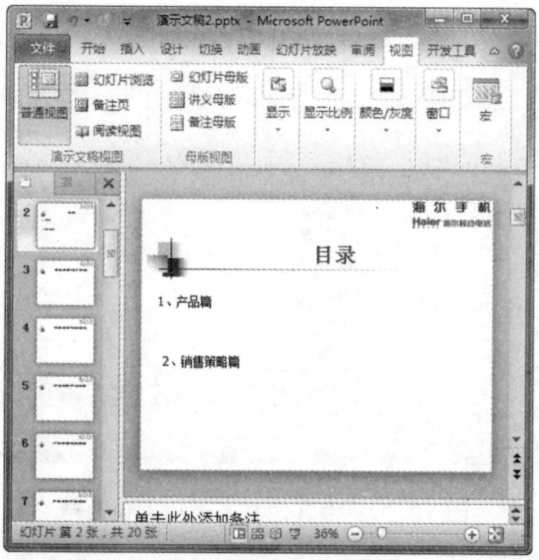

图 10.21 编辑新粘贴的文本框

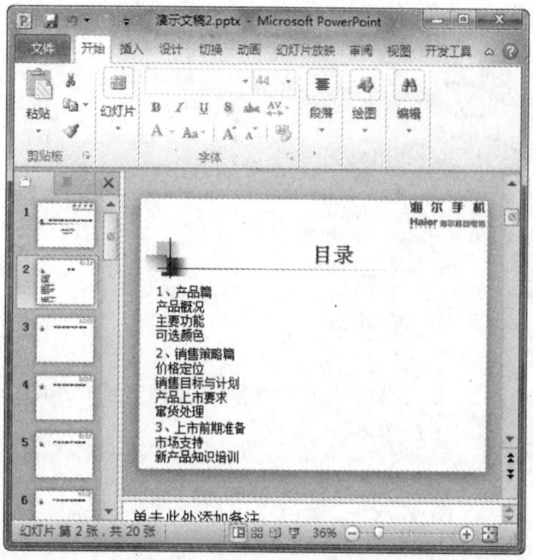

图 10.22 制作其他目录内容

步骤 9 在文本框中选择要设置段落格式的文本，然后在“开始”选项卡下的“段落”选项组中单击“其他”按钮，打开“段落”对话框，如图 10.23 所示。

步骤 10 切换到“缩进和间距”选项卡，接着在“缩进”选项组中设置“文本之前”缩进“1 厘米”，再单击“确定”按钮，如图 10.24 所示。

图 10.23 选择要设置的文本

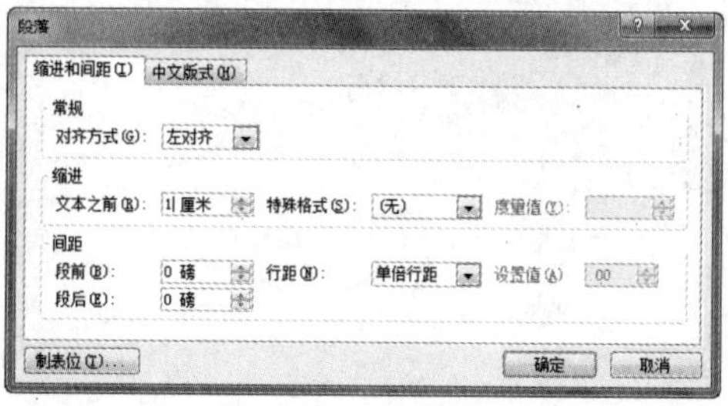

图 10.24 “段落”对话框

步骤 11 在“开始”选项卡下的“段落”选项组中单击“项目符号”按钮，从弹出的菜单中选择一种符号样式，如图 10.25 所示。

步骤 12 使用类似的方法，为其他文本添加项目符号，效果如图 10.26 所示。

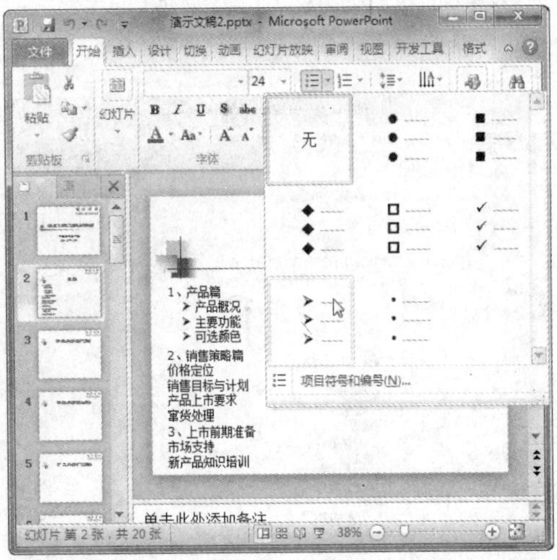
演示文稿2.pptx - Microsoft PowerPoint
无
项目符号和编号(N)...
1、产品篇
产品概况
主要功能
可选颜色
2、销售策略篇
价格定位
销售目标与计划
产品上市要求
窜货处理
3、上市前期准备
市场支持
新产品知识培训
幻灯片 第 2 张，共 20 张

图 10.25　单击“项目符号”按钮

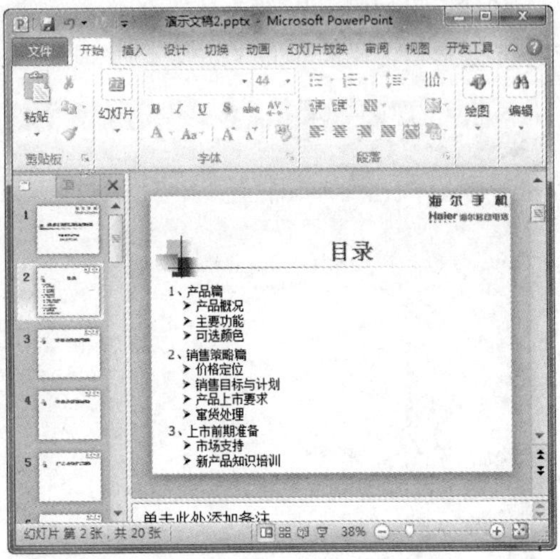
演示文稿2.pptx - Microsoft PowerPoint
海 尔 手 机
目录
1、产品篇
产品概况
主要功能
可选颜色
2、销售策略篇
价格定位
销售目标与计划
产品上市要求
窜货处理
3、上市前期准备
市场支持
新产品知识培训
幻灯片 第 2 张，共 20 张

图 10.26　为其他文本添加项目符号

10.2.4　制作产品幻灯片

目录幻灯片制作完成后，下面就可以根据目录幻灯片中的内容，制作新手机上市计划演示文稿了。这里先来制作产品幻灯片，具体操作步骤如下。

步骤 1　单击第 3 张幻灯片，然后修改幻灯片标题和文本内容，结果如图 10.27 所示。

步骤 2　再插入一个文本框，然后输入“产品篇—— W910 产品介绍”文本，并调整文本框位置，如图 10.28 所示。

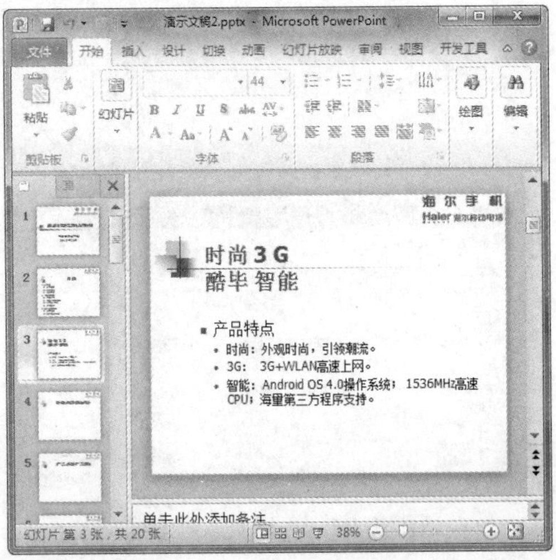
演示文稿2.pptx - Microsoft PowerPoint
海 尔 手 机
时尚 3 G
酷毕 智能
产品特点
时尚：外观时尚，引领潮流。
3G：3G+WLAN高速上网。
智能：Android OS 4.0操作系统；1536MHz高速CPU；海量第三方程序支持。
幻灯片 第 3 张，共 20 张

图 10.27　输入文本

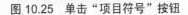

演示文稿2.pptx - Microsoft PowerPoint
产品篇—— W910产品介绍
海 尔 手 机
时尚 3 G
酷毕 智能
产品特点
时尚：外观时尚，引领潮流。
3G：3G+WLAN高速上网。
智能：Android OS 4.0操作系统；1536MHz高速CPU；海量第三方程序支持。
幻灯片 第 3 张，共 20 张

图 10.28　插入文本框

步骤 3　在插入选项卡下的“图像”选项组中单击“图片”按钮，弹出“插入图片”对话框，选择要插入的图片，如图 10.29 所示。

步骤 4　单击“插入”按钮，返回演示文稿窗口，然后调整图片大小和位置，效果如

图 10.30 所示。

图 10.29　选择图片

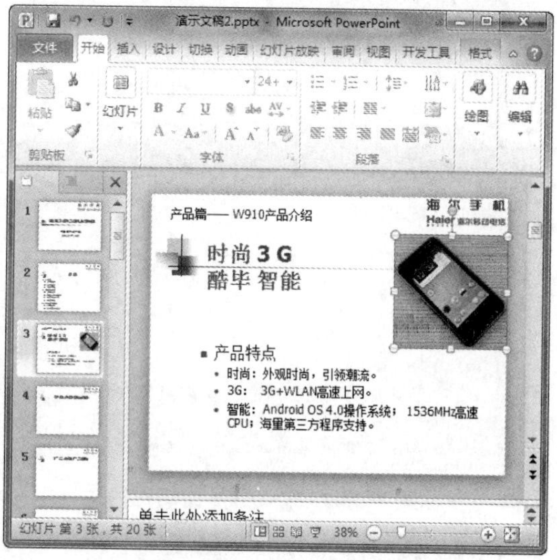

图 10.30　调整图片位置

步骤 5　单击图片，然后在“图片工具”下的“格式”选项卡中，单击“图片样式”选项组中的“其他”按钮，从弹出的菜单中选择一种图片样式，如图 10.31 所示。

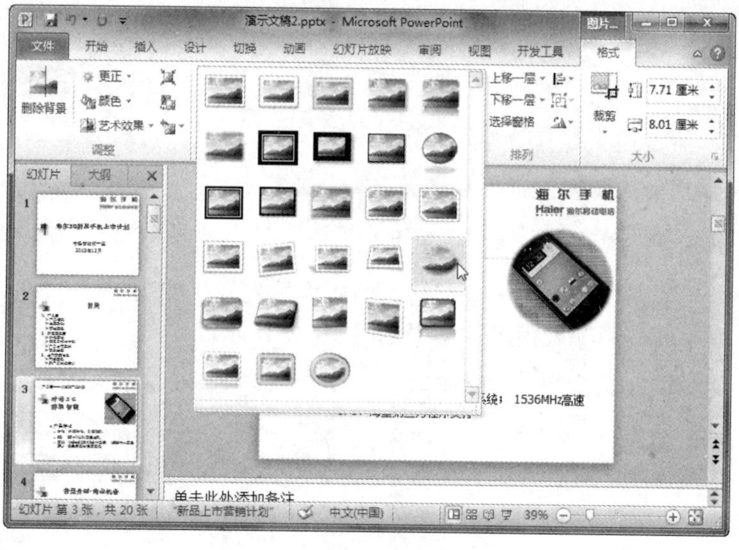

图 10.31　设置图片样式

步骤 6　单击第 4 张幻灯片，然后修改其中的标题，如图 10.32 所示。

步骤 7　在“开始”选项卡下的“幻灯片”选项组中单击“重设”按钮，将幻灯片版式改为默认版式，如图 10.33 所示。

步骤 8　在幻灯片中单击“插入表格”按钮，如图 10.34 所示。

步骤 9　弹出“插入表格”对话框，设置行数和列数，再单击“确定”按钮，如图 10.35 所示。

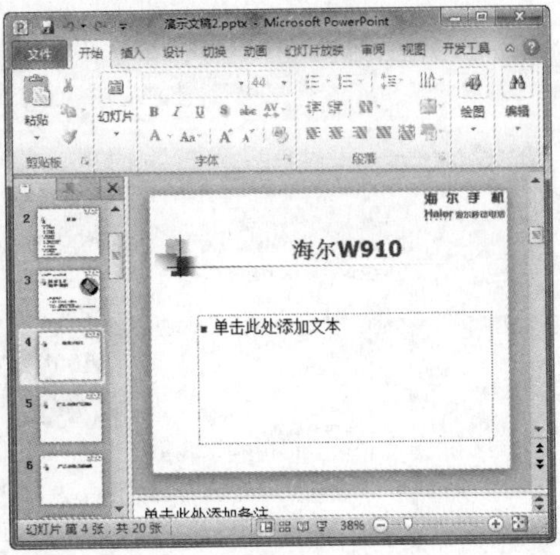

图 10.32　编辑第 4 张幻灯片

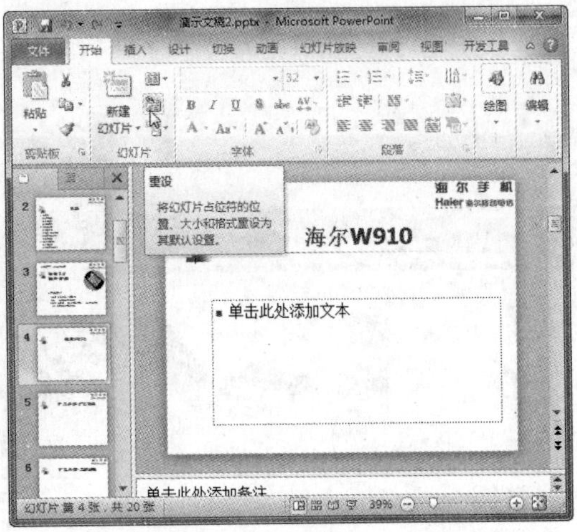

图 10.33　单击“重设”按钮

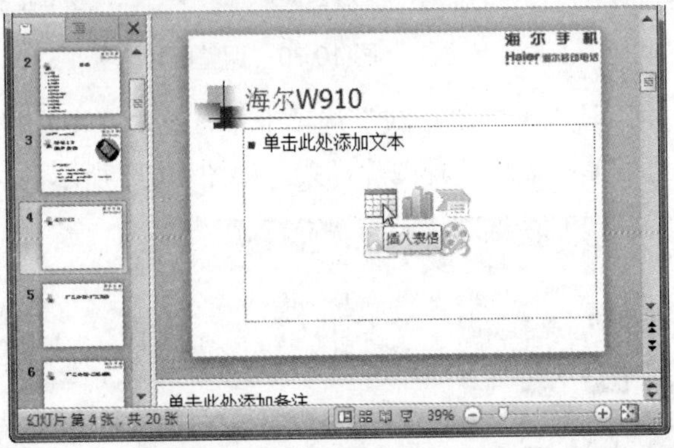

图 10.34　单击“插入表格”按钮

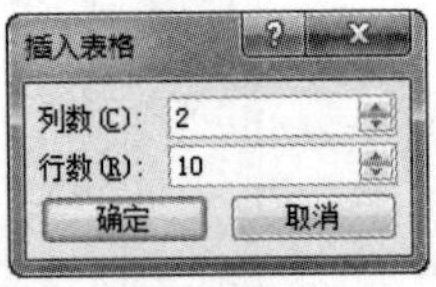

图 10.35　“插入表格”对话框

步骤 10　单击表格中的第一个单元格，插入鼠标光标，如图 10.36 所示。

步骤 11　向单元格中输入内容，结果如图 10.37 所示。

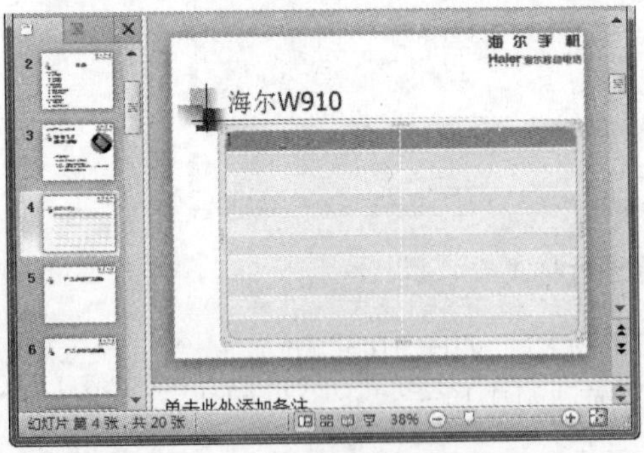

图 10.36　将光标插入表格

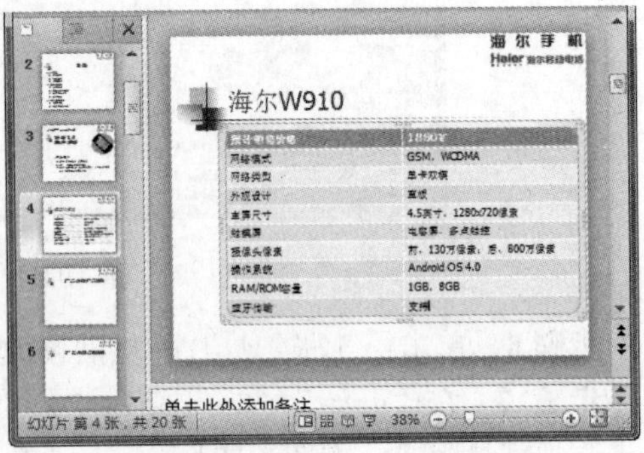

图 10.37　在表格中输入文本

步骤 12　将光标定位到最后一行单元格中，然后在“表格工具”下的“布局”选项卡中，单击“行和列”选项组中的“在下方插入”按钮，如图 10.38 所示。

步骤 13　这时将在最后一行下方插入一新行，接着输入内容，如图 10.39 所示。

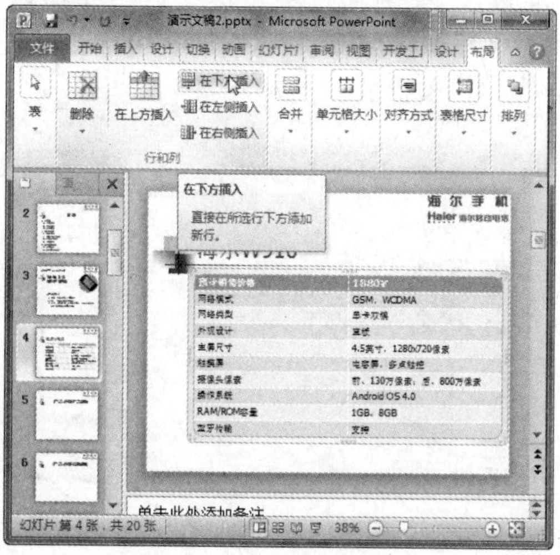

图 10.38　单击“在下方插入”按钮

图 10.39　在新行中输入文本

步骤 14　单击第 5 张幻灯片，然后修改幻灯片标题，接着插入如图 10.40 所示的图片。

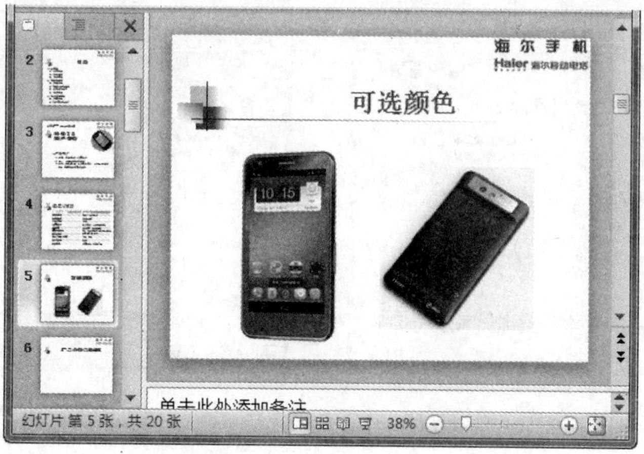

图 10.40　编辑第 5 张幻灯片

10.2.5　制作销售策略幻灯片

接下来制作销售策略幻灯片，具体操作步骤如下。

步骤 1　单击第 6 张幻灯片，然后修改幻灯片标题，结果如图 10.41 所示。

步骤 2　在“开始”选项卡下的“幻灯片”选项组中单击“版式”按钮，从弹出的菜单中选择“比较”选项，如图 10.42 所示。

步骤 3　这时即会发现幻灯片的版式改变了，如图 10.43 所示。

步骤 4　修改标题和内容，结果如图 10.44 所示。

步骤 5　单击第 7 张幻灯片，然后修改幻灯片标题，结果如图 10.45 所示。

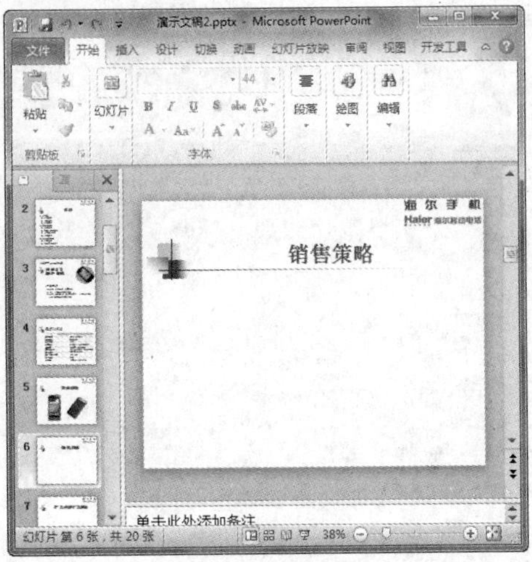

图 10.41　编辑第 6 张幻灯片

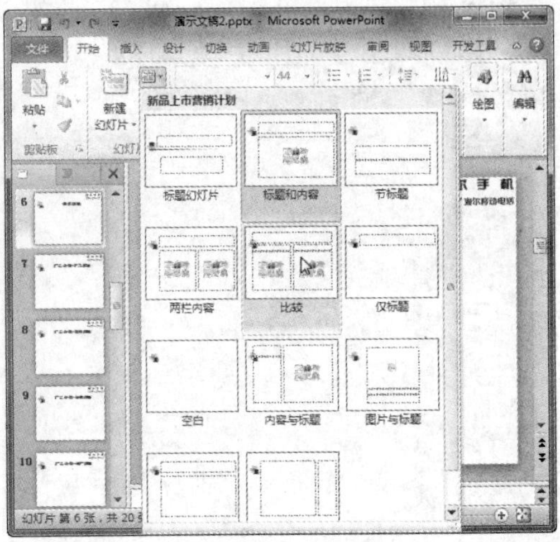

图 10.42　更换版式

图 10.43　查看调整版式后的幻灯片

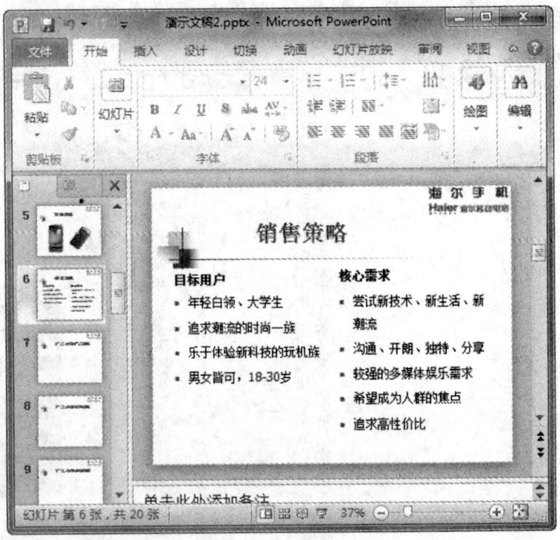

图 10.44　输入文本

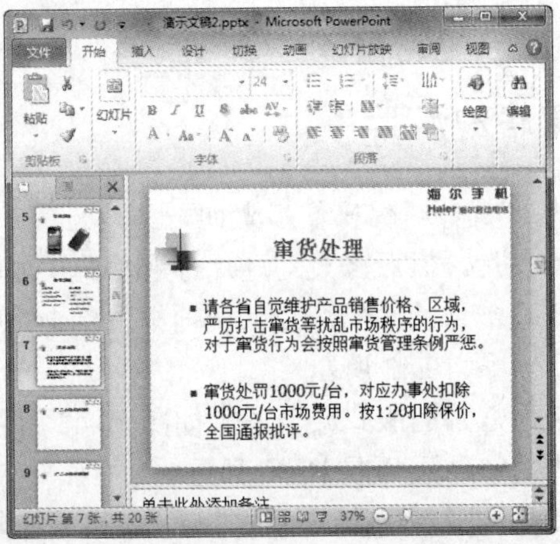

图 10.45　编辑第 7 张幻灯片

10.2.6 制作上市准备幻灯片

制作上市准备幻灯片的具体操作步骤如下。

步骤 1 单击第 8 张幻灯片，然后修改其中的标题，并删除内容占位符，如图 10.46 所示。

步骤 2 在“插入”选项卡下的“插图”选项组中单击 SmartArt 按钮，如图 10.47 所示。

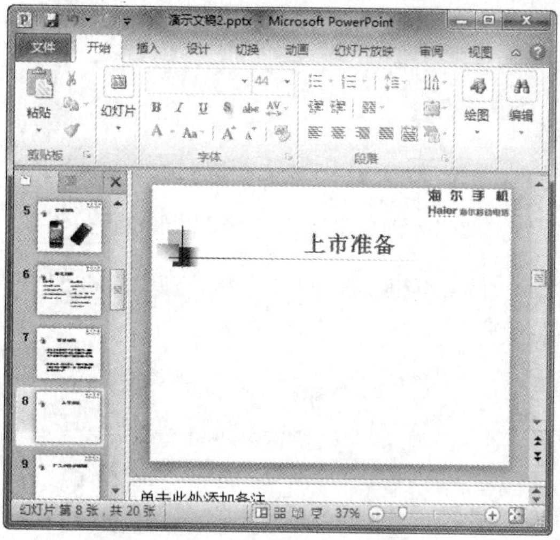

图 10.46 编辑第 8 张幻灯片

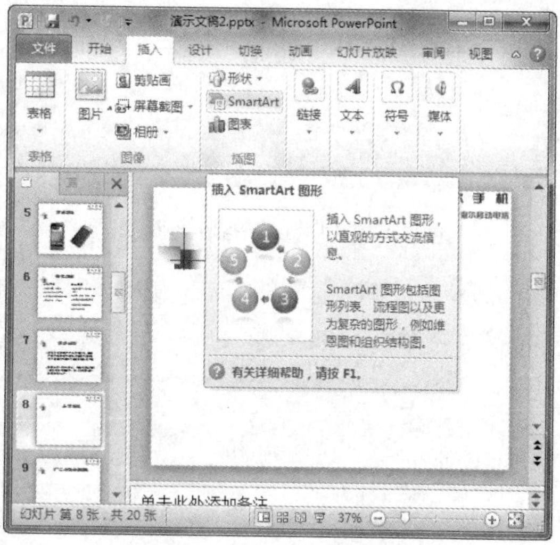

图 10.47 单击 SmartArt 按钮

步骤 3 弹出“选择 SmartArt 图形”对话框，在左侧窗格中单击“循环”选项，在右侧选择一种样式，再单击“确定”按钮，如图 10.48 所示。

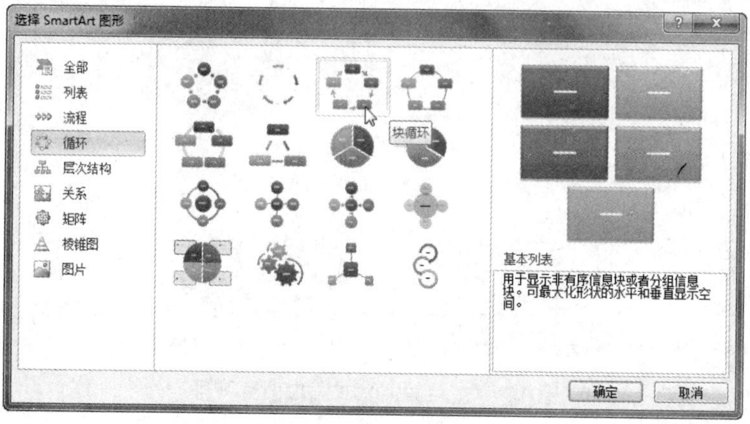

图 10.48 选择 SmartArt 图形

步骤 4 返回演示文稿窗口，插入的 SmartArt 图形如图 10.49 所示。

步骤 5 在 SmartArt 图形中输入文本，再调整 SmartArt 图形的位置，结果如图 10.50 所示。

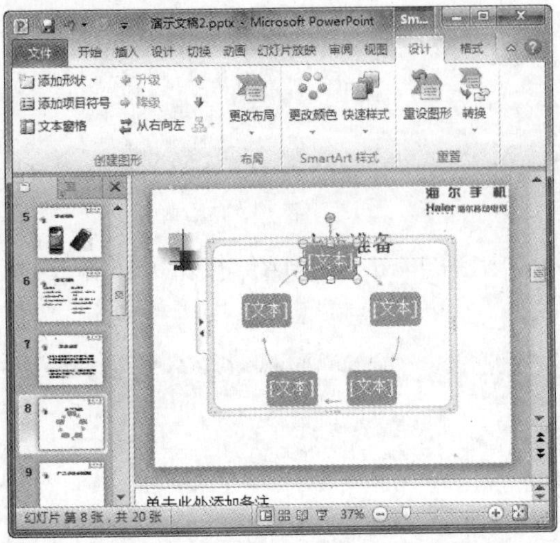

图 10.49　插入 SmartArt 图形

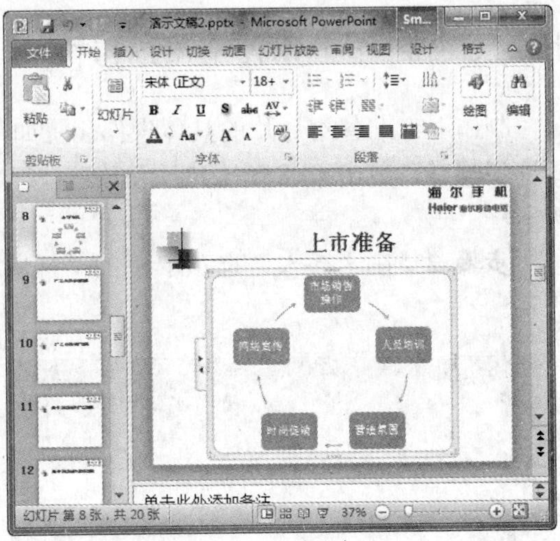

图 10.50　调整 SmartArt 图形位置

步骤 6　参考前面的方法，在幻灯片中插入 4 个文本框，并向其中输入如图 10.51 所示的文本内容，再利用项目符号设置文本的段落格式。

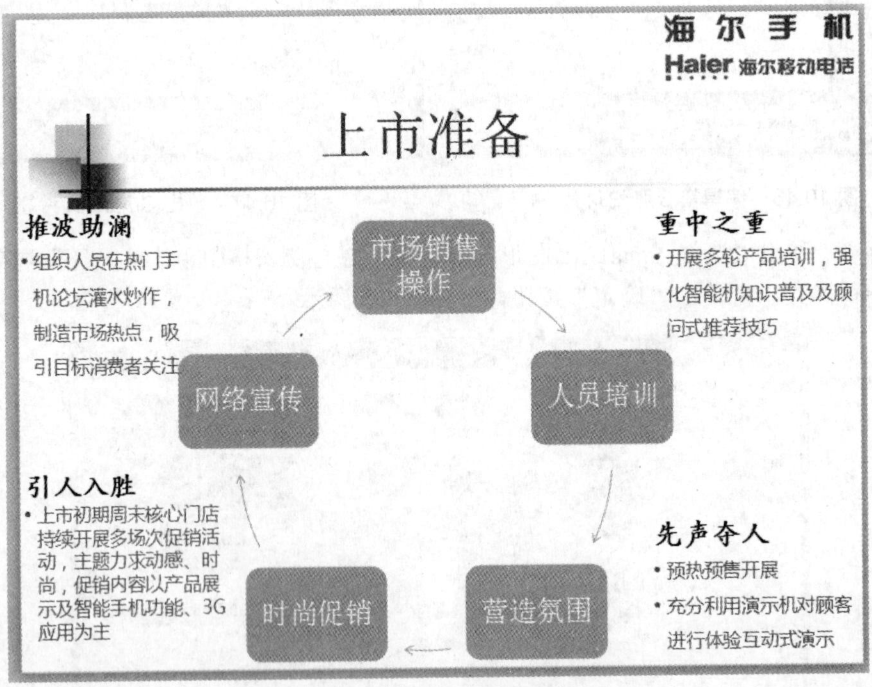

图 10.51　为其他文本添加项目符号

步骤 7　单击第 9 张幻灯片，在这里制作新产品知识培训计划幻灯片，输入幻灯片标题，如图 10.52 所示。

步骤 8　单击第 10 张幻灯片，然后在幻灯片中输入如图 10.53 所示的文本内容，并设置文本的字体格式。接着删除后面的多余幻灯片。

图 10.52　编辑第 9 张幻灯片

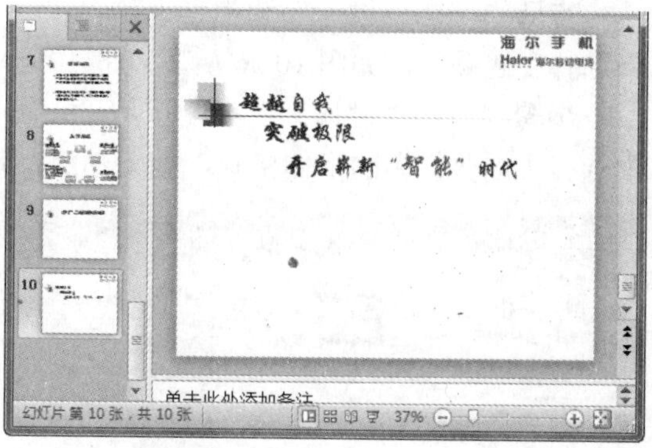

图 10.53　编辑第 10 张幻灯片

10.3　编辑新产品上市计划演示文稿

创建好新产品上市计划演示文稿之后，就要对演示文稿中的幻灯片进行编辑，主要包括应用主题、添加日期和幻灯片页码、创建广播幻灯片、添加动画效果、录制旁白和演示文稿排练计时等操作。

10.3.1　应用主题

使用主题可以简化专业设计师水准的演示文稿的编辑过程，不仅可以在 PowerPoint 中使用主题颜色、字体和效果，还可以在 Office 其他的程序中使用，这样会使你的演示文稿和其他文档别具一格。

步骤 1　在“设计”选项卡下的“主题”选项组中单击“其他”按钮，从弹出的菜单中单击“气流”选项，如图 10.54 所示。

步骤 2　这时即可在演示文稿窗口中查看应用主题后的效果了，如图 10.55 所示。

图 10.54　选择主题

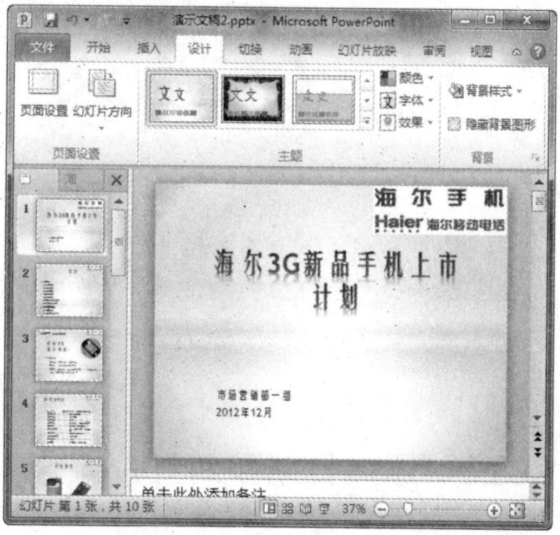

图 10.55　查看应用主题后的效果

步骤 3　在“设计”选项卡下的“主题”选项组中单击“颜色”按钮，从弹出的菜单中选择主题颜色，如图 10.56 所示。

步骤 4　在“设计”选项卡下的“主题”选项组中单击“字体”按钮，从弹出的菜单中选择主题要使用的字体格式，如图 10.57 所示。

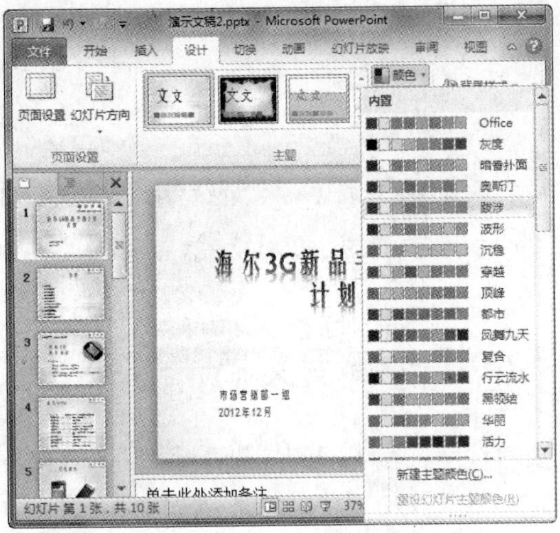

图 10.56　设置主题颜色

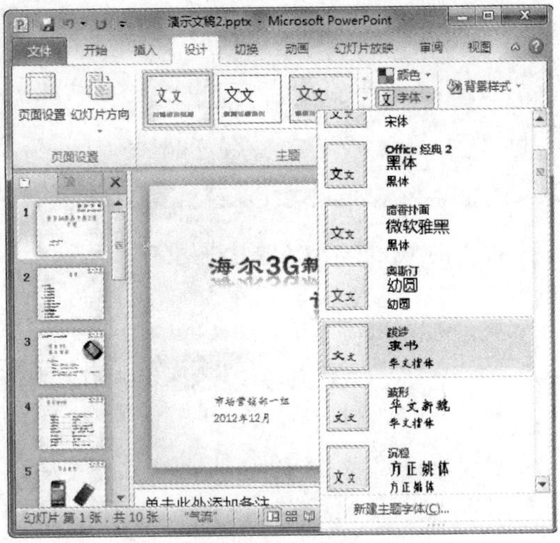

图 10.57　设置主题字体

步骤 5　在“设计”选项卡下的“主题”选项组中单击“效果”按钮，从弹出的菜单中选择一种主题效果，如图 10.58 所示。

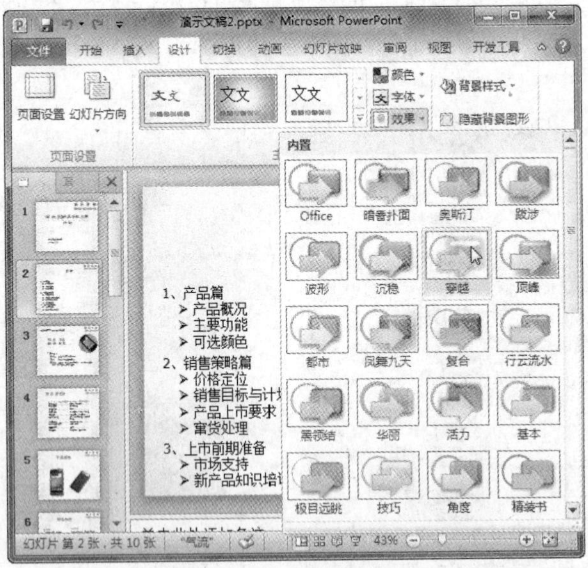

图 10.58　设置主题效果

10.3.2　添加日期和幻灯片编号

如果想要自己的演示文稿做得更严密一些，可以在幻灯片中添加制作日期和编号。

步骤 1　打开演示文稿，然后在“插入”选项卡下的“文本”选项组中单击“日期和时间”按钮，如图 10.59 所示。

步骤 2　弹出“页眉和页脚”对话框，在“幻灯片”选项卡下选中“日期和时间”复选框，接着选中“自动更新”单选按钮和“幻灯片编号”复选框，如图 10.60 所示。

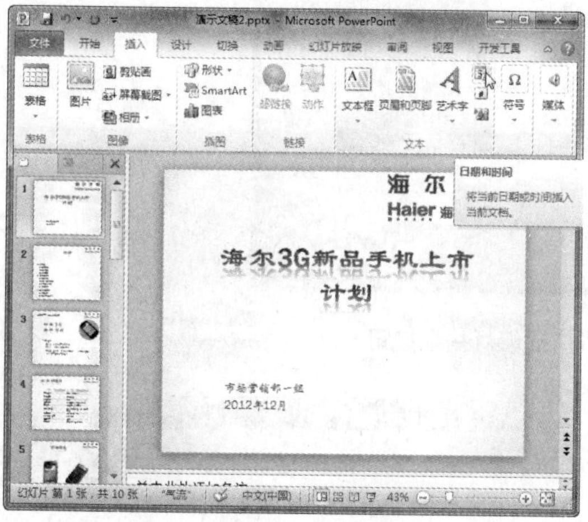

图 10.59　单击“日期和时间”按钮

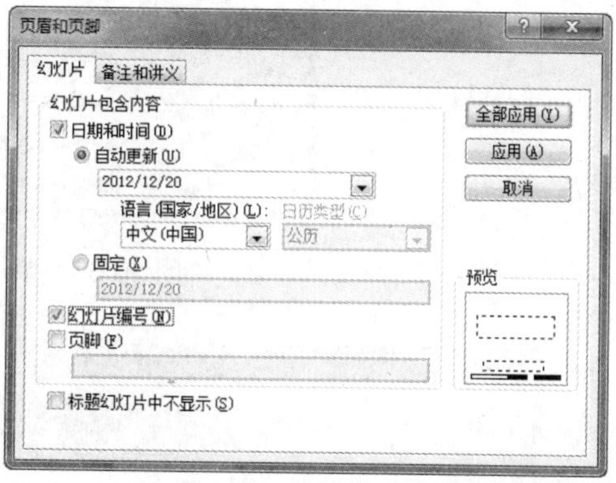

图 10.60　“页眉和页脚”对话框

步骤 3　单击“全部应用”按钮，这样就会在幻灯片底部出现幻灯片编号和日期了，如图 10.61 所示。

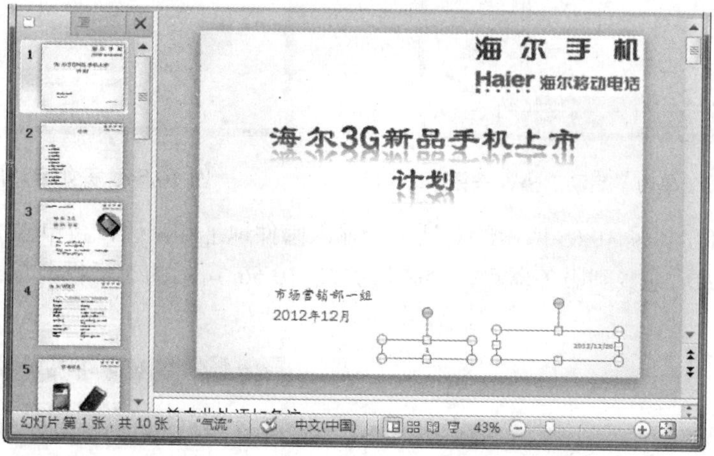

图 10.61　查看添加的幻灯片编号和日期

10.3.3　创建广播幻灯片

广播也是一种很好的推广手段，创建广播幻灯片的具体操作步骤如下。

步骤 1　选择“文件”|“保存并发送”|“广播幻灯片”命令，接着在右侧窗格中单击“广播幻灯片”按钮，如图 10.62 所示。

步骤 2　弹出“广播幻灯片”对话框，单击“启动广播”按钮，如图 10.63 所示。

步骤 3　开始启动广播，对话框如图 10.64 所示。

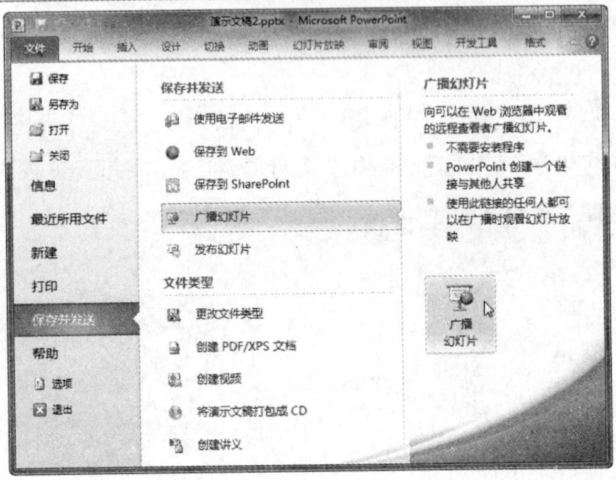

图 10.62 单击“广播幻灯片”按钮

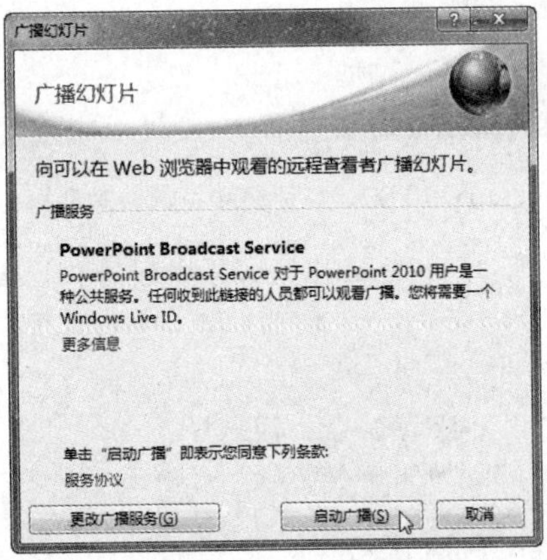

图 10.63 单击“启动广播”按钮

图 10.64 开始启动广播

步骤 4 弹出如图 10.65 所示的对话框，输入邮件地址和密码，再单击“确定”按钮。

步骤 5 成功连接到服务器后，会弹出如图 10.66 所示的对话框，单击“开始放映幻灯片”按钮。

图 10.65 输入邮件地址和密码

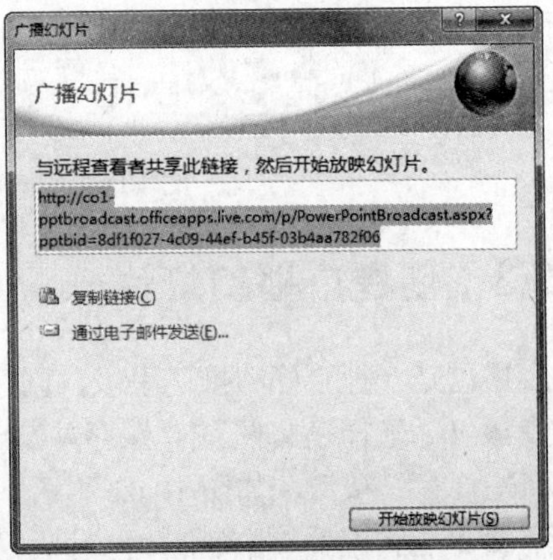

图 10.66 成功连接到服务器

步骤 6 开始放映幻灯片，如图 10.67 所示。

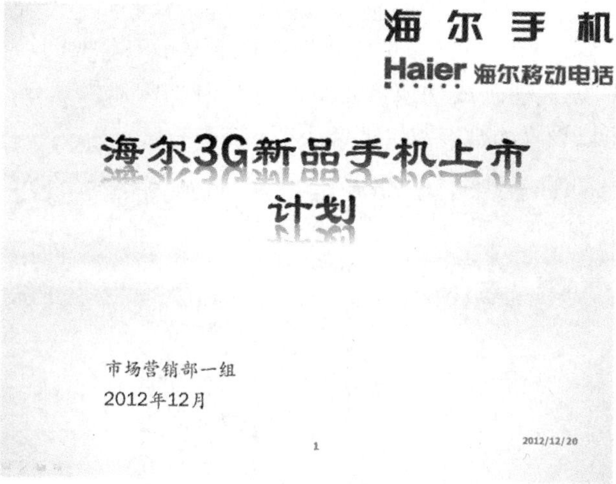

图 10.67 广播放映幻灯片

步骤 7 放映完成后，按 Esc 键返回普通视图，如图 10.68 所示。单击“结束广播”按钮。

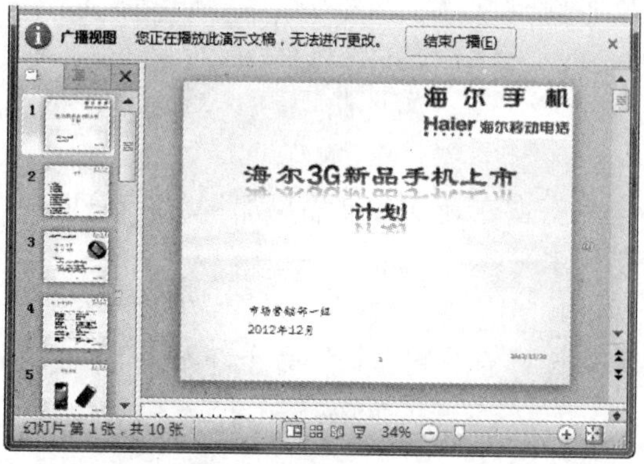

图 10.68 单击“结束广播”按钮

步骤 8 弹出如图 10.69 所示的对话框，询问是否要结束此广播，单击“结束广播”按钮。

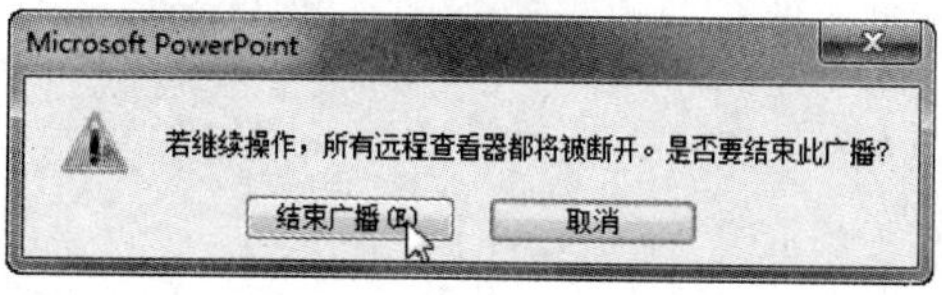

图 10.69 结束广播

10.3.4 添加动画效果

在创建好的幻灯片上添加动画效果，可以让幻灯片表达的效果更加生动。

步骤 1 在幻灯片中选中要设置动画效果的对象，然后在“动画”选项卡下的“动画”选项组中单击“动画样式”按钮，从弹出的菜单中选择“出现”选项，如图 10.70 所示。

步骤 2 设置动画之后，可以看见在“幻灯片”窗格中对应的幻灯片的标号下面有个五角星符号，这说明设置动画成功或者是该幻灯片有动画效果。在“动画”选项卡下的“计时”选项组中可以设置动画参数，如图 10.71 所示。

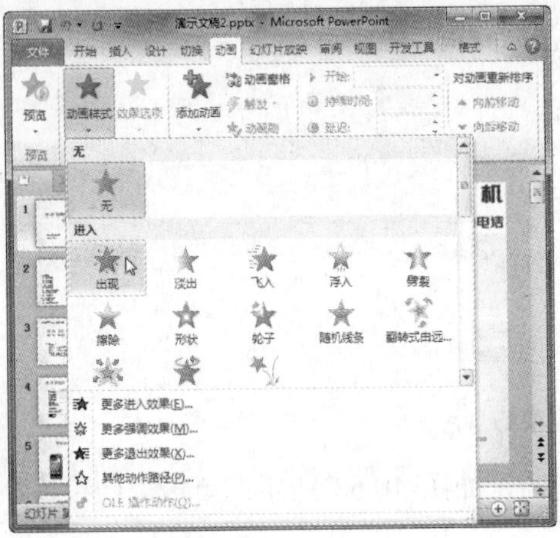

图 10.70 添加动画效果

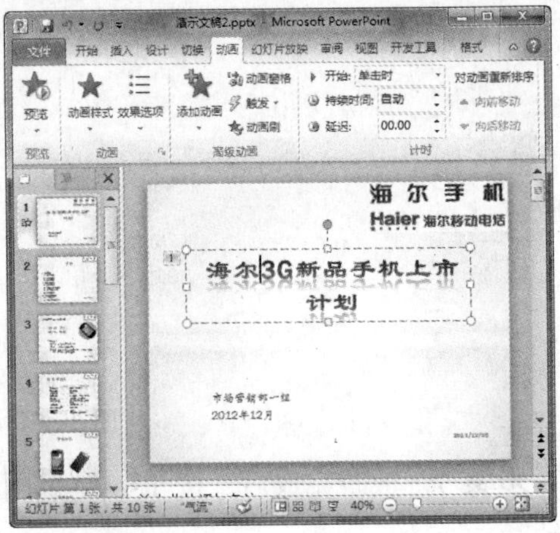

图 10.71 设置动画效果

10.3.5 录制旁白

有时会在幻灯片中插入旁白，让演示文稿更加生动。在幻灯片里加入一些与众不同的东西，更能体现用户的制作水平。

步骤 1 单击第 1 张幻灯片，然后在“插入”选项卡下的“媒体”选项组中单击“音频”按钮，从弹出的菜单中选择“录制音频”命令，如图 10.72 所示。

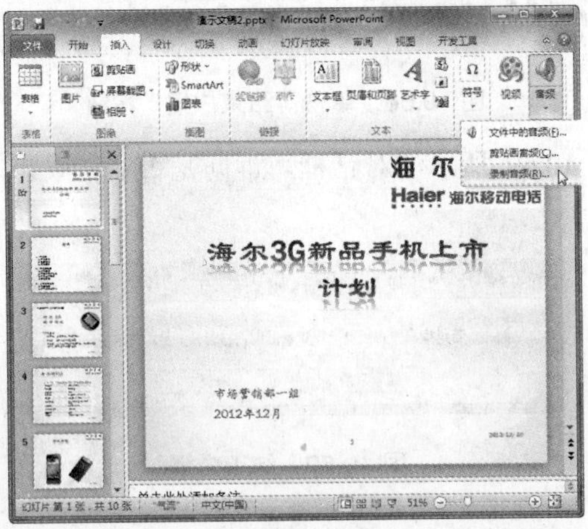

图 10.72 选择“录制音频”命令

步骤 2 弹出“录音”对话框，单击“录音”按钮开始进行录制，如图 10.73 所示。

步骤 3　旁白录制完毕后，单击“结束”按钮，如图 10.74 所示。

图 10.73　开始录制声音

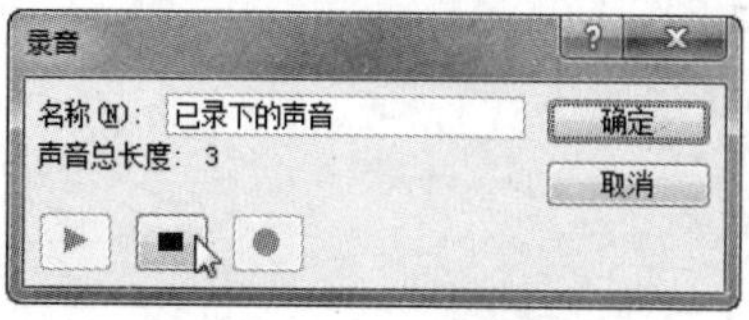

图 10.74　录制完毕

步骤 3　接着修改声音文件名称，再单击“确定”按钮，返回演示文稿窗口，即会发现在幻灯片上出现一个小喇叭图标，表示该幻灯片中有声音文件，如图 10.75 所示。

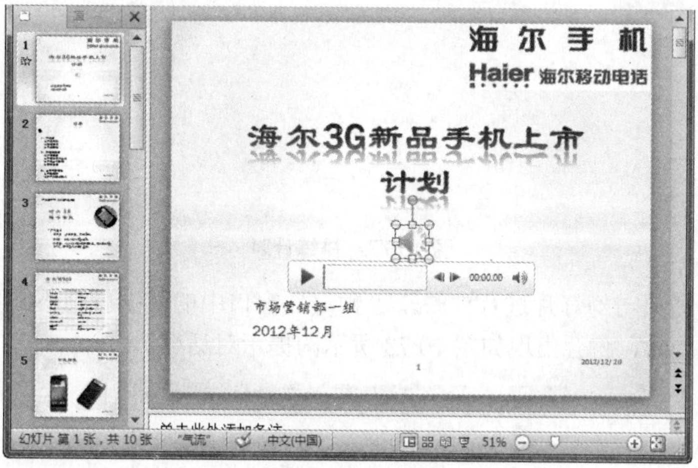

图 10.75　出现小喇叭图标

10.3.6　演示文稿排练计时

在放映演示文稿之前，建议用户先放映一遍，将每张幻灯片的放映时间了解清楚。这样，便于在正式放映时准确控制。

步骤 1　单击第 1 张幻灯片，然后在“幻灯片放映”选项卡下的“设置”选项组中单击“排练计时”按钮，如图 10.76 所示。

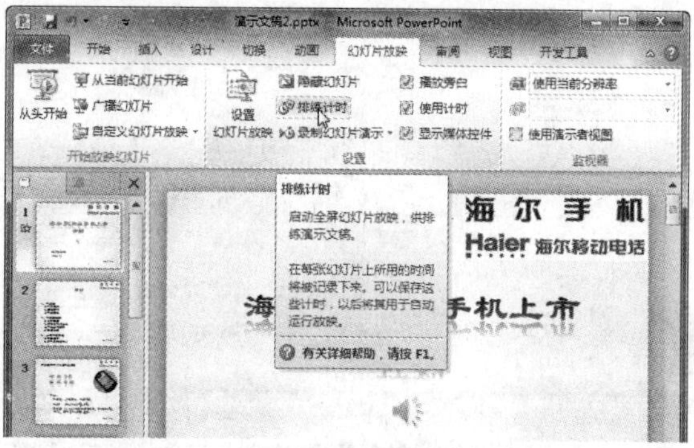

图 10.76　单击“排练计时”按钮

步骤 2 此时就会启动幻灯片放映，在放映时，有一个小的“预演”窗口在计时，如图 10.77 所示。

图 10.77　排练计时

步骤 3 不断单击幻灯片进行放映，“预演”窗口中的数据就会不断更新。当最后一张幻灯片放映完毕时，将会出现如图 10.78 所示的提示对话框。

图 10.78　记录幻灯片排练时间

步骤 4 单击“是”按钮，幻灯片就会自动切换到幻灯片浏览视图，并且在每张幻灯片下方均有放映时间，如图 10.79 所示。

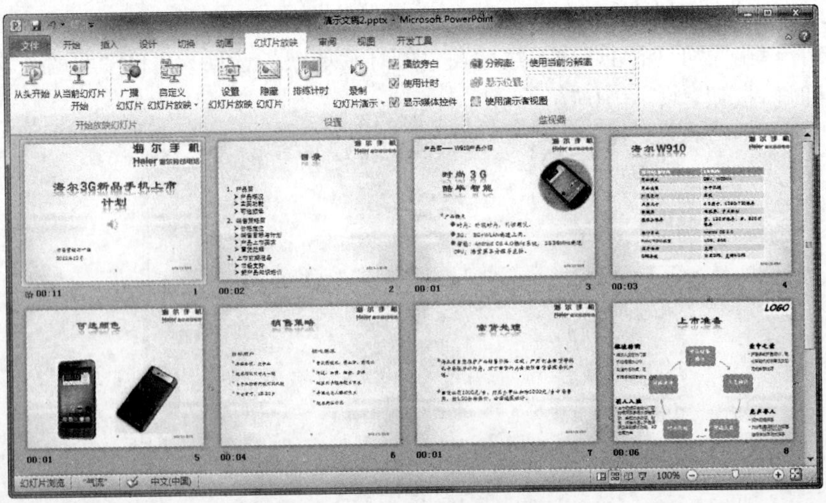

图 10.79　查看幻灯片放映时间

10.4　保护演示文稿

制作好演示文稿之后，如果觉得此演示文稿有保密的必要，例如本章制作的新产品上市计划就需要一定的保密性，就可以采取一些办法对演示文稿进行保护。下面就针对如何保护演示文稿介绍操作办法。

10.4.1　为演示文稿加密

为演示文稿加密后，在打开演示文稿时就必须要输入密码，这样可提高演示文稿的安全性。

步骤 1　选择“文件”|“信息”命令，接着在中间窗格中单击“保护演示文稿”按钮，并从弹出的菜单中选择“用密码进行加密”命令，如图 10.80 所示。

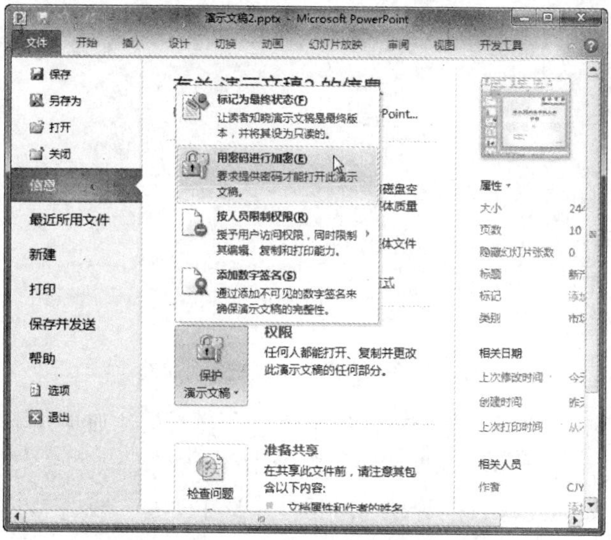

图 10.80　选择“用密码进行加密”命令

步骤 2　弹出“加密文档”对话框，设置文档密码，再单击“确定”按钮，如图 10.81 所示。

步骤 3　弹出“确认密码”对话框，再次输入文档密码，并单击“确定”按钮，如图 10.82 所示。

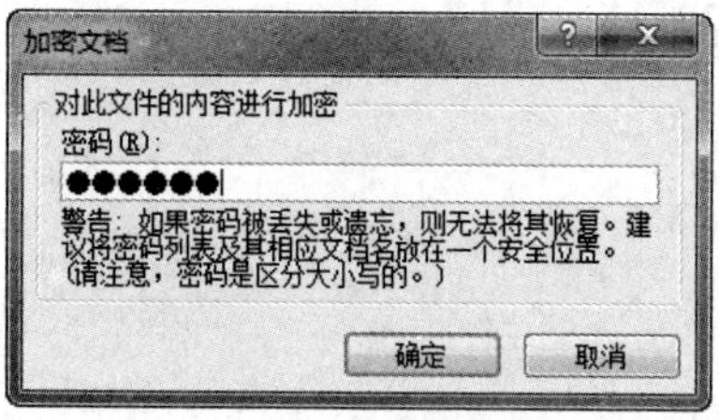

图 10.81　加密文档

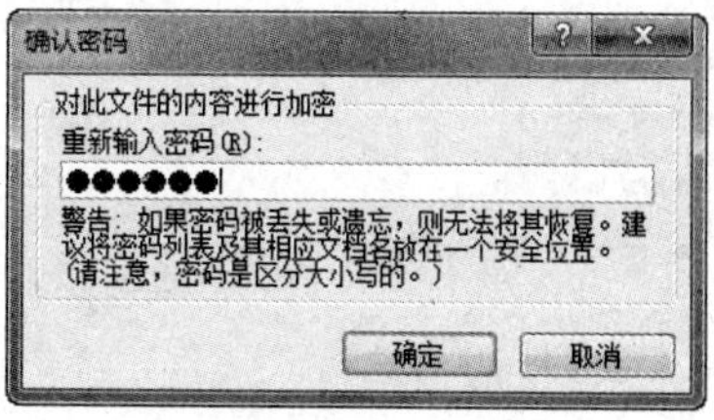

图 10.82　确认密码

注 意

在“确认密码”对话框的“重新输入密码”文本框中输入的密码和前面的密码必须相同，否则无法创建密码。

10.4.2 设置访问权限

除了通过设置密码对演示文稿进行保护以外，还可以对其设置访问权限，指定允许访问的人员，具体设置步骤如下。

步骤 1 选择“文件”|“信息”命令，接着在中间窗格中单击“保护演示文稿”按钮，并从弹出的菜单中选择“按人员限制权限”|“限制访问”命令，如图 10.83 所示。

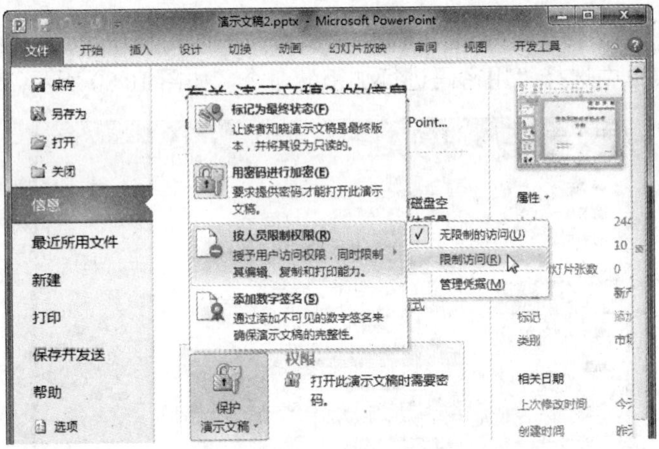

图 10.83 选择“限制访问”命令

步骤 2 弹出“服务注册”对话框，选中“是，我希望注册使用 Microsoft 的这一免费服务”单选按钮，再单击“下一项”按钮，如图 10.84 所示。

步骤 3 打开“Windows 权限管理”对话框，选中“是，我有 Windows Live ID”单选按钮，再单击“下一步”按钮，如图 10.85 所示。

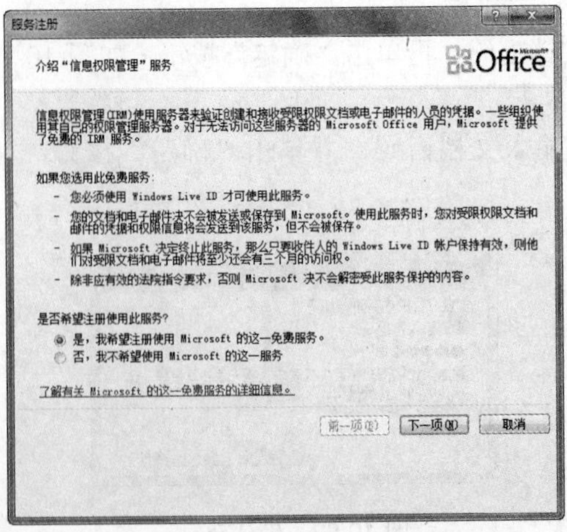

图 10.84 “服务注册”对话框

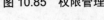

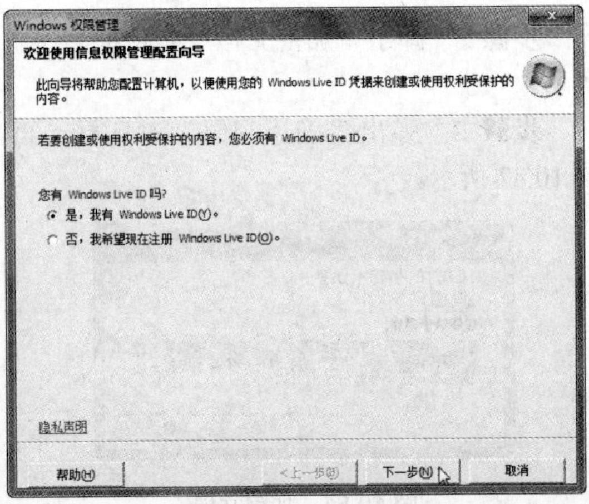

图 10.85 权限管理

步骤 4　打开“登录到 Windows Live”页面，设置电子邮件地址和密码，再单击“登录”按钮，如图 10.86 所示。

步骤 5　打开“选择计算机类型”页面，选中“此计算机是私人计算机”单选按钮，再单击“我接受”按钮，如图 10.87 所示。

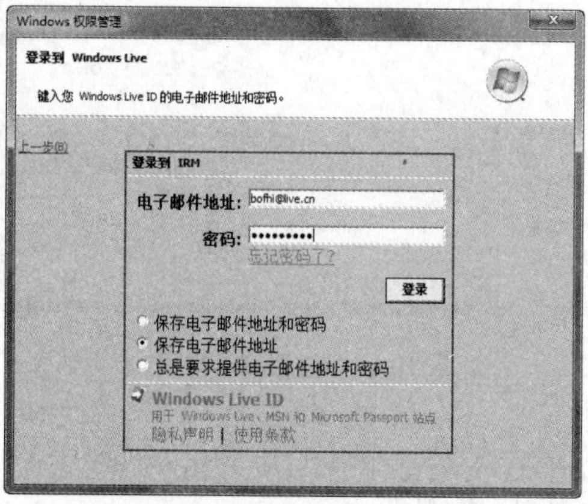

图 10.86　登录 Windows Live

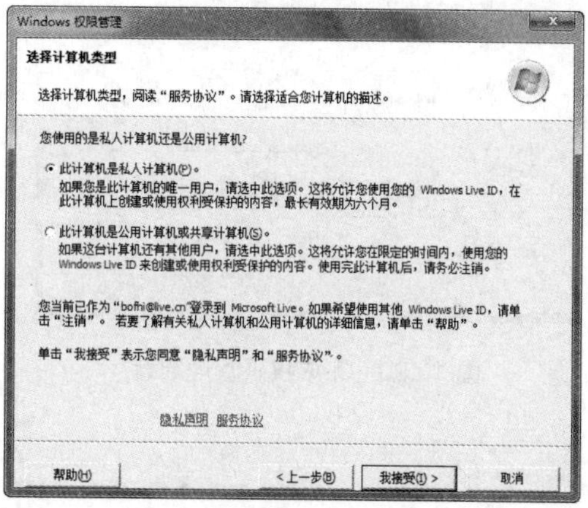

图 10.87　选择计算机类型

步骤 6　完成权限管理配置后，在对话框中单击“完成”按钮，如图 10.88 所示。

步骤 7　弹出“选择用户”对话框，在列表中列出了刚配置权限的用户邮箱地址，单击“确定”按钮，如图 10.89 所示。

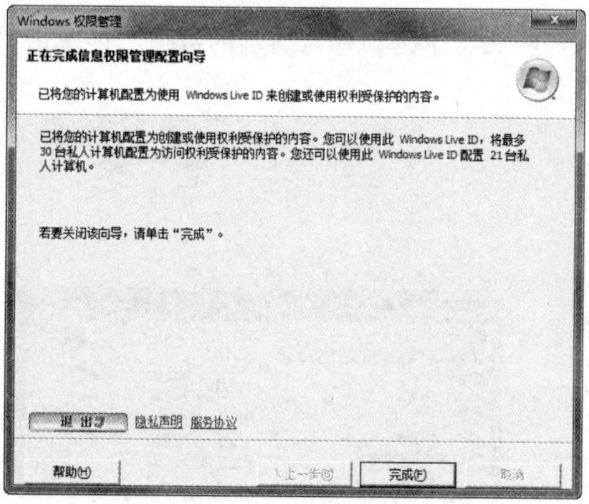

图 10.88　完成权限管理配置

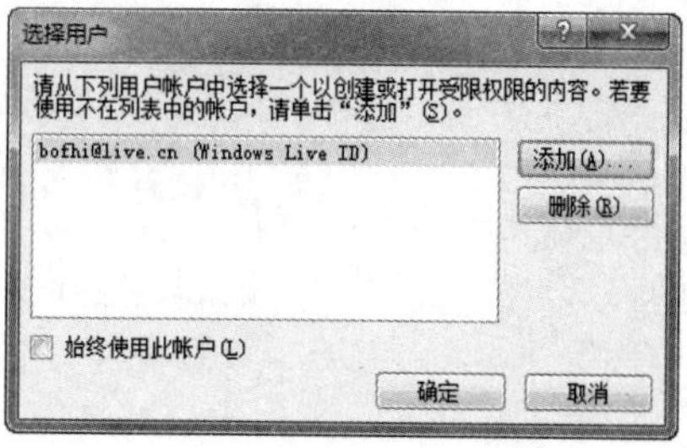

图 10.89　“选择用户”对话框

步骤 8　弹出“权限”对话框，选中“限制对此演示文稿的权限”复选框，接着在“读取”文本框中输入允许读取该演示文稿的用户的电子邮件地址，并用分号隔开；在“更改”文本框中输入允许更改该演示文稿的用户的电子邮件地址，再单击“确定”按钮，如图 10.90 所示。

步骤 9　返回演示文稿窗口，选择“文件”|“信息”命令，即可在中间窗格中的“保护演示文稿”选项右侧看到该文档的权限设置，如图 10.91 所示，该文件当前已经设置了访问权限和密码。

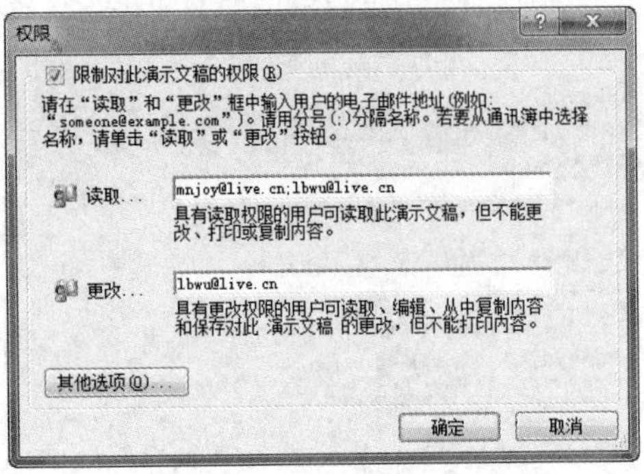

图 10.90　完成权限管理配置

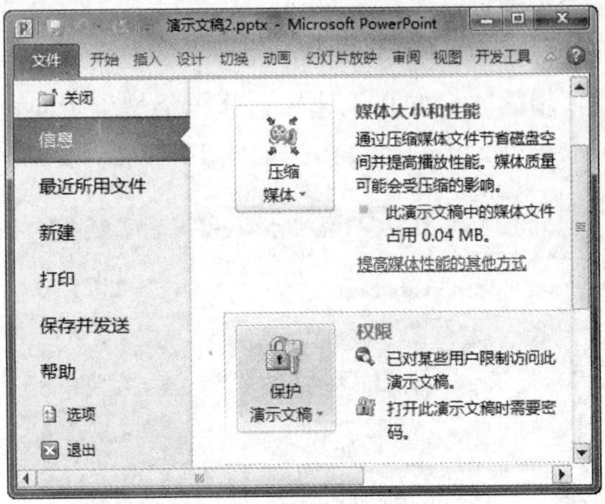

图 10.91　返回演示文稿

10.5　打印演示文稿

演示文稿制作完之后，就可以将它打印出来。在 PowerPoint 2010 中，允许打印演示文稿的幻灯片、讲义和备注页，并且在条件允许的情况下还可以进行彩色打印。

步骤 1　在“设计”选项卡下的“页面设置”选项组中单击“页面设置”按钮，如图 10.92 所示。

步骤 2　弹出“页面设置”对话框，在相应的文本框中输入适当的数据，再单击“确定”按钮，如图 10.93 所示。

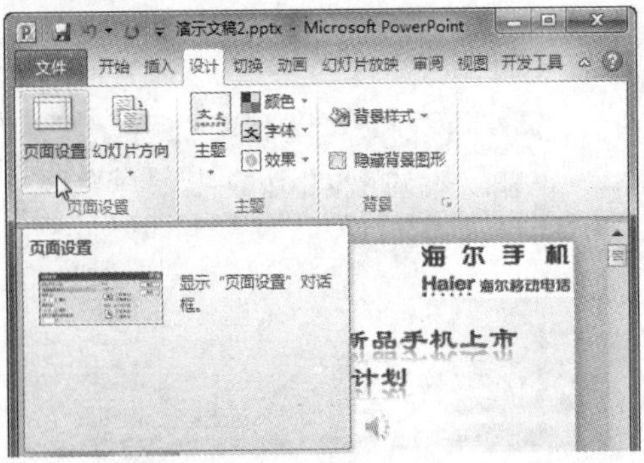

图 10.92　单击“页面设置”按钮

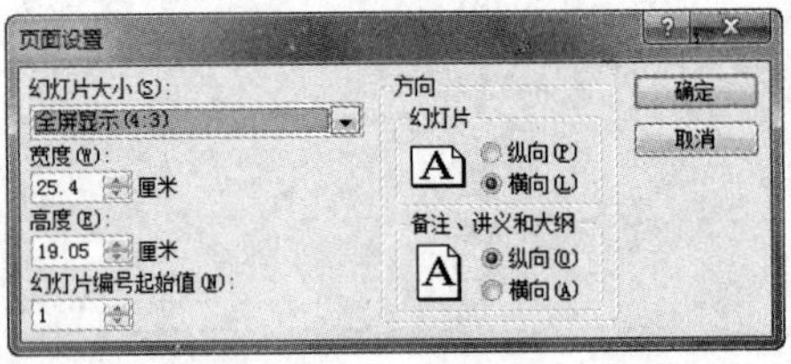

图 10.93　“页面设置”对话框

步骤 3　打印页设置完毕后，就可以预览设置的效果了，方法是选择“文件”|“打印”命令，在右侧窗格中即可预览打印效果，如图 10.94 所示。

步骤 4　若是对预览的打印效果满意，可在中间窗格中设置打印机、要打印的幻灯片以及颜色等参数，最后单击上方的“打印”按钮进行打印。

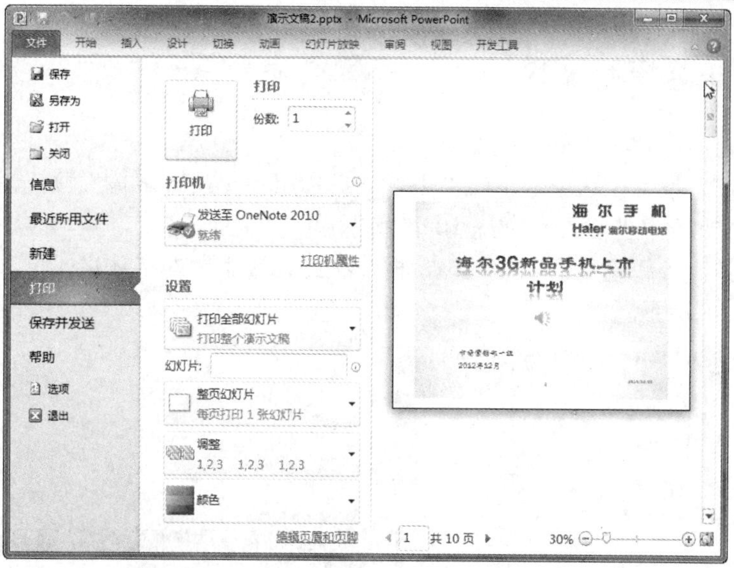

图 10.94　打印预览

10.6　提 高 指 导

10.6.1　自定义主题颜色

如果之前添加的主题不能满足需要，用户还可以根据自己的实际情况自定义主题样式，具体操作步骤如下。

步骤 1　在“设计”选项卡下的“主题”选项组中单击“颜色”按钮，从弹出的菜单中选择“新建主题颜色”命令，如图 10.95 所示。

步骤 2　弹出“新建主题颜色”对话框，在此设置主题颜色，再单击“保存”按钮，如图 10.96 所示。

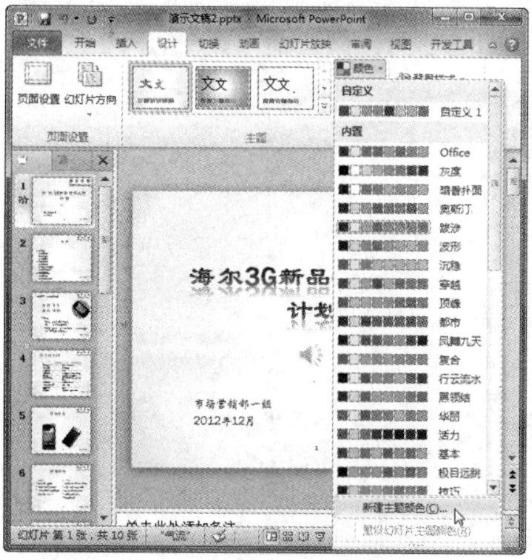

图 10.95　选择“新建主题颜色”命令

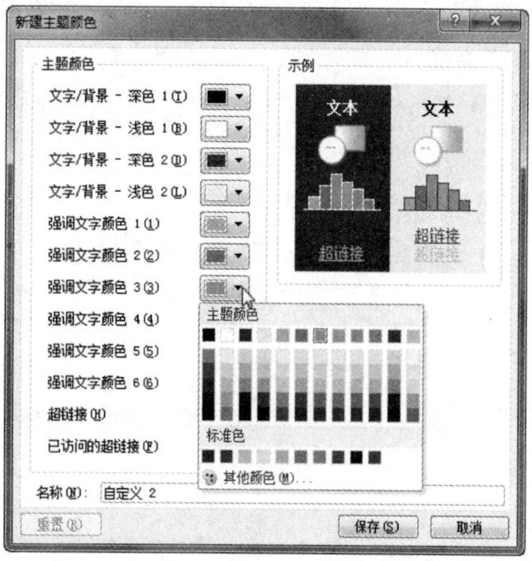

图 10.96　自定义主题颜色

10.6.2 自定义主题字体

自定义主题字体的具体操作步骤如下。

步骤 1 在“设计”选项卡下的“主题”选项组中单击“字体”按钮，从弹出的菜单中选择“新建主题字体”命令，如图 10.97 所示。

步骤 2 弹出“新建主题字体”对话框，在此设置主题的字体格式，再单击“保存”按钮，如图 10.98 所示。

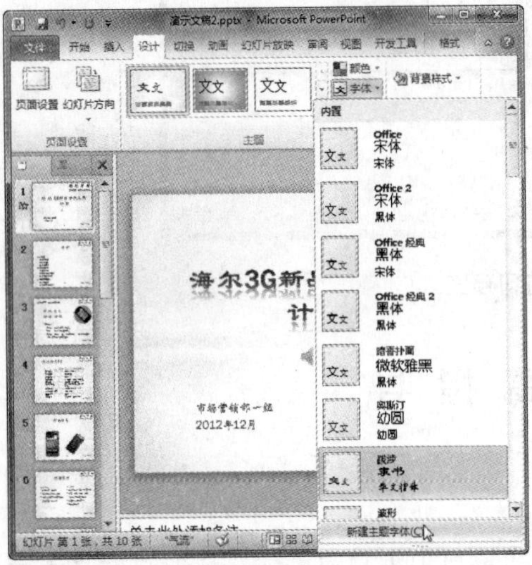

图 10.97 选择“新建主题字体”命令

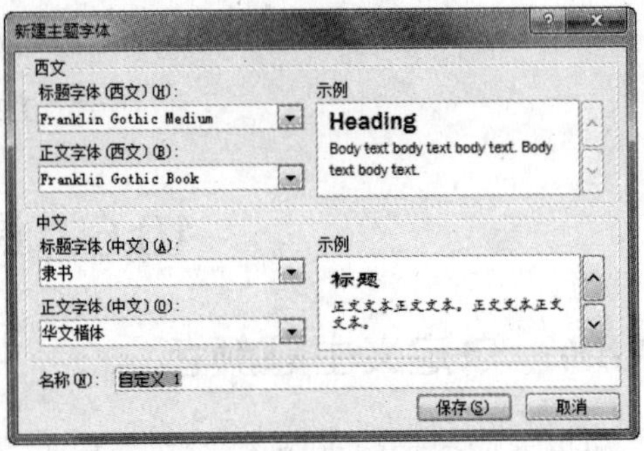

图 10.98 自定义主题字体

10.6.3 取消权限设置

取消权限设置的具体操作步骤如下。

步骤 1 选择“文件”|“信息”命令，接着在中间窗格中单击“保护演示文稿”按钮，并从弹出的菜单中选择“按人员限制权限”|“无限制的访问”命令，如图 10.99 所示。

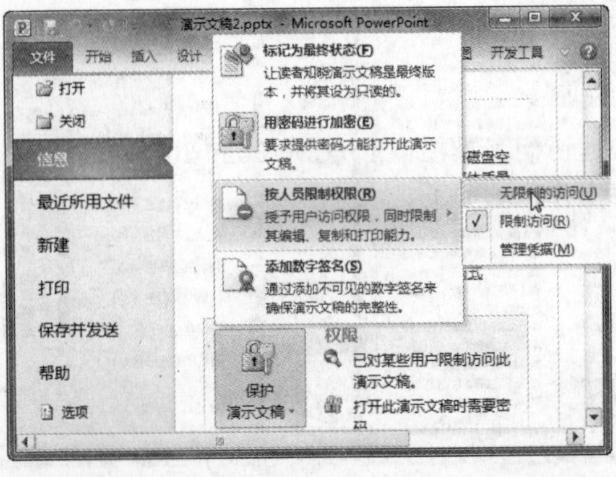

图 10.99 选择“无限制的访问”命令

步骤 2 这时会弹出如图 10.100 所示的对话框，询问是否确定要删除权限，单击“是”按钮即可。

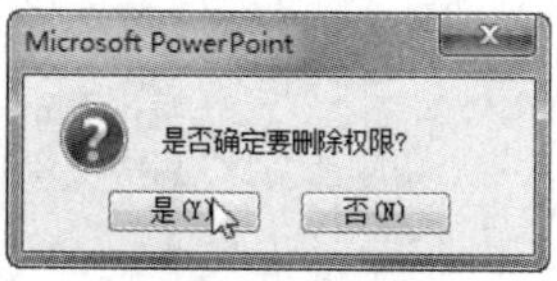

图 10.100 确定要删除权限

10.6.4 复制自定义放映

如果要创建相似的自定义放映，可以先复制该自定义放映，然后再对拷贝进行修改。复制自定义放映的具体操作步骤如下。

步骤 1 在“幻灯片放映”选项卡下的“开始放映幻灯片”选项组中单击“自定义幻灯片放映”按钮，然后从弹出的菜单中选择“自定义放映”命令，弹出“自定义放映”对话框。

步骤 2 在“自定义放映”列表框中选择要复制的自定义放映，然后单击“复制”按钮。此时，对话框中会出现一个副本，文件名包含关键词“复件”，如图 10.101 所示。选中该复件，单击“编辑”按钮，接着在弹出的对话框中修改幻灯片放映名称和幻灯片放映顺序即可。

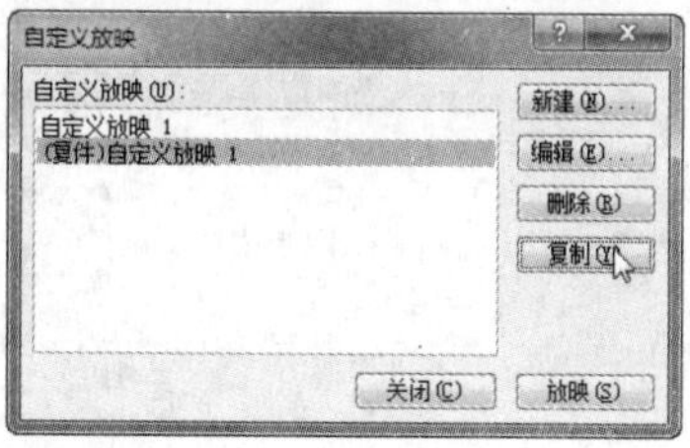

图 10.101 “自定义放映”对话框

步骤 3 如果要删除复制的自定义放映，可以在“自定义放映”列表框中选择要删除的自定义放映，再单击“删除”按钮。修改完成后单击“关闭”按钮，完成操作。

10.6.5 调整快速访问工具栏的位置

在默认情况下，快速访问工具栏位于 PowerPoint 2010 窗口左上角，为了操作方便，也可以改变其位置，具体操作步骤如下。

步骤 1 单击“快速访问工具栏”右侧的“自定义快速访问工具栏”按钮，然后选择“在功能区下方显示”命令，即可将快速访问工具栏移到功能区下方，如图 10.102 所示。

步骤 2 单击“快速访问工具栏”右侧的“自定义快速访问工具栏”按钮，然后选择“在功能区上方显示”命令，即可将快速访问工具栏移到原位置，如图 10.103 所示。

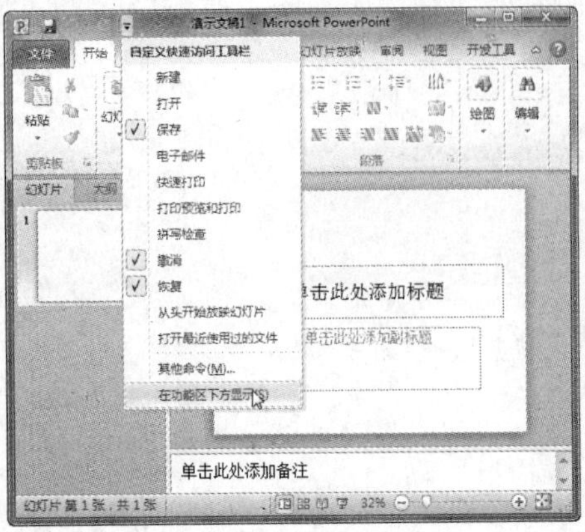

图 10.102　选择“在功能区下方显示”命令

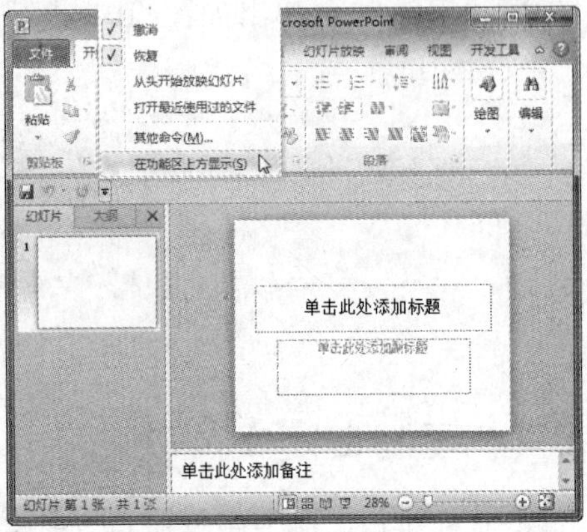

图 10.103　选择“在功能区上方显示”命令

10.6.6　取消幻灯片排练时间

在对幻灯片进行排练计时后，可能会发现效果并不是很好，这时候应该如何取消排练计时呢？具体操作步骤如下。

步骤 1　打开需要取消排练计时的演示文稿。

步骤 2　在“幻灯片放映”选项卡下的“设置”选项组中，取消选中“使用计时”复选框即可，如图 10.104 所示。

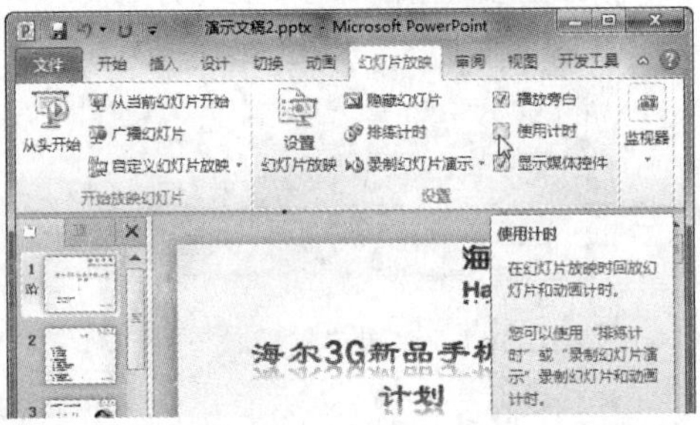

图 10.104　取消计时

10.6.7　设置有动画效果的背景

一般情况下，幻灯片的背景都是静态的，下面来看看如何制作有动画效果的背景，具体操作步骤如下。

步骤 1　在“视图”选项卡下的“演示文稿视图”选项组中单击“幻灯片母版”按钮，进入幻灯片母版视图。

步骤 2　在“幻灯片母版”选项卡下的“背景”选项组中单击“背景样式”按钮，然后从弹出的菜单中选择“设置背景格式”命令，如图 10.105 所示。

步骤 3　弹出“设置背景格式”对话框，在左侧窗格中单击“填充”选项，然后在右侧窗格中选中“图片或纹理填充”单选按钮，接着单击“文件”按钮，如图 10.106 所示。

步骤 4　在弹出的“插入图片”对话框中选择一个动态图片，接着单击“插入”按钮，如图 10.107 所示。返回“设置背景格式”对话框，再单击“关闭”按钮。

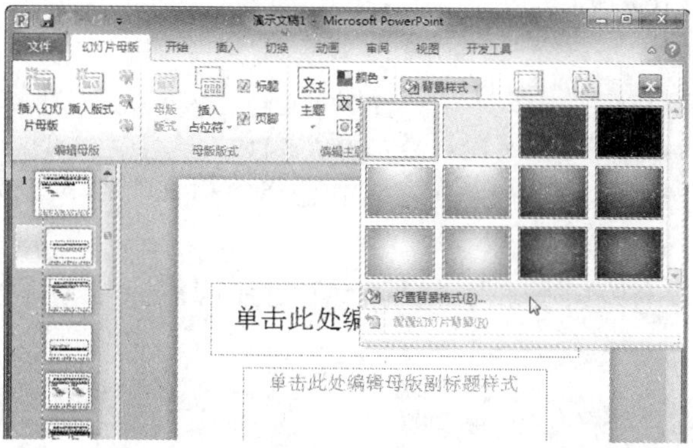

图 10.105　选择“设置背景格式”命令

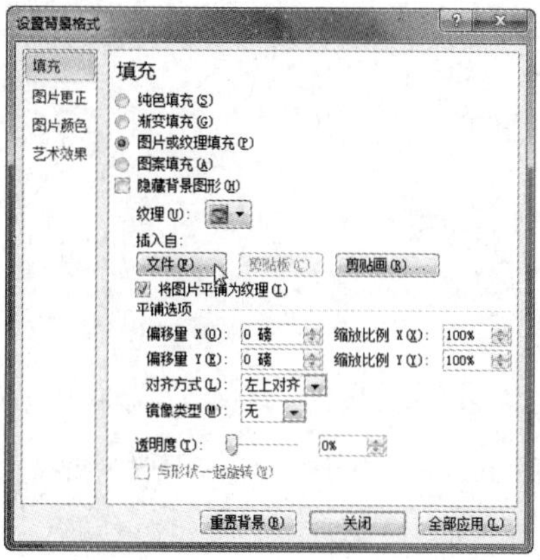

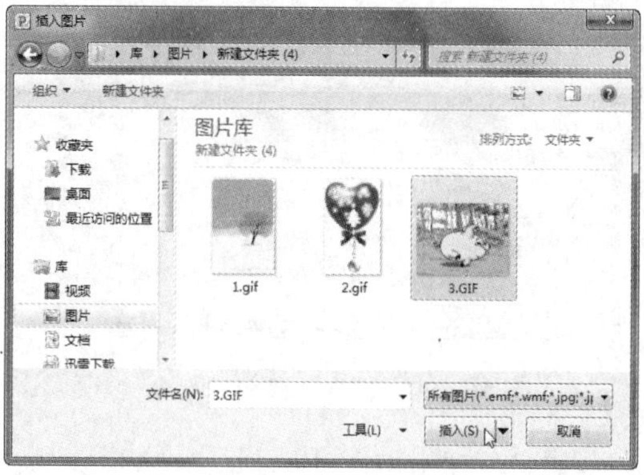

图 10.106　“设置背景格式”对话框　　　　图 10.107　选择背景动画

步骤 5　返回幻灯片母版视图，再单击“关闭母版视图”按钮，返回普通视图，然后在状态栏中单击“幻灯片放映”按钮，即可在放映窗口中查看背景动画效果了，如图 10.108 所示。

图 10.108　返回普通视图

10.6.8 横向打印幻灯片

对幻灯片进行横向打印的具体操作步骤如下。

步骤 1 打开要打印的演示文稿，然后在“设计”选项卡下的“页面设置”选项组中单击“幻灯片方向”按钮，从弹出的菜单中选择“横向”命令，横向排列幻灯片，如图 10.109 所示。

步骤 2 选择“文件”|“打印”命令，然后在中间窗格中单击“打印机属性”链接，如图 10.110 所示。

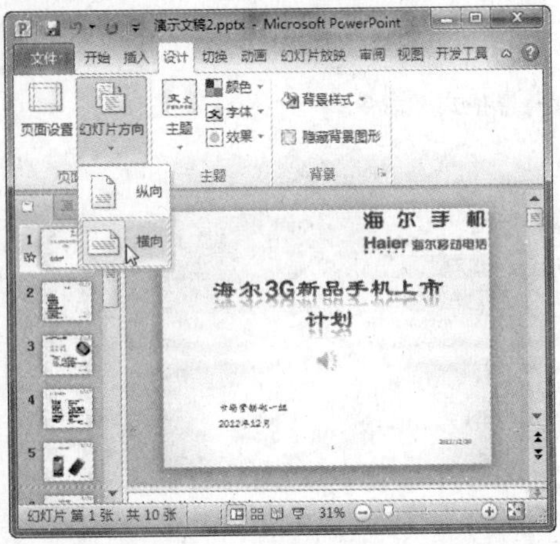

图 10.109 选择“横向”命令

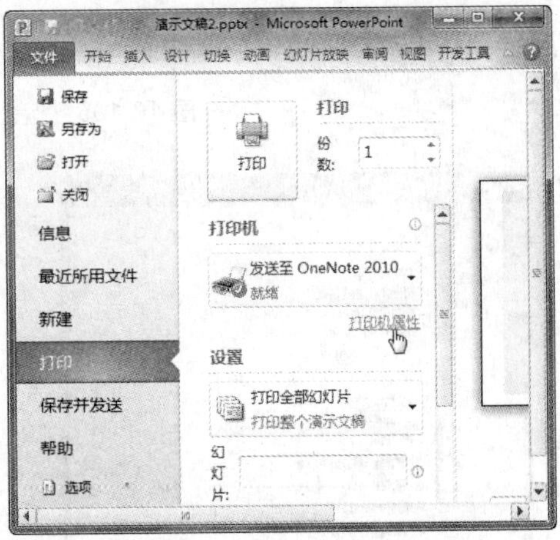

图 10.110 单击“打印机属性”链接

步骤 3 弹出如图 10.111 所示的对话框，切换到“布局”选项卡，在“方向”下拉列表框中选择“横向”选项，然后单击“高级”按钮。

步骤 4 弹出如图 10.112 所示的对话框，在这里设置纸张规格、份数以及打印质量等参数，再单击“确定”按钮。

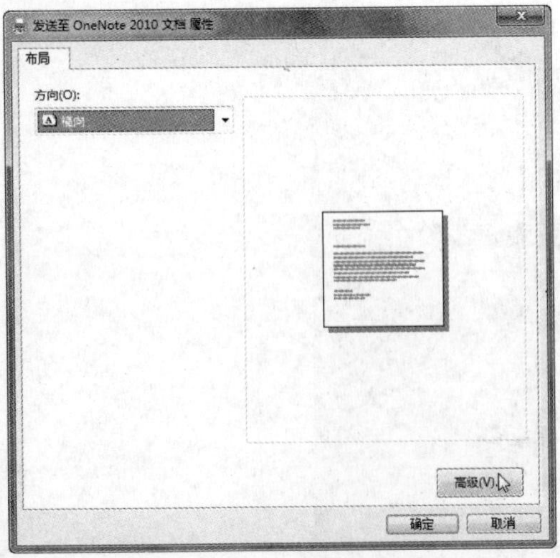

图 10.111 “布局”选项卡

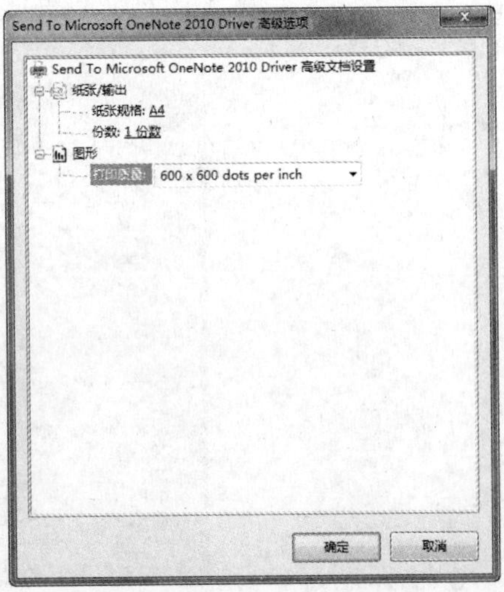

图 10.112 设置打印参数

10.7　习　　题

一、选择题

(1) 以下图标中，属于文本效果的是(　　)。

A. 　B. 　C. 　D. 

(2) “艺术字样式”选项组是在(　　)选项卡中。

A. “插入”　B. “设计”　C. “动画”　D. “格式”

(3) 文本框的样式有(　　)种。

A. 1　B. 2　C. 3　D. 4

(4) 添加幻灯片页码在“插入”选项组的(　　)选项组中。

A. “图像”　B. “插图”　C. “链接”　D. “文本”

(5) 下面哪一个主题是“行云流水”(　　)。

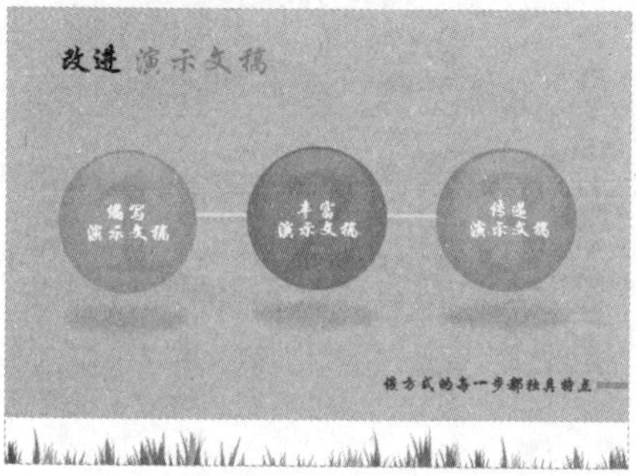

A.

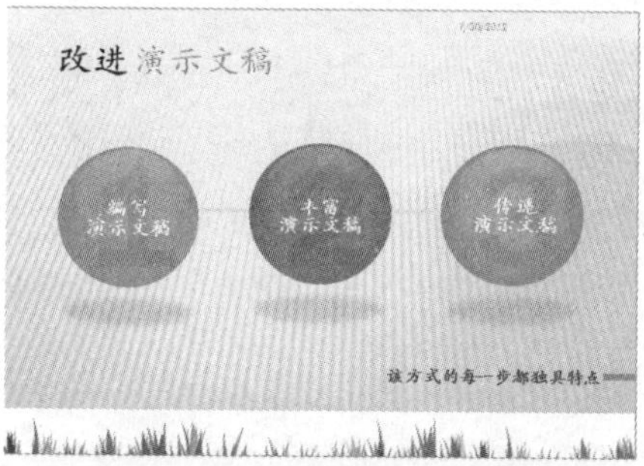

B.

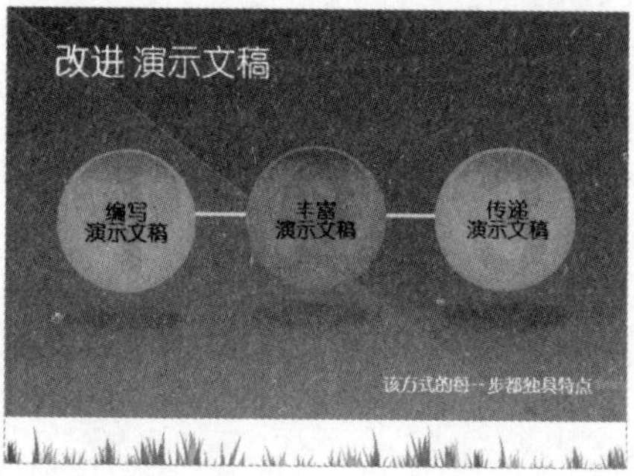

C.

D. 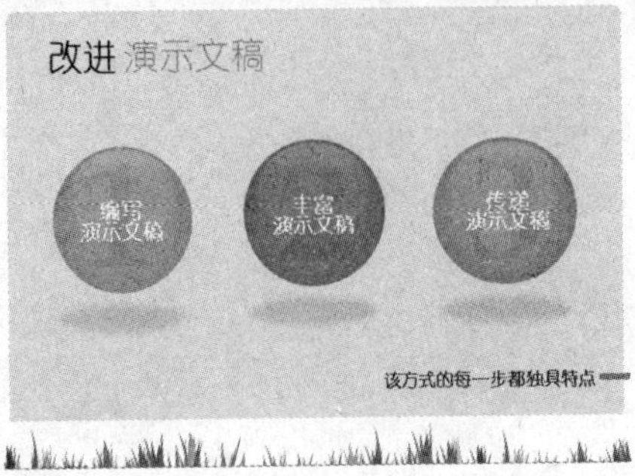

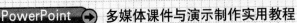

二、实训题

(1) 设置配色方案，将其主题设置为“视点”。

(2) 选择一张幻灯片，在幻灯片中录制一段合适的旁白并保存。

(3) 为做好的演示文稿设置密码，密码为 000111。

第 11 章

经典实例：制作相册式产品简报

公司一般会有很多业务往来。对待老客户，公司需要推陈出新，不断地介绍新产品；更要不断地开辟新市场，挖掘、吸引新客户，这样才能长期发展。为了更好地将本公司的产品呈现给客户，可以使用 PowerPoint 2010 制作一个相册式产品简报。

本章主要内容

- 创建自定义模板
- 应用设计模板
- 制作相册封面
- 制作相册的目录页
- 设置相册的照片布局
- 使用超链接切换幻灯片
- 设置幻灯片的切换效果
- 发布相册

11.1 要点分析

本章将介绍制作相册式产品简报的方法，在制作过程中会用到模板、超链接、幻灯片的切换效果等知识。同时，相册中会用到大量的图片。用户若想减少演示文稿所占的磁盘空间，可以通过 9.3.6 节介绍的压缩图片功能对演示文稿中的图片进行压缩，从而达到节省磁盘空间的目的。

PowerPoint 模板是扩展名为.potx 的文件，该文件可以是一张幻灯片或一组幻灯片的图案或蓝图。模板一般包含版式、主题颜色、主题字体、主题效果和背景样式，甚至是内容。用户可以自定义需要的模板，然后存储、重用以及与他人共享它们。此外，还可以获取多种不同类型的 PowerPoint 内置免费模板，或是在 Office.com 和其他合作伙伴网站上获取各种免费模板。

11.2 制作相册式产品简报

想要完美地制作出相册式产品简报，首先要有一个大概的布局轮廓，然后按布局设计。

11.2.1 创建自定义模板

在 PowerPoint 2010 中，要制作相册式产品简报有很多方法，如可以使用模板。但是，PowerPoint 自带的模板不一定能满足实际需要，因此需要创建一个适用的特殊模板。下面介绍如何创建自定义模板，具体操作步骤如下。

步骤 1 启动 PowerPoint 2010 程序，然后选择“文件”|“新建”命令，在中间窗格中单击“样本模板”选项，如图 11.1 所示。

步骤 2 在“样本模板”窗格中单击“都市相册”选项，然后单击右侧窗格中的“创建”按钮，如图 11.2 所示。

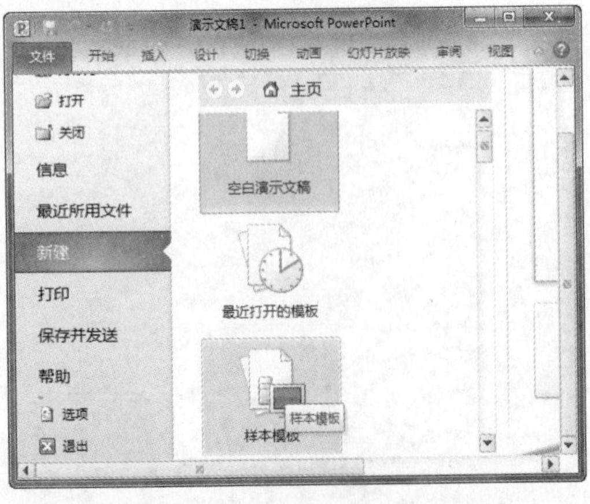

图 11.1 单击“样本模板”选项

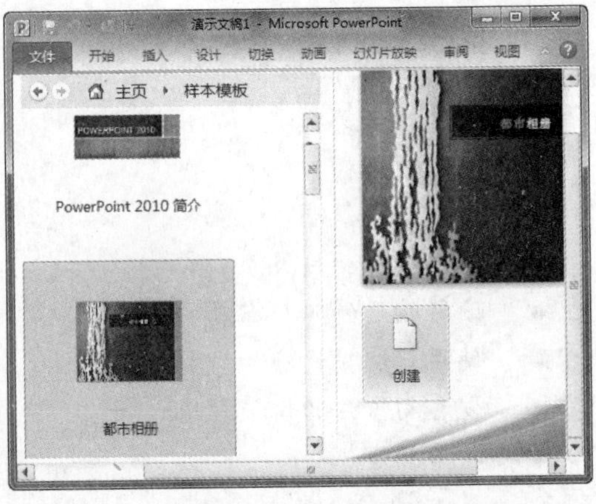

图 11.2 单击“都市相册”选项

步骤 3　在“视图”选项卡下的“母版视图”选项组中单击“幻灯片母版”按钮，打开该设计模板的幻灯片母版，然后使用“开始”选项卡下的“字体”选项组中的命令设置幻灯片母版中的标题和内容的字体格式，如图 11.3 所示。

步骤 4　模板修改完成后，在“幻灯片母版”选项卡下的“关闭”选项组中单击“关闭母版视图”按钮，返回到幻灯片普通视图。

步骤 5　单击标题栏左侧的“保存”按钮，弹出“另存为”对话框，然后在“文件名”文本框中输入模板名称，在“保存类型”下拉列表框中选择“PowerPoint 模板(*.potx)”选项，再单击“保存”按钮，如图 11.4 所示。

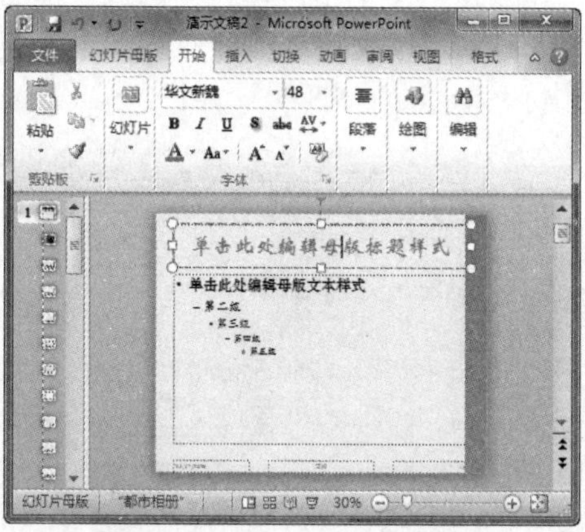

图 11.3　设置幻灯片母版中的标题和内容的字体格式

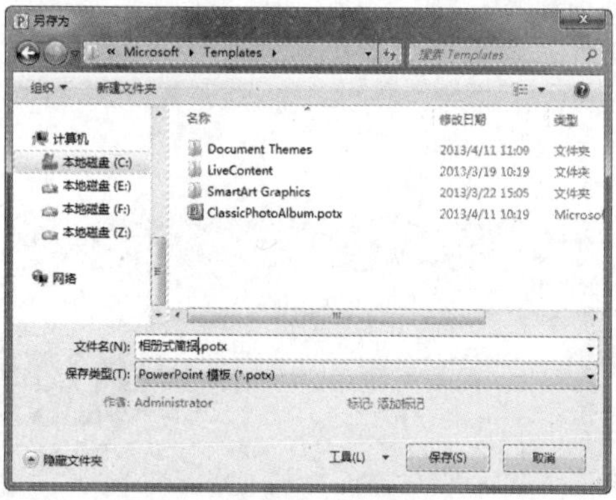

图 11.4　保存模板

步骤 6　要想使用自定义的模板，可以在 PowerPoint 2010 窗口中选择“文件”|“新建”命令，然后在中间窗格中单击“我的模板”选项，如图 11.5 所示。

步骤 7　弹出“新建演示文稿”对话框，然后在“个人模板”选项卡下选择要使用的模板，再单击“确定”按钮即可，如图 11.6 所示。

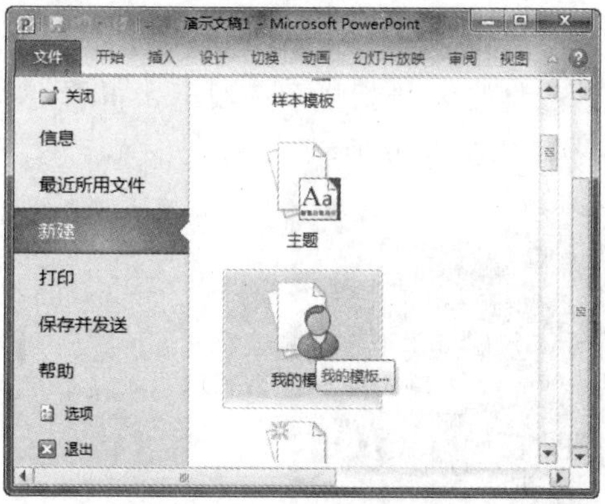

图 11.5　单击“我的模板”选项

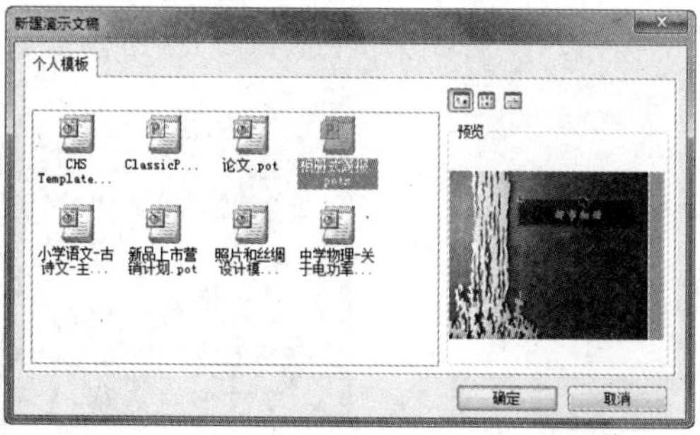

图 11.6　“新建演示文稿”对话框

步骤 8　这时将会弹出根据相册式模板创建的演示文稿，按 Ctrl+S 组合键保存演示文稿。

11.2.2 制作相册封面

公司产品简报相册一定要有封面，这样才算得上是完整。封面不需要设计多复杂、多华丽，简洁大方即可。制作相册封面的具体操作步骤如下。

步骤 1 打开“相册式产品简报.pptx”演示文稿，然后在“设计”选项卡下的“背景”选项组中单击“背景样式”按钮，从弹出的菜单中选择“设置背景格式”命令，如图 11.7 所示。

步骤 2 弹出“设置背景格式”对话框，在左侧窗格中单击“填充”选项，然后在右侧窗格中选中 “图片或纹理填充”单选按钮，接着单击“纹理”按钮，从弹出的菜单中选择背景纹理，这里单击“新闻纸”选项，如图 11.8 所示。

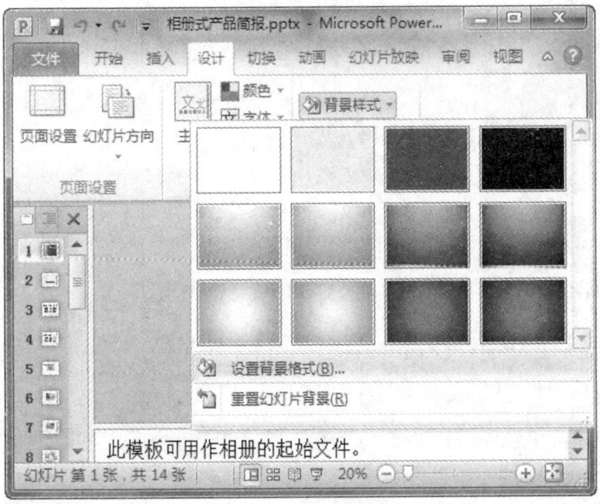

图 11.7 设置背景格式

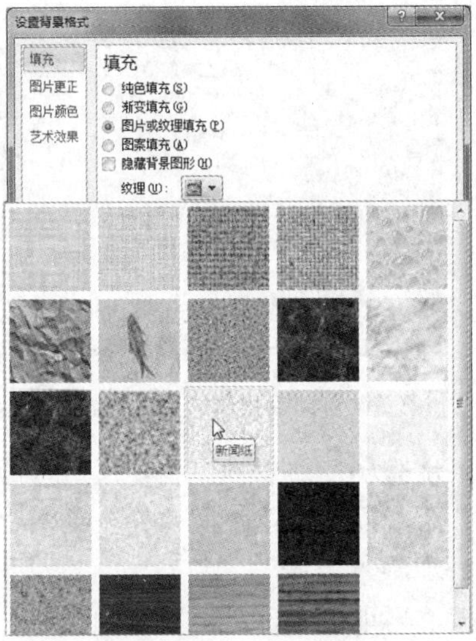

图 11.8 单击“新闻纸”选项

步骤 3 单击“全部应用”按钮，使所有的幻灯片背景都显示该纹理，再单击“关闭”按钮，接着在第 1 张幻灯片中修改幻灯片标题，如图 11.9 所示。

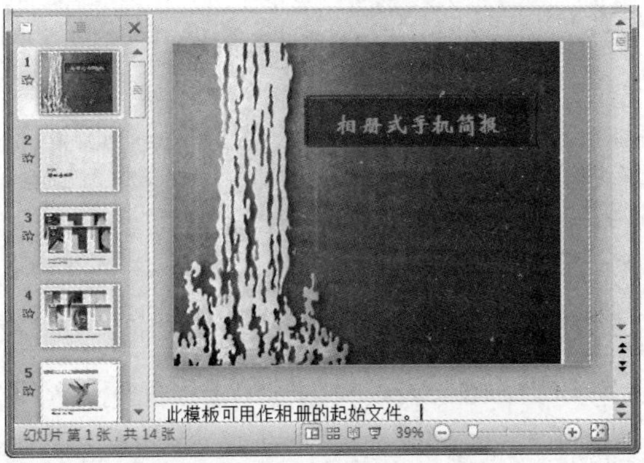

图 11.9 编辑第 1 张幻灯片

11.2.3　制作相册的目录页

该相册式产品简报应该有目录页，介绍该简报的主题内容。用户可以通过目录页上的目录链接到产品相关页面，简单方便又有条理。制作目录页的具体步骤如下。

步骤 1　在第 2 张幻灯片中删除除标题占位符外的其他占位符，然后修改幻灯片标题为“产品目录”，再调整标题位置，如图 11.10 所示。

步骤 2　在“插入”选项卡下的“插图”选项组中单击“形状”按钮，从弹出的菜单中单击“横卷形”按钮，如图 11.11 所示。

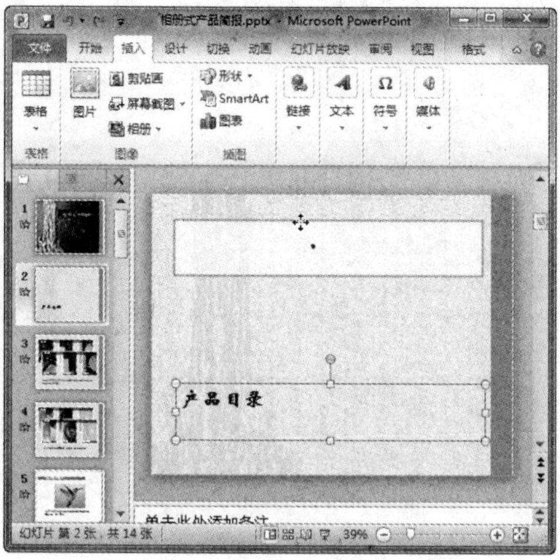

图 11.10　调整位置

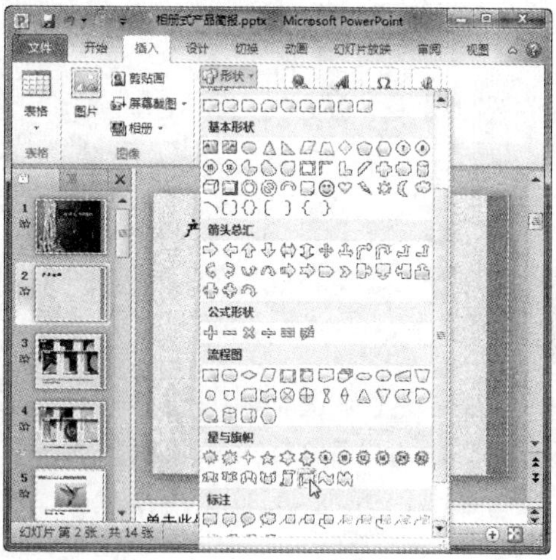

图 11.11　选择形状

步骤 3　在幻灯片中插入横卷形图形，右击该图形，从弹出的快捷菜单中选择“编辑文字”命令，如图 11.12 所示。

步骤 4　在横卷形图形中输入“三星”，然后设置其字体格式为“华文行楷”、字号为“40”，如图 11.13 所示。

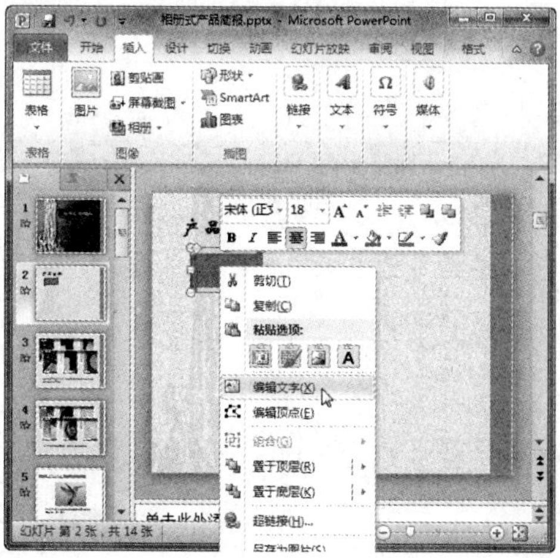

图 11.12　选择“编辑文字”命令

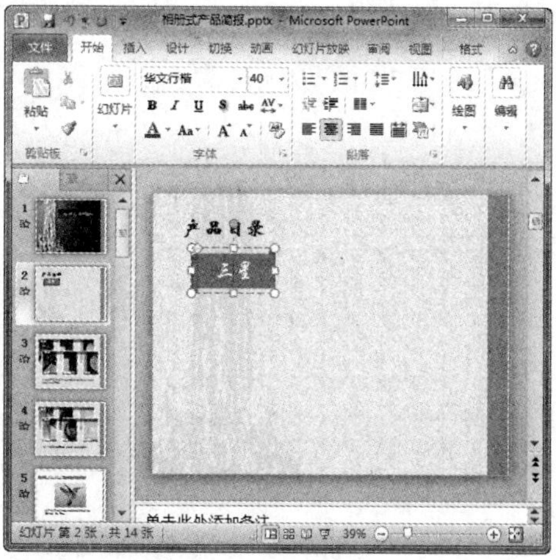

图 11.13　在横卷形图形中输入文本

步骤 5 在“绘图工具”下的“格式”选项卡中，单击“形状样式”选项组中的“其他”按钮，从弹出的菜单中单击“细微效果-橙色，强调颜色 6”选项，如图 11.14 所示。

步骤 6 选中横卷形图形，按 Ctrl+C 组合键复制该图形，然后按 Ctrl+V 组合键粘贴图形，接着调整图形位置，再修改图形中的文本为“诺基亚”，如图 11.15 所示。使用该方法，制作其他品牌手机目录图形。

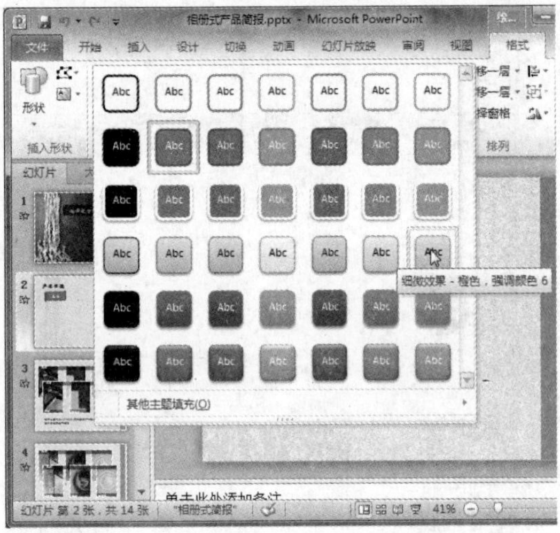

图 11.14 设置横卷形图形的样式

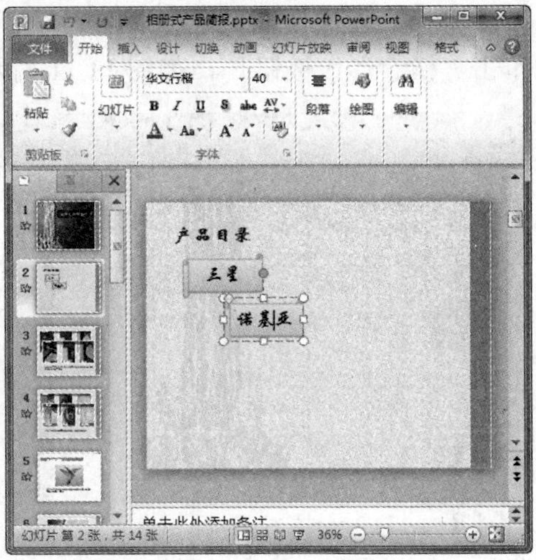

图 11.15 复制横卷形图形

11.2.4 制作相册部分幻灯片

下面根据产品目录制作相册部分幻灯片，具体操作步骤如下。

步骤 1 在“插入”选项卡下的“图像”选项组中单击“相册”按钮，如图 11.16 所示。

步骤 2 弹出“相册”对话框，单击“文件/磁盘”按钮，如图 11.17 所示。

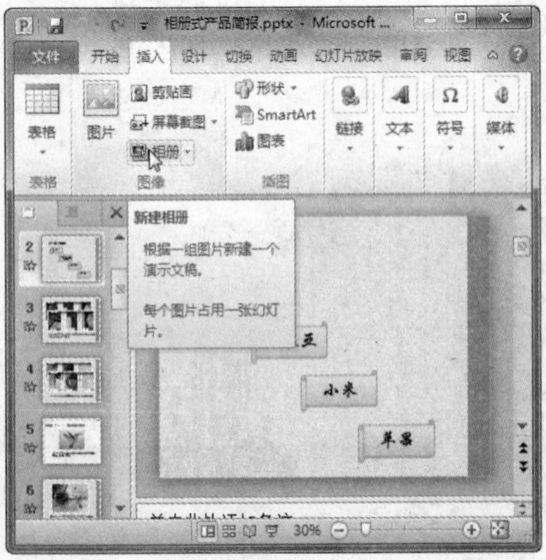

图 11.16 单击“相册”按钮

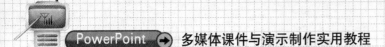

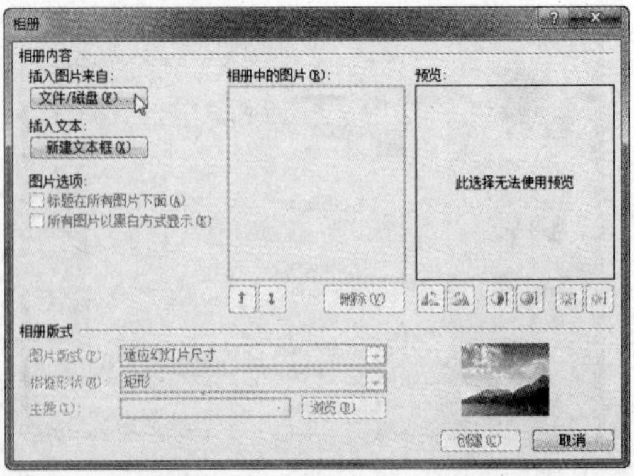

图 11.17 “相册”对话框

步骤 3 弹出“插入新图片”对话框，按住 Ctrl 键，单击选择多个要使用的图片，再单击“插入”按钮，如图 11.18 所示。

步骤 4 返回“相册”对话框，在“相册中的图片”列表框中选择要调整顺序的图片，然后单击“向上”按钮或“向下”按钮调整图片顺序，如图 11.19 所示。

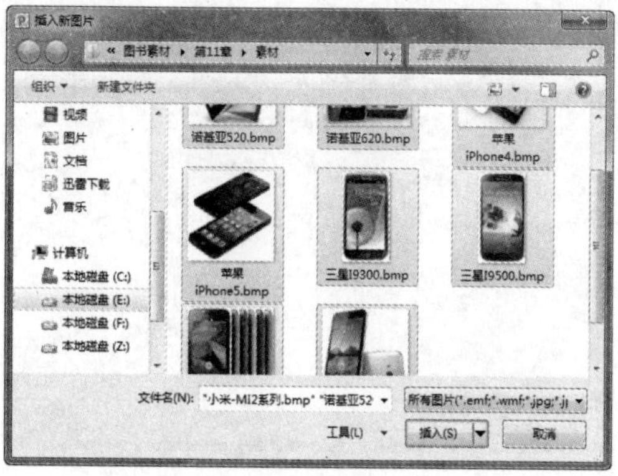

图 11.18 “插入新图片”对话框

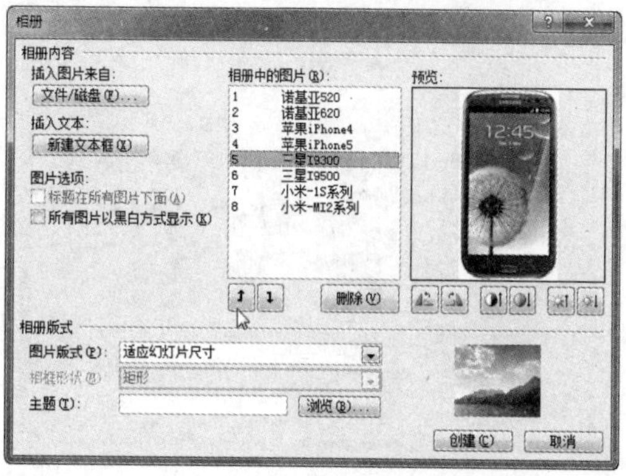

图 11.19 调整图片顺序

步骤 5 图片顺序调整好后，在“相册版式”选项组中设置“图片版式”为“2 张图片”，“相框形状”为“柔化边缘矩形”，再单击“创建”按钮，如图 11.20 所示。

步骤 6 这时会根据选择的图片新建一个演示文稿，选中第 2~5 张幻灯片，然后在“开始”选项卡下的“剪贴板”选项组中单击“复制”按钮，如图 11.21 所示。

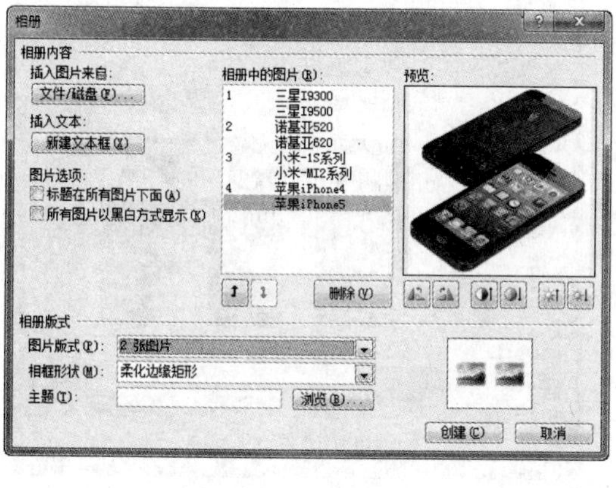

图 11.20 创建相册

图 11.21 单击“复制”按钮

步骤 7 切换到“相册式产品简报.pptx”演示文稿，将鼠标光标定位到第 3 张幻灯片下方，然后在“开始”选项卡下的“剪贴板”选项组中单击“粘贴”按钮，如图 11.22 所示。

步骤 8 在第 4 张幻灯片中右击第一张图片，从弹出的快捷菜单中选择“设置图片格式”命令，打开“设置图片格式”对话框。在左侧窗格中单击“大小”选项，接着在右侧窗格的“缩放比例”选项组中选中“锁定纵横比”和“相对于图片原始尺寸”两个复选框，并设置“高度”和“宽度”微调框为 60%，再单击“关闭”按钮，如图 11.23 所示。

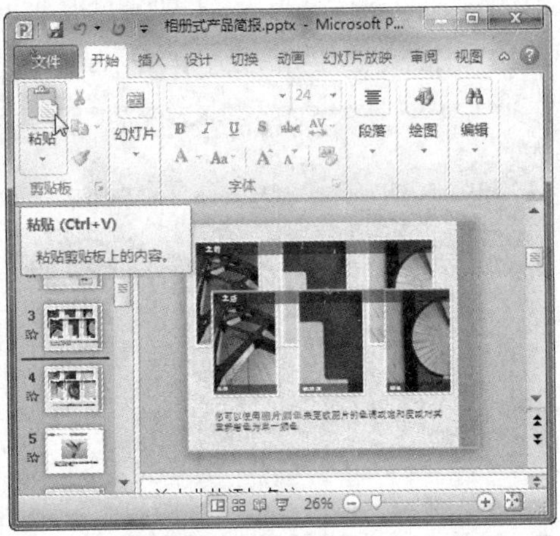

图 11.22 单击“粘贴”按钮

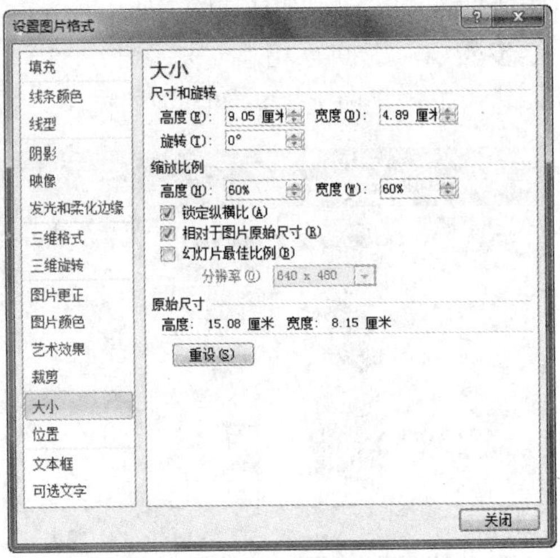

图 11.23 设置图片大小

步骤 9 参考上述方法设置第 2 张图片的大小，然后将鼠标光标移动到第 2 张图片上，按住鼠标左键并拖动，将第 2 张图片移动到第 1 张图片下方，如图 11.24 所示。

步骤 10 按住 Shift 键在第 3 张幻灯片中选择几个灰色填充的文本框，然后按 Ctrl+C 组合键进行复制，如图 11.25 所示。

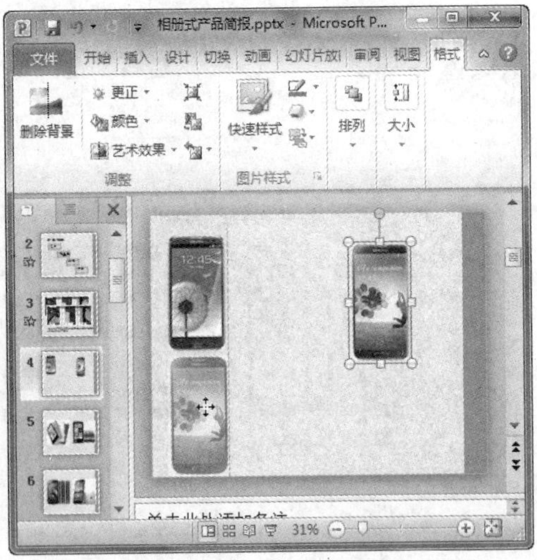

图 11.24 移动图片位置

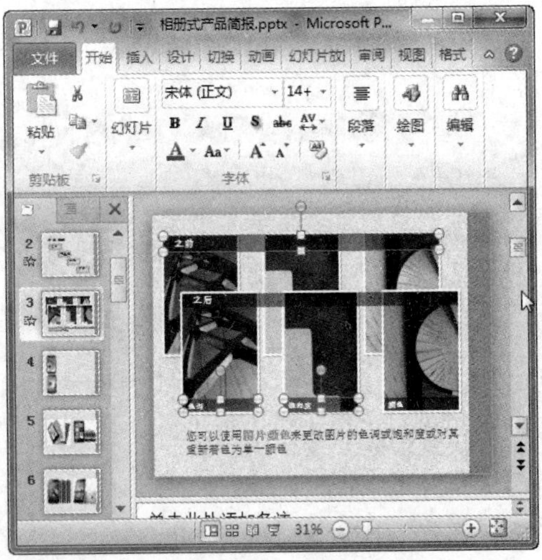

图 11.25 复制文本框

步骤 11 切换到第 4 张幻灯片，然后按 Ctrl+V 组合键粘贴文本框，接着调整文本框的位置和其中的内容，再删除第 3 张幻灯片，如图 11.26 所示。

步骤 12 在第 3 张幻灯片中插入文本框，并在其中输入当前图片所示手机的参数，为每张图片添加说明内容，如图 11.27 所示。

步骤 13 参考上述方法，编辑第 4～6 张幻灯片中的图片，并填充标题、图片名称及说明内容，然后删除后面不用的幻灯片，如图 11.28 所示。

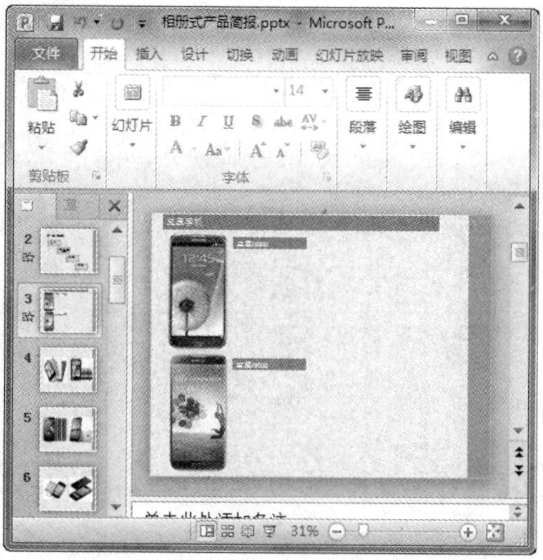

图 11.26　修改文本框中的内容

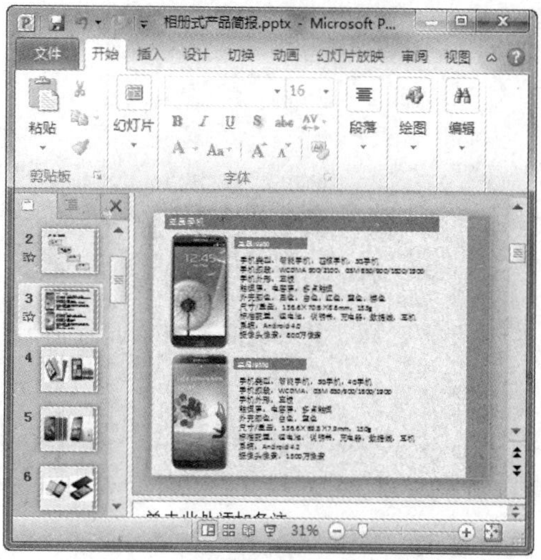

图 11.27　为每张图片添加说明内容

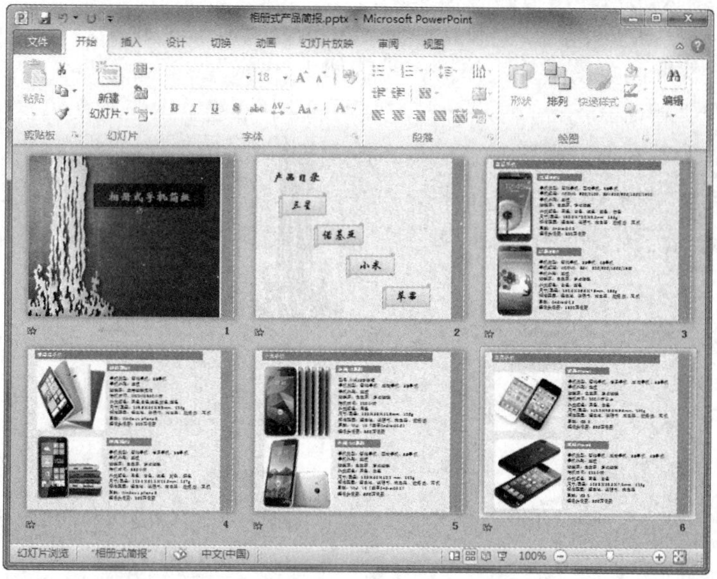

图 11.28　编辑第 4～6 张幻灯片

步骤 14　在第 2 张幻灯片的横卷形图形中选中“三星”并右击，从弹出的快捷菜单中选择“超链接”命令，如图 11.29 所示。

步骤 15　弹出“插入超链接”对话框，在“链接到”列表框中单击“本文档中的位置”选项，接着在“请选择文档中的位置”列表框中选中“3.幻灯片 3”选项，再单击“确定”按钮，如图 11.30 所示。使用该方法，为其他横卷形图形设置超链接。

图 11.29　选择“超链接”命令

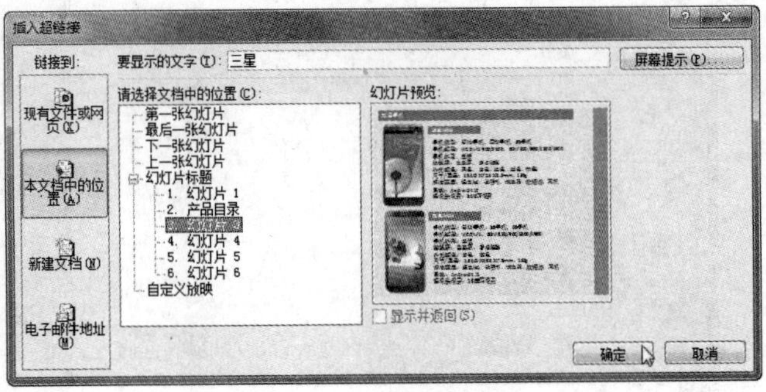

图 11.30　“插入超链接”对话框

11.2.5　制作网页图片的浏览模式

制作网页图片的浏览模式的具体操作步骤如下。

步骤 1　在“相册式产品简报.pptx”演示文稿中新建空白演示文稿，然后在“插入”选项卡下的“文本”选项组中单击“对象”按钮，如图 11.31 所示。

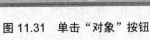

步骤 2　弹出“插入对象”对话框，选中“新建”单选按钮，接着在“对象类型”列表框中选择“Microsoft PowerPoint 演示文稿”选项，再单击“确定”按钮，如图 11.32 所示。

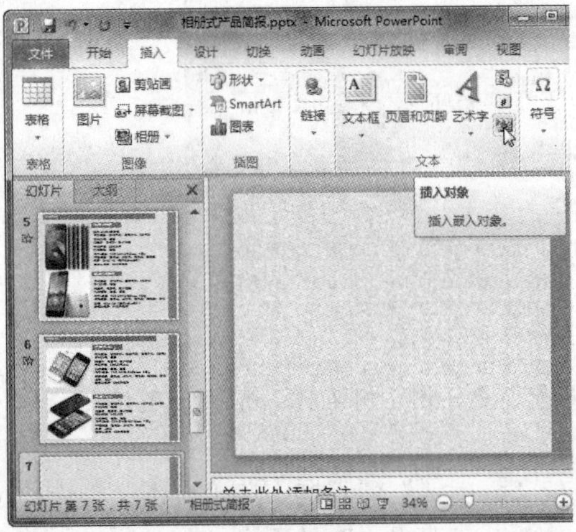

图 11.31　单击“对象”按钮

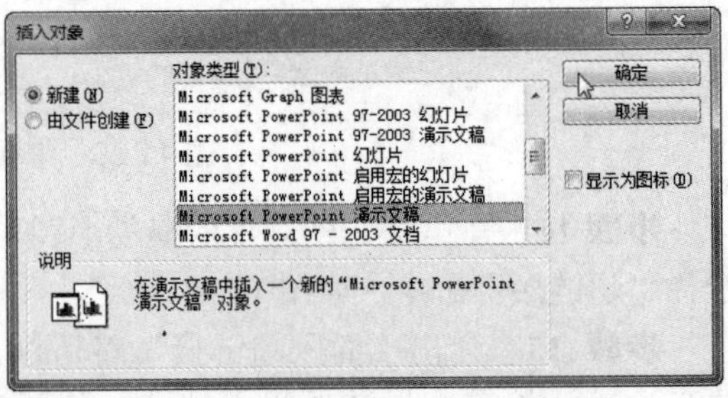

图 11.32　“插入对象”对话框

步骤 3　这时将会自动进入内嵌的演示文稿编辑状态，如图 11.33 所示。删除内嵌演示文稿中的所有占位符，接着单击内嵌演示文稿以外的空白区域，退出编辑状态。

步骤 4　右击内嵌幻灯片，从弹出的快捷菜单中选择“设置对象格式”命令，如图 11.34 所示。

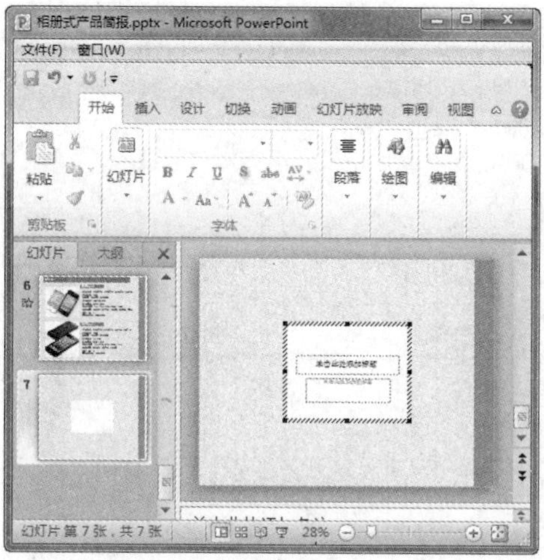

图 11.33　进入内嵌的演示文稿编辑状态

图 11.34　选择“设置对象格式”命令

步骤 5　弹出“设置对象格式”对话框，在左侧窗格中单击“大小”选项，然后在右侧窗格中取消选中“锁定纵横比”复选框，接着在“尺寸和旋转”选项组中设置内嵌幻灯片的高度和宽度，再单击“关闭”按钮，如图 11.35 所示。

步骤 6　将内嵌幻灯片拖动到幻灯片的左上角，当到达幻灯片边缘时，会自动吸附。然后按 Shift+Ctrl 组合键并配合鼠标拖动操作，再复制 3 个完全一样的内嵌幻灯片，如图 11.36 所示。

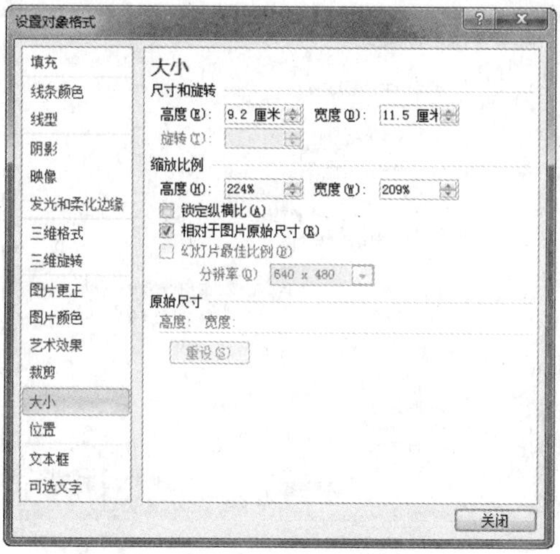

图 11.35　“设置对象格式”对话框

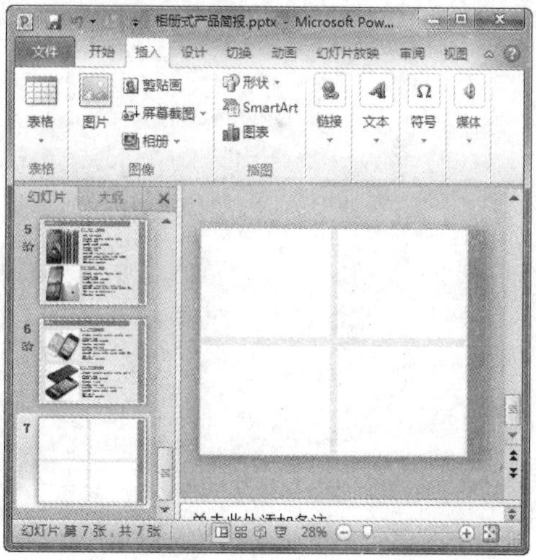

图 11.36　复制内嵌幻灯片

步骤 7　在“插入”选项卡下的“插图”选项组中单击“形状”按钮，从弹出的菜单中单击“矩形”按钮□，如图 11.37 所示。

步骤 8　在 4 张内嵌幻灯片之间绘制水平和垂直矩形各一条，并在“绘图工具”下的“格式”选项卡中，单击“形状样式”选项组中的“其他”按钮，从弹出的菜单中选择“强烈效果-橙色，强调颜色 6”选项，如图 11.38 所示。

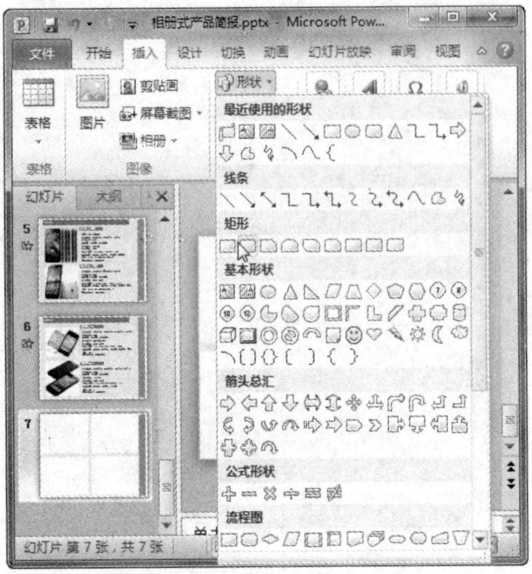

图 11.37　单击“矩形”按钮

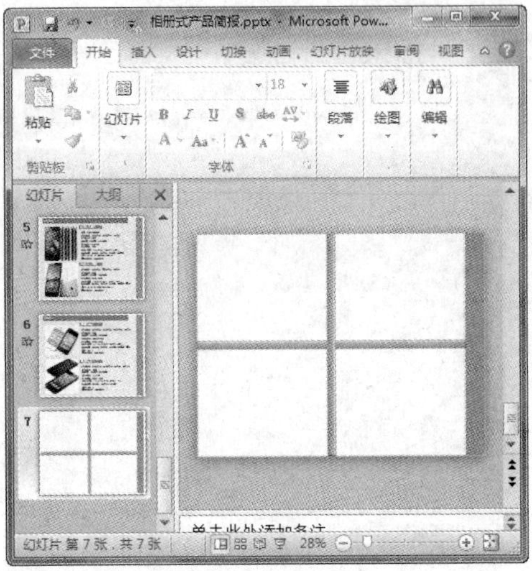

图 11.38　绘制矩形条

步骤 9　双击第 7 张幻灯片左上角的内嵌幻灯片，进入其编辑状态。右击其空白区域，从弹出的快捷菜单中选择“设置背景格式”命令，如图 11.39 所示。

步骤 10　弹出“设置背景格式”对话框，在左侧窗格中单击“填充”选项，然后在右侧窗格中选中“图片或纹理填充”单选按钮，再单击“文件”按钮，如图 11.40 所示。

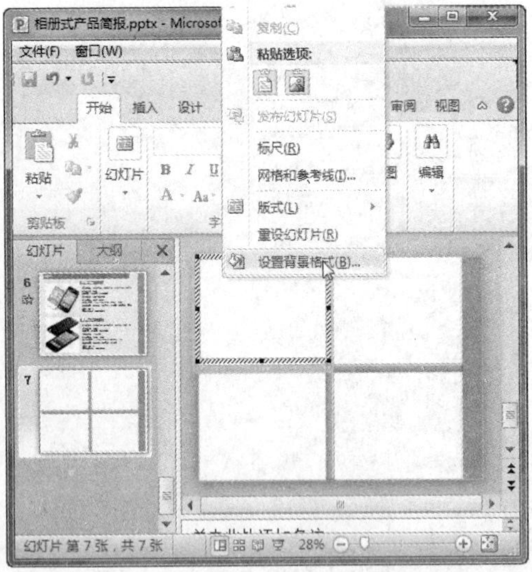

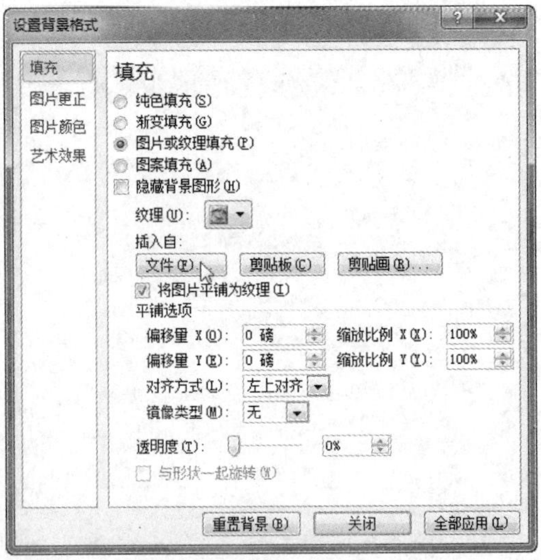

图 11.39　选择“设置背景格式”命令　　　　图 11.40　“设置背景格式”对话框

步骤 11　弹出“插入图片”对话框，选择要使用的图片，并单击“打开”按钮，返回“设置背景格式”对话框，再单击“关闭”按钮，可以看到如图 11.41 所示的结果。

步骤 12　按照相同的方法，在其他 3 张内嵌幻灯片中分别插入不同的背景图片，如图 11.42 所示。

步骤 13　全部制作好后，按 F5 键播放本演示文稿。当播放到第 7 张幻灯片时，只需要单击其中的缩略图，就会以全屏模式显示该图片了，再次单击将恢复缩略图模式。

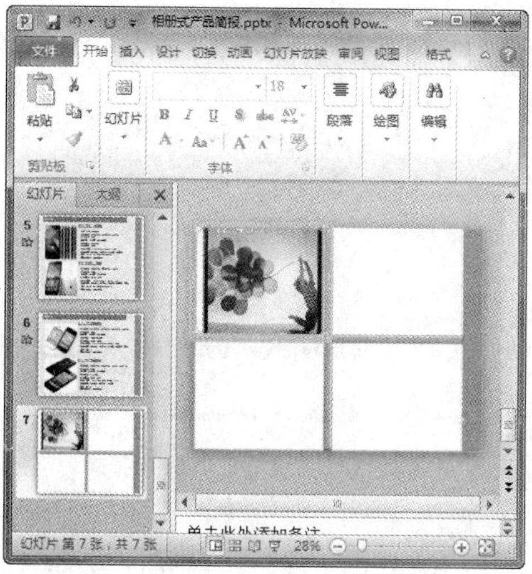

图 11.41　在第一个内嵌幻灯片中插入背景图片

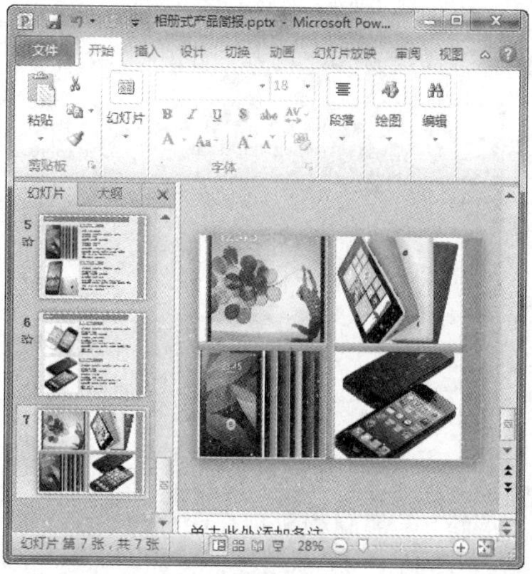

图 11.42　完成 4 张内嵌幻灯片的制作

11.3　发布相册式产品简报

制作完相册式产品简报后，需要对其进行展示。除了放映之外，还可以通过发布的方式来进行展示，以方便产品信息的共享与传播。

1．将相册式产品简报演示文稿文件打包

在制作相册式产品简报时，会用到多种字体、图片和超链接的文件等，要确保该演示文稿在其他电脑上不会出现不能正常播放的现象，就需要将该文件进行打包，具体操作步骤如下。

步骤 1　在要打包的演示文稿窗口中选择“文件”|“保存并发送”|“将演示文稿打包成 CD”命令，接着在右侧窗格中单击“打包成 CD”按钮，如图 11.43 所示。

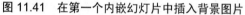

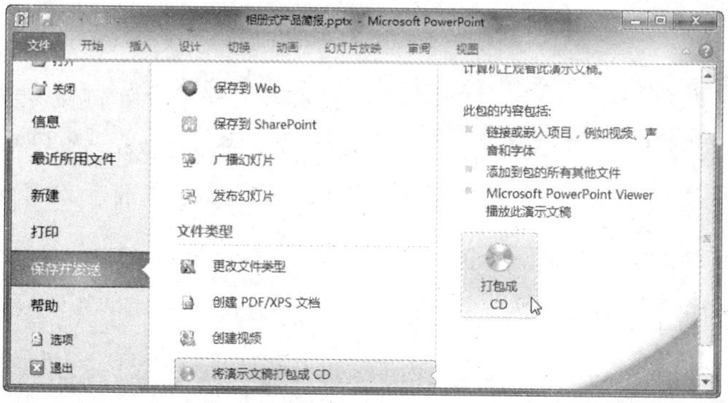

图 11.43　打包文件

步骤 2　弹出“打包成 CD”对话框，单击“选项”按钮，如图 11.44 所示。

步骤 3　弹出“选项”对话框，在其中可对打包的内容、密码等进行设置，如图 11.45

所示，再单击“确定”按钮，随后会弹出“确认密码”对话框，要求重新输入打开权限密码和修改权限密码，输入后单击“确定”按钮即可。

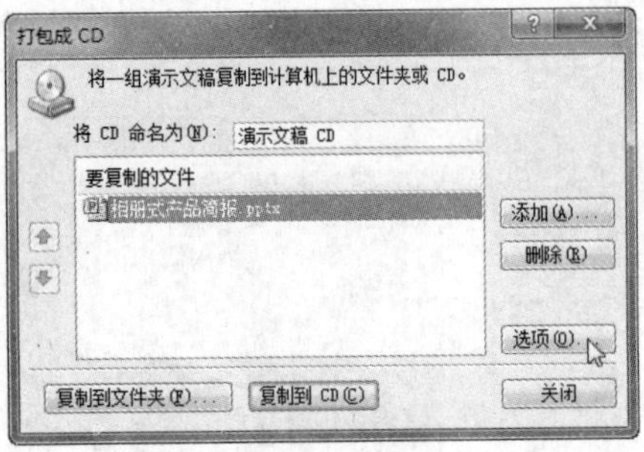

图 11.44 “打包成 CD”对话框

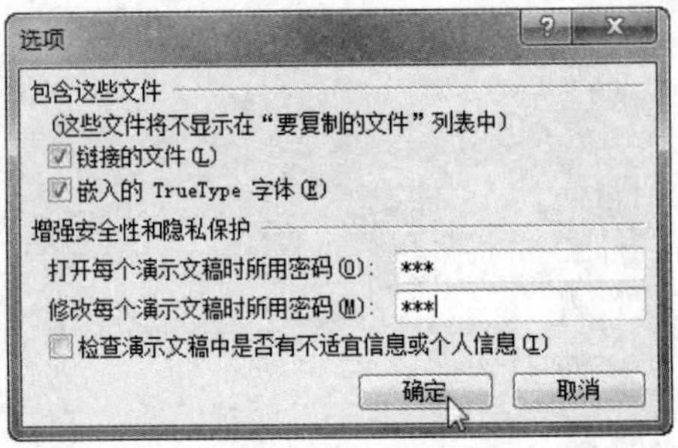

图 11.45 “选项”对话框

步骤 4 返回到“打包成 CD”对话框，单击“复制到文件夹”按钮，弹出“复制到文件夹”对话框，设置打包的文件夹名称和位置，再单击“确定”按钮，如图 11.46 所示。

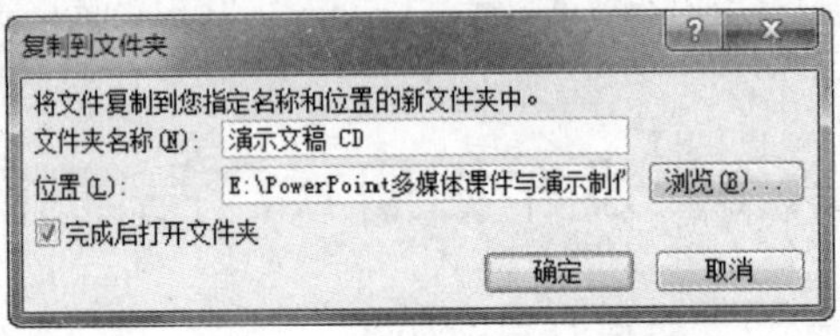

图 11.46 “复制到文件夹”对话框

步骤 5 在弹出的如图 11.47 所示的对话框中单击“是”按钮，系统将自动进行打包，完成后会自动打开打包的文件夹窗口，再单击“打包成 CD”对话框中的“关闭”按钮即可。

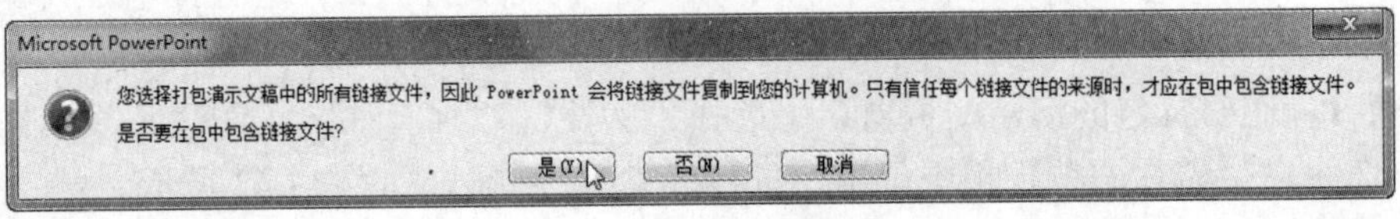

图 11.47 单击“是”按钮

注 意

平常所说的将文件“打包”是指使用压缩软件将文件压缩成一个压缩包，而这里的“打包”是指将文件发布为 CD 压缩包。只有发布为 CD 压缩包才能在没有安装 PowerPoint 软件的电脑中进行演示文稿放映。

2. 共享演示文稿给工作组中其他人使用

如果要在局域网中共享该演示文稿，可以将其发布到幻灯片库中来实现共享，他人在使用时直接调用即可。

步骤 1 选择“文件”|“保存并发送”|“发布幻灯片”命令，然后在右侧窗格中单击“发布幻灯片”按钮，如图 11.48 所示。

步骤 2 弹出“发布幻灯片”对话框，在其中通过选中复选框来指定需要发布的幻灯片，接着选中“只显示选定的幻灯片”复选框，这样将只显示选中的幻灯片，如图 11.49 所示，再单击“浏览”按钮。

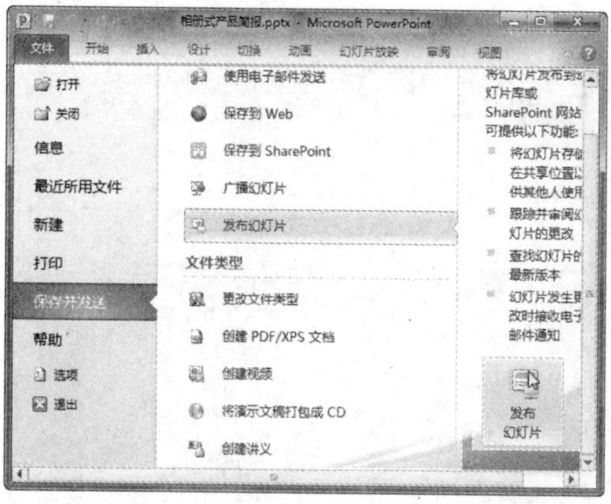

图 11.48　单击“发布幻灯片”按钮

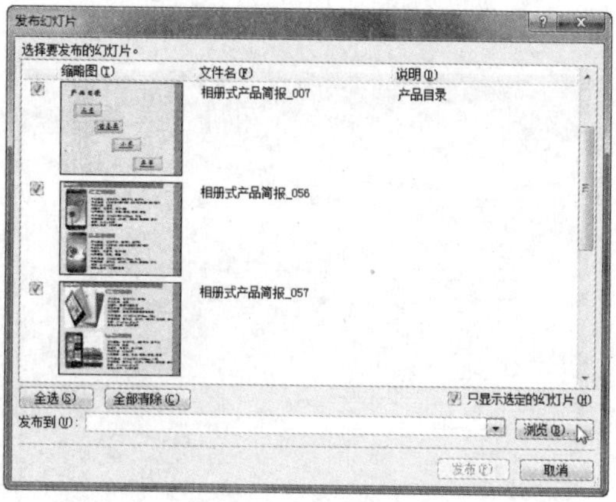

图 11.49　选择要发布的幻灯片

步骤 3　弹出“选择幻灯片库”对话框，选择前面打包的“演示文稿 CD”文件夹，再单击“选择”按钮，如图 11.50 所示。返回“发布幻灯片”对话框，单击“发布”按钮即可。

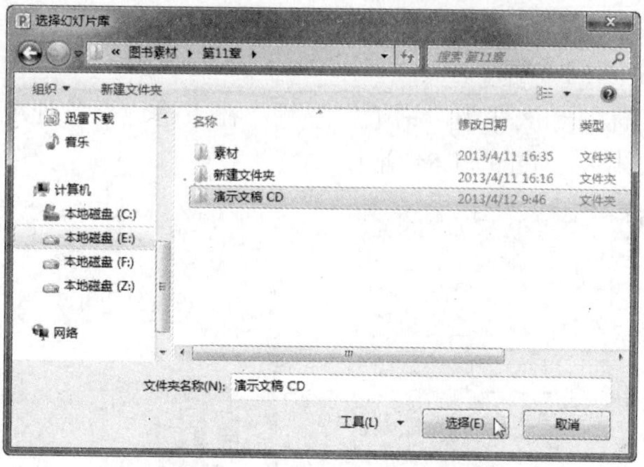

图 11.50　选择要发布的幻灯片

11.4　提 高 指 导

11.4.1　手动绘制表格

在实际应用环境中，插入到幻灯片中的表格可能不会具有绝对对称的行数与列数，一些复杂表格的行列数并不能明确地数出，对于此类不规范的复杂表格，就需要制作者手动在幻灯片中绘制表格，下面将详细介绍如何手动绘制表格。

步骤 1　在“相册式产品简报.pptx”演示文稿末尾插入空白幻灯片，然后在“插入”选项卡下的“表格”选项组中单击“表格”按钮，从弹出的下拉菜单中选择“绘制表格”

命令，如图 11.51 所示。

步骤 2 此时鼠标光标会变成“铅笔”形状，按住鼠标左键在幻灯片中绘制一个矩形作为表格的外边框，如图 11.52 所示。

图 11.51 选择“绘制表格”命令

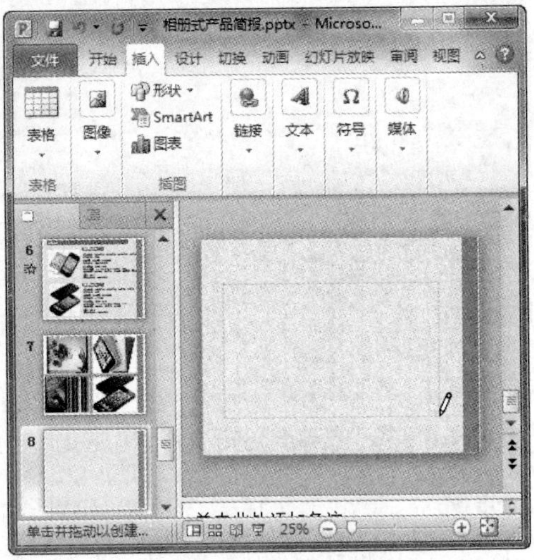

图 11.52 绘制边框

步骤 3 在“表格工具”下的“设计”选项卡中，单击“绘图边框”选项组中的“绘制表格”按钮，如图 11.53 所示。

步骤 4 鼠标光标又一次变为“铅笔”形状，在表格边框各处单击并向不同方向拖动鼠标，绘制表格内部线条，如图 11.54 所示。

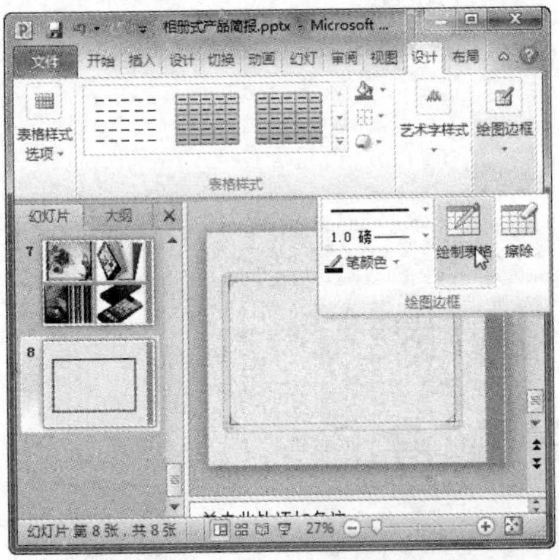

图 11.53 单击“绘制表格”按钮

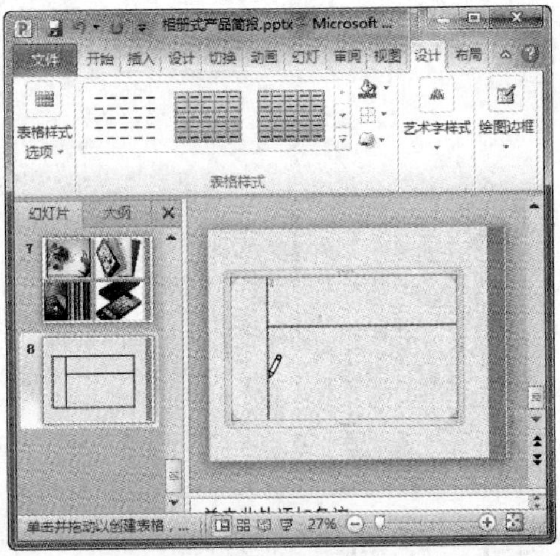

图 11.54 绘制表格内部线条

步骤 5 若绘制有误，可以在“表格工具”下的“设计”选项卡中，单击“绘图边框”选项组中的“擦除”按钮，当鼠标光标变为“橡皮”形状时单击错误线条即可将其擦除，如图 11.55 所示。

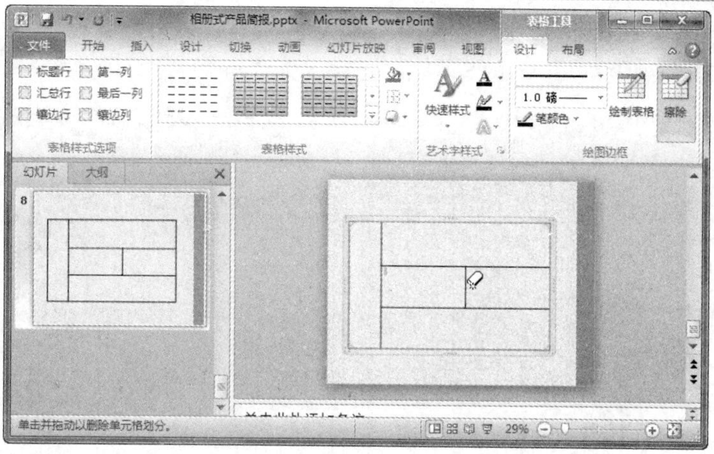

图 11.55　擦除表格线条

11.4.2　取消超链接对象下方的下划线

演示文稿中常用到超链接，有时候制作者会觉得设置完超链接后，文本下的下划线会影响文本整体美观，或者不想因为下划线让观众知道这些是超链接时，可以删除下划线，但仍然保持该链接，具体操作步骤如下。

步骤 1　选择需要取消超链接下划线的文本对象并右击，从弹出的快捷菜单中选择“取消超链接”命令。

步骤 2　在“插入”选项卡下的“插图”选项组中单击“形状”按钮，从弹出的菜单中单击“矩形”按钮，接着绘制矩形，使其覆盖要隐藏的超链接文本，如图 11.56 所示。

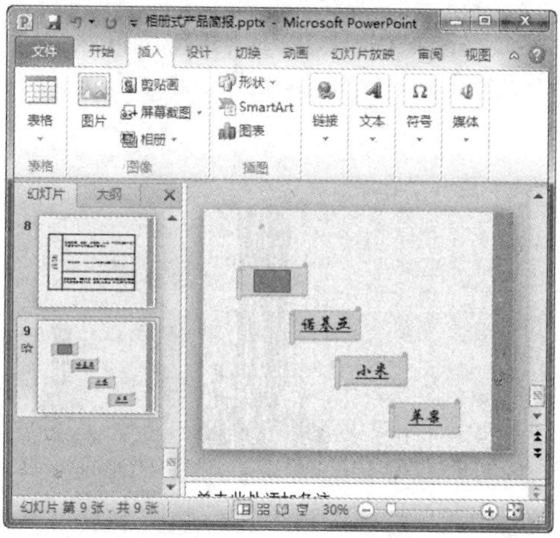

图 11.56　绘制矩形覆盖文本

步骤 3　右击矩形，从弹出的快捷菜单中选择“设置形状格式”命令，弹出“设置形状格式”对话框，然后在左侧窗格中单击“填充”选项，接着在右侧窗格中选中“纯色填充”单选按钮，再单击“颜色”按钮，并在弹出的下拉菜单中选择与链接文本所在背景相同的颜色，如图 11.57 所示。

步骤 4 在左侧窗格中单击“线条颜色”选项，然后在右侧窗格中选中“无线条”单选按钮，如图 11.58 所示，再单击“关闭”按钮。

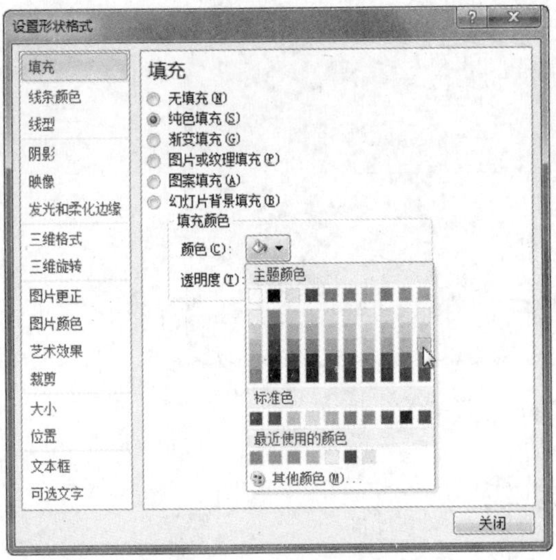

图 11.57 选择颜色

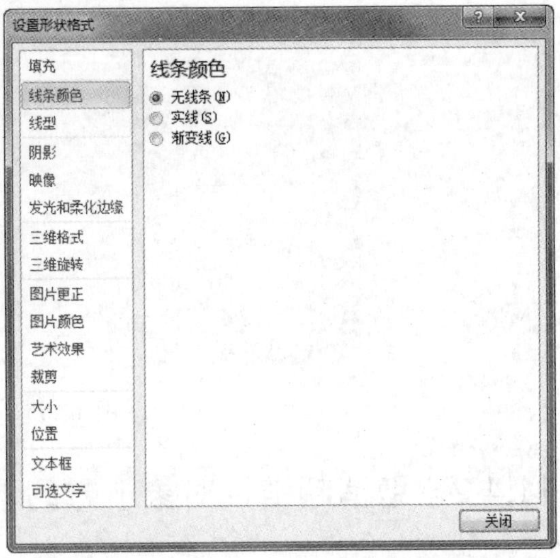

图 11.58 选中“无线条”单选按钮

步骤 5 在矩形对象上右击，从弹出的快捷菜单中选择“编辑文字”命令，进入编辑状态，然后在其中输入与超链接相同的文本，并设置其字体格式与链接文本相同的外观。

技 巧

更改或设置超链接对象下方的划线也可以先选中该链接对象，右击该对象，从弹出的快捷菜单中选择“字体”命令，打开“字体”对话框，单击“字体”选项卡中“所有文字”选项组下“下划线线型”下拉列表框右侧的下拉按钮，在弹出的列表中选择需要设置的线型，最后单击“确定”按钮即可。

11.4.3 设置超链接文字的颜色

本例中需要对目录文本设置超链接，但是设置超链接后，文本的颜色会发生改变。在为文本设置超链接时，若想要超链接文本前后的颜色保持一致，使得文本颜色与整个幻灯片颜色相搭配，就可以通过如下操作来实现。

步骤 1 在演示文稿中选择目标对象并右击，从弹出的快捷菜单中选择“字体”命令，弹出“字体”对话框，在“字体”选项卡中单击“所有文字”选项组中“字体颜色”按钮右侧的下拉按钮，从弹出的菜单中选择“其他颜色”命令，如图 11.59 所示。

步骤 2 弹出“颜色”对话框，切换到“自定义”选项卡，查看“颜色模式”下拉列表框和各微调框中的颜色配方值，如图 11.60 所示。再单击两次“取消”按钮，关闭“颜色”对话框和“字体”对话框。

步骤 3 选择要更改颜色的超链接文本，然后在“设计”选项卡下的“主题”选项组中单击“颜色”按钮，从弹出的菜单中选择“新建主题颜色”命令。

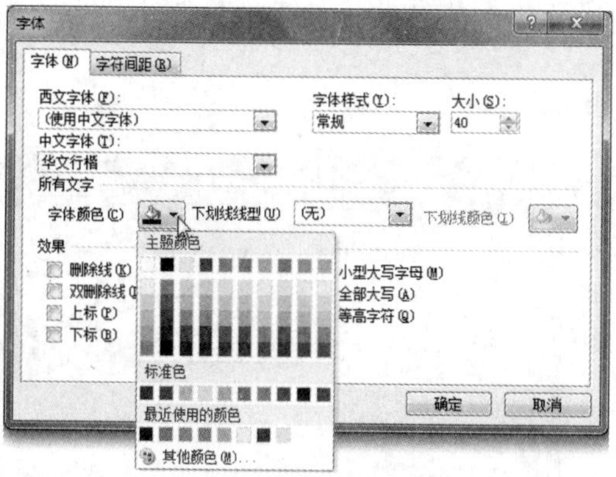

图 11.59　设置字体颜色

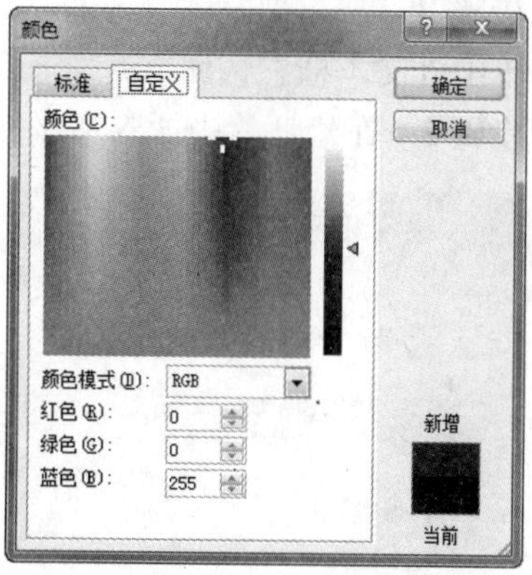

图 11.60　查看颜色

步骤 4　弹出“新建主题颜色”对话框，如果要修改超链接的文本颜色，可单击“主体颜色”选项组中“超链接”按钮右侧的下拉按钮，从弹出的菜单中选择“其他颜色”命令，如图 11.61 所示。

步骤 5　如果要更改已访问的超链接文本的颜色，可单击“已访问的超链接”按钮右侧的下拉按钮，从弹出的菜单中选择“其他颜色”命令，如图 11.62 所示。最后单击“保存”按钮即可。

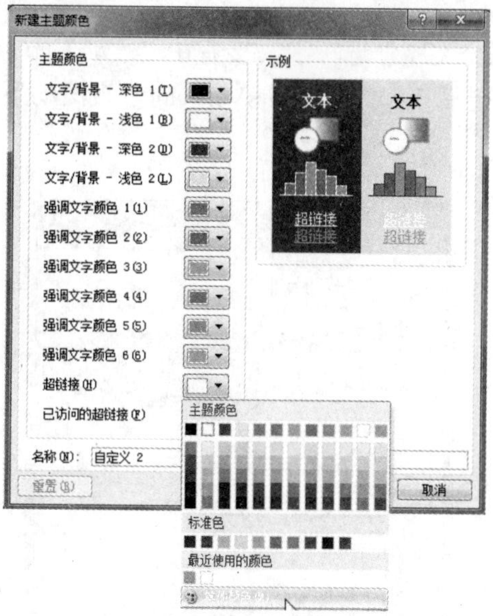

图 11.61　设置“超链接”颜色

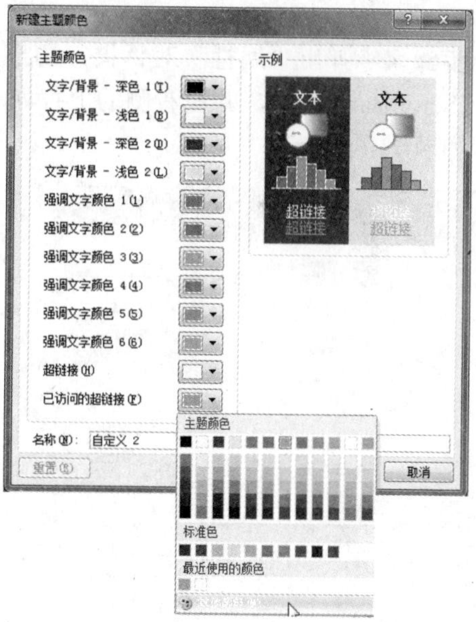

图 11.62　设置“已访问的超链接”颜色

11.4.4　让较多文本在一张幻灯片上清晰显示

使用过演示文稿的用户会发现，若要在一张幻灯片中输入大量的文本内容，缩小字体后会导致文本看不清楚，使用带滚动条的文本框就可以解决这个问题了，具体操作步骤如下。

步骤 1 单击要插入文本框的幻灯片，然后在“开发工具”选项卡下的“控件”选项组中单击“文本框”按钮，如图 11.63 所示。

步骤 2 在幻灯片中插入文本框，如图 11.64 所示。

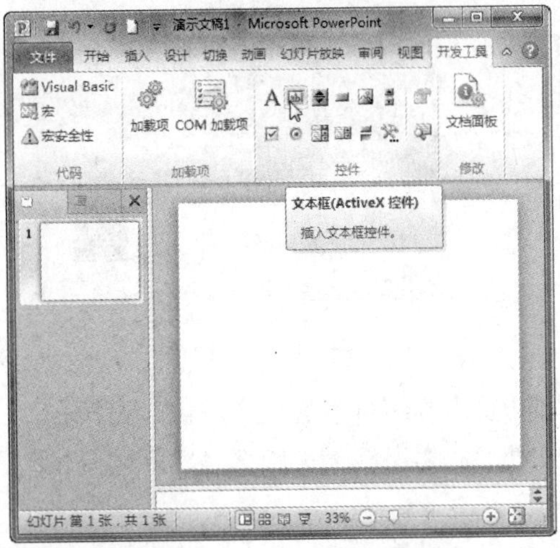

图 11.63 单击“文本框”按钮

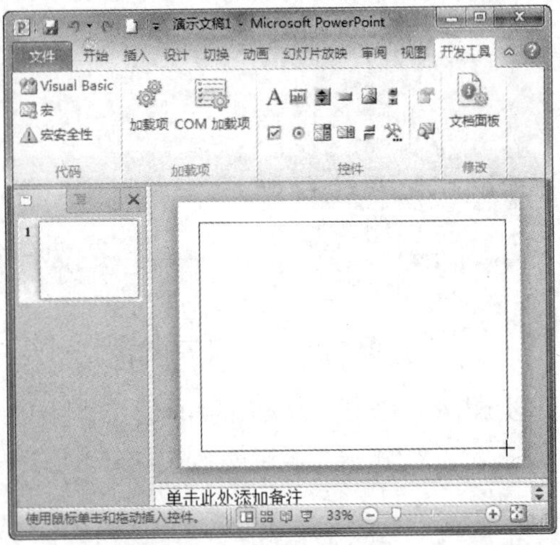

图 11.64 插入文本框控件

步骤 3 右击插入的文本框控件，从弹出的快捷菜单中选择“属性”命令，如图 11.65 所示。

步骤 4 弹出“属性”对话框，切换到“按分类序”选项卡，接着在“滚动”节点下选择 ScrollBars 选项，并在右侧的下拉列表框中选择 2-fmScrollBarsVertical(垂直滚动条)选项，如图 11.66 所示。

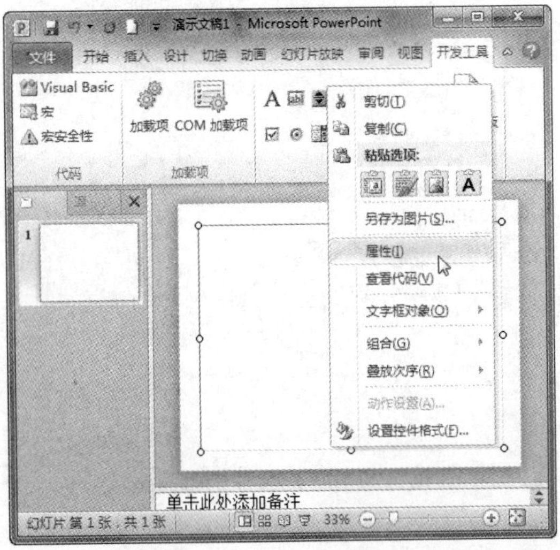

图 11.65 选择“属性”命令

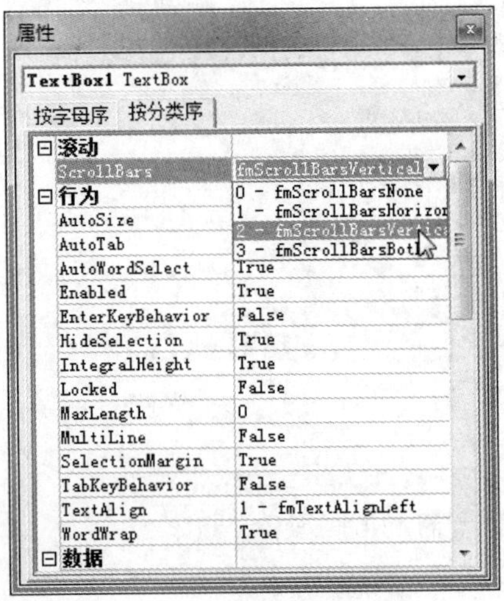

图 11.66 设置垂直滚动条

步骤 5 在“行为”节点下选择 MultiLine 选项，接着在右侧的下拉列表框中选择 True 选项，再单击“关闭”按钮，如图 11.67 所示。

步骤 6 返回演示文稿窗口，右击文本框控件，从弹出的快捷菜单中选择“文字框对

象”|“编辑”命令，如图 11.68 所示。

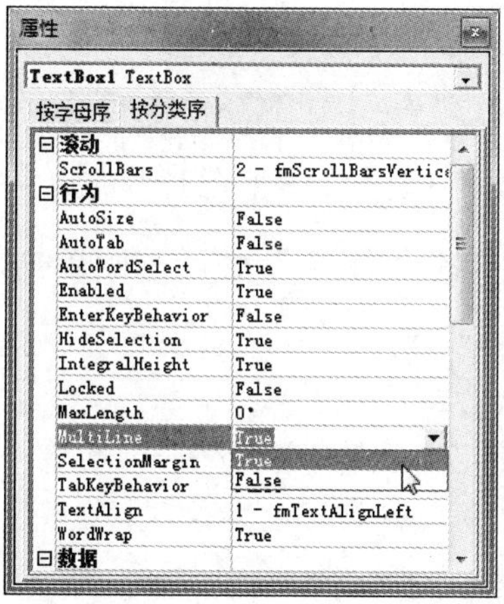

图 11.67　选择 MultiLine 选项

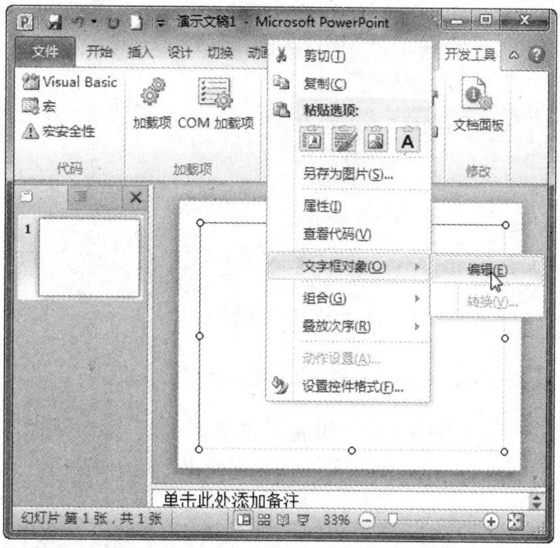

图 11.68　选择“编辑”命令

步骤 7　向文本框中输入文本内容，如图 11.69 所示。

步骤 8　文本输入完毕后，再次打开控件的“属性”对话框，并切换到“按分类序”选项卡，接着在“字体”节点下选择 Font 选项，并在右侧的文本框中单击…按钮，如图 11.70 所示。

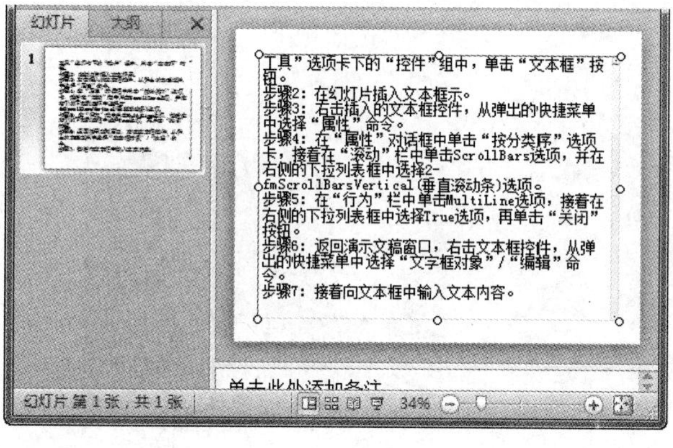

图 11.69　输入文本

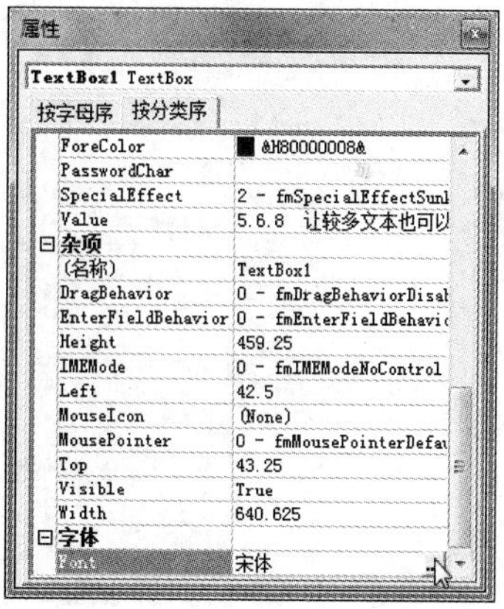

图 11.70　选择 Font 选项

步骤 9　弹出“字体”对话框，在这里设置文本框控件中的字体格式、字形以及大小等参数，再单击“确定”按钮，如图 11.71 所示。

步骤 10　返回演示文稿窗口，然后按 F5 键放映幻灯片，这时即可在放映过程中拖动滚动条查看文本框控件中的内容了，如图 11.72 所示。

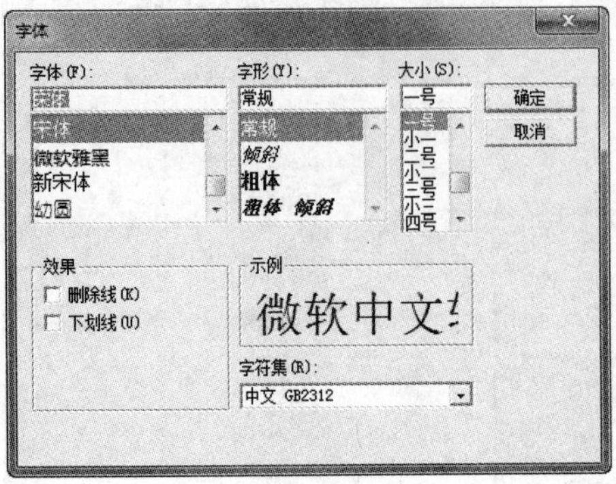

图 11.71　设置字体格式

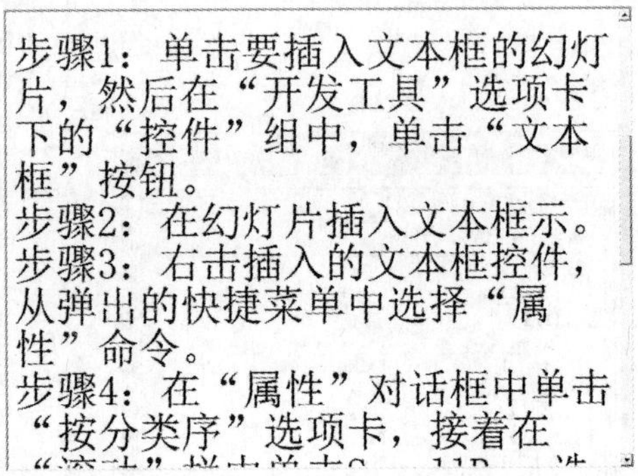

步骤1：单击要插入文本框的幻灯片，然后在“开发工具”选项卡下的“控件”组中，单击“文本框”按钮。
步骤2：在幻灯片插入文本框示。
步骤3：右击插入的文本框控件，从弹出的快捷菜单中选择“属性”命令。
步骤4：在“属性”对话框中单击“按分类序”选项卡，接着在

图 11.72　查看文本框控件中的内容

11.5　习　　题

一、选择题

(1)　下列主题中，(　　)主题是行云流水。

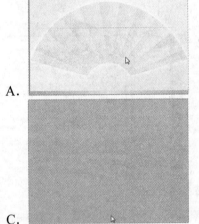

A. 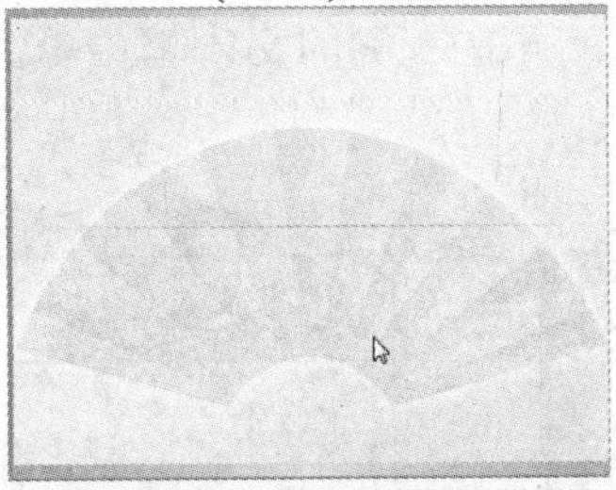

B. 

C. 

D. 

(2)　为幻灯片设置背景格式时，其中的填充类型有(　　)。

①线性　　②射线　　③矩形

④路径　　⑤标题的阴影

A. ①、③、④　　B. ①、②、⑤

C. ①、③、④、⑤　　D. ①、②、③、④、⑤

(3)　“幻灯片母版”按钮在(　　)选项卡下。

A. “插入”　　B. “设计”　　C. “转换”　　D. “视图”

(4)　“动画窗格”按钮在(　　)选项组中。

A. “动画”　　B. “高级动画”　　C. “设置”　　D. “显示”

(5) 在“插入”选项卡下的(　　　)选项组中单击“相册”按钮，可以创建相册。

A. “表格”　　B. “图像”　　C. “插图”　　D. “文本”

二、实训题

(1) 新建一个演示文稿，将其主题设置为“华丽”。

(2) 设置背景格式，将纹理设置为“蓝色面巾纸”。

(3) 设置一个目录页，为目录添加超链接，并取消超链接对象下方的划线。

第 12 章

经典实例：制作产品促销短片

每当公司有新产品推出或上市时，为了让新产品在市场上得到更多的关注，方便客户查询新产品资料，全面了解产品，可以制作一个含有产品详细信息的促销短片，既方便客户查看新产品资料，又能达到促销的目的。

本章主要内容

- 短片的背景设计
- 布局页面
- 添加产品图片
- 添加产品视频
- 添加背景音乐
- 打包短片

12.1 要 点 分 析

本章将为大家详细介绍制作产品促销短片的方法以及其中涉及的注意事项和操作技巧。在制作过程中将涉及图形、图像、声音以及视频剪辑等多媒体元素的添加、编辑美化等操作，借助这些多媒体元素把自己的理念表现出来，制作出集声、色于一体的出色演示文稿。

12.2 设计短片背景

制作产品促销短片需要先设计一个适合的、美丽大方的背景，PowerPoint 将会发挥其作用，下面具体进行介绍。

12.2.1 相同主题下的不同背景样式

在制作产品促销短片过程中，需要为该产品设定一个合适的主题，但整个演示文稿中只有一个主题就显得太单调，这时就可以为每张幻灯片设置不同的背景样式，使其具有多样性，不局限，不死板，有创新并且吸人眼球，具体操作步骤如下。

步骤 1 在 PowerPoint 2010 窗口中选择“文件”|“新建”命令，接着在中间窗格中单击“空白演示文稿”选项，并单击右侧窗格中的“创建”按钮，创建一个新演示文稿(或是按 Ctrl+N 快捷键创建空白演示文稿)，如图 12.1 所示。

步骤 2 选择该幻灯片，删除所有占位符，在“视图”选项卡下的“母版视图”选项组中单击“幻灯片母版”按钮，进入幻灯片母版视图，如图 12.2 所示。

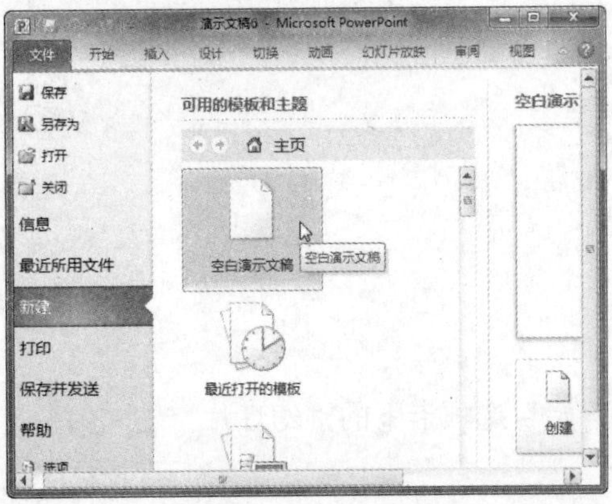

图 12.1 单击“空白演示文稿”选项

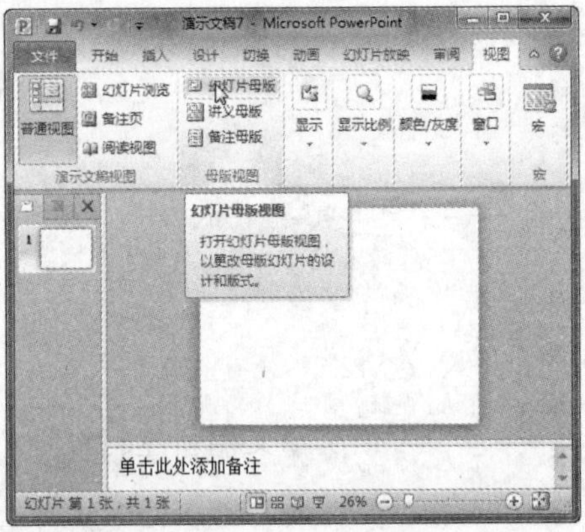

图 12.2 单击“幻灯片母版”按钮

步骤 3 单击第 1 张幻灯片，然后在右侧窗格中单击“单击此处编辑母版标题样式”占位符边框，如图 12.3 所示，按 Delete 键将其删除。使用该方法，将“单击此处编辑母版标题样式”之外的所有占位符都删除掉。

步骤 4 选中“单击此处编辑母版标题样式”文本，对其进行文字设置，这里设置的字体是“华文行楷”，字号是“48”，如图 12.4 所示。

图 12.3　幻灯片母版

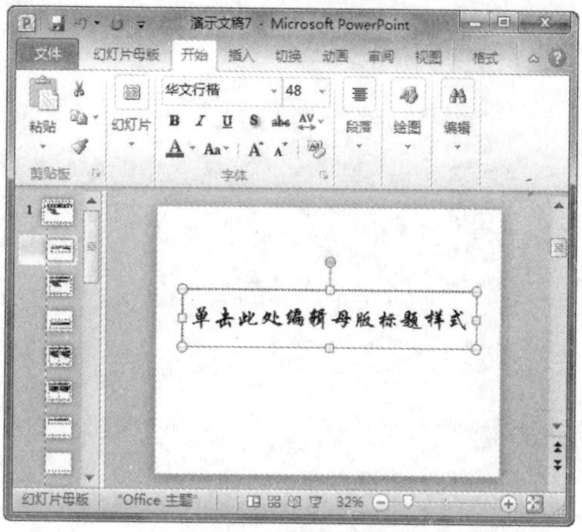

图 12.4　编辑母版标题样式

步骤 5　下面为此演示文稿设置一个主题。在“幻灯片母版”选项卡下的“编辑主题”选项组中单击“主题”按钮，从弹出的菜单中单击“波形”选项，如图 12.5 所示。

步骤 6　设置完成后，在“幻灯片母版”选项卡下的“关闭”选项组中单击“关闭母版视图”按钮，返回普通视图，此时演示文稿中只有一张幻灯片，如图 12.6 所示。

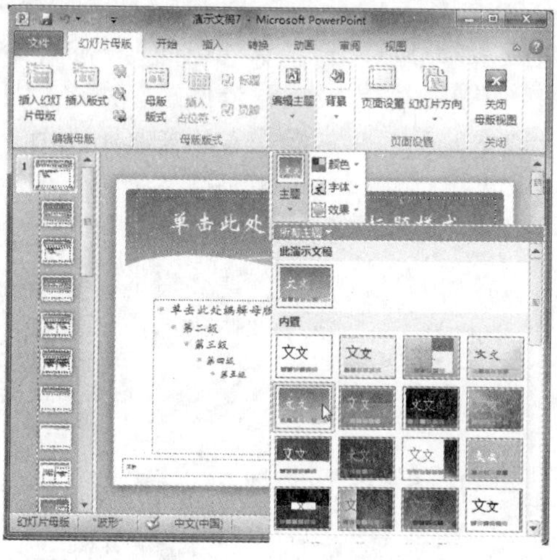

图 12.5　设置主题

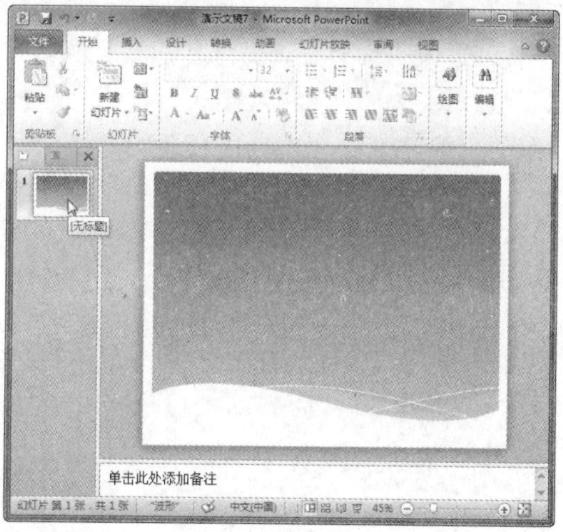

图 12.6　效果图

步骤 7　为该演示文稿新建幻灯片。在“开始”选项卡下的“幻灯片”选项组中单击“新建幻灯片”按钮，即可为该演示文稿添加新的幻灯片，这里新建了 6 张，总共 7 张幻灯片。

步骤 8　为每张幻灯片设置不同的背景样式，在“设计”选项卡下的“背景”选项组中单击“背景样式”按钮，从弹出的菜单中选择“设置背景格式”命令，如图 12.7 所示。

步骤 9　弹出“设置背景格式”对话框，在右侧窗格中单击“填充”选项，然后在右侧窗格中选中“图案填充”单选按钮，在出现的背景选项中选择“40%”选项，再将前景色设置为“蓝色”，背景色设置为“白色”，单击“关闭”按钮即可，如图 12.8 所示。

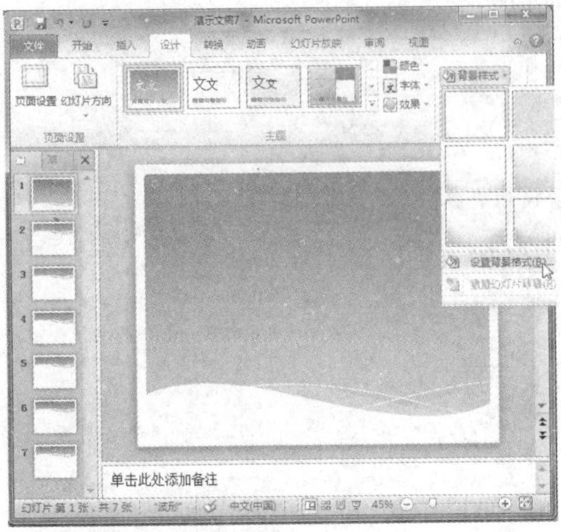

图 12.7 设置背景样式

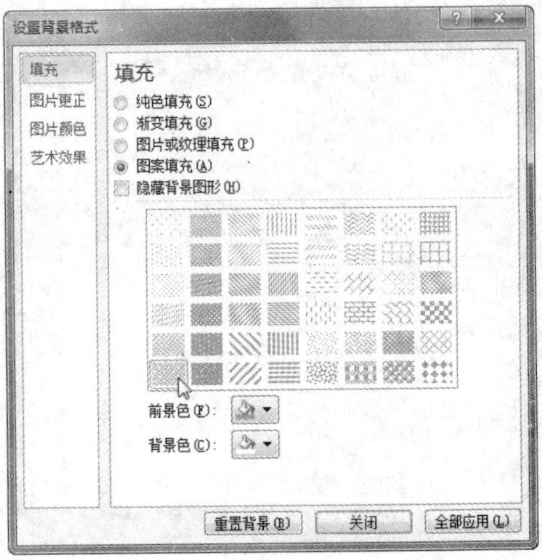

图 12.8 “设置背景格式”对话框

注 意

在设置背景样式时，单击“背景样式”按钮后会弹出一个菜单，其中有一些系统提供的背景样式，一般情况下为了方便可以选择这些背景样式，但选择后当前演示文稿中所有的幻灯片背景均相同。

步骤 10 对第 2 张幻灯片进行设置。首先选中该幻灯片，在“设计”选项卡下的“背景”选项组中单击“背景样式”按钮，从弹出的菜单中选择“设置背景格式”命令，打开“设置背景格式”对话框，在左侧窗格中单击“填充”选项，然后在右侧窗格中选中“渐变填充”单选按钮，在出现的“预设颜色”中选择“雨后初晴”选项，颜色为默认的“蓝色”，最后单击“关闭”按钮，如图 12.9 所示。

步骤 11 使用类似的方法，分别对第 3～7 张幻灯片进行相应的背景设置。这里为第 3 张幻灯片设置的背景样式是“图片或纹理填充”中的“水滴”纹理，如图 12.10 所示。

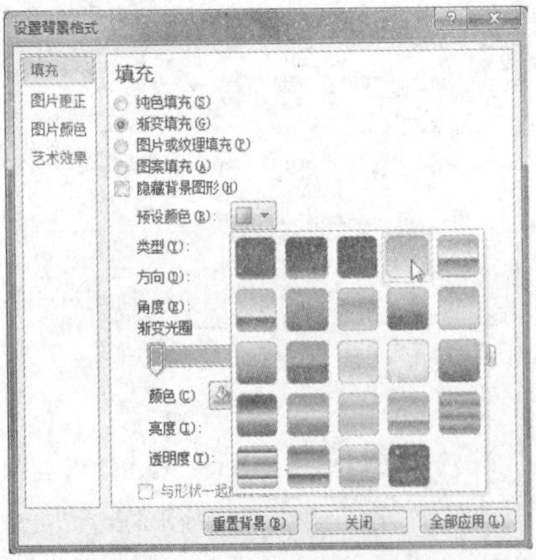

图 12.9 渐变填充背景

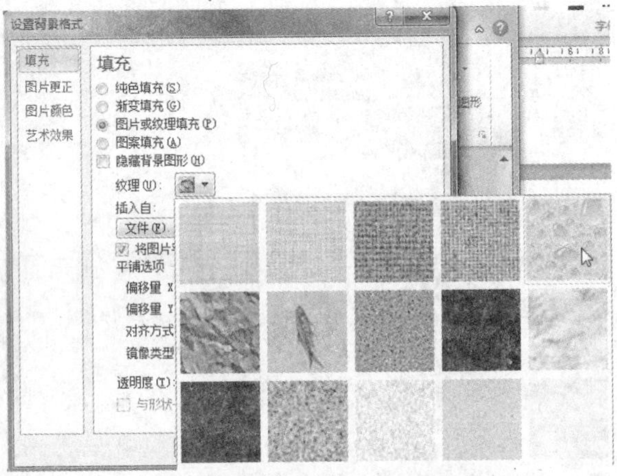

图 12.10 图片或纹理填充背景

步骤 12 为第 4 张幻灯片设置的是“图案填充”中的“25%”，前景色为“蓝色”，如图 12.11 所示。

步骤 13　为第 5 张幻灯片设置的是“渐变填充”的默认选项；为第 6 张幻灯片设置的是“渐变填充”中的“麦浪滚滚”选项；为第 7 张幻灯片设置的是“纯色填充”，“颜色”为“酸橙色，强调文字颜色 4，淡色 60%”，如图 12.12 所示。

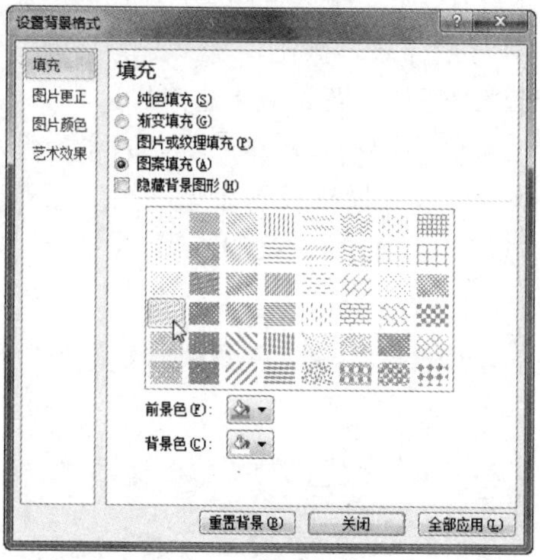

图 12.11　图案填充背景

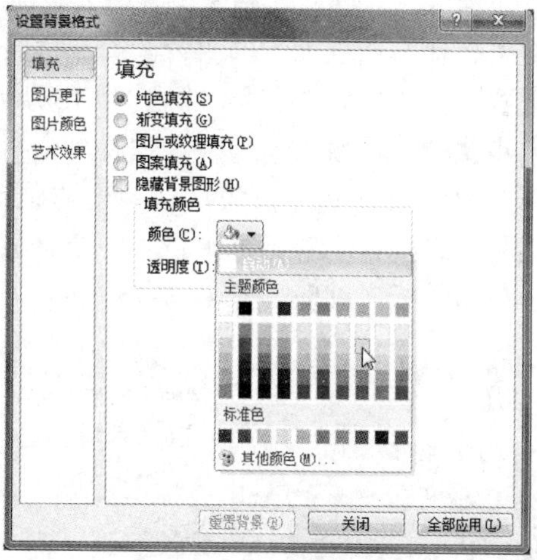

图 12.12　纯色填充背景

12.2.2　隐藏背景中的形状

设置的背景有时会给演示文稿“加分”，但在一些特殊的页面就会显得繁杂，其中的一些图片可能会显得多余，因此，应该适当地将背景中的一些图片隐藏起来，具体操作步骤如下。

步骤 1　选择需要隐藏背景中的形状的幻灯片，这里选择第 5 张幻灯片，如图 12.13 所示。

步骤 2　在“设计”选项卡下的“背景”选项组中选中“隐藏背景图形”复选框，将该幻灯片中的图形隐藏起来，如图 12.14 所示。

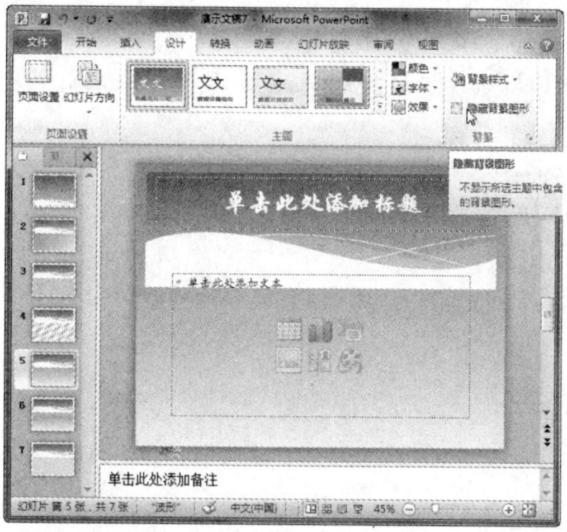

图 12.13　选择第 5 张幻灯片

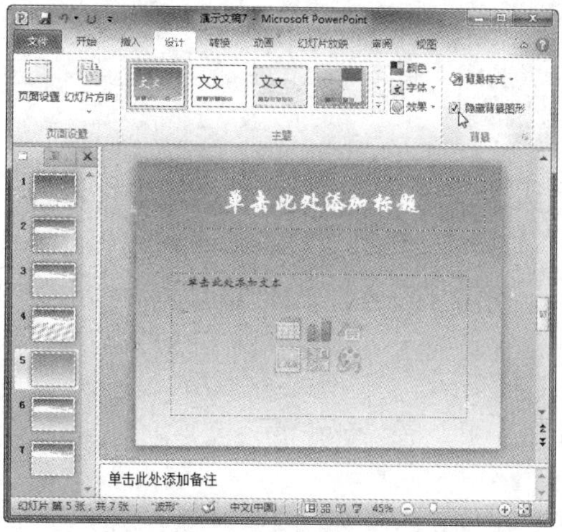

图 12.14　选中“隐藏背景图形”复选框

12.2.3 更改某一页幻灯片的背景

有时会对某一页幻灯片的背景不满意，这时可以更换该背景，具体操作步骤如下。

步骤 1 在演示文稿中选择需要更改背景的幻灯片，这里选择的是第 2 张幻灯片，然后在“设计”选项卡下的“背景”选项组中单击“背景样式”按钮，从弹出的菜单中选择“重置幻灯片背景”命令，如图 12.15 所示，此时该幻灯片的背景效果会消失。

步骤 2 重新为该幻灯片设置一个背景样式。在“设计”选项卡下的“背景”选项组中单击“背景样式”按钮，从弹出的菜单中选择“设置背景格式”命令，然后在弹出的“设置背景格式”对话框中设置一个合适的背景，这里选择的是“图片或纹理填充”中的“蓝色面巾纸”纹理，如图 12.16 所示。

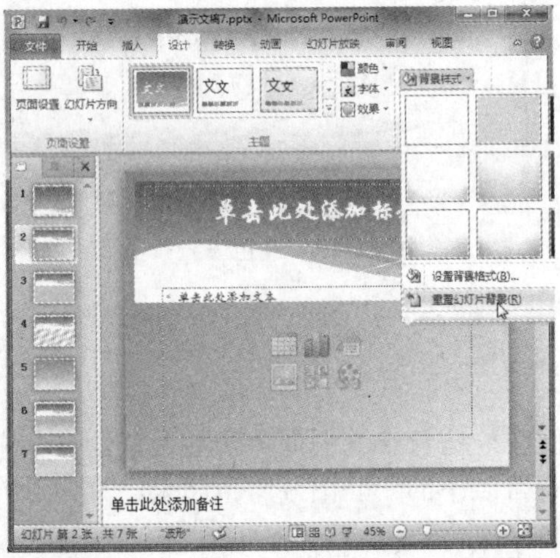

图 12.15 选择“重置幻灯片背景”命令

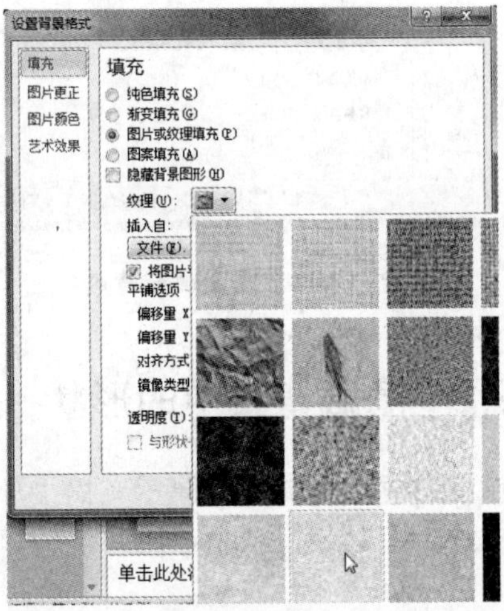

图 12.16 选择“蓝色面巾纸”纹理

步骤 3 设置完成后，单击“关闭”按钮即可。

技 巧

在更改幻灯片背景时，还可以在幻灯片空白处右击，从弹出的快捷菜单中选择“设置背景格式”命令，在弹出的“设置背景格式”对话框中同样可以对该背景进行更改。

12.3 布局短片页面

利用 PowerPoint 2010 程序对演示文稿进行布局设置，可以令该产品促销短片更具有艺术性和可观性，下面将详细进行介绍。

12.3.1 设置页面

进行页面设置的具体操作步骤如下。

步骤 1 在“设计”选项卡下的“页面设置”选项组中单击“页面设置”按钮，如

图 12.17 所示。

步骤 2　弹出“页面设置”对话框，在“幻灯片大小”下拉列表框中选择“分类帐纸张(11×17 英寸)”选项，将“幻灯片编号起始值”微调框设置为“1”，其他均为默认值，然后单击“确定”按钮即可，如图 12.18 所示。

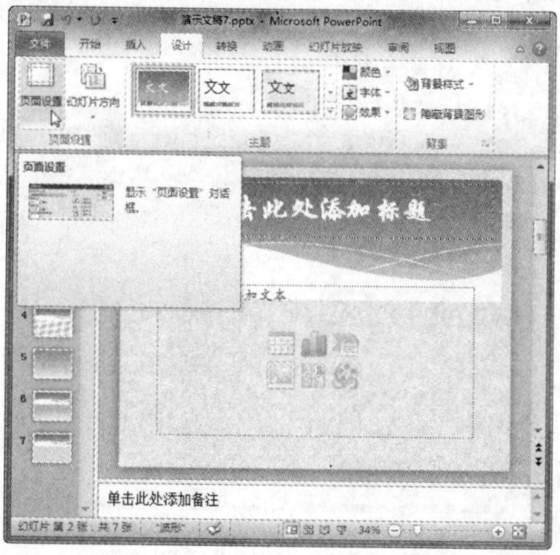

图 12.17　单击“页面设置”按钮

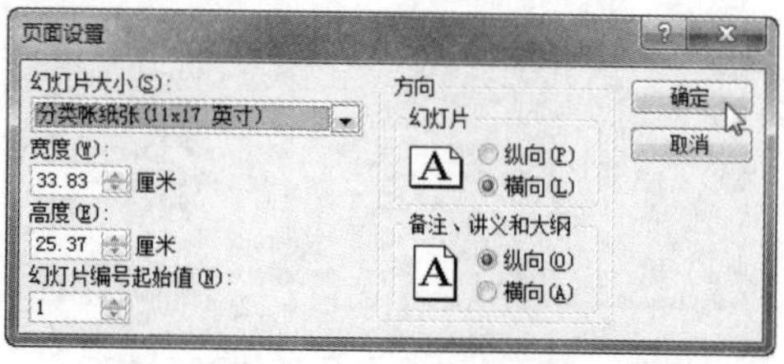

图 12.18　“页面设置”对话框

12.3.2　留白

在制作幻灯片时，有时需要制造一些艺术效果，而“留白”就是其中的方法之一，具体操作步骤如下所示。

步骤 1　在“设计”选项卡下的“页面设置”选项组中单击“页面设置”按钮。

步骤 2　弹出“页面设置”对话框，在“幻灯片大小”下拉列表框中选择“自定义”选项，如图 12.19 所示。

步骤 3　设置“宽度”和“高度”微调框的值，设置时要比较全屏大小，需比屏幕的宽度和高度小些，此时在播放时就会出现留白效果。

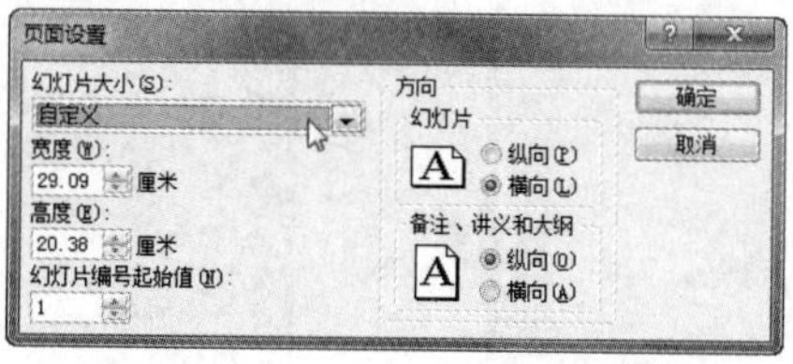

图 12.19　选择“自定义”选项

12.3.3　营造出立体效果

在制作产品促销短片演示文稿的过程中，可以适当地营造出一种立体效果，使其在视觉上展现冲击力，强调动态效果，具体操作步骤如下。

步骤 1　在演示文稿中选择第 2 张幻灯片，然后删除“单击此处添加文本”占位符。

步骤 2　在“插入”选项卡下的“插图”选项组中单击“形状”按钮，从弹出的菜单中单击“平行四边形”按钮，如图 12.20 所示。

步骤 3 此时鼠标会变成“十”字形状，在幻灯片中绘制平行四边形，完成后可利用黄色调整手柄将其调整为合适的形态，如图 12.21 所示。

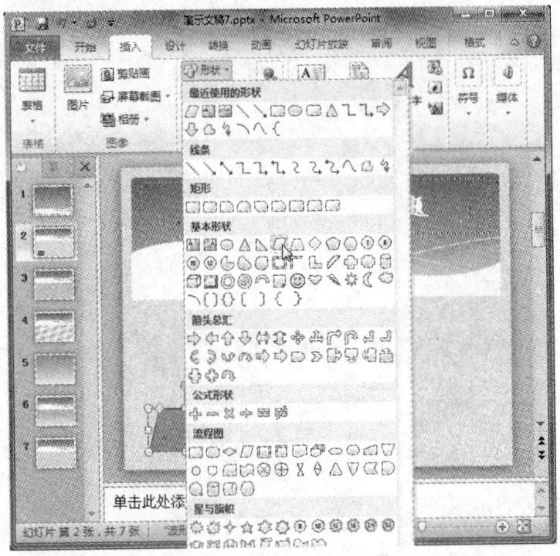

图 12.20 单击“平行四边形”按钮

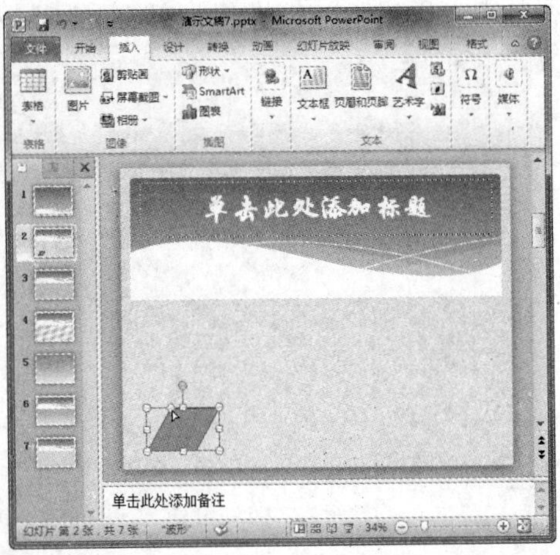

图 12.21 绘制平行四边形

步骤 4 选中该平行四边形，然后在“绘图工具”下的“格式”选项卡中，单击“形状样式”选项组中的“形状填充”按钮，从弹出的菜单中单击“绿色，强调文字颜色 3，淡色 60%”选项，如图 12.22 所示。

步骤 5 在“绘图工具”下的“格式”选项卡中，单击“形状样式”选项组中的“形状效果”按钮，从弹出的菜单中单击“预设”选项，再从子菜单中选择一个合适的效果，这里单击“预设 10”选项，如图 12.23 所示。

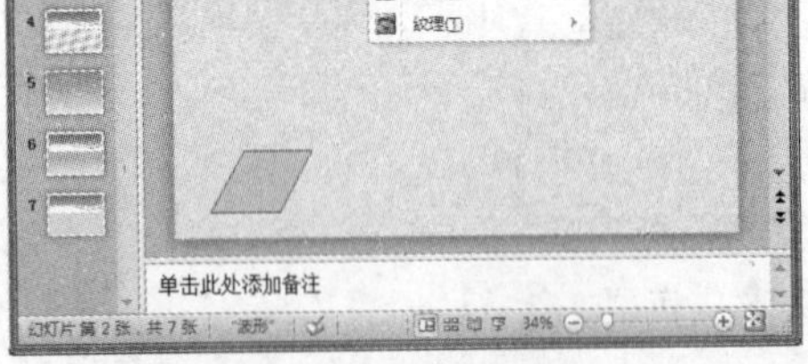

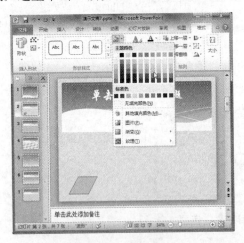

图 12.22 设置颜色

图 12.23 设置形状效果

步骤 6 对设置好的立体图形进行复制，这里复制了两个，共三个立体图形，然后调整各自的大小和位置，并在其上插入文字目录。在“插入”选项卡下的“文本”组中单击“文本框”按钮，然后插入文本框，再在文本框中输入文字，这里输入的目录依次为“产品介绍”、“产品图片”、“产品视频”，最后调整文本框至适当的位置，效果如图 12.24 所示。

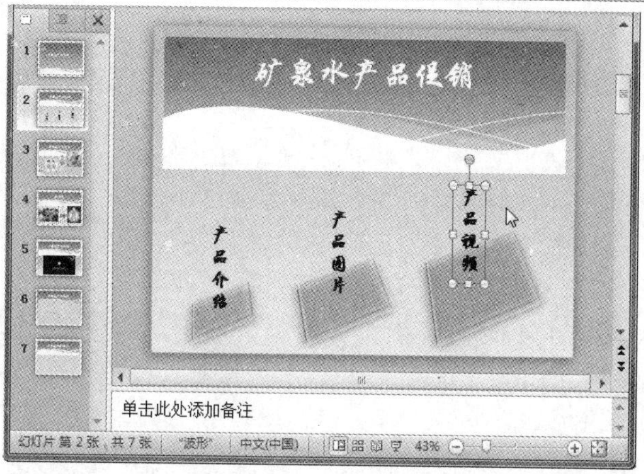

图 12.24　立体效果图

12.4　添加短片促销产品

在制作产品促销短片时，其中必然要插入很多该产品的图片，这样才能起到更好的效果，下面将进行具体介绍。

12.4.1　插入外部图片

在制作幻灯片之前，通常都会把需要用到的图片等素材保存在某一个文件夹中，以便使用这些外部图片，具体操作步骤如下。

步骤 1　选择第 3 张幻灯片，然后在“插入”选项卡下的“图像”选项组中单击“图片”按钮，如图 12.25 所示。

步骤 2　弹出“插入图片”对话框，选择需要插入的图片，单击“插入”按钮即可。

步骤 3　插入图片后，通过鼠标调整图片至合适的大小和位置，如图 12.26 所示。

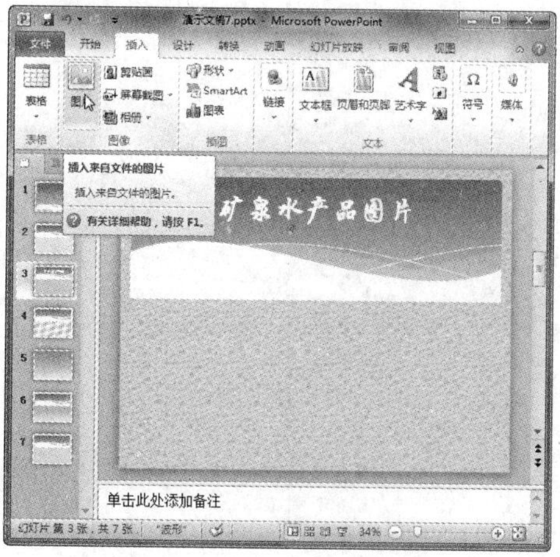

图 12.25　单击“图片”按钮

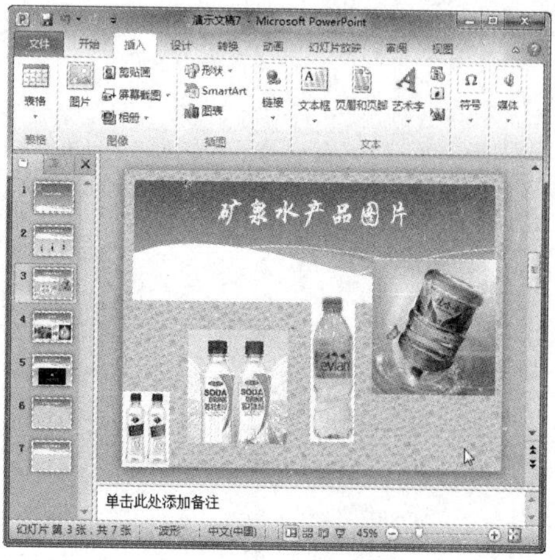

图 12.26　效果图

12.4.2 插入剪贴画

在制作产品促销短片演示文稿的过程中，有时为了增加幻灯片的画面感或显示一些特殊的动感效果，会在其中插入剪贴画，具体操作步骤如下。

步骤 1 在演示文稿中选择第 1 张幻灯片，然后在“插入”选项卡下的“图像”选项组中单击“剪贴画”按钮，如图 12.27 所示。

步骤 2 此时演示文稿右侧会弹出“剪贴画”窗格，如图 12.28 所示，在“搜索文字”文本框中输入要插入的剪贴画的类型，单击“搜索”按钮，然后在下方显示的所有媒体文件中选择适合的单击插入。

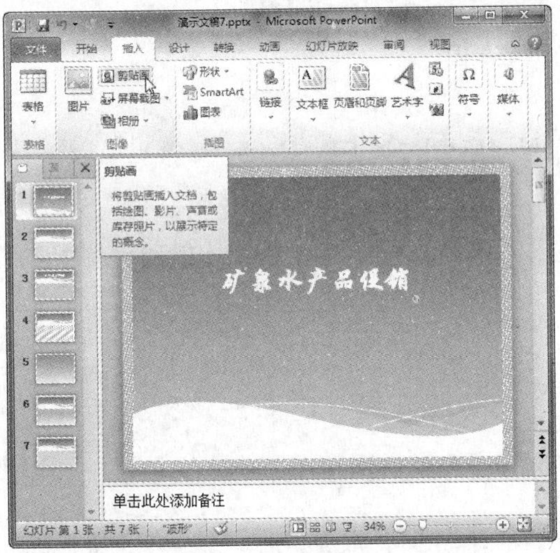

图 12.27 单击“剪贴画”按钮

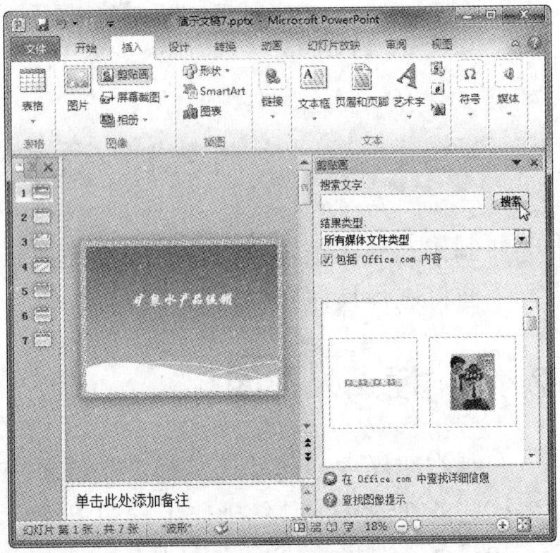

图 12.28 剪贴画

步骤 3 插入图片后，用鼠标调整其位置及大小，再按 Ctrl+S 组合键将演示文稿保存为“产品促销短片”，如图 12.29 所示。

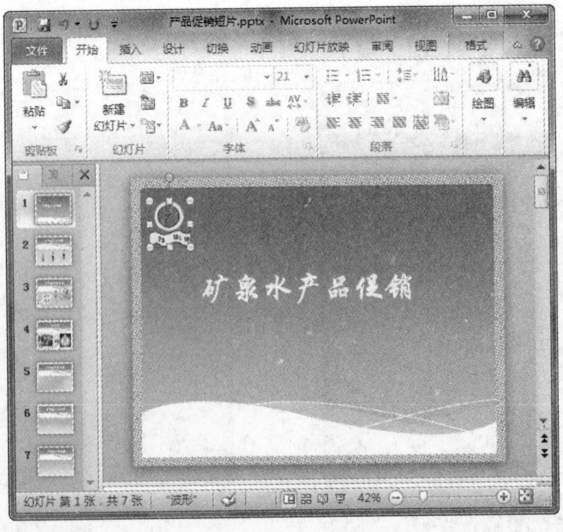

图 12.29 效果图

12.4.3　编辑和美化图片

单单把图片插入幻灯片中可能起不到一定的效果，这时就需要对图片进行美化和编辑，具体操作步骤如下。

步骤 1　打开“产品促销短片.pptx”演示文稿，选择已插入图片的幻灯片，这里选择第 3 张幻灯片，选中该幻灯片中的第 1 张图片，如图 12.30 所示。

步骤 2　在“图片工具”下的“格式”选项卡中，单击“调整”选项组中的“艺术效果”按钮，从弹出的菜单中选择“画图刷”选项，如图 12.31 所示。

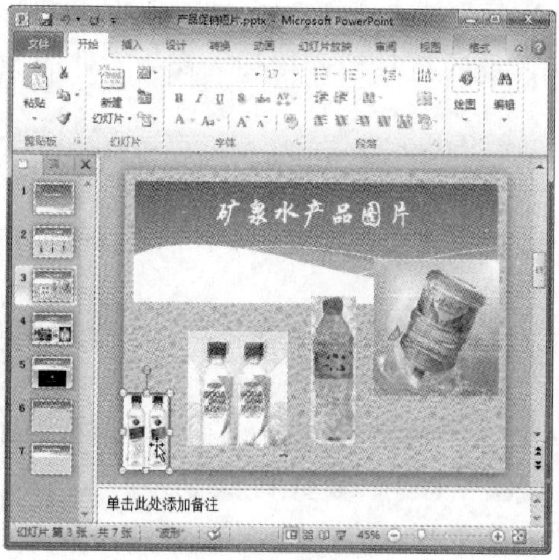

图 12.30　选中图片

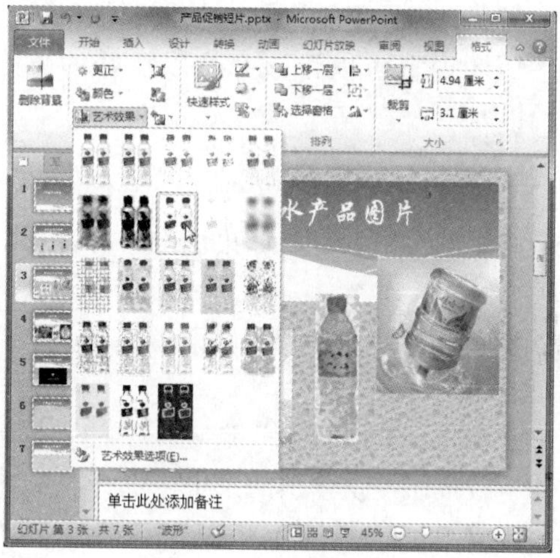

图 12.31　设置艺术效果

步骤 3　选中第 2 张图片，在“图片工具”下的“格式”选项卡中，单击“调整”选项组中的“更正”按钮，从弹出的菜单中选择“柔化：50%”选项，如图 12.32 所示，再选择“艺术效果”中的“蜡笔平滑”选项。

步骤 4　按照以上步骤为每张图片进行编辑与美化，这里第 3 张图片设置的是“艺术效果”中的“水彩海绵”选项，第 4 张图片设置的是“艺术效果”中的“十字图案蚀刻”选项，如图 12.33 所示。

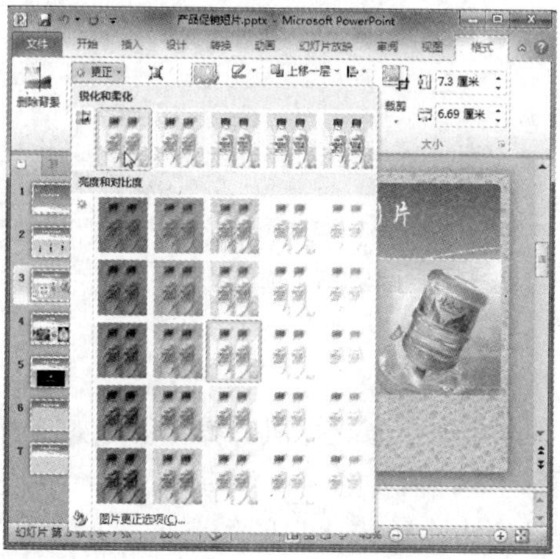

图 12.32　调整设置

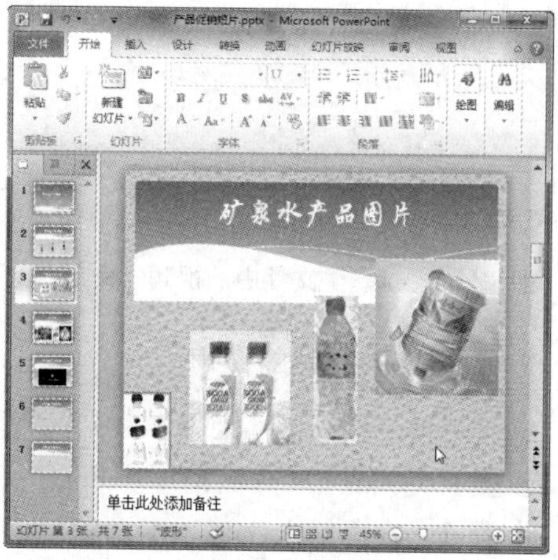

图 12.33　效果图

12.5 添加产品视频

制作产品促销短片演示文稿时，要在其中插入相关产品视频，以便更真实地展现产品，使演示文稿更具动感与活力。

12.5.1 插入产品视频文件

为了更好地促销产品，就需要插入该产品的视频文件，视频文件可以更好地阐释该产品，或者说它可以让该产品以特殊的方式展现，下面将具体介绍插入视频文件的操作步骤。

1. 插入视频文件

在制作幻灯片时，如果已准备好素材，那么就可以直接选择视频文件，具体操作步骤如下。

步骤 1 打开“产品促销短片.pptx”演示文稿，选择需要插入视频的幻灯片，这里选择第 5 张幻灯片。

步骤 2 在“插入”选项卡下的“媒体”选项组中单击“视频”按钮，或者单击其下方的下拉按钮，从弹出的菜单中选择“文件中的视频”命令，如图 12.34 所示。

步骤 3 弹出“插入视频文件”对话框，选择需要插入的视频文件，单击“插入”按钮即可，如图 12.35 所示。

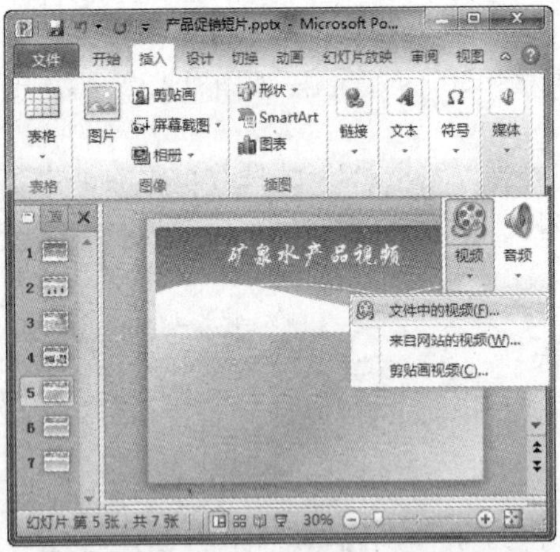

图 12.34 选择“文件中的视频”命令

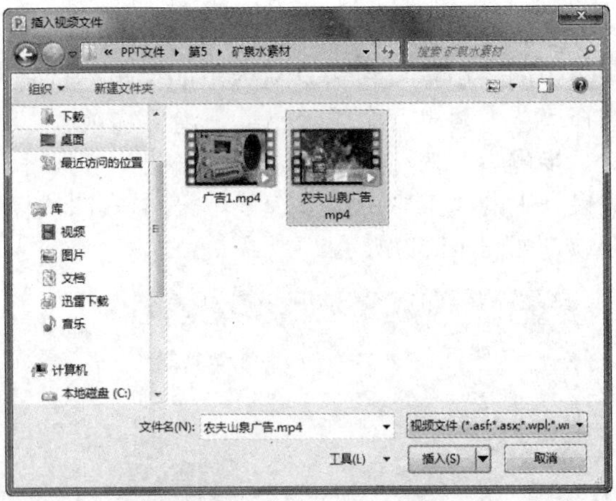

图 12.35 选择视频

2. 插入来自网站的视频

有的时候可以直接插入来自网站的视频，这样既省时又省力，具体操作步骤如下。

步骤 1 打开“产品促销短片.pptx”演示文稿，选择需要插入视频的幻灯片。

步骤 2 在“插入”选项卡下的“媒体”选项组中，单击“视频”按钮下方的下拉按钮，从弹出的菜单中选择“来自网站的视频”命令，如图 12.36 所示。

步骤 3　弹出“从网站插入视频”对话框，从网站复制嵌入代码后单击“插入”按钮即可，如图 12.37 所示。

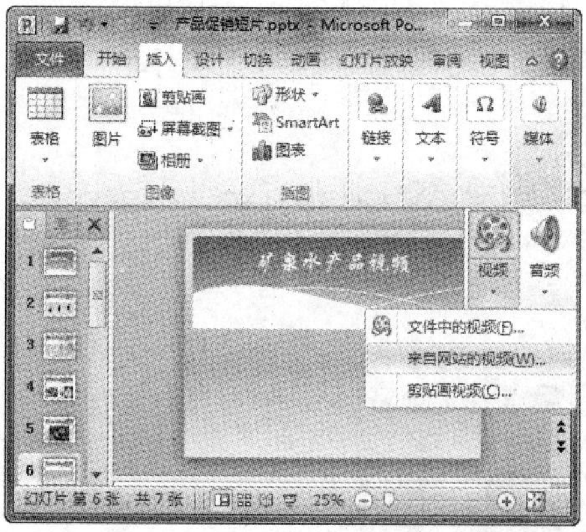

图 12.36　选择“来自网站的视频”命令

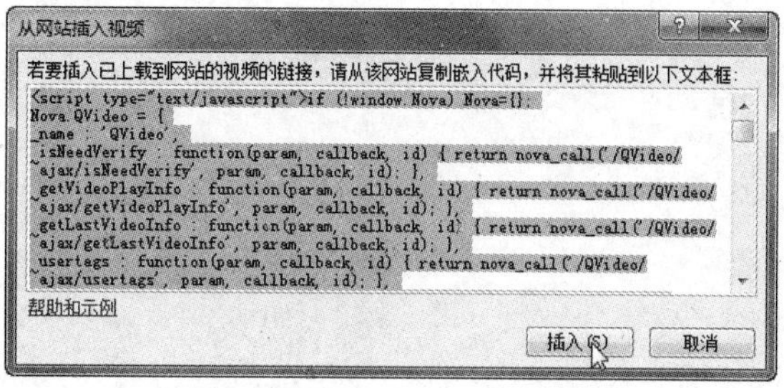

图 12.37　复制粘贴代码

3．插入剪贴画视频

在安装 PowerPoint 2010 软件时，就自动安装了剪贴画，自带了许多影片，下面将介绍如何将剪贴画中的影片插入到幻灯片中。

步骤 1　打开“产品促销短片.pptx”演示文稿，选择需要插入视频的幻灯片。

步骤 2　在“插入”选项卡下的“媒体”选项组中，单击“视频”按钮下方的下拉按钮，从弹出的菜单中选择“剪贴画视频”命令，如图 12.38 所示。此时在演示文稿右侧会弹出“剪贴画”窗格，如图 12.39 所示。

步骤 3　在“剪贴画”窗格中搜索并选择合适的视频插入幻灯片即可。

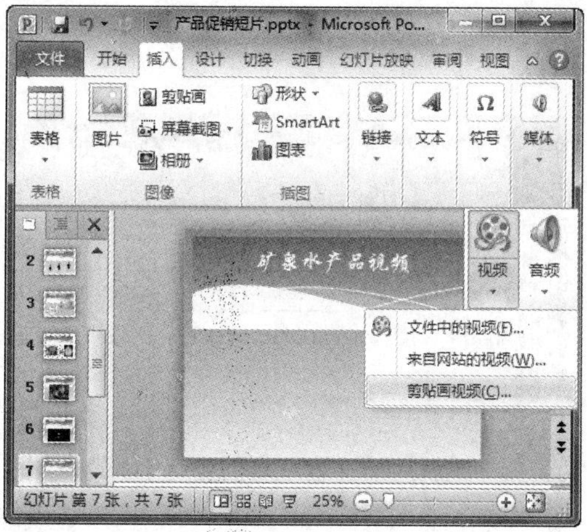

图 12.38　选择“剪贴画视频”命令

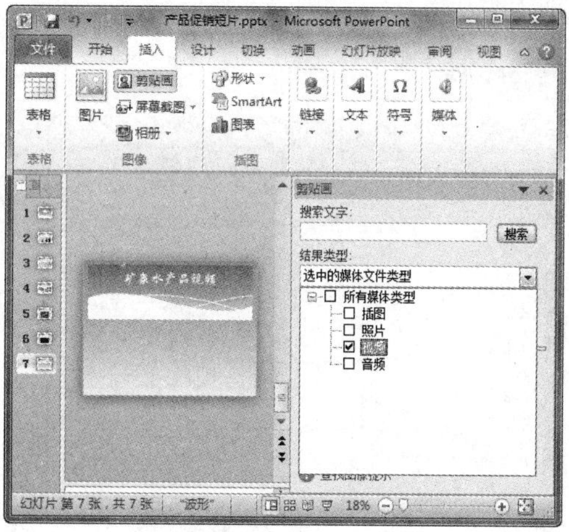

图 12.39　“剪贴画”窗格

12.5.2　调整视频播放窗口大小及位置

在制作幻灯片的过程中，需要注意排版和布局，例如在插入视频后，需要对其样式等进行调整修饰，使得该演示文稿能融合成一个整体，不显突兀，具体操作步骤如下。

步骤 1 打开“产品促销短片.pptx”演示文稿，找到已插入视频文件的幻灯片。

步骤 2 此时幻灯片中的视频播放窗口的大小和位置均会影响该演示文稿的效果，应对其进行设置。选中该视频播放窗口并右击，从弹出的快捷菜单中选择“大小和位置”命令，如图 12.40 所示。

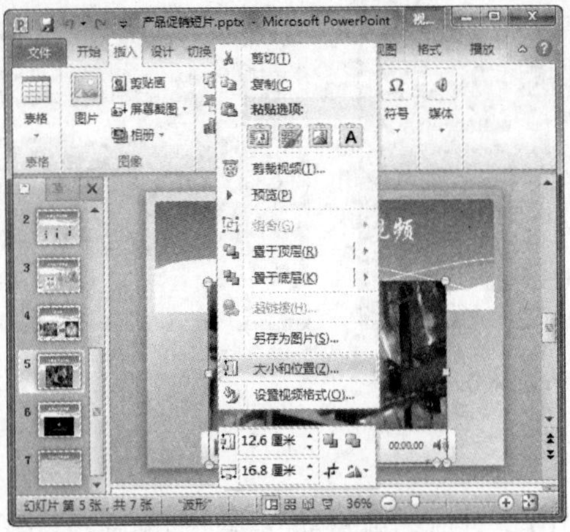

图 12.40 选择“大小和位置”命令

步骤 3 弹出“设置视频格式”对话框，在左侧窗格中单击“大小”选项，在右侧窗格中的“缩放比例”选项组中调整“高度”和“宽度”微调框的值，这里均设置为“100%”，并选中“锁定纵横比”复选框和“相对于图片原始尺寸”复选框，如图 12.41 所示。

步骤 4 在左侧窗格中单击“位置”选项，在右侧窗格中设置视频播放窗口在幻灯片中的位置，这里设置水平位置为自左上角 4.5 厘米，垂直位置为自左上角 12.3 厘米，如图 12.42 所示。

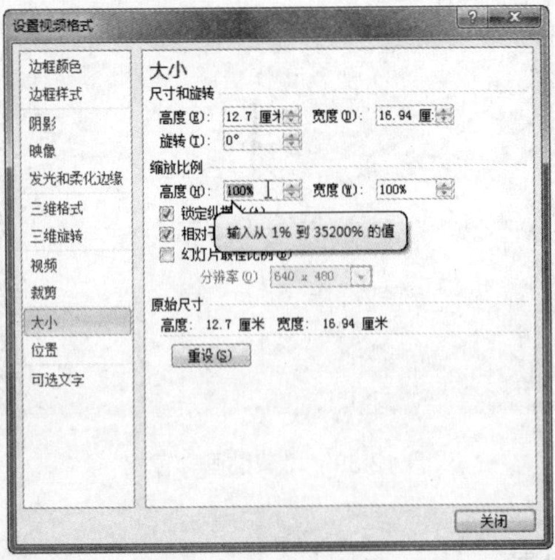

图 12.41 调整大小

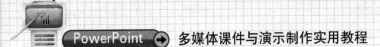

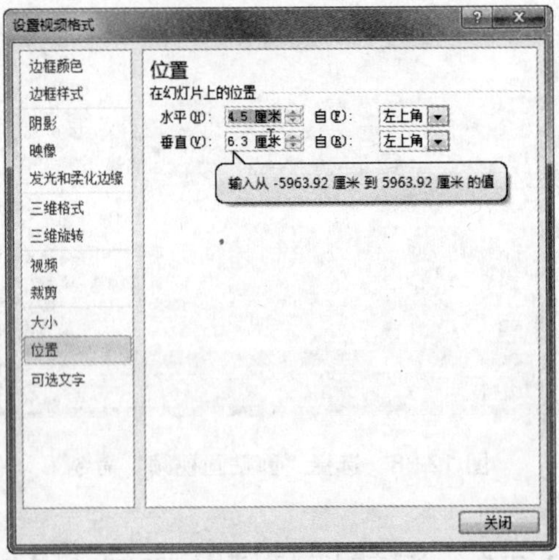

图 12.42 调整位置

12.5.3 剪裁视频

有时某些视频剪辑的开头和末尾有抖动现象，或者视频中有与当前演示文稿主旨无关的内容，为了让视频更突显演示文稿的主旨，减少无用信息的播放时长，可以借助剪裁视频功能将视频剪辑中开头和末尾不需要的部分删除，具体操作步骤如下。

步骤 1 打开“产品促销短片.pptx”演示文稿，选择幻灯片中需要剪裁的视频对象，在“视频工具”下的“播放”选项卡中，单击“编辑”选项组中的“剪裁视频”按钮，如图 12.43 所示。

步骤 2 弹出“剪裁视频”对话框，拖动视频下方时间轴上左右两端的滑块，或者直接在“开始时间”或“结束时间”微调框中设置相应的值对视频进行剪裁，这里设置的开始时间为“00:17”，结束时间为“02:13.520”，如图 12.44 所示。

步骤 3 设置完成后，单击“确定”按钮即可。

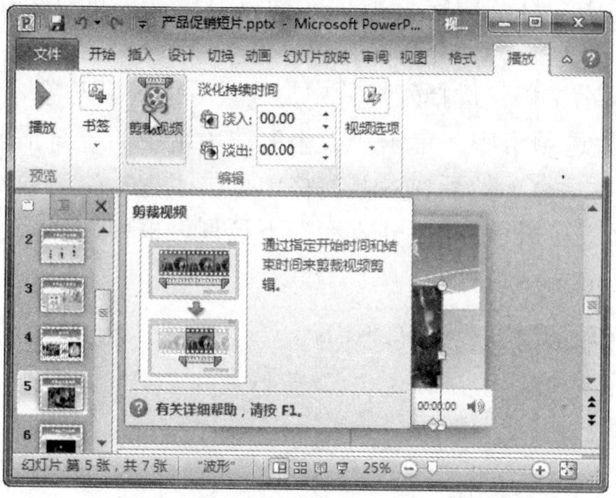

图 12.43 单击“剪裁视频”按钮

图 12.44 具体剪裁

12.5.4 控制视频播放

插入视频后需要控制其播放，下面将具体介绍。

1. 自动播放幻灯片中的视频

在幻灯片中插入的视频文件默认需要用户单击该视频时才会开始播放，但在一些展示类演示文稿中，没有人机交互的动作，要如何才能在进入到该幻灯片中就自动播放视频呢？具体操作步骤如下。

步骤 1 打开“产品促销短片.pptx”演示文稿，选择幻灯片中需要设置的视频对象。

步骤 2 在“视频工具”下的“播放”选项卡中，单击“视频选项”选项组中的“开始”下拉列表框，从弹出的列表中选择“自动”选项即可，如图 12.45 所示。

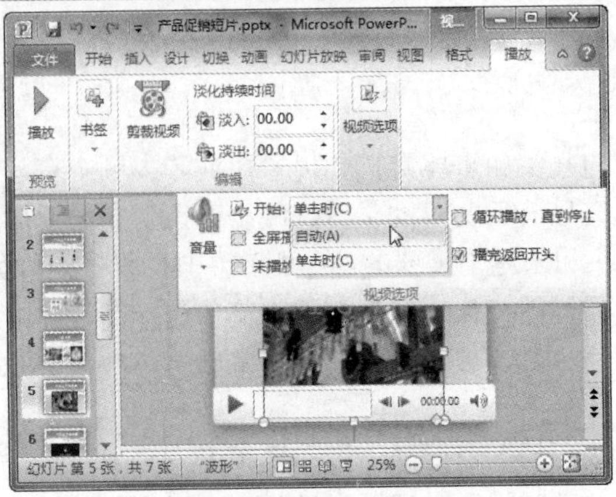

图 12.45 选择“自动”选项

2. 让视频在幻灯片中保持最佳的播放质量

很多时候，由于随意调整了在幻灯片中插入的视频的尺寸，因此在播放视频时会出现画面变形或模糊不清的现象，要想让视频在幻灯片中保持最佳的播放质量，可进行以下操作。

步骤 1 打开“产品促销短片.pptx”演示文稿，选择幻灯片中需要设置的视频对象。

步骤 2 在“视频工具”下的“格式”选项卡中，单击“大小”选项组中的“对话框启动器”按钮，弹出“设置视频格式”对话框，然后在左侧窗格中单击“大小”选项，接着在右侧窗格中选中“幻灯片最佳比例”复选框，在“分辨率”下拉列表框中选择合适的分辨率，再单击“关闭”按钮，如图 12.46 所示。

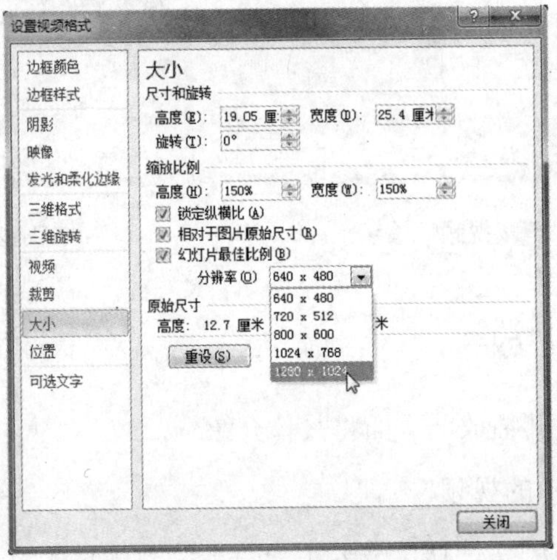

图 12.46 设置最佳分辨率

3. 全屏播放视频

对于在教学或产品功能简介等演示文稿中嵌入的一些视频文件，在幻灯片讲解的时候希望其不占用过多的空间，但在放映时又希望其能填充整个屏幕，以突出视频的内容。如何才能实现呢？下面将进行介绍。

步骤 1　打开“产品促销短片.pptx”演示文稿，选择幻灯片中需要设置的视频对象。

步骤 2　在“视频工具”下的“播放”选项卡中，选中“视频选项”选项组中的“全屏播放”复选框，如图 12.47 所示。

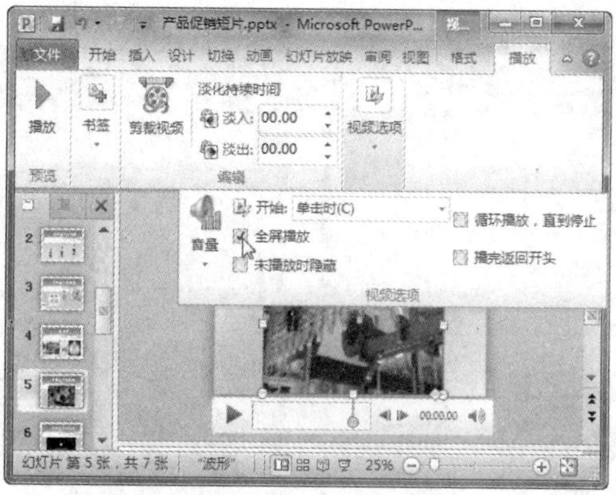

图 12.47　设置全屏播放

4．循环播放视频

在很多用于演讲的演示文稿中，某张幻灯片中可能包括许多需要讲解的内容，如果希望在演讲者讲解的过程中，幻灯片中的视频一直循环播放，可对视频进行如下设置。

步骤 1　打开“产品促销短片.pptx”演示文稿，选择幻灯片中需要设置的视频对象。

步骤 2　在“视频工具”下的“播放”选项卡中，选中“视频选项”选项组中的“循环播放，直到停止”复选框，即可实现在演示期间持续重复播放视频，如图 12.48 所示。

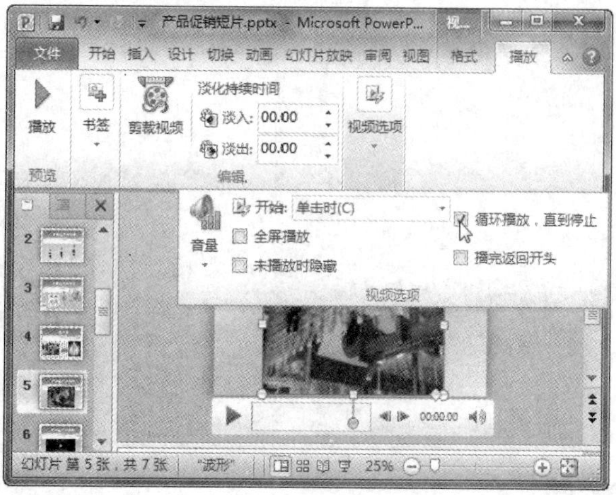

图 12.48　设置循环播放

5．设置视频的“播放”选项

在将视频插入到幻灯片后，为了让视频插入效果更好，还需要对视频的音频、循环方式等进行设置，具体操作步骤如下。

步骤 1　选择需要设置的视频对象，在“视频工具”下的“播放”选项卡中，单击“视频选项”选项组中的“音量”按钮，从弹出的菜单中选择所需音量，如图 12.49 所示。

步骤 2 在放映演示文稿时，可以先隐藏视频，直至做好播放准备。但是，这时在幻灯片中必须创建一个自动或触发的动画来启动视频播放，否则在幻灯片放映的过程中将无法插入视频。要在插入前隐藏视频，可在“视频选项”组中选中“未播放时隐藏”复选框，如图 12.50 所示。

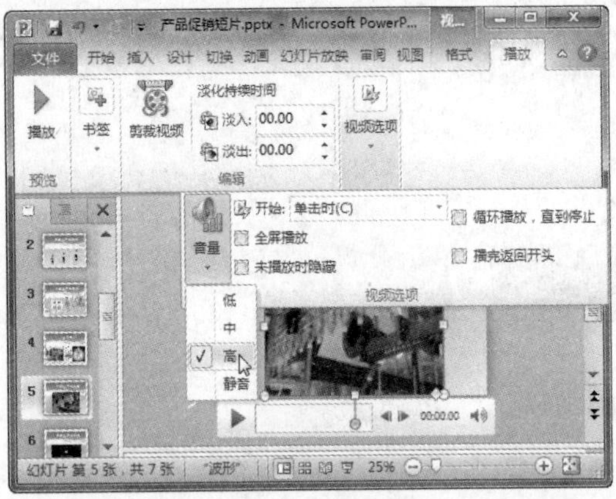

图 12.49　设置音量

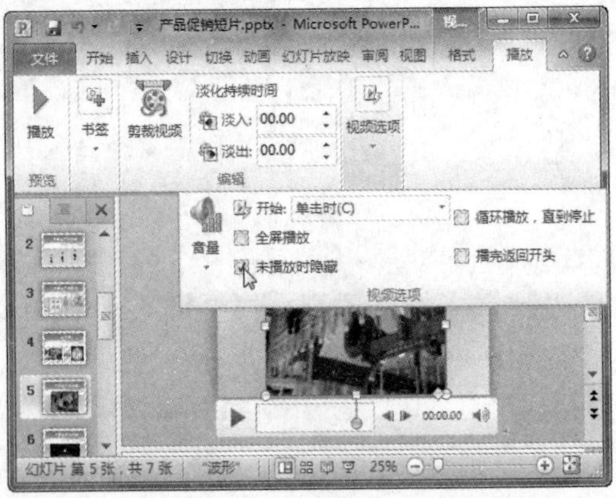

图 12.50　设置未播放时隐藏

步骤 3 在演示期间，若要在视频播放完后返回视频开头，可以在“视频选项”选项组中选中“播完返回开头”复选框，如图 12.51 所示。

步骤 4 媒体控件可以让用户在视频播放过程中控制视频的快退、暂停以及音量等。若要在演示期间显示媒体控件，可以选中视频对象，然后在“幻灯片放映”选项卡下的“设置”选项组中选中“显示媒体控件”复选框，如图 12.52 所示。

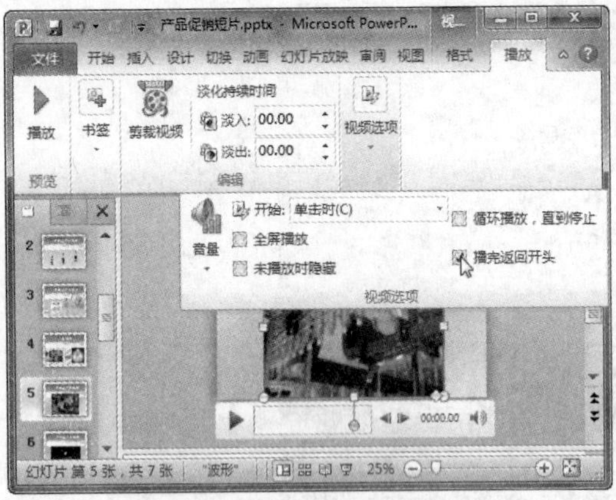

图 12.51　设置播完返回开头

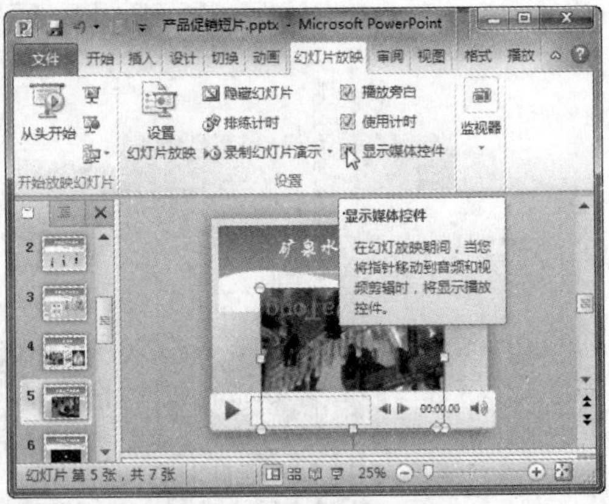

图 12.52　显示媒体控件

12.6　添加背景音乐

为了营造良好的活动气氛，用户还可以为演示文稿设置背景音乐。

12.6.1　插入音频文件

插入音频文件的方法有很多，下面将进行具体介绍。

1. 插入剪辑管理器中的音频

当需要在幻灯片中插入一些特殊的声音效果时，首先可考虑 Office 系统自带的一些特效音频。

步骤 1　在演示文稿末尾新建“仅标题”版式的幻灯片，并修改幻灯片标题，然后在“插入”选项卡下的“媒体”选项组中，单击“音频”按钮下方的下拉按钮，从弹出的菜单中选择“剪贴画音频”命令，如图 12.53 所示。

步骤 2　打开“剪贴画”窗格，在“结果类型”下拉列表框中将自动选中“音频”复选框，如图 12.54 所示，然后在“搜索文字”文本框中输入关键字，如“乐器”，单击“搜索”按钮，开始搜索所有可用的剪贴画音频。

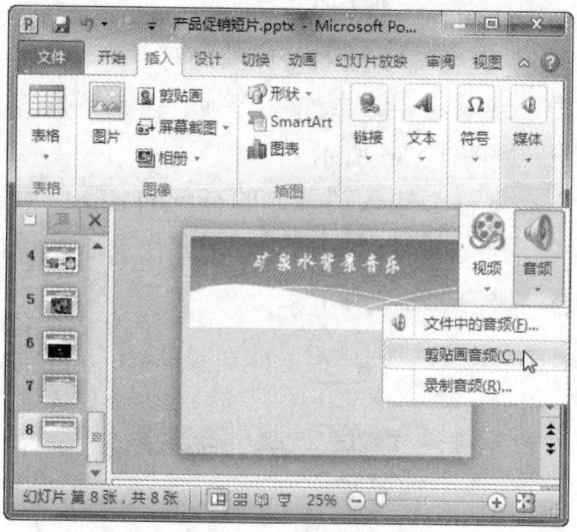

图 12.53　选择“剪贴画音频”命令

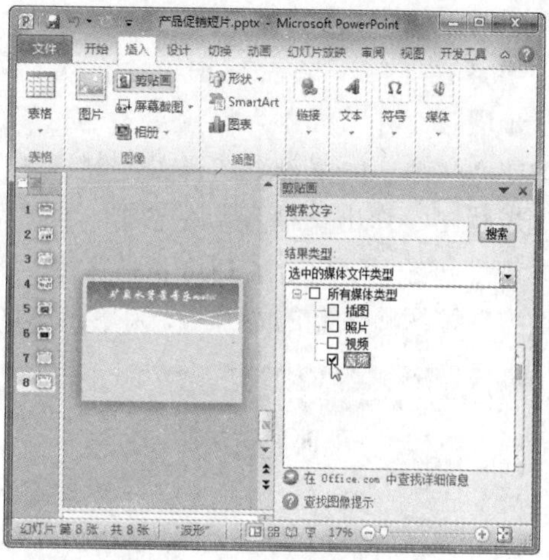

图 12.54　搜索剪贴画音频

2. 插入电脑中保存的音频文件

剪辑管理器中的音频文件都相对较小，并且没有过多的特色，在企业形象展示、产品广告一类的演示文稿中就不太适用了，这类演示文稿需要一些能够体现企业理念或产品特性的音乐，这些音乐一般都保存在本地电脑中，可通过以下方法将其插入到幻灯片中。

步骤 1　打开“产品促销短片.pptx”演示文稿，选择需要插入音频文件的幻灯片。

步骤 2　在“插入”选项卡下的“媒体”选项组中，单击“音频”按钮下方的下拉按钮，从弹出的菜单中选择“文件中的音频”命令。

步骤 3　弹出“插入音频”对话框，选择所需插入的音频文件，单击“插入”按钮将其插入到幻灯片中，如图 12.55 所示。

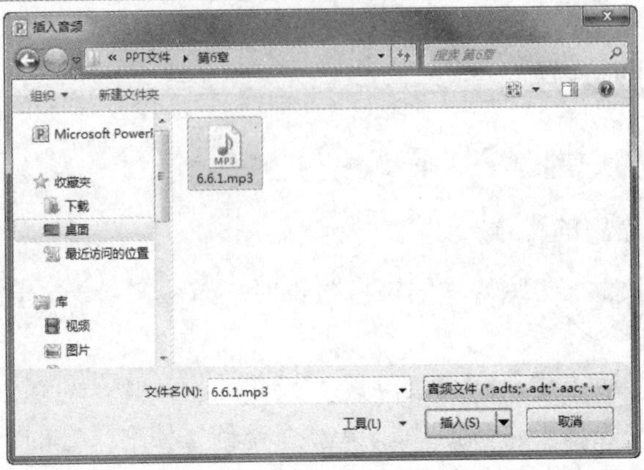

图 12.55 插入音频

3. 插入实时录制的音频

在制作幻灯片时有时不仅需要插入音频文件，也有可能需要插入一些自己的解说或旁白，这可以使用 PowerPoint 的录音功能来实现，具体操作步骤如下。

步骤 1 打开“产品促销短片.pptx”演示文稿，选择需要插入音频的幻灯片。

步骤 2 在“插入”选项卡下的“媒体剪辑”选项组中，单击“音频”按钮下方的下拉按钮，从弹出的菜单中选择“录制音频”命令，如图 12.56 所示。

步骤 3 弹出“录音”对话框，在“名称”文本框中输入要录制的音频的名称，单击“录音”按钮●开始录制声音，录制完成后单击“结束”按钮■完成声音录制，单击“确定”按钮将录制的音频插入到当前幻灯片中，如图 12.57 所示。

图 12.56 选择“录制音频”命令

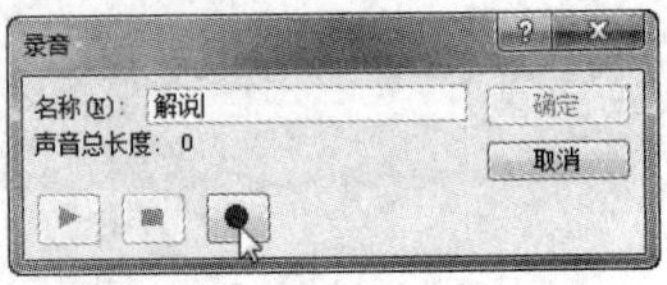

图 12.57 “录音”对话框

12.6.2 编辑音频对象

插入到幻灯片中的音频文件有时会有很长一段前奏，如果当前幻灯片中只需要音频的高潮部分，则可以直接利用 PowerPoint 2010 对音频文件进行剪辑，去除音频中不需要的前奏或尾音，只保留需要的部分，具体操作步骤如下。

步骤 1 选择幻灯片中需要剪辑的音频文件，在“音频工具”下的“播放”选项卡中，单击“编辑”选项组中的“剪裁音频”按钮，如图 12.58 所示。

步骤 2 弹出“剪裁音频”对话框，若要剪裁音频的开头，则将最左侧的滑块拖动到所需的音频剪辑起始位置；若要剪裁音频的末尾，则将最右侧的滑块拖动到所需的音频剪辑结束位置(也可以直接在“开始时间”或“结束时间”微调框中输入音频的播放区域)，如图 12.59 所示。

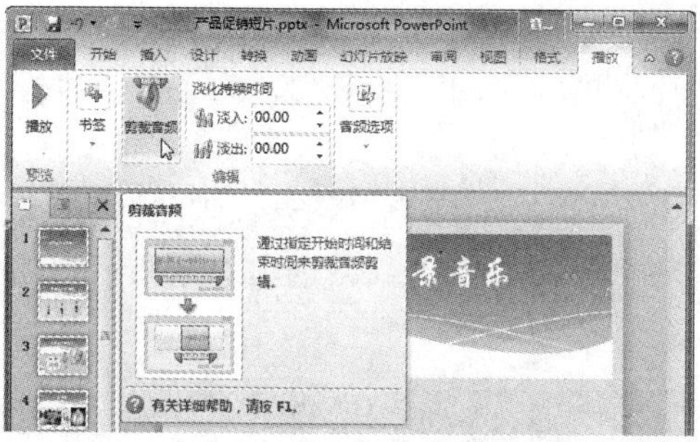

图 12.58　单击“剪裁音频”按钮

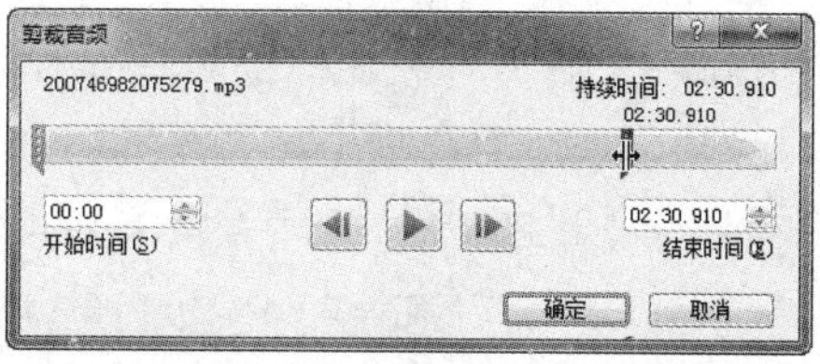

图 12.59　“剪裁音频”对话框

注 意

如果不再需要幻灯片中的某个音频，或者要换为其他音频文件，可选择该音频对象后按 Delete 键将其删除。

12.6.3　控制音频播放

在播放演示文稿的过程中，需要对音频的播放进行控制，下面将具体介绍控制方法。

1. 控制音频何时开始播放

在同一张幻灯片中可能包含多个音频，在 PowerPoint 2010 中插入的音频默认情况下需要单击该音频的图标时才开始播放，可以通过以下方法设置音频开始播放的方式，如设置为自动播放。

步骤 1　打开“产品促销短片.pptx”演示文稿，选择幻灯片中某一音频图标。

步骤 2　在“音频工具”下的“播放”选项卡中，单击“音频选项”选项组中的“开始”下拉列表框，从弹出的下拉列表中选择“自动”选项，如图 12.60 所示。

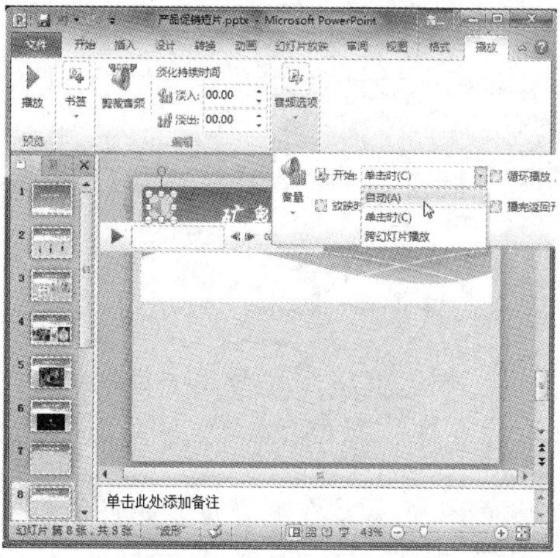

图 12.60　设置自动播放

步骤 3　这样即可在放映到该幻灯片时自动播放当前选择的音频。

2. 设置音频在当前幻灯片中循环播放

在产品展示类的演示文稿中，某一张幻灯片播放的时间可能很长，为了让音频能在幻灯片播放的过程中循环播放，可进行如下设置。

步骤 1 打开"产品促销短片.pptx"演示文稿，选择幻灯片中某一音频图标。

步骤 2 在"音频工具"下的"播放"选项卡中，选中"音频选项"选项组中的"循环播放，直到停止"复选框，如图 12.61 所示。

图 12.61 设置循环播放

3. 设置音频贯穿整个演示文稿

在产品展示类的演示文稿中，通常都会包含一些背景音乐，而同一个音乐是贯穿于整个演示文稿的。幻灯片中插入的音乐默认情况下只能在当前幻灯片中播放，若要让某一音乐在整个演示文稿中播放，可进行如下设置。

步骤 1 打开"产品促销短片.pptx"演示文稿，选择幻灯片中某一音频图标。

步骤 2 在"音频工具"下的"播放"选项卡中，单击"音频选项"选项组中的"开始"下拉列表框，从弹出的下拉列表中选择"跨幻灯片播放"选项，如图 12.62 所示。

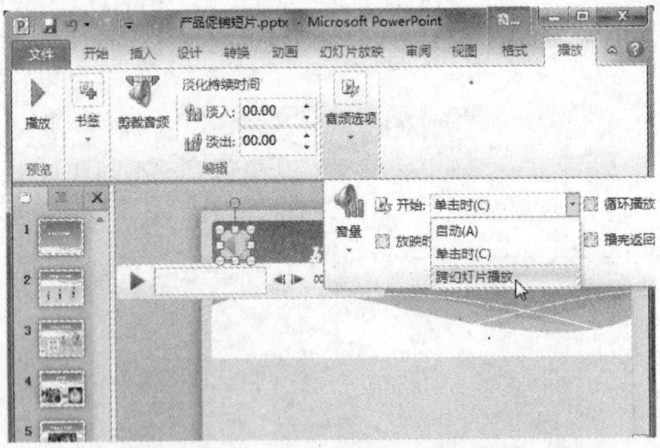

图 12.62 设置跨幻灯片播放

4. 定时播放声音文件

在一些演示文稿中，希望某一个音频在幻灯片开始播放到一定时间时再开始播放，此时就需要对音频的播放效果进行设置，具体操作步骤如下。

步骤 1 选择包含音频的幻灯片，在"动画"选项卡下的"高级动画"选项组中单击"动画窗格"按钮，打开"动画窗格"任务窗格，单击要设置效果的音频选项右侧的下拉按钮，从弹出的菜单中选择“效果选项”命令，如图 12.63 所示。

步骤 2　弹出“播放音频”对话框，切换到“计时”选项卡，在“开始”下拉列表框中选择“与上一动画同时”选项，在“延迟”微调框中输入“30”，单击“确定”按钮关闭对话框，如图 12.64 所示。

图 12.63　选择“效果选项”命令

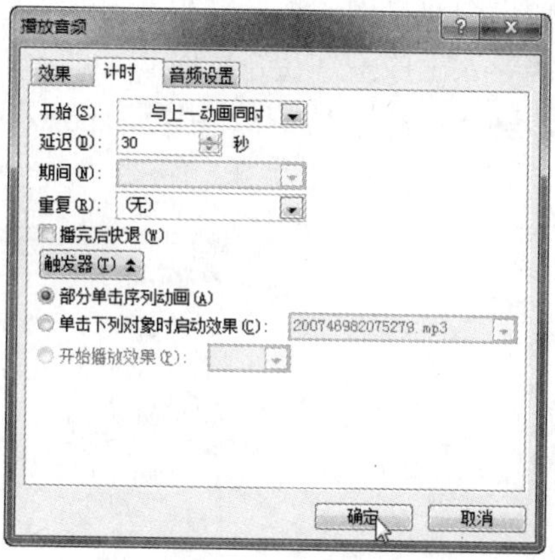

图 12.64　“计时”选项卡

5．精准控制音频的播放范围

在某些商务演示文稿中，一段背景音乐可能只需要在其中某一部分幻灯片中播放，甚至可能不需要播放音乐的前奏，此时就可以按照以下方法进行设置。

步骤 1　选择包含音频的幻灯片，在“动画”选项卡下的“高级动画”选项组中单击“动画窗格”按钮，打开“动画窗格”任务窗格，单击要设置效果的音频选项右侧的下拉按钮，从弹出的菜单中选择“效果选项”命令。

步骤 2　弹出“播放音频”对话框，切换到“效果”选项卡，在“开始播放”选项组中选中“开始时间”单选按钮，并将其右侧的微调框设置为 25 秒，选中“停止播放”选项组中的“在：……张幻灯片后”复选框，将其值设置为“4”，完成后单击“确定”按钮关闭对话框，如图 12.65 所示。

图 12.65　“效果”选项卡

12.7 提高指导

12.7.1 将 Word 文本导入生成幻灯片

如果想要制作的演示文稿有准备好的资料保存在 Word 文档中，就可以将该 Word 文本直接导入生成幻灯片，省时省力。

步骤 1 打开“产品促销短片.pptx”演示文稿，选择“文件”|“打开”命令，如图 12.66 所示。

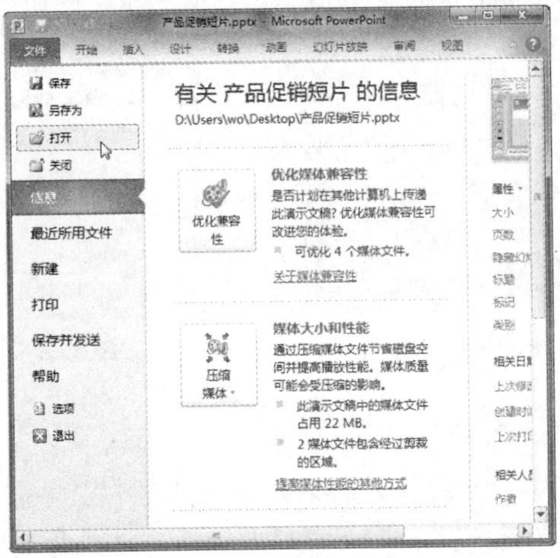

图 12.66 选择“打开”命令

步骤 2 弹出“打开”对话框，选择需要的 Word 文档，单击“打开”按钮，如图 12.67 所示。

步骤 3 此时系统就会把 Word 文档中的内容自动导入生成幻灯片，如图 12.68 所示。

图 12.67 选择 Word 文件

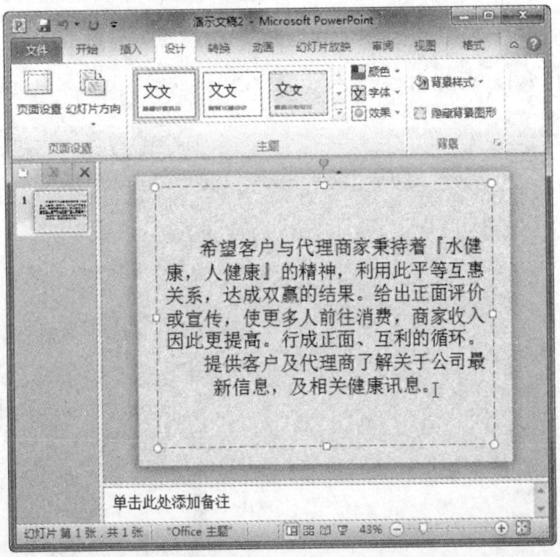

图 12.68 生成幻灯片

12.7.2　更改大小写

制作幻灯片时，有时需要将所选所有文字更改为全部大写、全部小写或其他常见的大小写形式，具体操作步骤如下。

步骤 1　打开“产品促销短片.pptx”演示文稿，选中需要更改大小写的文字，如图 12.69 所示。

步骤 2　在“开始”选项卡下的“字体”选项组中单击“更改大小写”按钮。从弹出的菜单中选择一种设置即可，这里选择“句首字母大写”命令，如图 12.70 所示。

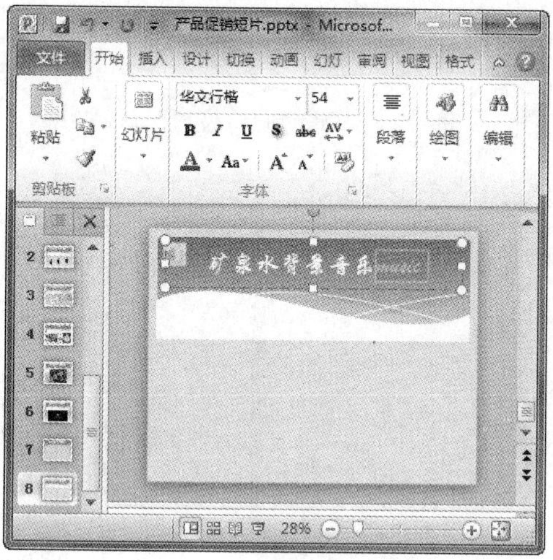

图 12.69　选择要修改的文本

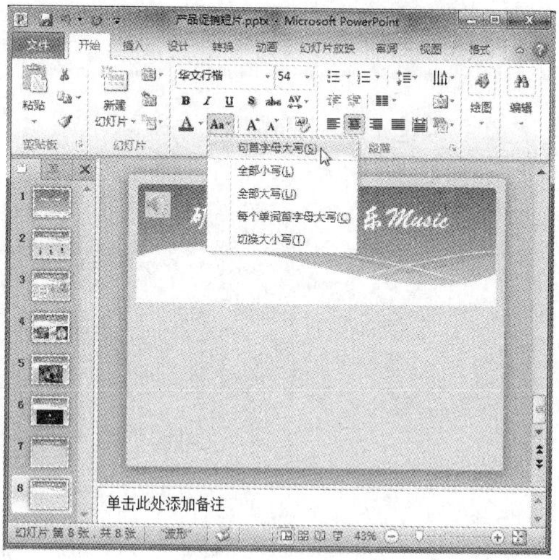

图 12.70　选择“句首字母大写”命令

12.7.3　使用高级日程表

默认情况下，高级日程表是关闭的。打开高级日程表之后，在“动画窗格”任务窗格中会显示一个日程表，并且在每个剪辑的右侧有一个橘色三角形，显示播放音频的开始时间和所需时间。下面介绍使用高级日程表调节音频的具体操作步骤。

步骤 1　在“动画”选项卡下的“高级动画”选项组中单击“动画窗格”按钮。

步骤 2　打开“动画窗格”任务窗格，右击其中的音频选项，从弹出的菜单中选择“显示高级日程表”命令，如图 12.71 所示。

步骤 3　显示日程表，单击“秒”按钮，从弹出的菜单中选择“放大”或“缩小”命令，可更改日程表的显示比例，如图 12.72 所示。

步骤 4　单击某一音频效果，然后将鼠标置于其右侧的橘色三角形上，待鼠标变为双向箭头时，拖动鼠标即可更改音频的延迟时间，如图 12.73 所示。若要对音频效果进行重新排序，可以单击“重新排序”按钮。

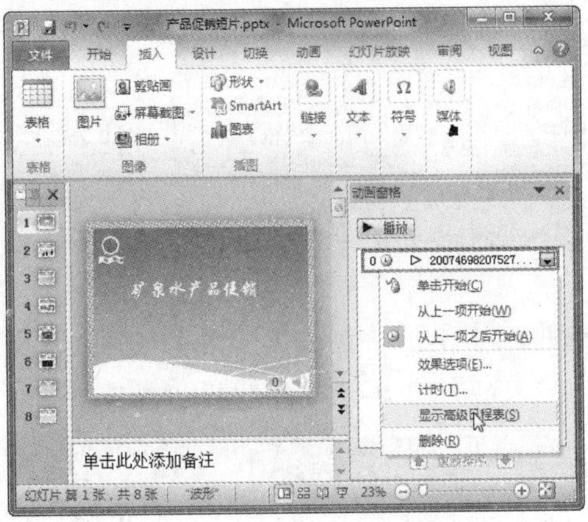

图 12.71 选择“显示高级日程表”命令

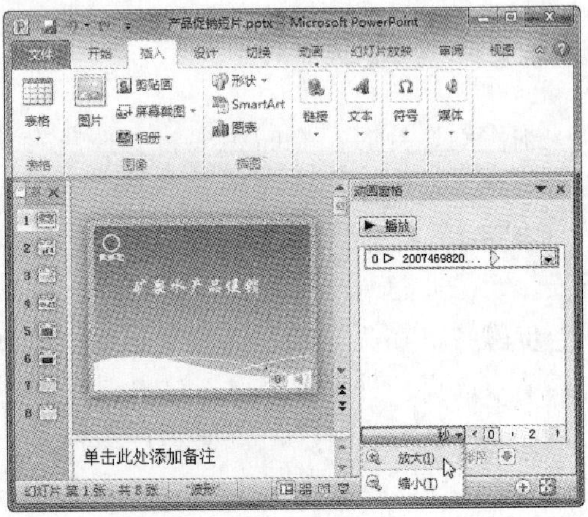

图 12.72 设置日程表显示比例

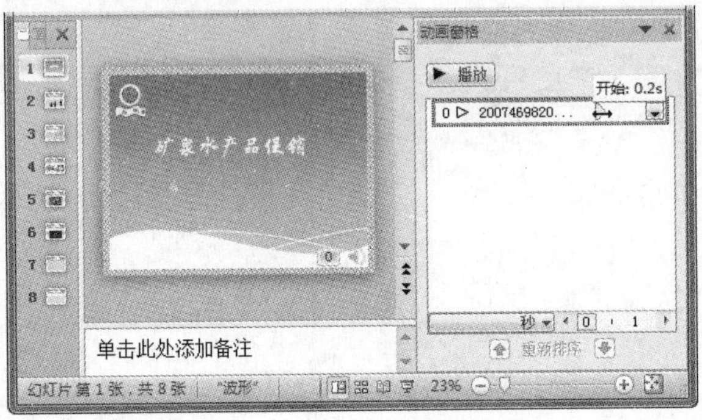

图 12.73 设置声音的开始时间

12.7.4 丰富剪辑管理器的内容

在制作演示文稿的过程中，有可能多次用到某张自己制作的图片或是从网上下载的一些图片，为了使用方便，可以将这些图片添加到 Microsoft 剪辑管理器中，以后就可以像使用剪贴画一样使用这些图片了。

步骤 1 在电脑桌面上选择“开始”|“所有程序”| Microsoft Office | Microsoft Office 2010 工具”|“Microsoft 剪辑管理器”命令，如图 12.74 所示。

步骤 2 弹出“收藏夹-Microsoft 剪辑管理器”窗口，选择“文件”|“新建收藏集”命令，如图 12.75 所示。

步骤 3 弹出“新建收藏集”对话框，然后在“选择放置收藏集的位置”列表框中设置新收藏集的位置，接着在“名称”文本框中输入新收藏集的名称，再单击“确定”按钮，如图 12.76 所示。

步骤 4 返回剪辑管理器界面，选择“文件”|“将剪辑添加到管理器”|“在我自己的目录”命令，如图 12.77 所示。

步骤 5 在弹出的对话框中选择要添加到管理器中的图片，再单击“添加”按钮，如图 12.78 所示。

步骤 6　返回剪辑管理器界面，在左侧窗格中单击“制气设备”选项，即可在右侧窗格中看到新添加的剪辑图片了，如图 12.79 所示。

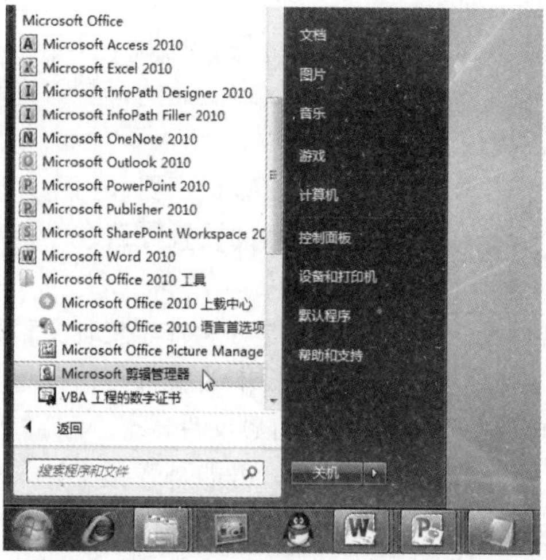

图 12.74　选择“Microsoft 剪辑管理器”命令

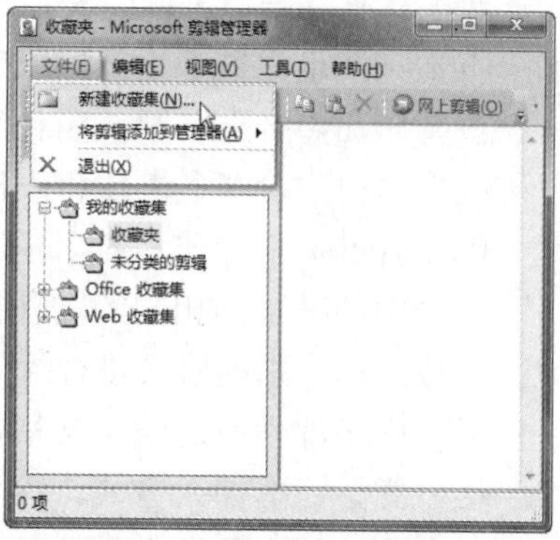

图 12.75　选择“新建收藏集”命令

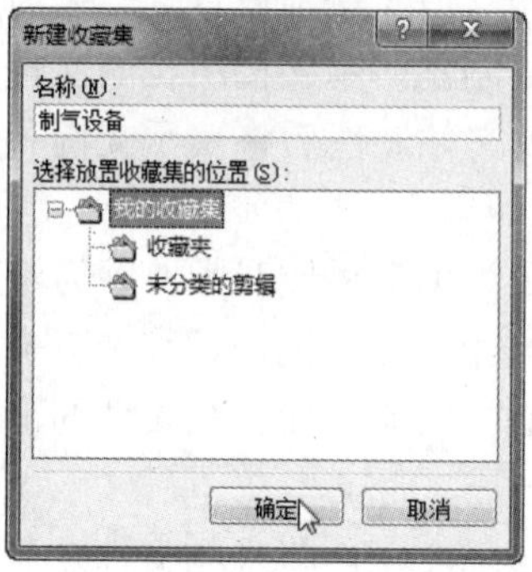

图 12.76　新建收藏集

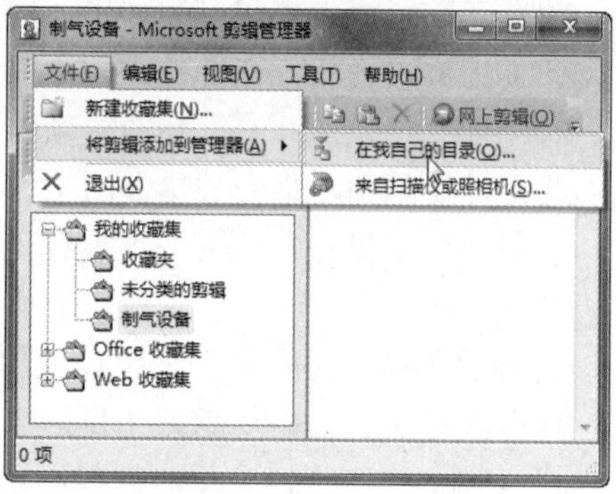

图 12.77　选择“在我自己的目录”命令

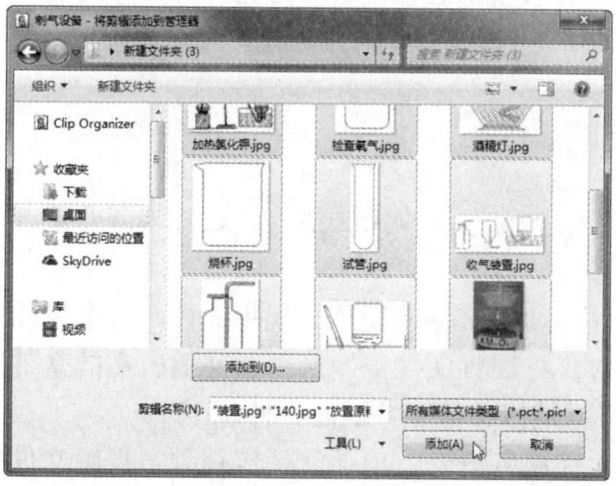

图 12.78　选择要添加到管理器中的图片

图 12.79　查看添加的剪辑图片

12.7.5 解决插入的音频无法播放的问题

有许多原因可能导致插入的音频无法正常播放，下面简单介绍解决方法。

- 插入了多个彼此重叠的音频，但双击音频图标时只会播放最上面的音频。拖动音频图标使其彼此分离，然后逐个双击以播放音频。
- 听不到演示文稿中播放的音乐或声音。需要在计算机上安装扬声器和声卡才能播放音乐和声音。若要查看计算机上已安装的设备及其使用的设置，请在“控制面板”窗口中检查多媒体和声音设置。
- PowerPoint 中不支持插入的某种文件格式。尽管音频文件可能有与兼容文件格式列表中的某一项相同的文件扩展名，但如果未安装正确版本的编解码器或该文件未按照可识别的格式进行编码，则可能无法正确播放此音频文件。
- 通过电子邮件发送演示文稿，而收件人处音频无法播放。可能是音频文件采用链接方式，而非嵌入方式，因此需要将音频文件与演示文稿一同发送。将音频文件复制到演示文稿所在的文件夹中，然后使用“打包成 CD”功能更新链接并捆绑相关文件。
- 共享了演示文稿或将其复制到了网络文件服务器，但无法播放音频。因为音频文件采用链接方式，而非嵌入方式。将音频文件复制到演示文稿所在的文件夹，然后使用“打包成 CD”功能更新链接并捆绑相关文件，然后将演示文稿和所有链接文件复制到网络服务器上的文件夹中。
- 已将演示文稿复制到 CD，现在无法在另一台计算机上播放音频。因为没有使用“打包成 CD”功能，或者是手动将音频文件复制到 CD 的。请将音频文件复制到演示文稿所在的文件夹中，使用“打包成 CD”功能更新音频文件的链接，然后再次将演示文稿复制到 CD。
- 将音频文件移动到了新的位置，现在无法播放演示文稿。将音频文件复制到演示文稿所在的文件夹中，然后使用“打包成 CD”功能更新链接，或者通过以下方式手动更新链接：删除原有音频并重新添加。也可使用“打包成 CD”功能将演示文稿和所有链接文件复制到一个文件夹中。

12.7.6 解决插入的视频无法播放的问题

在幻灯片中插入视频之后，有很多原因可能导致幻灯片无法播放，这时候需要检查以下事项。

- 通过电子邮件发送演示文稿，而收件人却无法播放视频。视频文件一直都采用链接的方式，而不会包含在演示文稿内。将视频文件复制到演示文稿所在的文件夹中，然后使用“打包成 CD”功能更新链接并捆绑关联的文件。
- 已将演示文稿共享或者复制到网络文件服务器上，但无法播放视频。视频文件一直都采用链接的方式，而不会包含在演示文稿内。将视频文件移动或复制到演示文稿所在的文件夹或网络文件服务器中，然后使用“打包成 CD”功能更新链接并捆绑关联的文件。

- 已将演示文稿复制到 CD 上，而无法在另一台计算机上播放视频。将视频文件复制到演示文稿所在的文件夹中。然后使用“打包成 CD”功能指向视频文件的链接，并将演示文稿重新复制到 CD 上。
- 将视频文件移动到了一个新位置，运行演示文稿时无法播放视频。视频文件一直都采用链接的形式，而不会包含在演示文稿内。将视频文件复制到演示文稿所在的文件夹中，然后使用“打包成 CD”功能更新链接并捆绑关联的文件。
- 无法找到并播放视频文件。如果链接视频文件的路径名称超过 128 个字符，PowerPoint 便无法找到并播放该视频文件。将视频文件移动或复制到演示文稿所在的文件夹中，然后删除原有视频并重新添加视频，以更新链接。
- 插入了多个视频，但只能播放最上面的视频。拖动视频图标，使它们彼此分离，然后再尝试播放。
- PowerPoint 中不支持插入的某种视频文件格式。尝试使用系统自带的 Windows Media Player 在 PowerPoint 外部播放视频。如果无法播放视频，Media Player 将提供详细的错误消息和一个可帮助您解决问题的帮助链接。

12.7.7　解决视频回放质量比较差的问题

演示文稿制作好之后，可能会在其他的计算机上进行展示。如果展示的计算机的性能比较差，则可能会导致视频的播放质量比较差。下面介绍几种方法来解决这一问题。

- 在展示演示文稿的计算机上测试演示文稿，发现问题及时解决。
- 如果演示文稿是刻录在 CD 中的，请将演示文稿拷贝到计算机的硬盘中，以加快计算机的访问速度。
- 确保展示演示文稿的计算机处于最佳状态，可以升级其内存，对其磁盘进行碎片整理。
- 预先在计算机中演示一遍演示文稿，使计算机缓存中储存一些演示文稿的数据，这样在以后的播放中速度会加快一些。
- 处理视频剪辑，降低其复杂性，然后再插入幻灯片。
- 分散演示文稿中比较复杂的幻灯片，使它们不要连续放映。

12.8　习　　题

一、选择题

(1) 设置隐藏背景图片是在(　　)选项卡下。

A. “设计”　B. “插入”　C. “动画”　D. “视图”

(2) 设置音频跨幻灯片播放是在(　　)选项卡下。

A. “设计”　B. “切换”　C. “视图”　D. “播放”

(3) 设置音频的播放范围是在“播放音频”对话框中的(　　)选项卡下。

A. “效果”　B. “计时”　C. “音频设置”　D. “增强”

(4) 下面(　　)类型不是 PowerPoint 2010 中常用的视频格式。

A. AVI　　B. RM　　C. FLA　　D. SWF

(5) “剪裁视频”按钮是在(　　)选项卡下。

A. “设计”　　B. “动画”　　C. “格式”　　D. “播放”

(6) “更改大小写”按钮的下拉菜单中包括以下(　　)几项。

①句首字母大写　　②全部小写　　③全部大写

④每个单词首字母大写　　⑤切换大小写

A. ①、②　　B. ①、②、③

C. ①、②、③、④　　D. ①、②、③、④、⑤

二、实训题

(1) 创建一个新演示文稿，要求将其名字保存为“电脑产品促销短片.pptx”。

(2) 在新建演示文稿中完成以下操作：

① 为每一张幻灯片设置相同的主题、不同的背景样式。

② 在幻灯片首页插入一个音频(符合主题的均可)，设置其自动播放，并在第 5 张幻灯片后停止播放。

③ 在第 3 张幻灯片中插入产品图片，并对其进行调整更正，使其“柔化 50%”。

④ 在第 6 张幻灯片中插入视频，设置其样式，使其符合主题，并对该视频无用的开头或结尾进行剪裁。

第 13 章

经典实例：制作销售业绩分析表

销售业绩分析表可用于分析公司运作状况，以便了解公司在不同时间段销售产品的水平以及盈亏状况。如果是在公司大会上，通过销售业绩分析表中的数据更能说明事实情况。借助演示文稿可以将这些数据直观地呈现给大家。

本章主要内容

- 制作销售业绩分析表
- 添加图表
- 美化图表
- 打印销售业绩分析表

13.1 要点分析

本章将为大家详细介绍销售业绩分析表的制作方法，通过学习，学习者应该掌握如何利用系统自带的图表模块制作出各种类型的图表，如柱形图和折线图等。除此之外，制作者还可以添加自定义的图表类型。

下面对 PowerPoint 中自带的图表模块进行简单的说明。

- 柱形图：用于显示一段时间内的数据变化或项目之间的比较结果。
- 折线图：用于等间距显示数据的预测趋势。
- 饼图：用于显示组成数据系列的项目相对于项目总数的比例。饼图仅显示一个数据系列，经常用于强调某个重要元素。
- 条形图：用于显示各个项目之间的比较情况。纵轴表示分类，横轴表示值，它主要强调各个值之间的比较而不太关心时间。
- 面积图：用于强调随时间的变化量。通过显示所绘值的总和，面积图显示了部分与整体的关系。
- X Y(散点图)：用于显示多个数据系列的数值间的关系，同时它还可以将两组数字绘制成 X、Y 坐标系中的一个数据系列。
- 股价图：“盘高-盘低-收盘”图常用于说明股票价格。
- 曲面图：用于得到两组数据间的最佳组合。
- 圆环图：像面积图一样，用于显示部分与整体的关系，但圆环图可以包含多个数据系列。圆环图的每一个环都代表一个数据系列。
- 气泡图：也是一种 XY 散点图。数据标志的大小反映了第三个变量的大小。
- 雷达图：用于比较大量数据系列的总计数据。在雷达图中，每个分类都有自己的数值轴，它们由中心点辐射出去。

13.2 制作销售业绩分析表

销售业绩分析表不仅可以帮助用户了解公司产品的销售水平，还可以根据当前的销售数据来预测以后的销售情况，下面将具体介绍如何在 PowerPoint 中制作销售业绩分析表。

13.2.1 制作封面幻灯片

封面是一个演示文稿的脸面，封面的效果关系到展示时给人带来的第一感觉，下面将介绍如何制作销售业绩分析表的封面幻灯片。

步骤 1 启动 PowerPoint 2010 程序，然后选择“文件”|“新建”命令，并在其中间窗格中单击“主题”选项，如图 13.1 所示。

步骤 2 此时会出现“主题”列表，选择其中的“跋涉”选项，再单击右侧窗格中的“创建”按钮，新建一个主题为“跋涉”的演示文稿，如图 13.2 所示。

图 13.1　单击“主题”按钮

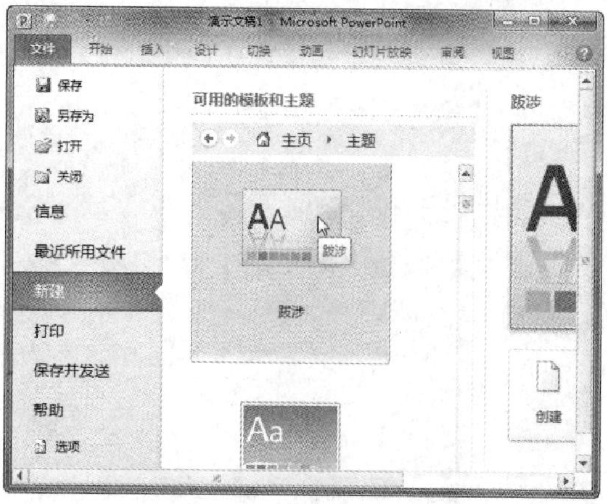

图 13.2　选择“跋涉”选项

步骤 3　保存新建的演示文稿，然后在第 1 张幻灯片的“单击此处添加标题”占位符中输入标题，并调整占位符的大小和位置，如图 13.3 所示。

步骤 4　在“插入”选项卡下的“插图”选项组中单击“图片”按钮，弹出“插入图片”对话框。选择要插入的图片，单击“插入”按钮插入图片，如图 13.4 所示。

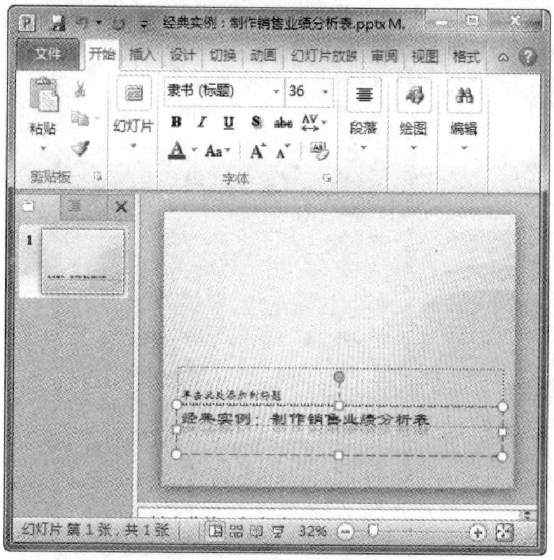

图 13.3　输入标题

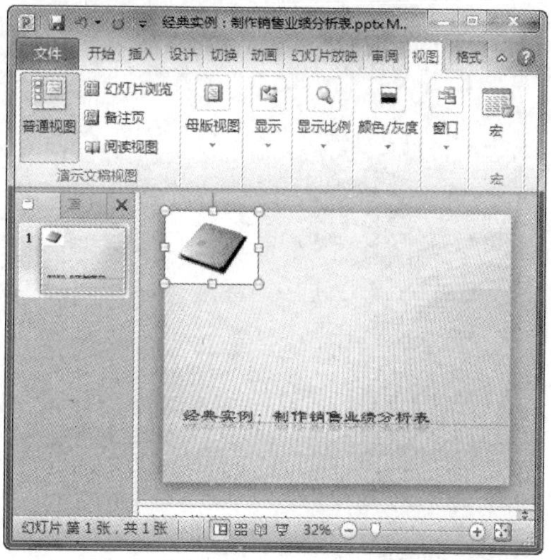

图 13.4　插入图片

步骤 5　选择插入的图片，调整其大小和位置，在“图片工具”下的“格式”选项卡下，单击“调整”选项组中的“颜色”按钮，从弹出的菜单中选择“设置透明色”命令，如图 13.5 所示。

步骤 6　此时鼠标会发生变化，移动鼠标到图片上，单击该图片的白色区域，即可将之变为透明，效果如图 13.6 所示。

步骤 7　选中“经典实例：制作销售业绩分析表”文字，在“动画”选项卡下的“高级动画”选项组中单击“添加动画”按钮，从弹出的菜单中选择“更多进入效果”命令，如图 13.7 所示。

步骤 8 弹出“添加进入效果”对话框，在其中选择“翻转式由远及近”选项，再单击“确定”按钮即可，如图 13.8 所示。

图 13.5 设置透明色

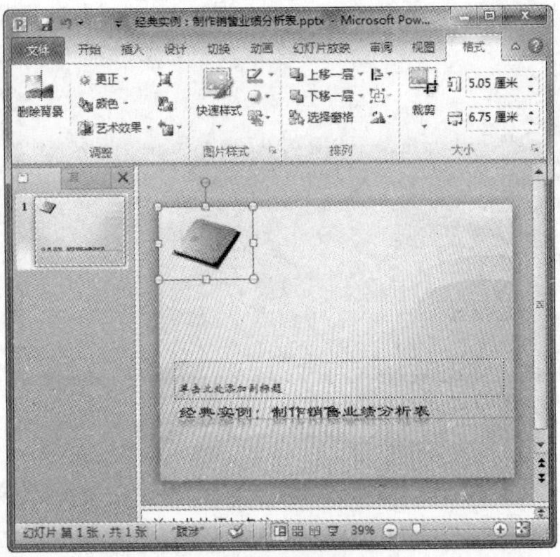

图 13.6 效果图

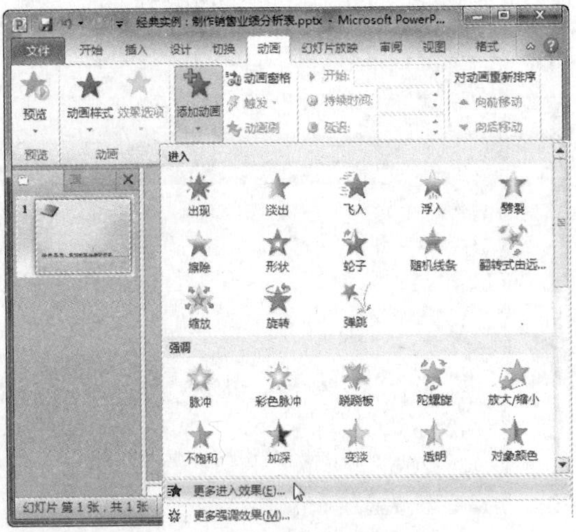

图 13.7 选择“更多进入效果”命令

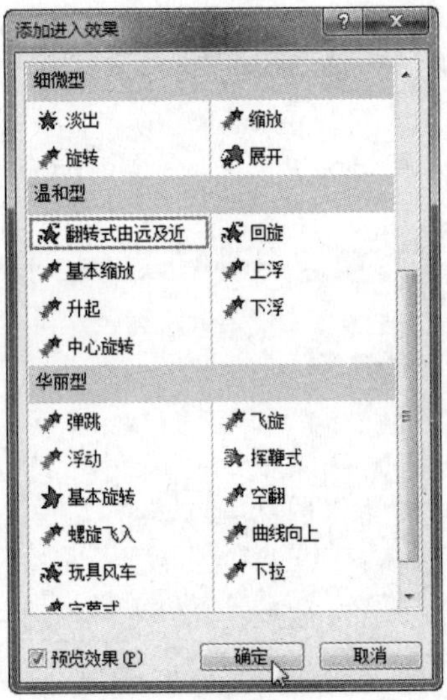

图 13.8 选择进入效果

13.2.2 制作公司简介幻灯片

封面制作完成后，下面开始先来制作公司简介，以便让看到该演示文稿的观众先了解一下公司的大概情况，包括公司的一些基本信息等。

步骤 1 在“开始”选项卡下的“幻灯片”选项组中，单击“新建幻灯片”按钮右侧的下拉按钮，从弹出的菜单中选择“标题和内容”选项，如图 13.9 所示。

步骤 2 在标题占位符中输入“公司简介”，如图 13.10 所示。

步骤 3　在“单击此处添加文本”占位符中单击“插入表格”按钮，弹出“插入表格”对话框，在“行数”和“列数”微调框中输入要插入表格的行数和列数，然后单击“确定”按钮即可，如图 13.11 所示。

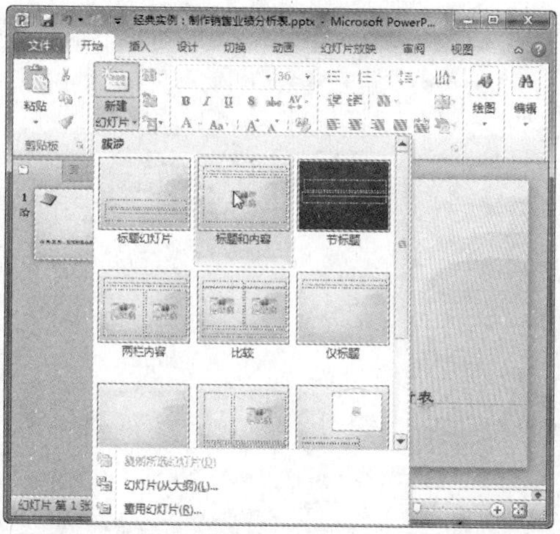

图 13.9　选择“标题和内容”选项

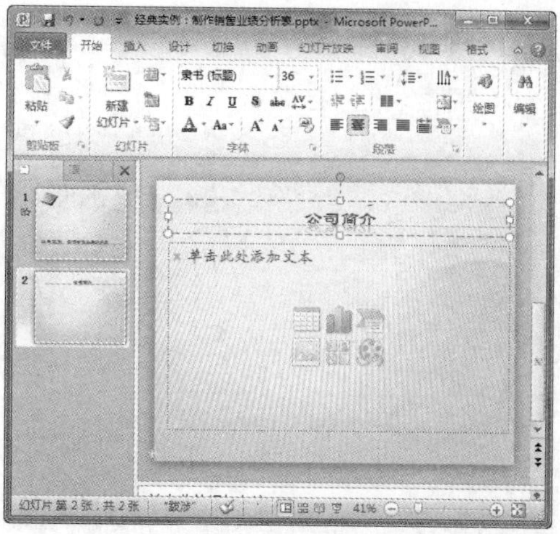

图 13.10　输入标题

步骤 4　插入表格后，在表格中输入内容，并根据内容调整表格的大小，如图 13.12 所示。

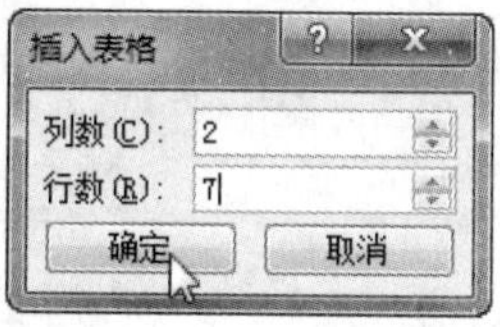

图 13.11　插入表格

图 13.12　表格

步骤 5　选择该表格，在“表格工具”下的“设计”选项卡中，单击“表格样式”选项组中的“底纹”按钮右侧的下拉按钮，从弹出的菜单中选择“无填充颜色”命令，如图 13.13 所示。

步骤 6　在“表格样式”选项组中单击“框线”按钮右侧的下拉按钮，从弹出的菜单中选择“无框线”命令，如图 13.14 所示。

步骤 7　在“表格工具”下的“设计”选项卡中，单击“艺术字样式”选项组中的“快速样式”按钮，从弹出的菜单中选择“渐变填充-强调文字颜色 4-映像”选项，如图 13.15 所示。

步骤 8 在“动画”选项卡下，单击“高级动画”选项组中的“添加动画”按钮，从弹出的菜单中选择“更多进入效果”命令，弹出“添加进入效果”对话框，选择“旋转”选项，单击“确定”按钮，如图 13.16 所示。

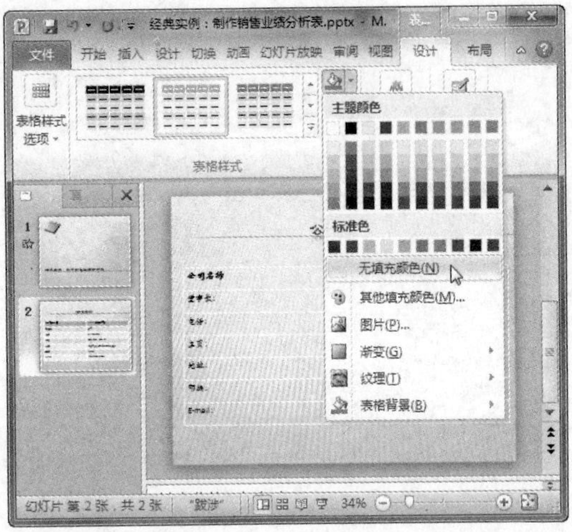

图 13.13 选择“无填充颜色”命令

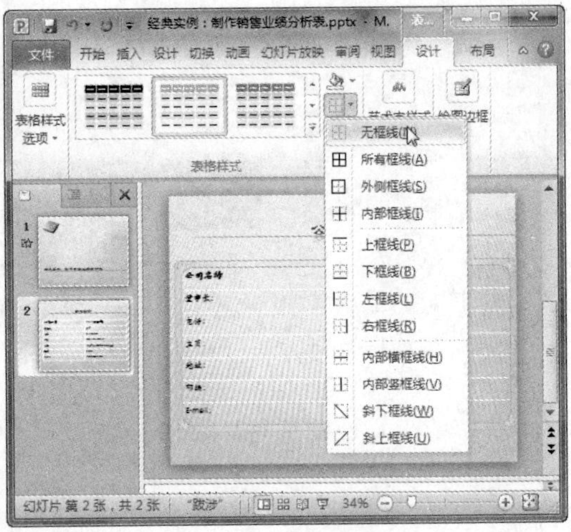

图 13.14 选择“无框线”命令

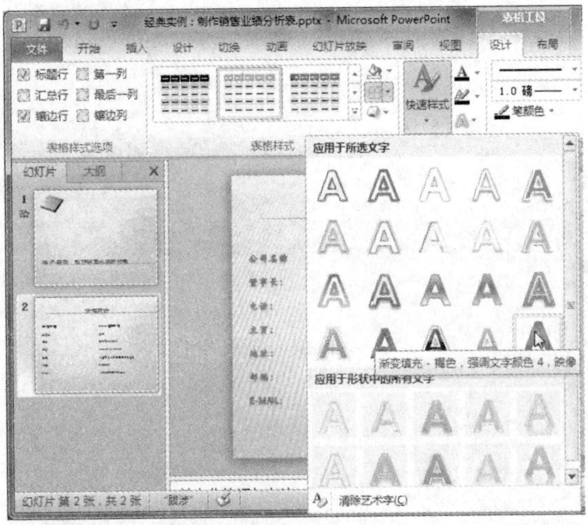

图 13.15 选择快速样式

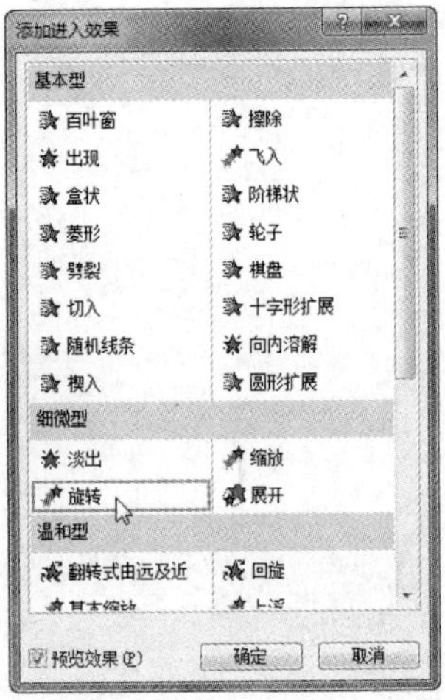

图 13.16 选择“旋转”选项

步骤 9 单击快速访问工具栏中的“保存”按钮，完成对公司简介幻灯片的制作。

13.2.3 从 Word 中获取表格数据

为了提高输入速度，加快表格的制作，可以从 Word、Excel 等文件中获取需要的表格数据，具体操作步骤如下。

步骤 1 在演示文稿中新建“标题和内容”版式的幻灯片，并修改幻灯片标题，然后单击内容占位符中的“插入表格”按钮，弹出“插入表格”对话框，将“列数”和“行数”都设置为“1”，单击“确定”按钮，在幻灯片中插入一个 1 行 1 列的表格，如

图 13.17 所示。

步骤 2　打开含有表格数据的 Word 文档，将鼠标指针移动到表格上方，此时将在表格左上角显示一个类似加号的标记，单击该标记可选中整个表格，如图 13.18 所示。

图 13.17　插入表格

图 13.18　选中整个表格

步骤 3　按 Ctrl+C 组合键复制选中的表格，切换到 PowerPoint 窗口，单击前面已经创建好的 1 行 1 列表格的内部，然后按 Ctrl+V 组合键将 Word 表格粘贴到幻灯片的表格中，如图 13.19 所示。

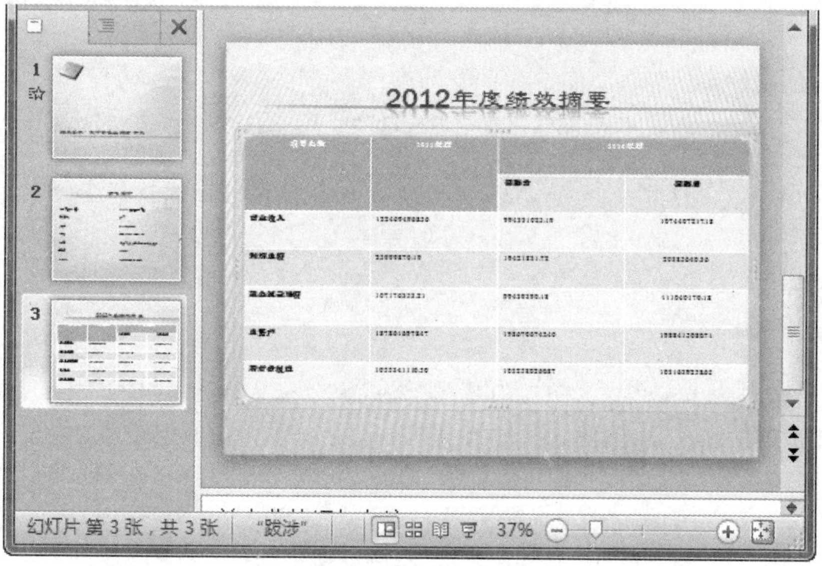

图 13.19　粘贴的表格

13.2.4　美化表格中的文本

通过前面介绍的方法可以快速地在 PowerPoint 表格中输入现成的数据，但复制过来的数据的格式可能不太美观，这时就需要对表格进行调整，具体操作步骤如下。

步骤 1 在第 3 张幻灯片中单击表格的边框，选中整个表格。

步骤 2 在“表格工具”下的“布局”选项卡中，单击“对齐方式”选项组中的“居中”按钮和“垂直居中”按钮，调整表格中的文字对齐方式，如图 13.20 所示。

步骤 3 在“开始”选项卡下的“字体”选项组中，在“字体”下拉列表框中将文字字体设置为“华文楷体”，在“字号”下拉列表框中将文字大小设置为“20”，如图 13.21 所示。

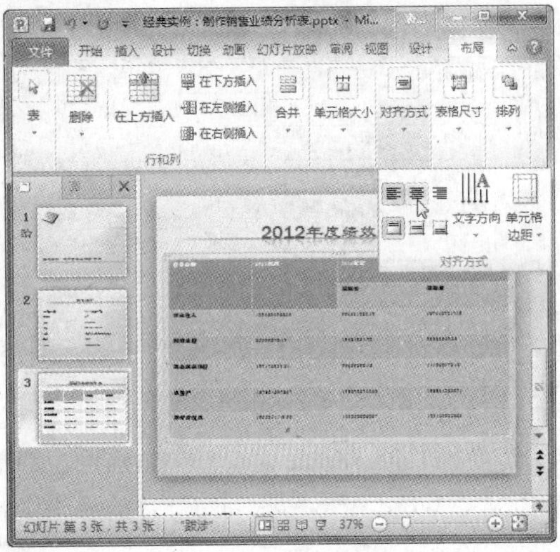

图 13.20 垂直居中

图 13.21 设置字体和大小

13.3 添加和美化图表

本节主要介绍如何在幻灯片中添加图表以及对图表进行美化设置，下面一起来看看吧。

13.3.1 添加图表

表格中的数据虽然看上去整齐，但是观众很难从那么多数据中得到有用的信息。依据这些数据而生成的图表，通过其直观的表现形式，可以让观众对数据的深层含义一目了然。

步骤 1 新建“标题和内容”版式的幻灯片，然后单击内容占位符中的“插入图表”按钮，如图 13.22 所示。

步骤 2 弹出“插入图表”对话框，在左侧窗格中选择“柱形图”选项，然后在右侧窗格中选择“三维簇状柱形图”选项，单击“确定”按钮，如图 13.23 所示。

步骤 3 设置完成后，将在内容占位符中插入一个初始的柱形图表，如图 13.24 所示。

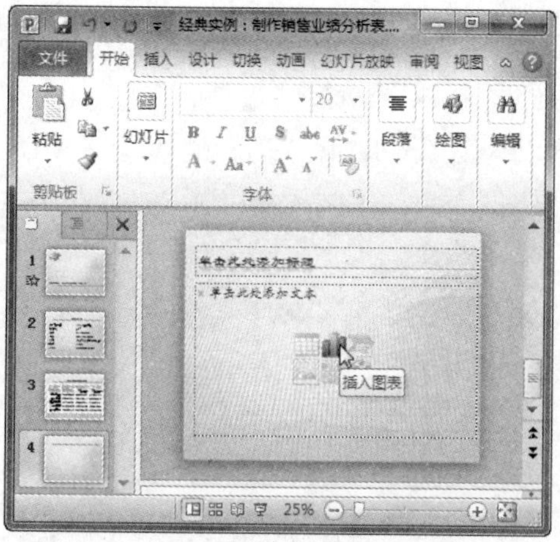

图 13.22　单击“插入图表”按钮

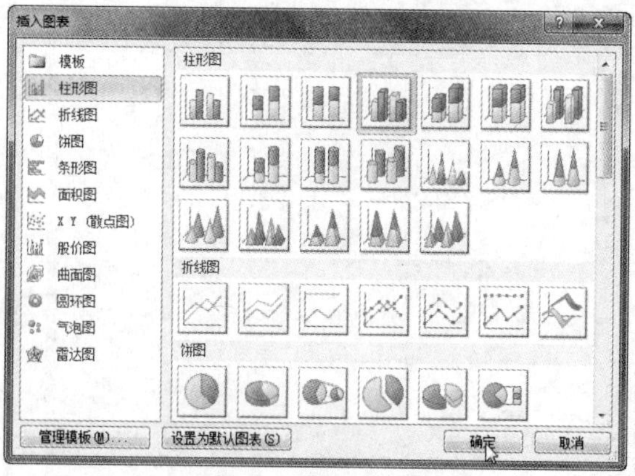

图 13.23　选择一种柱形图

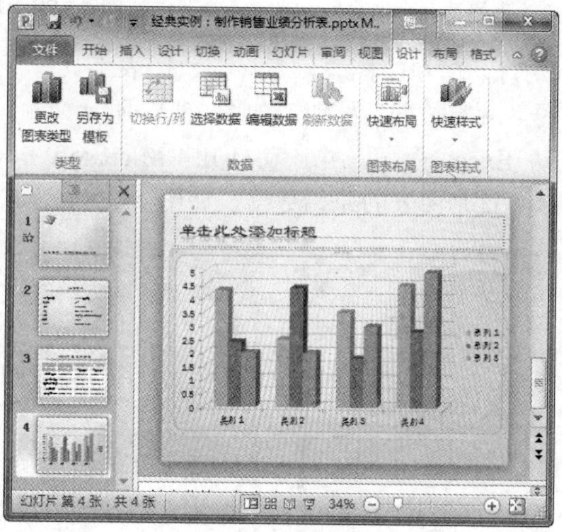

图 13.24　插入图表

13.3.2　修改图表数据

在 13.3.1 节中添加的图表中所使用的数据是 PowerPoint 程序提供的默认样本数据，而不是当前演示文稿中表格中的数据，不能反映真实情况，因此需要在 Excel 程序中修改图表数据，具体操作步骤如下。

步骤 1　在第 3 张幻灯片下方新建“仅标题”版式的幻灯片，并修改幻灯片标题为“销售业绩表”，然后在“插入”选项卡下的“表格”选项组中单击“表格”按钮，在弹出的菜单中拖动鼠标，选择 5×7 表格并单击插入，如图 13.25 所示。

步骤 2　在表格中输入数据，如图 13.26 所示，然后选择表格中的数据，按 Ctrl+C 组合键复制数据。

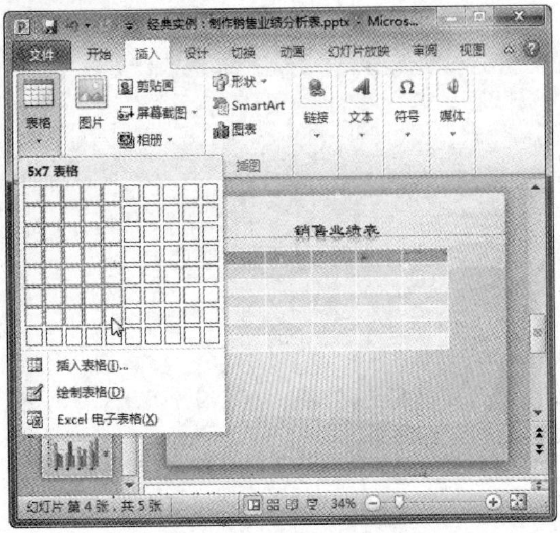

图 13.25　插入表格

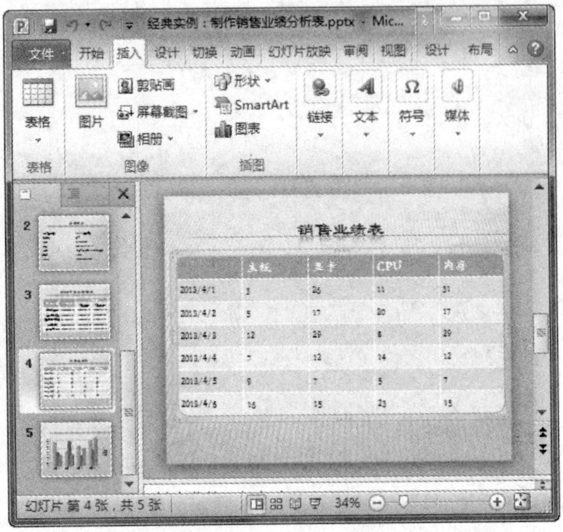

图 13.26　输入表格数据

步骤 3　在第 5 张幻灯片中单击图表，然后在“图表工具”下的“设计”选项卡中，单击“数据”选项组中的“编辑数据”按钮，如图 13.27 所示。

步骤 4　这时将启动 Excel 程序，并自动打开“Microsoft PowerPoint 中的图表”窗口，Sheet1 工作表中显示的就是图表的原始数据，如图 13.28 所示。

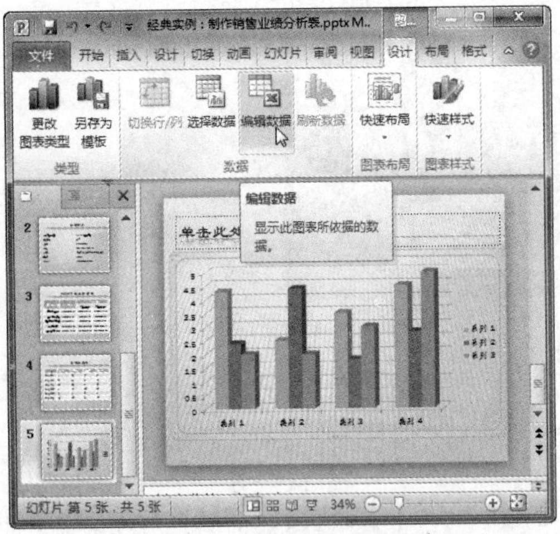

图 13.27　单击“编辑数据”按钮

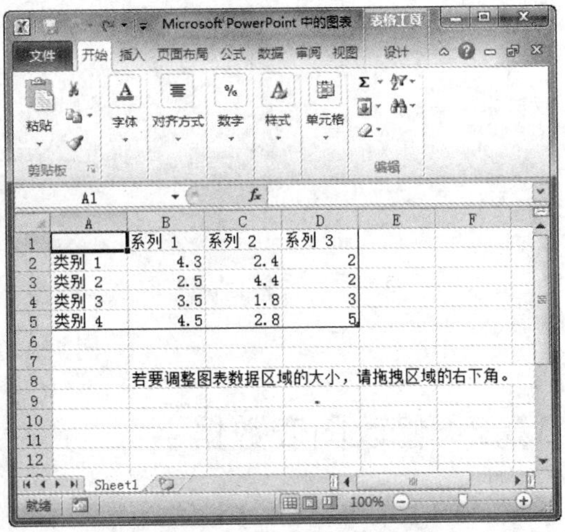

图 13.28　查看图表原始数据

步骤 5　选中 A1 单元格，然后按 Ctrl+V 组合键粘贴数据，接着单击“粘贴选项”按钮(Ctrl)，从弹出的菜单中单击“匹配目标格式”按钮，如图 13.29 所示。

步骤 6　真实数据中一共包含 4 种产品，而图中只包含 3 种，此时需要调整图表的数据区域，用户可以在单元格 D7 右下角看到一个蓝色标记，向右拖动该标记直到数据区域外侧的虚框包围住 E 列数据，如图 13.30 所示。

步骤 7　数据修改完成后，单击“关闭”按钮，关闭 Excel 文件，返回演示文稿窗口，即可看到所有的数据都已在图表中显示出来了，然后修改幻灯片标题，如图 13.31

所示。

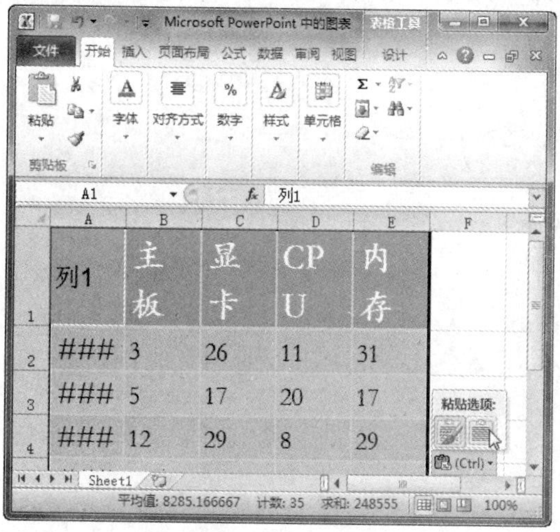

图 13.29　粘贴数据

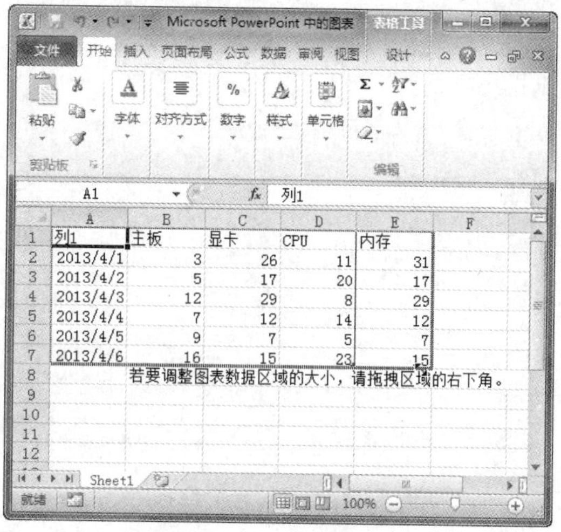

图 13.30　调整数据区域

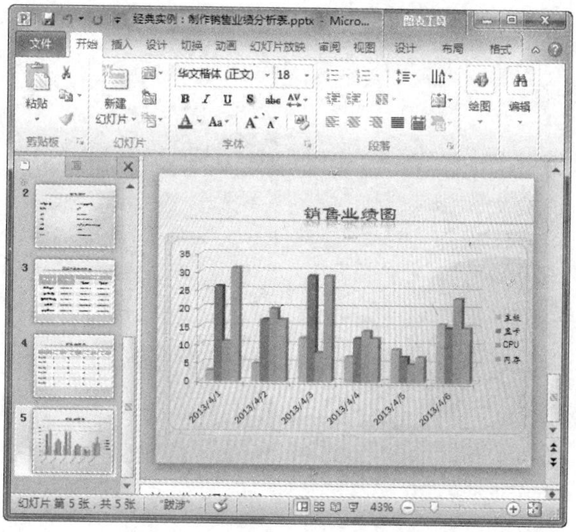

图 13.31　编辑第 5 张幻灯片标题

13.3.3　美化图表外观

为了让创建出的图表具有专业效果，可以在图表中添加一些重要元素，如图表标题，或者是对图表的外观进行一些简单的美化，具体操作步骤如下。

步骤 1　在第 5 张幻灯片中选中图表，然后在“图表工具”下的“设计”选项卡中，单击“图表布局”选项组中的“快速布局”按钮，从弹出的菜单中选择一种预置的图表布局结构，如“布局 4”，如图 13.32 所示。

步骤 2　在“图表工具”下的“布局”选项卡中，单击“标签”选项组中的“图表标题”按钮，从弹出的菜单中选择“图表上方”命令，如图 13.33 所示。

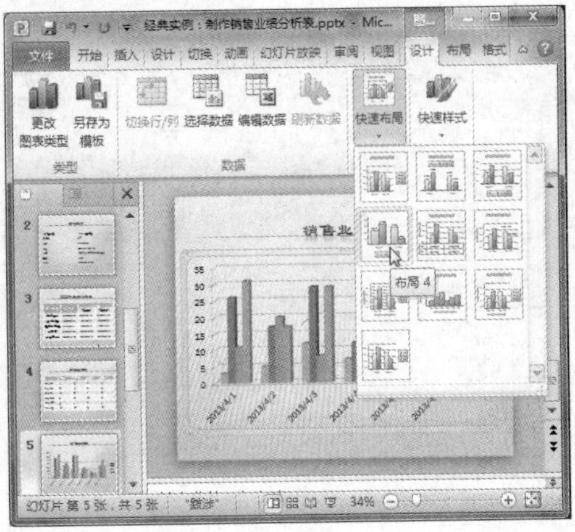

图 13.32 选择布局样式

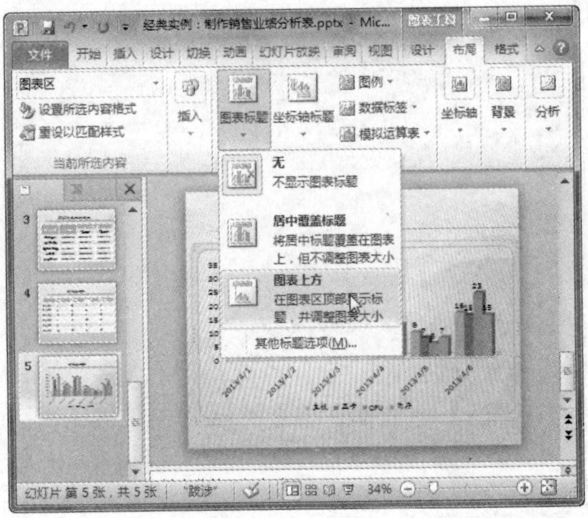

图 13.33 选择“图表上方”命令

步骤 3 这时将在图表上方出现图表标题区域，修改图表标题为“公司销售业绩图表”，如图 13.34 所示。

步骤 4 单击图表，然后在“图表工具”下的“布局”选项卡中，单击“标签”选项组中的“图例”按钮，从弹出的菜单中选择“在顶部显示图例”命令，如图 13.35 所示。

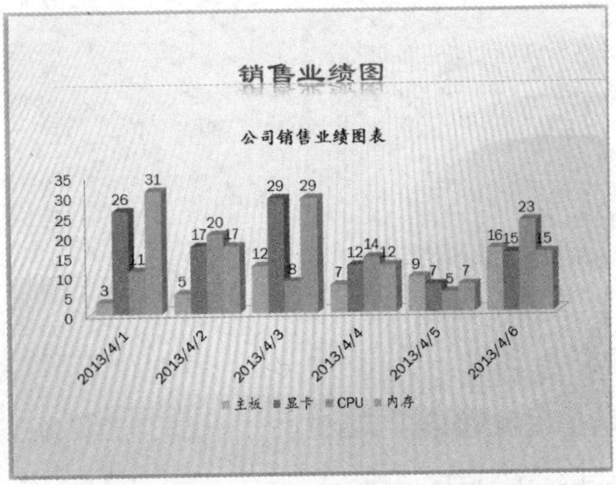

图 13.34 修改图表标题

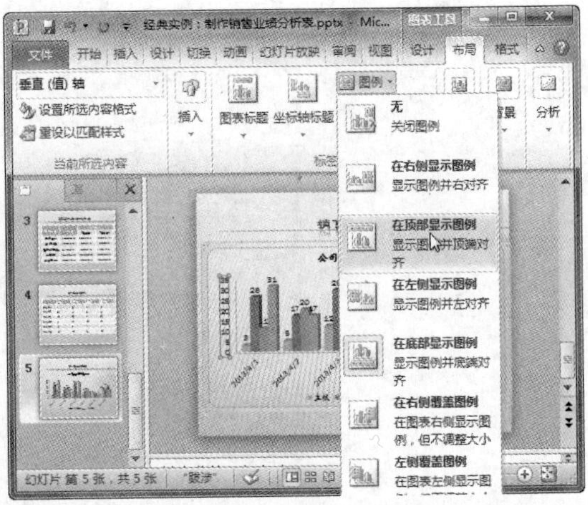

图 13.35 选择“在顶部显示图例”命令

步骤 5 在“图表工具”下的“布局”选项卡中，单击“标签”选项组中的“坐标轴标题”按钮，从弹出的菜单中选择“主要纵坐标轴标题”|“竖排标题”命令，如图 13.36 所示。

步骤 6 在“图表工具”下的“布局”选项卡中，单击“标签”选项组中的“坐标轴标题”按钮，从弹出的菜单中选择“主要横坐标轴标题”|“坐标轴下方标题”命令，如图 13.37 所示。

步骤 7 在“图表工具”下的“设计”选项卡中，单击“图表样式”选项组中的“其他”按钮，从弹出的菜单中单击“样式 26”选项，如图 13.38 所示。

步骤 8 修改图表的纵横坐标轴标题，然后使用“开始”选项卡下“字体”选项组中的命令设置其格式，最终效果如图 13.39 所示。

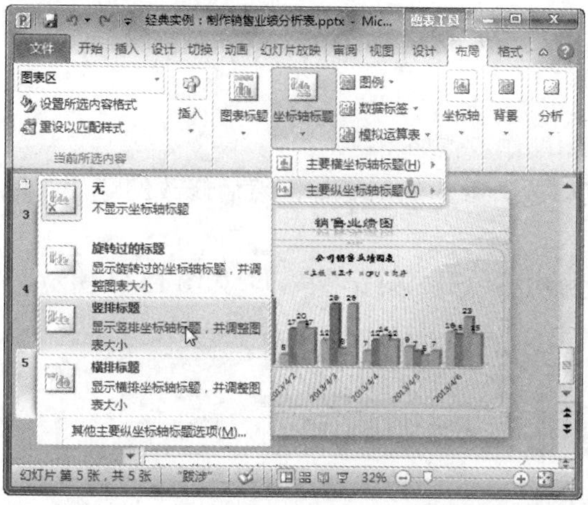

图 13.36　选择“竖排标题”命令

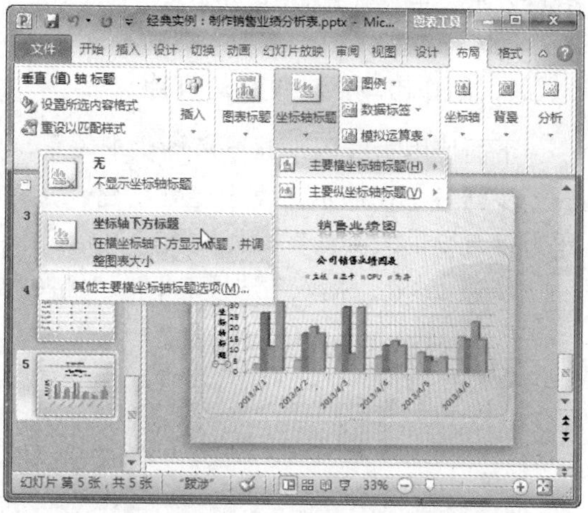

图 13.37　选择“坐标轴下方标题”命令

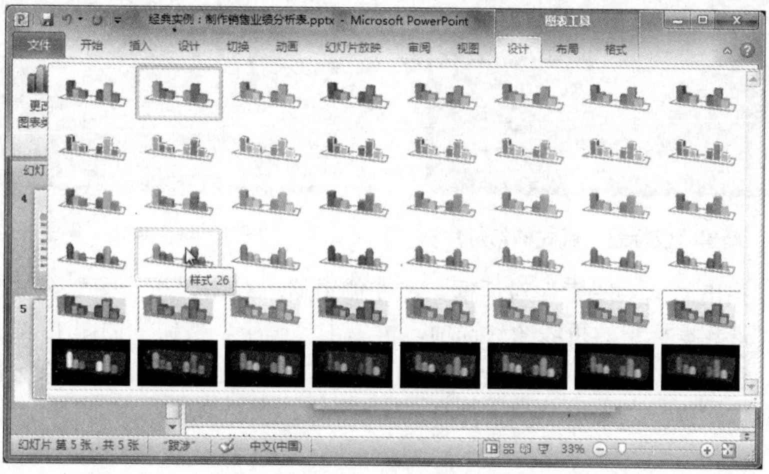

图 13.38　单击“样式 26”选项

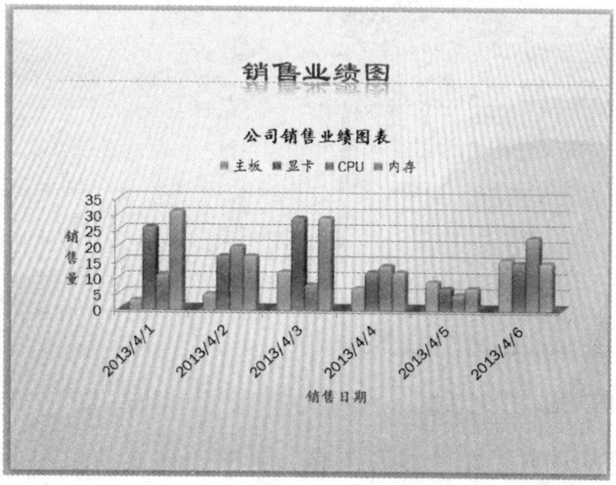

图 13.39　最终效果图

13.3.4 制作其他幻灯片

1. 制作市场供求关系幻灯片

下面使用折线图来表述市场供求关系，具体操作步骤如下。

步骤 1 在演示文稿末尾处新建一张“仅标题”版式的幻灯片，然后修改幻灯片的标题为“市场供求关系”，如图 13.40 所示。

步骤 2 在“插入”选项卡下的“插图”选项组中单击“图表”按钮，如图 13.41 所示。

图 13.40 新建“仅标题”版式的幻灯片

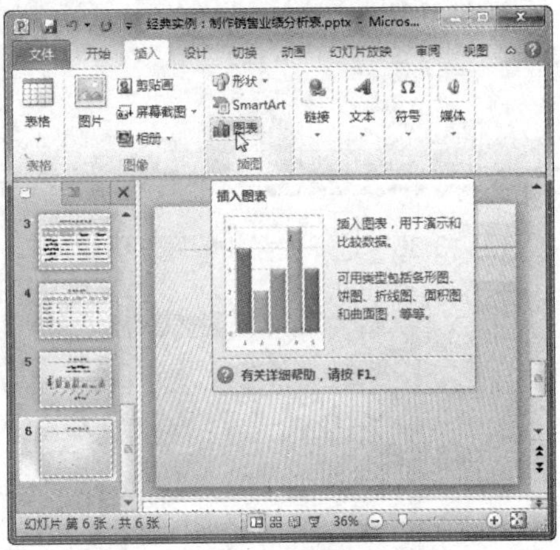

图 13.41 单击“图表”按钮

步骤 3 弹出“插入图表”对话框，在左侧窗格中单击“折线图”选项，接着在右侧窗格中单击“带数据标记的折线图”选项，再单击“确定”按钮，如图 13.42 所示。

步骤 4 这时在幻灯片中会出现折线图表样式，同时会弹出图表的原始数据工作簿，修改其中的数据，修改完毕后关闭工作簿即可，如图 13.43 所示。

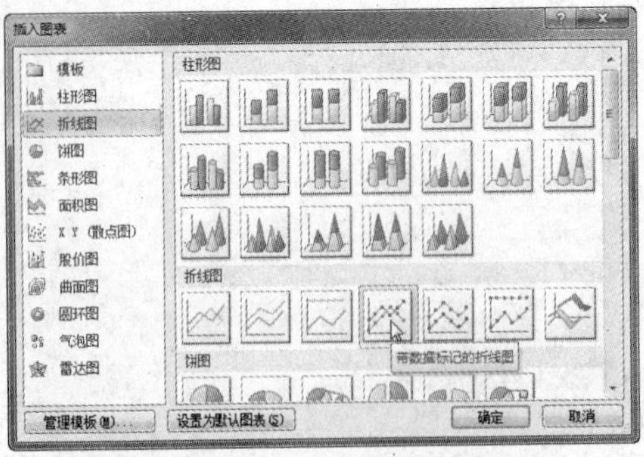

图 13.42 “插入图表”对话框

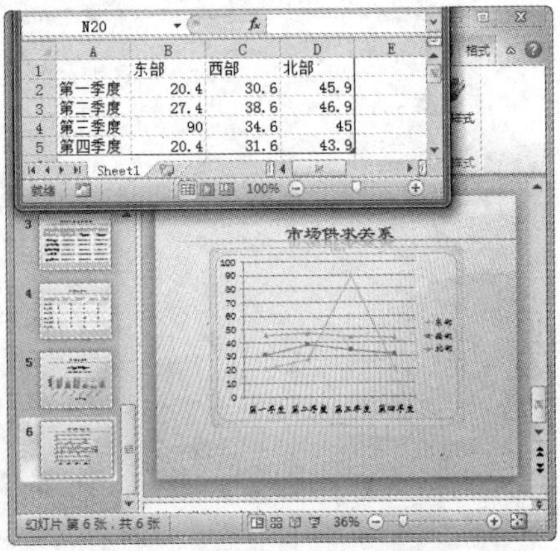

图 13.43 编辑图表数据

步骤 5 单击图表，然后在“图表工具”下的“格式”选项卡中，单击“艺术字样式”选项组中的“快速样式”按钮，从弹出的下拉菜单中单击“渐变填充-灰色，轮廓-灰色”选项，如图 13.44 所示。

步骤 6　在“图表工具”下的“设计”选项卡中，单击“图表样式”选项组中的“快速样式”按钮，在弹出的列表中单击“样式 32”选项，如图 13.45 所示。

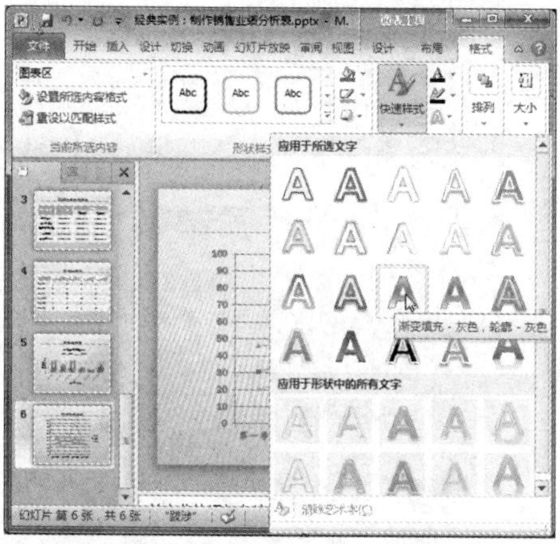

图 13.44　设置字体快速样式

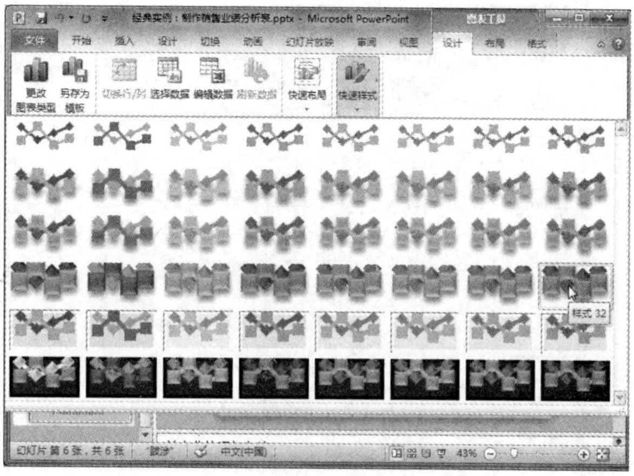

图 13.45　设置图表快速样式

2．制作主体以外的相关幻灯片

在主体幻灯片制作完毕后，可以再制作一些相关的幻灯片，具体操作步骤如下。

步骤 1　打开“经典实例：制作销售业绩分析表.pptx”演示文稿，然后在末尾处新建一张“标题和内容”版式的幻灯片，接着修改幻灯片标题为“利润表调整项目表”，再在内容占位符中单击“插入表格”按钮，如图 13.46 所示。

步骤 2　弹出“插入表格”对话框，设置表格的行数和列数，再单击“确定”按钮，接着在插入的图表中输入数据，如图 13.47 所示。

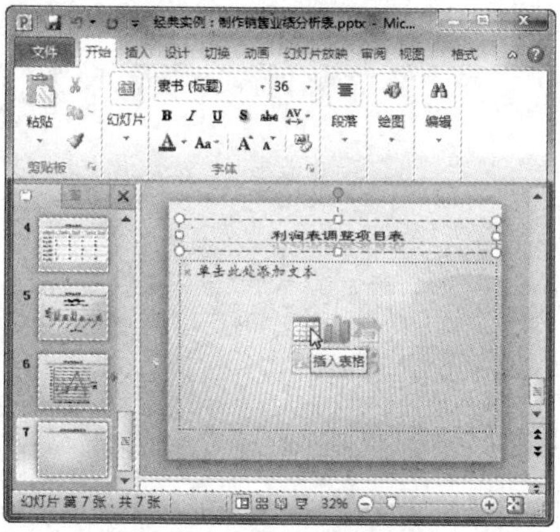

图 13.46　新建“标题和内容”版式的幻灯片

图 13.47　输入表格的内容

步骤 3　选中表格，然后在“表格工具”下的“设计”选项卡下，单击“表格样式”选项组中的“其他”按钮，从弹出的菜单中单击“主题样式 2-强调 3”选项，如图 13.48 所示。

步骤 4　向下移动表格，然后在表格上方插入文本框，在其中输入“单位：(人民币)

元”，并将文本框右对齐，如图 13.49 所示。

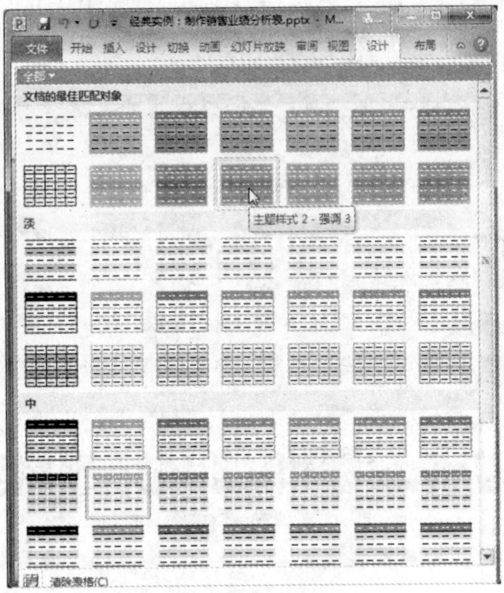

图 13.48　设置表格样式

图 13.49　插入文本框

13.4　打印销售业绩分析表

打印销售业绩分析表的具体操作步骤如下。

步骤 1　选择“文件”|“打印”命令，可以在中间窗格中看到各种设置项，而在右侧窗格中可以预览打印效果，如图 13.50 所示。

步骤 2　在“设置”选项组中进行设置，单击“整页幻灯片”按钮，从弹出的菜单中选择“讲义”选项组中的“2 张幻灯片”选项，如图 13.51 所示。

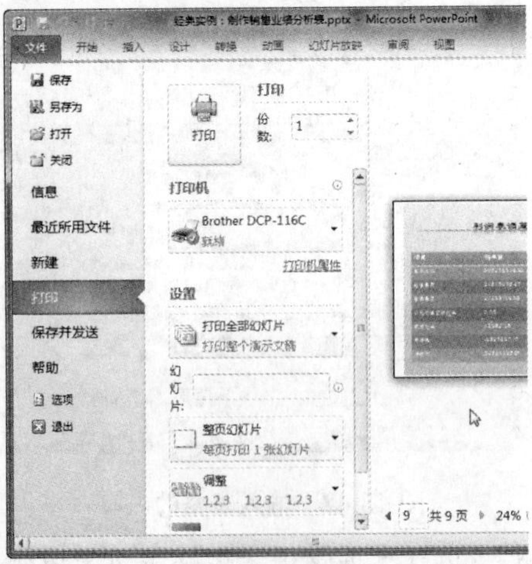

图 13.50　选择“打印”命令

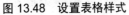

图 13.51　设置每页打印两张幻灯片

步骤 3　再选中“根据纸张调整大小”复选框，这样可以让幻灯片随纸张大小而自动缩放，以免浪费空间，如图 13.52 所示。

步骤 4　各项都设置好，确认无误后，根据实际需要在中间窗格的“打印”选项组中设置打印份数，然后单击“打印”按钮即可，如图 13.53 所示。

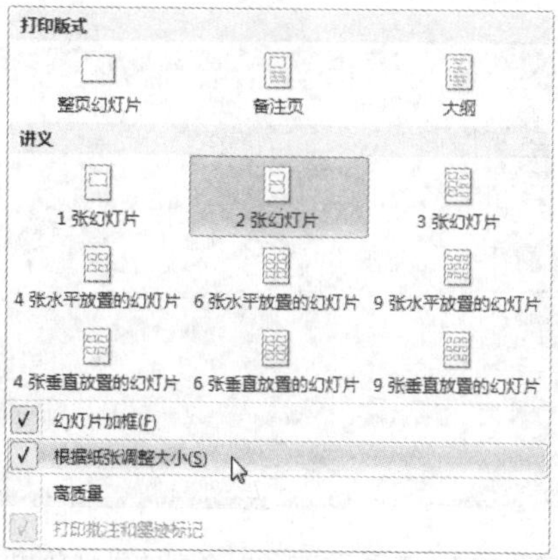

图 13.52　选中“根据纸张调整大小”复选框

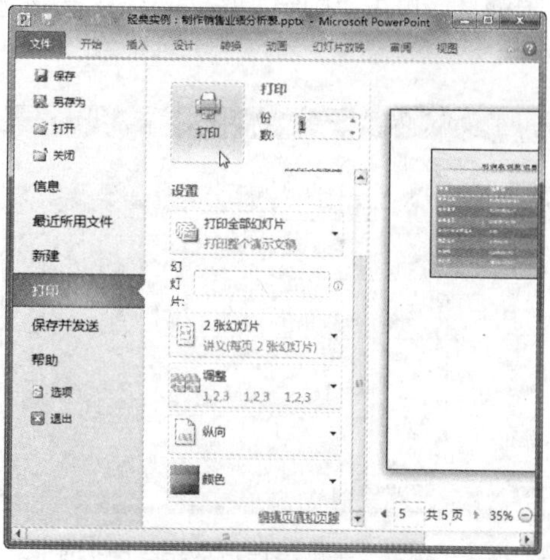

图 13.53　单击“打印”按钮

13.5　提 高 指 导

13.5.1　创建组合图表

在 PowerPoint 中创建组合图表，可以在一个图表中用不同的图表类型表示不同的数据系列，这样可以很方便地比较两个数据系列的关系，具体操作步骤如下。

步骤 1　在第 5 张幻灯片下新建空白幻灯片，然后在幻灯片中插入二维簇状柱形图，如图 13.54 所示。

步骤 2　右击要更改图表类型的数据系列，从弹出的下拉菜单中选择“更改系列图表类型”命令，如图 13.55 所示。

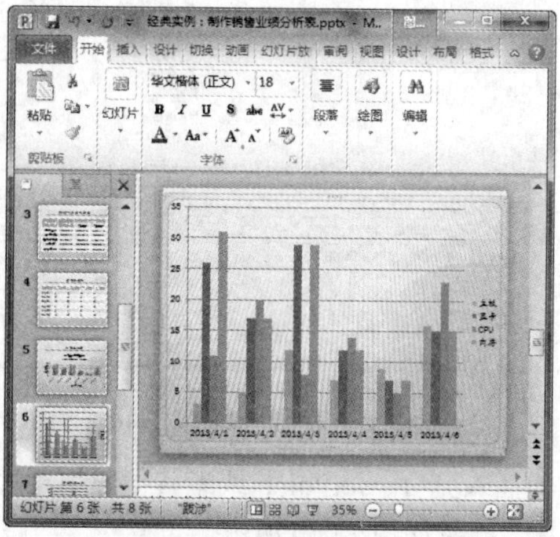

图 13.54　插入二维簇状柱形图

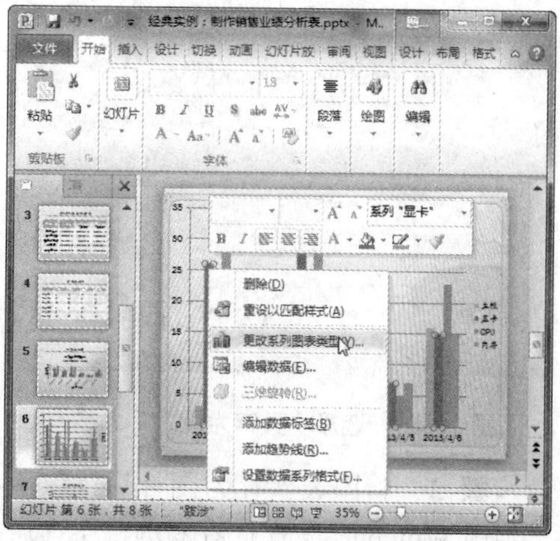

图 13.55　选择“更改系列图表类型”命令

步骤 3 弹出“更改图表类型”对话框，在左侧窗格中单击“折线图”选项，接着在右侧窗格中单击“带数据标记的折线图”选项，如图 13.56 所示。

步骤 4 单击“确定”按钮，现在已将选择的数据系列改变为另一种图表类型，如图 13.57 所示。

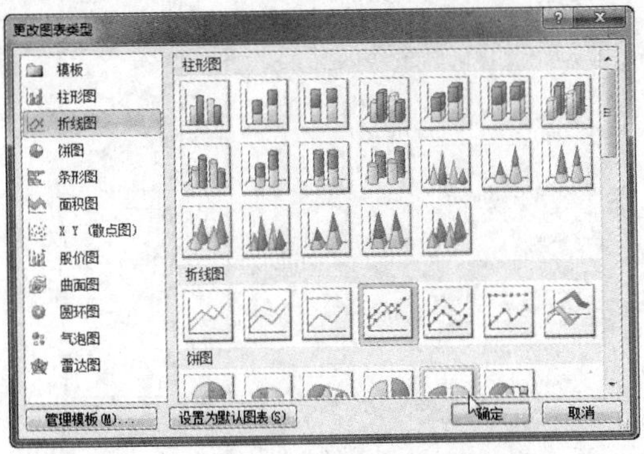

图 13.56 单击“带数据标记的折线图”选项

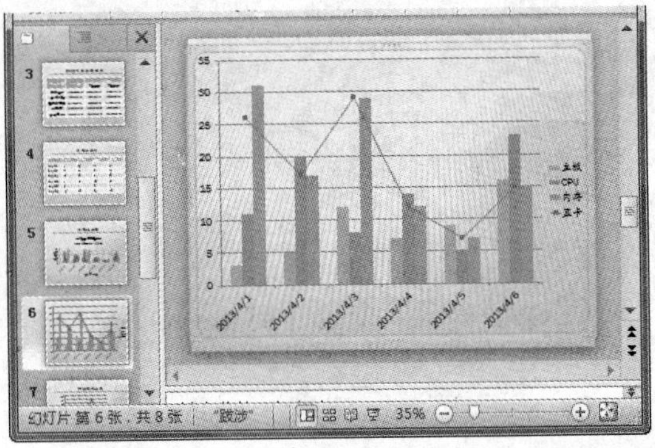

图 13.57 查看改变数据系列的类型效果

13.5.2 将图表保存为图片

为了使在 PowerPoint 2010 中创建的图表能够非常方便地在其他应用程序中使用，可以将创建好的图表以图片格式保存，具体操作步骤如下。

步骤 1 右击图表空白处，从弹出的快捷菜单中选择“另存为图片”命令，如图 13.58 所示。

步骤 2 弹出“另存为图片”对话框，在其中选择图表的保存位置及名称，单击“保存”按钮，如图 13.59 所示。

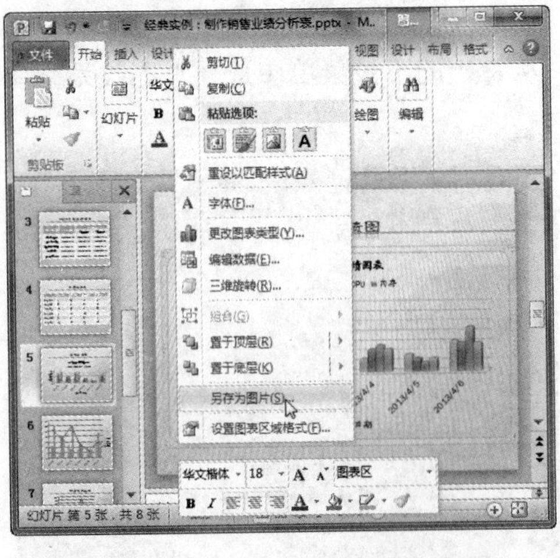

图 13.58 选择“另存为图片”命令

图 13.59 单击“保存”按钮

步骤 3 将图表保存为图片后，就可以将其插入到 PowerPoint 或者其他应用程序中了。使用 Windows 照片查看器浏览保存后的图片，效果如图 13.60 所示。

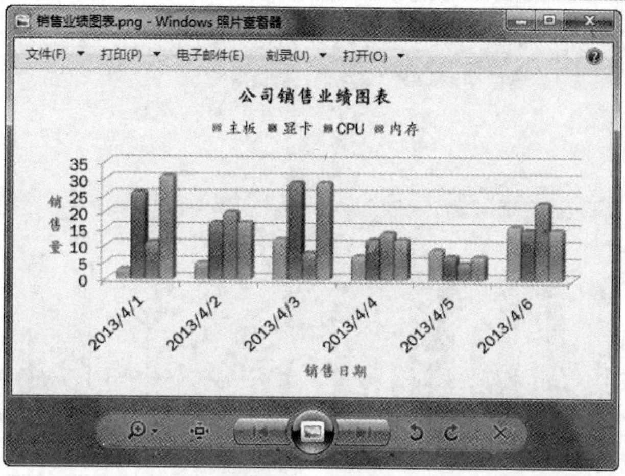

图 13.60　使用 Windows 照片查看器浏览保存后的图片

13.5.3　切换图表的行与列

切换图表的行与列的具体操作步骤如下。

步骤 1　新建一个演示文稿，然后在其中创建如图 13.61 所示的图表。

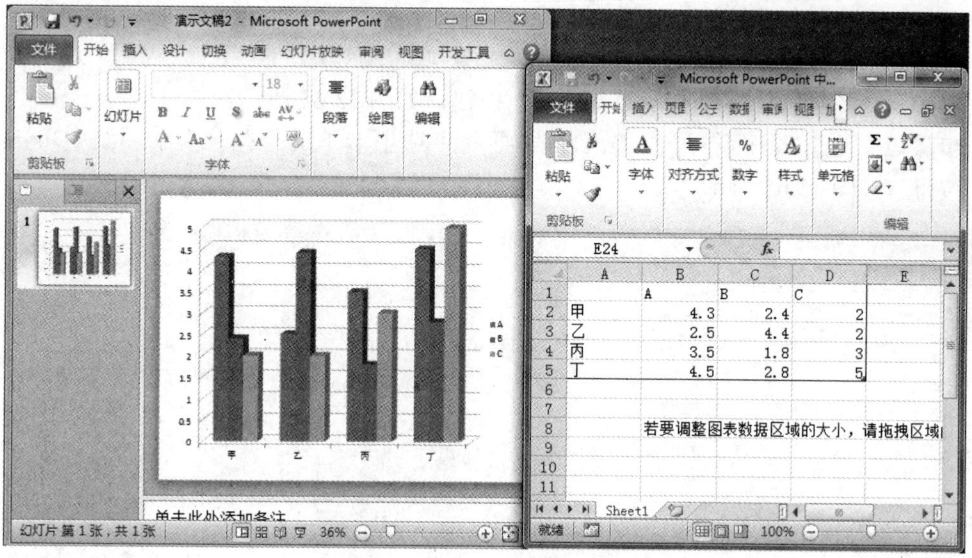

图 13.61　在新演示文稿中创建图表

步骤 2　单击图表，然后在“图表工具”下的“设计”选项卡中，单击“数据”选项组中的“切换行/列”按钮，如图 13.62 所示。

步骤 3　切换行、列后的图表如图 13.63 所示。

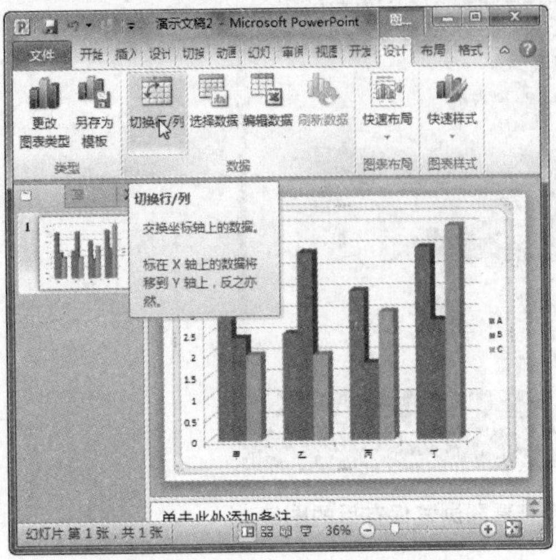

图 13.62　单击“切换行/列”按钮

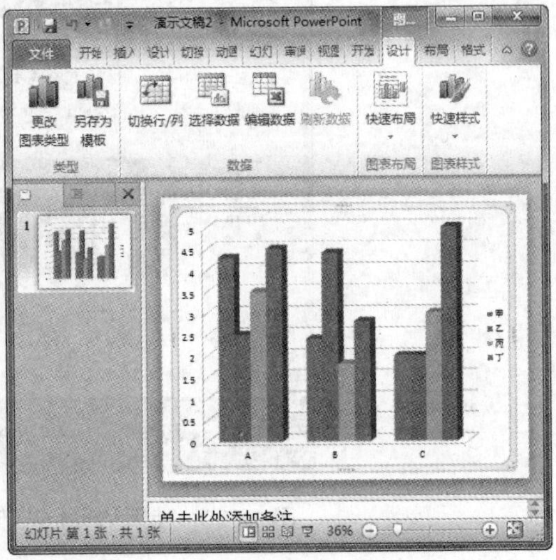

图 13.63　切换行/列后的效果

13.5.4　将图片插入到备注页中

在备注页中插入图片的具体操作步骤如下。

步骤 1　选择要编辑的幻灯片，这里单击第 4 张幻灯片，然后在“视图”选项卡下的“演示文稿视图”选择组中单击“备注页”按钮，如图 13.64 所示。

步骤 2　进入备注页视图，然后在“插入”选项卡下的“图像”选项组中单击“图片”按钮，如图 13.65 所示。

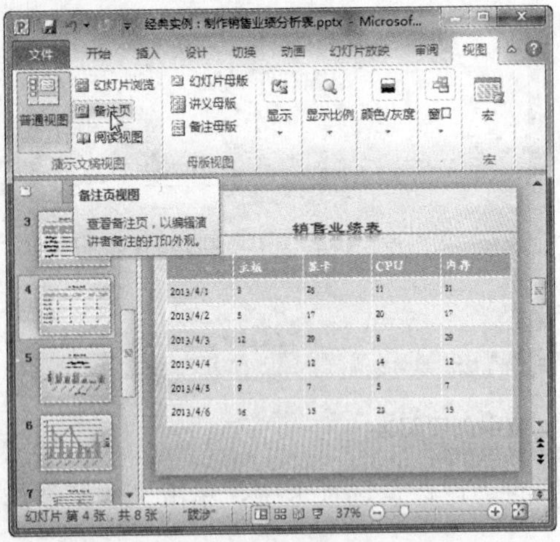

图 13.64　单击“备注页”按钮

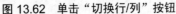

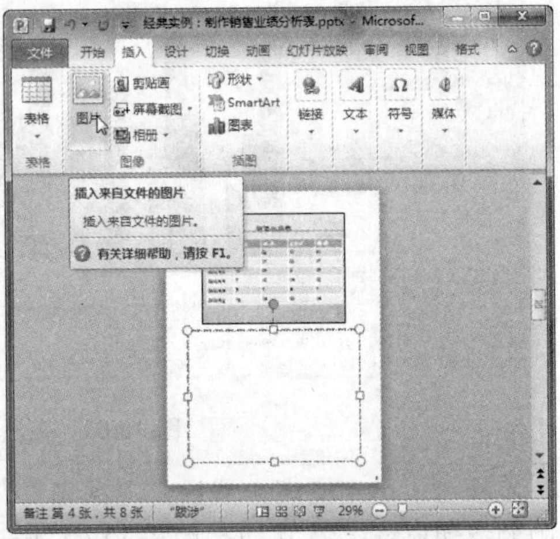

图 13.65　单击“图片”按钮

步骤 3　弹出“插入图片”对话框，选择需要插入的图片，再单击“插入”按钮，如图 13.66 所示。

步骤 4　返回备注页视图，然后删除备注页中不使用的占位符，最终效果如图 13.67 所示。

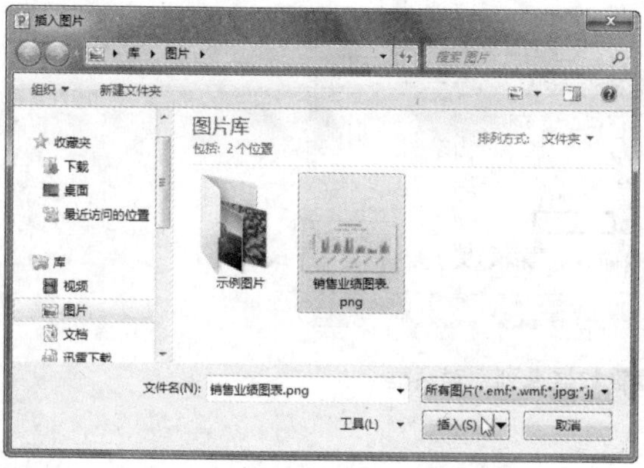

图 13.66　选择要插入的图片

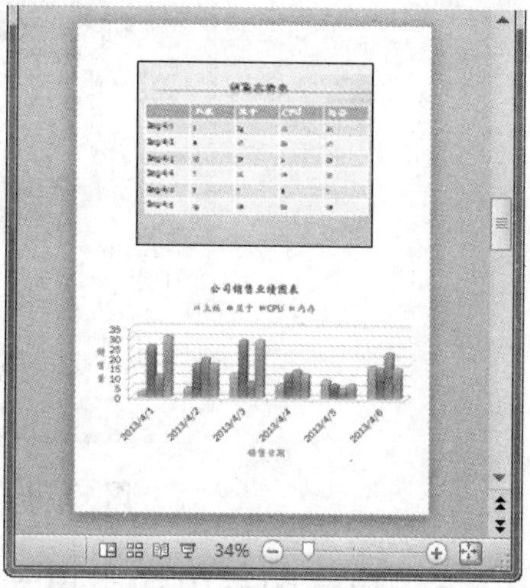

图 13.67　删除备注页中的占位符

13.5.5　更改现有图表的数据

如果已经为演示文稿创建了图表，但后来图表中使用的数据发生了变化，可以通过更新数据来使图表中的数据准确。

步骤 1　选中要更改的图表，然后在“图表工具”下的“设计”选项卡中，单击“数据”选项组中的“选择数据”按钮，如图 13.68 所示。

步骤 2　启动 Excel，并弹出 “选择数据源”对话框，选中要更改的系列或类别，然后单击“编辑”按钮，如图 13.69 所示。

图 13.68　单击“选择数据”按钮

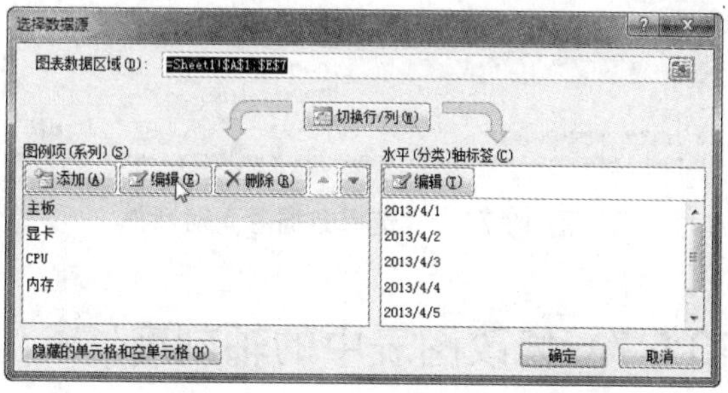

图 13.69　“选择数据源”对话框

步骤 3　弹出“编辑数据系列”对话框，修改系列名称和系列值，再单击“确定”按钮即可，如图 13.70 所示。

步骤 4　单击“确定”按钮，返回 Excel 窗口，然后在 Excel 的表格中修改数据，最后关闭 Excel 即可。

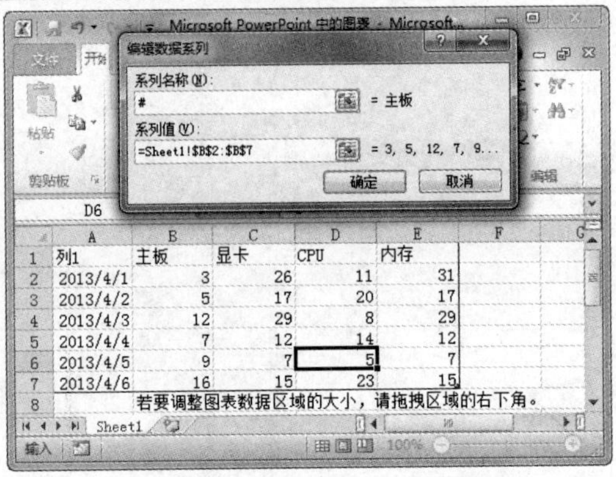

图 13.70 “编辑数据系列”对话框

13.5.6 隐藏图表中的空单元格

默认情况下，在图表中并不显示隐藏在工作表中的行和列中的数据，空单元格显示为空距。不过，可以将隐藏数据显示出来并更改空单元格的显示方式，具体操作步骤如下。

步骤 1 选中要显示隐藏数据和空单元格的图表，然后在“图表工具”下的“设计”选项卡中，单击“数据”选项组中的“选择数据”按钮，接着在弹出的“选择数据源”对话框中单击“隐藏的单元格和空单元格”按钮，如图 13.71 所示。

步骤 2 弹出“隐藏和空单元格设置”对话框，把“空单元格显示为”设置为“零值”，然后选中“显示隐藏行列中的数据”复选框，再单击“确定”按钮即可，如图 13.72 所示。

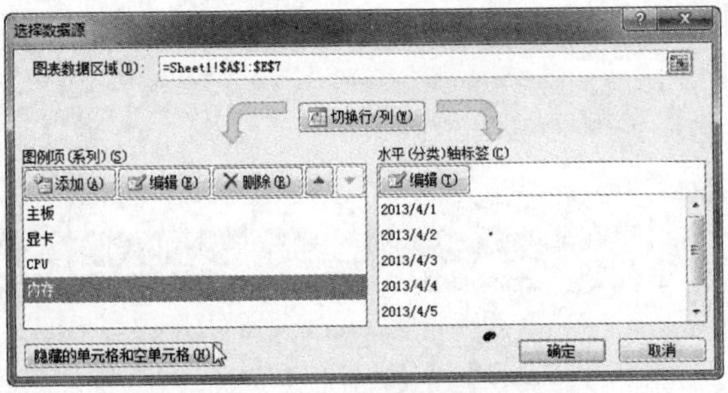

图 13.71 “选择数据源”对话框

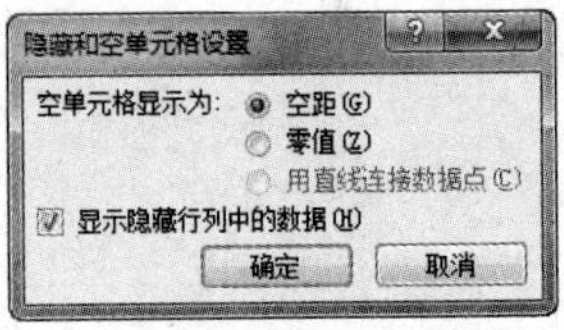

图 13.72 “隐藏和空单元格设置”对话框

13.5.7 修改图表中的轴刻度

在默认情况下，图表中纵坐标轴的最小和最大刻度值是确定的，而横坐标轴显示文本标签而不显示数字间隔。为此，下面一起来看看如何修改图表中的轴刻度吧。

步骤 1 在图表中单击要更改刻度的纵坐标轴，然后在“图表工具”下的“格式”选项卡中，单击“当前所选内容”选项组中的“设置所选内容格式”按钮，如图 13.73 所示。

步骤 2 弹出“设置坐标轴格式”对话框，然后在左侧窗格中单击“坐标轴选项”选项，接着在右侧窗格中对纵坐标轴的选项进行设置，如图 13.74 所示。设置完毕后单击“关闭”按钮即可。

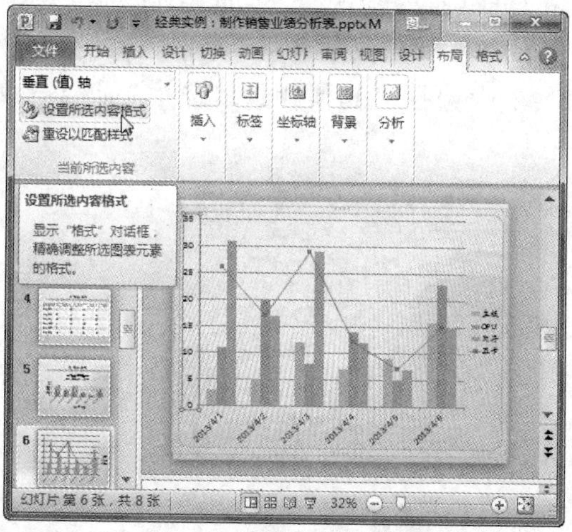

图 13.73　单击“设置所选内容格式”按钮

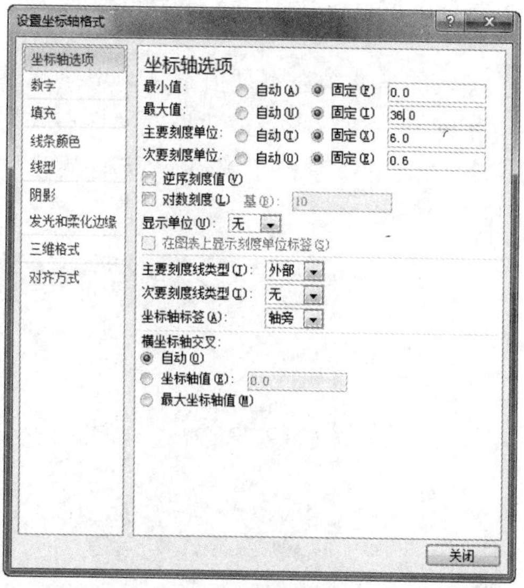

图 13.74　“设置坐标轴格式”对话框

步骤 3　选中图表的横坐标轴，然后在“图表工具”下的“格式”选项卡中，单击“当前所选内容”选项组中的“设置所选内容格式”按钮，如图 13.75 所示。

步骤 4　弹出“设置坐标轴格式”对话框，在左侧窗格中单击“坐标轴选项”选项，然后在右侧窗格中设置坐标轴选项、坐标轴类型、纵坐标轴交叉和位置坐标轴等参数，最后单击“关闭”按钮，如图 13.76 所示。

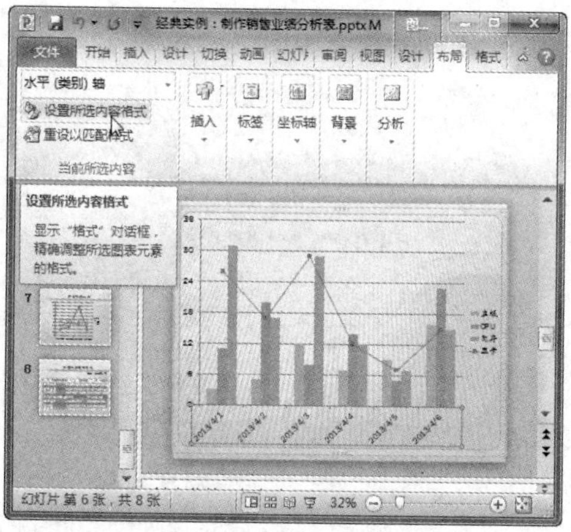

图 13.75　单击“设置所选内容格式”按钮

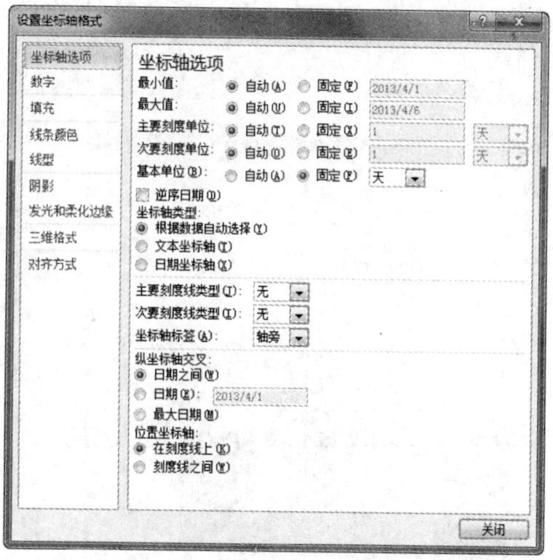

图 13.76　设置水平坐标轴格式

步骤 5　坐标轴修改完成之后，对于一些不需要的坐标轴标题，可以轻松地删除掉。具体的操作方法如下：选中坐标轴标题，然后在“图表工具”下的“布局”选项卡中单击“坐标轴”组中的“坐标轴”按钮，接着从弹出的菜单中选择“主要横坐标轴”|“无”命

令即可删除横坐标轴。按照类似的步骤可以删除纵坐标轴。

13.5.8 为图表设置纹理填充

图表的默认填充不是很丰富，用户可以自定义图表的纹理填充，具体操作步骤如下。

步骤 1 选中图表，然后在“图表工具”下的“布局”选项卡中，单击“背景”选项组中的“图表背景墙”按钮，接着从弹出的菜单中选择“其他背景墙选项”命令，如图 13.77 所示。

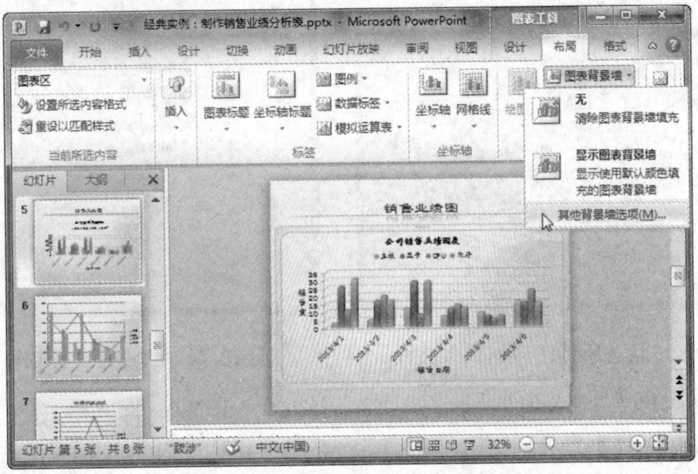

图 13.77 选择“其他背景墙选项”命令

步骤 2 弹出“设置背景墙格式”对话框，然后在左侧窗格中单击“填充”选项，接着在右侧窗格中选中“图片或纹理填充”单选按钮，再单击“纹理”按钮，从弹出的菜单中选择需要的纹理，如图 13.78 所示。

步骤 3 单击“关闭”按钮，添加背景后的效果如图 13.79 所示。

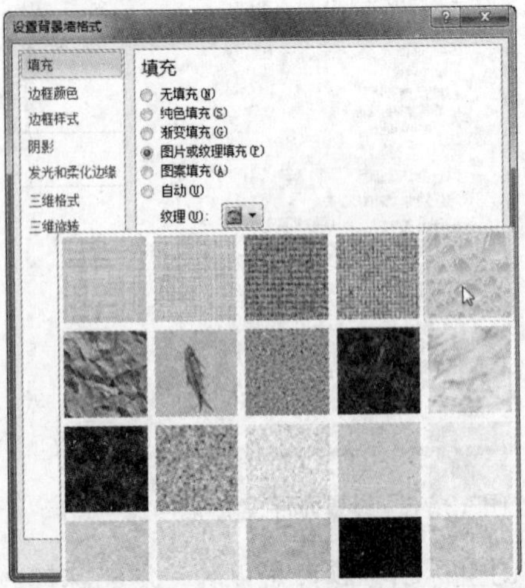

图 13.78 选择“水滴”纹理

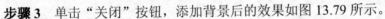

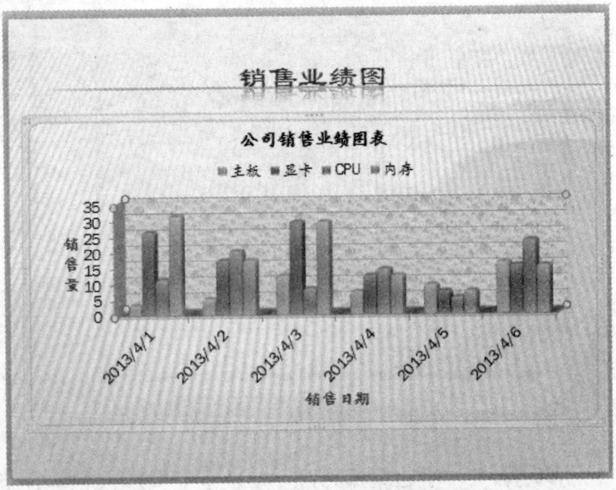

图 13.79 “水滴”纹理的效果

13.5.9　将图表保存为模板

对于在幻灯片中编辑好的图表，若后面需要多次使用，除了复制外，还可以将其保存为模板，以后直接插入该模板图表即可。

步骤 1　在演示文稿中选中要保存的图表，然后在“图表工具”下的“设计”选项卡中，单击“类型”选项组中的“另存为模板”按钮，如图 13.80 所示。

步骤 2　弹出“保存图表模板”对话框，选择图表保存位置，并在“文件名”文本框中输入图表名称，再单击“保存”按钮，如图 13.81 所示。

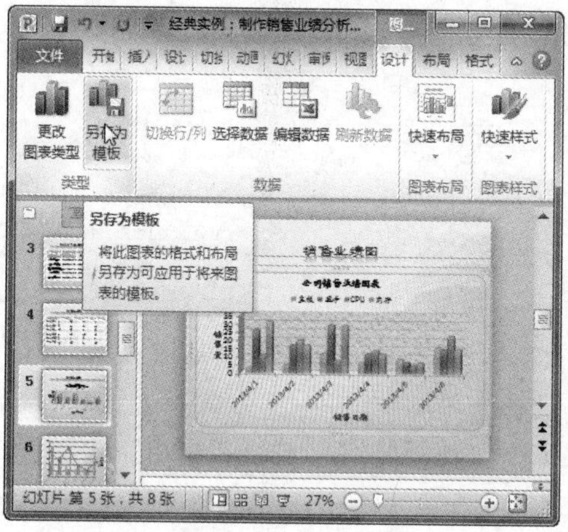

图 13.80　单击“另存为模板”按钮

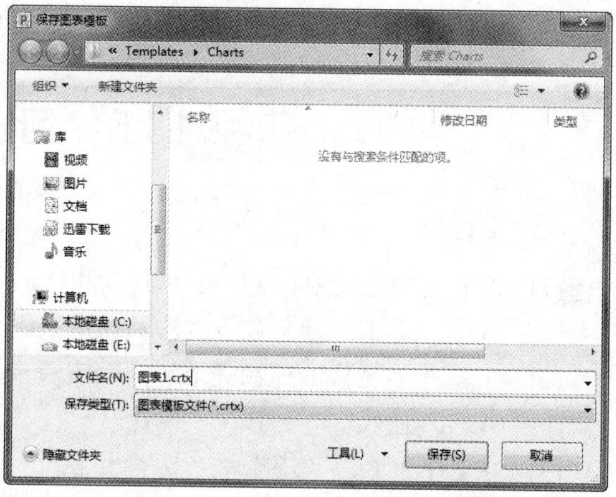

图 13.81　“保存图表模板”对话框

步骤 3　当需要使用该图表时，可以在“插入”选项卡下的“插图”选项组中单击“图表”按钮，弹出“更改图表类型”对话框，在左侧窗格中单击“模板”选项，接着在右侧窗格中选择要使用的图表模板，再单击“确定”按钮，如图 13.82 所示。

步骤 4　若要删除模板，可以在“更改图表类型”对话框中单击“管理模板”按钮，接着在打开的 Charts 窗口中右击要删除的模板，从弹出的快捷菜单中选择“删除”命令，如图 13.83 所示。

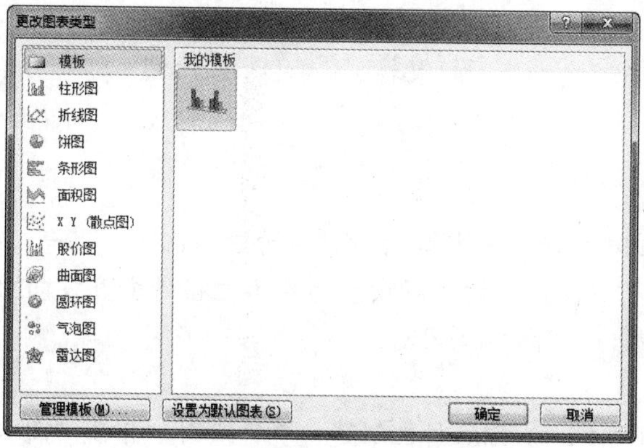

图 13.82　“更改图表类型”对话框

图 13.83　选择“删除”命令

步骤 5 弹出“删除文件”对话框，单击“是”按钮，确认删除图表模板，如图 13.84 所示。

图 13.84 单击“是”按钮

13.6 习 题

一、选择题

(1) 设置透明色是在( )下拉按钮中。

A. “更正” B. “艺术效果” C. “颜色” D. “图片效果”

(2) “合并单元格”选项是在( )选项卡下设置。

A. “插入” B. “设计” C. “视图” D. “布局”

(3) 在 Excel 中，“清除格式”按钮在( )选项组中。

A. “字体” B. “样式” C. “单元格” D. “编辑”

(4) “打印”命令是在( )选项卡下。

A. “文件” B. “开始” C. “转换” D. “视图”

(5) 创建组合图表时，右击要更改图表类型的数据系列，从弹出的快捷菜单中选择( )命令。

A. “重设以匹配样式” B. “更改系列图表类型”
C. “编辑数据” D. “设置数据系列格式”

(6) 若想要强调某个重要元素，并且显示组成数据系列的该项目相对于项目总数的比例，这时应采用( )。

A. 面积图 B. 饼图 C. 圆环图 D. 曲面图

二、实训题

新建一个演示文稿，要求:

① 制作封面幻灯片，并在其中插入公司标志，将标志背景设置为透明色。

② 创建基本表格，并对其进行美化，将表格中的文字设置为在单元格的垂直方向上居中对齐，在“设计”选项卡下将主题设置为“行云流水”。

提示: 如图 13.85 所示。

③ 制作图表幻灯片，根据如图 13.86 所示的 Excel 表创建一个折线图，并在“图表工具”下的“设计”选项卡中设置其“快速样式”为“样式 42”。

提示: 如图 13.87 所示。

图 13.85　选择“行云流水”主题

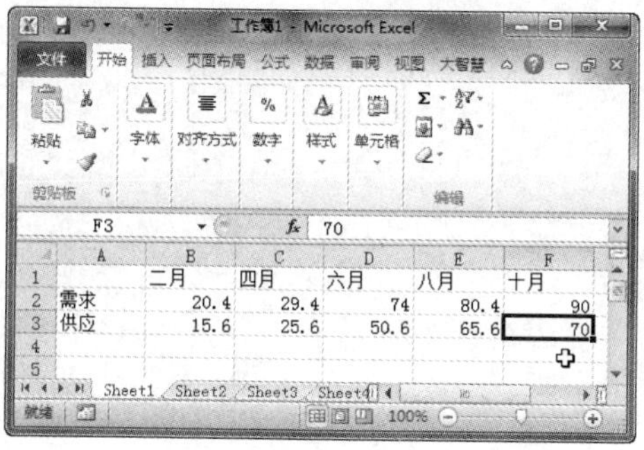

图 13.86　Excel 表

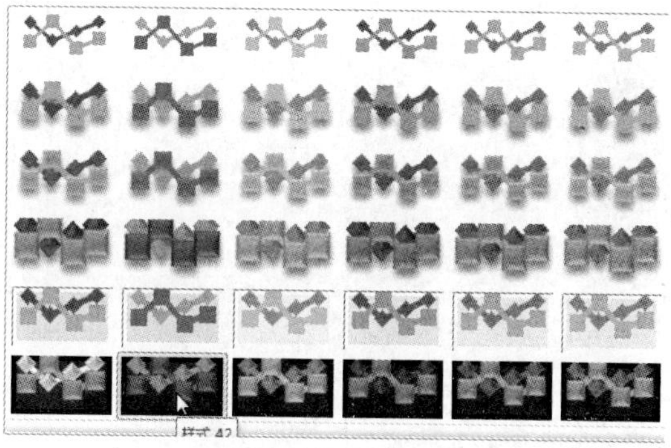

图 13.87　设置快速样式

④ 在“图表工具”下的“布局”选项卡中设置“在顶部显示图例”。

⑤ 将图表保存为图片。

第 14 章

经典实例：制作项目进度报告

项目进度报告是汇报项目进展情况的报告，能够形象、准确地表达项目的目前情况和今后的计划。项目进度报告中一般会有关于报告的文字说明、图表，并需要将项目进度进行共享交流等。运用 PowerPoint 的各项功能可以制作出一个详细而又优秀的项目进度报告演示文稿。

本章主要内容

- 创建项目报告的文字说明幻灯片
- 创建项目范围和组织幻灯片
- 借助表格创建项目责任分配幻灯片
- 借助甘特图创建项目进度幻灯片
- 创建项目风险控制幻灯片
- 设置动画效果

14.1 要 点 分 析

在项目的实施过程中，为了更好地掌控项目各阶段的进展程度，管理项目最终完成的期限，用户可以使用项目进度报告实时监督管理。为此，下面将介绍制作项目进度报告的方法，在制作过程中会用到设置文本、应用主题、编辑自选图形和甘特图、插入和美化表格、设置幻灯片的切换效果、为对象添加动画效果等操作。

14.2 制作项目进度报告演示文稿

14.2.1 制作项目报告的文字说明幻灯片

无论是做什么类型的报告，都需要先说明一下，将要报告项目的大致情况简单陈述一下，然后再根据项目框架分层次介绍各方面的内容。为此，下面先来制作项目报告的文字说明幻灯片，具体操作步骤如下。

步骤 1 启动 PowerPoint 2010 程序，此时会新建一个名称为“演示文稿 1”的空白演示文稿，如图 14.1 所示。

步骤 2 在“设计”选项卡下的“主题”选项组中单击“其他”按钮，从弹出的菜单中选择一种合适的主题，如图 14.2 所示。

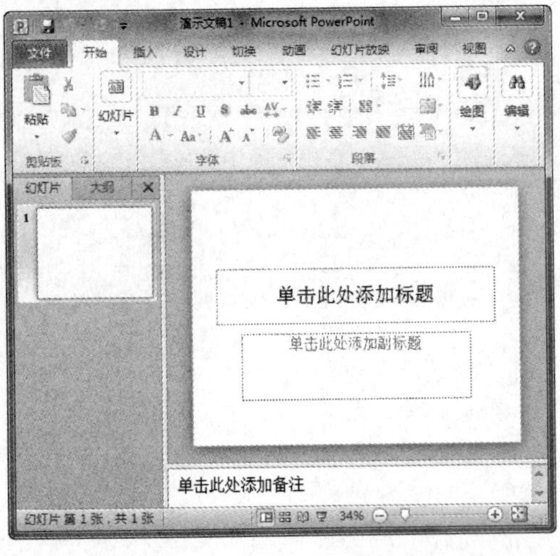

图 14.1 启动程序

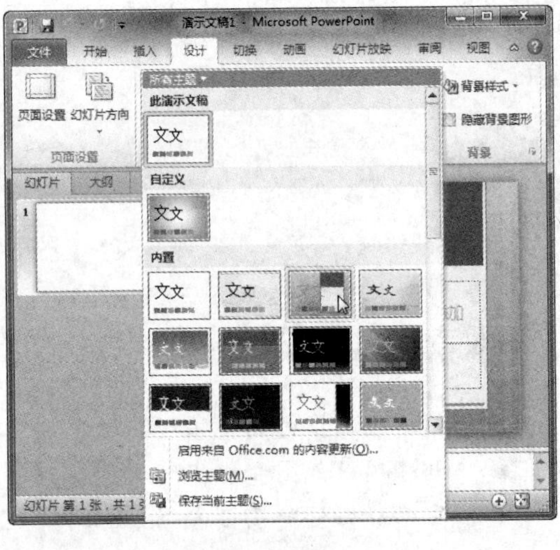

图 14.2 选择主题

步骤 3 在“开始”选项卡下的“幻灯片”选项组中单击“新建幻灯片”按钮，在弹出的菜单中单击“标题和内容”选项，插入新幻灯片，如图 14.3 所示。

步骤 4 按 Ctrl+M 组合键继续插入“标题和内容”版式的幻灯片，如图 14.4 所示。

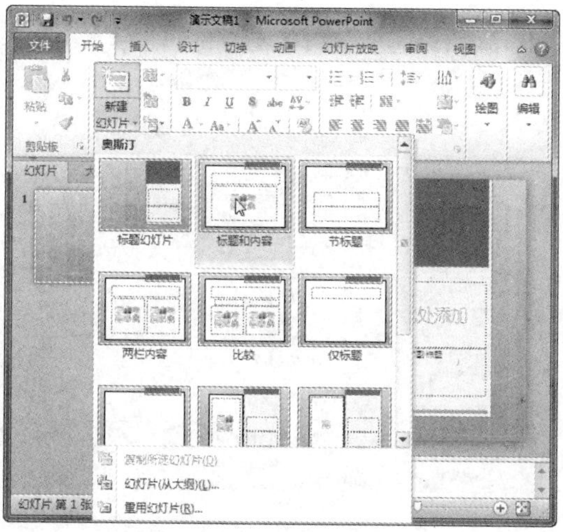

图 14.3　选择版式

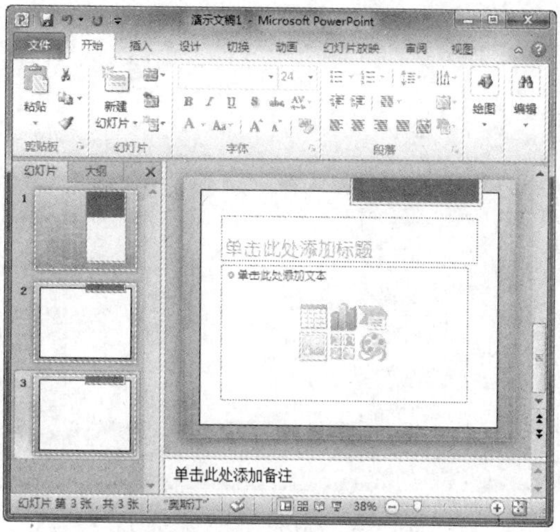

图 14.4　继续添加幻灯片

步骤 5　切换到第 1 张幻灯片，单击标题占位符，然后输入“手机研发项目进度报告”，设置字体格式为幼圆，36 号字体，颜色为浅蓝色，并加粗字体，效果如图 14.5 所示。

步骤 6　将光标移到占位符边框的控制点上，按下鼠标左键并拖动，调整标题边框大小，如图 14.6 所示。然后按方向键微调标题的位置，接着在副标题占位符中输入副标题。

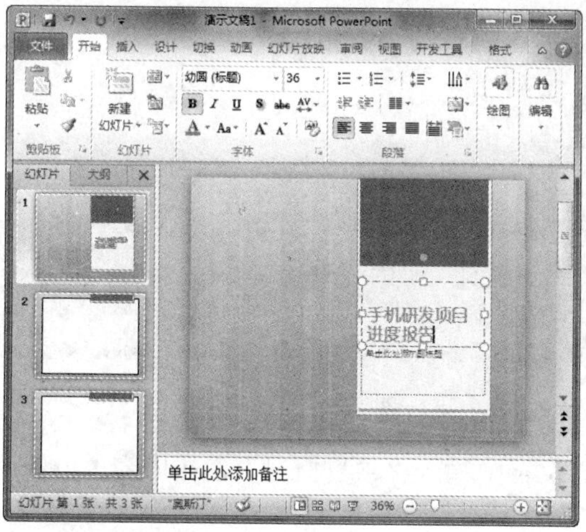

图 14.5　输入标题内容

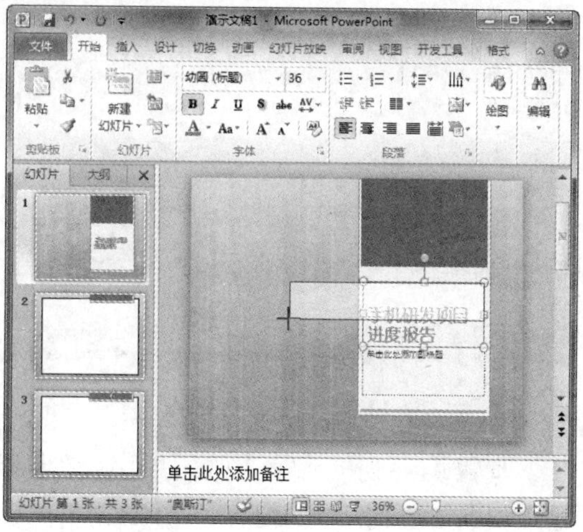

图 14.6　调整标题边框大小

步骤 7　切换到第 2 张幻灯片，在标题占位符中输入“项目目录”，在内容占位符中输入目录，如图 14.7 所示。

步骤 8　选中所有的目录文字，然后在“开始”选项卡下的“段落”选项组中单击按钮，如图 14.8 所示，打开“段落”对话框。

步骤 9　切换到“缩进和间距”选项卡，然后在“间距”选项组中设置段前、段后间距，再单击“确定”按钮，如图 14.9 所示。

步骤 10　在“开始”选项卡下的“段落”选项组中单击“编号”按钮，从弹出的菜单中选择一种编号样式，如图 14.10 所示。

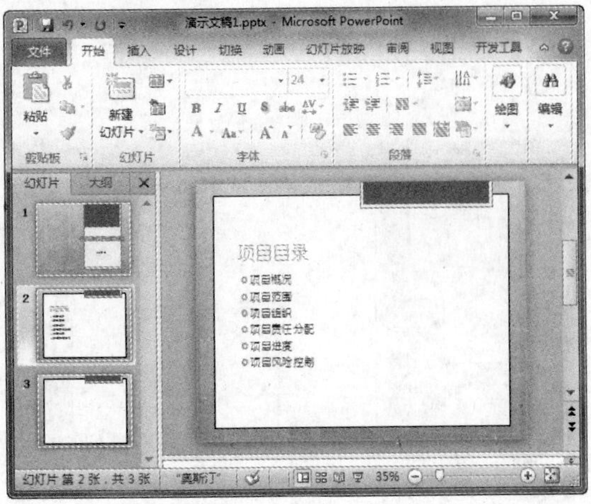

图 14.7 编辑第 2 张幻灯片

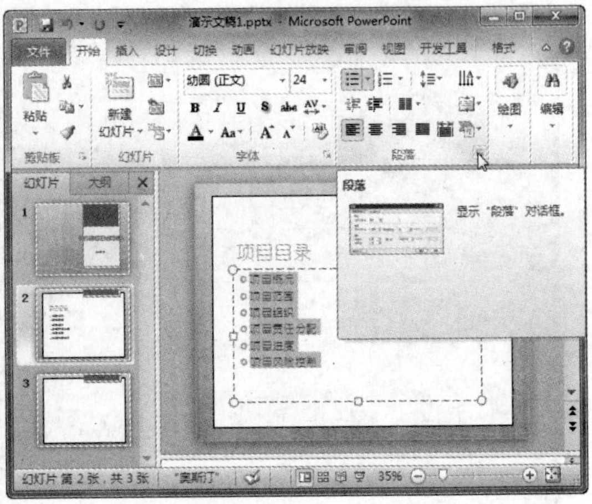

图 14.8 打开"段落"对话框

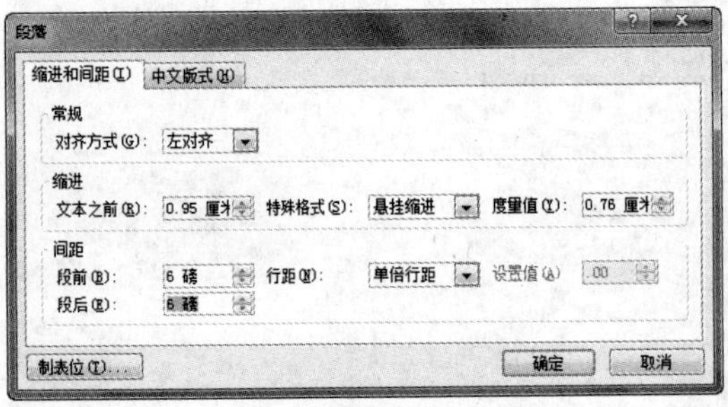

图 14.9 设置段落格式

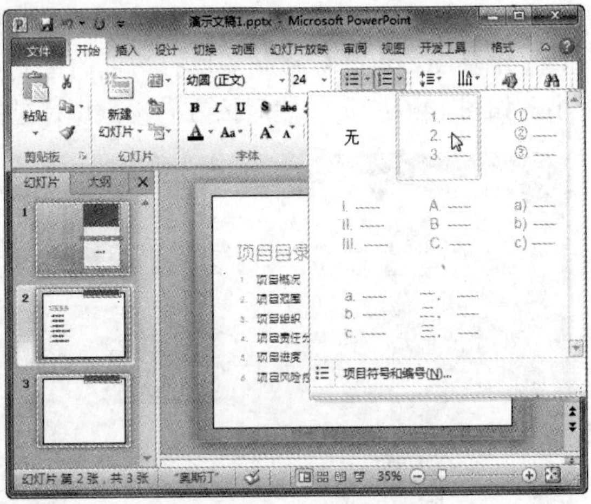

图 14.10 设置编号

步骤 11 切换到第 3 张幻灯片，在标题占位符中输入"项目概况"，在内容占位符中输入如图 14.11 所示的内容。

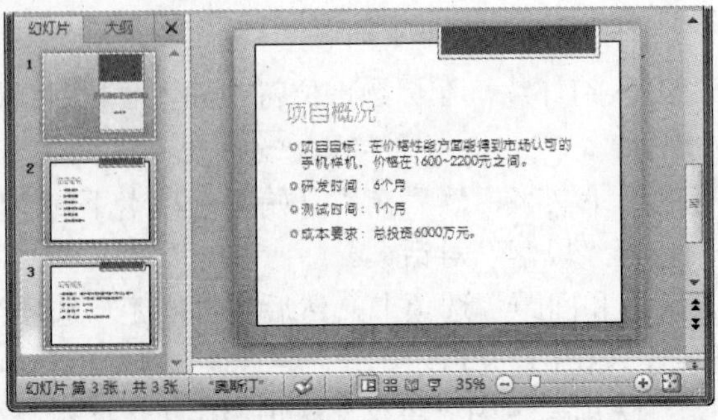

图 14.11 编辑第 3 张幻灯片

14.2.2　制作项目范围和组织幻灯片

下面使用自选图形来制作项目范围和组织幻灯片，具体操作步骤如下。

步骤 1　新建一张版式为“标题和内容”的幻灯片，然后在标题占位符中输入标题，并调整标题位置，接着删除内容占位符，如图 14.12 所示。

步骤 2　在“插入”选项卡下的“插图”选项组中单击“图形”按钮，从弹出的菜单中单击“圆角矩形”按钮，接着在幻灯片中插入图形，如图 14.13 所示。

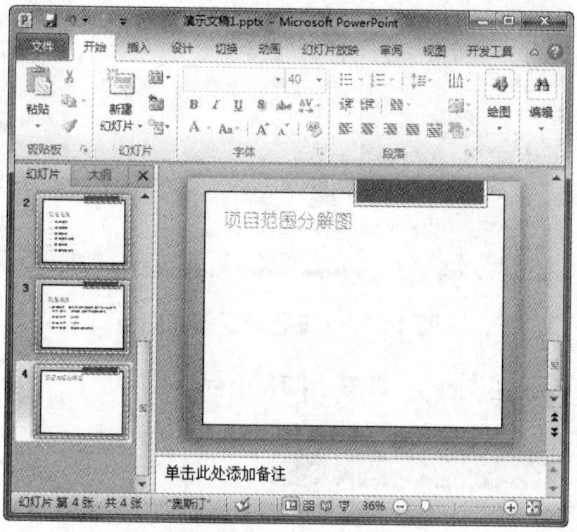

图 14.12　输入标题

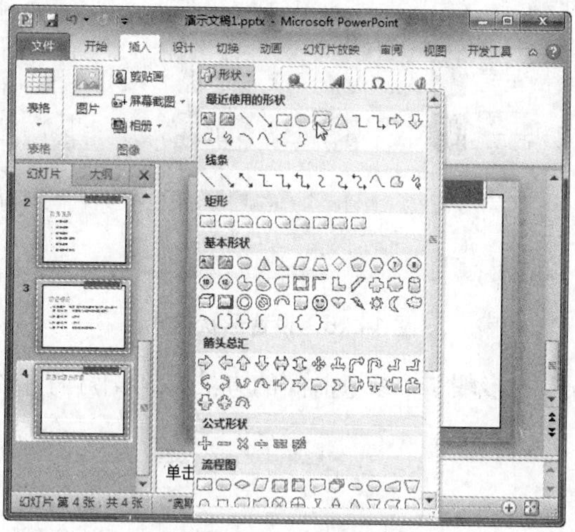

图 14.13　选择形状

步骤 3　右击图形，从弹出的快捷菜单中选择“编辑文字”命令，如图 14.14 所示。

步骤 4　向图形中输入“手机研发项目”，接着设置字体格式为幼圆、字号为 24、字体颜色为黑色，效果如图 14.15 所示。

图 14.14　选择“编辑文字”命令

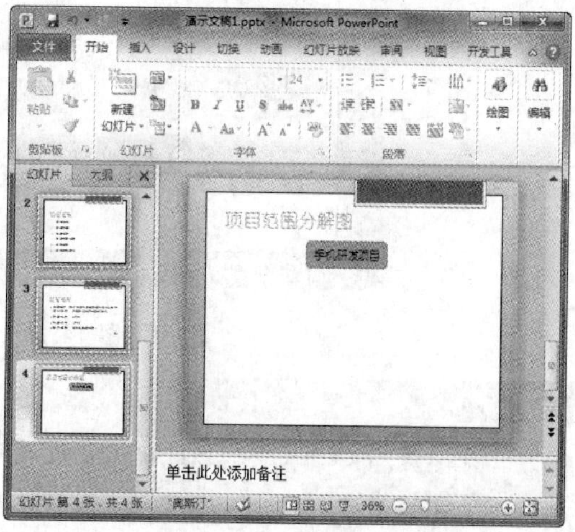

图 14.15　添加文本

步骤 5　单击图形，然后在“绘图工具”下的“格式”选项卡中，单击“形状样式”选项组中的“其他”按钮，从弹出的菜单中选择一种形状样式，如图 14.16 所示。

步骤 6 在“格式”选项卡下的“形状样式”选项组中单击“形状填充”按钮，从弹出的菜单中选择一种填充颜色，如图 14.17 所示。

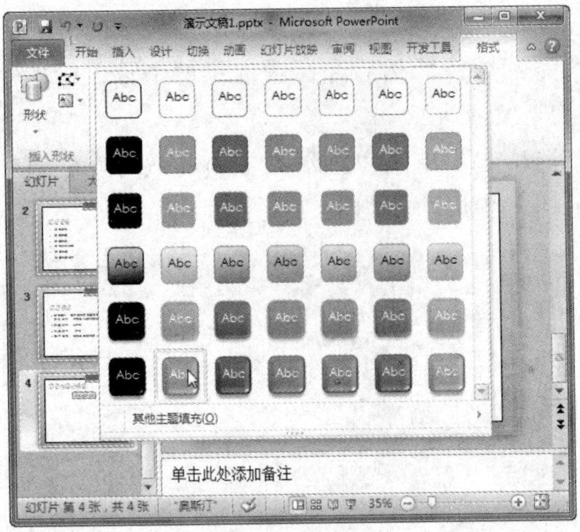

图 14.16 设置形状样式

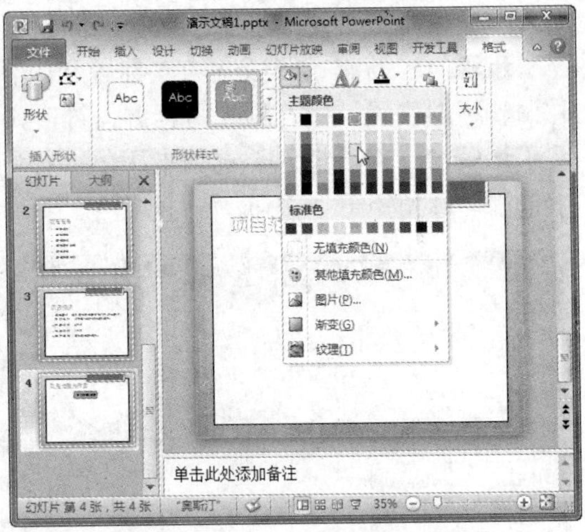

图 14.17 设置形状填充颜色

步骤 7 参考前面的方法，在幻灯片中绘制其他图形，如图 14.18 所示。

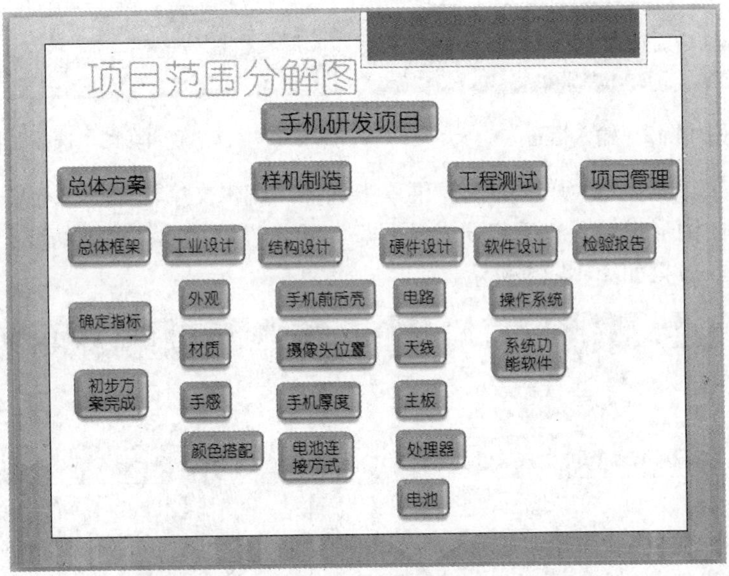

图 14.18 绘制其他图形

技 巧

也可以使用 Ctrl+C 和 Ctrl+V 组合键复制已设置好的自选图形，然后再修改图形中的文字，调整图形大小。

步骤 8 按住 Shift 键不放，逐一单击需要排成一行的所有图形，然后在“绘图工具”下的“格式”选项卡中，单击“排列”选项组中的“对齐”按钮，从弹出的菜单中选择“上下居中”命令，将选中的图形排在同一高度，如图 14.19 所示。

步骤 9　按住 Shift 键不放，逐一单击需要排成一列的所有图形，然后在“绘图工具”下的“格式”选项卡中，单击“排列”选项组中的“对齐”按钮，从弹出的菜单中选择“左右居中”命令，如图 14.20 所示。

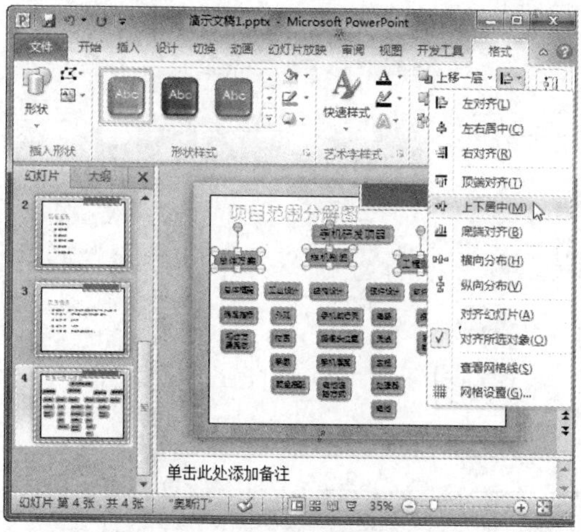

图 14.19　上下居中对齐图形

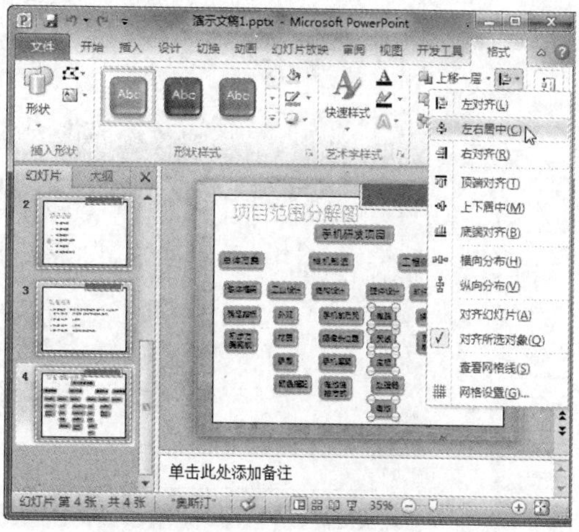

图 14.20　左右居中对齐图形

步骤 10　在“插入”选项卡下的“插图”选项组中单击“形状”按钮，从弹出的菜单中单击“肘形连接符”按钮，如图 14.21 所示。

步骤 11　在第 4 张幻灯片中插入线条，将两个图形连接起来，如图 14.22 所示。

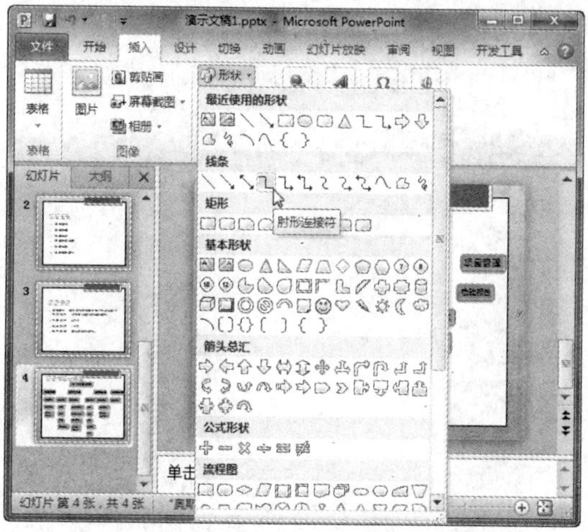

图 14.21 单击“肘形连接符”按钮

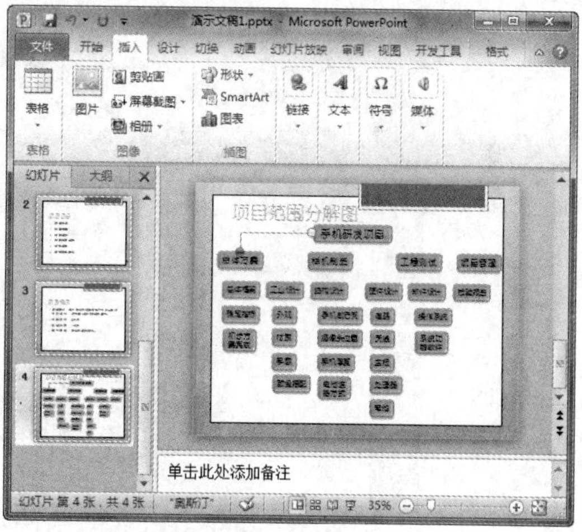

图 14.22　连接图形

步骤 12　参考前面的方法，使用肘形连接符或直线将其他图形连接起来，效果如图 14.23 所示。

步骤 13　按住 Shift 键不放，逐一单击选中绘制的线条，然后右击，从弹出的快捷菜单中选择“组合”|“组合”命令，如图 14.24 所示，组合所有线条。

步骤 14　组合后的线条作为一个整体，可以一起进行移动。右击线条图形，从弹出的快捷菜单中选择“设置形状格式”命令，如图 14.25 所示。

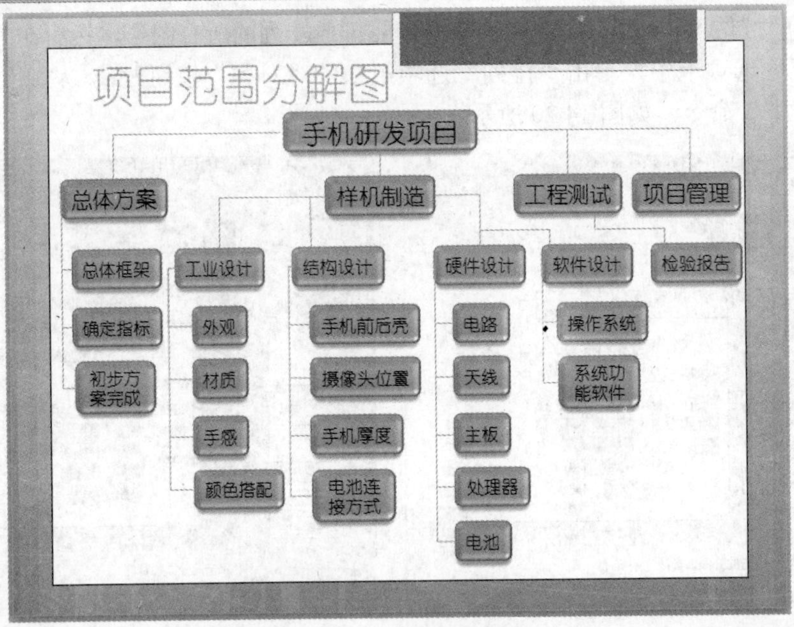

图 14.23　连接其他图形

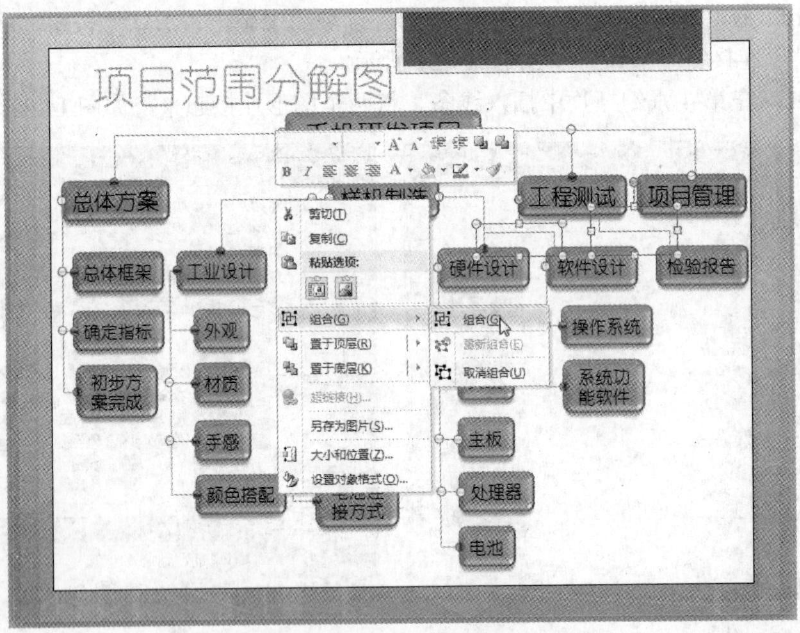

图 14.24　组合所有线条

步骤 15　弹出“设置形状格式”对话框，在左侧窗格中单击“线条颜色”选项，接着在右侧窗格中选中“实线”单选按钮，并单击“颜色”按钮，从弹出的菜单中选择“黑色”选项，如图 14.26 所示。

步骤 16　在左侧窗格中单击“线型”选项，接着在右侧窗格中设置“宽度”为“1.5 磅”。设置完毕后，单击“关闭”按钮，如图 14.27 所示。

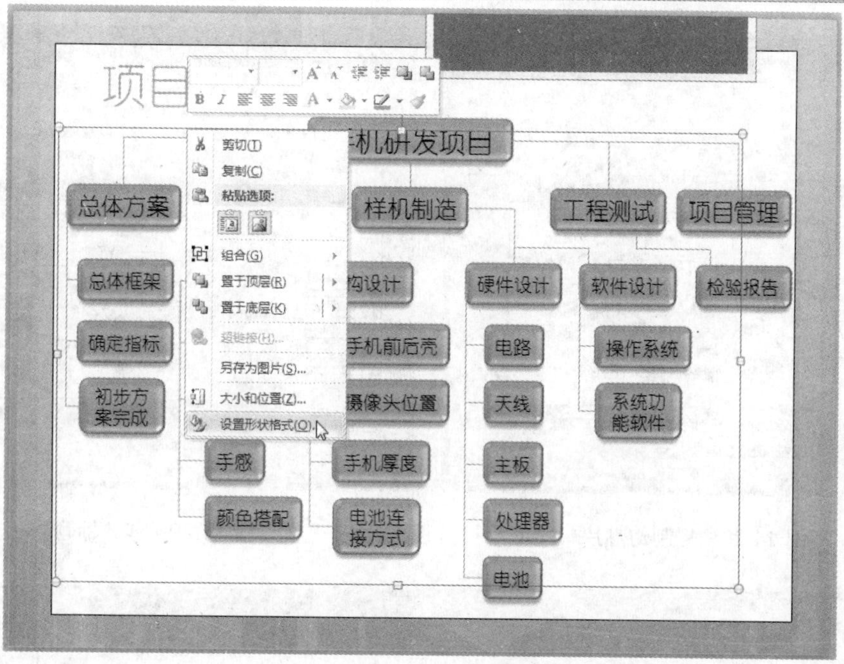

图 14.25　选择“设置形状格式”命令

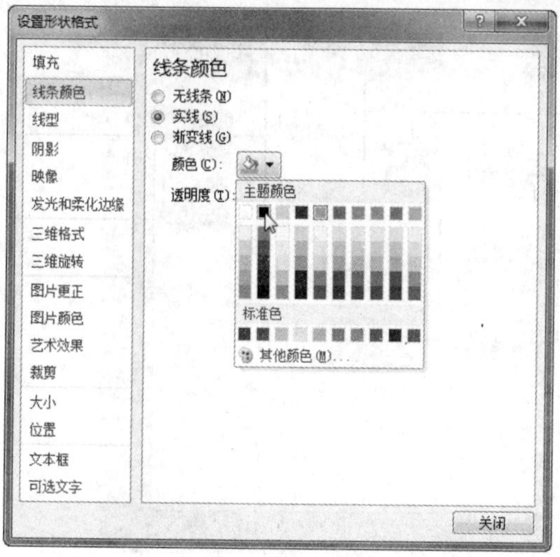

图 14.26　设置线条颜色

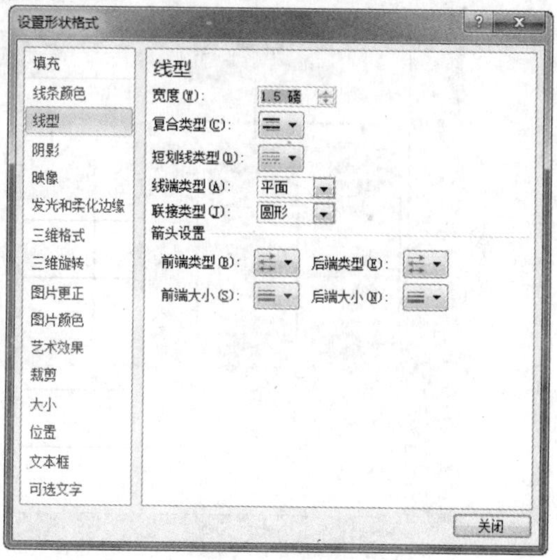

图 14.27　设置线型

步骤 17　返回演示文稿窗口，然后在左侧窗格中右击第 4 张幻灯片，从弹出的快捷菜单中选择“复制幻灯片”命令，如图 14.28 所示。

步骤 18　这时将会在第 4 张幻灯片下面出现新复制的第 5 张幻灯片，修改幻灯片标题，如图 14.29 所示。

步骤 19　根据需要修改第 5 张幻灯片中的自选图形的大小及其中的文本内容，删除不需要的图形及线条，结果如图 14.30 所示。

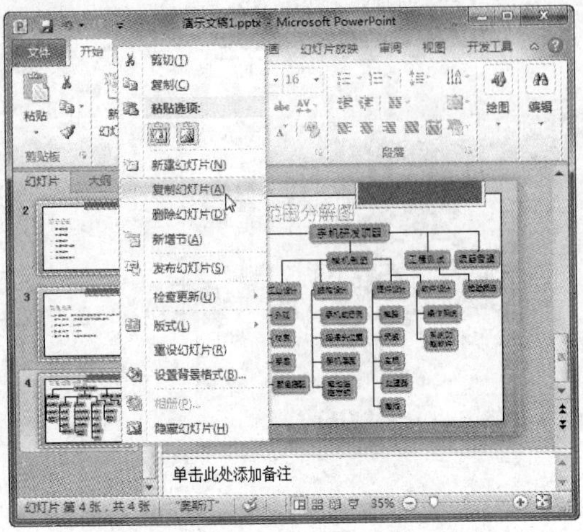

图 14.28　复制幻灯片

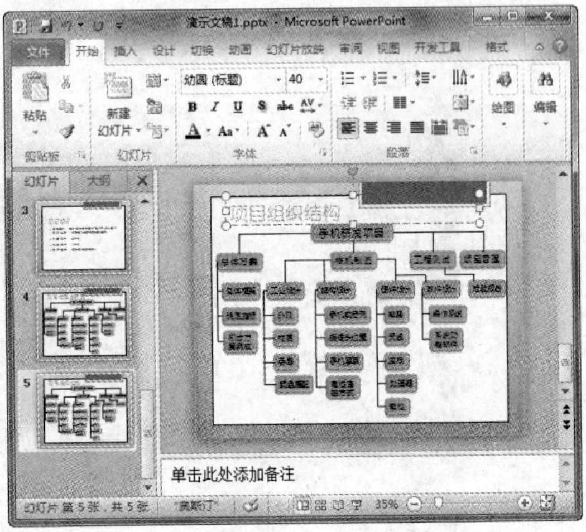

图 14.29　修改标题

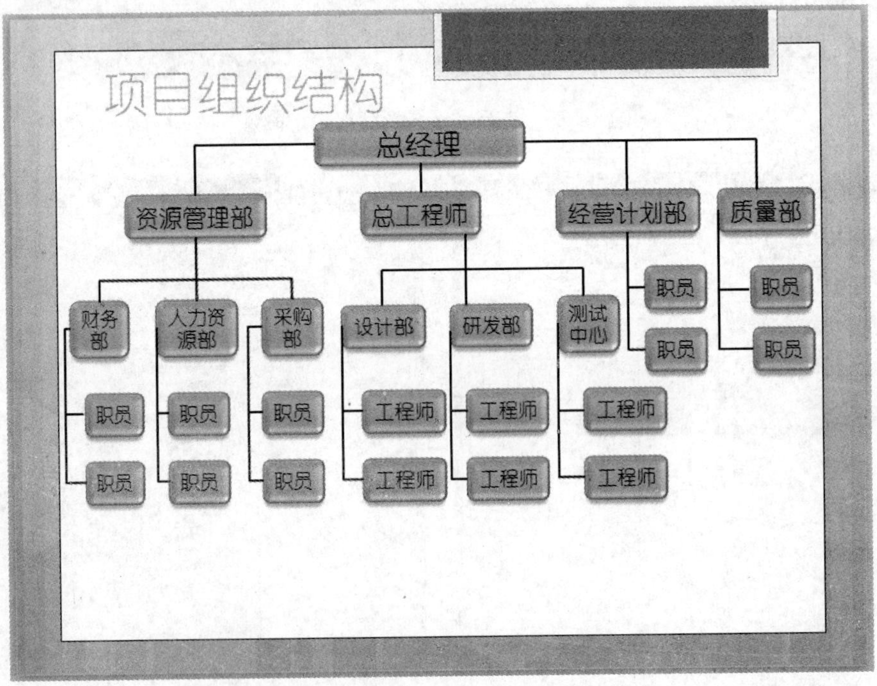

图 14.30　编辑第 5 张幻灯片中的自选图形

步骤 20　在第 5 张幻灯片底部插入矩形形状，并在图形中输入“项目经理”，接着设置文字格式，效果如图 14.31 所示。

步骤 21　选中矩形形状，然后在“绘图工具”下的“格式”选项卡中，单击“形状”选项组中的“其他”按钮，从弹出的菜单中选择一种形状样式，如图 14.32 所示。

步骤 22　参考前面的方法，在第 5 张幻灯片中插入“直角上箭头”图形，其图形格式与矩形图形一样，如图 14.33 所示。接着调整图形位置，使箭头指向标注有“工程师”的图形。

步骤 23　在第 5 张幻灯片中绘制线条，将标注有“总经理”的图形与新插入的两个图形连接起来，如图 14.34 所示。

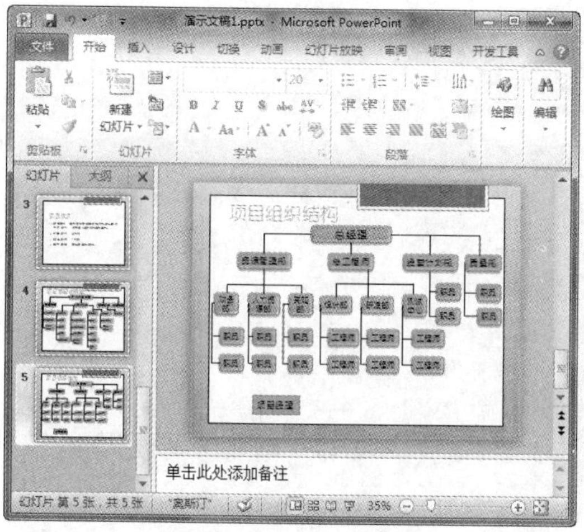

图 14.31　插入矩形图形

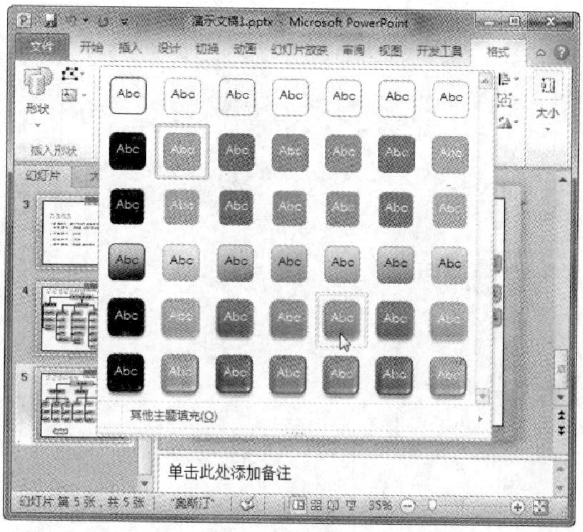

图 14.32　设置形状样式

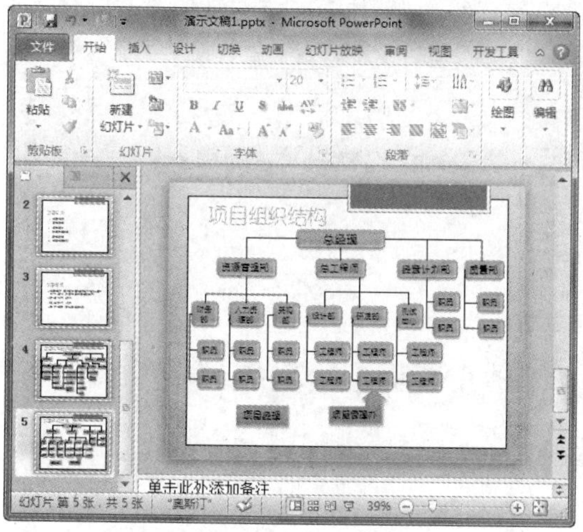

图 14.33　插入“直角上箭头”图形

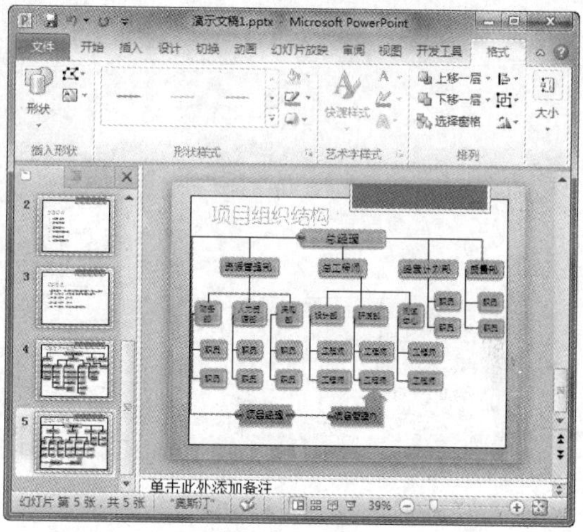

图 14.34　连接图形

14.2.3　借助表格制作项目责任分配幻灯片

为了更加直观地了解项目责任分配情况，下面使用表格在幻灯片中标注各岗位的责任分配，具体操作步骤如下。

步骤 1　新建一张版式为“标题和内容”的幻灯片，如图 14.35 所示。

步骤 2　在标题占位符中输入标题内容，然后调整标题占位符的位置，接着在幻灯片中单击“插入表格”按钮，如图 14.36 所示。

步骤 3　弹出“插入表格”对话框，设置列数和行数，再单击“确定”按钮，如图 14.37 所示。

步骤 4 单击新插入的表格，然后将鼠标光标移到表格边框的控制点上，接着按下鼠标左键拖动，调整表格大小，如图 14.38 所示。

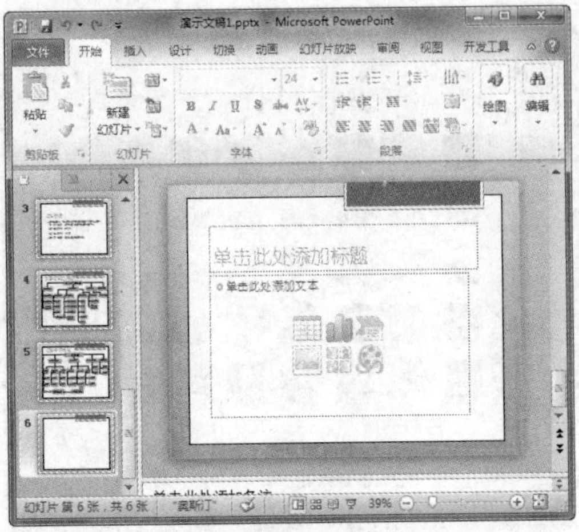

图 14.35 插入新幻灯片

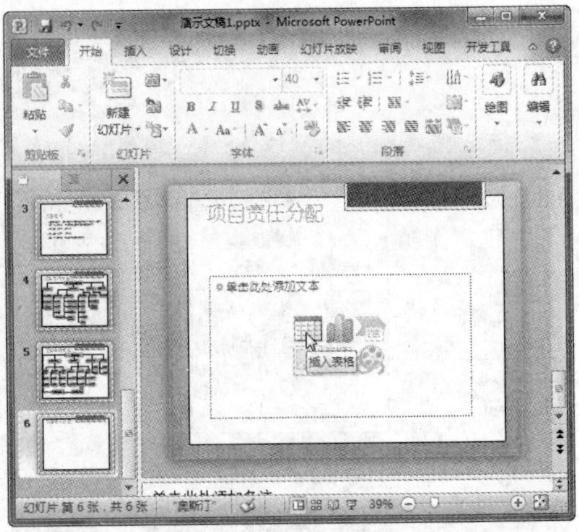

图 14.36 单击“插入表格”按钮

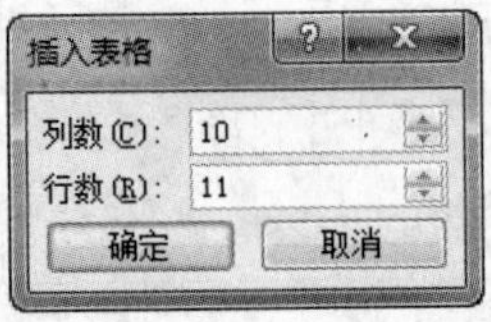

图 14.37 “插入表格”对话框

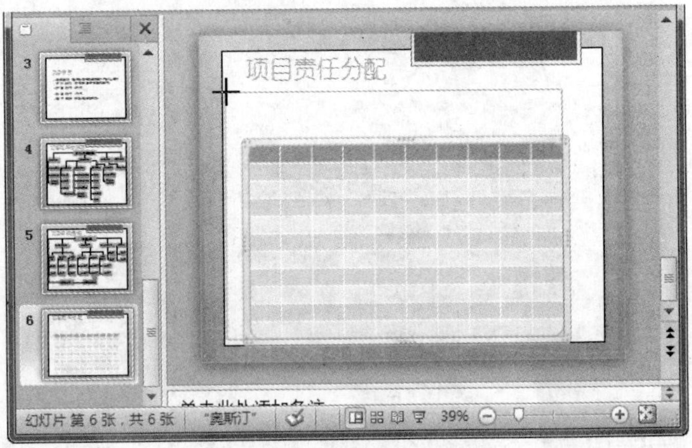

图 14.38 调整表格大小

步骤 5 调整好表格大小后，在表格上方插入文本框，并在其中输入如图 14.39 所示的内容。

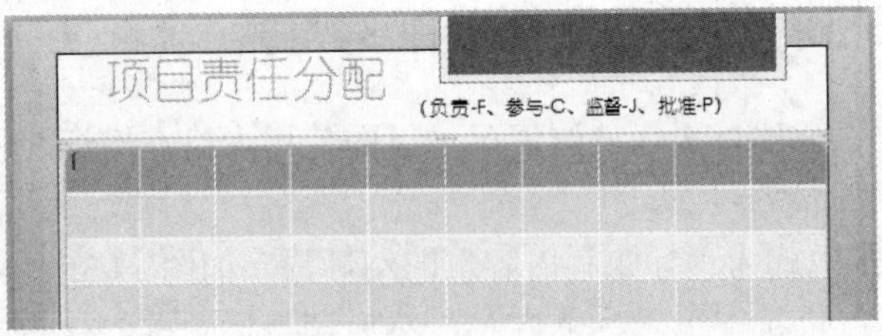

图 14.39 插入文本框并输入内容

步骤 6 在表格中输入如图 14.40 所示的行列标题。

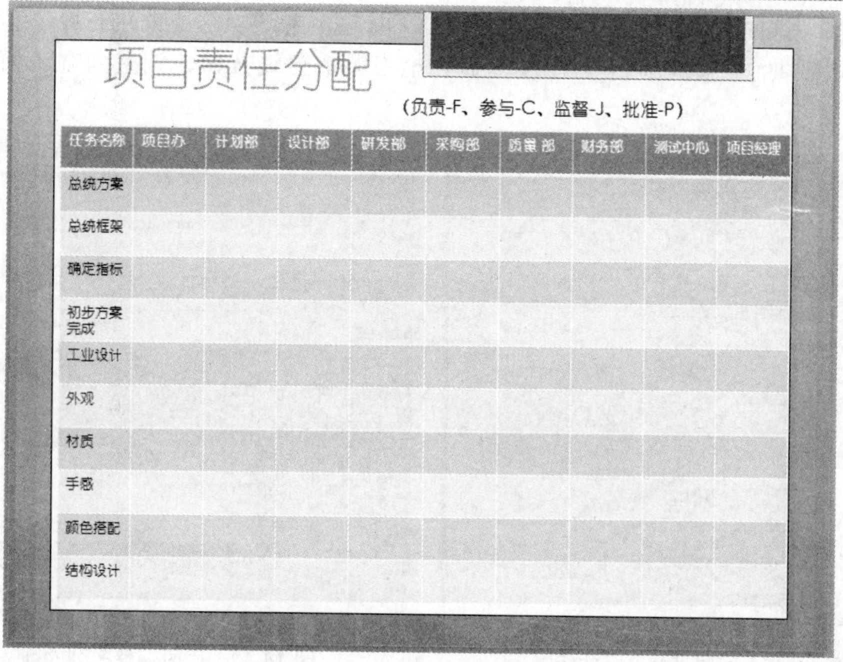

图 14.40　输入表格的行列标题

步骤 7　选中除第 1 个单元格之外的列标题单元格，然后在“开始”选项卡下的“段落”选项组中单击“文字方向”按钮，从弹出的菜单中选择“竖排”命令，如图 14.41 所示。

步骤 8　将鼠标光标移动到第 1 行和第 2 行之间的边框线上，当光标变成上下箭头形状时，按住鼠标左键并拖动，调整第 1 行的行高，如图 14.42 所示。

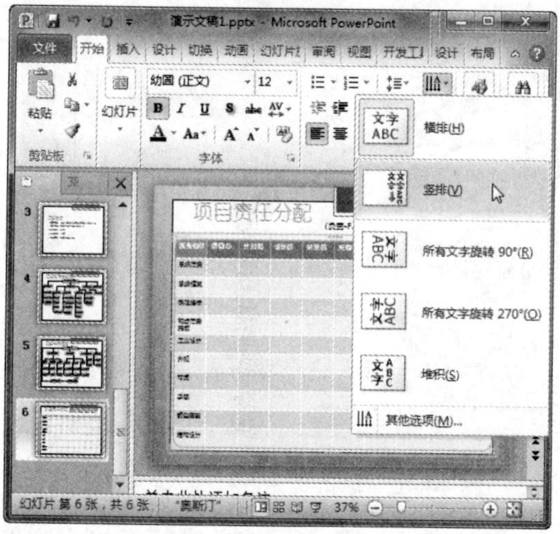

图 14.41　竖排单元格文字

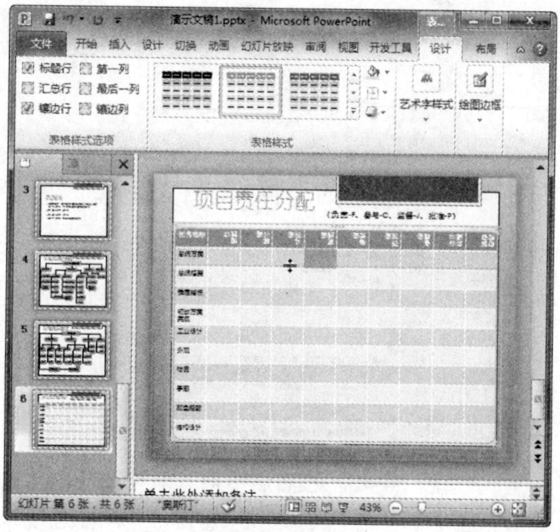

图 14.42　调整第 1 行的行高

步骤 9　选中除第 1 行以外的其他行，然后在“表格工具”下的“布局”选项卡中，单击“单元格大小”选项组中“高度”微调框右侧的微调按钮，调整行高，如图 14.43 所示。

步骤 10 选中除第 1 列以外的其他列，然后在“表格工具”下的“布局”选项卡中，单击“单元格大小”选项组中“宽度”微调框右侧的微调按钮，调整列宽，如图 14.44 所示。

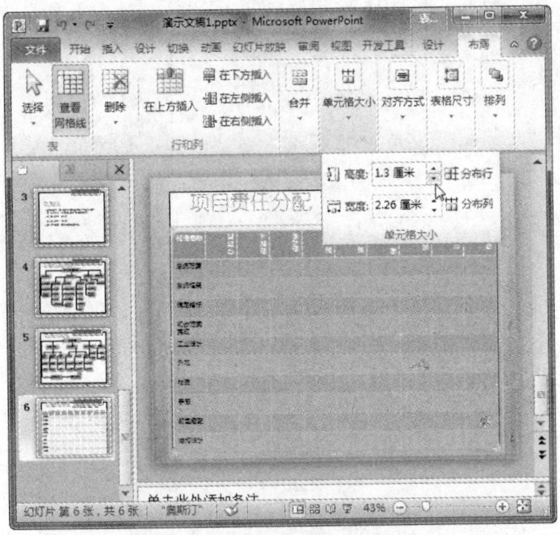

图 14.43 同时调整多行的行高

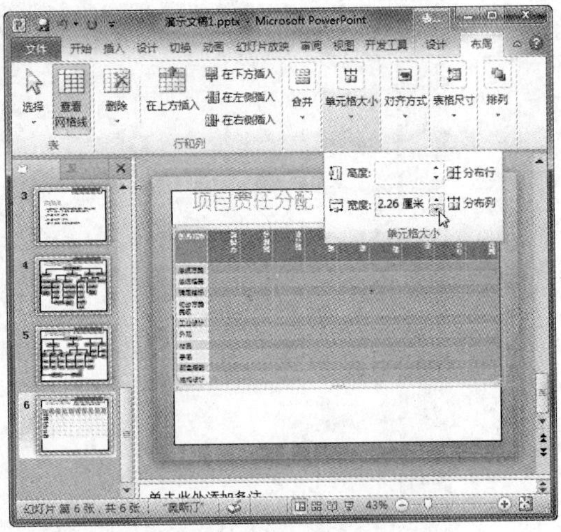

图 14.44 同时调整多列的列宽

步骤 11 单击表格，然后在“表格工具”下的“布局”选项卡中，单击“排列”选项组中的“对齐”按钮，从弹出的菜单中选择“左右居中”命令，如图 14.45 所示。

步骤 12 将光标插入最后一行中的任一单元格中，然后在“表格工具”下的“布局”选项卡中，单击“行和列”选项组中的“在下方插入”按钮，添加一行，如图 14.46 所示。

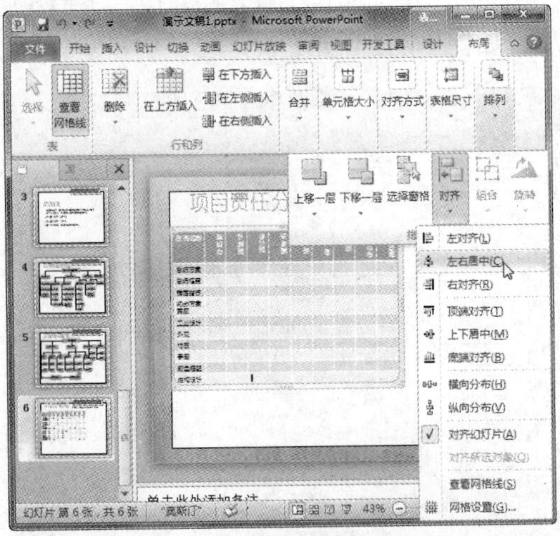

图 14.45 左右居中对齐表格

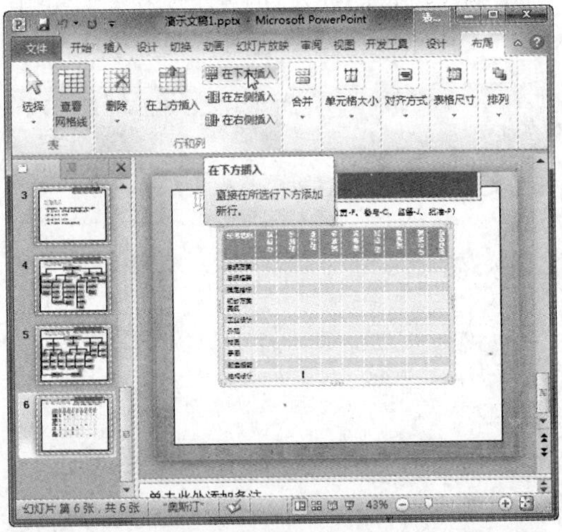

图 14.46 单击“在下方插入”按钮

步骤 13 继续添加表格行数，将幻灯片下方的空白区域覆盖，接着参照表格上方的“负责-F、参与-C、监督-J、批准-P”文本，在表格中标注各任务的责任分配情况，如图 14.47 所示。

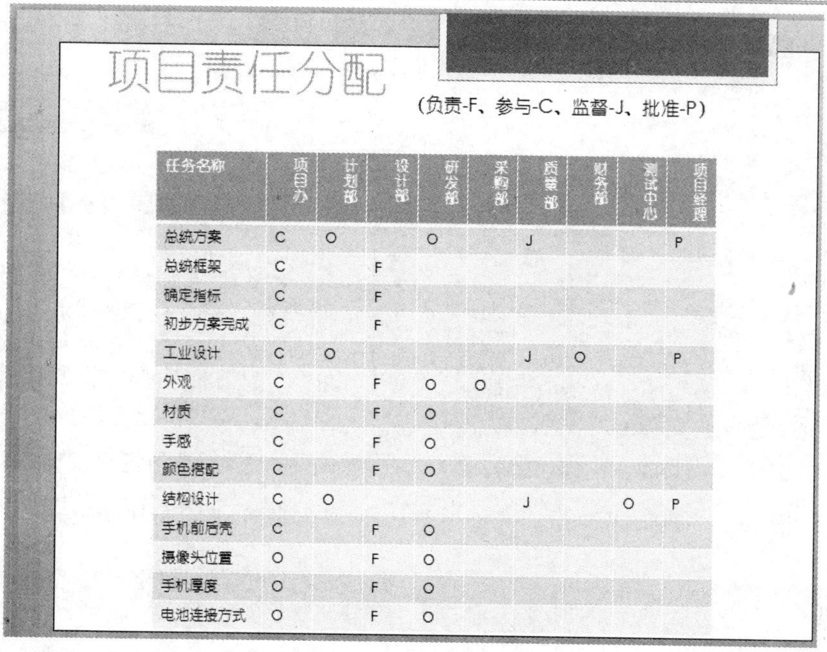

图 14.47　标注责任分配

步骤 14　复制第 6 张幻灯片，接着修改新复制的幻灯片中的内容，结果如图 14.48 所示。

步骤 15　在第 1 列中输入行标题，如图 14.49 所示。

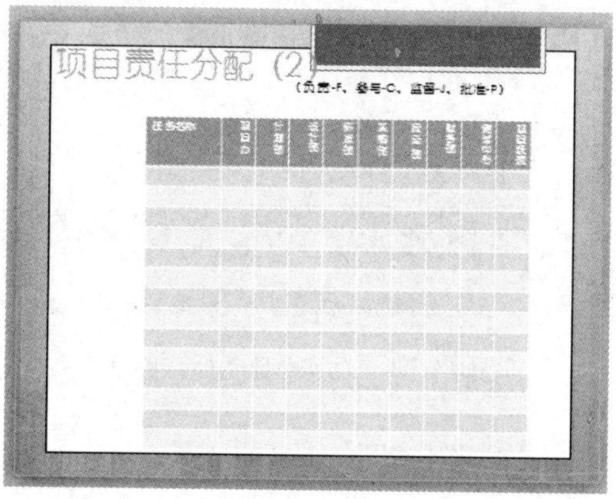

图 14.48　修改幻灯片内容

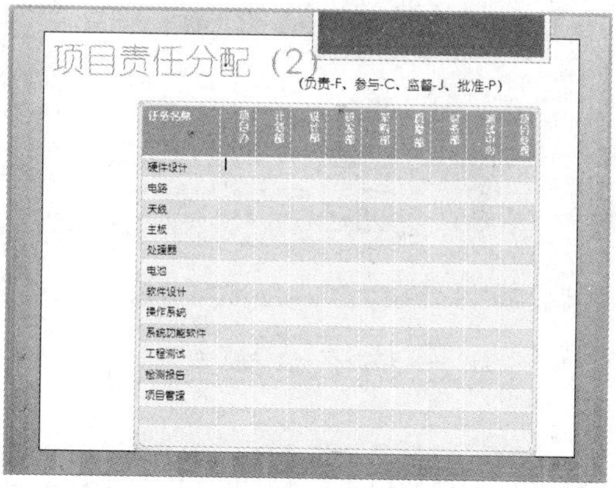

图 14.49　输入行标题

步骤 16　在表格中选中后面多余的空行，然后在“表格工具”下的“布局”选项卡中，单击“行和列”选项组中的“删除”按钮，从弹出的菜单中选择“删除行”命令，如图 14.50 所示。

步骤 17　在表格中标注各任务的责任分配情况，如图 14.51 所示。

步骤 18　在第 6 张幻灯片中选中表格第 2～5 行，然后在“开始”选项卡下的“字体”选项组中单击“颜色”按钮 A ，从弹出的菜单中选择一种颜色，如图 14.52 所示。

步骤 19　参照第 4 张幻灯片中的项目分解图，为不同的任务设置不同的颜色，效果如图 14.53 所示。

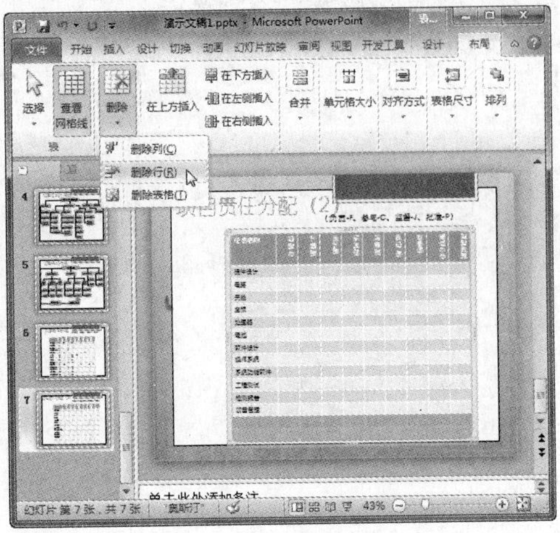

图 14.50　删除空行

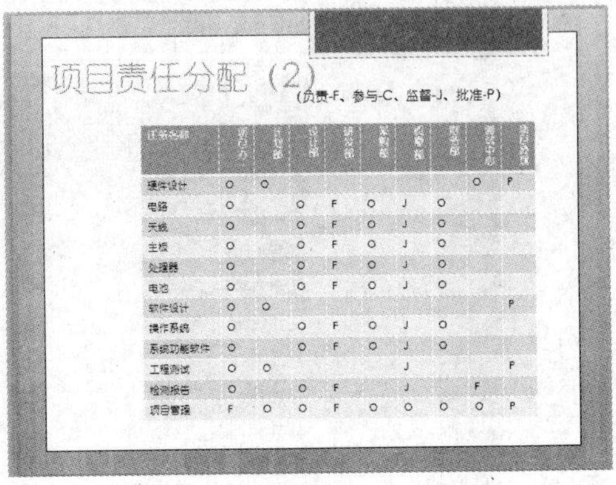

图 14.51　标注责任分配

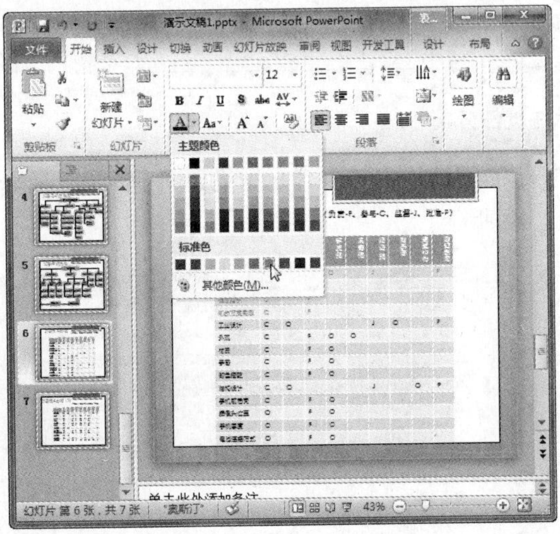

图 14.52　选择颜色

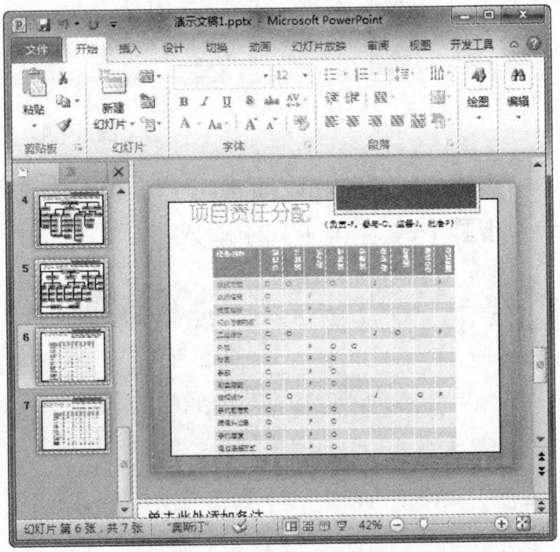

图 14.53　为其他任务标注颜色

14.2.4　借助甘特图制作项目进度幻灯片

甘特图可以直观地表明任务计划在什么时候进行，以及任务实际进展与计划要求的对比情况，以便管理者弄清一项任务(项目)还剩下哪些工作要做，以及评估工作进度。下面借助甘特图制作项目进度幻灯片。

步骤 1　复制第 6 张幻灯片，并将新复制的幻灯片移动至最后位置，如图 14.54 所示。

步骤 2　选中除第 1 列以外的其他列，按 Delete 键删除表格中的内容，如图 14.55 所示。

步骤 3　接着在第 1 行中输入如图 14.56 所示的列标题。

步骤 4　将光标插入最后一列中的任一单元格中，然后在“表格工具”下的“布局”选项卡中，单击“行和列”选项组中的“在右侧插入”按钮，添加一列，如图 14.57

所示。

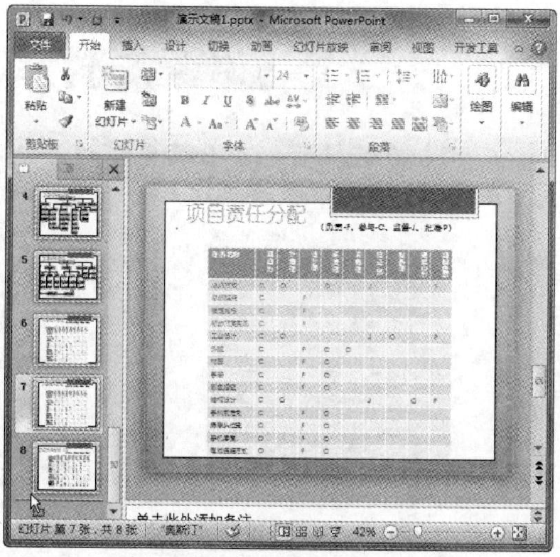

图 14.54　移动新复制的幻灯片

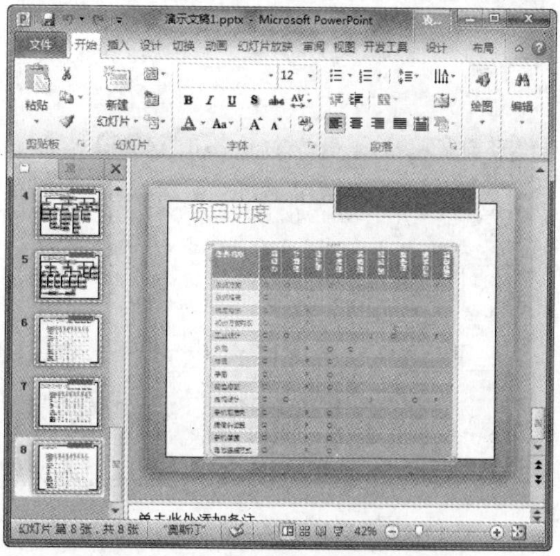

图 14.55　选中除第 1 列以外的其他列

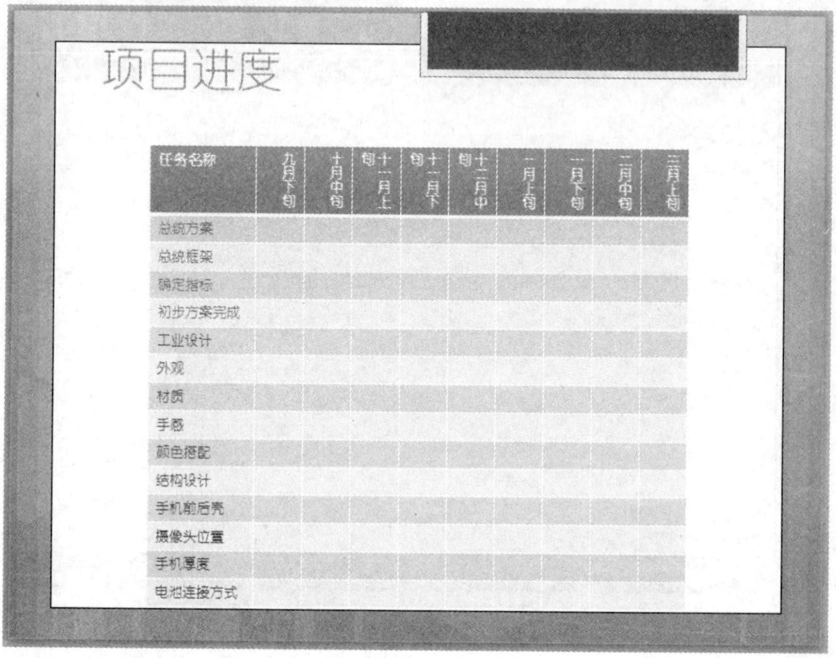

图 14.56　输入列标题

步骤 5　再次单击“在右侧插入”按钮，再添加一列，接着输入这两列的列标题，如图 14.58 所示。

步骤 6　参考前面的方法，调整表格的行高和列宽，以及整个表格的位置，效果如图 14.59 所示。

步骤 7　在表格中选中如图 14.60 所示的单元格区域，然后在“表格工具”下的“布局”选项卡中，单击“合并”选项组中的“合并单元格”按钮。

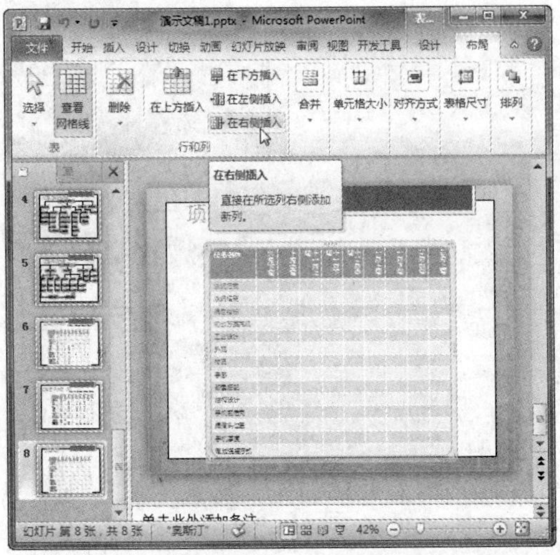

图 14.57　单击“在右侧插入”按钮

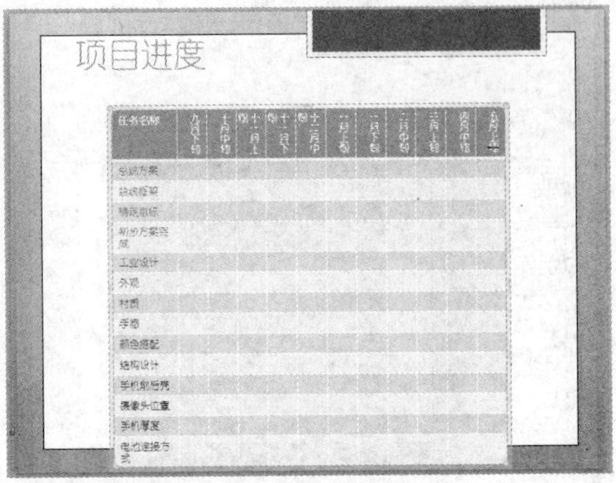

图 14.58　设置新列标题

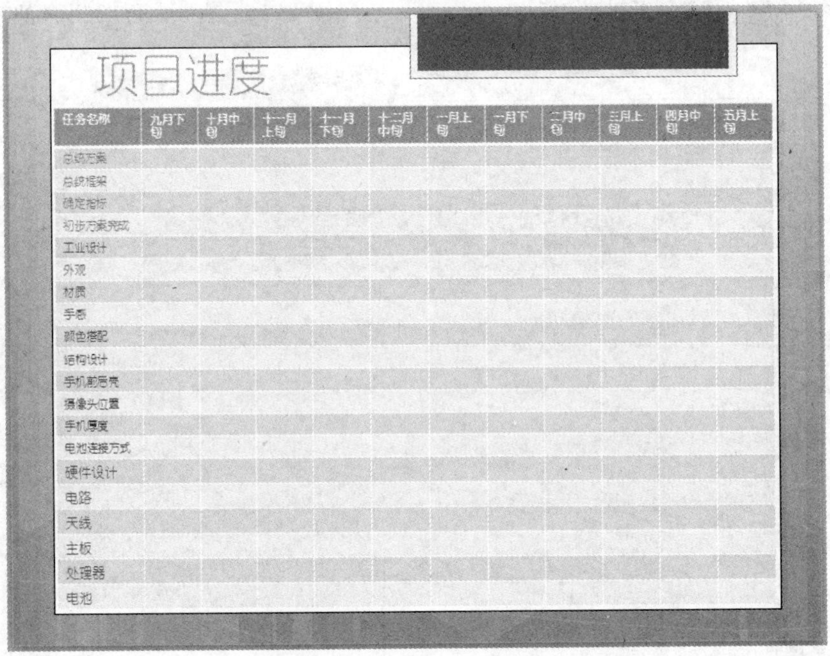

图 14.59　调整表格的行高和列宽

步骤 8　参考上步操作，合并其他列中的单元格，效果如图 14.61 所示。

步骤 9　复制第 8 张幻灯片，接着修改新复制的幻灯片中的内容，最终效果如图 14.62 所示。

步骤 10　切换到第 8 张幻灯片，然后在“插入”选项卡下的“插图”选项组中单击“形状”按钮，从弹出的菜单中单击“圆角矩形”按钮▢，如图 14.63 所示。接着在幻灯片的表格中插入图形。

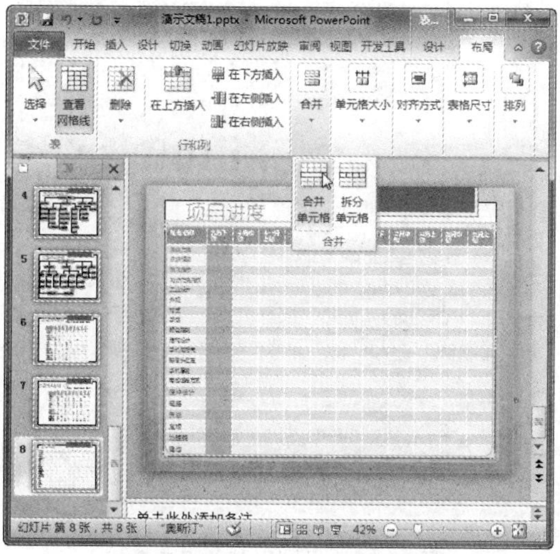

图 14.60　单击“合并单元格”按钮

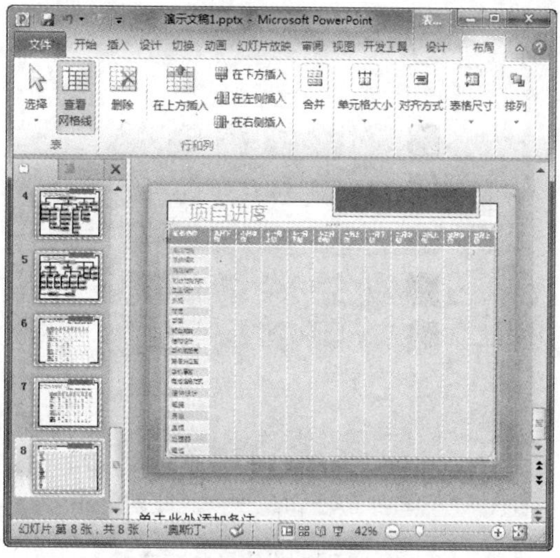

图 14.61　合并其他单元格

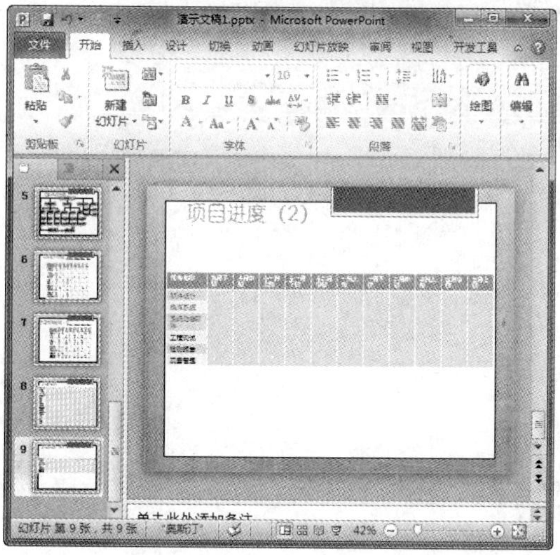

图 14.62　制作“项目进度(2)”幻灯片

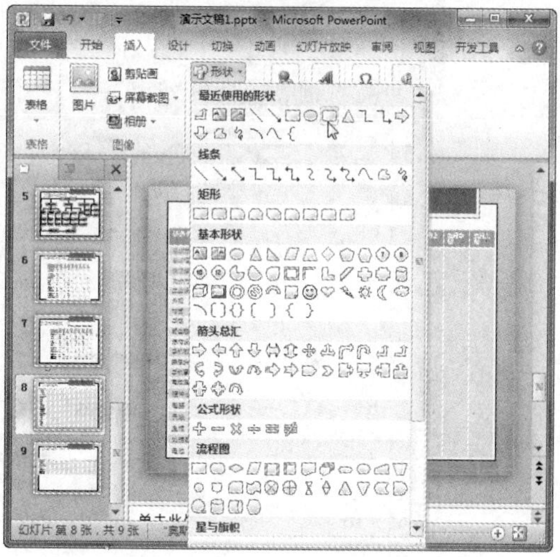

图 14.63　选择形状

步骤 11　单击新插入的图形，然后在“绘图工具”下的“格式”选项卡中，单击“形状样式”选项组中的“其他”按钮，从弹出的菜单中选择一种形状样式，如图 14.64 所示。

步骤 12　接着在“格式”选项卡下的“形状样式”选项组中单击“形状填充”按钮，从弹出的菜单中选择一种填充颜色，如图 14.65 所示。

步骤 13　使用类似的方法制作其余任务的进度条，效果如图 14.66 所示。

步骤 14　同理，接着在第 9 张幻灯片中制作其他任务的进度条，效果如图 14.67 所示。

步骤 15　单击第 8 张幻灯片，然后在“插入”选项卡下的“插图”选项组中单击“形状”按钮，从弹出的菜单中单击“肘形连接符”按钮，如图 14.68 所示。接着在幻灯片中插入该图形。

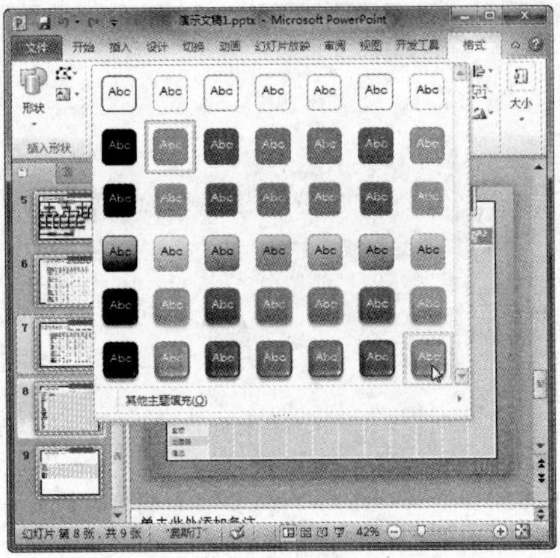

图 14.64 设置形状样式

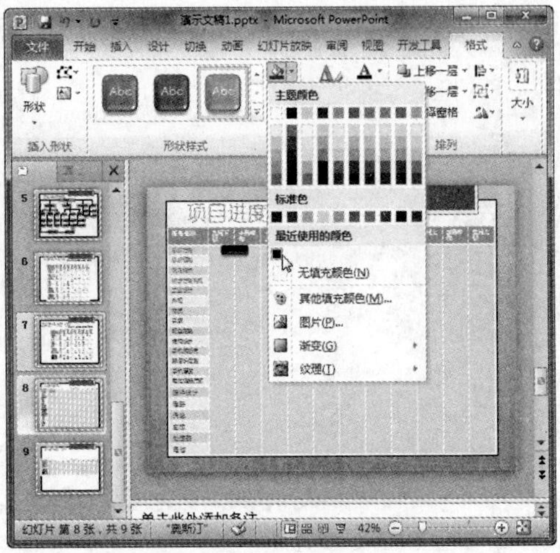

图 14.65 设置形状的填充颜色

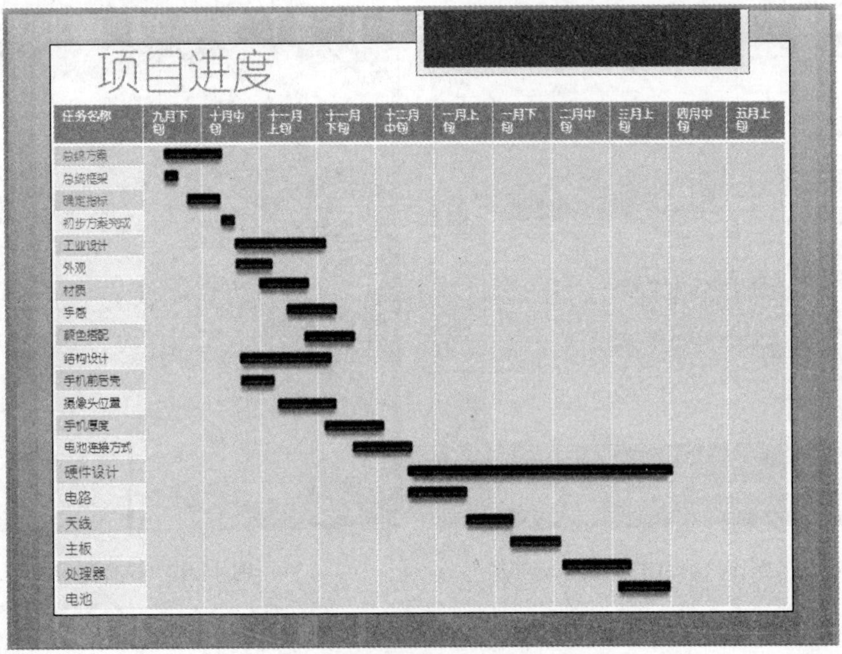

图 14.66 制作任务进度条

步骤 16 单击肘形连接符图形，然后在“绘图工具”下的“格式”选项卡中，单击“形状样式”选项组中的“形状轮廓”按钮，从弹出的菜单中单击“红色”选项，如图 14.69 所示。

步骤 17 在“格式”选项卡下的“形状样式”选项组中单击“形状轮廓”按钮，从弹出的菜单中选择“粗细”|“2.25 磅”命令，如图 14.70 所示。

步骤 18 使用相同的方法，在幻灯片中的其他位置绘制肘形箭头连接符图形，结果如图 14.71 所示。

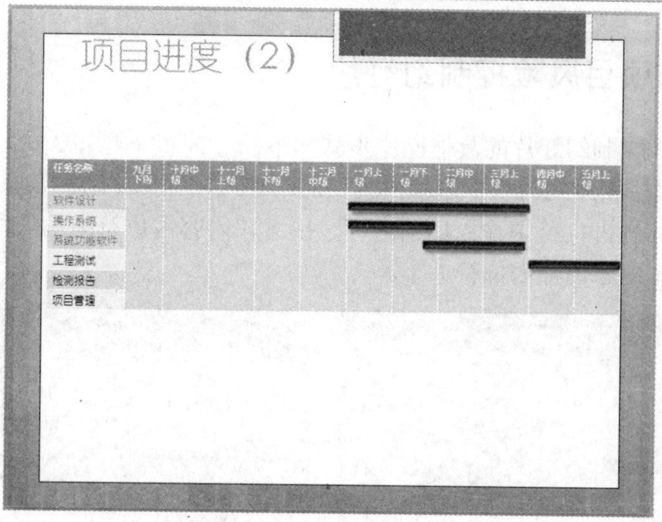

图 14.67 编辑第 9 张幻灯片

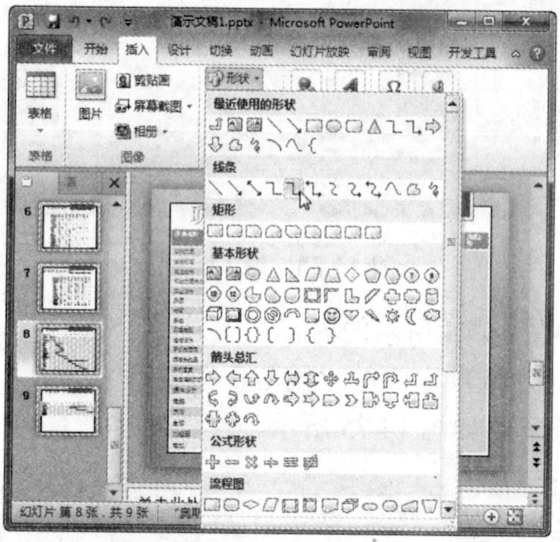

图 14.68 单击“肘形连接符”图标

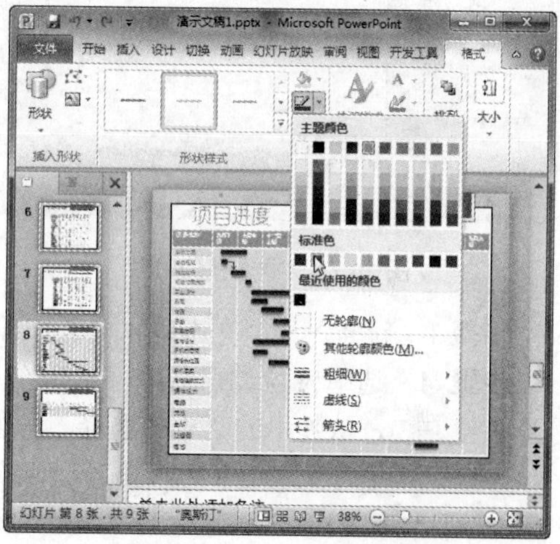

图 14.69 设置图形颜色

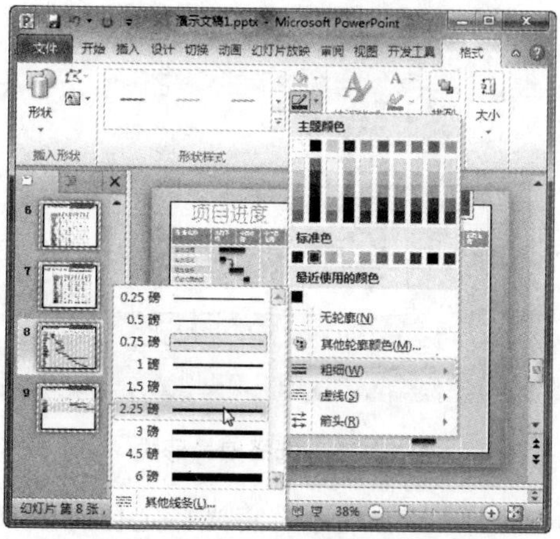

图 14.70 设置形状轮廓粗细

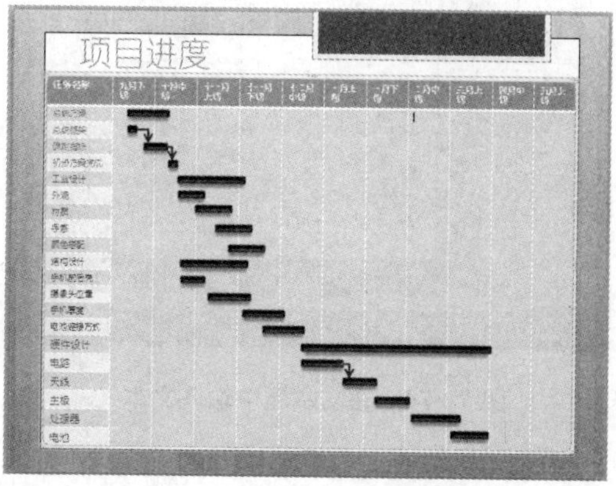

图 14.71 继续绘制肘形连接符图形

14.2.5 制作项目风险控制幻灯片

制作项目风险控制幻灯片的具体操作步骤如下。

步骤 1 新建一张版式为“标题和内容”的幻灯片，如图 14.72 所示。

步骤 2 在标题占位符中输入标题内容，接着在内容占位符中输入如图 14.73 所示的内容，并根据文本内容调整占位符大小。

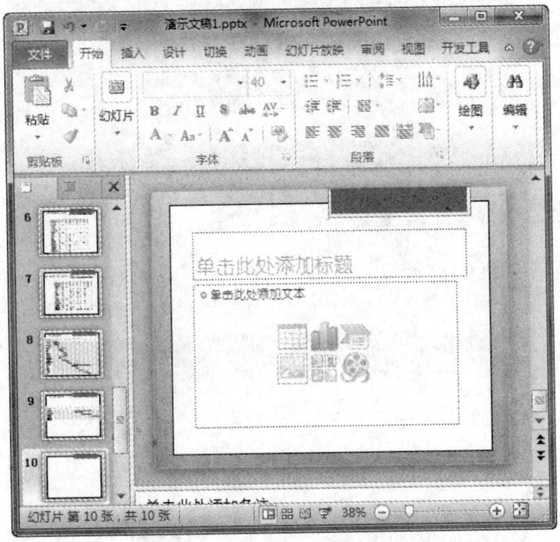

图 14.72 插入新幻灯片

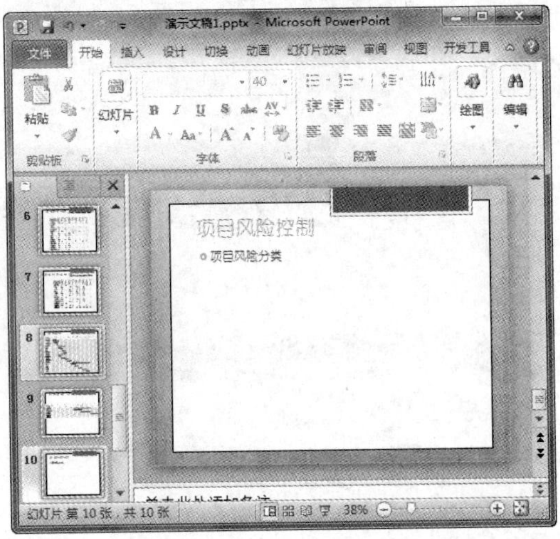

图 14.73 输入标题

步骤 3 新插入一个文本框，向其中输入如图 14.74 所示的内容。

步骤 4 选中风险类别名称，然后在“开始”选项卡下的“段落”选项组中单击“编号”按钮，从弹出的菜单中选择一种编号形式，如图 14.75 所示。

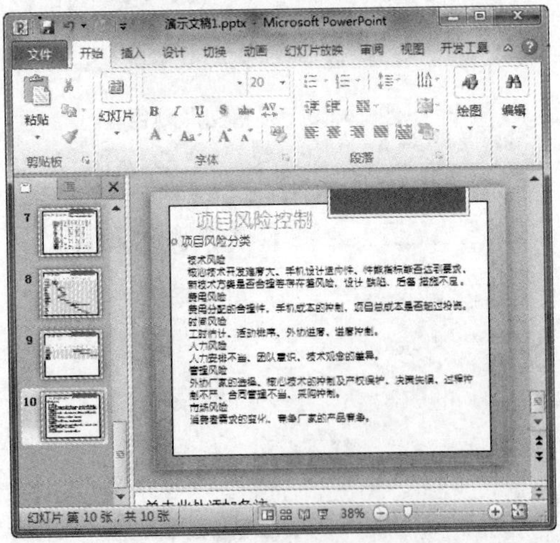

图 14.74 在文本框中输入文本

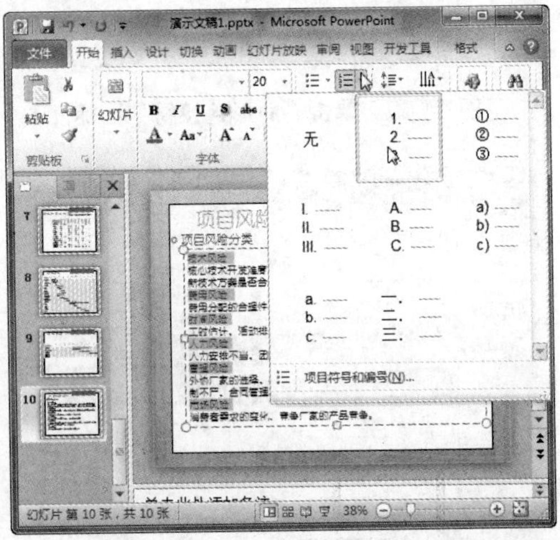

图 14.75 选择编号形式

步骤 5 这时会发现各段的编号都是“1”，如图 14.76 所示，将光标定位到第二个编号段落中。

步骤 6　在“开始”选项卡下的“段落”选项组中单击“编号”按钮，从弹出的菜单中选择“项目符号和编号”命令，如图 14.77 所示。

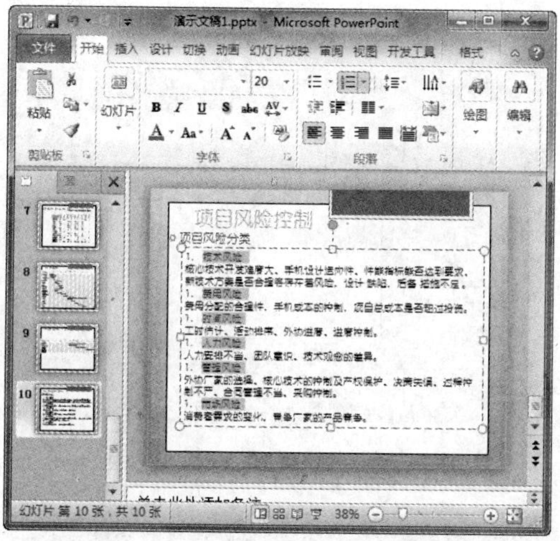

图 14.76　查看设置编号后的效果

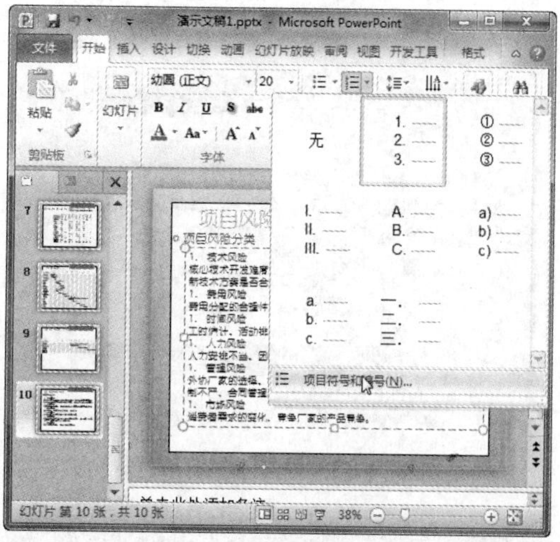

图 14.77　选择“项目符号和编号”命令

步骤 7　弹出“项目符号和编号”对话框，切换到“编号”选项卡，接着单击“起始编号”微调框右侧的微调按钮，设置“起始编号”为 2，如图 14.78 所示。

步骤 8　单击“确定”按钮，返回演示文稿，即可发现第二个编号 1 改为 2 了，如图 14.79 所示。

图 14.78　设置起始编号

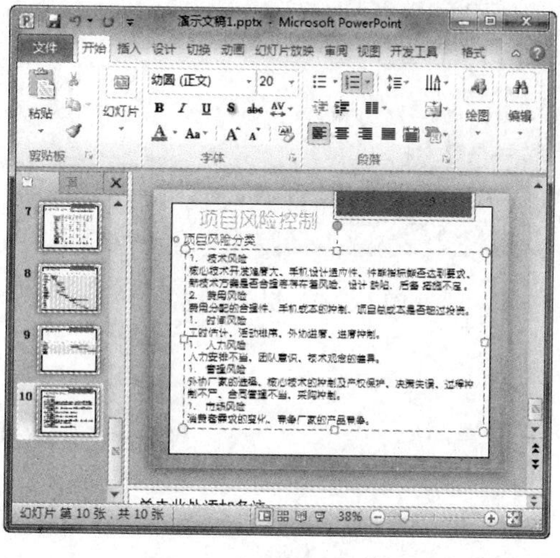

图 14.79　返回演示文稿

步骤 9　同理，修改后四项编号，结果如图 14.80 所示。

步骤 10　复制第 10 张幻灯片，接着修改新复制的幻灯片的内容，效果如图 14.81 所示。

步骤 11　在“插入”选项卡下的“表格”选项组中单击“表格”按钮，接着从弹出的菜单中选择要插入的表格行数和列数，插入表格，如图 14.82 所示。

步骤 12　在表格中输入如图 14.83 所示的内容。至此，本案例制作完成。

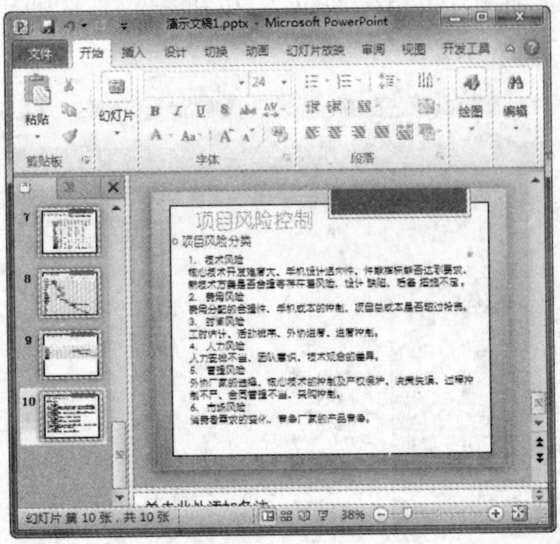

图 14.80　修改后四项编号

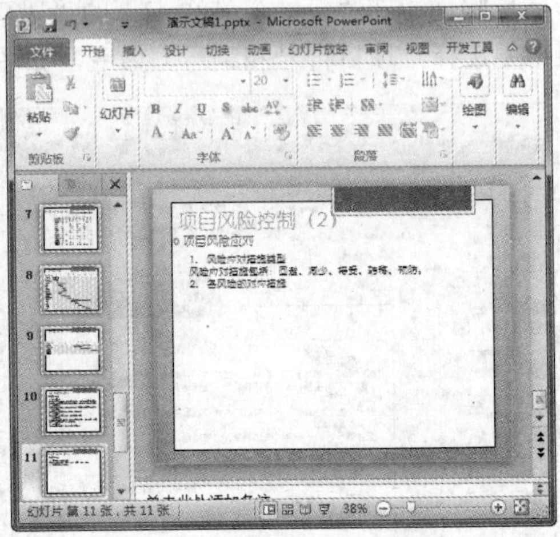

图 14.81　编辑第 11 张幻灯片

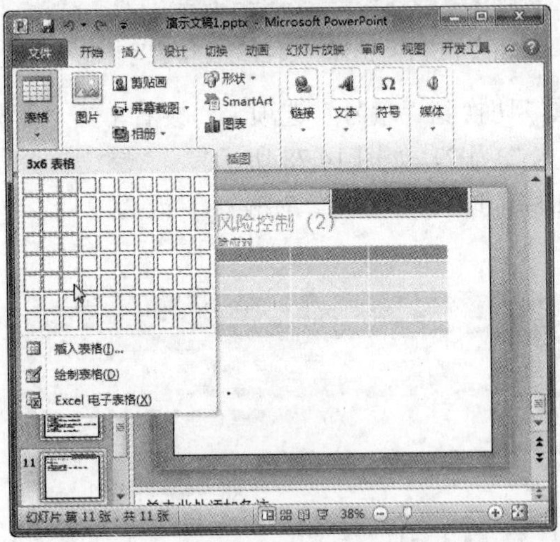

图 14.82　插入表格

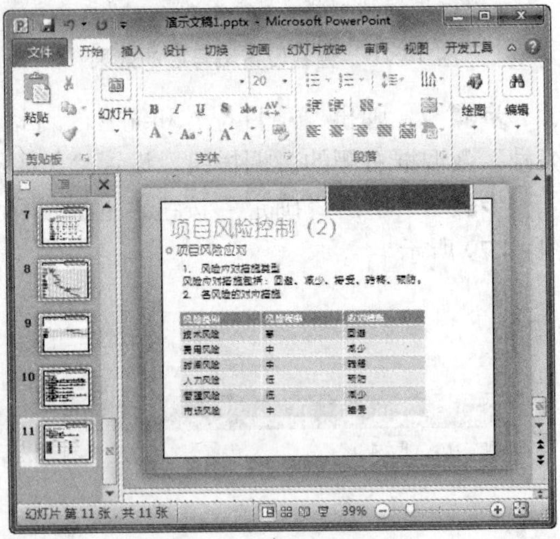

图 14.83　输入文本

14.3　设置动画效果

为了增加观众的兴趣，下面为幻灯片设置一些动画效果，具体操作步骤如下。

步骤 1　在演示文稿中单击第 1 张幻灯片，然后在“切换”选项卡下的“切换到此幻灯片”选项组中单击“其他”按钮，从弹出的菜单中选择一种切换效果，如图 14.84 所示。

步骤 2　使用同样的方法，可以为第 2 张幻灯片设置另一种切换效果，如图 14.85 所示。若要所有幻灯片使用同一种切换效果，可以在“切换”选项卡下的“计时”选项组中单击“全部应用”按钮。

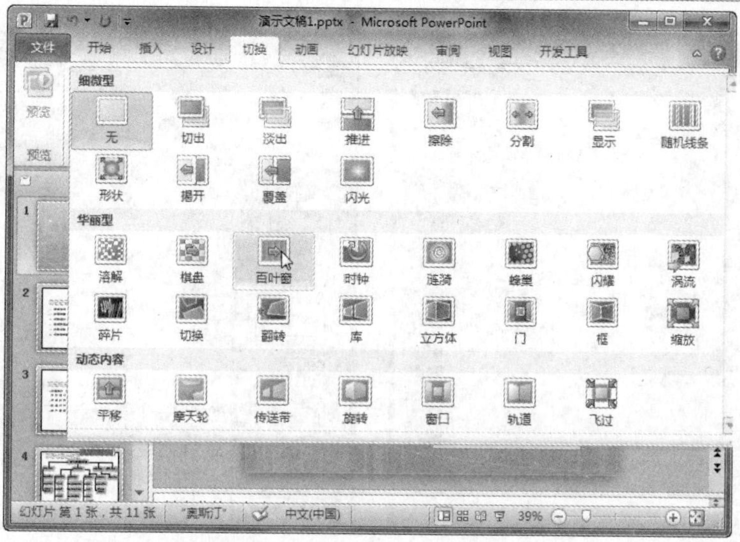

图 14.84　设置第 1 张幻灯片的切换方式

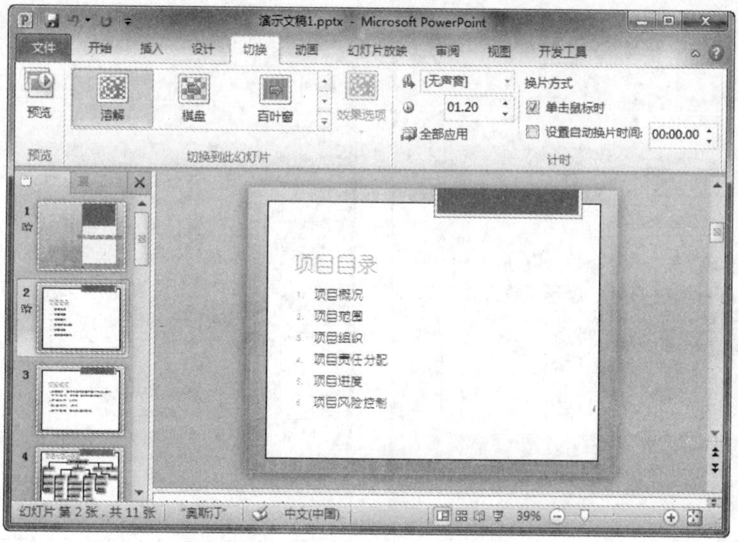

图 14.85　设置第 2 张幻灯片的切换方式

步骤 3　在第 3 张幻灯片中单击标题，然后在“动画”选项卡下的“动画”选项组中单击“动画样式”按钮，从弹出的菜单中选择一种动画样式，这里选择“飞入”选项，如图 14.86 所示。

步骤 4　接着在第 3 张幻灯片中选中内容，然后在“动画”选项卡下的“高级动画”选项组中单击“添加动画”按钮，从弹出的菜单中选择一种动画样式，这里选择“陀螺旋”选项，如图 14.87 所示。

步骤 5　在第 4 张幻灯片中选中除标题以外的所有对象，然后在“绘图工具”下的“格式”选项卡中，单击“排列”选项组中的“组合”按钮，从弹出的菜单中选择“组合”命令，如图 14.88 所示。

步骤 6　单击组合后的对象，这里选择“翻转式由远及近”选项，如图 14.89 所示。

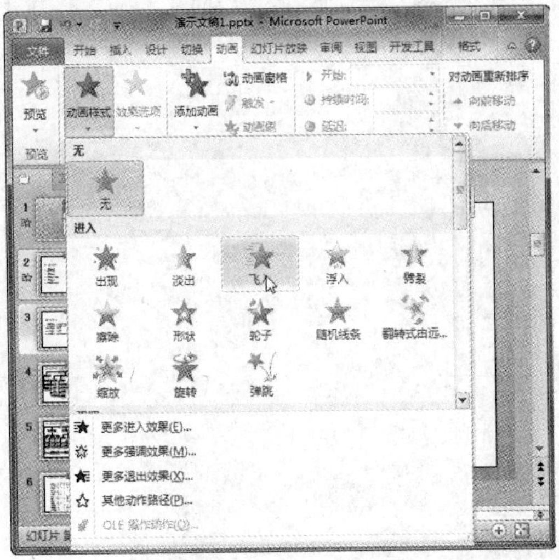

图 14.86　选择“飞入”选项

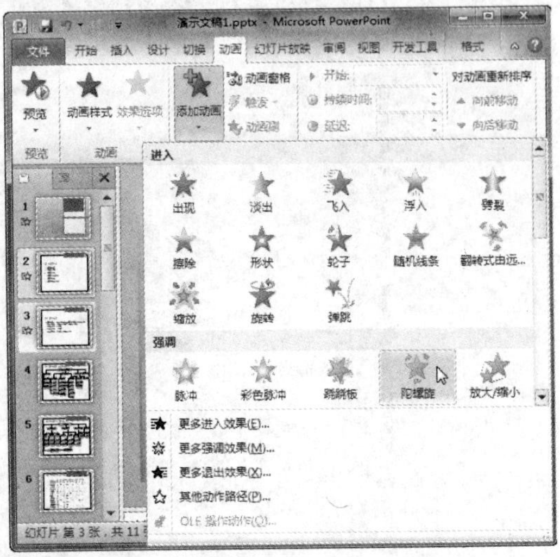

图 14.87　选择“陀螺旋”选项

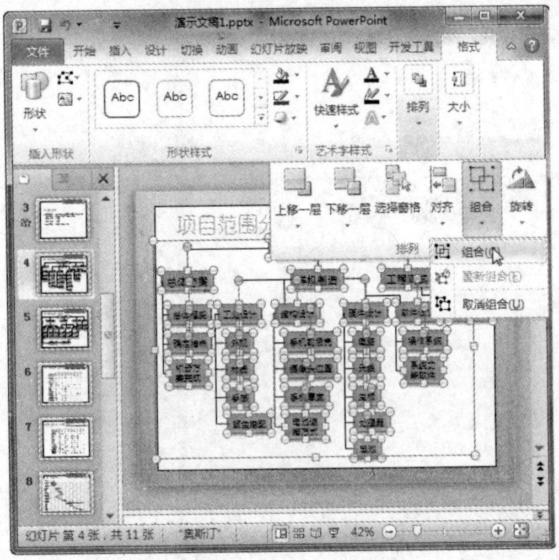

图 14.88　组合图形

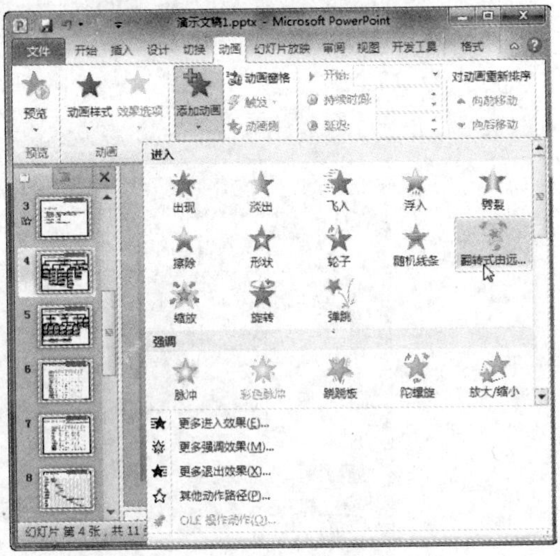

图 14.89　选择“翻转式由远及近”选项

步骤 7　使用类似的方法，组合第 5 张幻灯片中的图形，然后在“动画”选项卡下的“高级动画”选项组中单击“添加动画”按钮，从弹出的菜单中选择“更多进入效果”命令，如图 14.90 所示。

步骤 8　弹出“添加进入效果”对话框，选择要使用的动画效果，再单击“确定”按钮，如图 14.91 所示。

步骤 9　参考上述操作，可以为其他幻灯片中的对象设置不同的动画效果。

步骤 10　单击某个设置了动画效果的对象，然后在“动画”选项卡下的“计时”选项组中，可以设置该动画的参数，或者是在“高级动画”选项组中单击“动画窗格”按钮，如图 14.92 所示。

步骤 11　打开“动画窗格”任务窗格，在列表框中右击要设置的动画选项，从弹出的快捷菜单中选择“效果选项”命令，如图 14.93 所示。

图 14.90　选择“更多进入效果”命令

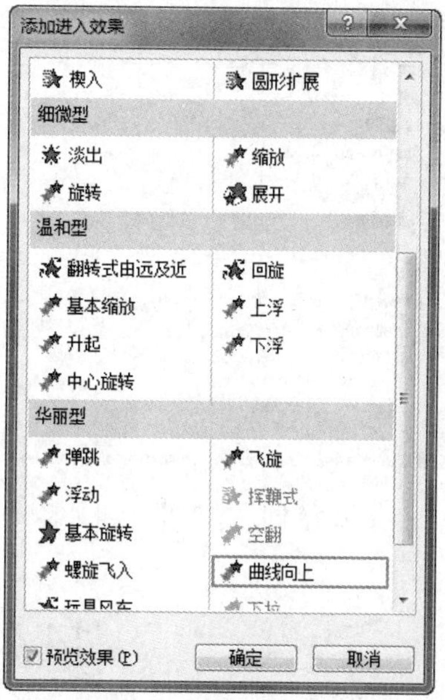

图 14.91　“添加进入效果”对话框

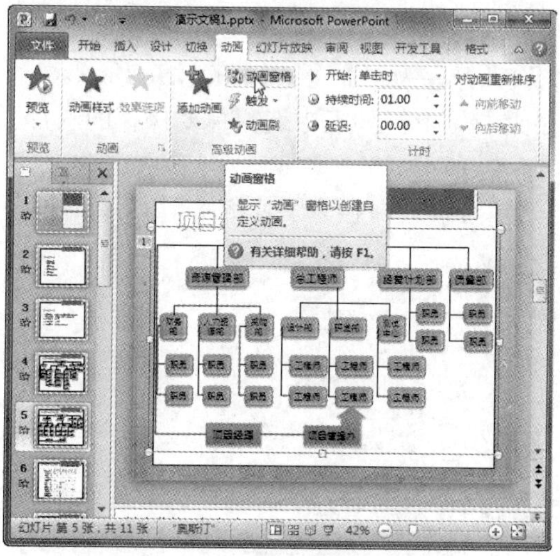

图 14.92　单击“动画窗格”按钮

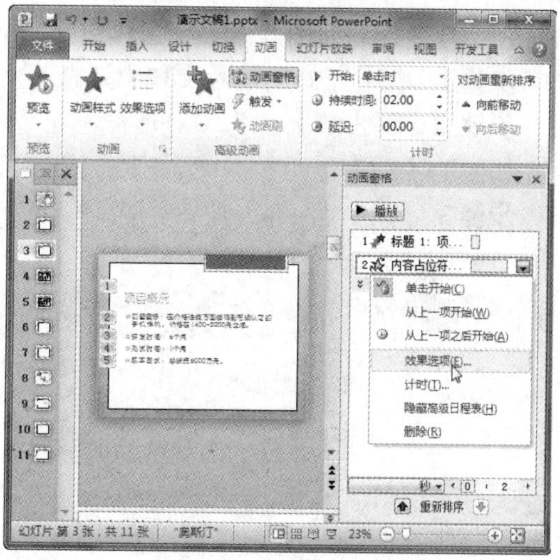

图 14.93　打开“动画窗格”任务窗格

步骤 12　在弹出的对话框中切换到“效果”选项卡，在这里设置动画效果，包括“声音”、“动画播放后”、“动画文本”等参数，如图 14.94 所示。

步骤 13　在“计时”选项卡下设置动画计时参数，包括“开始”、“延迟”、“期间”、“重复”等参数，完成后单击“确定”按钮，如图 14.95 所示。

步骤 14　返回演示文稿窗口，在“动画窗格”任务窗格中单击“播放”按钮，预览调整后的效果，直至满意。最后保存演示文稿。

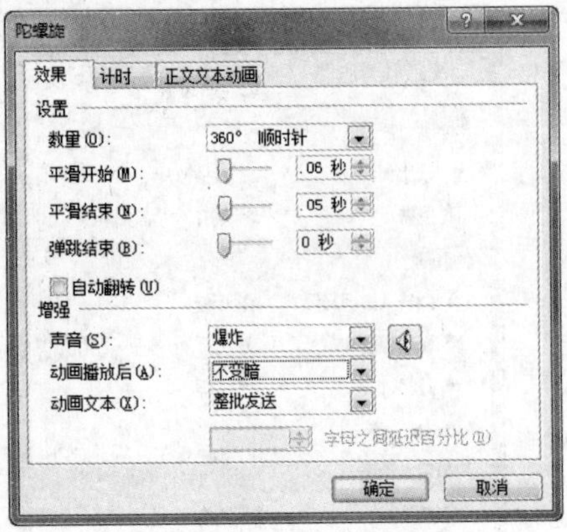

图 14.94 “效果”选项卡

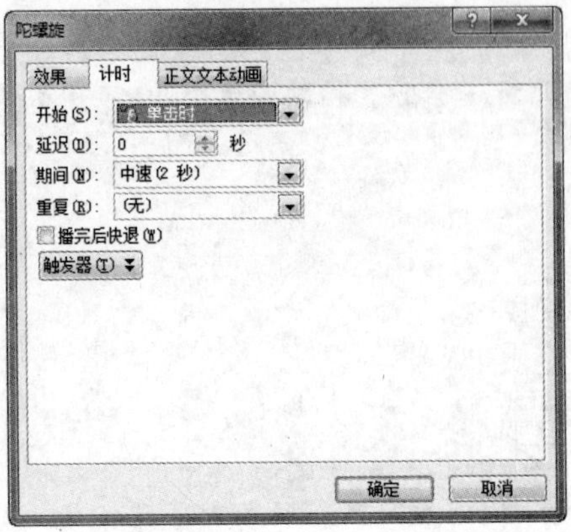

图 14.95 “计时”选项卡

14.4 提 高 指 导

14.4.1 将幻灯片保存为图片

将幻灯片保存为图片的具体操作步骤如下。

步骤 1 在制作好的演示文稿中选择“文件”|“另存为”命令，如图 14.96 所示。

步骤 2 弹出“另存为”对话框，在“保存类型”下拉列表中选择需要保存的图片类型，如图 14.97 所示。

步骤 3 单击“保存”按钮，就可以看到该演示文稿被保存为图片格式了。

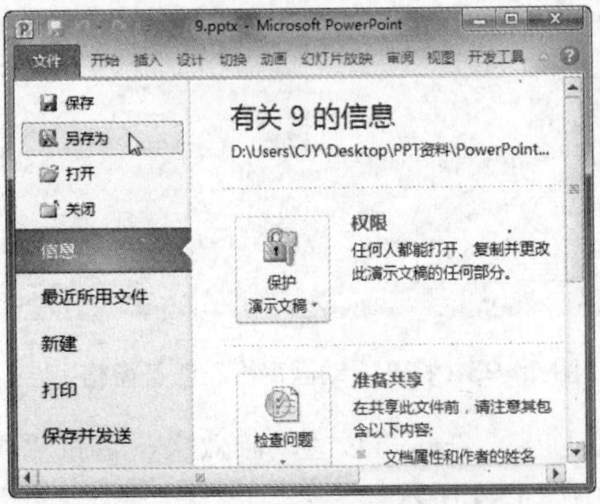

图 14.96 选择“另存为”命令

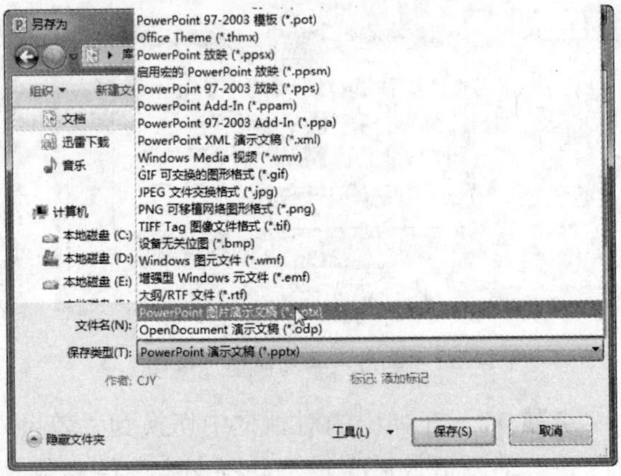

图 14.97 选择保存类型

14.4.2 快速修正英文大小写

为了避免在向幻灯片中输入英文时出现大小写错误，用户可以巧用自动更正功能来快速修正英文大小写错误，具体操作步骤如下。

步骤 1　在 PowerPoint 2010 程序中选择“文件”|“选项”命令，弹出“PowerPoint 选项”对话框，如图 14.98 所示。

步骤 2　在左侧窗格中单击“校对”选项，接着在右侧窗格中单击“自动更正选项”按钮，弹出“自动更正”对话框，如图 14.99 所示。

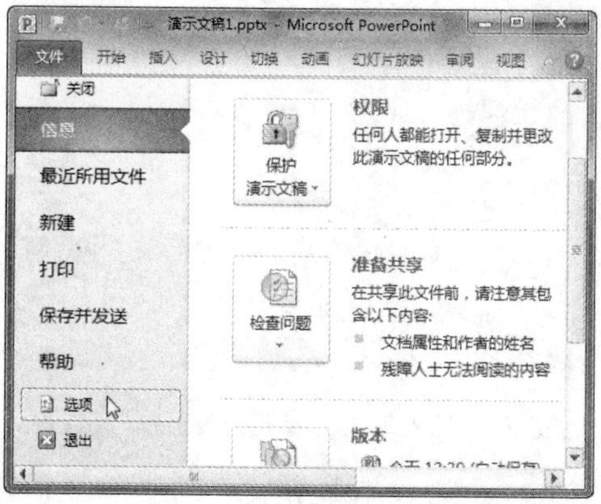

图 14.98　选择“选项”命令

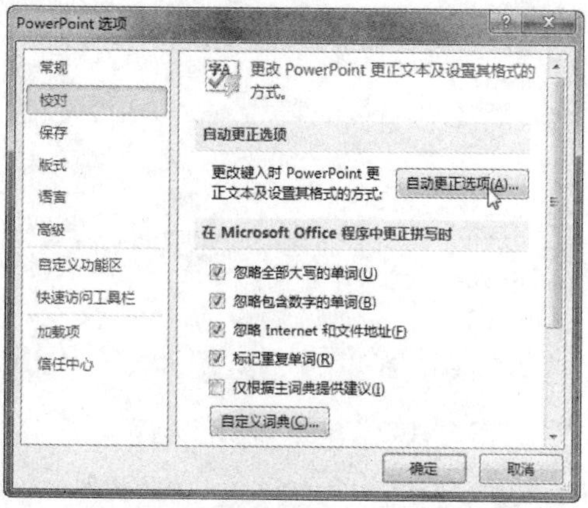

图 14.99　“PowerPoint 选项”对话框

步骤 3　切换到“自动更正”选项卡，接着单击“例外项”按钮，如图 14.100 所示。

步骤 4　弹出“‘自动更正’例外项”对话框，设置哪些英文不需要更正大小写。设置完毕后，单击“确定”按钮，如图 14.101 所示。

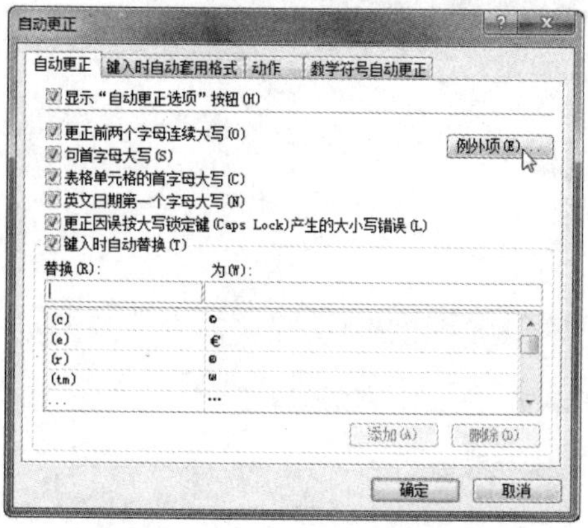

图 14.100　“自动更正”对话框

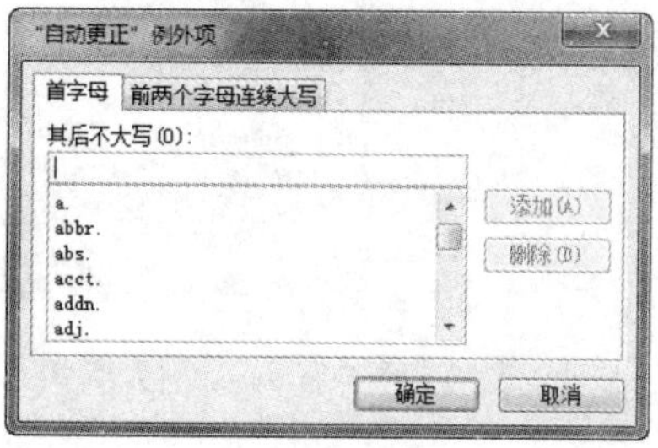

图 14.101　“自动更正例外项”对话框

14.4.3　将正文文本拆分为两个幻灯片

将正文文本快速拆分为两张幻灯片的具体操作步骤如下。

步骤 1　在普通视图下单击左侧窗格中的“大纲”选项卡，然后将光标插入到要拆分的位置，再按 Enter 键，如图 14.102 所示。

步骤 2　在“开始”选项卡下的“段落”选项组中单击“降低列表级别”按钮，如图 14.103 所示。

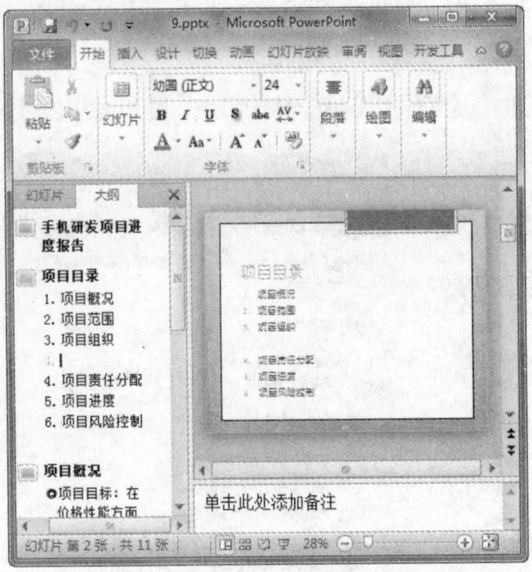

图 14.102　单击“大纲”选项卡

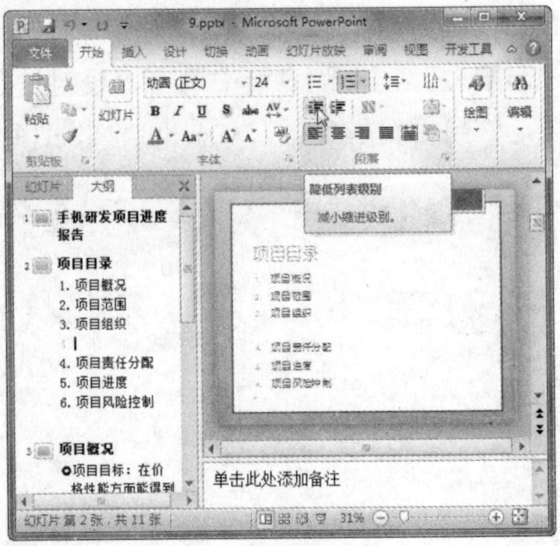

图 14.103　单击“降低列表级别”按钮

步骤 3　这时即可发现文本被拆分为两张幻灯片，如图 14.104 所示。

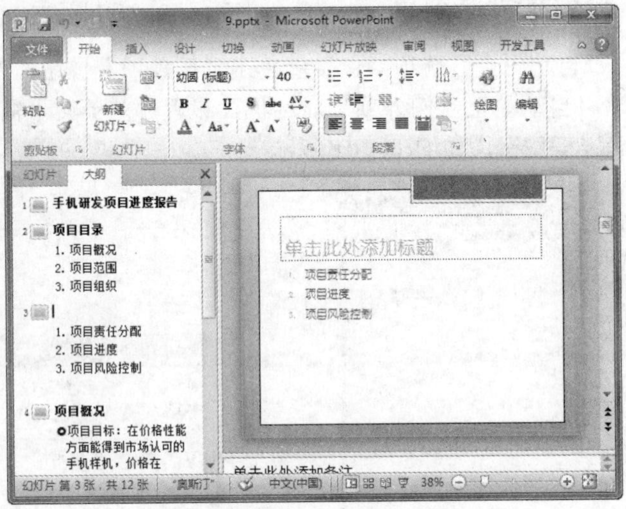

图 14.104　文本被拆分为两张幻灯片

14.4.4　禁止随占位符自动调整文本大小

当向占位符中添加的文本超过占位符的大小时，PowerPoint 默认是自动调整字体的大小以适应占位符的大小。那么，如何关闭自动调整功能呢？具体操作步骤如下。

步骤 1　参考前面的操作方法，打开“PowerPoint 选项”对话框，然后在左侧窗格中单击“校对”选项，接着在右侧窗格中单击“自动更正选项”按钮。

步骤 2　弹出“自动更正”对话框，切换到“键入时自动套用格式”选项卡，接着在“键入时应用”选项组中取消选中“根据占位符自动调整标题文本”和“根据占位符自动调整正文文本”复选框，再单击“确定”按钮，如图 14.105 所示。

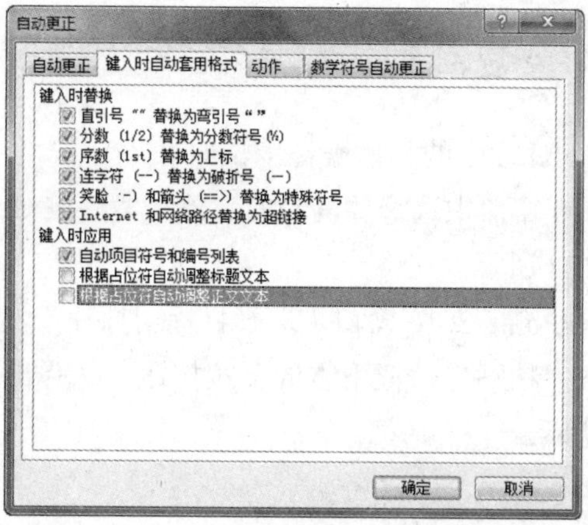

图 14.105　“自动更正”对话框

14.4.5　在文本位置不变的基础上旋转绘制的图形

在 PowerPoint 中提供了几种旋转类型，可以使绘制的图形绕中心点旋转。但是，这样会使图形上的文本随着旋转，有可能会造成一定程度的失真。为此，下面就告诉大家如何在保持文本位置不变的基础上旋转绘制的图形，具体操作步骤如下。

步骤 1　右击要旋转的图形，从弹出的快捷菜单中选择“设置形状格式”命令，弹出“设置形状格式”对话框。

步骤 2　在左侧窗格中单击“三维旋转”选项，在右侧窗格的“旋转”选项组中设置绕 X、Y 和 Z 轴旋转的度数，然后在“文本”选项组中选中“保持文本平面状态”复选框，如图 14.106 所示。

步骤 3　单击“关闭”按钮，返回演示文稿，即可发现图形旋转了，但图形上的文本却没有随着旋转，如图 14.107 所示。

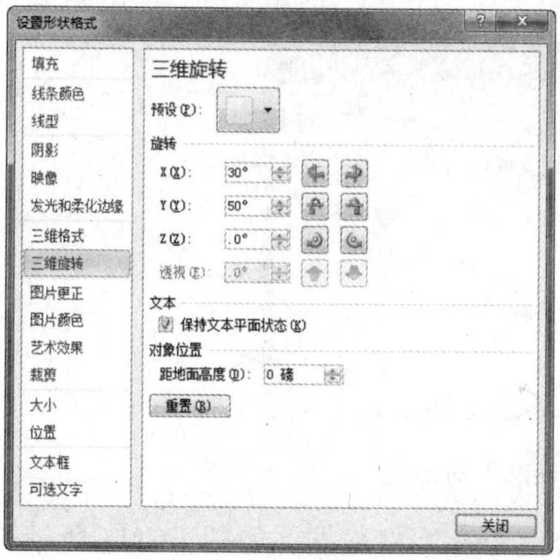

图 14.106　“设置形状格式”对话框

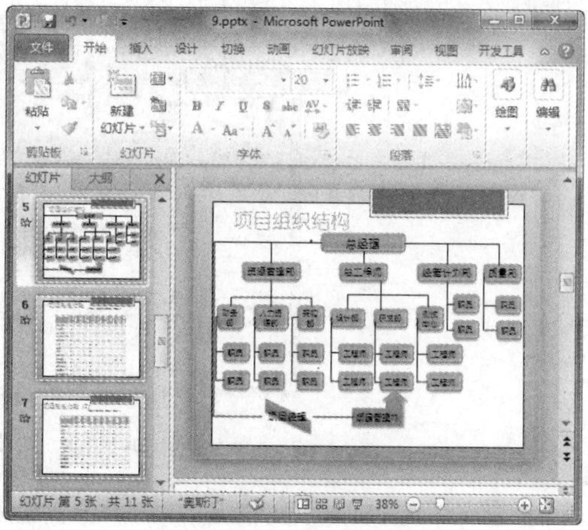

图 14.107　查看旋转效果

14.4.6 将 Excel 对象复制到幻灯片中

将 Excel 对象复制到幻灯片中的具体操作步骤如下。

步骤 1 在 Excel 2010 窗口中选择要复制的对象，然后按 Ctrl+C 组合键，将该对象复制到剪贴板中，如图 14.108 所示。

步骤 2 切换到 PowerPoint 2010 窗口，选择目标幻灯片，然后在“开始”选项卡下的“剪贴板”选项组中单击“粘贴”按钮下方的下拉按钮，从弹出的菜单中选择“选择性粘贴”命令，如图 14.109 所示。

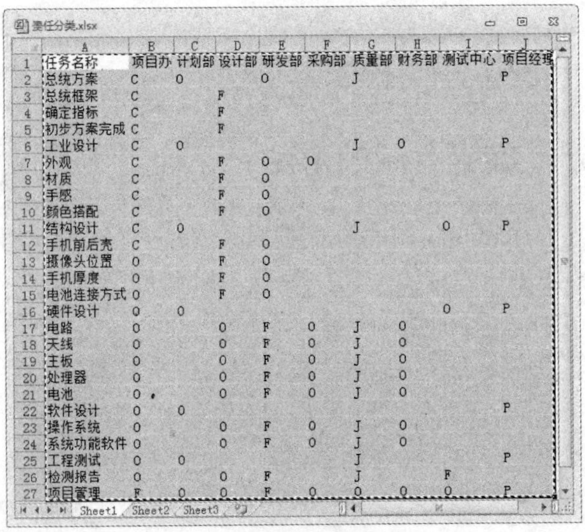

图 14.108 选择要复制的 Excel 对象

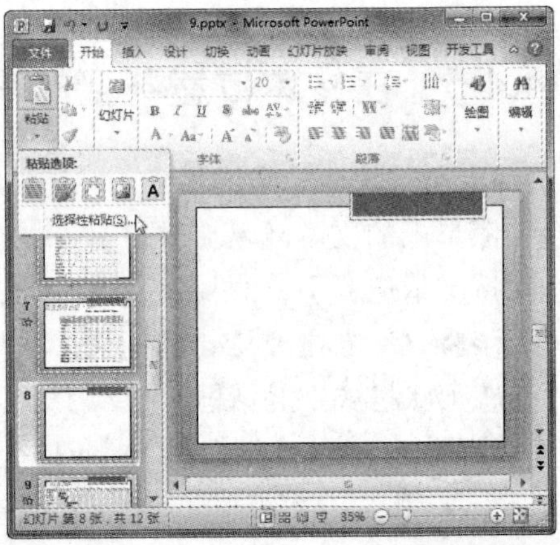

图 14.109 选择“选择性粘贴”命令

步骤 3 弹出“选择性粘贴”对话框，选中“粘贴”单选按钮，然后在“作为”列表框中选中“Microsoft Excel 工作表 对象”选项，再单击“确定”按钮，如图 14.110 所示。

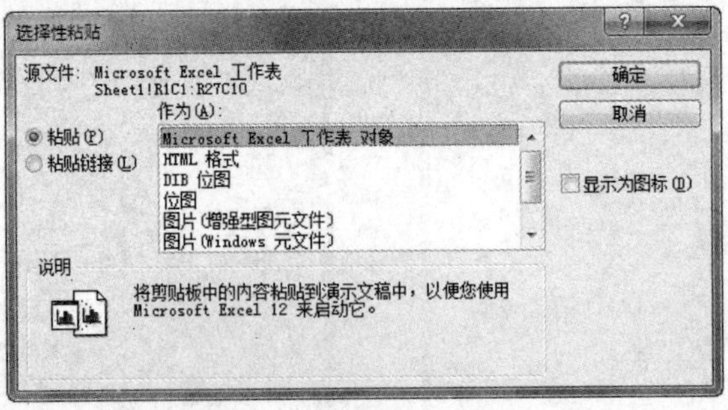

图 14.110 “选择性粘贴”对话框

步骤 4 返回演示文稿窗口，即可看到粘贴的 Excel 表格数据，如图 14.111 所示。

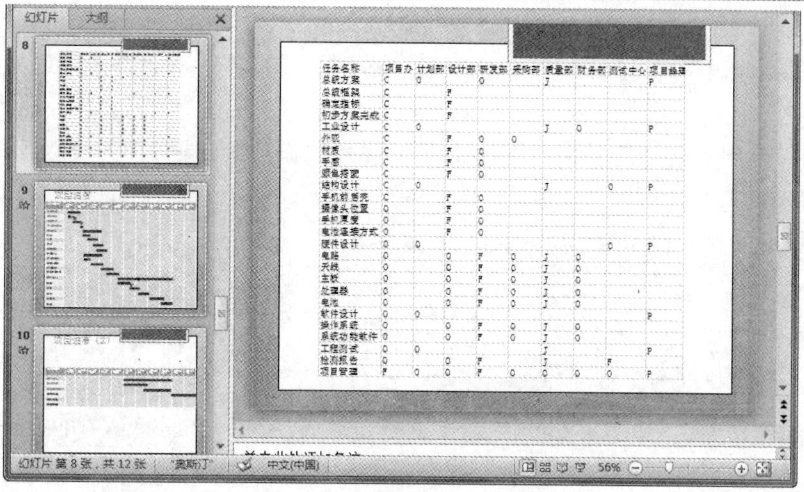

图 14.111　查看粘贴的 Excel 对象

14.4.7　调整相邻两个字符间的距离

字符间距是指段落中两个相邻文字的距离。在 PowerPoint 中设置字符间距的具体操作步骤如下。

步骤 1　选中要设置的文本，然后在“开始”选项卡下的“字体”选项组中单击“字符间距”按钮，从弹出的菜单中选择一种命令即可，如图 14.112 所示。

步骤 2　若要自定义字符间距，可以选择“其他间距”命令，弹出“字体”对话框，在“字符间距”选项卡下设置“间距”、“度量值”等参数，最后单击“确定”按钮，如图 14.113 所示。

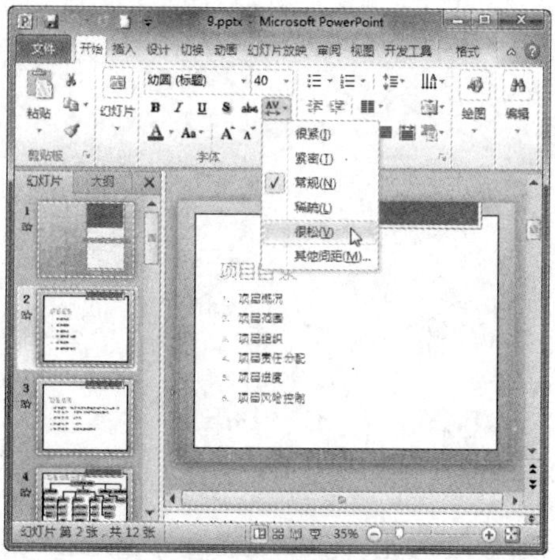

图 14.112　设置字符间距

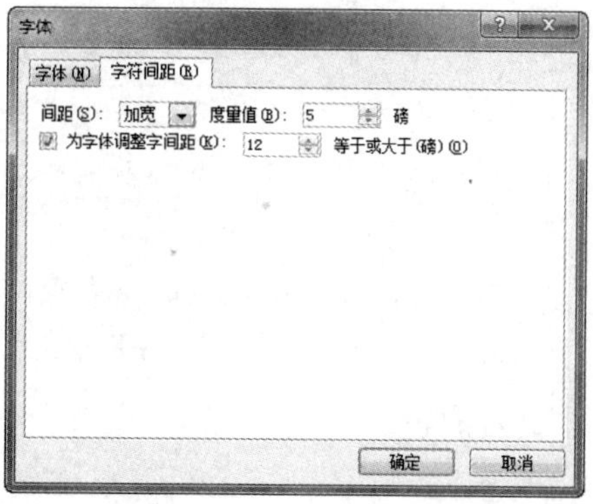

图 14.113　“字体”对话框

14.4.8　拆分单元格

若合并的单元格位置错误，除了使用“撤消”按钮返回合并之前外，还可以通过拆分功能将表格还原，具体操作步骤如下。

步骤 1 将鼠标光标定位到要拆分的单元格中，然后在“布局”选项卡下的“合并”选项组中单击“拆分单元格”按钮，如图 14.114 所示。

步骤 2 弹出“拆分单元格”对话框，设置列数和行数，再单击“确定”按钮即可，如图 14.115 所示。

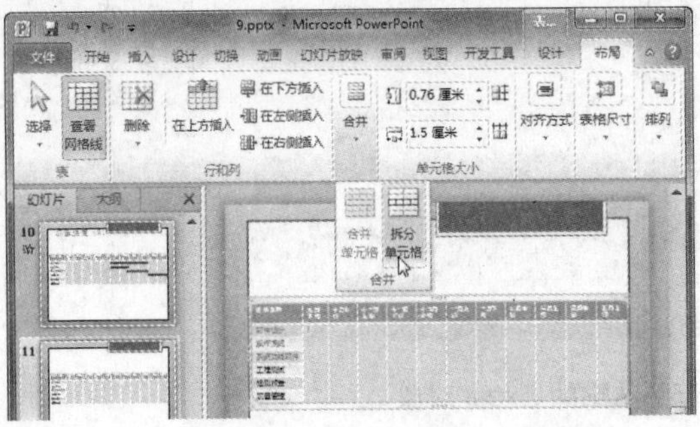

图 14.114 单击“拆分单元格”按钮

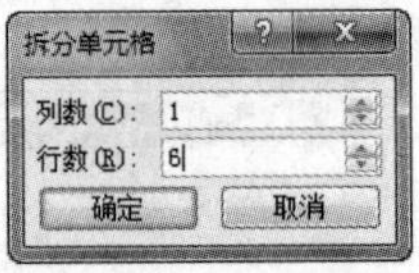

图 14.115 “拆分单元格”对话框

14.5 习 题

一、选择题

(1) 在创建项目进度报告的文字说明时，可使用的快捷创建操作为按(　　)组合键。

A. Shift+Enter　　B. Shift+Ctrl

C. Shift+Tab　　D. Shift+Alt

(2) 设置形状格式时，可以使颜色为纯色的选项是(　　)。

A. 无填充　　B. 纯色填充

C. 渐变填充　　D. 幻灯片背景填充

(3) 下列选项中，哪一个是燕尾型箭头(　　)。

A. 　　B. 　　C. 　　D. 

(4) 下列选项中，不属于动画的种类是(　　)。

A. 进入　　B. 退入　　C. 动作路径　　D. 出现

(5) 保存为图片演示文稿的格式是(　　)。

A. .PPTX　　B. .PPSX　　C. .POTX　　D. .GIF

二、实训题

(1) 在幻灯片中添加一个 9×8 表格，表格为白色，在第 1 行 2～9 单元格中分别输入“1 个月”、“2 个月”、“3 个月”、“4 个月”、“5 个月”、“6 个月”、“7 个月”、“8 个月”。

(2) 为连续的两张幻灯片设置切换效果，切换效果自选。

(3) 将制作的演示文稿保存为较低的版本可以打开的文件格式。

第 15 章

经典实例：制作公司博客

在互联网技术日益发展的今天，为了联系拓宽业务，让更多的客户了解公司产品和服务内容，及时获得顾客的反馈意见以便公司更好地成长，通常会在网上开通公司博客或是建立公司网站来充当桥梁。本章将详细介绍制作公司博客的方法和操作技巧。

本章主要内容

- 设计博客首页
- 制作博客主体内容
- 设置导航栏的链接功能

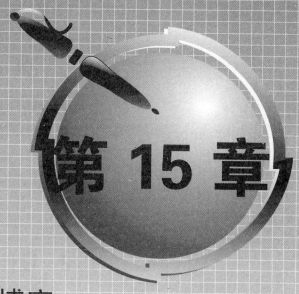

15.1 要点分析

通过本章的学习，一方面可以掌握使用 PowerPoint 制作公司博客的方法，另一方面可以在案例的制作过程中学习与掌握 PowerPoint 以下几个功能的综合运用。

- 使用文本框输入文字，设置文本和文本框的格式。
- 设置幻灯片背景。
- 制作相册。
- 设置链接。

15.2 设计公司博客

15.2.1 设计博客导航栏

博客首页在一般情况下都包含一个导航栏。本例中的导航栏包括主页、日志、相册、搜索和联系方式。设计博客导航栏的具体操作步骤如下。

步骤 1 启动 PowerPoint 2010 程序，新建一张幻灯片，将占位符全部删除。

步骤 2 在“视图”选项卡下的“母版视图”选项组中单击“幻灯片母版”按钮，进入幻灯片母版视图，如图 15.1 所示。

步骤 3 选择第 1 张幻灯片，将底端的占位符全部删除，如图 15.2 所示。

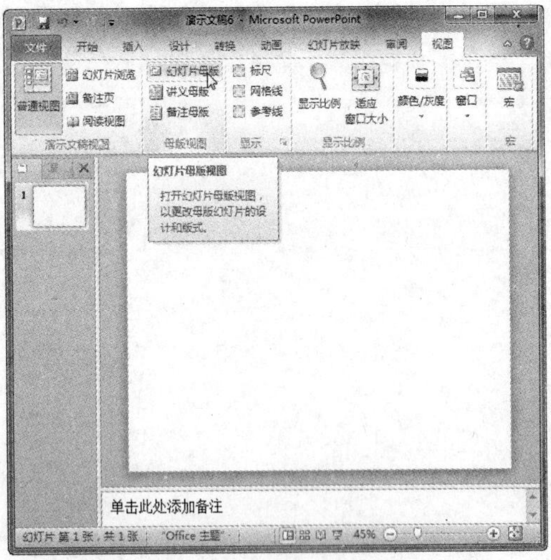

图 15.1 单击“幻灯片母版”按钮

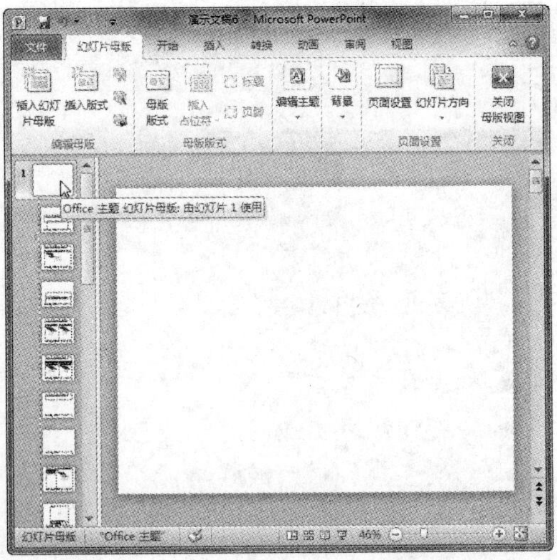

图 15.2 选择第 1 张幻灯片

步骤 4 在“插入”选项卡下的“文本”选项组中单击“文本框”按钮，在幻灯片中插入一个文本框，并在其中输入想要输入的文字，这里输入的是“主页　日志　相册　搜索　联系方式”。

步骤 5 文本输入完成后，应对其进行编辑，方法是在“开始”选项卡下的“字体”

选项组中单击“字号”下拉列表框右侧的下拉按钮，从弹出的列表中选择“20”，如图 15.3 所示。

步骤 6　选中要设置艺术字效果的文本菜单，然后在“绘图工具”下的“格式”选项卡中单击“艺术字样式”选项组中的“快速样式”按钮，从弹出的菜单中选择需要的文字样式，如图 15.4 所示。或者是在“格式”选项卡下的“形状样式”选项组中单击“快速样式”按钮，从弹出的菜单中单击“细微效果-紫色，强调颜色 4”选项，如图 15.5 所示。

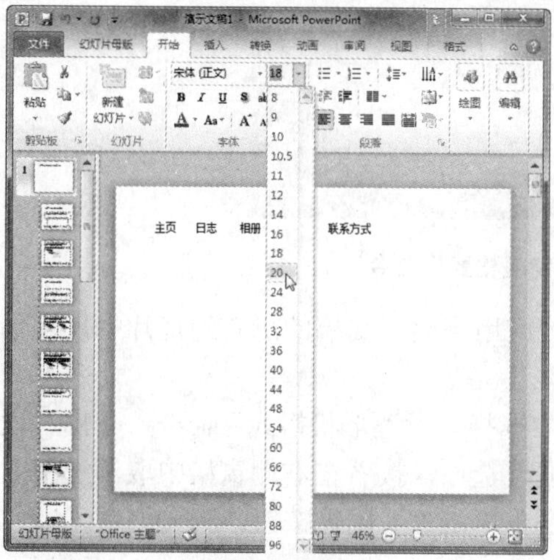

图 15.3　设置字号

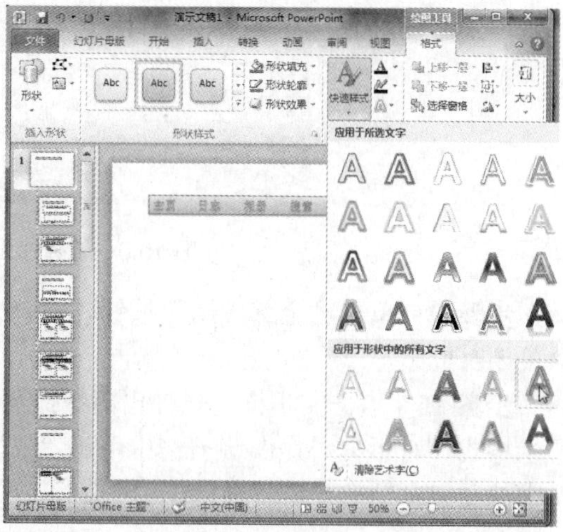

图 15.4　设置文字样式

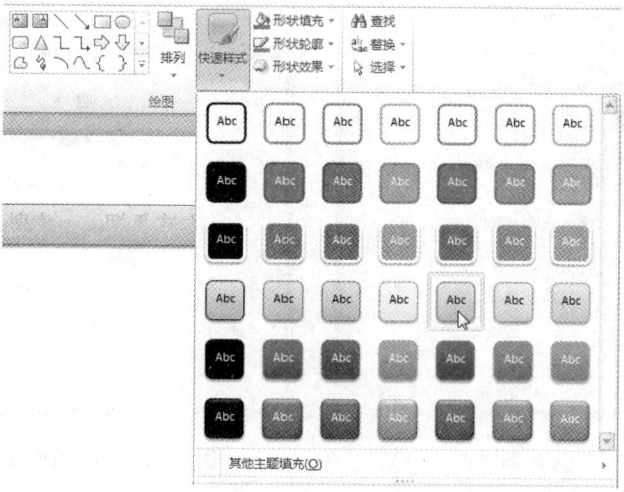

图 15.5　设置图形样式

步骤 7　在“幻灯片母版”选项卡下的“背景”选项组中单击“背景样式”按钮，从弹出的菜单中选择“设置背景格式”命令，如图 15.6 所示。

步骤 8　弹出“设置背景格式”对话框，在左侧窗格中单击“填充”选项，然后在右侧窗格中选中“图片或纹理填充”单选按钮，接着单击“纹理”按钮，从打开的菜单中选择“蓝色面巾纸”选项，如图 15.7 所示。

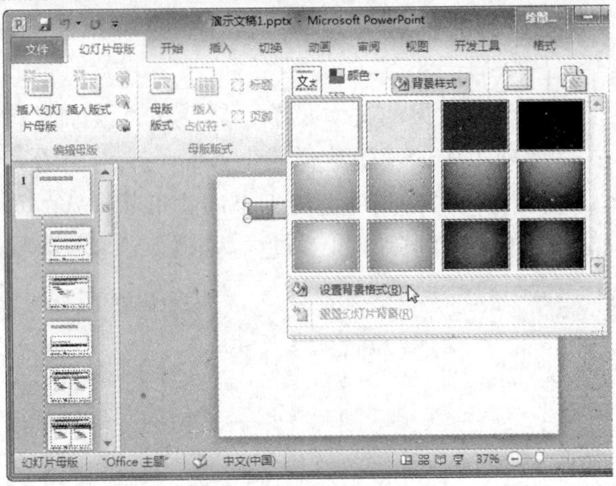

图 15.6 选择“设置背景格式”命令

步骤 9 单击“全部应用”按钮，将该背景应用到演示文稿的所有幻灯片中，再单击“关闭”按钮。

步骤 10 右击文本框，从弹出的快捷菜单中选择“设置形状格式”命令，弹出“设置形状格式”对话框。在左侧窗格中单击“文本框”选项，接着在右侧窗格中取消选中“形状中的文字自动换行”复选框，如图 15.8 所示，再单击“关闭”按钮。

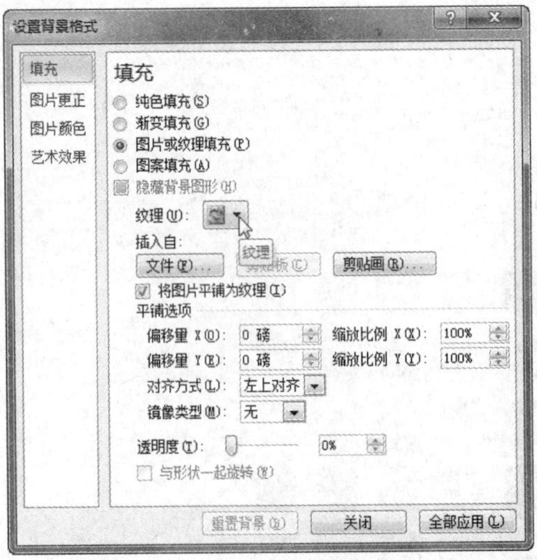

图 15.7 设置背景格式

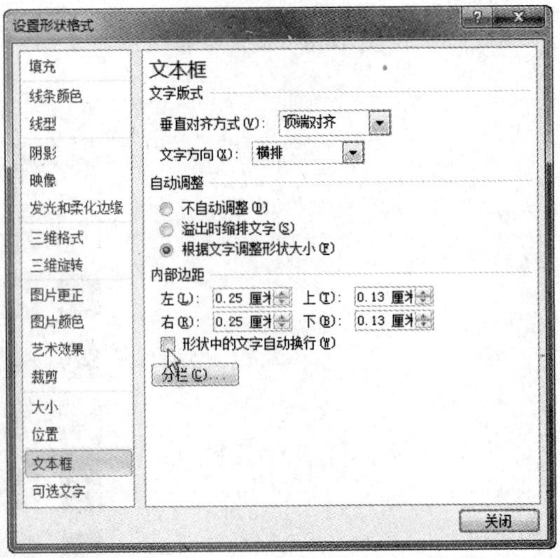

图 15.8 “设置形状格式”对话框

步骤 11 在“幻灯片母版”选项卡下的“关闭”选项组中单击“关闭母版视图”按钮，退出幻灯片母版视图。

注 意

在设置形状格式时，由于方式众多，制作者可以根据实际情况进行选择，可选择自己认为最方便的方式进行设置。

15.2.2　制作博客主体内容

博客主体内容应该与首页导航栏中的标题相对应，有公司简介、博客日志、博客相册以及公司联系方式页面。

1. 制作公司简介页面

公司的博客需要一个介绍公司情况的页面，具体制作步骤如下。

步骤 1　在导航页，即首页中插入一个文本框，然后将公司简介内容输入到文本框中，如图 15.9 所示。

步骤 2　单击文本框的边框，然后在“开始”选项卡下的“字体”选项组中，单击“字体”下拉列表框右侧的下拉按钮，从弹出的列表中选择“华文楷体”选项，在“字号”下拉列表框中选择“20”选项，再在“段落”选项组中单击“行距”按钮，从弹出的菜单中选择“1.5”选项，如图 15.10 所示。

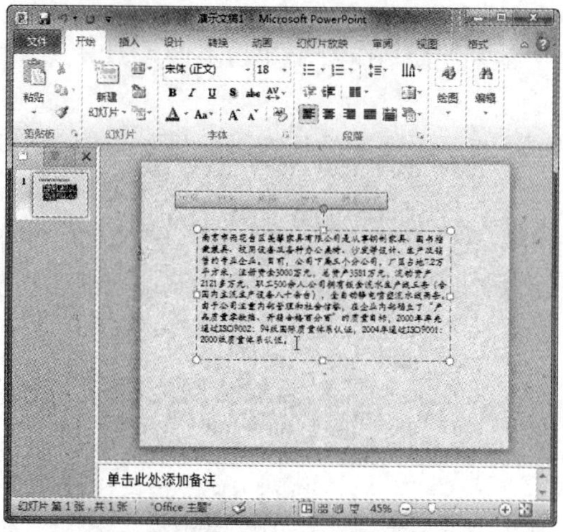

图 15.9　输入文字

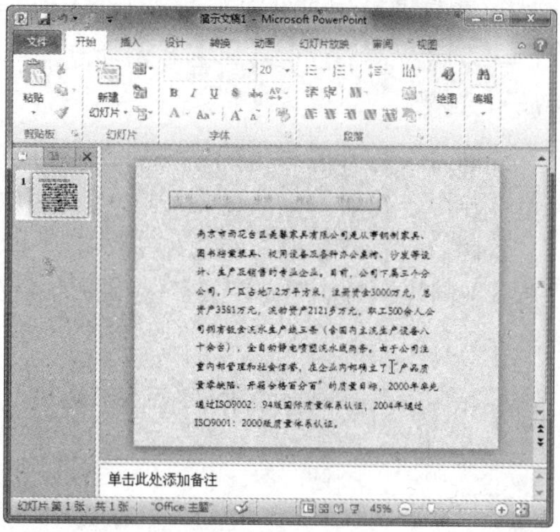

图 15.10　设置文字

2. 制作博客日志页面

日志是博客中必不可少的一部分，因此需要将该日志内容单独创建在一张幻灯片中，具体操作步骤如下。

步骤 1　在演示文稿中新建一张幻灯片，将标题占位符删除。

步骤 2　在内容占位符中输入日志内容，然后选中该文本，接着在“开始”选项卡下的“字体”选项组中，单击“字体”下拉列表框右侧的下拉按钮，从弹出的列表中选择“华文楷体”选项，在“字号”下拉列表框中选择“20”选项，再在“段落”选项组中单击“行距”按钮，从弹出的菜单中选择“1.5”选项。

步骤 3　选中标题内容，按照步骤 2 将标题字号设置为“28”，并设置“加粗”和“文字阴影”，如图 15.11 所示。

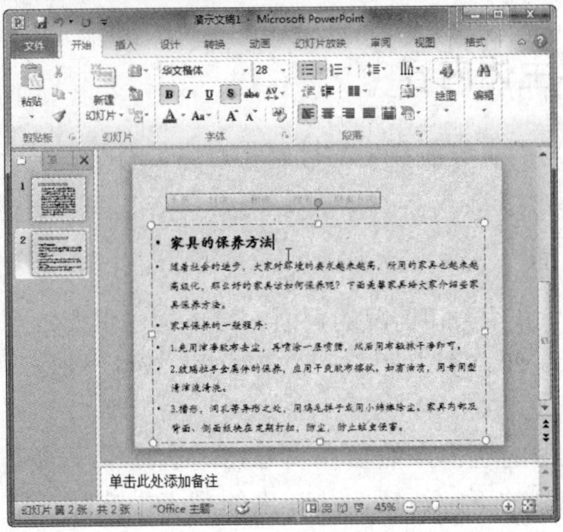

图 15.11　设置文字

3. 制作博客相册页面

公司博客必不可少地要有公司产品的展示，这就需要制作一个相册页面，具体操作步骤如下。

步骤 1　打开演示文稿，然后在“插入”选项卡下的“图像”选项组中单击“相册”按钮，弹出“相册”对话框，如图 15.12 所示。

步骤 2　在“相册”对话框中单击“相册内容”选项组下的“文件/磁盘”按钮，弹出“插入新图片”对话框，在其中选择要插入的所有图片，单击“插入”按钮即可，如图 15.13 所示。

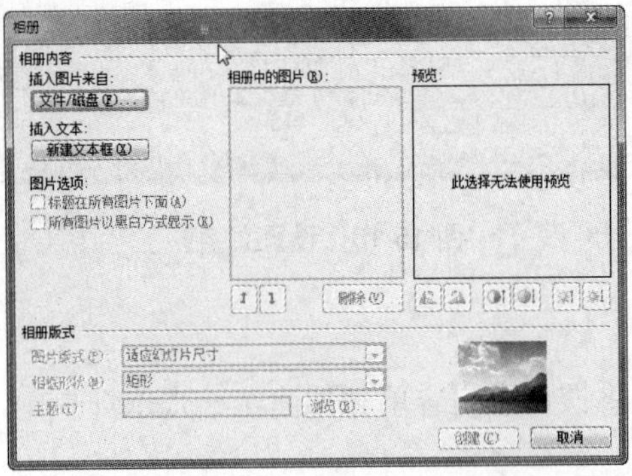

图 15.12　“相册”对话框

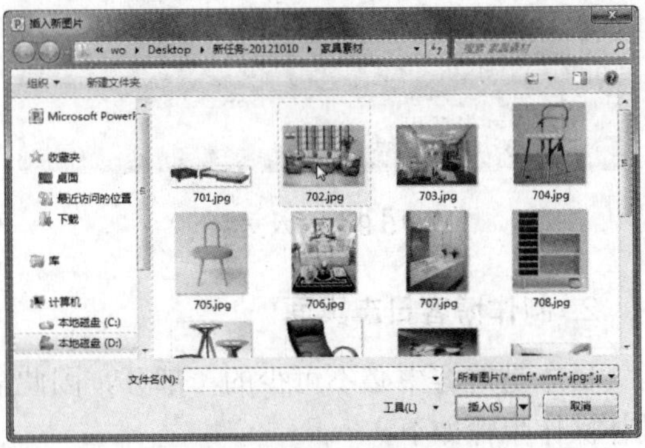

图 15.13　插入新图片

步骤 3　此时在“相册”对话框中“相册内容”选项组下的“相册中的图片”列表框中就会出现所有插入的图片，单击其中之一，右侧还会出现预览图，根据预览图可对其进行编辑调整，利用预览图下的按钮可进行翻转、灰度以及光暗设置等操作；在“相册版式”选项组下可对“图片版式”和“相框形状”进行设置，这里的“图片版式”设置为“4 张图片”，“相框形状”设置为“居中矩形阴影”，完成后单击“创建”按钮即可，如图 15.14 所示。

步骤 4　此时系统会根据设置创建出一个“相册”演示文稿，为免相册显得太单调，制作者可对其进行适当的设置。

步骤 5　这里为该演示文稿新建了一个首页，并对其进行了简单的设置。首先在“开始”选项卡下的“幻灯片”选项组中单击“新建幻灯片”按钮，删除新幻灯片中的“单击此处添加文本”占位符，在“单击此处添加标题”占位符中输入“公司博客相册”，然后选中该文本，设置字体为“华文行楷”，字号为“66”，设置“加粗”和“文字阴影”，再右击被选中的文本，从弹出的快捷菜单中选择“设置文本效果格式”命令，弹出“设置文本效果格式”对话框，在左侧窗格中单击“文本填充”选项，在右侧窗格中选中“渐变填充”单选按钮，再单击“预设颜色”按钮，从弹出的菜单中选择“麦浪滚滚”选项，然后单击“关闭”按钮即可，如图 15.15 所示。

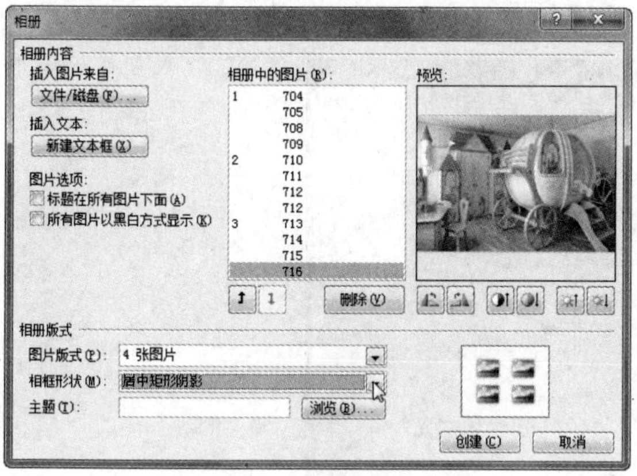

图 15.14　预览图片

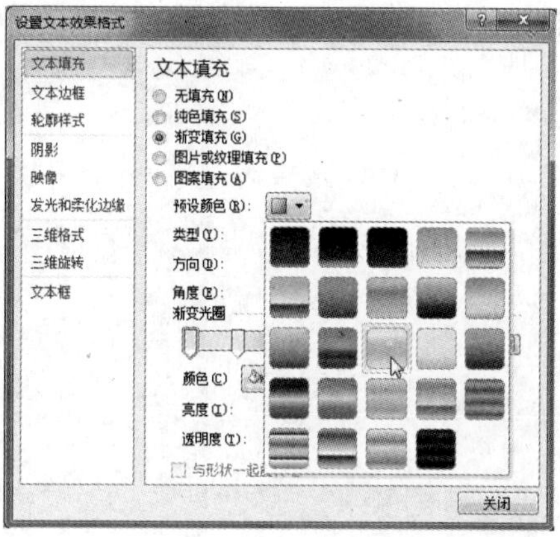

图 15.15　设置文本填充

步骤 6　为了与博客配套，也将“相册”演示文稿中的背景设置为“纹理”中的“蓝色面巾纸”选项，如图 15.16 所示。

步骤 7　为相册中每一张幻灯片设置切换方案。首先选择第 1 张幻灯片，然后单击“转换”选项卡下“切换到此幻灯片”选项组中的“切换方案”按钮，从弹出的菜单中选择“百叶窗”选项，如图 15.17 所示。按照此步骤为第 2～5 张幻灯片设置切换方案，这里的设置依次为“碎片”、“棋盘”、“蜂巢”、“翻转”。

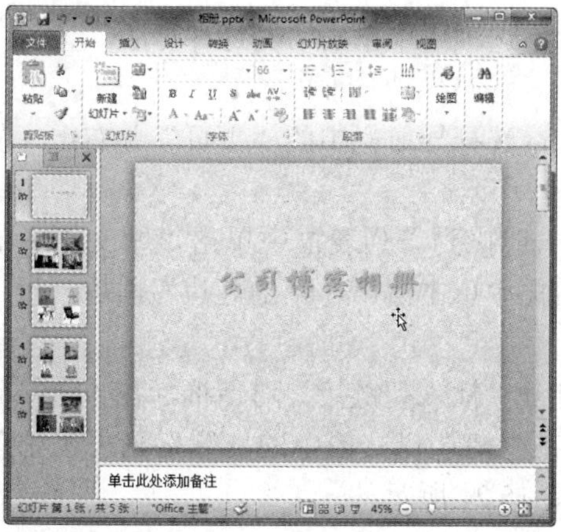

图 15.16　设置背景纹理

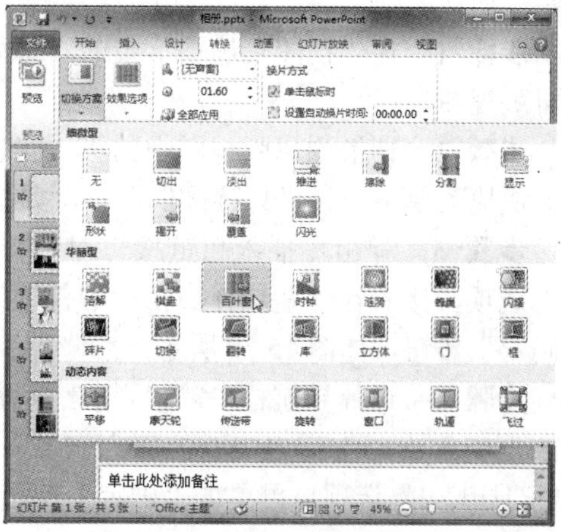

图 15.17　设置切换方案

提 示

在插入新图片时，有时需要进行分类，如想要把 4 张桌子的图片放在一张幻灯片中，把 4 张椅子的图片放在另一张幻灯片中，那么在插入之前需按照分类顺序依次插入。

4. 制作公司联系方式页面

既然是公司博客，就一定需要留下公司的联系方式，下面就来制作公司联系方式幻灯片。

步骤 1 新建一张幻灯片，删除标题占位符。

步骤 2 单击“单击此处添加文本”占位符，输入公司的联系方式，并设置文本的字体为“华文楷体”，字号为“24”，如图 15.18 所示。

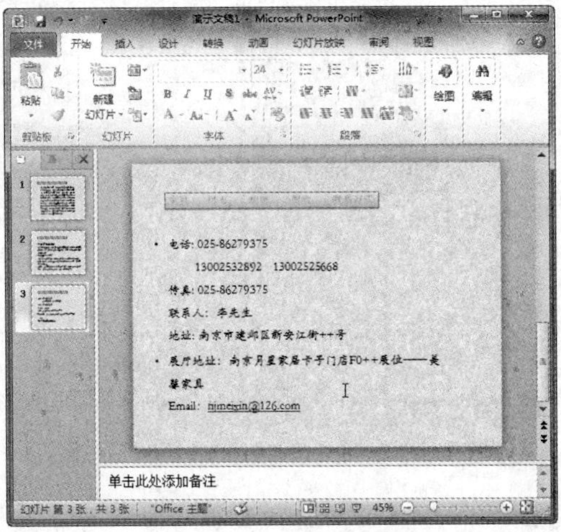

图 15.18 设置文本

15.2.3 设置导航栏的链接功能

博客中的内容基本齐全之后，还需要设置从首页导航栏到其他页面之间链接，具体操作步骤如下。

步骤 1 在“视图”选项卡下的“母版视图”选项组中单击“幻灯片母版”按钮，进入母版视图。

步骤 2 切换到母版视图中的第一张幻灯片，选择导航栏中的“主页”并右击，从弹出的快捷菜单中选择“超链接”命令，如图 15.19 所示。

步骤 3 弹出“插入超链接”对话框，在“链接到”列表框中单击“本文档中的位置”选项，接着在“请选择文档中的位置”列表框中单击“第一张幻灯片”选项，再单击“确定”按钮，如图 15.20 所示。

步骤 4 选择导航栏中的“日志”，然后打开“插入超链接”对话框，在“链接到”列表框中单击“本文档中的位置”选项，接着在“请选择文档中的位置”列表框中单击“2.幻灯片 2”选项，再单击“确定”按钮，如图 15.21 所示。

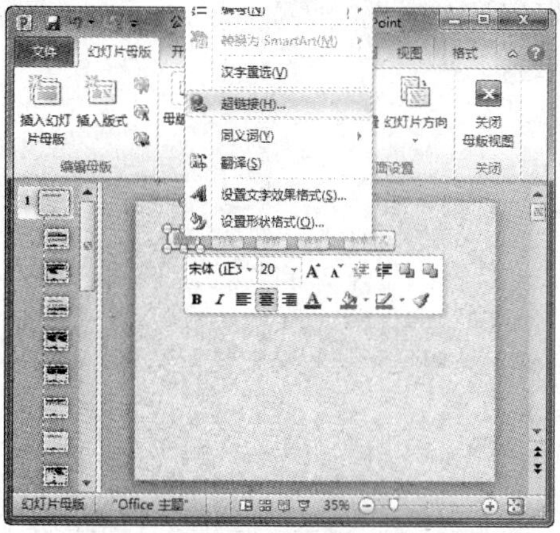

图 15.19　选择“超链接”命令

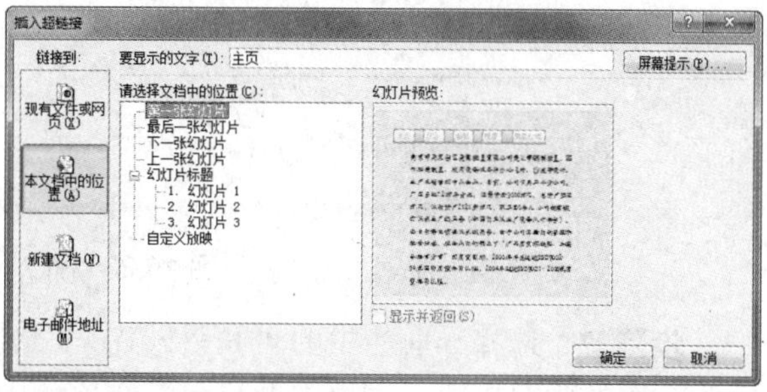

图 15.20　单击“第一张幻灯片”选项

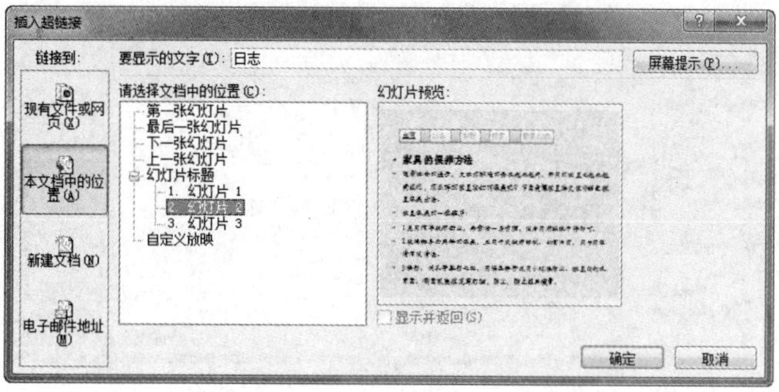

图 15.21　单击“2.幻灯片 2”选项

步骤 5　选择导航栏中的“相册”，然后打开“插入超链接”对话框，在“链接到”列表框中单击“现有文件或网页”选项，接着在“查找范围”下拉列表框中选择相册所在的文件夹，并在下方的列表框中选择“相册.pptx”选项，再单击“确定”按钮，如图 15.22 所示。

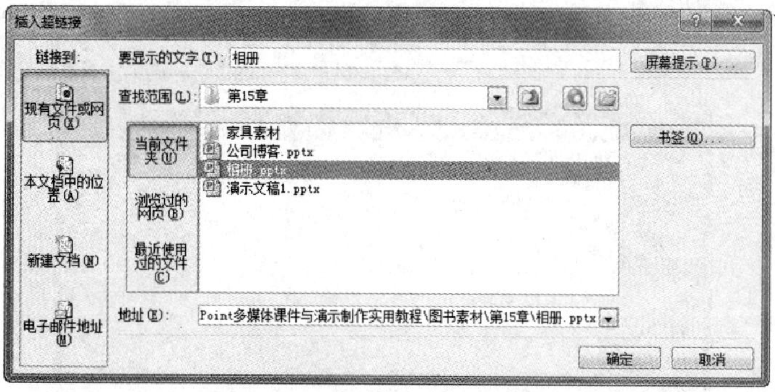

图 15.22　选择“相册.pptx”选项

步骤 6　选择导航栏中的“搜索”，然后打开“插入超链接”对话框，在“链接到”列表框中单击“现有文件或网页”选项，接着在“地址”文本框中输入百度的网址“http://www.baidu.com/”，再单击“确定”按钮，如图 15.23 所示。

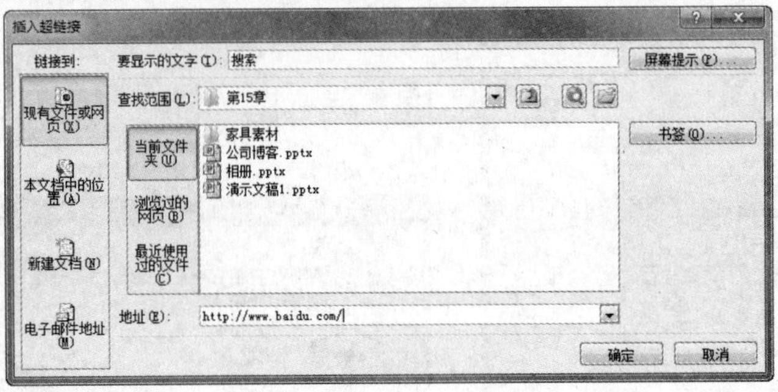

图 15.23　输入百度网址

步骤 7　选择导航栏中的“联系方式”，然后打开“插入超链接”对话框，在“链接到”列表框中单击“本文档中的位置”选项，接着在“请选择文档中的位置”列表框中单击“3.幻灯片 3”选项，再单击“确定”按钮，如图 15.24 所示。

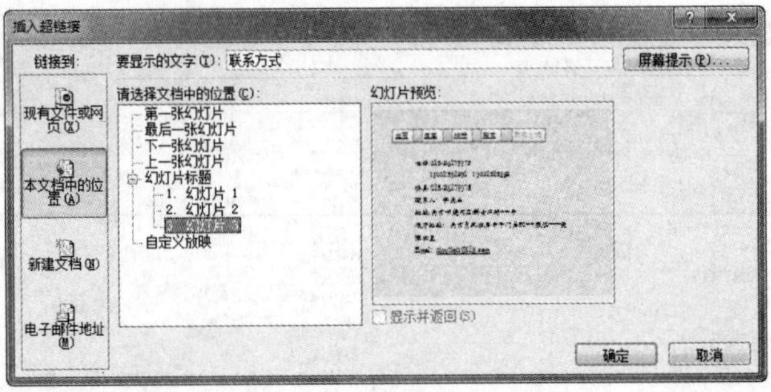

图 15.24　单击“3.幻灯片 3”选项

提 示

如果用户没有制作单独的联系方式幻灯片，可以在“插入超链接”对话框中的“链接到”列表框中单击“电子邮件地址”选项，接着在“电子邮件地址”文本框中输入用于联系的电子邮箱地址，再单击“确定”按钮，如图 15.25 所示。

但是要注意，在输入电子邮箱地址时，将会在地址开头自动加入“mailto:”，请不要将它删除。

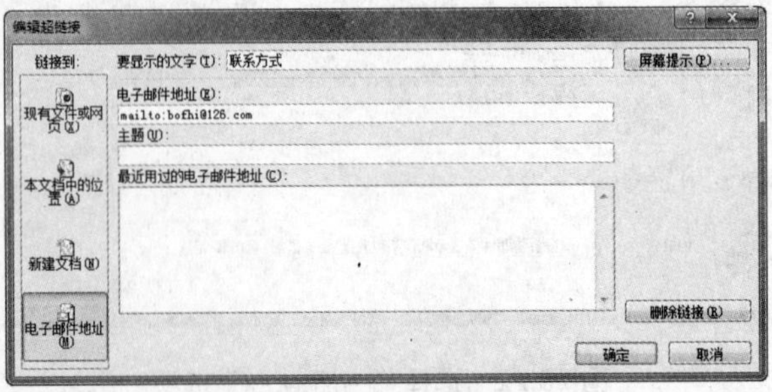

图 15.25　输入电子邮件地址

步骤 8　完成以上设置后，在“幻灯片母版”选项卡下的“关闭”选项组中单击“关闭母版视图”按钮，退出母版视图。

15.3　提 高 指 导

15.3.1　将演示文稿转化为繁体显示

公司博客是提供给别人看的，其中的有些内容也许需要进行特殊展示，对于有些特殊地方的人群也需要特殊对待，转换字体有时候也会成为一种必要。下面将介绍怎样将演示文稿转化为繁体显示，具体操作步骤如下。

步骤 1　选择需要转化的文本，然后在“审阅”选项卡下的“中文简繁转换”选项组中单击“简转繁”按钮，如图 15.26 所示。

步骤 2　这时被选中的文本将会以繁体显示，如图 15.27 所示。

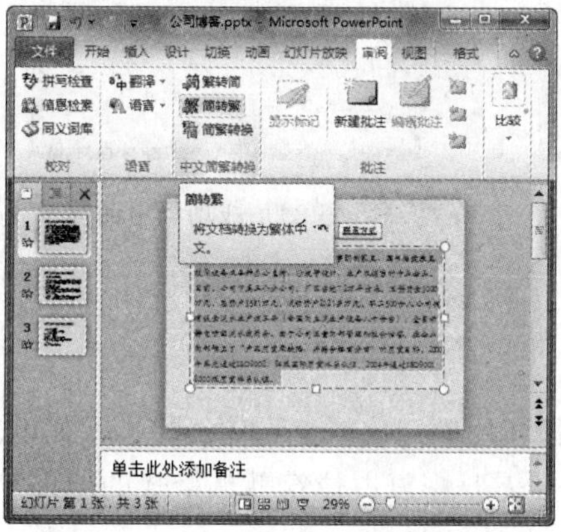

图 15.26　单击“简转繁”按钮

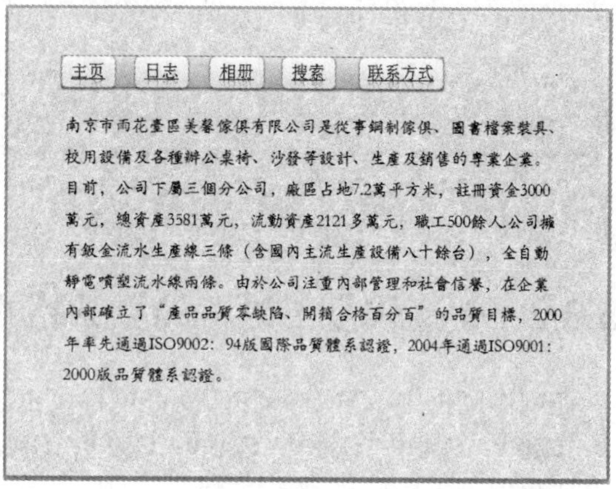

图 15.27　查看繁体文本

步骤 3　若在“审阅”选项卡下的“中文简繁转换”选项组中单击“简繁转换”按钮，则会弹出“中文简繁转换”对话框，在“转换方向”选项组中设置简体繁体转换方向，接着在“常用词汇”选项组中选中“转换常用词汇”复选框，如图 15.28 所示。

步骤 4　单击“自定义词典”按钮，弹出“简体繁体自定义词典”对话框，在“编辑”选项组中进行自定义设置、修改和删除等操作，在“导入/导出”选项组中单击“导出”按钮，将自定义词典导出成 csv 文档，如图 15.29 所示。

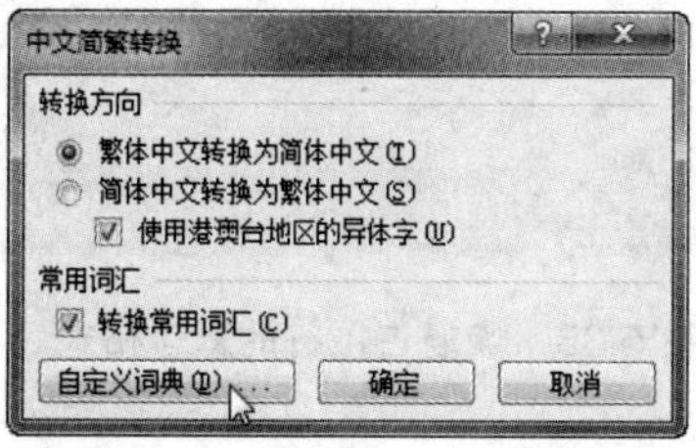

图 15.28　“中文简繁转换”对话框

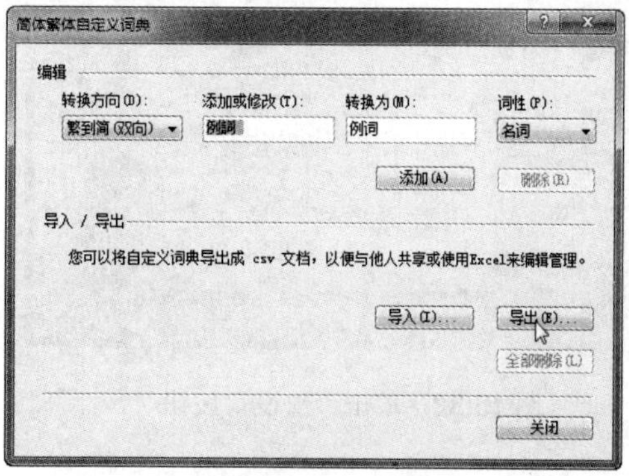

图 15.29　“简体繁体自定义词典”对话框

步骤 5 弹出“另存为”对话框，设置 csv 文档的保存位置，然后在“文件名”文本框中输入文件名称，再单击“保存”按钮，如图 15.30 所示。

步骤 6 弹出“自定义词典”对话框，提示导出成功，单击“确定”按钮，如图 15.31 所示。

图 15.30 “另存为”对话框

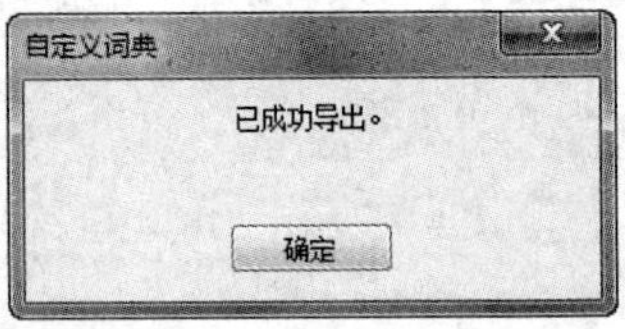

图 15.31 成功导出词典

15.3.2 快速恢复占位符的默认格式

在制作过程中，有时需要恢复占位符，重新对幻灯片进行编辑，具体操作步骤如下。

步骤 1 打开“公司博客.pptx”演示文稿，选择需要恢复占位符默认格式的幻灯片，这里选择第 1 张幻灯片。

步骤 2 在“开始”选项卡下的“幻灯片”选项组中单击“重设”按钮，如图 15.32 所示。

步骤 3 重设之后的幻灯片中快速地恢复了占位符的默认格式，如图 15.33 所示。

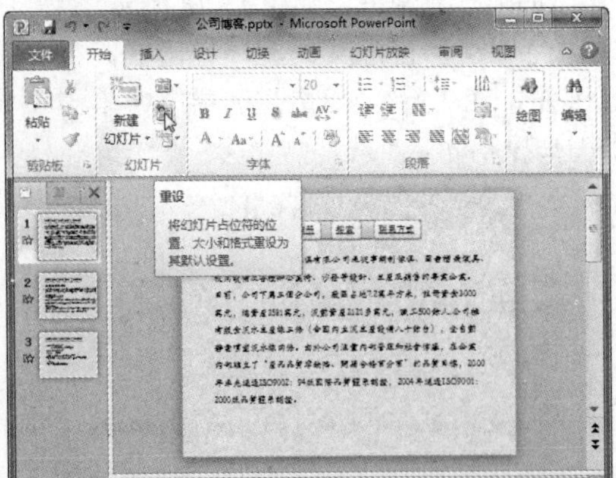

图 15.32 单击“重设”按钮

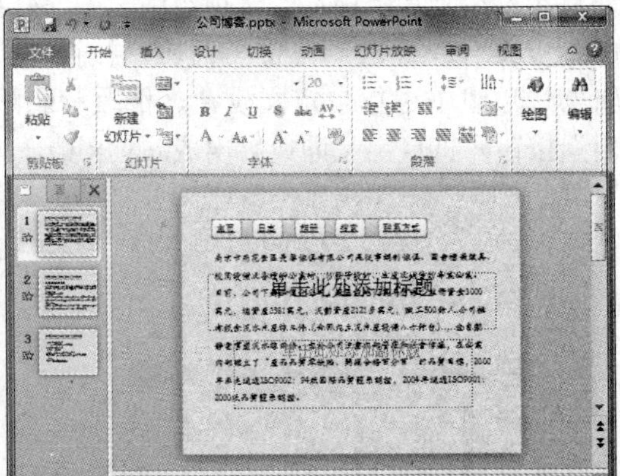

图 15.33 恢复占位符的默认格式

15.3.3 让日期自动更新

在制作公司博客的过程中，通常会在其中插入日期和时间，但插入的日期不能一直都不变，只显示当时插入的日期，那么怎样使日期自动更新呢？具体操作步骤如下。

步骤 1 在“插入”选项卡下的“文本”选项组中单击“日期和时间”按钮，如图 15.34 所示。

步骤 2 弹出“页眉和页脚”对话框，切换到“幻灯片”选项卡，选中“幻灯片包含内容”选项组中的“日期和时间”复选框，然后再选中“自动更新”单选按钮，如图 15.35 所示。

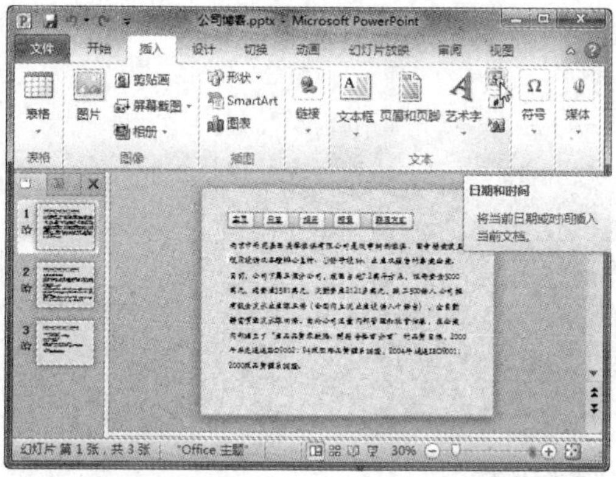

图 15.34 插入日期和时间

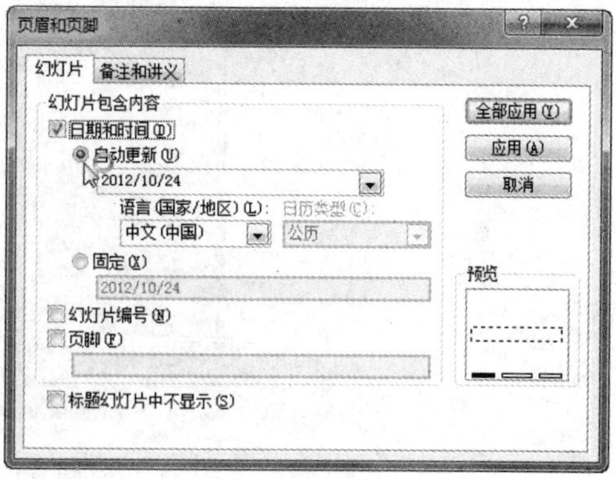

图 15.35 选中“自动更新”单选按钮

步骤 3 如果只在当前幻灯片中插入日期和时间，那么直接单击“应用”按钮即可，如果想在所有幻灯片中都插入，那么就需单击“全部应用”按钮。

注 意

“幻灯片编号”和“页脚”也可以在“页眉和页脚”对话框中进行设置。

15.3.4 设置幻灯片的起始编号

幻灯片的起始编号未必一定都是 1，当内容连贯的两张幻灯片放在一起时，就需要将后面的幻灯片的起始编号进行更改，以实现内容的连续。

步骤 1 在“设计”选项卡下的“页面设置”选项组中单击“页面设置”按钮，如图 15.36 所示。

步骤 2 弹出“页面设置”对话框，在“幻灯片编号起始值”微调框中设置起始编号，然后单击“确定”按钮，如图 15.37 所示。

步骤 3 在左侧的“幻灯片”窗格中，可以看到起始编号已经发生了变化，如图 15.38 所示。

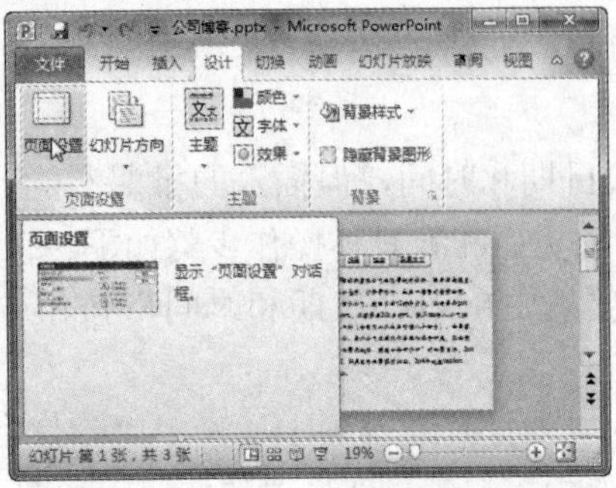

图 15.36 单击“页面设置”按钮

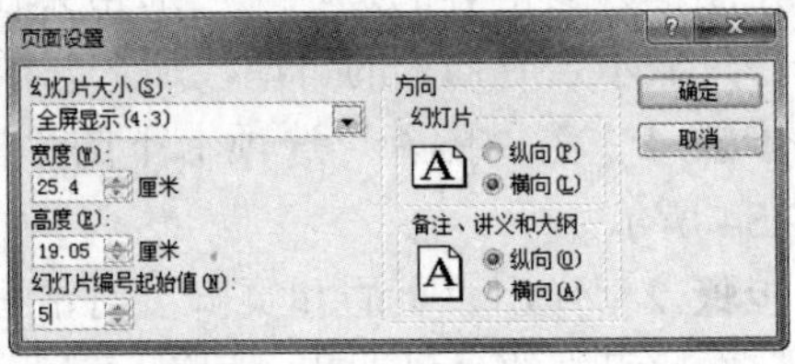

图 15.37 “页面设置”对话框

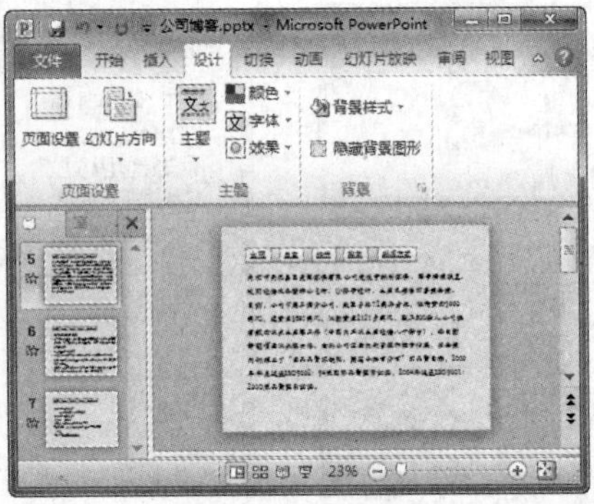

图 15.38 更改起始编号

15.3.5 以单一灰度色彩预览幻灯片的设计效果

在计算机上使用彩色显示器设计的幻灯片有时候可能会在黑白投影仪上播放或者黑白打印，这时候原先在彩色环境下设计的幻灯片在黑白色彩下效果未必很好，用户可以事先在黑白色彩下预览幻灯片的设计效果。

步骤 1 打开演示文稿，然后在“视图”选项卡下的“颜色/灰度”选项组中单击“灰度”按钮，如图 15.39 所示。

步骤 2 在“灰度”选项卡中查看效果，如图 15.40 所示。最后单击“返回颜色视图”按钮即可返回。

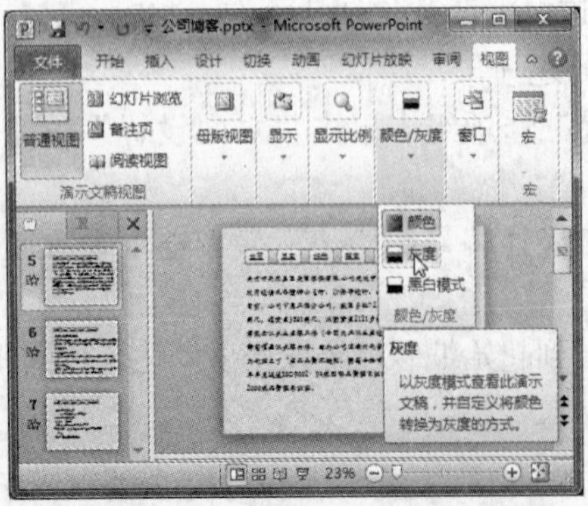

图 15.39 单击“灰度”按钮

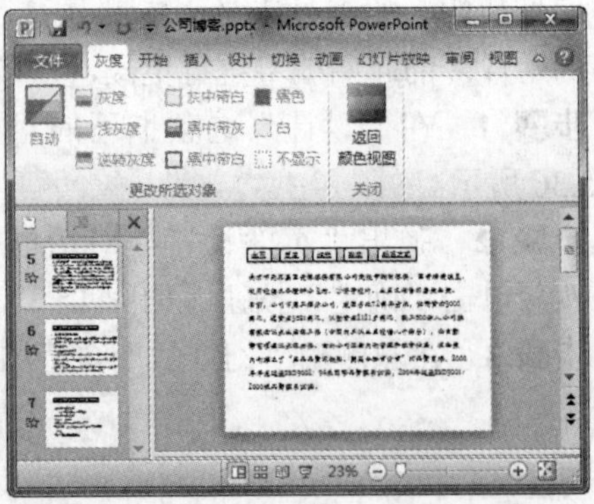

图 15.40 “灰度”选项卡

15.3.6　让动作按钮链接到幻灯片以外的对象

在幻灯片中，动作按钮不仅可以链接到幻灯片，还可以链接到网页、演示文稿以及其他文件。下面就介绍一下如何设置动作按钮的其他链接。

步骤 1　选择要插入动作按钮的幻灯片，然后在“插入”选项卡下的“图像”选项组中单击“形状”按钮，从弹出的菜单中选择一种动作按钮图标，然后在幻灯片中插入该动作按钮，如图 15.41 所示。

步骤 2　弹出“动作设置”对话框，切换到“单击鼠标”选项卡，选中“超链接到”单选按钮，然后在下方的下拉列表框中选择 URL…选项，如图 15.42 所示。

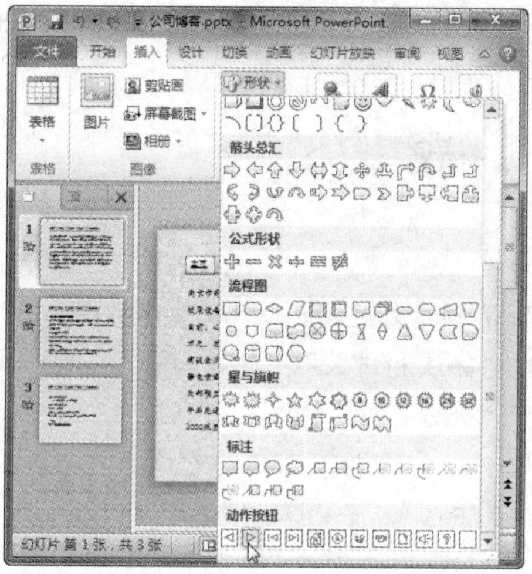

图 15.41　插入动作按钮

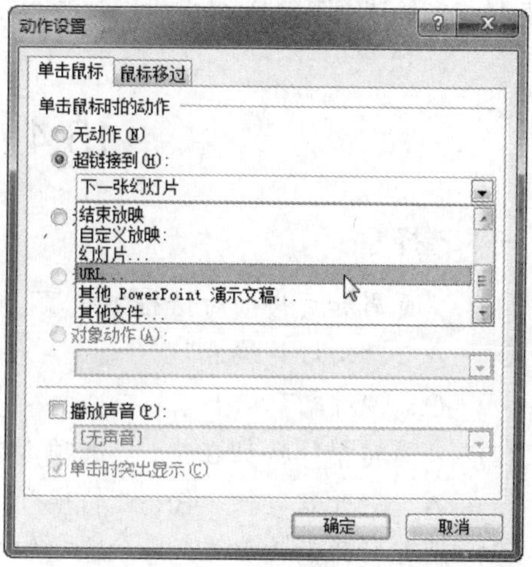

图 15.42　“动作设置”对话框

步骤 3　弹出“超链接到 URL”对话框，输入网址，然后单击“确定”按钮即可，如图 15.43 所示。

图 15.43　“超链接到 URL”对话框

步骤 4　如果要链接到其他演示文稿，可以在“超链接到”下拉列表框中选择“其他 PowerPoint 演示文稿”选项，弹出“超链接到其他 PowerPoint 演示文稿”对话框，选中要链接到的演示文稿，再单击“确定”按钮即可，如图 15.44 所示。

步骤 5　如果要链接到其他文件，可以在“超链接到”下拉列表框中选择“其他文件”选项，弹出“超链接到其他文件”对话框，选中要链接到的文件，再单击“确定”按钮即可，如图 15.45 所示。

步骤 6　设置完毕后，在“动作设置”对话框中单击“确定”按钮，完成设置操作。

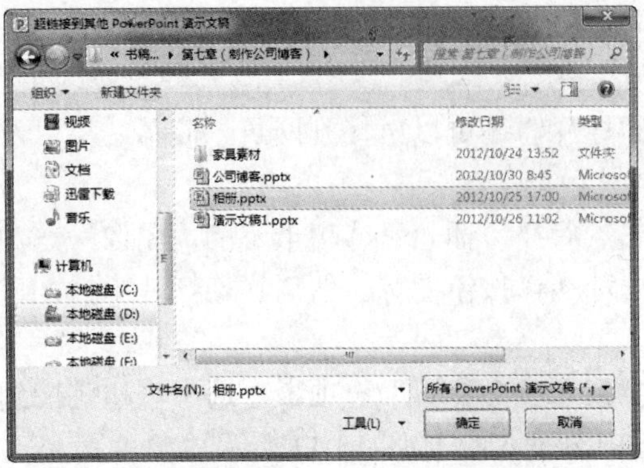

图 15.44 “超链接到其他 PowerPoint 演示文稿”对话框

图 15.45 “超链接到其他文件”对话框

15.4 习　题

一、选择题

(1) “页眉和页脚”对话框中除了“幻灯片”选项卡外还有(　　)选项卡。

A. “幻灯片编号”　　B. “备注和讲义”

C. “对象”　　D. “符号”

(2) “简转繁”按钮在(　　)选项卡下。

A. “开始”　　B. “转换”　　C. “审阅”　　D. “视图”

(3) 设置行距的按钮在(　　)选项组中。

A. “幻灯片”　　B. “字体”

C. “段落”　　D. “编辑”

(4) 设置所有图片以黑白方式显示是在(　　)对话框中。

A. “相册”　　B. “插入对象”　　C. “颜色”　　D. “效果”

(5) “映像”设置是在(　　)按钮下。

A. “形状轮廓”　　B. “形状填充”

C. “编辑形状”　　D. “形状效果”

(6) 在换片时，可在(　　)选项组中设置换片声音。

A. “切换到此幻灯片”　　B. “计时”

C. “显示”　　D. “设置”

二、实训题

(1) 新建一个演示文稿，在第 1 张幻灯片中设置一个导航栏，导航标题包括主页、日志、相册。

要求：

① 在幻灯片母版中进行设置，幻灯片背景样式的纹理为“花束”，如图 15.46 所示。

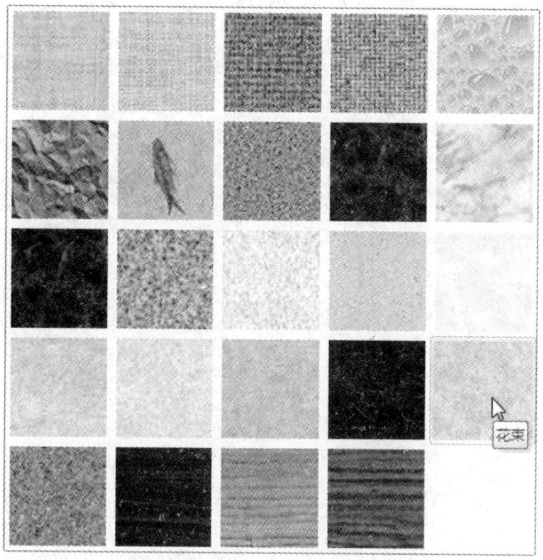

图 15.46　“花束”纹理

② 导航栏中要为每个标题设置超链接，链接到相应的位置。

③ 美化导航标题，取消其下划线并设置合适的字体效果。

④ 设置完成后，关闭母版视图。

(2) 新建一个相册幻灯片。

要求：

① 适当调整图片的光暗度。

② 将“图片版式”设置为“4 张图片”。

③ 将“相框形状”设置为“圆角矩形”。